病毒学高等教育系列教材（丛书主编：王健伟）

病毒学原理

[美] 吴稚伟 主编

科学出版社

北京

内 容 简 介

《病毒学原理》是一本全面介绍病毒学基础与前沿进展的权威教科书，本书每章以知识图谱为导引，涵盖病毒的定义、分布、起源与进化，回顾病毒学的发展历史，探讨病毒分类原则与方法，并延伸至朊粒等亚病毒领域。本书详细解析了病毒基因组、衣壳、包膜等结构特征，系统梳理病毒的感染过程、复制周期及多样感染形式；深入探讨病毒与宿主免疫系统的相互作用，为病毒感染机制研究提供重要支持。此外，本书还全面论述了病毒病的流行病学、防控策略、诊断技术、药物研发、疫苗应用及生物安全问题。通过理论与实践结合，本书为读者提供从基础研究到应用转化的全面指导。本书立足全球视野，不仅是学习病毒学的核心资源，更是启发科研思维的重要参考书，为培养未来科研工作者与实践者提供了宝贵支持。

本书适合作为生命科学类、医学类、农林类等专业本科生、研究生及跨学科研究者的教材及参考书。

图书在版编目（CIP）数据

病毒学原理 /(美) 吴稚伟主编. -- 北京 ：科学出版社, 2025. 3. -- ISBN 978-7-03-080854-7

Ⅰ. Q939.4

中国国家版本馆 CIP 数据核字第 2024VG0104 号

责任编辑：刘　畅　韩书云 / 责任校对：宁辉彩
责任印制：肖　兴 / 封面设计：科迪亚盟

科学出版社出版
北京东黄城根北街 16 号
邮政编码：100717
http:// www.sciencep.com
三河市骏杰印刷有限公司印刷
科学出版社发行　各地新华书店经销
*
2025 年 3 月第　一　版　开本：787×1092　1/16
2025 年 3 月第一次印刷　印张：24 1/4
字数：620 000

定价：128.00 元

（如有印装质量问题，我社负责调换）

《病毒学原理》编委会

主　编

吴稚伟

副主编

刘　星　侯　炜　张文艳　张其威　郑　楠

编　委（按姓氏笔画排序）

王　虹　王　涛　王　燕　石立莹　叶　力　史卫峰
乔文涛　庄　敏　刘　星　严　沁　李　娟　李明远
杨海涛　吴稚伟　邱　洋　沈忠良　张文艳　张伟锋
张其威　陈利玉　陈述亮　陈婉南　范雄林　周　卓
周琳琳　郑　楠　钟　江　钟照华　侯　炜　桓　晨
夏海滨　高　岩　郭　丽　郭德银　谈　娟　黄　俊
黄梦倩　梁　浩　彭宜红　蒋俊俊　谢幼华　摆　茹
雷晓波　窦　环

丛 书 序

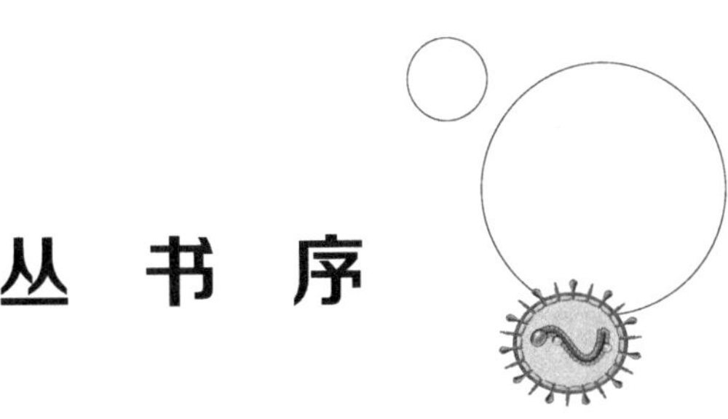

在浩瀚的自然界中，病毒这一微小而强大的生命形态，以其独特的存在方式，深刻地影响着从微观世界到宏观生态系统的每一个角落。它们既是生命的挑战者，也是生物进化的重要推手。在生命科学这片广袤的天地里，病毒学作为一门交叉融合、日新月异的学科，不仅揭示了病毒的内在奥秘，更为医学、动物学、植物学、昆虫学及微生物学等多个领域带来了革命性的进展与应用。新冠病毒感染、非洲猪瘟、禽流感等疫情的肆虐，更进一步强调了发展病毒学科、加强病毒学人才培养的迫切性。

面对全球健康挑战与生命科学的快速发展，我国病毒学领域的高等教育亟需一套系统全面、紧跟时代步伐的教材。为贯彻党的二十大精神，落实习近平总书记关于教育的重要指示及落实立德树人根本任务，我们携手国内近70所高校及科研院所，共同编纂了这套旨在满足新时代病毒学专业人才培养需求的高质量系列教材。

本套病毒学系列教材全面覆盖病毒学总论、医学病毒学、动物病毒学、植物病毒学、昆虫病毒学、微生物病毒学及病毒学实验技术七大核心知识领域。以“病毒学领域教学资源共享平台”知识图谱为基础，构建教材知识框架，将基础知识与最新的科研成果和学术热点相结合，有利于学生系统、多维、立体地完善自身病毒学知识体系，激发他们对病毒学领域的兴趣，并培养他们的创新思维。

为满足信息时代教学和人才培养的需要，全套教材采用纸质教材与数字教材（资源）相结合的形式，极大地丰富了教学方式，提升了学习体验。知识图谱、视频、音频、彩图和虚拟仿真实验等数字资源的引入，不仅提高了教学效率，还增强了学习的互动性和趣味性，有助于学生在实践中深化对理论知识的理解。

作为病毒学领域的专业核心教材，本套教材汇聚了国内顶尖专家学者的智慧与心血，确保了内容的权威性、准确性，具有指导意义，不仅适用于本科生的“微生物学”和“病毒学”

课程，也为研究生及未来从事病毒学、微生物学、医学、兽医、农业科技等领域工作的专业人才提供了宝贵的知识储备。

我们相信，本套病毒学系列教材的出版，将有力推动我国病毒学教育事业的发展，助力提升我国高等教育人才自主培养质量，为战略性新兴领域产业人才培养提供有力支撑。

王健伟

北京协和医学院

2024 年 9 月

前　言

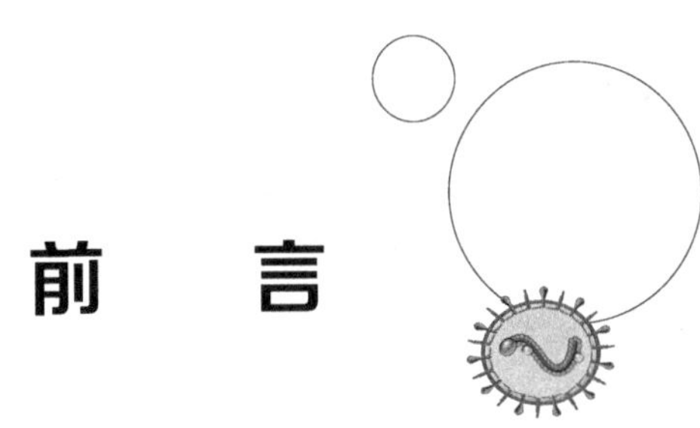

病毒学作为现代生命科学的重要分支，不仅在医学与生物学领域占据举足轻重的地位，而且在公共卫生、生物安全及生物技术等国家战略性新兴产业领域中也发挥着不可或缺的作用。2019 年新冠肺炎疫情的全球大流行，进一步凸显了病毒学研究对维护全球公共卫生安全、保障人类社会可持续发展的重大意义。随着病毒学研究的持续深化，病毒学知识体系呈现高度复杂化特征，亟需编写一部系统、权威且与时俱进的教材，为高等院校师生及科研工作者提供兼具理论深度与实践价值的知识体系。《病毒学原理》的编撰，正是践行这一时代需求的重要成果。

本教材作为病毒学高等教育系列教材体系的关键组成部分，旨在强化病毒学及相关学科的教学资源建设，服务国家重大战略需求。编写团队由众多病毒学及相关领域的专家学者组成，依托其扎实的学术背景与丰富的教学实践，精心打造了这部涵盖病毒学基础理论与前沿进展的权威教材。教材编写遵循紧跟学科发展脉搏的理念，以知识图谱为主线，系统梳理并整合了病毒学庞杂的知识体系，使读者能够清晰把握其学科结构，迅速构建起完整的知识框架。

本书的读者群体广泛，除适用于医学、生物学等相关专业的高年级本科生与研究生外，也适合其他领域有意从事病毒学研究的科研人员。教材内容层次丰富，既涵盖了坚实的理论知识，也包括大量的实践应用资源。本书从病毒的定义、分布、起源与进化入手，回顾了病毒学发展的历史脉络，深入探讨了病毒分类的基本原则与方法，并对亚病毒领域的独特存在——朊粒进行了详细论述。在病毒结构方面，本书对病毒的基因组、衣壳及包膜等关键组成部分进行了细致的分析，揭示了病毒的微观世界。在生物学方面，书中系统梳理了病毒的感染过程、复制周期及多样的感染形式，为了解病毒的生物学特性提供了坚实基础。关于病毒与宿主免疫系统的相互作用，书中深入探讨了病毒免疫逃逸机制，为病毒感染的机制研究提供了重要线索。本书还全面论述了病毒相关疾病的流行病学、防控策略、诊断技术、药物研发、疫苗应用及生物安全等关键问题，彰显了病毒学研究的跨学科特点。

为贯彻新时代教育数字化要求，本书还配备了丰富的数字资源，包括示范课程视频、教学内容拓展资料及虚拟仿真实验等，这些资源不仅为教学提供了生动直观的辅助手段，也为读者的自主学习和深入研究提供了便利。通过理论与实践的有机结合，本书为读者提供了从基础研究到应用转化的全面指导，使读者在学习过程中能深刻领会病毒学的学术魅力与实际价值。

本教材的出版得到了科学出版社及各位编委所在单位的大力支持。我们在此向所有为本书的出版付出辛勤努力的编委与出版社工作人员表示衷心的感谢。我们相信，《病毒学原理》不仅是一部系统阐述病毒学基础理论与前沿进展的权威教材，更是一部立足全球视野、启发科研创新的重要参考书。它将为病毒学学习者提供核心知识，为研究人员提供宝贵的思路与方法，助力他们在病毒学及相关领域的探索、创新与发展。

本书限于编写水平与病毒学领域的快速发展，难免存在某些不足与疏漏，敬请各位读者和同行批评指正。

吴稚伟

目 录

《病毒学原理》教学课件申请单

凡使用本书作为授课教材的高校主讲教师，可获赠教学课件一份。欢迎通过以下两种方式之一与我们联系。

1. 关注微信公众号“科学 EDU”索取教学课件

扫码关注 →“样书课件”→“科学教育平台”

2. 填写以下表格，扫描或拍照后发送至联系人邮箱

姓名：	职称：	职务：
手机：	邮箱：	学校及院系：
本门课程名称：	本门课程选课人数：	
您对本书的评价及修改建议：		

联系人：刘畅 编辑　　电话：010-64000815　　邮箱：liuchang@mail.sciencep.com

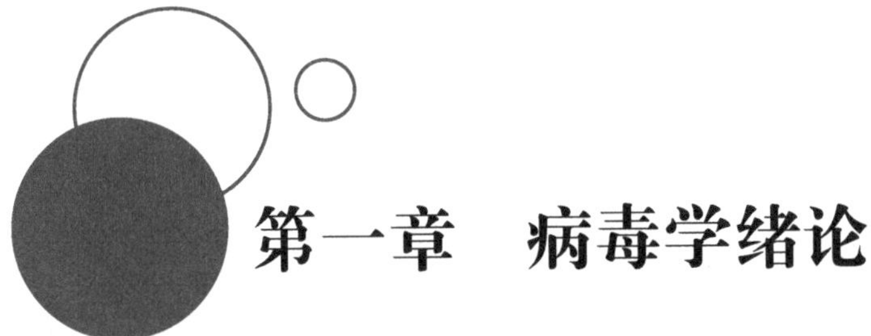

第一章　病毒学绪论

本章要点

1. 病毒：病毒是一类既具有生物大分子属性和生物体基本特征，又具有细胞外感染性颗粒形式和细胞内繁殖性基因形式的独特生物类群。其特点包括：不具有细胞结构；基因组仅含有一种类型的核酸（DNA 或 RNA）；通过复制方式增殖；缺乏完整的酶系统和能量合成系统；绝对的细胞内寄生。
2. 病毒学：病毒学主要研究病毒的形态结构、理化性质、起源与进化、分类与命名、复制、遗传变异，以及病毒与病毒之间和病毒与宿主之间的相互作用。目前，病毒学已派生出诸多分支学科，如普通病毒学、医学病毒学、兽医病毒学、植物病毒学、昆虫病毒学、细菌病毒学、肿瘤病毒学、环境病毒学和分子病毒学等。病毒学的主要研究目的是认识和揭示生命的基本规律，防治病毒性疾病（简称病毒病），并利用病毒造福人类。
3. 病毒学发展历史：在 19 世纪末之前，人们只知道传染病由细菌引起。烟草花叶病的研究开启了人类发现病毒的历程，进而促成了病毒学的形成和发展。病毒学的发展大致经历了以下 4 个时期：病毒的发现时期、病毒的化学和结构研究时期、病毒的细胞水平研究时期与病毒的分子水平研究时期。

本章知识单元和知识点分解见图 1-1。

人类与病毒病的斗争已持续了几千年，但直到 19 世纪末人们才开始认识病毒。病毒不仅改变了生物进化的历史，而且对整个生态系统产生了强大的影响。更重要的是，病毒感染引发了人类、家畜和农作物的多种传染病，严重威胁人类健康和生命，同时对人类的经济活动和生存环境造成了极大的危害。病毒学的发展经历了不同的研究时期，包括病毒的发现时期、病毒的化学和结构研究时期、病毒的细胞水平研究时期和病毒的分子水平研究时期。病毒学家在不断阐明病毒生物学新原理的同时，也一直引领着科学发展的新方向。例如，分子和细胞生物学的许多概念与工具都来源于对病毒及其宿主细胞的研究；利用病毒的感染能力实现生物防治（如噬菌体疗法、溶瘤病毒）和基因治疗（如病毒载体）等。因此，对病毒学的深入研究不仅有助于更好地认识生命的基本规律，有效控制病毒性传染病的传播，而且势必推动生命科学和生物技术的快速发展。

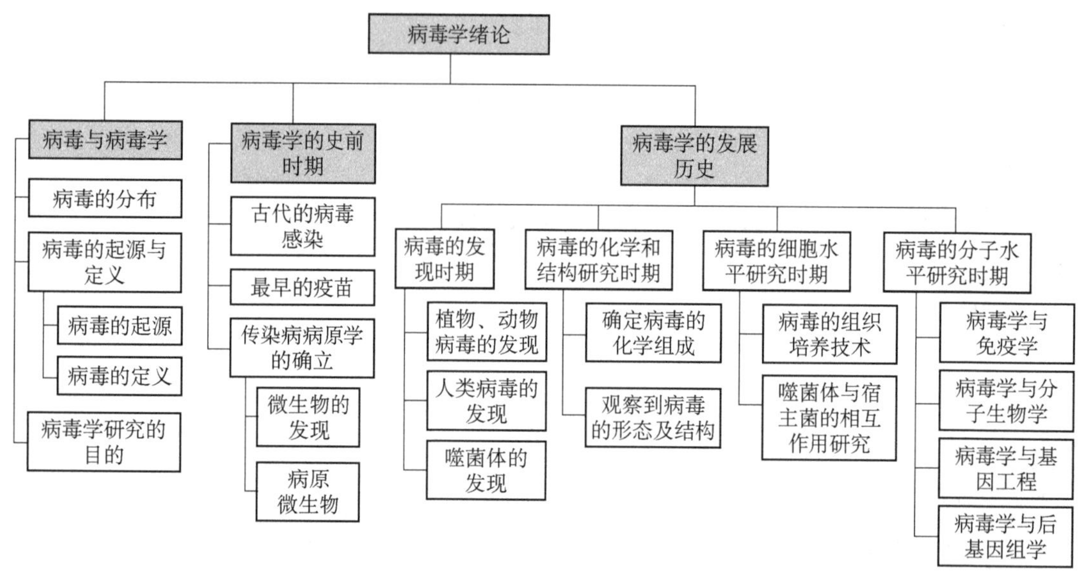

图 1-1　本章知识单元和知识点分解图

第一节　病毒与病毒学

病毒——“virus”一词源自拉丁语，意为“黏稠的液体或毒素”。在病毒被发现之前，人们只知道传染病由细菌引起，“virus”与“germ”（细菌）和“poison”（毒素）等词可以互换使用。直到 1898 年，荷兰微生物学家马丁努斯·威廉·贝耶林克（Martinus Willem Beijerinck，1851—1931）将能够通过细菌滤器的“滤过性病原体”命名为拉丁语“*contagium vivum fluidum*”（传染性活流质），这一名称后来被“virus”所取代并沿用至今。

一、病毒的分布

病毒是地球上丰度最高的生命形式，广泛分布于各种环境中。例如，海洋中病毒的总数量可达 10^{30} 个，其丰度占据了海洋全部生物体的 90%之多。作为地球生态系统的重要成员，病毒在物质循环、能量流动、群落结构、物种间遗传物质的转移及气候变化等方面起着重要的调控作用。病毒可以感染地球上的一切细胞生命，甚至一些大的病毒也可以被病毒感染。因此，病毒对生物圈的持续平衡发展发挥着无可替代的重要作用。

此外，健康的人体内也寄生着大量的病毒颗粒（病毒粒子）或其基因组，统称为病毒组（virome）。这些病毒主要分布在肠道中，每个人体内约含有 10^{13} 个病毒个体。人类病毒组主要由感染细菌的噬菌体、感染真核细胞的病毒和内源性逆转录病毒组成，其在胎盘发育、免疫系统调节等方面发挥着重要的生理功能。研究表明，在免疫性疾病、代谢性疾病及心脑血管疾病患者中，病毒组的组成结构会发生变化，并通过多种机制影响人类健康。

二、病毒的起源与定义

（一）病毒的起源

由于病毒小到需要用电子显微镜放大后才能被看到，并且在漫长的演化史中没有“化石”或“遗体”可供研究，因此病毒的发生和进化研究相当困难。科学界对病毒的起源及生物学地位仍存在争议。目前，关于病毒的起源有三种假说：①退化假说（regressive hypothesis），该假说认为病毒是由较高级的细胞内寄生生物退化形成的。由于受到外界环境的影响，这种细胞内寄生生物逐渐丢失大部分遗传物质，仅保留了维持寄生生活和复制所必需的基因，因此必须依赖宿主细胞才能完成基本的新陈代谢和增殖。②细胞起源假说（cellular origin hypothesis），该假说认为病毒是由细胞某些组分脱离了细胞的调控系统，自成体系形成的一类能在细胞内复制的生物。病毒基因组可能是细胞染色体或线粒体的部分基因。③病毒起源于自主复制的 RNA 分子，这一假说认为病毒是由生命产生之前的 RNA 世界中能够进行自我复制的分子进化而来的，并与细胞生物体共进化。由于缺乏足够的证据支持或推翻某一假说，目前主流观点认为，不同于细胞生物由同一祖先，即“最后普遍共同祖先”（the last universal common ancestor，LUCA）起源，病毒的起源可能是多样的。这种多样性的观点反映了病毒起源的复杂性，也提示病毒可能通过不同的进化途径适应了多样的宿主和环境。

（二）病毒的定义

病毒是介于生命和非生命之间的一种物质形式。它们在细胞外常以完整成熟的、有感染性的单个病毒颗粒，即病毒体（virion）的形式存在。

与微生物及其他生物相比，病毒具有独特的特性。1966 年，法国微生物学家安德烈・利沃夫（André Lwoff，1902—1994）等指出了病毒不同于其他生物的 5 个特点：①不具有细胞结构。一些简单的病毒仅由核酸和包围着核酸的蛋白质外壳构成，故可视为核蛋白分子。一些复杂的病毒在蛋白质外壳外还有脂双层膜结构，因此有人将病毒称为亚细胞生物或分子生物。②仅有一种类型的核酸。病毒根据核酸类型分为 DNA 病毒和 RNA 病毒。③特殊的增殖方式。病毒通过复制的方式增殖。病毒感染敏感的宿主细胞后，其核酸进入细胞，一方面通过复制产生子代病毒核酸，另一方面合成新的病毒蛋白，然后由这些新合成的病毒组分装配成子代病毒，并通过一定的方式释放到细胞外。④缺乏完整的酶系统和能量合成系统。病毒没有核糖体等细胞器，病毒的复制必须利用宿主细胞的酶、能量合成系统、核糖体等细胞器，以及合成子代病毒核酸和蛋白质的原料来完成自身的生命活动。⑤绝对的细胞内寄生。病毒是一种严格的细胞内寄生物，一切生命活动只有在活的宿主细胞内才能进行，在细胞外不表现出任何生命特征。

为了概括病毒的本质，病毒学工作者一直试图赋予“病毒”一个科学而严谨的定义。目前认为，病毒是一种非常小的感染性细胞内专性寄生生物，其基因组只包含一类核酸（DNA 或 RNA）；子代病毒颗粒由宿主细胞新合成的物质装配形成；在感染周期中产生的子代病毒颗粒是病毒基因组侵入下一宿主细胞或生物体的载体，它的分解导致下一个感染周期的开始。某些病毒在其生活史中需要整合到宿主染色体 DNA 中，称为原病毒（provirus）。此外，自然界中还存在着一类比病毒还小、结构更简单的微生物，称为亚病毒因子（subviral agent），包括类病毒（viroid）、卫星病毒（satellite virus）和朊粒（prion）。亚病毒因子不属于严格意义上的分类学名称。一般而言，病毒须应用电子显微镜将其放大数千乃至数万倍才能看见，但巨型病毒（giant virus）的直径为 0.2～1.5μm，经适当染色后可用光学显微镜观察。巨型病毒仅感染变形虫等原生动物，尚未发现对动物和人类致病的情况。最近还发现了一种可以感染巨型病毒的病毒，即噬病毒体（virophage）。亚病毒因子、巨型病毒和噬病毒体的发现不仅丰富了人们对病毒多样性的认识，也对病毒学的基本理论提出了新的思考和挑战。

三、病毒学研究的目的

病毒学作为一门独立的生物学科，是在 20 世纪 50 年代后建立起来的。随着科学技术的进步，病毒学的研究日益深入和广泛，目前已派生出诸多分支学科，如普通病毒学、医学病毒学、兽医病毒学、植物病毒学、昆虫病毒学、细菌病毒学、肿瘤病毒学、环境病毒学和分子病毒学等。病毒学研究的内容涉及病毒的形态结构、理化性质、起源进化、分类命名、复制、遗传变异，以及病毒与病毒之间和病毒与宿主之间的相互作用。病毒学研究的目的是多方面的，主要包括以下 3 个方面。

1. 通过研究病毒了解生命基本问题　病毒就其性质而言，是生命最原始的形态，在宿主细胞外与一般生物大分子没有什么区别，但一旦侵入细胞内就会发生一系列变化，如增殖子代、遗传与变异及与宿主细胞的相互作用等。这种特征使得病毒作为模式生物在分子生物学、分子遗传学、细胞生物学乃至肿瘤病毒学研究中发挥着重要作用。例如，对细菌病毒——噬菌体的深入研究揭示了基因转录和翻译的调节机制，奠定了现代分子生物学的基础。植物病毒——烟草花叶病毒晶体结构的解析启发人们从分子水平认识生命的本质，促进了生物学与化学及物理学的交叉融合；烟草花叶病毒 RNA 核苷酸序列的研究证实了遗传密码的密码子分配，为遗传密码的普遍性提供了明确的证据，同时也为突变机制的阐明奠定了基础。动物病毒的研究奠定了许多细胞功能（包括基因复制、转录、mRNA 加工和翻译）的基本准则。致癌病毒的研究揭示了癌症的遗传基础。显然，病毒对于许多学科中关键并具有突破性的理论的发现、形成和阐明做出了巨大贡献，使得人类得以进一步了解生命的一些基本问题。

2. 预防和控制各种病毒性疾病　病毒能引起人类、家畜和作物的许多严重传染病，因此，有效预防和控制各种病毒性疾病的发生和流行也是病毒学研究的主要目的。据统计，人类 60%～70%的传染病由病毒感染引起，从常见的流行性感冒、肝炎、麻疹、腮腺炎、狂犬病、各种脑炎，到艾滋病（acquired immunodeficiency syndrome，AIDS）、某些癌症、埃博拉出血热、严重急性呼吸综合征（severe acute respiratory syndrome，SARS）及新型冠状病毒感染（Coronavirus Disease 2019，COVID-19），这些病毒性疾病在不同程度上影响着人类的健康，甚至威胁人类生命。病毒还能引起家禽、家畜、野生动物、农作物、林木果类及其他许多经济动物和植物的疾病，如禽流感、牛口蹄疫、马铃薯病毒病、烟草花叶病、水稻白叶枯病、大豆病毒病等，因而给人类的经济活动和生态环境造成了极大的危害。尽管病毒通常都有特定的宿主范围，但它们有时也会突破种属屏障，传播至新的宿主。随着全球范围内人口的不断增长和环境资源的过度开发，原本存在于野生动物身上的病毒感染人类的概率越来越大。人类免疫缺陷病毒、高致死性的埃博拉病毒和 SARS 冠状病毒都是原本寄生于动物体内却感染人类并导致重大疾病的例子。因此，只有进行病毒学研究，认识病毒的特性、感染方式、传播途径和致病机制等，才能有效地控制和消灭这些病毒引起的疾病，保护人类的健康和赖以生存的环境。

3. 利用病毒为人类造福　科学家在不断认识病毒的同时，也在尝试改造病毒，使之为人类所用，包括：①利用病毒能侵袭对人类有害的生物来防治疾病。例如，利用噬菌体对细菌的裂解作用来治疗霍乱、痢疾、伤寒及铜绿假单胞菌引起的皮肤伤口感染等细菌性疾病，利用昆虫病毒来防治有害昆虫等。②利用病毒作为外源基因的表达载体进行基因治疗，如将逆转录病毒作为基因载体，治疗先天性遗传疾病如重症联合免疫缺陷病等。③制备亚单位疫苗。例如，将编码乙肝病毒表面抗原的基因构建成重组质粒，然后转入酵母或者大肠杆菌中进行高效表达，纯化后即可获得乙肝表面抗原亚单位疫苗，将其注入人体可有效预防乙型肝炎病毒的感染。

第二节　病毒学的史前时期

一、古代的病毒感染

病毒病自古有之，地球上的人类、动物和植物等长期遭受病毒病的折磨。人类的文字或图像记载中很早就有关于病毒病的描述。狂犬病可能是最早有文字记载的动物病毒病，公元前 2300 年的古代美索不达米亚地区的《巴比伦埃什努纳法典》中，首次描述了该传染病。最早关于人类病毒病的记载可以追溯到公元前 1500～前 1300 年的一幅古埃及石刻浮雕，上面刻着一位手拄拐杖、单腿萎缩，以马蹄足姿势站立的祭司的画像。根据画像判断，该祭司疑似患有小儿麻痹症（脊髓灰质炎）后遗症，这提示 3000 多年前就有脊髓灰质炎在人群中流行。

第一个被记载的植物病毒病是郁金香碎色病。患该病的郁金香花瓣出现不规则的彩色斑纹，被认为是非常名贵的品种而备受追捧。在 17 世纪 30 年代的荷兰，这种病态的郁金香曾掀起一场著名的“郁金香热”。昆虫病毒病可能与高等动植物的病毒病一样历史悠久。12 世纪中叶，我国《农书》中已有关于家蚕“高节”“脚肿”等病症的记载，这就是我们现在所知道的家蚕核型多角体病。

总之，在人类与病毒病抗争的漫长过程中，虽然人们没有认识到疾病的根源在于病毒，但早期对疾病现象的记载为后续病毒的发现奠定了重要的基础。可以说，病毒的发现是从对病毒病的研究开始的。

二、最早的疫苗

在遭受病毒性疾病侵害的同时，人类在对抗病毒性传染病方面付出了不懈的努力。据古书记载，中国在北宋年间（公元 10 世纪）就有了通过种“人痘”预防天花的方法。到了 11 世纪，“人痘”接种技术在中国和印度已普及。明隆庆年间（1567—1572），这项技术通过丝绸之路传播到中东，并迅速扩展至欧洲。

18 世纪 90 年代，英国医生爱德华·詹纳（Edward Jenner，1749—1823）从挤奶工较少患天花中获得灵感，发明了接种“牛痘”预防天花的方法。由于这种方法接种简便、安全，价格低廉且有效，逐渐取代了“人痘”接种法，并在全球范围内被广泛推广使用。1980 年 5 月，世界卫生组织（World Health Organization，WHO）宣布天花被成功消灭，这是人类史上第一个被消灭的传染病。“牛痘”预防天花为预防医学开辟了广阔的途径。1885 年，法国微生物学家路易·巴斯德（Louis Pasteur，1822—1895）制备了第一个减毒病毒疫苗——狂犬病疫苗。此后，随着第一个病毒的发现，黄热病疫苗、流感疫苗等病毒疫苗相继问世。

三、传染病病原学的确立

（一）微生物的发现

首先观察到细菌的是荷兰显微镜学家安东尼·范·列文虎克（Antonie van Leeuwenhoek，1632—1723）。他于 1676 年创制了一架能放大 266 倍的原始显微镜，用它观察牙垢、雨水、井水和植物浸液等，发现其中有许多活的“微小动物”，并用文字和图画科学地记载了这些“微小动物”的不同形态（球状、杆状和螺旋状）。列文虎克的发现为证明微生物的存在提供了科学依据，同时也为人类打开了认识微生物世界的大门。但在其后近 200 年里，微生物学的研究始终停留在形态描述和分门别类阶段。

（二）病原微生物

病原菌学说（germ theory of disease）的早期倡导者是德国解剖学家雅各布·亨勒（Jakob Henle，1809—1885）。他在 1840 年提出特定的疾病是由小到无法用光学显微镜观察到的传染性因子引起的假说。然而，因为缺乏实验数据的进一步证实，他的观点并没有被广泛接受。直到后来，巴斯德和德国细菌学家罗伯特·科赫（Robert Koch，1843—1910）通过实验研究印证了亨勒的猜想，对病原菌学说给出了科学依据，为传染病病原学的确立奠定了重要基础。

19 世纪 60 年代，酿酒和蚕丝业在欧洲一些国家占有重要的经济地位。酒类变质和蚕病危害促进了人们对微生物的研究。巴斯德用曲颈瓶实验证明有机物质的发酵和腐败是由微生物引起的，酒类变质是因为污染了杂菌，从而推翻了当时盛行的“自然发生学说”。之后，巴斯德继续研究了不同种类微生物的发酵作用，并得出结论：“不同种类的微生物与不同种类的发酵有关”。他很快将这一概念推广到疾病中，通过实验证明了微生物是引起蚕病的媒介。事实上，当时的巴斯德认为所有的传染病都是由细菌或其毒素引起的。

巴斯德的工作极大地影响了科赫。科赫发明了琼脂固体培养基，建立了细菌分离和纯培养技术，使得从环境或患者标本中分离并纯培养细菌成为可能。他还创建了染色方法和实验动物感染模型，为鉴定传染病病原提供了关键的实验手段。正是有了这些实验工具和手段，科赫才先后分离并鉴定了引起炭疽病和结核病的病原菌。1884 年，科赫提出了判定某一微生物是否为特定疾病病原体的基本原则，即著名的科赫法则（Koch's postulates）。科赫法则指出：①特定的病原菌应在患同种疾病的所有生物体中大量存在，但不应在健康动物中被发现；②该特定病原菌能够从患病的生物体中被分离出来，并获得纯种；③该纯培养物接种至易感动物能产生同种疾病；④从接种的患病实验动物中能重新分离得到特定的病原菌，并且能够鉴定出与原始病原菌相同。

随着对微生物及人类疾病认识的不断深入，科赫法则逐渐成为验证某一种细菌是否为特定传染病病原的科学标准，为发现多种传染病的病原菌提供了理论指导，使得 19 世纪的最后 20 年成为病原菌发现的黄金时代，大量的病原菌浮出水面。但在某些情况下，即使遵循了科赫法则的所有步骤，也无法分离或培养出病原菌，即某些传染病的病原学鉴定无法满足科赫法则时，科学家开始探索新的病原体，病毒的概念应运而生。

第三节　病毒学的发展历史

19 世纪末之前，人们只知道传染病由细菌引起。烟草花叶病（tobacco mosaic disease，TMD）的研究开启了人类发现病毒的历程，进而促进了病毒学的形成和发展。病毒学发展大致经历了以下 4 个时期：病毒的发现时期、病毒的化学和结构研究时期、病毒的细胞水平研究时期与病毒的分子水平研究时期。

一、病毒的发现时期

（一）植物、动物病毒的发现

病毒史上发现病毒的一个关键点是 1884 年，当时巴斯德的助手、法国微生物学家查尔斯·钱伯兰（Charles Chamberland，1851—1908）发明了一种陶瓷过滤器，这种过滤器可以阻滞细菌的滤过，最初用于实验室制备无菌水。1885 年，巴斯德在研究狂犬病的病原体时，发现该病原体可以通过这种过滤器，但他并未深入探究，从而错失了发现新传染性因子的机会。

自 1879 年起，德国农业化学家阿道夫·迈耶（Adolf Mayer，1843—1942）对烟草疾病展开实验研究，并于 1882 年将感染叶片上出现深色和浅色斑点的烟草疾病命名为烟草花叶病。他通过实验确定了该植物病害具有传染性，并推测病原可能是一种“可溶性的、类似酶的传染物”。

1892 年，俄国科学家德米特里·伊万诺夫斯基（Dmitri Ivanovsky，1864—1920）重复了迈耶的实验，并增加了过滤除菌这一重要步骤，发现过滤后的汁液仍具有传染性。然而，受到当时盛行的病原菌学说和科赫法则的影响，他认为通过滤器的致病因子仍然是细菌或细菌毒素，未能实现病原学概念上的飞跃。

病原学概念上的飞跃是由贝耶林克完成的。1898 年，贝耶林克在确认伊万诺夫斯基实验结果的基础上，提出滤液中的致病因子能够繁殖，但只能在活组织中，而不是在植物的无细胞汁液中繁殖，故称这种致病因子为“*contagium vivum fluidum*”（传染性活流质）。贝耶林克的发现引发了关于这些新型致病因子到底是液体还是颗粒的争议。直到 1939 年，德国学者赫尔穆特·鲁斯卡（Helmut Ruska，1908—1973）拍摄到烟草花叶病毒（tobacco mosaic virus，TMV）粒子的电子显微镜图像，这一争议才得以解决。总之，迈耶、伊万诺夫斯基和贝耶林克三位科学家都对“病毒”这个新概念的产生做出了贡献，特别是伊万诺夫斯基和贝耶林克对 TMV 的发现做出了创造性贡献。

1898 年，德国科学家弗里德里希·勒夫勒（Friedrich Loeffler，1852—1915）和保罗·弗罗施（Paul Frosch，1860—1928）发现引起牛口蹄疫的病原体也可以通过细菌滤器，从而再次证明了伊万诺夫斯基和贝耶林克的重大发现，口蹄疫病毒也成为第一个被发现的动物病毒。

（二）人类病毒的发现

据记载，自 15 世纪起，黄热病便在古巴等美洲热带地区肆虐，以其高死亡率著称，但其病原体一直未能确定。早在 1881 年，古巴医生卡洛斯·芬莱（Carlos Finlay，1833—1915）就提出黄热病可能通过蚊子叮咬传播给人类。1901 年，美国军医沃尔特·里德（Walter Reed，1851—1902）等通过实验确认了埃及伊蚊是黄热病的主要传播媒介，并在此基础上进一步发现了黄热病的病原体为滤过性病毒。黄热病毒是第一个被发现的引起人类疾病的病毒，也是第一个被证实由蚊虫媒介传播的病毒。

（三）噬菌体的发现

1915 年，英国病理学家弗雷德里克·特沃特（Frederick Twort，1877—1950）在研究痘苗病毒时意外发现，琼脂培养基中污染的细菌菌落出现了“玻璃样转化”（glassy transformation），且引起这种“转化”现象的因子经过高度稀释仍能迅速杀死细菌，故提出了细菌病毒的概念。紧接着在 1917 年，法裔加拿大微生物学家费利克斯·德埃雷勒（Félix d’Hérelle，1873—1949）在分离痢疾杆菌时发现，在长满细菌的琼脂平板上偶尔会出现清晰的没有细菌生长的圆形斑点，并把这种可以杀死痢疾杆菌的滤过性因子称为噬菌体（bacteriophage）。

TMV 的发现在病毒学发展史上起到了划时代的作用，开创了病毒学发展的历程。自该病毒发现至 20 世纪 30 年代初，病毒学研究主要集中在分离和鉴定引起各种病毒性疾病的病毒。科学家利用整株植物、敏感动物或鸡胚作为宿主体系，通过滤过性试验相继分离和鉴定了近百种病毒，包括流感病毒、脊髓灰质炎病毒、乙型脑炎病毒、狂犬病病毒、兔黏液瘤病毒、马铃薯花叶病毒、黄瓜花叶病毒、小麦花叶病毒等。他们将这些形形色色疾病的病原体都归为“滤过性病毒”。为了防治病毒引起的病害，科学家还在机体水平上研究了这些“滤过性病毒”对生物体所引起的特异性病理效应、病毒的传播方式和感染宿主范围、各种理化因子对病毒感染的影响，以及病毒的繁殖特征等。例如，曾在 17 世纪 30 年代掀起“郁金香热”的郁金香碎色病在 1929 年被证实由蚜虫传播。

在这一时期，人们对病毒本质的认识较为肤浅，认为病毒是一种与细菌类似的致病因子，所不同的是，病毒必须在活的细胞内才能繁殖，且体积微小，在光学显微镜下无法看到，能够通过细菌滤器等。这也是曾把病毒称为“超显微的滤过性病毒”的原因。

二、病毒的化学和结构研究时期

进入 20 世纪 30 年代，生物化学界的“蛋白质热”推动了科学家对病毒本质的探索，并利用新兴的蛋白质纯化技术来研究病毒，从而开启了病毒的化学和结构研究时期。

（一）确定病毒的化学组成

1927～1931 年，美国学者卡尔·文森（Carl Vinson）等首先从患病的烟叶汁中沉淀出具有传染性的 TMV，并证明了 TMV 可以在电场中移动，具有蛋白质特性。与此同时，美国病毒学家海伦·珀迪·比尔（Helen Purdy Beale，1893—1976）发现，自制的抗 TMV 抗体可中和 TMV 的传染性，从而进一步证实了病毒的蛋白质性质（后来人们发现抗体识别的化学物质不仅仅是蛋白质）。

随后，病毒纯化技术的出现使得病毒的物理和化学测量成为可能。1932～1934 年，匈牙利科学家马克斯·施莱辛格（Max Schlesinger，1904—1937）测量了纯化噬菌体的大小及质量，并首次提出病毒是由核蛋白组成的。1935 年，美国生物化学家温德尔·斯坦利（Wendell Stanley，1904—1971）从患病的烟叶汁中纯化出 TMV 并得到其结晶。这项工作不仅揭示了病毒的分子特性，也为后来的蛋白质结构研究奠定了重要基础。斯坦利因这项开创性工作荣获了 1946 年的诺贝尔化学奖，这也是病毒研究领域的第一个诺贝尔奖。

但斯坦利并未注意到 TMV 的其他组分。1936 年，英国的弗雷德·鲍登（Frederick Bawden，1908—1972）和诺曼·皮里（Norman Pirie，1907—1997）在纯化的 TMV 中发现了磷和糖类的组分，这些组分以核糖核酸（ribonucleic acid，RNA）的形式存在。后续研究还表明，有些病毒除含有核酸和蛋白质外，还含有一定量的脂类及碳水化合物。

（二）观察到病毒的形态及结构

电子显微镜的问世为病毒的形态、结构及其在细胞内的形态发生学研究提供了有效手段。1939 年，德国生物化学家古斯塔夫·阿道夫·考舍（Gustav Adolf Kausche，1901—1960）在鲁斯卡的协助下，利用电子显微镜成功观察到了 TMV 的杆状形态，证实了病毒为颗粒状结构，开启了对病毒形态和结构更深入的研究。1941 年，英国物理学家约翰·德斯蒙德·贝尔纳（John Desmond Bernal，1901—1971）和美国学者依赛道·凡库钦（Isidor Fankuchen，1904—1964）首次拍摄到了 TMV 的 X 射线衍射准晶体照片，表明 TMV 由重复的亚单位构成。直到1955年，英国物理化学家与晶体学家罗莎琳德·埃尔茜·富兰克林（Rosalind Elsie Franklin，1920—1958）才通过分析TMV的衍射照片，完成了TMV的模型构建，从而为人们揭示了TMV的结构。至此，通过众多科学家多年的努力，生物科学史上第一个病毒的本来面貌终于呈现在人们的面前。

可以说，TMV的结晶及其化学本质的发现是对医学和生物科学的巨大贡献，它引导人们从分子水平去认识生命的本质，为分子病毒学和分子生物学的诞生奠定了基础。这一时期的病毒学研究虽然取得了较大的进展，但尚未成为一门具有独立理论体系的学科，对病毒的概念仍存在很大争论。

三、病毒的细胞水平研究时期

病毒的本质特征在于其必须依赖宿主细胞进行增殖。早期病毒研究主要基于整株植物、动物模型或鸡胚研究病毒对植物、人或动物的致病作用。随着组织和细胞培养系统的建立和不断发展，病毒复制机制研究取得了实质性进展。同时，噬菌体与宿主菌的相互作用研究也极大地推动了病毒学的发展。

（一）病毒的组织培养技术

1943年，我国病毒学家黄祯祥（1910—1987）率先尝试利用鸡胚组织块在试管内进行西方马脑炎病毒的传代、定量滴定及中和实验，并取得了显著的成功。这一研究成果标志着病毒在试管内繁殖成为现实，从而突破了以往仅依靠动物培养病毒的限制。1949年，美国学者约翰·恩德斯（John Enders，1897—1985）等利用单层细胞成功培养和繁殖了脊髓灰质炎病毒，并因此获得了1954年的诺贝尔生理学或医学奖。病毒的组织培养技术开创了病毒学研究的黄金时期：①加速了新病毒的发现。借助于组织培养技术，病毒学家在20世纪50～60年代成功分离和鉴定了上百种对动物模型不敏感的新病毒，如腺病毒、副流感病毒、鼻病毒、呼吸道合胞病毒、埃可病毒和柯萨奇病毒等，大大扩展了病毒学的研究范围。②促进了病毒学研究方法的革新。1952年，美国病毒学家雷纳托·杜尔贝科（Renato Dulbecco，1914—2012）首次采用空斑测定技术在单层细胞上精确测定了脊髓灰质炎病毒的滴度。此后，该技术被广泛应用于病毒的复制、克隆与纯化等领域。③为病毒疫苗的研究提供了有力支持。1953年，美国病毒学家乔纳斯·索尔克（Jonas Salk，1914—1995）利用细胞培养技术研制出脊髓灰质炎灭活疫苗（inactivated poliovirus vaccine，IPV），这是首个用细胞培养生产的疫苗。目前组织培养技术已被广泛应用于未知病毒的分离、病毒病的诊断、疫苗生产及病毒感染和复制的基础研究中。

（二）噬菌体与宿主菌的相互作用研究

随着噬菌体的发现，噬菌体与宿主菌之间相互作用的研究取得了快速进展，使得病毒的许多特征包括病毒的感染、增殖、遗传、基因整合机制乃至病毒的基因图谱逐步被发现和阐明。

由德国分子生物学家马克斯·德尔布吕克（Max Delbrück，1906—1981）和美国微生物学家萨尔瓦多·爱德华·卢里亚（Salvador Edward Luria，1912—1991）领导的“噬菌体小组”围绕噬菌体与宿主菌的相互关系进行了大量而深入的研究，并取得了一系列惊人的成果。1940 年，德尔布吕克通过对噬菌体的定量研究，揭示了噬菌体的复制周期。1950 年，利沃夫阐明了溶原性噬菌体的诱导机制。1952 年，美国细菌学家艾尔弗雷德·戴·赫尔希（Alfred Day Hershey，1908—1997）和生物学家玛莎·蔡斯（Martha Chase，1927—2003）利用噬菌体感染实验，证实了 DNA 是噬菌体的遗传物质。同年，美国学者诺顿·辛德尔（Norton Zinder，1928—2012）等发现了噬菌体的转导现象。其中，赫尔希、德尔布吕克和卢里亚通过噬菌体研究阐明了病毒复制机制，获得了 1969 年诺贝尔生理学或医学奖。此外，法国分子遗传学家弗朗索瓦·雅各布（Francois Jacob，1920—2013）和法国分子生物学家雅克·莫诺（Jacques Monod，1910—1976）基于 λ 噬菌体溶原性的研究，建立了基因表达调控的操纵子理论，为理解病毒复制机制和基因调控奠定了基础，因此他们与利沃夫共同获得了 1965 年诺贝尔生理学或医学奖。总之，噬菌体与宿主菌之间相互作用的研究为整个病毒学领域提供了重要的理论和实验基础。

这一时期，基于细胞水平的病毒的测定、培养方法、生物学特性的研究都有了新的突破，科学家对病毒的本质有了更清晰的认识，形成较为统一的、明确的病毒概念。因此，病毒学逐渐从微生物学和流行病学的一个分支发展成为一门独立的生物学科。

四、病毒的分子水平研究时期

自 1953 年 DNA 双螺旋结构理论建立以来，分子生物学迅速发展，新技术和新方法的应用使得分子病毒学（molecular virology）悄然兴起，病毒学研究进入了一个崭新的发展时期。

（一）病毒学与免疫学

病毒学与免疫学的紧密联系促进了病毒性疾病诊疗技术的进步。20 世纪 60 年代以后，建立了一系列敏感、快速和准确的免疫学检测方法，如放射免疫法、免疫荧光法、酶联免疫吸附试验、免疫共沉淀及蛋白质印迹技术等，极大地推动了病毒学研究及病毒性疾病诊断技术的发展。此外，免疫球蛋白基因的发现促进了基因工程抗体的研制和抗体分子的改造；T 细胞和 B 细胞的抗原识别受体、主要组织相容性复合体（MHC）分子的结构和功能及各种细胞因子的研究，进一步揭示了病毒免疫应答的机制，这些均为病毒性疾病的分子免疫治疗奠定了基础。

（二）病毒学与分子生物学

1. 分子生物学的发展极大地推动了分子病毒学的发展 20 世纪 60 年代以来，DNA 和 RNA 病毒复制机制的阐明，朊粒等亚病毒因子的发现，病毒基因组序列的测定，癌基因和抑癌基因的发现，以及病毒基因结构与功能的关系、基因表达调控原理和蛋白质分子结构的揭示，都标志着分子病毒学取得了显著进步。分子病毒学理论的迅速发展也给病毒性疾病的防治带来了新的突破。以核酸为核心的技术不仅为病毒性疾病的诊断提供了先进的检测方法，还促进了第三代病毒疫苗——重组病毒疫苗的诞生。目前，新的分子生物学研究方法层出不穷，体外蛋白质合成和表达技术的应用，核酸与蛋白质、蛋白质与蛋白质之间相互作用的研究，生物芯片的应用，以及人类疾病蛋白质组学的兴起等，为分子病毒学的深入发展提供了广阔的空间。

2. 分子病毒学对分子生物学发展的贡献 分子病毒学的研究对分子生物学的发展也起到很大的推动作用。①病毒逆转录酶（reverse transcriptase）的发现：1970 年，美国学者霍华德·马丁·特明（Howard Martin Temin，1934—1994）和戴维·巴尔的摩（David Baltimore，1938—）分别在逆转录病毒中发现了逆转录酶，这个重要的发现不仅丰富了经典的中心法则（central dogma）的内容，同时也使 RNA 在试管内反转录成 cDNA 成为可能，大大加快了功能基因 cDNA 的克隆及研究。两位学者因这一重要发现而获得了 1975 年诺贝尔生理学或医学奖。②病毒 mRNA 剪接现象的发现：20 世纪 70 年代末到 80 年代初，美国遗传学家与分子生物学家菲利普·夏普（Phillip Sharp，1944—）等在研究腺病毒基因表达时发现了 mRNA 剪接现象，该发现对理解真核生物的基因表达调控具有重要意义，对现代分子生物学和遗传学发展产生了深远的影响。③病毒载体的贡献：多种病毒载体如腺病毒载体、慢病毒载体的出现，为研究真核细胞基因表达及疾病的基因治疗提供了重要手段。

（三）病毒学与基因工程

1. 限制性内切酶的发现 1970 年，美国微生物学家汉密尔顿·史密斯（Hamilton O. Smith，1931—）等首次从流感嗜血杆菌中分离并纯化出限制性内切酶（restriction endonuclease），这是继逆转录酶之后又一个具有深远影响的发现。限制性内切酶连同来自 T4 噬菌体的 DNA 聚合酶和连接酶、多核苷酸激酶，以及来自禽成髓细胞性白血病病毒的逆转录酶，成为分子生物学和基因工程在基础研究与应用开发中不可缺少的工具酶。

2. 基因工程的诞生 1972 年，美国学者保罗·伯格（Paul Berg，1926—2023）实现了 DNA 重组技术的首次突破，他利用限制性内切酶和 DNA 连接酶，将 λ 噬菌体 DNA 与猿猴空泡病毒 40（simian vacuolating virus 40，SV40）DNA 在体外进行重组，创造了一个重组 DNA 分子。1973 年，美国生物化学家赫伯特·博耶（Herbert Boyer，1936—）和斯坦利·科恩（Stanley Cohen，1922—2020）将体外构建的含有四环素和卡那霉素抗性基因的重组质粒导入大肠杆菌，获得了具有双重抗性的大肠杆菌转化子，成功完成了第一个基因克隆实验，标志着基因工程的诞生。1974 年，他们又尝试将非洲爪蟾核糖体基因片段同含有四环素抗性基因的大肠杆菌质粒重组，并导入大肠杆菌，结果表明动物基因可进入大肠杆菌并转录出相应的 mRNA 产物，第一次实现了异源真核基因在原核生物中的表达。

基因工程的诞生开创了人类改造生物的新阶段，推动了医学和整个生命科学的进步，也给病毒学研究带来了革命性变化，开辟了病毒性疾病的基因诊断、基因工程疫苗开发和基因工程药物研制的新局面。1986 年，首支基因工程疫苗——乙肝疫苗获批上市。同年，具有抗病毒作用的基因工程药物 IFN-α2a 和 IFN-α2b 也相继批准上市。

（四）病毒学与后基因组学

自 20 世纪 90 年代起，基因组学、转录组学、蛋白质组学和代谢组学等组学技术的发展，使得科学家能够全面分析病毒的基因组，揭示其复杂的调控模式和功能。1990 年，人巨细胞病毒全基因组测序完成，标志着核酸序列分析技术的一次重要突破。此后，几乎所有已知病毒的基因组都已完成测序。随着基因组测序的快速发展，后基因组学应时而兴。后基因组学要解决的核心问题是如何破译天文数字般的 DNA 信息所编码的蛋白质的功能，以及占人类基因组序列 95%以上的非编码区的功能。因此，以病毒基因研究为先驱的核酸研究又重新回到了以蛋白质功能为核心的后基因组学研究中。

总之，在这一时期，人们运用分子生物学理论和技术方法致力于研究病毒基因组结构、功能和表达调控机制，病毒蛋白结构、功能及合成的方式，各类病毒的感染、增殖和致病机制，从而更深入地了解病毒与宿主相互作用关系，不断地探索病毒性疾病诊断、预防和治疗的新技术与新方法，认识那些尚未证实病因的可疑病毒性疾病的病原本质，使病毒学研究的面貌焕然一新。

病毒学经过上述 4 个时期的发展，逐渐形成并成熟起来。病毒学的研究将为人类认识和揭示生命本质规律，克服和战胜病毒病，以及利用病毒造福人类等做出重要贡献。病毒学发展史上的一些重要事件见表 1-1。

表 1-1　病毒学发展史上的一些重要事件

年份	重要事件	报道者
1798	接种牛痘预防天花	E. Jenner
1885	首创狂犬病疫苗	L. Pasteur
1892	发现烟草花叶病病原的滤过性	D. Ivanovsky
1898	发现烟草花叶病的滤过性病原，称为“传染性活流质”	M. W. Beijerinck
	发现第一个动物病毒——口蹄疫病毒	F. Loeffler、P. Frosch
1901	发现第一个人类病毒——黄热病毒	W. Reed
1903	发现狂犬病病毒	M. Remlinger 等
1907	发现登革病毒	P. Ashburn 等
	发现人乳头瘤病毒	G. Ciuffo
1908	发现禽白血病病毒	V. Ellermann 等
1909	首次分离脊髓灰质炎病毒	K. Landsteiner 等
1911	发现鸡肉瘤病毒	F. P. Rous
	发现麻疹病毒	J. Goldberger 等
1915	发现噬菌体	F. Twort
1917	发现噬菌体	F. d’Hérelle

续表

年份	重要事件	报道者
1918	发现流感病毒	C. Nicolle 等
1919	发现单纯疱疹病毒	A. Löwenstein
1929	发现博尔纳病毒	S. Nicolau 等
1931	开始使用鸡胚培养病毒	E. W. Goodpasture 等
1933	鉴定兔乳头瘤病毒	R. E. Shope
1934	分离纯化噬菌体	M. Schlesinger
	发现腮腺炎病毒	C. Johnson 等
	发现日本脑炎病毒	M. Hayashi 等
1935	获得烟草花叶病毒结晶	W. Stanley
1937	揭示烟草花叶病毒的化学本质是核蛋白	F. Bawden 等
	成功制备黄热病减毒活疫苗	M. Theiler
1938	测定出各种病毒颗粒的大小	W. J. Elford
1939	电镜下观察到烟草花叶病毒	G. A. Kausche 等
1940	阐明噬菌体的复制周期	M. Delbrück
1942	发现哺乳动物 RNA 肿瘤病毒（小鼠腺瘤病毒）	J. J. Bittner
1943	创立病毒体外组织培养技术	黄祯祥
1948	发现柯萨奇病毒	G. Dalldorf 等
1949	利用单层细胞培养脊髓灰质炎病毒	J. Enders 等
1950	阐明溶原性噬菌体的诱导机制	A. Lwoff 等
1951	发现小鼠白血病病毒	L. Gross
1952	证实 DNA 是噬菌体的遗传物质	A. D. Hershey 等
	揭示烟草花叶病毒衣壳蛋白的化学性质	J. I. Harris
	发现转导现象	N. Zinder 等
	发现溶原性噬菌体	E. Wollman 等
	利用单层细胞培养进行蚀斑试验	R. Dulbecco
1953	利用细胞培养制备脊髓灰质炎灭活疫苗	J. Salk
	发现人类腺病毒	W. Rowe 等
1955	制备脊髓灰质炎减毒活疫苗	A. Sabin
	由 RNA 和蛋白质重建出具有感染性的烟草花叶病毒	H. Fraenkel-Conrat 等
	获得脊髓灰质炎病毒的结晶	F. L. Schaffer 等

续表

年份	重要事件	报道者
1956	证明烟草花叶病毒 RNA 分子具有感染性	H. Fraenkel-Conrat 等
	发现人类巨细胞病毒	M. Smith 等
1957	提出库鲁病和克-雅病由一种“非常规病毒”引起	D. C. Gajdusek
	成功从 Mengo 脑炎病毒颗粒内提取出感染性核酸	J. S. Colter
	发现干扰素	A. Isaacs 等
	利用细胞培养分离出多瘤病毒	S. E. Stewart 等
1958	通过化学诱变获得烟草花叶病毒突变体	A. Gierer 等
1960	测定烟草花叶病毒衣壳蛋白的氨基酸序列	A. Tsugita 等
1962	体外翻译噬菌体 RNA	D. Nathans 等
1964	揭示 EB 病毒与伯基特淋巴瘤（Burkitt lymphoma）有关	M. Epstein 等
1965	体外复制噬菌体 Qβ RNA	S. Spiegelman 等
	发现澳大利亚抗原（即 HBsAg）	B. Blumberg
	发现人类冠状病毒（B814 和 229E）	D. Tyrrell 等
1967	体外复制噬菌体 ΦX174 DNA	M. Goulian 等
	阐明流感病毒的多节段 RNA 基因组	P. H. Duesberg
1970	发现逆转录酶	H. M. Temin、D. Baltimore 等
1971	发现类病毒	T. O. Diener
1973	发现引起婴儿腹泻的轮状病毒	R. Bishop
	发现甲型肝炎病毒	S. Feinstone 等
1974	发现人乳头瘤病毒与宫颈癌的关系	H. zur Hausen
1976	发现埃博拉病毒	P. Piot 等
1977	测定噬菌体 ΦX174 基因组 DNA 序列	F. Sanger
	研究腺病毒基因表达时发现 RNA 剪接	P. Sharp、L. T. Chow
1978	测定 SV40 全序列	W. Fiers、V. B. Reddy
	证明噬菌体 Qβ cDNA 具有感染性	T. Taniguchi 等
	证明 RNA 肿瘤病毒转化基因 *SRC* 的产物是磷酸激酶	M. S. Colett 等
	发现并分离出引起肾综合征出血热的病原体——汉坦病毒	Ho-Wang Lee
1979	利用载体成功表达人干扰素基因	T. Taniguchi 等
1980	发现一株与白血病相关的人类逆转录病毒——人类嗜 T 细胞病毒 1 型	R. Gallo 等
	发现丁型肝炎病毒	M. Rizzetto
	WHO 正式宣布人类彻底消灭天花	WHO 编年史

续表

年份	重要事件	报道者
1982	发现乙型肝炎病毒 DNA 复制中有逆转录过程	J. Summers 等
	利用痘苗病毒作为载体表达外源基因	B. Moss、E. Paoletti
	发现羊瘙痒病病原体是一种蛋白质，并命名为“prion”	S. B. Prusiner 等
1983	分离到与艾滋病相关的人类逆转录病毒	L. Montagnier、F. Barre-Sinoussi
1985	以逆转录病毒为载体将外源基因导入小鼠	H. vonder Palten 等
1989	成功克隆戊型肝炎病毒基因组 cDNA 并正式命名为戊型肝炎病毒	G. R. Reyes 等
	发现丙型肝炎病毒	M. Houghton
1991	将 Moloney 鼠白血病病毒反义序列导入受精卵，培育出抗病毒转基因小鼠	L. Han 等
1996	发明治疗艾滋病的鸡尾酒疗法	D. Ho
1997	发现疯牛病的致病因子是朊病毒（prion）	S. Prusiner
1999	发现西尼罗病毒	D. Asnis 等
2002	发现当时最大的病毒——拟菌病毒（mimivirus）	B. la Scola 等
2003	WHO 正式命名 SARS-CoV	M. Marra
2004	全球多国暴发 H5N1 禽流感病毒导致的禽流感疫情	
2005	发现人类博卡病毒	T. Allander 等
	首次建立丙型肝炎病毒体外培养系统	T. Wakita 等
	发现果蝠是埃博拉病毒和马尔堡病毒的储存宿主	E. Leroy 等
2006	美国 FDA 批准上市第一个人乳头瘤病毒（HPV）疫苗 Gardasil	Merck 公司
2008	发现首个感染“妈妈病毒”（mamavirus）的噬病毒体 Sputnik	B. la Scola 等
2012	沙特首发中东呼吸综合征冠状病毒（Middle East respiratory syndrome coronavirus，MERS-CoV）引起的中东呼吸综合征	
2012	发现乙肝病毒受体	李文辉
2015	世界多地出现寨卡病毒引起的寨卡病毒病的流行	
2019	全球暴发由 SARS-CoV-2 引起的 COVID-19	
2020	新型 mRNA 疫苗首次用于人类传染病防控（COVID-19 mRNA 疫苗）	
2022	世界多地出现猴痘病毒（monkeypox virus，MPXV）引起的人猴痘的流行	

人类在病毒学研究领域已取得巨大成就，但实现控制和消灭病毒性疾病的目标仍任重道远。例如，某些病毒的致病和免疫机制还有待阐明，病毒性疾病尚缺乏有效的药物治疗，某些病毒的快速变异给疫苗设计和治疗造成了巨大障碍等。在未来一段时间内，病毒学的主要研究领域应包括：动物源和在人（动物）群中广泛并快速传播的新发和再现病毒

性疾病的病原学研究；病毒的致病机制研究；抗病毒免疫的基础理论及其应用研究；建立规范化的病毒学诊断方法及技术等。

本章小结

病毒是一类既具有生物大分子属性和生物体基本特征，又具有细胞外感染性颗粒形式和细胞内繁殖性基因形式的十分独特的生物类群，其特点包括：不具有细胞结构；基因组仅含有一种类型的核酸（DNA或RNA）；以复制的方式进行增殖；缺乏完整的酶系统和能量合成系统；绝对的细胞内寄生。亚病毒因子、巨型病毒和噬病毒体的发现丰富了人们对病毒多样性的认识，同时也对病毒学的基本理论提出了新的思考和挑战。人类与病毒病的斗争持续了几千年的历史，直到19世纪末才发现病毒的存在，随后开启了病毒研究的历程。病毒学的形成和发展经历了不同的时期，包括病毒的发现时期、病毒的化学和结构研究时期、病毒的细胞水平研究时期与病毒的分子水平研究时期。病毒学的研究将为人类认识和揭示生命本质规律、防治病毒病、利用病毒造福人类及推动其他生命科学的快速发展等做出重要贡献。

（石立莹　彭宜红）

复习思考题

1. 与其他生物相比，病毒具有哪些特征？
2. 用具体实例介绍病毒学对生命科学的贡献。
3. 阐述当前病毒学的研究内容及发展趋势。

主要参考文献

胡志红，陈新文. 2019. 普通病毒学. 2版. 北京：科学出版社.

彭宜红，郭德银. 2024. 医学微生物学. 4版. 北京：人民卫生出版社.

彭宜红，谢幼华，陈利玉. 2024. 医学病毒学. 北京：科学出版社.

Flint J，Racaniello V R，Rall G F，et al. 2020. Principles of Virology（Volume Ⅰ：Molecular Biology）. 5th ed. Washington DC：ASM Press.

Howley P M，Knipe D M. 2024. Fields Virology（Volume 4：Fundamentals）. 7th ed. Philadelphia：Wolters Kluwer Health/Lippincott Williams & Wilkins.

Riedel S，Morse S A，Mietzner T，et al. 2019. Jawetz，Melnick，& Adelberg's Medical Microbiology. 28th ed. New York：Lange Medical Books/McGraw-Hill Education.

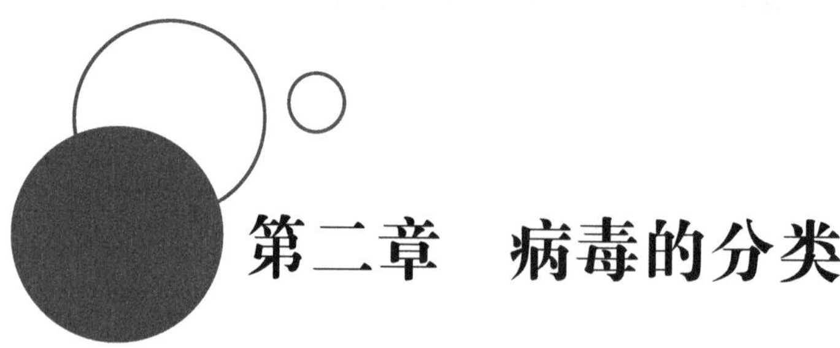

第二章　病毒的分类

本章要点

1. 病毒分类依据：病毒的分类依据包括病毒体特征、基因组特征、蛋白质特征、繁殖特征、理化特征、抗原性、致病性、流行病学特点等。病毒体特征包括病毒的颗粒大小、形态、结构对称性和包膜，是病毒分类的重要依据。
2. 国际病毒分类法：国际病毒分类委员会采用纲、目、科、亚科、属、种分类阶元对病毒进行分类。
3. 亚病毒：一类比病毒更为简单，仅具有某种核酸或蛋白质，能够侵染动植物的微小病原体，包括类病毒、拟病毒和朊病毒。

本章知识单元和知识点分解如图 2-1 所示。

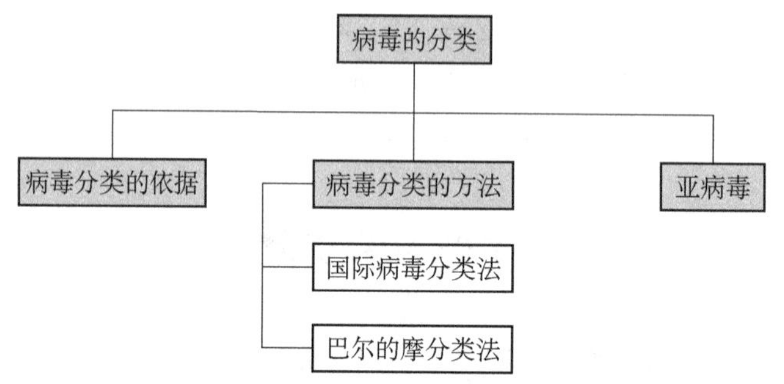

图 2-1　本章知识单元和知识点分解图

病毒分类是根据病毒的生物学性状、致病性和流行病学特点等，将其进行区分和鉴别的一项工作。随着病毒学，尤其是分子病毒学的发展，病毒分类逐渐成为一门学科，并逐步走向成熟。1966 年国际病毒命名委员会（ICNV）成立以后，病毒分类与命名的工作得到巩固和发展。1973 年，ICNV 更名为国际病毒分类委员会（ICTV）。巴尔的摩分类法是根据核酸的类型对病毒进行分类的方法。根据宿主范围不同，病毒可以分为微生物病毒、植物病毒、动物病毒和人类病毒。根据临床特点不同，病毒可以分为呼吸道病毒、消化道病毒、肝炎病毒、虫媒病毒、出血热病毒和肿瘤病毒等。此外，亚病毒是一类比病毒更为简单，仅具有某种核酸（不具有蛋白质），或仅具有蛋白质（不具有核酸），能够侵染动植物的微小病原体，包括类病毒、拟病毒和朊病毒。

第一节 病毒分类的依据

（一）病毒体特征

病毒的颗粒大小、形态、结构对称性和包膜是病毒分类的重要依据。

1. 大小 病毒大小以纳米（nm）计。过去认为，动物病毒以痘病毒科（*Poxviridae*）最大，尺寸为（300～450）nm×（170～260）nm；口蹄疫病毒属（*Aphthovirus*）最小，直径为 10nm。植物病毒以马铃薯 Y 病毒（potato virus Y）最大，尺寸为 750nm×12nm；南瓜花叶病毒（squash mosaic virus）最小，直径为 22nm。一般而言，直径<50nm 的称为小型病毒；直径>150nm 的称为大型病毒；大多数病毒直径为 50～150nm，为中等大小病毒。近年来发现了多种巨型病毒。例如，潘多拉病毒（Pandoravirus）的尺寸约为 1000nm×500nm，阔口罐病毒属（*Pithovirus*）的尺寸约为 1500nm×1000nm。

2. 形态 病毒的形态多样，依种类不同而异。动物病毒的形态有球形、卵圆形、砖形等，植物病毒的形态有杆状、丝状、球状等，噬菌体的形态有蝌蚪状、丝状。根据形态特点，病毒主要可以分为球状病毒、杆状病毒、砖形病毒、弹状病毒、蝌蚪状病毒几种类型。

3. 结构对称性 根据组成病毒衣壳的壳粒排列方式不同，病毒可以分为以下三种结构类型：①螺旋对称型，壳粒沿着螺旋形的核酸链呈对称排列，如烟草花叶病毒（tobacco mosaic virus）；②二十面体对称型，衣壳由 20 个等边三角形面构成，形成一个正二十面体，大多数球状病毒属于这种类型，如腺病毒（adenovirus）；③复合对称型，既有螺旋对称又有二十面体对称的结构特征，如噬菌体（phage）的头部为二十面体对称，尾部为螺旋对称。

4. 包膜 根据病毒是否有包膜，病毒可以分为两类：有包膜的病毒称为包膜病毒（enveloped virus），无包膜的病毒称为裸露病毒（naked virus）。

（二）基因组特征

病毒的核酸类型、链数、形状、极性、片段数、基因组大小和核苷酸序列等也是病毒分类的重要依据。核酸可以分为核糖核酸（RNA）和脱氧核糖核酸（DNA）两种类型，大多数病毒只含有一种类型的核酸。根据所含核酸类型不同，病毒可以分为双链 DNA（dsDNA）病毒、单链 DNA（ssDNA）病毒、双链 RNA（dsRNA）病毒、单正链 RNA（+ssRNA）病毒和单负链 RNA（−ssRNA）病毒等类型。

（三）蛋白质特征

蛋白质除了参与病毒衣壳的组成，也是病毒体内许多功能性酶的主要成分。因此，蛋白质数量、大小、功能和氨基酸序列也是病毒鉴别的依据之一。此外，还可以根据病毒蛋白的抗原性进行更细致的分类。

（四）繁殖特征

不同病毒在繁殖过程中的不同环节也存在明显差异，包括复制类型、转录特点、蛋白质装配、成熟、释放部位和包涵体的形成等。例如，成熟的子代病毒可以通过出芽、细胞裂解等不同的方式从宿主细胞释放出来。此外，病毒感染细胞中出现的包涵体的大小、数量、位置、嗜酸性或嗜碱性也是病毒鉴别的依据之一。

（五）理化特征

不同病毒的理化性质，包括 pH 稳定性，对 Ca^{2+}、Mg^{2+}、脂溶剂、洗涤剂和放射性等的抵抗性，沉降系数，体外存活时间等方面存在明显差异。

1. pH 稳定性 大多数病毒在 pH6～8 内比较稳定，而在 pH<5 的酸性环境或 pH>9 的碱性环境中迅速失活。不同病毒对 pH 的耐受能力有很大的不同。例如，有些病毒在酸性环境中稳定，如肠道病毒（enterovirus）；而有些则在碱性环境中稳定，如戊型肝炎病毒（HEV）。

2. 射线 γ 射线和 X 射线及紫外线都能使病毒失活。有些病毒经紫外线灭活后，若再用可见光照射，因为有激活酶，灭活的病毒可复活，故不宜用紫外线制备灭活疫苗。

3. 脂溶剂 包膜病毒的包膜包含脂质成分，易被乙醚、氯仿、去氧胆酸盐等脂溶剂所溶解。因此，包膜病毒进入人体消化道后，即被胆汁破坏。乙醚在脂溶剂中对病毒包膜具有很大的破坏作用，可用于鉴别有包膜和无包膜病毒。

（六）抗原性

不同种类的病毒有其特异性的抗原决定簇，能诱导产生特异性的抗体。抗原的特异性是病毒血清学鉴定的主要依据。同一种病毒也可以根据抗原性的差异分为不同的血清型。

（七）致病性

在目前已经发现的病毒中，只有少数病毒能致病。致病病毒在组织和细胞嗜性、病理学特点和临床症状等方面存在很多差异。例如，乙肝病毒（HBV）主要感染肝细胞；乙型脑炎病毒（JEV）主要感染神经细胞；人类免疫缺陷病毒（HIV）主要感染表达 CD4 分子的 T 细胞。不同的病毒感染机体可以诱发明显不同的症状，如流感病毒（influenza virus）和出血热病毒（hemorrhagic fever virus）。

（八）流行病学特点

不同病毒在宿主范围、传播途径、媒介关系和地理分布等流行病学指标上存在明显差异。不同病毒的宿主范围不同，可以为人类或其他哺乳动物、昆虫、植物、藻类、支原体和衣原体等微生物。不同病毒可以选择性地通过呼吸道、消化道和泌尿生殖道等不同传播途径进行传播。此外，披膜病毒科、黄病毒科、布尼亚病毒科和呼肠病毒科的环状病毒属是以节肢动物为媒介进行传播的。

第二节　病毒分类的方法

一、国际病毒分类法

国际病毒分类委员会（International Committee on Taxonomy of Viruses，ICTV）采用纲（class）、目（order）、科（family）、亚科（subfamily）、属（genus）、种（species）分类阶元对病毒进行分类。2023 年 7 月，国际病毒分类委员会将现有的 14 690 种病毒分为 41 纲、81 目、314 科、200 亚科和 3522 属。

一般而言，病毒颗粒的形态、基因组组成、复制方式及病毒结构蛋白和非结构蛋白的数量与大小，往往都可以作为病毒科、属分类的依据。而不同病毒目的区分，则与病毒基因组的核酸类型、单双链、逆转录过程和基因组的极性有关。此外，病毒颗粒的形态结构和转录策略也可以用作区分病毒目的依据。

二、巴尔的摩分类法

巴尔的摩分类法（the Baltimore classification system）基于病毒 mRNA 的生成机制对病毒进行分类。在从病毒基因组到蛋白质的过程中，必须要生成 mRNA 来完成蛋白质合成和基因组的复制。每个病毒家族采用不同的机制来完成这一过程。病毒基因组可以是单链或双链的 RNA 或 DNA，可以有也可以没有逆转录酶。单链 RNA 病毒可以是正义（+）或反义（−）。

巴尔的摩分类法将病毒分为 7 类，见表 2-1。例如，带状疱疹病毒（herpes zoster virus）属于疱疹病毒目疱疹病毒科甲型疱疹病毒亚科水疱病毒属；同时，带状疱疹病毒是巴尔的摩分类法中的第一类，因为它是双链 DNA 病毒，且不含有逆转录酶。

表 2-1　巴尔的摩分类法

类别	名称	常见病毒
第一类	双链 DNA 病毒	腺病毒、疱疹病毒、痘病毒
第二类	（+）单链 DNA 病毒	小 DNA 病毒
第三类	双链 RNA 病毒	呼肠孤病毒
第四类	（+）单链 RNA 病毒	微小核糖核酸病毒、披盖病毒
第五类	（−）单链 RNA 病毒	正黏病毒、弹状病毒
第六类	单链 RNA 逆转录病毒	逆转录病毒
第七类	双链 DNA 逆转录病毒	乙肝病毒

第三节 亚 病 毒

亚病毒是一类比病毒更简单，仅具有某种核酸（不具有蛋白质），或仅具有蛋白质（不具有核酸），能够侵染动植物的微小病原体。例如，类病毒没有蛋白质外壳，仅由一个单链环状 RNA 分子组成。拟病毒又称类类病毒、壳内类病毒或病毒卫星，是一类被包裹在植物病毒粒子中的单链环状 RNA 分子。朊病毒又称蛋白质侵染因子、毒朊或感染性蛋白质，是一类能引起哺乳动物和人的中枢神经系统病变的传染性病变因子。朊病毒没有核酸，仅由蛋白质构成。

本章小结

病毒分类是将病毒进行区分和鉴别的一项工作，已逐渐成为一门学科。病毒的分类依据包括病毒体特征、基因组特征、蛋白质特征、繁殖特征、理化特征、抗原性、致病性、流行病学特点等。国际病毒分类委员会采用纲、目、科、亚科、属、种分类阶元对病毒进行分类。病毒颗粒的形态、基因组组成、复制方式及病毒结构蛋白和非结构蛋白的数量与大小，往往都可以作为病毒科、属分类的依据。而不同病毒目的区分，则与病毒基因组的核酸类型、单双链、逆转录过程和基因组的极性有关。此外，病毒颗粒的形态结构和转录策略也可以用作区分病毒目的依据。巴尔的摩分类法是基于病毒 mRNA 的生成机制对病毒进行分类的方法。类病毒、拟病毒和朊病毒是一类比病毒更简单的亚病毒。类病毒和拟病毒只含有核酸，而朊病毒只含有蛋白质。

（黄　俊）

复习思考题

1. 哪些因素可以作为病毒的分类依据？
2. 巴尔的摩分类法将病毒分为哪几类？
3. 简述亚病毒的定义及分类。

主要参考文献

芬纳 F. 1980. 病毒的分类与命名. 廖延雄译. 北京：科学出版社.

张忠信. 2006. 病毒分类学. 北京：高等教育出版社.

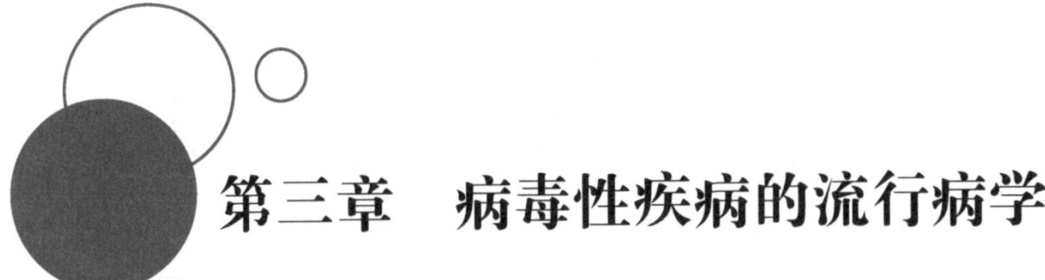

第三章 病毒性疾病的流行病学

本章要点

1. 我国病毒性疾病的流行现状：我国病毒性疾病的流行现状显示出发病率和死亡率下降的趋势，但新发病毒性疾病的不断出现和特定病毒如新型冠状病毒的快速传播，仍然对公共卫生构成重大威胁。此外，传统疾病依然是重要的公共卫生问题，需要持续关注和努力防治。
2. 病毒性疾病的流行过程：病毒性疾病的流行过程涉及传染源、传播途径和易感人群三个基本环节。每个环节都受到多种自然和社会因素的影响，通过研究这些因素，可以更好地理解病毒性疾病的传播动态，为制定有效的预防措施提供依据。
3. 病毒性疾病流行病学研究方法：病毒性疾病流行病学研究方法多样，包括描述性研究、队列研究、病例对照研究和实验性研究等，每种方法都有其独特的优势和适用场景。
4. 病毒性疾病的流行病学基线数据与建模：病毒性疾病的流行病学基线数据对于理解病毒性疾病的流行规律至关重要。通过建立数学模型，模拟病毒在人群中的传播过程，预测疾病趋势，并评估预防控制措施的效果，为制订有效的公共卫生策略提供科学依据。
5. 病毒性疾病监测与预警：病毒性疾病的监测与预警系统是公共卫生安全的重要组成部分。通过持续收集和分析疾病数据，可以及时发现疾病的暴发和流行趋势，为采取预防措施提供信息支持。

本章知识单元和知识点分解如图 3-1 所示。

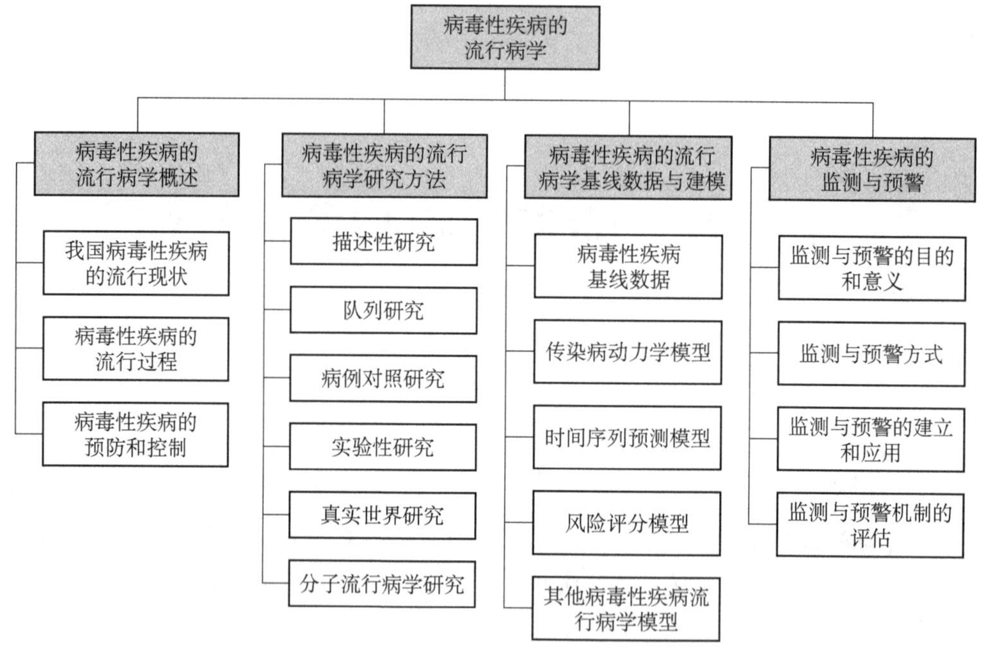

图 3-1　本章知识单元和知识点分解图

第一节　病毒性疾病的流行病学概述

数字资源 3-1

数字资源 3-2

流行病学（epidemiology）是研究疾病和健康状态在人群中的分布及其影响因素，借以制订和评价预防、控制和消灭疾病及促进健康的策略与措施的科学。作为一门方法学与应用科学相融合的学科，流行病学为预防和控制人类疾病，促进人类健康做出了巨大贡献。

病毒（virus）是一类在普通光学显微镜下不可见的、专性细胞内寄生的非细胞型微生物。病毒在自然界的分布非常广泛，人类传染病中约 2/3 由病毒引起。病毒性疾病（viral disease）的流行病学与传染病流行病学密不可分，它是研究人群中病毒性疾病发生、发展和分布规律，以及制订预防、控制和消灭病毒性疾病的对策与措施的科学。

一、我国病毒性疾病的流行现状

1. 流行总趋势　从古至今，人类与病毒的战斗从未停止，病毒性疾病迄今正在并将继续对人类构成致命威胁。随着科技的快速发展，人类文明不断进步，在同各种病毒的抗争中，病毒性疾病的防治取得了举世瞩目的成就。病毒性疾病的总发病率、死亡率均显著下降，不同传播途径的疾病构成发生改变，大规模的疾病暴发和流行明显减少。但时至今日，人类真正彻底消灭的病毒只有天花病毒，随着全球化飞速发展，病毒性疾病的传播速度史无前例地加快，与此同时，各类新型病毒不断出现，人类健康的守护依然面临巨大挑战。

2. 流行形势依然严峻　近年来，呼吸道传染病成为报告病例最多的传染病，人兽共患病如狂犬病等的发病率明显上升，艾滋病、乙肝等经血液、性接触传播的疾病明显增加，逐渐成为我国重大公共卫生问题。在甲乙类传染病中，病毒性肝炎的报告发病数位居榜首，而报告死亡数位居前五位的疾病中，除肺结核以外，其余 4 种——艾滋病、狂犬病、病毒性肝炎和人感染 H7N9 禽流感都属于病毒性疾病的范畴。

3. 新发病毒性疾病不断涌现　近 20 年来，全球范围内已经出现几十种新发传染病，其中约半数是病毒性疾病，包括艾滋病、肾综合征出血热、丙型病毒性肝炎、戊型病毒性肝炎、成人轮状病毒感染性腹泻、严重急性呼吸综合征、人类高致病性禽流感、甲型 H1N1 流感和 2019 年底暴发的新型冠状病毒感染等，给人们的生活带来了巨大的影响，对国家的经济水平造成重创，全球大流行更是影响了全球人民的健康和生活。此外，还有其他烈性病毒性疾病如埃博拉出血热、尼帕病毒脑炎等存在传入的可能。

二、病毒性疾病的流行过程

任何病毒性疾病都是由特异的病毒引起的，其发生和传播是病毒与宿主相互作用的结果。流行过程（epidemic process）是指疾病在人群中发生、蔓延的过程，即病原体从感染者体内排出，经过一定的传播途径，侵入易感者机体而形成新的感染，并不断发生、发展的过程。流行过程是群体现象，受自然和社会因素制约，包括三个基本环节，即传染源、传播途径和易感人群，三个环节同时存在并相互联系才能形成其流行过程。明确病毒性疾病的流行过程，有助于快速而准确地开展疾病的流行病学调查，获取基线数据，明确疾病的流行规律，建立流行病学模型等，为进一步的疾病监测和预警提供理论依据。

（一）基本环节

1. 传染源（source of infection）　传染源是指体内有病原体生长、繁殖，并能排出病原体的人和动物，包括患者、病原携带者和受感染的动物。

1）*患者*　病毒性疾病患者体内存在大量的病原体，其某些症状又有利于病原体向外扩散，如传染性非典型肺炎、新型冠状病毒感染等呼吸道传染病的咳嗽，甲型肝炎病毒引起的甲肝等肠道传染病的呕吐、腹泻等，均可排出大量的病原体，是重要的传染源。

2）*病原携带者*　病原携带者（carrier）是指没有任何临床症状而能排出病原体的人。病原携带者由于只能通过病原学检查才能发现，而且其活动如常，常成为某些病毒性疾病的重要传染源。按病原携带状态和临床分期，可将其分为潜伏期病原携带者、恢复期病原携带者和健康病原携带者三类。

（1）潜伏期病原携带者：是指在潜伏期内携带病原体的人。只有少数病毒性疾病存在这种病原携带者，如麻疹、水痘、甲型病毒性肝炎等。这类携带者多数在潜伏期末排出病原体。

（2）恢复期病原携带者：是指临床症状消失后仍能持续排出病原体的人。部分病毒性疾病如乙型肝炎存在这种病原携带者。

（3）健康病原携带者：是指既往未曾出现明显临床症状和患病史却能排出病原体的人。一般认为健康病原携带者排出病原体的数量少，时间较短，其流行病学意义相对较小。但如乙型肝炎、流行性乙型脑炎、脊髓灰质炎等以隐性感染为主的病毒性疾病，其健康病原携带者为数较多，则是非常重要的传染源。

3）受感染的动物　人类罹患以动物为传染源的疾病称为动物性传染病，又称人兽共患病（zoonosis）。这类传染病大多数能在家畜、家禽或野生动物中自然传播。动物作为传染源的意义取决于受感染动物的种类和数量、人与受感染动物接触的机会和密切程度、是否存在该病传播的适宜条件及人类的卫生知识水平和生活习惯等。

2. 传播途径（route of transmission）　传播途径是指病原体从传染源排出至侵入宿主前，在外环境停留和转移所经历的全过程。病原体停留和转移必须依附于各种媒介物，这种参与传播病原体的媒介物称为传播媒介（transmission vector）或传播因素（transmission factor）。病原体的排出和侵入与其在宿主机体的定位有关，往往在瞬间即可完成，而传播途径则比较复杂，一般包括以下几种方式，但许多病毒性疾病可通过一种以上的途径传播，具体选择哪种途径传播取决于病原体所处的环境。

1）经空气传播（air-borne transmission）　包括飞沫、飞沫核和尘埃三种传播方式，具有传播途径易实现、易暴发流行、冬春季高发、少年儿童多见、受居住条件和人口密度影响等特点。呼吸道疾病如流感、水痘、麻疹、传染性非典型肺炎及 SARS-CoV-2 等的病原体常见经空气传播。

2）经水或食物传播　包括经水传播和经食物传播。经水传播（water-borne transmission）主要有饮用水污染和疫水接触两种传播方式，经饮用水传播的病毒性疾病常呈暴发流行，其流行程度取决于水源污染的程度和频度、水源的类型、供水范围、居民卫生习惯及病原体在水体中的生存时间等；经疫水接触传播的病毒性疾病通常是由于人们接触疫水时，病原体经过皮肤、黏膜侵入机体，多见于与疫水接触的人群，发病具有季节性和地区性。经食物传播（food-borne transmission）是当食物携带病原体时引起的疾病传播，尤其是动物性食物。许多动物可携带病原体，通常是人兽共患病的病原体，这些动物肉未经煮熟即食用可引起人的感染。

3）接触传播（contact transmission）　包括直接接触传播（direct contact transmission）和间接接触传播（indirect contact transmission）。前者是传染源直接与易感者接触导致传播，没有外界因素参与，如性病、狂犬病、肾综合征出血热等。后者是易感者接触了被病原体污染的物品造成传播，常见于肠道病毒性传染病和一些病原体在外界抵抗力强的呼吸道病毒性传染病，如引起手足口病的肠道病毒等。

4）经节肢（类）媒介生物传播（arthropod-borne transmission）　包括机械传播（mechanical transmission）和生物学传播（biological transmission）。前者为病原体在苍蝇等非吸血节肢动物的体表和体内存活，不在其体内发育，只是机械传播。节肢动物通过接触、反噎和粪便排出病原体，污染食物或餐具，感染接触者。后者是吸血节肢动物因叮咬血液中带有病原体的感染者，病原体进入其体内发育、繁殖，经一段时间的增殖或完成其生活周期中的某阶段后，节肢动物才具有传染性，再通过叮咬感染易感者。

5）医源性传播（nosocomial transmission）　是指在医疗或预防工作中，由于未能严格按规章制度和操作规程而人为地造成某些传染病的传播，属于水平传播（horizontal transmission）。医源性传播可分为两类：一类是由生物、血液制品等被污染或器官移植而引起的疾病传播，如艾滋病、乙型病毒性肝炎、丙型病毒性肝炎等；另一类是易感者在接受治疗、检查或预防措施时，使用被污染或消毒不严的针管、针头、采血器、导尿管等器械而导致的疾病传播。

6）垂直传播（vertical transmission）　也称母婴传播或围生期传播，是指在围生期病原体通过胎盘、产道或哺乳由亲代传播给子代的方式。很多病毒都可通过垂直方式由母体传染给胎（婴）儿，如风疹病毒、巨细胞病毒、乙型肝炎病毒、人类免疫缺陷病毒等可通过胎盘感染胎儿，引起死胎、流产、早产或先天畸形。而存在于妇女产道的病毒，如疱疹病毒，在分娩时可能引起新生儿感染。

3. 易感人群（susceptible population）　人群作为一个整体对传染病的易感程度称为人群易感性，其高低取决于该人群中易感个体所占的比例。人群易感性的高低是影响疾病流行的重要因素，如果易感者相对较少，即使发生流行，其规模也较小。所谓易感即缺乏免疫力，与人群易感性相对应的是群体免疫力（herd immunity），即人群对于病原体的侵入和传播的抵抗力，可以用人群中有免疫力人口占全部人口的比例来反映。如果人群中有足够的免疫个体，则可以形成免疫屏障阻挡易感者与感染者的接触，使易感者感染的概率降低，从而阻断疾病的流行。

（二）影响因素

传染源、传播途径和易感人群是病毒性疾病流行的三个基本环节，三个环节相互连接共同发挥作用，才能维持病毒性疾病的传播过程，使其得以延续。而三个环节中的每一个环节本身及它们之间的连接都受到自然因素和社会因素的影响与制约。

1. 自然因素　主要包括气候、地理、土壤和动植物等因素，对流行过程的三个环节都有影响。例如，全球气候变暖可影响作为传染源的动物的地理分布，促进虫媒繁殖生长从而加快其携带病原体的传播，也可以改变人们生活作息方式使对疾病的易感性升高或降低。

2. 社会因素　人类的一切活动，如生产和生活条件、卫生习惯、卫生条件、医疗卫生水平、居住环境、风俗习惯等，都可以对疾病流行过程的三个环节产生影响。近年来，新发、再发的病毒性疾病的流行，在很大程度上受到了社会因素的影响。

三、病毒性疾病的预防和控制

事实证明，预防（prevention）是控制疾病最经济、最根本的有效措施，常能达到事半功倍的效果。我国传染病控制的指导方针是以预防为主，作为传染病重要组成部分的病毒性疾病的控制更要遵循此原则。病毒性疾病的传播必须具备传染源、传播途径和易感人群三个基本环节，缺一不可。因此，病毒性传染病的预防即针对三个环节中的任一环节进行阻断，从而遏制疾病的传播和流行。但在实际操作中，完全阻断某一环节常常无法实现，如传染源的多样性、病原携带者难以被早期发现等使得传染源难以控制。所以，针对三个流行环节采取综合预防措施在病毒性疾病的预防中尤为重要。

（一）针对传染源的防控措施

针对传染源采取措施主要是为了消除或减少其传播作用，对不同类型的传染源需要采取不同的措施。

1. 患者 对患者的措施主要可以概括为早发现、早诊断、早报告、早隔离和早治疗。在诊断出病毒性疾病后，包括属于乙类传染病的传染性非典型肺炎、艾滋病、病毒性肝炎等，属于丙类传染病的流行性感冒、风疹、流行性腮腺炎等，需要根据《中华人民共和国传染病防治法》有关规定，及时按要求向有关防疫部门报告。防疫部门在接到疫情报告后，应对患者采取相应的隔离措施并积极治疗，同时对其周围人群尤其密切接触者采取医学观察、随访和必要的留验、隔离等检疫措施。

2. 病原携带者 对重要疾病的病原携带者做好登记、管理和随访，指导其养成良好的卫生习惯，直至其病原体检查 2～3 次阴性为止。从事饮食行业工作的病原携带者应暂时离开工作岗位，久治不愈的病毒性肝炎病原携带者不得从事有传播给他人危险的职业。艾滋病、乙型和丙型病毒性肝炎病原携带者严禁献血。

3. 接触者 曾接触传染源而有可能被感染者均应接受从最后接触之日起至相当于该病最长潜伏期的检疫期限的检疫。

4. 动物传染源 对人类危害大且无经济价值的动物应予以彻底消灭。对危害大的病畜或野生动物应予以捕杀、焚烧或深埋。对危害不大且有经济价值的病畜应予以隔离治疗。此外，还应做好家禽、家畜和宠物的预防接种与检疫。

（二）针对传播途径的防控措施

针对传播途径的防控措施主要是为了切断病毒的传播途径。由于不同病原体在外界环境中停留和转移所经历的途径不同，因此采取对应的去除和杀灭病原体的措施也各不相同。例如，通过粪便排出病原体污染环境而传播的肠道病毒性疾病，应对污染物品和环境进行消毒，并指导人群培养良好的个人卫生习惯；通过空气飞沫传播的麻疹、流感等呼吸系统病毒性疾病，应对空气进行消毒，保持环境通风。

总的来说，对大部分病毒性疾病的传播途径所采取的措施主要是消毒、杀虫及灭蚊等。其中，消毒（disinfection）的作用非常重要，主要包括预防性消毒和疫源地消毒。前者是对可能受到病毒污染的场所和物品进行消毒，如经常性的饮水消毒、医院的环境消毒等。后者是对现有或曾经有病毒存在的场所进行消毒，目的是消灭传染源排出的病毒。疫源地消毒又分为随时消毒（concomitant disinfection）和终末消毒（terminal disinfection）。随时消毒是当传染源还存在于疫源地时进行的消毒；终末消毒是当对外界抵抗力较强的病毒感染的传染源痊愈、死亡或离开后所作的一次性彻底消毒，从而完全清除传染源所播散、留下的病原微生物。

（三）针对易感人群的防控措施

1. 免疫预防 免疫预防是提高机体免疫力的一种特异性预防措施，包括主动免疫和被动免疫。主动免疫是预防疾病流行的重要措施。当发生传染病时，被动免疫则是保护易感者的有效措施。

2. 药物预防 药物预防是疾病发生流行时的一种应急预防措施。例如，用金刚烷胺来预防流行性感冒。但药物预防仅在特殊条件下作为应急措施，原因是其作用时间短、效果不稳定、易产生耐药性等。

3. 个人防护 在呼吸道病毒性疾病发生流行时，易感者采取戴口罩、手套、防护面罩等个人防护措施可以起到防护作用。接触传染性病原体的医务人员和实验室工作人员须严格遵守操作规程，配置和使用必要的个人防护用品等。

（四）病毒性疾病暴发的紧急措施

病毒性疾病暴发的紧急措施应严格按照传染病暴发情况实施。根据《中华人民共和国传染病防治法》的有关规定，在传染病暴发、流行时，当地政府应立即组织力量进行防治，并切断传播途径。必要时，报经上一级地方政府决定，可以采取下列紧急措施：①限制或者停止集市、影剧院演出或者其他人群聚集的活动。②停工、停业、停课。③封闭或者封存被传染病病原体污染的公共饮用水源、食品及相关物品。④控制或者扑杀染疫野生动物、家畜家禽。⑤封闭可能造成传染病扩散的场所。

在采取紧急措施防止疾病传播的同时，各级卫生防疫机构应积极实施有效的措施防控疫情，医疗部门应积极治疗患者尤其是抢救危重患者。2019 年底新冠疫情暴发后，我国及时采取了限制或者停止人群聚集的活动，封闭可能造成疫情扩散的场所，停工、停业、停课，封锁危险场所，划定警戒区，实行交通管制及其他控制措施，中止人员密集的活动或者可能导致危害扩大的生产经营活动及采取其他保护措施，启用财政预备费和储备的应急救援物资，调用其他急需物资、设备、设施、工具等，采取了最全面、最严格的防控举措，成功赢得了一场疫情防控的人民战争。

四、病毒性疾病的流行病学概述与其他章节的关联关系

在本节中，以病毒性疾病的流行病学概论作为理论总领，系统阐述病毒性疾病的流行和防控策略，本节的内容是本章后三节的基石，提纲挈领地涵盖了流行病学的总论，为后三节的阐述提供理论基础和指导（图 3-2）。在第一节的基础上，本章第二节详细介绍病毒性疾病相关的流行病学研究方法，为第三节进一步剖析其流行病学基线数据与模型构建提供技术方法指导，并且第三节也是基于第二节的实践应用。最后，第四节详细讲解病毒性疾病的监测与预警，通过第二节的流行病学方法和疾病监测系统，获得流行病学的基线和随访大数据，为构建预测预警模型提供数据来源，并且建立的预测预警模型又为第四节的监测预警提供技术支撑，第四节是病毒性疾病流行病学的具体实践和应用，又与前三节存在相互支撑的内在联系，通过这 4 节，本章将全面展示病毒性疾病流行病学的有关内容。

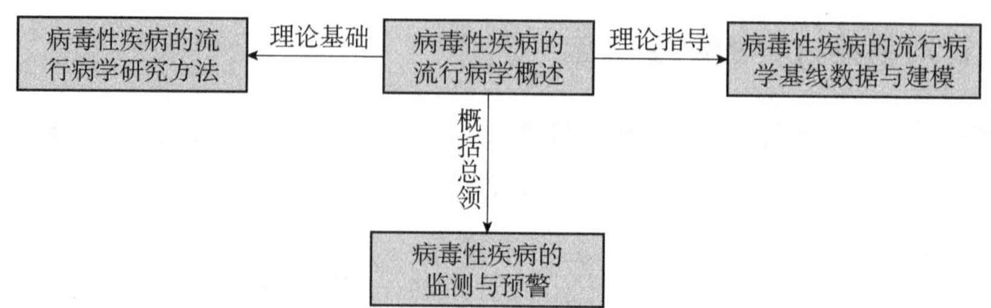

图 3-2　病毒性疾病的流行病学概述与其他章节的关联关系

第二节　病毒性疾病的流行病学研究方法

病毒性疾病流行病学研究是公共卫生领域的核心，它通过描述性研究、队列研究、病例对照研究、实验性研究、真实世界研究和分子流行病学研究等方法，全面揭示疾病的分布、原因和影响因素。这些方法为疾病预防、控制和治疗策略的制定提供了科学依据，对全球卫生决策具有重要意义。

一、基本概念及主要术语

1. 描述性研究　描述性研究（descriptive study）是指利用已有的资料或特殊调查的资料，包括实验室检查结果，描述病毒性疾病三间（时间、地点和人群）分布的特征，进而提出病因假设和线索。

2. 队列研究　队列研究（cohort study）是将人群按是否暴露于某可疑因素及其暴露程度分为不同的亚组，追踪其各自的结局，比较不同亚组之间结局频率的差异，从而判定暴露因子与结局之间有无因果关联及其关联大小的一种观察性研究方法。

3. 病例对照研究　病例对照研究（case-control study）是按照有无所研究的疾病或某种卫生事件，将研究对象分为病例组和对照组，分别追溯其既往所研究因素的暴露情况，并进行比较，以推测疾病与因素之间有无关联及关联强度大小的一种观察性研究。

4. 实验性研究　实验性研究（experimental study）是指根据研究目的，按照预先确定的研究方法将研究对象随机分配到试验组和对照组，对试验组人为地施加或减少某种因素，然后追踪观察该因素的作用结果，比较和分析两组或多组人群的结局，从而判断处理因素的效果。

5. 真实世界研究　真实世界研究（real world study）是指研究数据来自真实医疗环境，反映实际诊疗过程和真实条件下的患者状况，为药品临床应用、医保制定、决策制定等各方提供重要的参考依据。

6. 分子流行病学研究　分子流行病学研究（molecular epidemiology study）是阐明人群和生物群体中医学相关生物标志物的分布及其与疾病/健康的关系和影响因素，并研究防治疾病、促进健康的策略和措施的科学。

二、描述性研究

描述性研究是病毒性疾病流行病学调查中最基本，也是最广泛的方法之一，在寻找病因及疾病溯源上有着举足轻重的地位。描述性研究主要包括历史或常规资料的收集和分析、病例调查、现况调查、纵向研究及生态学研究等，通过比较分析导致病毒性疾病分布差异的可能原因，提出进一步的研究方向或防治策略的设想。

描述性研究具有以下特点：①收集的往往是比较原始或比较初级的资料，影响因素较多，分析后所得出的结论往往只能提供病因线索；②一般不需要设立对照组，仅对人群病毒性疾病进行客观的反映，一般不涉及暴露和疾病的因果联系的推断；③有些描述性研究并不限于描述，在描述中可以有分析。

描述性研究的用途主要包括：①描述病毒性疾病在人群中的分布及其特征，进行社区诊断；②描述、分析某些因素与病毒性疾病之间的联系，从而为进一步研究病毒性疾病的病因或危险因素提供线索；③为评价病毒性疾病控制的对策与措施的效果提供信息。

（一）个例调查、病例报告与病例系列分析

1. 个例调查　个例调查（case investigation）在病毒性疾病的研究中应用非常广泛。个例调查又称个案调查或病家调查，是指对个别发生的病毒性疾病的病例、病例的家庭及周围环境进行的流行病学调查，主要用于调查患者发病的“来龙去脉”，从而采取紧急措施，防止或减少类似病例的发生。

个例调查除应调查一般人口学资料外，还需要着重调查患者可能的感染日期、发病时间、地点、传播方式、传播因素和发病因素等，确定疫源地的范围和接触者，从而指导医疗护理、隔离消毒、检疫接触者和健康教育，制订控制策略。必要时可采集生物标本或周围环境的标本供实验室检测、分析用。

调查方法主要有访问和现场调查。针对传染病报告这类经常进行的个案调查应编制个案调查表，项目内容根据事件的发生和疾病的特点制订。事件发生后，应尽快到达现场，了解情况并做好记录，对病例、病例所在家庭及周围人群进行调查询问或深入访谈。

2. 病例报告　病例报告（case report）又称“个案报告”，是临床上对某种罕见病毒性疾病的单个病例或少数病例进行研究的主要形式，也是唯一的方法。病例报告通常是对单个病例或 5 个以下病例的病情、诊断及治疗中发生的特殊情况或经验教训等的详尽临床报告。

病例报告的主要目的和用途包括：①发现新的病毒性疾病或提供病因线索；②探讨病毒性疾病及其治疗的机制；③介绍常见病毒性疾病的罕见表现。

病例报告一般首先要说明此病例值得报告的原因，提供所报告病例是罕见病例的证据或指出病例的特别之处；其次要对病例的病情、诊断治疗过程、特殊情况等进行详尽描述，并提出各种特殊之处的可能解释；最后要进行小结并指出此病例报告给作者和读者以怎样的启示。

病例报告常用于对罕见的病毒性疾病或者病毒性疾病的罕见临床表现进行报告。例

如，国家卫生健康委员会于2024年1月27日向世界卫生组织通报了首例人类混合感染甲型H10N5禽流感病毒与甲型H3N2季节流感病毒的确诊病例。通报详细介绍了病例感染经过、治疗用药及死亡结局，指出该病毒在人与人之间传播的可能性较低，并提出当地居民应少接触可能受感染的家禽和环境等预防措施。

3. 病例系列分析 病例系列分析（case series analysis）是对一组（可以是几例、几十例、几百例甚至是几千例）相同病毒性疾病患者的临床资料进行整理、统计、分析并得出结论。主要目的为：①分析某种病毒性疾病的临床表现特征；②评价某种治疗、预防措施的效果；③促使临床工作者在实践中发现问题，提出新的病因假设和探索方向。例如，临床发现原发性肝癌患者中乙型肝炎病毒的感染率高，从而为研究原发性肝癌的病因提供线索，即乙型肝炎病毒感染可能与原发性肝癌有关。

（二）现况调查

现况调查（prevalence survey）是指按照事先设计的要求，在某一特定人群中，应用普查或抽样调查等方法收集特定时间内某种病毒性疾病及有关变量的资料，以描述该疾病的分布及与该疾病分布有关的因素。从时间上说，现况调查是在特定时间内进行的，即在某一时间点或在短时间内完成，犹如时间维度的一个断面，故又称为横断面研究（cross-sectional study）；由于现况调查主要使用患病率指标，因此又称为患病率研究或现患研究（prevalence study）。

1. 现况调查的特点 ①现况调查在时序上属于横断面研究，一般不设立对照组；②现况调查是在特定时间内完成的；③现况调查在确定因果关系联系时受到限制；④对研究对象固有的暴露因素可以做因果推断；⑤现况调查是用现在的暴露（特征）来代替或估计过去情况的条件；⑥现况调查定期重复进行可以获得发病率资料。

2. 现况调查的目的 ①描述特定时间病毒性疾病的三间分布；②发现病因线索；③适用于病毒性疾病的二级预防；④评价病毒性疾病的防治效果；⑤用于病毒性疾病监测；⑥为研究和决策提供基础性资料。

3. 普查和抽样调查 普查（census）是指为了解某人群某病毒性疾病的患病率，或制定某生物学检验标准，在特定时间内对特定范围内（某一地区或具有某种特征）人群中每一成员所做的调查或检查。

抽样调查（sampling survey）是指在特定时间、特定范围内的某人群总体中，按照一定的方法抽取一部分有代表性的个体组成样本进行调查分析，以此推论该人群总体某种病毒性疾病的患病率及某些特征的一种调查。随机抽样的方法包括简单随机抽样（simple random sampling）、系统抽样（systematic sampling）、整群抽样（cluster sampling）、分层抽样（stratified sampling）和多级抽样（multistage sampling）。

4. 现况调查的调查方法 现况调查的调查方法包括：①面访；②信访；③电话访问；④自填式问卷调查；⑤体格检查和实验室检查。

5. 现况调查实施步骤 ①明确调查目的；②确定调查对象；③确定调查类型和方

法；④估计样本含量；⑤确定研究变量和设计调查表；⑥资料收集；⑦资料整理、分析及结果解释。

6. 现况调查的偏倚　现况调查的偏倚包括：①选择偏倚（无应答偏倚、选择性偏倚、幸存者偏倚）；②信息偏倚（调查对象引起的偏倚、调查员偏倚、测量偏倚）。

7. 现况调查的应用　现况调查可以用于确定病毒性疾病的高危人群、评价疾病监测、评价预防接种等防治措施的效果等。例如，在新冠疫情期间，为了解居民 COVID-19 防控知识与行为情况，为制订防控干预策略和措施提供依据，多地开展了相关的现况调查。

（三）生态学研究

生态学研究（ecological study）是以群体为基本单位收集和分析资料，在群体的水平上描述不同人群中某因素的暴露状况与某种病毒性疾病的频率，研究某种因素与某种病毒性疾病之间的关系。

1. 生态学研究的目的　①根据对人群中某因素的暴露情况与某病毒性疾病频率的比较、分析，产生病因学假设；②对人群中某干预措施的实施情况与某病毒性疾病频率进行比较分析，评价人群中某干预措施的效果；③估计某种病毒性疾病的流行趋势，为制订疾病预防与控制的对策和措施提供依据。

2. 生态学研究的优点　①可应用常规或现成资料进行研究，节省时间、人力、物力、财力；②可为病因未明病毒性疾病的病因学研究提供线索，这是生态学研究最显著的优点；③对于个体的暴露剂量无法测量的变量研究（如水污染与病毒性肝炎的关系）及人群中变异较小和难以测定的暴露研究（如壁虱与克里米亚−刚果出血热的关系），生态学研究是唯一可供选择的研究方法；④适合用来对人群干预措施进行评价。

3. 生态学研究的局限　①可能产生生态学谬误；②缺乏控制可疑混杂因素的能力；③当暴露因素与疾病之间存在着非线性关系时，生态学研究很难得到正确结论。

4. 生态学研究在病毒性疾病中的应用　2023 年 7 月，清华大学万科公共卫生与健康学院黄存瑞教授课题组在《柳叶刀》子刊 *eBioMedicine* 发表了一篇综述文章，系统梳理了能够广泛引起人类呼吸道传染病的 9 种典型病毒性病原体，揭示出病毒性呼吸道疾病与气象条件、极端天气事件及长期气候变暖之间的复杂关系。

数字资源
3-5

三、队列研究

队列研究在病毒性疾病中也有广泛应用，尤其是在发现和验证病毒性传染病影响因素方面。队列研究是流行病学分析性研究所用的基本方法之一，是将人群按是否暴露于某可疑因素及其暴露程度分为不同的亚组，追踪各研究对象的结局，比较不同亚组之间结局频率的差异，从而判定暴露因子与结局之间有无因果关联及其关联强度大小的一种观察性研究方法。按照研究开始时人群是否暴露于某因素，将人群分为暴露组和非暴露组，然后随访两组一定的时间，观察并收集两组所研究疾病的发生情况，计算和比较暴露组与非暴露组的发病率或死亡率。如果暴露组所研究疾病的发病率明显高于非暴露组，则认为该暴露因素与疾病的发生有关。暴露（exposure）是指研究对象接触过某种待研究的物质，或具有某种待研究的特征或行为。其结构模式见图 3-3。

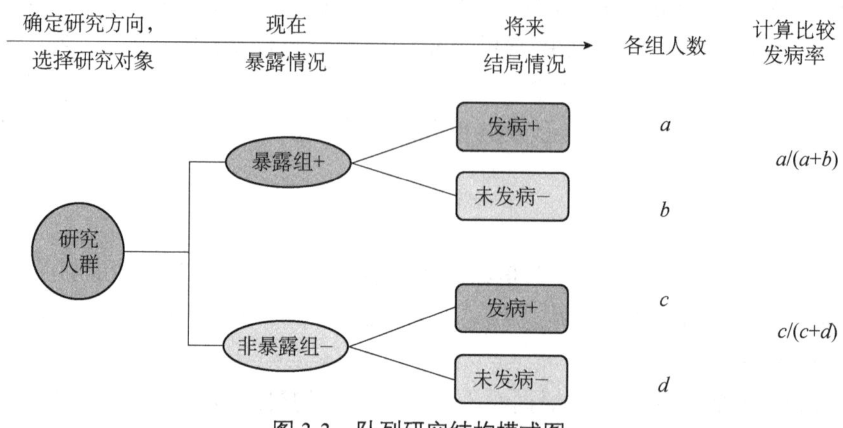

图 3-3　队列研究结构模式图

1. 队列研究的特点　队列研究的特点包括：①属于观察性研究范畴；②研究开始时暴露已经发生，而且研究者知道每个研究对象的暴露情况；③所进行的研究为发病率研究，所研究的是某病在人群中发生的概率（累计发病率）和发生速度（发病率）；④队列研究的人群开始时尚未患所研究的疾病，但每个研究对象在随访过程中均有可能成为所研究疾病的患者；⑤队列研究资料可直接用来计算疾病的发病率、累计发病率和归因危险度（attributable risk，AR）及相对危险度（relative risk，RR）；⑥所进行的研究是从“因”到“果”的研究，能验证暴露因素与结局的因果联系；⑦尤其适用于暴露率低的危险因素的研究，不适用于发病率很低的疾病的研究；⑧失访偏倚是最重要的偏倚，应注意克服。

2. 队列研究的目的　队列研究的目的包括：①检验病因假设；②评价预防效果；③研究疾病的自然史；④新药的上市后监测。

3. 队列研究的类型　队列研究依据研究对象进入队列时间及终止观察的时间不同，可分为：①前瞻性队列研究（prospective cohort study）；②回顾性队列研究（retrospective cohort study）；③双向性队列研究（bidirectional cohort study）。

4. 研究设计与实施

（1）确定研究因素：①暴露水平，如定量标准化，累积暴露量；②暴露方式，如短期/长期、直接/间接、持续/间隔。

（2）确定研究结局：研究结局的确定应全面、具体、客观。

（3）确定研究现场和研究人群：①研究现场，兼顾可行性、可靠性和科学性；②研究人群，包括暴露人群的选择、对照人群的选择。

（4）确定样本量：一般对照组样本数≥暴露组样本数，防止失访对数据分析的影响，一般按估计样本量增加 10%作为实际样本量。

（5）资料的收集与随访：资料来源一般有查阅各种常规记录、调查询问、医学检查和环境测量。

（6）质量控制：包括调查员的选择、调查员培训、制定调查员手册和监督。

（7）资料的整理与分析。

5. 队列研究在病毒性疾病中的应用　队列研究在病毒性疾病中的应用除了确定感染的病毒，还可以对研究结果作深入分析，在发现和验证病毒性传染病发生与发展的影响因素上有重要作用，同时队列研究还可用于研究病毒性疾病的预后情况。例如，在新冠疫情暴发初期，钟南山院士团队通过建立回顾性队列，对中国 COVID-19 住院患者进行研究，比较了湖北省内外患者的临床特征、严重事件和死亡的发生情况及发生危重疾病（有重症监护病房住院或死亡）的时间，并探索了产生差异的原因。

数字资源 3-6

四、病例对照研究

病例对照研究是最常用的一种分析流行病学研究方法。其是按照设计要求，根据是否患有所要研究的某种疾病或出现研究者所感兴趣的卫生事件，将当前已经确诊的患有某特定疾病的一组患者作为病例组，将不患有该病但具有可比性的一组个体作为对照组，通过询问、实验室检测或复查病史，收集研究对象既往对各种可能的危险因素的暴露史，测量并采用统计学检验，比较病例组与对照组各因素暴露比例的差异。其基本原理见图 3-4。

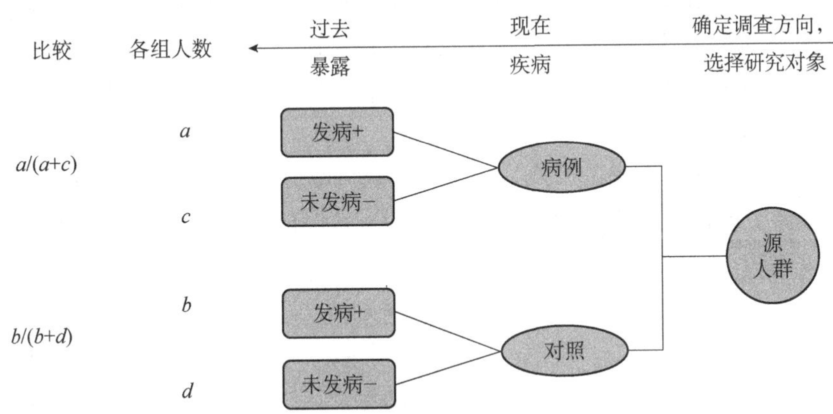

图 3-4　病例对照研究基本原理示意图

1. 病例对照研究的特点　病例对照研究是观察性研究，研究对象分为病例组和对照组；另外，病例对照研究是由“果”溯“因”的研究，因果联系的论证强度相对较弱。

2. 病例对照研究的目的　病例对照研究的目的包括：①用于疾病病因或危险因素的研究；②用于健康相关事件影响因素的研究；③用于疾病预后因素的研究；④用于临床疗效影响因素的研究。

3. 病例对照研究的类型　按照研究设计的分类有多种方法，可分为：①非匹配的病例对照研究；②匹配病例对照研究，如成组匹配、个体匹配；③衍生的研究类型，包括巢式病例对照研究（nested case-control study）、病例–队列研究（case-cohort study）、病例–病例研究（case-case study）和病例交叉研究（case crossover study）。

4. 病例对照研究实施步骤 病例对照研究实施步骤主要包括：提出科学假设，制订研究计划，收集和分析资料，总结并提交研究报告。进行病例对照研究，首先要制订严谨而科学的研究方案，主要内容包括：①明确研究目的，选择适宜的对照形式；②确定研究类型，根据研究目的、病例数量、匹配方法、对照与病例在某些重要因素或特征方面的可比性等要求确定研究类型；③确定研究因素，进行研究因素的规定与收集；④选择研究对象，包括病例的选择和对照的选择；⑤估计样本含量；⑥确定资料收集与分析方法及预期分析指标；⑦质量控制及组织计划与经费预算等。

5. 病例对照研究在病毒性疾病中的应用 病例对照研究在病毒性疾病中的应用是比较常见的。例如，霍普金斯大学、美国国家癌症研究所与德国癌症研究中心感染和癌症控制项目组合作，采用巢式病例对照研究设计，发现了无论是否存在吸烟和饮酒等既定风险因素，口腔 HPV 感染与咽喉癌之间都有很强的关联性。

五、实验性研究

实验性研究主要以人群为对象，以工厂、学校、医院或社区为研究现场开展不同内容的研究工作，多用于验证假设和评价疾病防治效果。实验性研究按照随机化的方法，将研究对象分为试验组和对照组，提高了可比性，能较好地控制研究中的偏倚和混杂因素。然而，实验性研究的整个设计和实施条件要求高、控制严、难度大，在实际工作中有时难以做到。另外，研究人群数量往往较大，随访时间长，因此依从性难以保证，同时也更容易涉及伦理道德问题。

根据研究目的和研究对象的特点，实验性研究可以分为临床试验（clinical trial）、现场试验（field trial）和社区试验（community trial）（又称社区干预试验）三种。其基本原理见图 3-5。

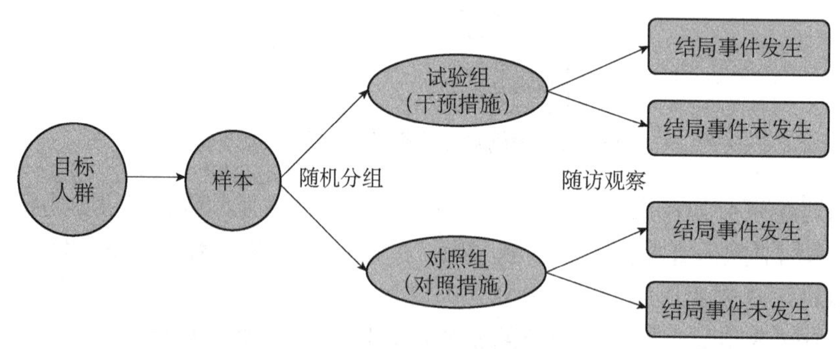

图 3-5 流行病学实验性研究原理示意图

（一）临床试验

临床试验是以患者为研究对象，按照随机原则分组，评价临床各种治疗措施有效性的方法。其目的有两个：①对新药进行研究；②对目前临床上应用的药物或治疗方案进行评价。

1. 临床试验的特点　临床试验的特点包括：①具有实验性研究的特征，如对照、随机化、盲法、重复；②研究对象具有特殊性；③要考虑医学伦理问题；④要科学评价临床疗效。

2. 临床试验的分期

1）Ⅰ期临床试验　是指在10～30例志愿者身上进行初步的临床药理学及人体安全性评价试验。观察人体对于新药的耐受程度和药代动力学，为制订给药方案提供依据。

2）Ⅱ期临床试验　是指以100～300例患者作为研究对象，对治疗作用进行初步评价。其目的是初步评价药物对目标适应证患者的治疗作用和安全性，也包括为Ⅲ期临床试验研究设计和给药剂量方案的确定提供依据。此阶段的研究设计可以根据具体的研究目的，采用多种形式，包括随机、盲法、对照临床试验。

3）Ⅲ期临床试验　为治疗作用确证阶段。通常研究对象为1000～3000人，其目的是进一步验证药物对目标适应证患者的治疗作用和安全性，评价利益与风险关系，最终为药物注册申请的审查提供充分的依据。

4）Ⅳ期临床试验　为新药上市后的应用研究阶段。其目的是考察在广泛使用条件下的药物疗效和不良反应，评价在普通或者特殊人群中药物使用的利益与风险关系，以及改进给药剂量等。

3. 临床试验设计和实施流程

1）制订试验计划　明确试验目的、试验对象要求和来源、规定的研究因素，确定观察指标和随访时间及资料收集方法。

2）确定研究人群　确定统一的入选和排除标准，研究对象应能从试验中受益，尽可能选择已确诊的或症状和体征明显的患者，尽可能不选择孕妇，尽量选择依从者。

3）确定样本含量　决定样本量大小的因素有频率指标、检验水准、试验组与对照组结局事件比较指标差异大小、单侧检验或双侧检验。

4）设立严格对照　包括标准对照、安慰剂对照、交叉对照、互相对照、自身对照。

5）随机分组　包括简单随机法、区组随机法、分层随机法。

6）应用盲法　包括单盲、双盲、三盲。

7）收集、整理与分析资料　收集资料要尽可能防止偏倚出现，要对研究全过程实行质量控制；整理资料要同时选择与研究目的相关联的正、反两方面资料，不能只选用与预期结果相符合的所谓“有用资料”；分析资料常用的指标有有效率、治愈率、病死率、不良事件发生率、生存率、N年随访率、相对危险度减少率、需治疗人数。

8）多因素试验设计　包括拉丁方设计、析因设计、正交设计。

4. 临床试验常见偏倚　临床试验常见偏倚包括：①选择偏倚；②测量偏倚；③干扰和沾染；④依从性。

（二）现场试验和社区试验

现场试验和社区试验都是在现场环境中进行的干预研究，常用于对某种预防措施的效果进行评价。前者是在某一特定环境中，以自然人群为研究对象的试验研究，干预的基本单位是个体；后者是以社区人群整体为干预单位进行的试验研究，常用于评价不易落实到个体的干预措施的效果。

1. 现场试验和社区试验的目的 现场试验和社区试验的目的包括：①评价预防措施的效果；②验证病因和危险因素；③评价卫生服务措施和公共卫生实践的质量。

2. 现场试验和社区试验的类型 现场试验和社区试验的类型包括：①随机对照试验；②整群随机对照试验；③类试验。

3. 试验设计中的注意事项 试验设计中的注意事项包括：①结局变量的控制；②减少失访；③避免“沾染”；④控制混杂因素。

（三）实验性研究应注意的问题

实验性研究应注意的问题包括：①伦理道德问题；②可行性问题；③随机化分组和均衡性问题；④试验报告应遵循试验报告统一标准指南。

（四）实验性研究在病毒性疾病中的应用

自 COVID-19 暴发流行以来，越来越多的学者运用实验性研究寻找和探索 COVID-19 的治疗药物。国外一项大型随机、对照、开放标签试验纳入了 8156 例患者，结果显示巴瑞替尼可显著降低 COVID-19 住院患者 28 天死亡率。另一项巴瑞替尼治疗 COVID-19 成人住院患者的有效性和安全性研究（COV-BARRIER），由 101 个国家参与的Ⅲ期双盲、随机、安慰剂对照试验中，巴瑞替尼组和安慰剂组在治疗中出现的不良事件、严重不良事件、感染和静脉血栓栓塞的频率相似，且使用巴瑞替尼可降低 28 天和 60 天死亡率。

六、真实世界研究

近年来，病毒性传染病的真实世界研究日益受到关注。真实世界研究样本量通常较大，对研究对象常采用相对较少的排除条件，使纳入人群有较好的代表性，有利于解决罕见疾病和事件所带来的问题，也可更好地处理治疗效应在不同人群之间的差异。另外，真实世界研究与传统随机对照试验相比，尽量减少了人为干预，容易被研究对象接受，较容易通过伦理审查，成本–效益更优。更重要的是，真实世界研究提供了传统随机对照试验无法提供的证据，包括真实环境下干预措施的疗效、长期用药的安全性、依从性、疾病负担等证据，是对传统临床研究模式的重要补充。

（一）真实世界研究与随机对照研究的关系

真实世界研究是对临床常规产生的真实世界数据进行系统性收集并进行分析的研究，与随机对照研究是互补的关系，并不对立；判断真实世界研究和随机对照研究的标准不是试验设计和研究方法，而是研究实施的场景。真实世界研究的数据源自医疗机构、家庭和社区等，而非那些设定诸多严格限制条件的理想环境。

（二）真实世界研究常见的设计类型

真实世界研究常见的设计类型包括观察性研究和试验性研究。观察性研究包括描述性研究（病例个案报告、单纯病例、横断面研究）和分析性研究［（巢式）病例对照研究、队列研究］；试验性研究如实用性随机临床试验（pragmatic randomized clinical trial）。

（三）不同数据来源的研究要素

1. 基于现有数据　根据电子病历、电子健康档案、医保数据、出生死亡登记、公共健康监测数据及区域化医疗数据等，进行可行性评估，研究设计考量的指标包括研究人群、纳入标准和排除标准、暴露因素和研究终点、样本量、统计方法、处理缺失数据。

2. 基于前瞻性数据　包括临床试验的补充数据、实用性随机临床试验、注册登记研究、健康调查、公共健康监测等，研究人群的选取、基线调查研究内容的丰富完整度、样本量和研究深度的平衡、提高患者依从性，长期随访患者、失访及缺失数据考量。

（四）真实世界研究的思路与流程

使用真实世界研究方法对病毒性疾病展开研究时，须进行临床问题的确定、现有数据情况的评估、数据的管理、统计分析、结果解读和评价，以及根据需求判断是否加入事后分析等。

（五）真实世界研究常见偏倚及控制

1. 选择偏倚　为了避免选择偏倚，应严格掌握研究对象的纳入或排除标准，尽量提高应答率，尽可能采用多种对照。

2. 信息偏倚　研究设计阶段和资料收集阶段同时控制。

3. 混杂偏倚　可采用匹配、分层分析、多因素分析及倾向性评分等方法有效控制混杂偏倚。

（六）真实世界研究在病毒性疾病中的应用

真实世界研究作为一种研究理念，日益得到认可，并逐渐运用到临床医疗决策、病毒性疾病病因探索、寻找新的治疗方案、药物上市评价、疫苗有效性评价等领域。例如，①探索基于洛匹那韦/利托那韦的二线抗逆转录病毒治疗的艾滋病患者6年免疫恢复和病毒抑制情况；②探索非复制型猴痘活疫苗对猴痘的预防效果，评价其疫苗有效性。

数字资源
3-10

七、分子流行病学研究

在病毒性疾病研究过程中，由于病原物具有多样性和多变性，加之新发传染病不断出现，传统流行病学对于快速阐明病毒性疾病的发生、发展规律与传播机制存在一定困难。

分子生物学的发展为现代流行病学研究提供了新的手段。相比于其他流行病学研究方法，分子流行病学通常研究内容更加丰富，包括从传染源、传播途径鉴定到人群易感性、防治效果评价及病原生物进化变异等。此外，分子流行病学的应用范围不断扩大，多学科交叉融合，如基础医学、环境科学、遗传学等学科的融入势必使分子流行病学研究在疾病病因、发病机制、发生发展及转归规律的研究方面占据越来越重要的作用。

（一）分子流行病学与传统流行病学的关系

分子流行病学是流行病学的一个分支，是传统流行病学与新兴的生物学技术，特别是分子生物学技术之间的一门交叉学科。分子流行病学是对传统流行病学的发展，传统流行病学的主要研究对象是人群，测量的结局一般都是疾病的最终结局，如发病、死亡等；而分子流行病学的主要研究对象是各种生物标志物，并根据疾病自然史原理，将疾病发生、发展分解为不同阶段，以一系列生物标志物测量来代表疾病不同阶段的结局测量，这是对传统流行病学一个大的发展。与传统流行病学不同，分子流行病学还研究暴露因子引起疾病的相关过程，测定各种易感性标志，并提出针对性预防措施，尤其是阻断暴露因子进入体内后致病进程的初级预防措施。

（二）分子流行病学的生物标志物

分子流行病学的生物标志物（biological marker，biomarker）是指可以测量的、能代表生物结构和功能的大分子物质，如 DNA、RNA 或蛋白质等。分子流行病学研究实际上是将生物标志物应用于常规的流行病学研究中，应用分子生物学检测技术，从分子和基因水平阐明生物标志物在人群中的分布及其与传染性疾病的关系和相互影响。

1. 暴露标志物　是指与疾病或健康状态有关的暴露因素的生物标志物。主要包括：①外暴露标志物；②内暴露剂量标志物；③生物有效剂量标志物。

2. 效应（疾病）标志物　是指宿主暴露于某种因素后产生结构或功能性变化，并进一步引起疾病亚临床阶段和疾病发生过程的生物标志物。主要包括：①早期生物效应标志物；②结构和（或）功能改变标志物；③临床疾病标志物。

3. 易感性标志物　是指在暴露因素作用下，宿主对疾病发生、发展易感程度的生物标志物。

（三）分子流行病学研究常见的设计类型

以观察法为主，分为观察性研究和分析性研究。观察性研究也称描述性研究，如横断面研究和连续横断面研究；分析性研究包括病例对照研究、病例–病例研究、巢式病例对照研究。

（四）不同资料指标的分析要素

1. 传统流行病学指标　用生物标志物发生率、检出（阳性）率等替代传统流行病学中的发病率、患病率等疾病频率指标，其比值比（OR）和相对危险度（RR）等含义有所改变但分析方法类同。

2. 分子生物标志物指标　利用分子生物标志物（如遗传易感性标志物）在不同疾病表型中频率和分布的差异来探讨分子生物标志物与疾病风险的关联。

3. 分子生物标志物–环境交互作用指标　常见于病例–病例研究和病例对照研究中，利用数学模型分别以分子生物标志物为主效应及环境为主效应分析分子生物标志物与环境有关暴露因素的交互作用。

（五）分子流行病学质量控制

分子流行病学的质量控制主要是对分子生物学实验过程进行严格的质量控制，这直接影响和决定分子生物标志物检测结果的真实性和可靠性。主要包括以下 7 点：①标本采集和储存；②试剂和材料；③仪器；④实验方法；⑤操作规范；⑥设立对照；⑦重复试验。

（六）分子流行病学研究在病毒性疾病中的应用

1. 传播范围的确定　按照传染病流行病学基本理论，在一次暴发或流行中，其受染范围的确定应根据如下原则：在暴发或流行期间，有共同或有效暴露史，经过一个平均潜伏期发病或出现急性感染的生物标志物可判定为受感染者，然后统计受感染人员，结合这些人员活动的区域，以确定受感染或流行涉及的范围。分子流行病学研究缩小了常规流行病学调查所推测受感染范围，从基因水平上证实暴发的传染病受感染人数与传染来源。

2. 传播途径的判定　分子流行病学的一些实验技术，如分子系统发育分析（molecular phylogenetic analysis），能够协助判定传染病传播途径。例如，不少分析性流行病学研究与血清流行病学研究均表明丙型肝炎病毒（HCV）可经性传播途径感染配偶。然而，在 1993 年的东京国际病毒性肝炎会议上有两篇报道，用分子系统发育分析进行的研究提出了相反的意见，通过分子流行病学研究，作者认为 HCV 经性传播的可能性很小。

3. 传染源的追溯　传染病溯源在 HIV 中被应用，如美国 1990～1991 年报道佛罗里达一个口腔诊所有 1 名患有艾滋病的牙医，被他看过病的患者中有 7 名后来感染了 HIV。经过分子流行病学研究发现，其中 5 名患者的 HIV 与牙医的 HIV 有共同的氨基酸特异模式（signature pattern），而且序列的差异率<5.0%，为同一病毒株；而另 2 名患者的 HIV 则与牙医的不同。因此，通过序列分析，从分子水平确定了前 5 名患者的 HIV 感染是由牙医引起的，而后 2 名患者的传染来源则不是牙医。

八、病毒性疾病的流行病学研究方法与其他章节的关联关系

在本节中，在第一节系统概述的理论基础上，详细介绍病毒性疾病相关的流行病学研究方法，为第三节获得流行病学基线数据提供了研究方法，从而为建模提供数据来源。而第三节的基线数据和模型建立，也是对第二节的调查方法的实践与应用。并且第二节方法学的系统阐述，将为第四节的监测与预警提供方法指导（图 3-6）。

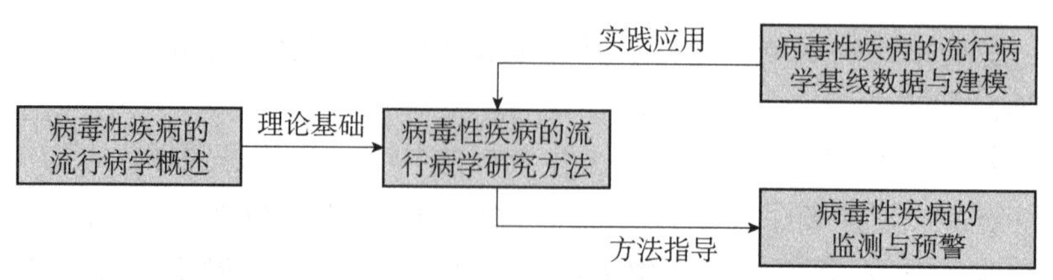

图 3-6 病毒性疾病的流行病学研究方法与其他章节的关联关系

第三节 病毒性疾病的流行病学基线数据与建模

数字资源 3-11

数字资源 3-12

流行病学基线数据与建模是公共卫生研究所用的核心方法之一，专注于收集疾病的基础数据并构建数学模型，以揭示疾病的流行规律和传播模式，为制订科学的疾病控制与预防措施提供了依据，助力于公共卫生策略的优化，预测疫情发展，评估干预效果，有效减轻疾病对人类健康的威胁。

一、基本概念和主要术语

1. 基线数据 基线数据是指研究开始实施时针对研究对象收集到的基础数据。就病毒性疾病而言，其中主要包括疾病的空间（地区）分布、时间分布、人群分布、流行强度、流行特征及对人类健康的危害程度等流行病学数据，以及临床症状、临床体征、实验室检查指标等临床数据。

2. 流行病学建模 流行病学建模是指使用数学模型或数学语言明确、定量地模拟疾病在群体间的流行过程，阐明病因、环境和宿主之间的流行规律，并从理论上评估不同防治策略及措施效应的研究方法。

3. 易感者 易感者是指未得病，但缺乏免疫能力，与感病者接触后容易受到感染的人。

4. 感染者 感染者是指染上传染病的人。感染者可以把病原体传播给易感者。

5. 恢复者 恢复者是指因病愈而对特定疾病具有免疫力的人。

6. 潜伏感染者 潜伏感染者是指有效接触过感染者被感染，但暂无能力传染给其他人的人。潜伏感染者对潜伏期长的传染病适用。

7. 时间序列数据 时间序列是按时间先后顺序排列的、随时间变化且相互关联的数据序列。

8. 特征工程 特征工程即选择作为预测的特征数据（属性、特征、自变量）。

9. 混淆矩阵 混淆矩阵也称误差矩阵，是评价模型精度的一种标准格式，用 n 行 n 列的矩阵形式来表示。

二、病毒性疾病基线数据

1. 基线数据收集的意义 流行病学研究的前提是要调查和收集大量的数据。所有流行病学调查研究的结果，均是在掌握和积累大量数据的情况下得出的，全面、完整地收集原始数据，是使流行病学研究得以圆满完成的根本保证。对人群中有关疾病与健康的信息、数据进行收集，是流行病学研究最基本、最重要的步骤。原始数据的收集，是调查研究至关重要的第一步。它不仅构成了统计分析的基础，也是决定调查研究成败的关键所在。对病毒性疾病而言，数据收集的意义主要体现在利用所获数据描述我国病毒性疾病的空间（地区）分布、时间分布、人群分布、流行强度、流行特征及对人类健康的危害程度；促进对病因、流行因素、流行机制的探索；为制订卫生策略、防治规划及评价卫生工作质量和效果提供科学依据；为我国有效控制多种病毒性疾病积累宝贵的经验。

2. 基线数据收集的要求　流行病学所需的基线数据应具备真实性、可靠性、完整性、代表性和可比性。

3. 基线数据的来源　流行病学研究的数据涉及范围较广，既包括自然环境、社会环境的数据，更重要的是还包括涉及人类健康的多种疾病数据、死亡数据和健康数据。这些数据主要来源于两方面：一方面是常规积累的各种记录或统计报表数据，即经常性数据；另一方面是通过专题调查获得的一时性数据。

4. 基线数据的收集方法　基线数据的收集方法包括：电信查询、现场调查、网络公共数据库查询、实验室检查、疾病监测和其他途径。

5. 基线数据收集步骤　基线数据收集步骤包括：①确定研究目的；②确定研究对象和范围；③选择基线调查的类型；④选择基线调查的工具；⑤预调查与预实验；⑥选择抽样方法；⑦注重伦理道德问题；⑧现场调查；⑨数据收集整理；⑩数据分析；⑪撰写调查报告。

6. 基线数据的整理　数据分析前，首先对数据进行审查，了解数据的准确性与完整性。对有明显错误的数据应进行重新调查、修正或剔除；对不完整的数据要设法补齐。

7. 基线数据的分析　基线数据特征的描述与比较，需依据变量的不同特性（如连续变量、分类变量，正态、非正态分布资料）、组别数（两组、三组及以上）选择相应的描述形式和检验方法。

三、病毒性疾病的流行病学模型构建

病毒性疾病建模是通过收集疾病基线数据，使用数学方法建立各种流行病学模型，用于阐明疾病的流行过程和流行规律、预测发病率和流行率、寻找疾病的生物标志物及判断疾病预后等。疾病建模的基本步骤包括确定建模的目的、疾病基线数据的收集和整理、特征数据的提取、模型的选择、模型参数的估计和参数检验、模型的性能检验和评估、模型优化。

根据研究目的的不同，可以把病毒性疾病流行病学模型分为以下几类。

1. 传染病动力学模型　传染病动力学模型是进行理论性定量研究的重要方法，是根据疾病的发生、在人群内的传播和发展规律，以及与之相关的自然因素、社会因素等，构建能反映传染病动力学特性的数学模型，通过对模型动力学形态的定性、定量分析和数值模拟，来描述疾病传播规律，预测

疾病的发展趋势，评估各种防治措施的效果，为卫生部门制订卫生决策提供科学依据。例如，使用传染病动力学模型可对 SARS 和 COVID-19 进行感染者数量预测和疾病发展拐点评估。在传染病动力学模型中，主要沿用 SIR 及其衍生的模型，SIR 模型将总人口分为以下三类：易感者（susceptible）、感染者（infected）和恢复者（recovered）。此外，在 SIR 模型中再引入暴露者（exposed），则变成 SEIR 模型。

2. 时间序列预测模型　时间序列预测模型就是通过分析、拟合目标疾病某个指标（如发病率、死亡率等）随时间的变化规律，以预测其变化趋势。如今，大数据挖掘结合时间序列预测模型已被运用于流感等呼吸道传染病的暴发预测。常用的时间序列预测模型有自回归模型（autoregressive model，AR model）、移动平均模型（moving average model，MA model）、自回归滑动平均模型（autoregressive moving-average model，ARMA model）、差分自回归移动平均模型（autoregressive integrated moving average model，ARIMA model）、向量自回归模型（vector autoregression model，VAR model）、结构向量自回归模型（structural vector autoregression model，SVAR model）等。构建时间序列预测模型的基本步骤包括：数据预处理（数据平稳性转换等）、模型的识别（用相关图和偏相关图识别模型模式）、模型参数的估计（对初步选取的模型进行参数估计）和模型的诊断与检验（估计参数的显著性检验和残差的随机性检验）。常用的模型评价指标包括平均绝对误差（MAE）、均方误差（MSE）、均方根误差（RMSE）和平均绝对百分比误差（MAPE）等。

3. 风险评分模型　风险评分模型是指利用多因素模型估算患有某病的概率或者将来某结局发生的概率。根据功能，风险评分模型又可以分为诊断模型和预后模型。诊断模型关注的是基于研究对象的临床症状和特征，诊断当前患有某种疾病的概率，多见于横断面研究。预后模型关注的是在当下的疾病状态下，未来某段时间内疾病复发、死亡、伤残及出现并发症等结局的概率，多见于队列研究。近年来，转录组、蛋白质组、代谢组等多组学数据结合风险评分模型已经被运用于新发病毒性传染病的临床诊断和预后评估中。常见的风险评分模型包括逻辑斯谛回归（logistical regression）、Cox 回归、随机森林、支持向量机、神经网络等。风险评分模型建立的基本步骤为数据收集、数据清理、进行特征工程、模型选择和训练、性能评估、模型部署。常用的模型评价手段或指标包括混淆矩阵、受试者操作特征曲线（ROC 曲线）、灵敏度、特异度、曲线下面积（AUC）等。

4. 其他病毒性疾病流行病学模型　除了上述三种最常见的数学模型，学者还提出了其他几种病毒性疾病流行病学模型，包括空间地理模型、生态位模型、随机传播模型、离散时间随机仓室模型和连续时间随机仓室模型等。此外，随着大数据和人工智能技术的完善与普及，一些人工智能算法也开始被应用于病毒性疾病流行病学领域。例如，自然语言处理（natural language processing，NLP）技术可被用于病毒性疾病疫情的舆情分析，深度学习（deep learning，DL）算法可大大提高大数据分析的效率和准确性，机器视觉（machine vision，MV）技术可充分利用影像组学和病理组学的信息，大大提高诊断效能。

四、病毒性疾病的流行病学基线数据与建模和其他章节的关联关系

在本节中，介绍了病毒性疾病相关的基线数据收集、整理及模型的类型和应用，是第二节流行病学研究方法的具体实践应用。在大数据挖掘的基础上，构建预警预测模型，为第四节的病毒性疾病监测与预警提供强大的技术支撑（图 3-7）。

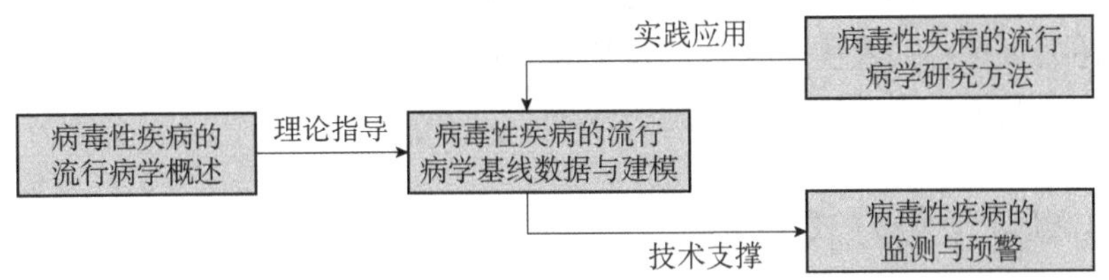

图 3-7　病毒性疾病的流行病学基线数据与建模和其他章节的关联关系

第四节　病毒性疾病的监测与预警

病毒性疾病的监测与预警是公共卫生安全的重要组成部分，要求对病毒性疾病的发生、传播和流行趋势进行动态观察、整合、分析和预警。该手段对于疫情防控、减少疾病传播和保护人群健康具有重要意义。

一、基本概念和主要术语

1. 病毒性疾病监测　病毒性疾病监测是指长期、连续、系统地收集病毒性疾病的资料，经过科学分析和解释后获得关于病毒病原体分布和流行特征及影响因素等重要信息，并及时反馈给有信息需求的人或机构，用以指导制订、完善和评价病毒性疾病干预措施和策略的过程。

2. 被动监测　下级单位常规地向上级机构报告病毒性疾病监测的数据和资料，而上级单位被动接受，称为被动监测。

3. 主动监测　根据特殊需要，上级单位专门组织调查，收集有关病毒性疾病的数据和资料，或者对某些重点疾病或某些行为因素进行调查、收集资料，称为主动监测。

4. 哨点监测　为了更清楚地了解病毒性疾病在不同地区、不同人群中的分布及相应的影响因素等，选择若干有代表性的地区和人群，按照统一的监测方案连续开展监测，称为哨点监测。最为典型的是艾滋病哨点监测。

5. 病毒性疾病预警　病毒性疾病预警是一种系统机制，通过病毒性疾病预警可预见病毒性疾病的发生、发展和导致的生物危害，并向有可能受到危害的人群提供病原体种类、传播途径、易感人群、预防措施等信息，发出警告，使他们能够预防或更好地准备，以免造成疾病持续传播和流行，以及避免可能造成的生命和财产损失。

6. 风险评估　风险评估是根据设定的步骤和程序，对病毒性疾病发生、传播、流行可能性的大小，以及可能造成的健康威胁、疾病负担、经济和财产损失后果及社会危害程

度进行判断的工具。其目的是向决策者提供以科学为基础的信息，使他们能够正确地识别和选择最有效的方法以控制疾病传播，最大可能地减少生命、财产损失。

二、监测与预警的目的和意义

（1）发现病毒性疾病发生、流行、暴发流行的先兆，开展风险评估和早期预警。

（2）描述病毒性疾病发生、流行的特征和变化趋势。

（3）评价公共卫生干预策略和措施的效果。

三、监测与预警方式

监测系统可以以多种方式分类：根据报告方式分为被动和主动监测；根据监测系统设立目的可分为行为风险因素监测系统和环境监测系统等；根据监测点位置可分为门诊监测和实验室检测等；针对特定目标人群开展监测，如青少年危险行为调查监测和吸烟人群监测等。

（一）监测方式

1. 病原学监测　病原学监测是采集患者血液、组织、粪便、咽拭子等标本，通过病毒分离、培养、鉴定或核酸检测等技术方法，明确引起疾病流行的病原体种类、基因型、基因亚型等，动态了解疾病流行优势毒株、基因型别分布与病毒变异变迁趋势的过程。

2. 媒介和野生动物监测　媒介和野生动物监测是通过协调公共卫生和动物疾病预防控制系统，建立跨系统的监测网络，对虫媒种群密度、带毒率，以及对野生动物携带病毒的种类、变异程度开展监测，发现虫媒和野生动物携带、感染、传播病毒性疾病的风险，从而对发生在动物–人–生态系统的病毒性疾病开展早期预警并做出反应的过程。

3. 环境监测　环境监测是针对病毒可能来源的环境，如禽类接触和禽类市场环境，野生动物交易市场的空气、宰杀点、销售区等，开展样本采集的过程。

4. 症候群监测　症候群监测是一种早期发现和调查暴发的方法，即借助数据的自动获得和统计学预警的形成，由卫生部门工作人员完成的一种调查方法，实时地或近乎实时地监测疾病发生的指征，会早于传统的公共卫生方法发现疾病暴发。

5. 基因组监测　基因组监测是利用监测手段，连续、系统地获取病毒在流行的基因组序列，利用流行病学方法研究基因组遗传变异在疾病发生、发展中作用的过程。

6. 行为及行为危险因素监测　行为及行为危险因素监测是针对感染相关病毒危险因素的监测。一些特异性行为的监测，能对相关病毒性疾病的发生进行一定程度的预测，如艾滋病高危行为监测等。

7. 其他监测　另外，还有病毒耐药分子网络监测、病毒性疾病耐药监测等监测系统。

（二）预警方式

1. 风险识别　风险识别是按照标准化的分类方法，对监测得到的数据、资料按照所设定的步骤和程序进行处理，对病毒性疾病发生、传播、流行可能性大小，以及可能造成的健康威胁，疾病负担，经济、财产损失后果及社会危害程度进行判断的工具。

2. 早期预警　早期预警是各国政府、社区和国际防控网络进行协调和共同努力，对病毒性疾病的预防系统进行有效投资，以便在地方一级发现病毒性疾病病原体出现和传播的早期信号，并将发现、预防和应对的综合方法传递给公众的方式。

3. 旅行警告　旅行警告是国家或地区的政府向本国或本地区居民发出的警告或警示，告诫本国或本地区居民在前往其他国家或地区旅游时可能面对的流行性疾病感染风险。

四、监测与预警的建立和应用

1. 基本程序　基本程序包括：①建立可报告疾病的监测网络系统；②系统收集病毒性疾病的发病资料；③管理和分析资料；④信息反馈。

2. 方法和技术　包括：①哨点医院、门诊患者信息收集；②血清流行病学监测技术；③分子流行病学监测。

3. 现代信息技术的应用　现代信息技术包括：①网络直报；②人工智能；③大数据；④地理信息系统、遥感技术等。

4. 信息的利用　通过监测获得的信息可以用来描述病毒性疾病的分布特征和流行特征及影响因素，确定流行的存在和发展趋势，提出预警，并评价干预的效果，为病毒性疾病控制提供决策依据。

五、监测与预警机制的评估

（一）监测

1. 及时性　及时性是指从病毒性疾病发生到监测系统发现并反馈给有关部门的时间间隔。该指标反映了卫生系统的反应速度，对急性病毒性疾病的暴发反应尤为重要，直接影响到干预的效果和效率。

2. 敏感性　敏感性是指监测系统发现和确认病毒性疾病发生或暴发的能力。

3. 特异性　特异性是指监测系统排除病毒性疾病病例，或病毒性疾病疫情暴发的能力。

4. 阳性预测值　阳性预测值是指所有监测系统报告的病例中，真正是该病病例所占的比例。

5. 完整性　完整性是指监测系统所包含监测内容或监测指标的多样性。

6. 灵活性　灵活性是指监测系统针对新发的病毒性疾病、操作程序或技术要求进行及时调整或改变的能力。

7. 政策制定　制定的政策包括政府管理办法，免疫策略，疫苗生产、组分变化等，根据监测系统运行的结果，反馈给有关部门后促成政府出台新的管理办法，提高公共卫生策略改进的能力。

（二）预警

1. 及时性　及时性是指从预警系统捕捉到早期病毒性疾病暴发信号至公众接收到预警信息的时间。

2. 有效性　有效性是指疾病预警系统和机制对于新发、突发病毒性疾病发生的可能性、疫情形势发展和风险评估情况的有效判断。

3. 卫生经济学　卫生经济学是对疾病监测实施及预警系统建立的成本及疾病预警对社会、经济的综合效益进行综合分析。

4. 公共卫生影响效果　公共卫生影响效果是指疾病及时、有效预警对于疾病的精准防控、政府部门健康服务和监管能力乃至民众健康的综合影响。

5. 环境影响效果　环境影响效果是指疾病及时、有效预警对于社会环境和生态环境的综合影响。

六、病毒性疾病的监测与预警和其他章节的关联关系

在本节中，介绍病毒性疾病监测与预警的详细内容，在第一节“病毒性疾病的流行病学概述”的框架范围内，基于流行病学调查方法、抽样及网络直报等开展监测，并利用5G、互联网+、移动终端等技术开展风险识别并预警。通过连续性监测可获得时间序列、人群队列及综合其他系统的大数据、生物样本等，为第三节流行病学模型构建提供基线数据来源；通过评价预警预测模型应用和实施效果，又可以反馈疾病监测方法、数据收集方式的效果并对其进行调整，从而不断完善预警预测体系。所以第四节与第三节相辅相成，互为前提，相互支撑。第四节是前三节的具体实践与应用（图 3-8）。

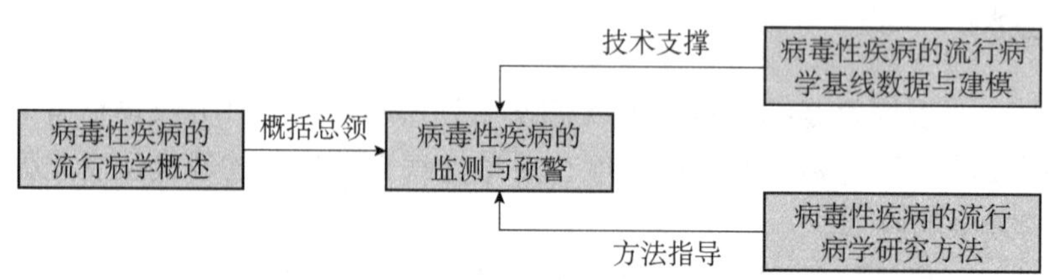

图 3-8　病毒性疾病的监测与预警和其他章节的关联关系

本章小结

病毒性疾病流行病学研究揭示了病毒在人群中的传播规律和影响因素，对制订防控策略至关重要。尽管我国在防治病毒性疾病上取得了成效，但新病毒的出现和快速传播仍使人们面临挑战。本章介绍了多样的病毒性疾病流行病学研究方法，如描述性研究、队列研究、病例对照研究等，深入探讨了病毒性疾病的风险因素和防治措施。分子流行病学的应用进一步深化了对病因和传播途径的理解。监测与预警系统通过实时数据分析，为疾病防控提供及时信息，而流行病学建模则预测疾病趋势，评估干预效果，为决策提供支持。随

着技术的进步，病毒性疾病研究面临新的发展机遇和挑战。

（梁 浩 叶 力 蒋俊俊）

复习思考题

数字资源 3-18

1. 病毒性疾病流行病学的基本原理是什么？
2. 新发病毒性疾病给全球公共卫生系统带来了哪些挑战？
3. 队列研究和病例对照研究在病毒性疾病研究中各自的优势和局限性是什么？
4. 分子流行病学如何增进我们对病毒性疾病传播机制的认识？
5. 现代信息技术如何提升病毒性疾病监测与预警系统的效率和准确性？
6. 流行病学建模对于预测病毒性疾病趋势和评估防控措施的效果有何重要性？

主要参考文献

D'Souza G，Kreimer A R，Viscidi R，et al. 2007. Case-control study of human papillomavirus and oropharyngeal cancer. The New England Journal of Medicine，356（19）：1944-1956.

Deputy N P，Deckert J，Chard A N，et al. 2023. Vaccine effectiveness of JYNNEOS against Mpox disease in the United States. The New England Journal of Medicine，388（26）：2434-2443.

He Y，Liu W J，Jia N，et al. 2023. Viral respiratory infections in a rapidly changing climate：the need to prepare for the next pandemic. eBioMedicine，93：104593.

Huang X J，Xu L M，Sun L J，et al. 2019. Six-year immunologic recovery and virological suppression of HIV patients on LPV/r-based second-line antiretroviral treatment：a multi-center real-world cohort study in China. Frontier in Pharmacology，10：1455.

Liang W H，Guan W J，Li C C，et al. 2020. Clinical characteristics and outcomes of hospitalised patients with COVID-19 treated in Hubei（epicentre）and outside Hubei（non-epicentre）：a nationwide analysis of China. The European Respiratory Journal，55（6）：2000562.

Marconi V C，Ramanan A V，de Bono S，et al. 2021. Efficacy and safety of Baricitinib for the treatment of hospitalised adults with COVID-19（COV-BARRIER）：a randomised，double-blind，parallel-group，placebo-controlled phase 3 trial. Lancet Respiratory Medicine，9（12）：1407-1418.

Nafiz C I，Marlia A T，Dewan S M R. 2024. H10N5 and H3N2 outbreak 2024：The first-ever co-infection with influenza A viruses has been culpable for the contemporary public health crisis. Environmental Health Insights，18：10.1177/11786302241239373.

RECOVERY Collaborative Group. 2022. Baricitinib in patients admitted to hospital with COVID-19（RECOVERY）：a randomised，controlled，open-label，platform trial and updated meta-analysis. Lancet，400（10349）：359-368.

第四章　病毒的形态与结构

本章要点

1. 病毒粒子：简称为毒粒，是病毒的细胞外形式，可将病毒遗传物质从一个细胞转移到另一个细胞。
2. 核衣壳：病毒核酸和衣壳的合称。
3. 结构蛋白：为构成一个形态成熟、有感染性的病毒粒子所必需的蛋白质，是病毒粒子的结构组成。
4. 病毒衣壳：由病毒衣壳蛋白构成，衣壳蛋白先正确折叠成壳粒，进而组装成病毒衣壳。

本章知识单元和知识点分解如图 4-1 所示。

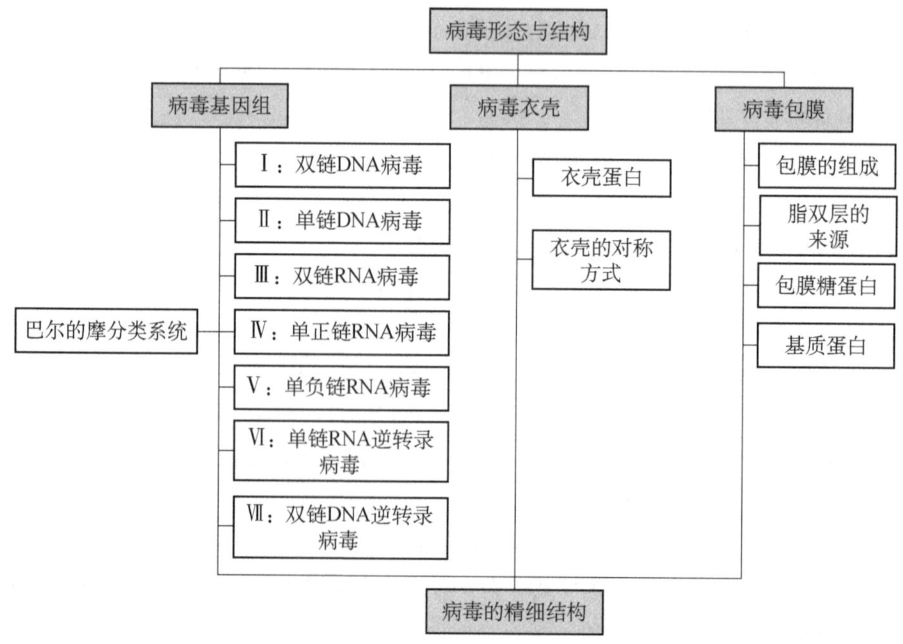

图 4-1　本章知识单元和知识点分解图

本章知识单元的关联关系如图 4-2 所示。

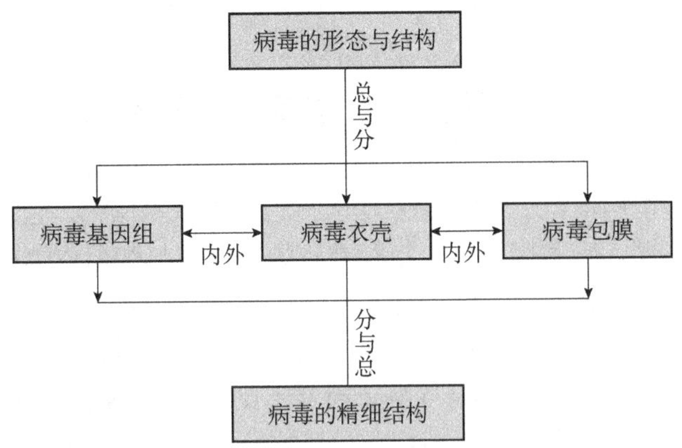

图 4-2　病毒的形态与结构知识单元的关联关系

病毒粒子（virus particle）是病毒的细胞外形式，可将病毒遗传物质从一个细胞转移到另一个细胞，也可简称为毒粒（virion）。病毒粒子通常由两个主要部分组成：①病毒的基因组（DNA 或 RNA）；②包裹病毒基因组的蛋白质外壳，称为衣壳（capsid）。有些病毒在衣壳外面还包裹一层由脂双层（来源于宿主细胞的膜结构）和病毒蛋白组成的包膜（envelope）。大多数细菌病毒是裸露病毒（naked virus），而许多动物病毒是包膜病毒（enveloped virus）。裸露和包膜病毒粒子的基本结构见图 4-3。在包膜病毒中，包膜内核酸和衣壳组成核衣壳（nucleocapsid）。

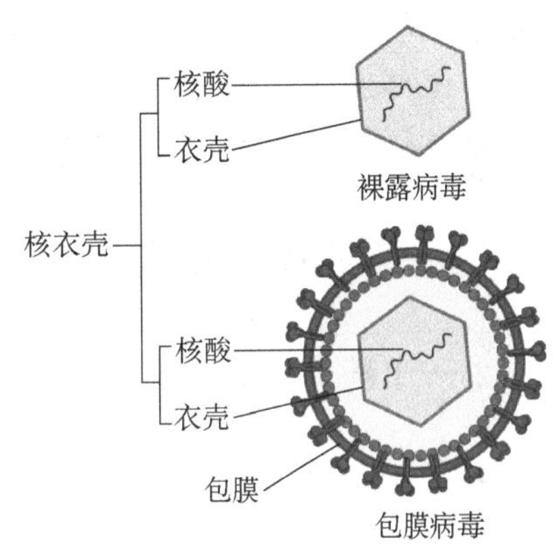

图 4-3　裸露和包膜病毒粒子的比较

彩图

病毒粒子的形态结构多种多样，在电子显微镜下呈现球状、杆状、丝状、砖形、弹状和蝌蚪状。其中球状病毒数量最多，典型的球状包膜病毒包括人类免疫缺陷病毒（human immunodeficiency virus，HIV）、单纯疱疹病毒（herpes simplex virus，HSV）及流感病毒（influenza virus，IV）等，球状的裸露病毒包括腺病毒（adenovirus）、脊髓灰质炎病毒（poliovirus）及轮状病毒（rotavirus）等。而烟草花叶病毒（tobacco mosaic virus，TMV）是杆状，埃博拉病毒（Ebola virus，EboV）是丝状，猴痘病毒（monkeypox virus，MPXV）是砖形，狂犬病病毒（rabies virus，RV）是弹状，T4 噬菌体（T4 phage）是蝌蚪状。

病毒粒子的大小各异，通常比细菌小，球状或近球状病毒的直径一般为 20～300nm，只能用电子显微镜观测，而不能用光学显微镜观测。例如，脊髓灰质炎病毒的球状颗粒直径仅为 28nm，大约相当于细胞的蛋白质合成机器即核糖体的大小。但是自然界中也有一些较大的病毒，可通过光学显微镜观测。例如，痘病毒科（*Poxviridae*）成员的尺寸为（300～450）nm×（170～260）nm。近年来逐渐发现了多种巨型病毒，不断刷新了病毒的极限尺寸。例如，1992 年在变形虫中发现的拟菌病毒（mimivirus）的尺寸约为 400nm×600nm，

2013 年在变形虫中发现的潘多拉病毒（Pandoravirus）的尺寸约为 1000nm×500nm，2014 年在阿米巴原虫中发现的阔口罐病毒属（*Pithovirus*）病毒的尺寸约为 1500nm×1000nm。

第一节 病毒基因组

病毒的基因组是指病毒粒子中的核酸大分子（DNA 或 RNA），包含病毒复制增殖所需的全部遗传信息。不同病毒基因组的大小相差较大，但是与细菌或真核细胞相比，病毒的基因组很小。病毒基因组的大小从最小到最大相差近千倍。DNA 病毒中最小的是圆环病毒（circovirus），其单链基因组为 1.75kb，远小于潘多拉病毒的双链 DNA 基因组（2.5Mb）。RNA 病毒的基因组，无论是单链还是双链，通常都比 DNA 病毒的基因组小。

病毒基因组编码的蛋白质可分为结构蛋白和非结构蛋白，其中结构蛋白是构成一个形态成熟、有感染性的病毒粒子所必需的蛋白质，是病毒粒子的结构组成，包括衣壳蛋白、包膜蛋白和存在于病毒粒子中的毒粒酶。病毒的结构蛋白主要有两个功能：①保护病毒基因组；②传递病毒基因组。而非结构蛋白是由病毒基因组编码，在病毒复制过程中产生，并在病毒复制中具有一定功能的蛋白质，通常不与病毒粒子结合。

一、7 类代表性病毒

（一）巴尔的摩分类系统

1975 年，戴维·巴尔的摩（David Baltimore）、霍华德·特明（Howard Temin）和雷纳托·杜尔贝科（Renato Dulbecco）三位科学家由于发现了逆转录病毒及其关键酶——逆转录酶，并制定了一种病毒分类系统（巴尔的摩分类系统），共同获得了诺贝尔生理学或医学奖。巴尔的摩分类系统（Baltimore，1971）基于病毒基因组和病毒转录出 mRNA 的方式将病毒分为七大类（图 4-4）。

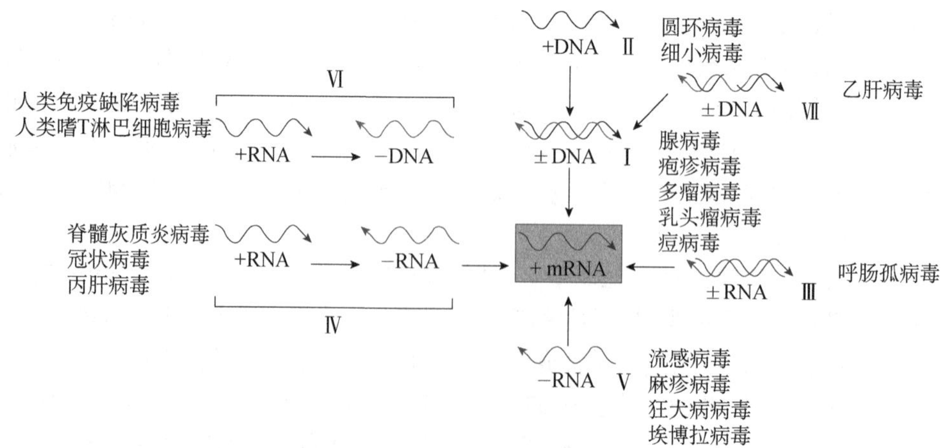

图 4-4 病毒基因组的巴尔的摩分类系统及代表性病毒

（二）代表性病毒

双链 DNA 病毒属于 Baltimore Ⅰ，代表性病毒包括腺病毒、疱疹病毒（herpesvirus）、多瘤病毒（polyomavirus）、乳头瘤病毒（papillomavirus）和痘病毒（poxvirus）等。病毒基因组的复制和转录由宿主或者病毒编码的聚合酶完成。

单链 DNA 病毒属于 Baltimore Ⅱ，代表性病毒包括圆环病毒和细小病毒（parvovirus）等。单链 DNA 基因组需要首先通过 DNA 聚合酶形成双链，然后以双链 DNA 为模板转录出 mRNA。大多数单链 DNA 病毒的基因组复制和转录由宿主的聚合酶完成。

双链 RNA 病毒属于 Baltimore Ⅲ，代表性病毒包括呼肠孤病毒（reovirus）等。双链 RNA 病毒的基因组通常分为多个节段。例如，呼肠孤病毒基因组分为 10 个节段。病毒基因组复制和转录所需的 RNA 聚合酶由病毒基因组编码，需要包裹进病毒粒子中。

单正链 RNA 病毒属于 Baltimore Ⅳ，代表性病毒包括脊髓灰质炎病毒、冠状病毒（coronavirus）和丙肝病毒（hepatitis C virus，HCV）等。病毒基因组 RNA 可以直接作为 mRNA 进行翻译，合成参与病毒基因组复制和转录所需的 RNA 聚合酶，因此该 RNA 聚合酶不需要包裹进病毒粒子中。

单负链 RNA 病毒属于 Baltimore Ⅴ，代表性病毒包括流感病毒、麻疹病毒（measles virus，MV）、狂犬病病毒和埃博拉病毒等。病毒基因组复制和转录所需的 RNA 聚合酶由病毒基因组编码，需要包裹进病毒粒子中。

单链 RNA 逆转录病毒属于 Baltimore Ⅵ，包括逆转录病毒科（*Retroviridae*）的所有成员，代表性病毒有 HIV 和人类嗜 T 淋巴细胞病毒（human T-cell lymphotropic virus，HTLV）等。其基因组虽然为单正链 RNA，但是不能直接作为 mRNA 进行翻译，需要在病毒粒子中携带的逆转录酶的作用下合成双链 DNA，入核后在病毒粒子中携带的整合酶的作用下整合到宿主染色体上，然后利用宿主的 RNA 聚合酶Ⅱ转录出病毒的基因组 RNA。

双链 DNA 逆转录病毒属于 Baltimore Ⅶ，包括嗜肝 DNA 病毒科（*Hepadnaviridae*）的所有成员，代表性病毒有乙肝病毒等。其基因组为有缺口的双链 DNA，首先需要修补 DNA 缺口使其成为双链 DNA，再转录出前病毒基因组 mRNA 并以此为模板在病毒编码的逆转录酶的作用下合成病毒的基因组。

二、病毒基因组的结构

与原生生物、细菌和真核生物的基因组相比，病毒基因组的成分和结构更多样。病毒基因组由 DNA 或 RNA 组成，两者不共存于同一病毒粒子中。不同病毒基因组的结构差异较大，组成病毒基因组的 DNA 和 RNA 从结构上可分为单链或双链、线状或环状、分节段或不分节段。

1. RNA 病毒基因组结构 RNA 病毒中以单链 RNA 病毒为主，双链 RNA 病毒较少，其中呼肠孤病毒的基因组为分节段的线状双链 RNA。另外，单链 RNA 基因组又可根据其碱基序列分为正义链、负义链或双义链（单链 RNA 基因组的一部分为正义链，一部分为负义链）。例如，脊髓灰质炎病毒的基因组为不分节段的线状单正链 RNA；流感病毒的基因组为分节段的线状单负链 RNA，分为 8 个节段；拉沙病毒（Lassa virus，LASV）的基因组为分节段的环状双义链 RNA，分为 2 个节段。

2. DNA 病毒基因组结构 与 RNA 病毒相反，DNA 病毒中以双链 DNA 病毒为主，单链 DNA 病毒较少。例如，腺病毒的基因组为线状双链 DNA；乳头瘤病毒的基因组为环状双链 DNA；圆环病毒的基因组为环状单链 DNA；细小病毒的基因组为线状单链 DNA。另外，有些病毒的双链 DNA 基因组中存在特殊的结构：有的末端是交联的，如痘病毒；有些末端共价连接蛋白质或小片段 RNA，如乙肝病毒和腺病毒；有些存在缺口，如乙肝病毒。

第二节 病毒衣壳

一、病毒衣壳蛋白

所有病毒粒子至少拥有一个蛋白衣壳，而衣壳蛋白是构成病毒衣壳结构的蛋白质。病毒衣壳蛋白正确折叠成壳粒，进而组装成衣壳。组装所需的信息通常包含在衣壳蛋白自身的氨基酸序列中，病毒衣壳蛋白的装配是自发的过程，称为自组装（self-assembly）。而有些病毒衣壳蛋白需要来自宿主细胞折叠蛋白的辅助才能正确折叠并组装成特定结构。例如，λ 噬菌体的衣壳蛋白需要来自 *E. coli* 的伴侣蛋白 GroE 的帮助才能折叠成有活性的构象。

衣壳蛋白主要有 4 个功能：①构成病毒的衣壳，保护病毒的核酸；②裸露病毒的衣壳蛋白参与病毒的吸附、进入，决定病毒的亲嗜性；③决定病毒抗原性；④决定其他生物活性，如血凝活性、细胞毒性等。

二、病毒衣壳的对称方式

病毒衣壳多以对称结构存在，主要通过衣壳蛋白有规律且重复的相互作用来实现。病毒衣壳的对称方式主要有三种，包括二十面体对称（icosahedral symmetry）、螺旋对称（helical symmetry）和复杂对称。

（一）二十面体对称

病毒衣壳蛋白可以二十面体方式进行排列，形成球状结构。呈二十面体对称的病毒包含 20 个三角形表面和 12 个顶点。对称轴可将二十面体划分为 5 个、3 个或 2 个具有相同大小和形状的部分，因此可分为 5 倍、3 倍和 2 倍对称轴（图 4-5）。二十面体对称是封闭衣壳中最有效的亚基排列方式，因为它需要最少数目的衣壳蛋白来构建衣壳。最简单的衣壳蛋白排列是每个三角形面有 3 个衣壳蛋白，每个病毒粒子总共由 60 个衣壳蛋白组成。细小病毒的衣壳就是由 60 个结构构象完全相同的衣壳蛋白 VP 组成的。但是由 60 个衣壳蛋白构成的二十面体衣壳内部体积有限，无法包装大多数病毒的基因组，因此为了能容纳更多的基因组，许多病毒通过增加衣壳蛋白的数目来扩大二十面体衣壳内部体积。

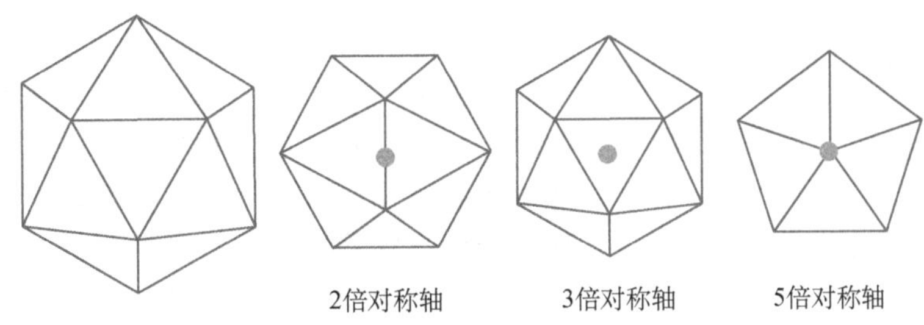

图 4-5　二十面体对称病毒的结构

卡斯珀（Caspar）和克卢格（Klug）引入了一个关键的概念是三角剖分（triangulation，*T*），*T*=1 的二十面体衣壳由 60 个衣壳蛋白构成。当 *T*>1 时，*T* 值需要满足公式 $T=h^2+hk+k^2$，其中 *h* 和 *k* 代表在二十面体网格上沿着两个不同方向移动的步数，为非负整数，所以大于 1 的 *T* 可以是 3、4、7、9、12、13、16 等。由于一个二十面体最少由 60 个衣壳蛋白组成，对于不同的 *T* 值，组成二十面体的最小衣壳蛋白数目为 60*T*。构成二十面体衣壳的衣壳蛋白可以是单一蛋白质的单体或者寡聚化状态（同源二聚体或三聚体等），也可以是多种蛋白质的寡聚状态（异源二聚体或三聚体等）。通过这种方式，病毒粒子可以获得更加复杂的球状对称衣壳。例如，罗斯河病毒（Ross river virus，RRV）的衣壳由 240 个 C 蛋白组成，符合 *T*=4；单纯疱疹病毒 1 型的衣壳由 960 个拷贝的 VP5 蛋白组成，符合 *T*=16。

一些呈二十面体对称的病毒并不严格遵循以上的定义，称为“伪”二十面体。例如，脊髓灰质炎病毒由 60 个拷贝的不对称单元组成，每一个不对称单元由病毒的三种结构蛋白 VP1、VP2 和 VP3 组成并占据 *T*=3 的三个位置，称为伪 *T*=3 对称；豇豆花叶病毒（cowpea mosaic virus，CPMV）的衣壳由两种亚基组成，大亚基有两个果冻卷模体（jelly roll motif），小亚基有一个果冻卷模体，这三个模体占据 *T*=3 的三个位置，也属于伪 *T*=3 对称。

除此以外，还有一些病毒具有结构复杂的二十面体衣壳。例如，腺病毒的二十面体衣壳的 12 个顶点都存在长的突出纤维，每个纤维末端终止于一个远端球状结构，该结构用来结合细胞表面的病毒受体；呼肠孤病毒由两个二十面体衣壳组成，分为内壳和外壳，其中内壳符合 *T*=2，外壳符合 *T*=13。

（二）螺旋对称

一些有包膜的动物病毒、某些植物病毒和噬菌体的衣壳会呈现杆状或带有螺旋对称的细丝状结构。螺旋对称通常用每一螺旋转折的结构性单位数目（μ）、每一单位的轴向增长量（ρ）和螺旋的螺距（*P*）来描述，公式为 $P=\mu\times\rho$（图 4-6A）。螺旋对称的一个特征是可通过简单地改变螺旋长度来改变包裹基因组的容量，这样的结构是开放的，不像二十面体的衣壳具有包装限制。

烟草花叶病毒（第一个被发现的病毒）衣壳的对称形式就是螺旋对称，是研究最多的螺旋对称衣壳（图 4-6B）。病毒基因组为单正链 RNA，长约 6.4kb，由螺旋状蛋白衣壳包裹。蛋白质衣壳由单个蛋白质构成，2130 个相同的衣壳蛋白分子以右手螺旋方式通过彼此间反复相互作用形成 18nm×300nm 的杆状粒子，每一螺旋中含有 16.3 个衣壳蛋白分子，螺

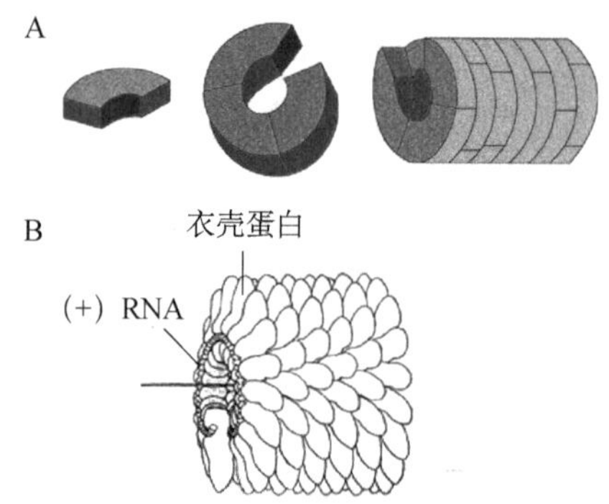

图 4-6　螺旋对称病毒的结构
（Caspar，1963）
A. 螺旋对称模型；B. 烟草花叶病毒的结构示意图

距为 2.3nm。在螺旋体内部，每个衣壳蛋白分子结合 RNA 基因组的三个核苷酸，因此衣壳蛋白分子在蛋白质分子之间及在蛋白质与基因组之间采用相同且等价的相互作用方式，允许多个单一蛋白质分子构建一个大型的稳定结构。虽然理论上螺旋对称衣壳可以无限延伸，但病毒的基因组大小决定了其实际长度。有些螺旋对称的衣壳结构缺乏足够的刚性，这些病毒往往呈现丝状。例如，M13 噬菌体的衣壳大约由 2700 个衣壳蛋白 pⅧ 形成 7nm×900nm 的丝状粒子。

在包膜病毒中，核衣壳蛋白与核酸结合所形成的核糖核蛋白（ribonucleoprotein，RNP）也往往呈现柔性的螺旋对称结构，这些螺旋对称结构被包膜所保护，不受外界环境的直接作用。基因组为单负链 RNA 的部分动物病毒含有被包膜包裹的螺旋对称的内部结构，包括以麻疹病毒为代表的副黏病毒科（*Paramyxoviridae*）、以水疱性口炎病毒（vesicular stomatitis virus，VSV）为代表的弹状病毒科（*Rhabdoviridae*）、以流感病毒为代表的正黏病毒科（*Orthomyxoviridae*）及以埃博拉病毒为代表的丝状病毒科（*Filoviridae*）的成员。这些单负链 RNA 病毒的内部成分在组成和形态上大不相同，其中副黏病毒科、弹状病毒科和丝状病毒科成员的 RNP 包含单一的 RNA 分子和紧密结合 RNA 的核衣壳蛋白。例如，麻疹病毒 RNP 的螺旋对称结构中每圈螺旋含 12.3 个分子，螺距为 5nm。正黏病毒科成员的基因组是分节段的，因此不是一个单一的核衣壳，而是由多个核衣壳组成，每个核衣壳由一个节段 RNA 和紧密结合 RNA 的核衣壳蛋白组成。例如，甲型流感病毒（influenza A virus，IFA）中 8 条单负链 RNA 基因组分别被核衣壳蛋白包裹成柔性的具有螺旋对称的 RNP，这些 RNP 虽然直径相同，但是长度不同。

（三）复杂对称

复杂对称的衣壳是指一些具有复杂对称关系的病毒衣壳。与简单病毒相比，一些病毒的结构是高度复杂的，病毒粒子由几部分组成，每部分都有自己的形状和对称性。复杂对称的病毒通常具备各种辅助蛋白，有些具有部分二十面体或螺旋对称性，有些只有局部对称性而病毒整体呈现各种形态。

所有病毒中结构最复杂的是感染 *E. coli* 的有尾噬菌体，如 T4 噬菌体（图 4-7）。T4 噬菌体是裸露的呈现复杂对称衣壳的病毒，病毒粒子由二十面体对称的头部和螺旋对称的尾部组成。T4 噬菌体的二十面体头部呈现 T=7 的球状结构，用来容纳双链 DNA 基因组，在二十面体的 12 个顶点中有一个顶点被连接体占据并连接噬菌体的尾部，尾部终止于基板，从基板上伸出 6 条长的尾

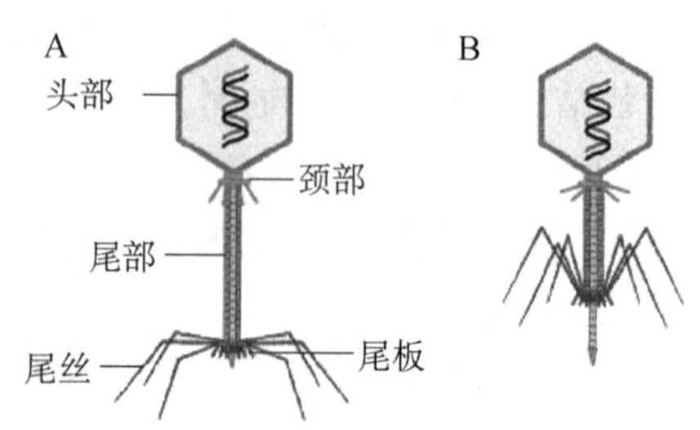

图 4-7　T4 噬菌体的结构
A. T4 噬菌体结构示意图；B. T4 噬菌体的可收缩尾部示意图

丝纤维。根据尾部的形态，有尾噬菌体可分为三类：肌尾噬菌体，尾部长且可收缩，如 T4 和 Mu 噬菌体；长尾噬菌体，尾部长、可弯曲，但不可收缩，如 λ 和 T5 噬菌体；短尾噬菌体，尾部短且不可收缩，如 T7 和 P22 噬菌体。除了有尾噬菌体，一些感染真核生物的大型病毒在结构上也很复杂，其对称方式与噬菌体完全不同，如拟菌病毒和牛痘病毒。

第三节　病毒包膜

一、病毒包膜的组成

包膜病毒可以是 DNA 病毒也可以是 RNA 病毒，在其核衣壳外侧包裹着一层脂蛋白形成的膜。病毒包膜的结构由脂双层（来源于细胞）和病毒包膜蛋白组成，其中病毒包膜蛋白包括包膜糖蛋白和基质蛋白。

很多动物病毒都有包膜，而植物病毒中很少有包膜。包膜在病毒感染过程中十分重要，因为病毒粒子是通过包膜与宿主细胞接触的，因此，包膜病毒对宿主细胞特异性的感染及侵入在一定程度上受包膜的生物化学性质控制。病毒特异性包膜蛋白对于感染期间病毒粒子与宿主细胞的吸附及复制后病毒粒子从宿主细胞中释放都至关重要。

二、病毒包膜中脂双层的来源

病毒包膜中的脂双层是病毒出芽成熟时从细胞膜上获得的，故其脂质的种类和含量与宿主细胞膜相同，具有宿主特异性。大多数包膜病毒的脂双层来源于细胞质膜，但是有些病毒［如布尼亚病毒（Bunyavirus）］的脂双层来源于高尔基体，而有些病毒［如轮状病毒（rotavirus）］的脂双层来源于内质网膜，还有一些病毒［如泡沫病毒（foamy virus）］的脂双层来源于内质网和高尔基体中间体膜。

三、包膜糖蛋白

病毒编码的包膜糖蛋白是膜蛋白，其通过一个短的跨膜区固着在脂双层上，有时含有两个或两个以上的跨膜区。大多数的包膜糖蛋白形成的结构是寡聚的，有些由多拷贝的单一蛋白质组成，但很多情况下每一个亚基中含有两条或更多的蛋白质链，亚基间通过非共价键和二硫键的作用聚集在一起。例如，人甲型流感病毒的血凝素蛋白（HA）是一个通过二硫键连接的 HA1 和 HA2 分子的三聚体。在病毒粒子外部，这些寡聚体形成表面突起，通常称为刺突。大多数的包膜病毒含有一种或两种包膜糖蛋白。例如，逆转录病毒只有一个包膜糖蛋白 Env，其由表面蛋白（SU）和跨膜蛋白（TM）两个亚基组成。但是，一些包膜病毒含有多个包膜糖蛋白。例如，疱疹病毒目前鉴定出至少含有 12 种包膜糖蛋白。

包膜糖蛋白由多肽骨架与寡糖侧链组成，分为膜外结构域（包膜突起）、跨膜结构域和膜内结构域。膜外结构域含有细胞表面病毒受体的结合位点、主要抗原决定簇，以及病毒进入细胞时介导病毒和细胞膜融合（membrane fusion）的序列。跨膜结构域可将包膜糖蛋白固着在脂双层上。膜内结构域和病毒粒子中其他组分相接触，对于病毒的组装有一定的作用。

包膜糖蛋白的功能主要有 4 个，包括：①构成病毒的包膜，保护病毒的核衣壳结构；②在病毒的吸附和进入过程中具有重要作用；③病毒表面有特异性抗原，决定病毒的抗原性；④决定其他生物活性，如血凝活性（流感病毒的 HA 糖蛋白）、神经氨酸酶活性（流感病毒的 NA 糖蛋白）、细胞融合活性（仙台病毒的 F 糖蛋白）等。

四、基质蛋白

基质蛋白是病毒包膜脂双层与核衣壳之间的亚膜结构，一般为非糖基化蛋白。基质蛋白并不是包膜病毒所必需的组分，有些包膜病毒没有基质蛋白，如披膜病毒（togavirus）。基质蛋白的功能主要有两个：①支撑包膜，维系包膜结构；②当病毒包装时，在核衣壳与包膜糖蛋白的识别过程中发挥作用。

第四节　病毒其他复杂结构

除了上述组分，有些病毒粒子中还含有一种或多种在感染和复制过程中起作用的病毒特异性酶或者其他的病毒和细胞组分。

一、毒粒酶

参与病毒复制的酶主要来源于：①宿主细胞酶，或者经修饰或结合了病毒组分而发生改变的宿主细胞酶；②病毒的非结构蛋白；③病毒的结构蛋白——存在于病毒粒子中的酶，由病毒基因组编码，在病毒复制成熟过程中作为结构组分结合于病毒粒子内。

很多类型的病毒粒子中含有在感染细胞内合成病毒核酸所需的酶类，这些酶通常催化病毒特异的合成反应，如以 RNA 为模板合成病毒 mRNA 或 DNA。在 RNA 动物病毒中，由于动物细胞中不含有依赖于 RNA 的 RNA 聚合酶（RNA-dependent RNA polymerase，RdRp）和逆转录酶，因此病毒基因组不仅必须编码这些酶，病毒粒子还需要包裹这些酶（除单正链 RNA 病毒外）。例如，单负链、双义链和双链 RNA 病毒的病毒粒子中都包裹病毒编码的依赖于 RNA 的 RNA 聚合酶，用于病毒感染细胞后转录病毒的 mRNA；逆转录病毒的病毒粒子中都包裹逆转录酶，用于逆转录病毒感染细胞后以病毒 RNA 基因组为模板逆转录出 DNA。而单正链 RNA 病毒由于感染细胞后，其基因组 RNA 可直接作为 mRNA 翻译出病毒蛋白（包含病毒基因组复制和转录所需的酶），所以 RNA 动物病毒粒子中不需要包裹依赖于 RNA 的 RNA 聚合酶。而在 DNA 动物病毒中，虽然动物细胞的细胞核中含有 DNA 复制和转录的酶，但是有些病毒的病毒粒子中也需要包裹病毒编码的依赖于 DNA 的 RNA 聚合酶用于病毒基因组的转录。例如，痘苗病毒感染细胞后在细胞质中完成整个复制周期，其双链 DNA 病毒基因组不进入细胞核，因此病毒粒子中需要包裹依赖于 DNA

的 RNA 聚合酶，用于病毒早期基因的转录。

除了参与病毒基因组复制和转录的酶，其他存在于病毒粒子中的酶包括整合酶、帽依赖性核酸内切酶和蛋白酶等。例如，逆转录病毒的病毒粒子中包裹逆转录酶、整合酶和蛋白酶，其中逆转录酶将病毒 RNA 基因组逆转录成双链 DNA，整合酶将双链 DNA 整合到宿主基因组上，蛋白酶在病毒粒子释放后通过切割病毒蛋白使病毒粒子成熟为有感染性的病毒粒子；流感病毒的病毒粒子中包裹的病毒聚合酶复合物由 PA、PB1 和 PB2 三个病毒蛋白组成，其中 PA 具有帽依赖性核酸内切酶的活性，可将细胞核内的 mRNA 自 5′端帽子结构往后 10～13 个核苷酸处进行切割，用作自身病毒 RNA 基因组转录的引物。

二、其他的病毒蛋白

更复杂的病毒粒子中还包裹其他非酶类的病毒蛋白，这些蛋白质都是病毒在细胞中完成复制周期所必需的蛋白质。例如，单纯疱疹病毒 1 型的病毒粒子中包裹的 VP16 蛋白能够激活立早期基因的转录；人巨细胞病毒的病毒粒子中包裹的 Pp65 蛋白能够抑制立早期蛋白的抗原呈递；人类免疫缺陷病毒 1 型（HIV-1）的病毒粒子中包裹的 Vpr 和 Nef 蛋白是病毒感染某些细胞类型所必需的。

三、非基因组病毒核酸

研究表明，除了病毒的基因组核酸，有些病毒粒子中还含有病毒的 mRNA，如腺病毒、疱疹病毒和逆转录病毒。这种现象最早是在逆转录病毒科的劳斯肉瘤病毒（Rous sarcoma virus，RSV）（也称禽肉瘤病毒）粒子中发现的，其病毒粒子中除了含有病毒的基因组 RNA，还含有编码病毒 Env 蛋白的 mRNA，这些被包裹进病毒粒子中的病毒 mRNA 在病毒感染细胞后被递送到宿主细胞质中并翻译出相应的病毒蛋白。

四、细胞大分子

病毒粒子还可以包裹在病毒复制周期中发挥重要作用的细胞大分子，如包装多瘤病毒和乳头瘤病毒 DNA 的细胞组蛋白。另外，通过出芽释放的包膜病毒通常会结合细胞蛋白质和其他大分子，如细胞的糖蛋白。此外，在病毒组装过程中，细胞内部成分也可能被包裹进病毒粒子中。包膜病毒通常比裸露病毒更难纯化，因为从感染细胞中纯化包膜病毒时会被来自细胞膜的囊泡污染，事实上，通过质谱分析已经在多种疱疹病毒、丝状病毒和弹状病毒纯化的包膜病毒粒子中鉴定出 50～100 种细胞蛋白质，因此很难将特异性结合到包膜病毒粒子中的细胞成分与随机捕获或（和）病毒共纯化的细胞成分区分开。尽管如此，在某些情况下，也能很明显地判断出某些细胞分子是病毒粒子的重要组成部分：这些细胞分子在特定的化学计量下可重复被观察到，同时可被证明其在病毒复制周期中发挥重要作用。

逆转录病毒粒子中捕获的细胞成分已经得到了很好的表征。逆转录病毒的 RNA 基因组在逆转录酶的作用下完成负链 DNA 合成过程中所用的引物就是细胞的转运 RNA (tRNA),该 tRNA 是通过与病毒 RNA 基因组中特定序列(引物结合位点)结合被掺入病毒粒子中的。除此以外,在一些逆转录病毒粒子中也存在多种细胞蛋白质。例如,HIV-1 的病毒粒子中含有细胞亲环素 A,其是辅助或催化蛋白质折叠的分子伴侣。亲环素 A 通过与衣壳蛋白中心部分的特异性相互作用结合在 HIV-1 颗粒中,并催化衣壳蛋白中单个 Gly-Pro 键的异构化。尽管亲环素 A 的掺入不是病毒组装的先决条件,但缺乏这种细胞伴侣的病毒粒子感染性降低。另外,细胞膜蛋白(如 Icam-1 和 Lfa1)也可以掺入到病毒包膜中,并有助于逆转录病毒粒子的附着和进入。有些细胞蛋白质掺入逆转录病毒粒子中后可抑制病毒的复制。例如,宿主限制性因子 Apobec3 是一种胞嘧啶脱氨酶,能使逆转录病毒基因组发生 G→A 的碱基突变,致使病毒基因组不能执行正常的功能而抑制病毒的复制。

第五节 病毒的精细结构

20 世纪下半叶是发现病毒的黄金时代,大多数能够感染细菌、植物和动物的病毒在这数十年间被发现。为了明确病毒入侵、复制、组装等关键生命周期过程,科学家开始尝试解析病毒的三维结构,获得精确的病毒衣壳、病毒蛋白生物大分子机器等关键的三维结构信息,从而更深入地理解病毒的结构、功能和致病机制。然而,由于病毒结构的复杂性和当时技术条件的限制,这一过程进展缓慢。早期的探索主要依赖于光学显微镜等传统手段,但这些手段在解析病毒精细结构方面存在很大的局限性。近年来,结构生物学研究新技术的发展,极大地促进了病毒结构研究的进程。

结构生物学的研究手段主要包括 X 射线晶体学、核磁共振、冷冻电镜等技术,其适用的实验条件和目标范围各有差异,而在病毒结构研究中,冷冻电镜技术[主要包括冷冻电镜单颗粒分析(cryo-electron microscopy single particle analysis)和冷冻电子断层成像术(cryo-electron tomography)],是常用的结构解析手段(图 4-8)。1968 年,剑桥大学英国医学研究委员会(Medical Research Council,MRC)分子生物学实验室的克卢格(Klug)和德・罗齐尔(de Rosier)获得了 T4 噬菌体尾部的三维结构,开创了基于负染的噬菌体病毒的电镜三维重构技术;1971 年,克劳瑟(Crowther)获得了番茄丛矮病毒的三维结构,是病毒三维结构解析领域早期的重要成果。冷冻电镜单颗粒分析技术的算法也逐步成熟,弗朗克(Frank)和范・黑尔(van Heel)将多变量统计分析(multivariate statistical analysis,MSA)的方法引入结构解析中,这使得研究者可以运用二维分类与平均的方法,提高了照片本身的信噪比,而单颗粒三维重构主要是依赖中央截面定理(一个物体的三维投影的傅里叶变换等于该物体三维傅里叶变换中通过原点且垂直于该投影方向的截面),二维分类图像经过傅里叶变换能得到不同取向的截面,若截面足够多,可以得到整个三维傅里叶空间的信息,再经过反傅里叶变换就能得到物体真实空间的三维信息。其中目标颗粒的均一程度越高,对高分辨率的数据处理就越有利。随着电子直接探测相机(electron direct detective device,DDD)的应用及计算资源的革新等突破,自 2012 年开始,冷冻电镜技术进入了新的时代。众多正二十面体对称的病毒由于对称性高、信噪比强、尺寸适合,成为冷冻电镜技术完成结构解析的“标准样品”。时至今日,冷冻电镜技术能够在接近原子分辨率的水平上解析直径近 300nm 的非洲猪瘟病毒的整体三维结构，使科学家能够清晰地观察到病毒的蛋白质组装、核酸分布等结构细节。

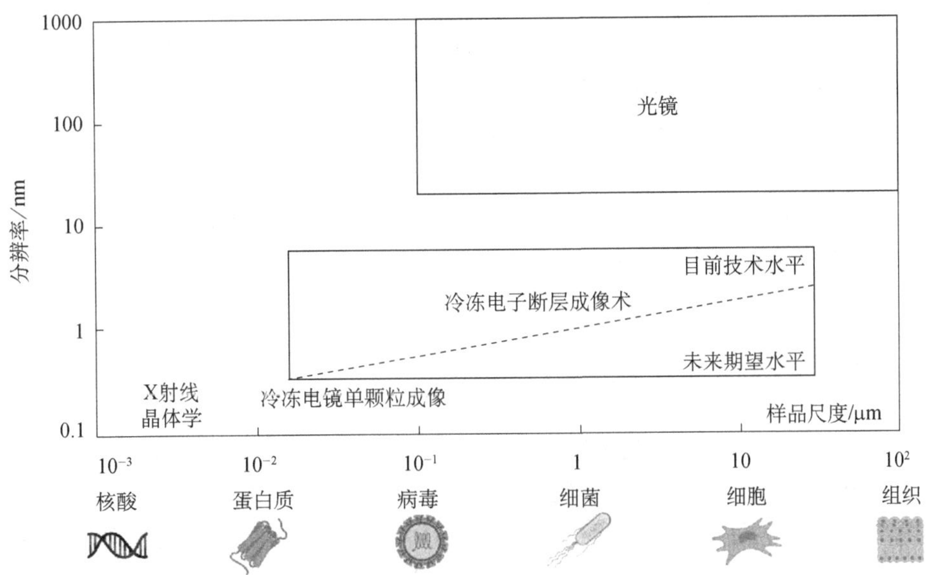

图 4-8　结构生物学技术的观测尺度及分辨率范围（改自 Li，2022）

除冷冻电镜单颗粒分析技术外，病毒结构研究领域另一项重要技术——冷冻电子断层成像术，近年来也在蓬勃发展，主要被应用在包膜病毒的整体结构解析中。包膜病毒由脂双层包裹，通过表面的刺突蛋白与细胞表面受体结合，介导入侵细胞的过程。由于脂双层的流动性和刺突蛋白分布的不对称性，包膜病毒的形态近乎于千毒千面，且包膜病毒较难完成体外重组，很难像高对称的正二十面体病毒那样，完成大量颗粒的对齐和平均，因此包膜病毒的全病毒结构使用较为成熟的冷冻电镜单颗粒分析方法较难实现。冷冻电子断层成像术是对于同一个拍照区域，通过倾转不同角度收集多个图像，并对这些图像根据倾转几何关系进行对齐并完成三维重构，能够较好地完成对单个病毒结构的解析；同时还可以结合子断层图像平均（sub-tomography averaging，STA）方法对病毒表面的刺突蛋白等局部区域进行后续精确的运算，获得较高分辨率的结构信息，这一技术的发展和变革为解析单一包膜病毒全病毒结构及病毒入侵宿主细胞后的结构变化特征奠定了重要基础。

蛋白质数据库（PDB；https://www.rcsb.org/）和电镜数据库（EMDB；https://www.ebi.ac.uk/emdb/）中记录了已经解析的单个蛋白质及蛋白质复合物等结构信息，被以三维坐标的形式写入对应的 pdb 文本文件中，可以搜索并下载所关注的病毒结构，使用可视化的软件如 PyMOL、ChimeraX 等进行后续的观察和数据分析。以下选取了几个代表性的案例来展示这一内容。

一、病毒衣壳的精细结构

病毒衣壳蛋白的对称性（包括正二十面体对称或者螺旋对称）和构象多态性对病毒的

组装至关重要，一种或多种蛋白质的众多拷贝能够组装成为一个具有特定大小和形状的病毒衣壳。衣壳还可能会被外部的膜或病毒包膜所包围。病毒核酸的包装也同衣壳关系密切，可以通过特定的核酸–蛋白质相互作用来实现基因组的凝聚；或者利用 ATP 的能量驱动将基因组转运到已经预先形成的衣壳中。通过对病毒衣壳蛋白的结构进行比较，可以确定所属的病毒谱系，每个谱系都具有相似的折叠结构。

图 4-9 展示了多种代表性病毒的三维结构，不同病毒衣壳的直径不等，每个不对称单元包含的蛋白质种类及整体对应的衣壳蛋白拷贝数也各不相同。较大的草履虫小球藻病毒 1（*Paramecium bursaria* chlorella virus 1，PBCV-1）的直径约为 200nm，衣壳蛋白共计包括了 5040 个拷贝，较小的烟草花叶卫星病毒（satellite tobacco mosaic virus，STMV）的直径约为 20nm，衣壳蛋白包括了 60 个拷贝。

（一）正二十面体病毒的衣壳结构

正二十面体病毒的衣壳由众多蛋白质拷贝组装而成，有着严格的整体对称性约束，因此能够较为容易得到高分辨率的三维结构，用于后续的结构分析。大肠杆菌噬菌体 ΦX174 是一类经典的正二十面体对称病毒，精确的结构信息对于理解 DNA 的注射、病毒组装和进化等过程意义重大。早在 1992 年，尼诺 · L. 因卡尔多纳（Nino L. Incardona）研究团队就解析了 ΦX174 在 3.0Å 分辨率下的晶体结构，初步明确了 F 蛋白、G 蛋白、J 蛋白及 DNA 的相互作用和组装机制；F 蛋白可以形成 T=1 的病毒衣壳，主要的折叠基序是 8 个反平行的 β 片层，这同许多正二十面体病毒相比都是极为类似的；5 个 G 蛋白亚基构成一个位于五次轴的刺突单元，中心形成了一个亲水通道以控制物质的进出，共计有 12 个，而每个 G 蛋白都呈现 β 桶状结构，片层向外进行延伸；H 蛋白没有可见密度，可能部分定位在 G 蛋白形成的离子通道附近；而 J 蛋白为小的碱性蛋白，处于 F 蛋白的内部缝隙中，同 DNA 的结合相关（图 4-10）。

（二）螺旋对称病毒的衣壳结构

螺旋对称病毒的衣壳是将相同的蛋白亚基排列成内部中空的螺旋结构，从而容纳病毒基因组，这种结构常见于植物病毒，以马铃薯 Y 病毒（potato virus Y，PVY）衣壳蛋白的精细三维结构为例，解析 3.4Å 分辨率的整体结构。PVY 病毒粒子直径为 130Å，呈左手螺旋排列，衣壳蛋白围绕病毒的 ssRNA 完成了组装，每圈有 8.8 个衣壳蛋白结构单元；单个衣壳蛋白中，N 端区域（V44～Q77）及 C 端区域（K226～M267）都呈现出较为松散的排列，这是由于 N 端介导了该衣壳蛋白亚基同周围三个其他衣壳蛋白亚基的相互作用，而多个衣壳蛋白亚基的 C 端则共同介导了同 RNA 的相互作用，这些相互作用的形成对病毒的螺旋构型和整体结构的稳定至关重要（图 4-11）。

（三）HIV-1 病毒的衣壳结构

在体外重构 HIV 基因组复制和整合阶段时，研究人员发现 HIV 衣壳在整个逆转录复

草履虫小球藻病毒1
Paramecium bursaria chlorella virus 1
PDB编号：6NCL
EMDB编号：0436

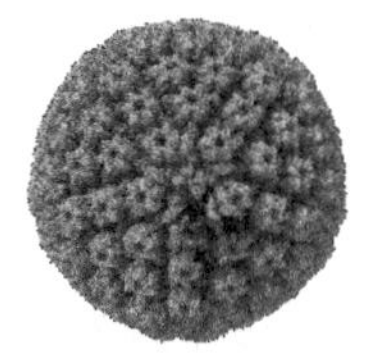

单纯疱疹病毒
Herpes simplex virus
PDB编号：6CGR
EMDB编号：7472

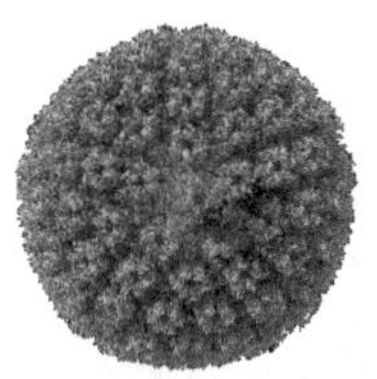

人类疱疹病毒4型
Human herpesvirus 4
PDB编号：7BSI
EMDB编号：30162

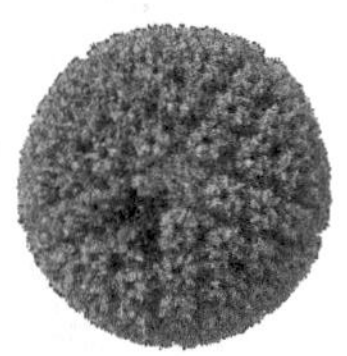

人类疱疹病毒6型
Human herpesvirus 6
PDB编号：6Q1F
EMDB编号：20557

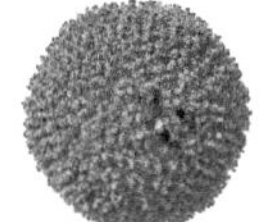

西班牙盐盒菌病毒SH1
Haloarcula hispanica virus SH 1
PDB编号：6QT9
EMDB编号：4633

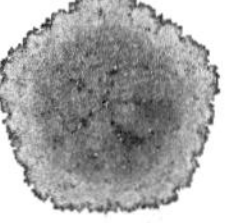

水稻矮缩病毒
Rice dwarf virus
PDB编号：1UF2

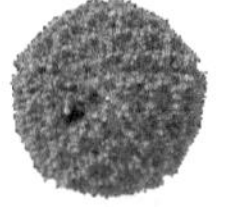

传染性法氏囊病病毒
Infectious bursal disease virus
PDB编号：7VRN
EMDB编号：32101

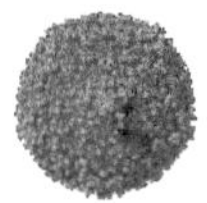

螺杆菌噬菌体KHP40（头部）
Helicobacter phage KHP 40 (head)
PDB编号：7F2P
EMDB编号：30800

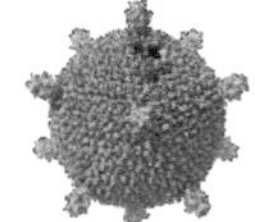

硫化叶菌塔形二十面体病毒1
Sulfolobus turreted icosahedral virus 1
PDB编号：3J31
EMDB编号：5584

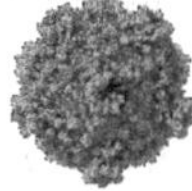

家蚕质型多角体病毒1
Bombyx mori cypovirus 1
PDB编号：3IZX
EMDB编号：5256

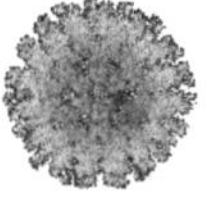

蓝舌病病毒
Bluetongue virus
PDB编号：2BTV

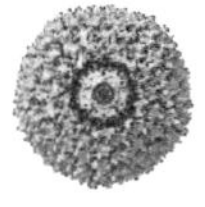

肠杆菌噬菌体PRD1
Enterobacteria phage PRD 1
PDB编号：1W8X
EMDB编号：5984

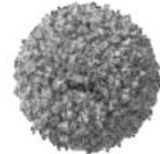

寨卡病毒
Zika virus
PDB编号：5IRE
EMDB编号：8116

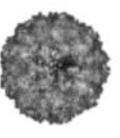

诺如病毒Hu/Houston/TCH186/2002/US
Norovirus Hu/Houston/TCH186/2002/US
PDB编号：7K6V

非洲木薯花叶病毒
African cassava mosaic virus
PDB编号：6EK5
EMDB编号：3521

黄瓜坏死病毒
Cucumber necrosis virus
PDB编号：4LLF

斜带石斑鱼神经坏死病毒
Epinephelus coioides nervous necrosis virus
PDB编号：4WIZ

马鼻炎A病毒
Equine rhinitis A virus
PDB编号：4CTF
EMDB编号：2389

甲肝病毒
Hepatovirus A
PDB编号：5WTE
EMDB编号：6686

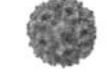

雀麦花叶病毒
Brome mosaic virus
PDB编号：7PE1
EMDB编号：13344

腺相关病毒
Adeno-associated virus
PDB编号：7NA6
EMDB编号：24266

冰岛硫化叶菌丝状病毒
Sulfolobus islandicus filamentous virus
PDB编号：6WQ2
EMDB编号：21868

热棒菌属丝状病毒1
Pyrobaculum filamentous virus 1
PDB编号：6V7B
EMDB编号：21094

马铃薯Y病毒
Potato virus Y
PDB编号：6HXX
EMDB编号：0297

黍花叶病毒
Panicum mosaic virus
PDB编号：4V99

葡萄扇叶病毒
Grapevine fanleaf virus
PDB编号：4V5T

猫泛白细胞减少症病毒
Feline panleukopenia virus
PDB编号：4QYK

烟草坏死卫星病毒1
Satellite tobacco necrosis virus 1
PDB编号：4V4M

烟草花叶卫星病毒
Satellite tobacco mosaic virus
PDB编号：7M2T

50nm

图 4-9 代表性病毒衣壳的三维结构

代表性病毒名称、所在种属、对应 PDB 编号、对应 EMDB 编号标注在结构图下，右下角为相对大小的标尺

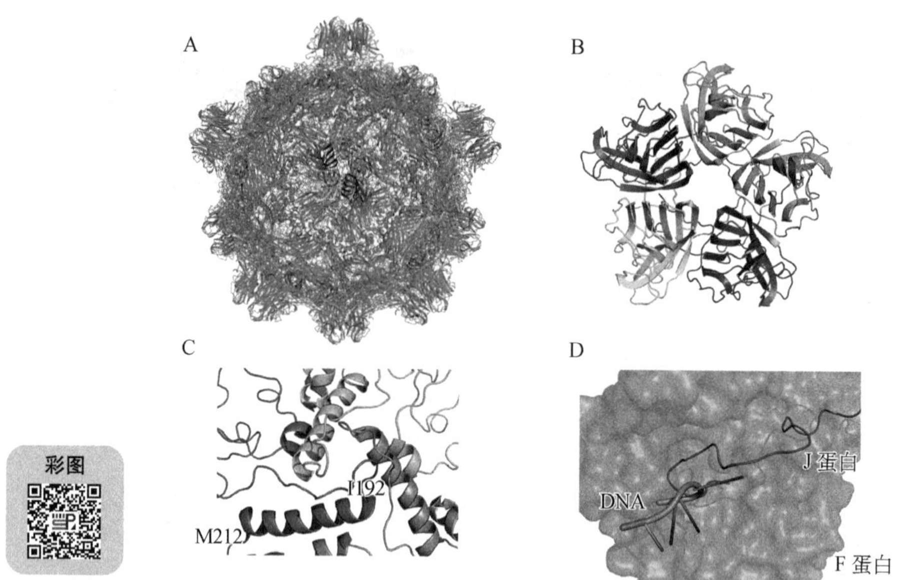

图 4-10　ΦX174 噬菌体的结构特征

A. ΦX174 噬菌体的整体结构；B. G 蛋白五聚体的结构；C. 三次轴方向 F 蛋白亚基的互作；D. F 蛋白、J 蛋白和 DNA 的互作

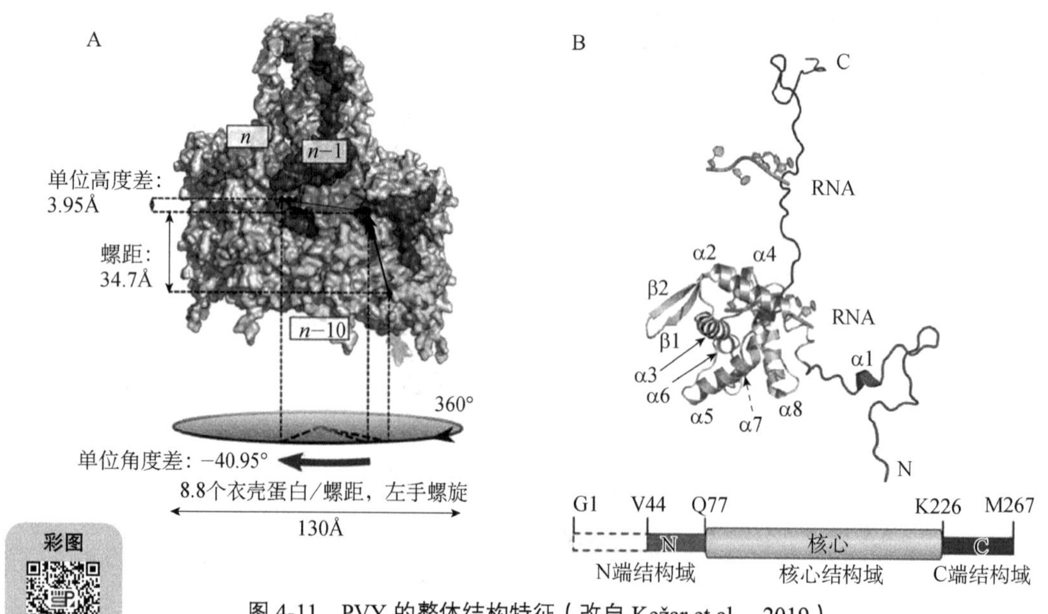

图 4-11　PVY 的整体结构特征（改自 Kežar et al.，2019）

A. PVY 的螺旋对称参数；B. PVY 单个衣壳蛋白的结构

制过程中基本保持完整，表明 HIV 的病毒衣壳不仅仅是一种包装结构，其本身也是 HIV 感染过程的一个重要组成部分。为避免传统使用去垢剂溶膜技术对衣壳蛋白的破坏，研究人员应用穿孔溶血素 O 刺穿 HIV 颗粒的膜表面，解析了原位状态下 HIV-1 成熟衣壳的结构，包括了 241 个六聚体和 12 个五聚体；在衣壳蛋白六聚体的结构中，CA_{NTD} 和 CA_{CTD} 的 α 螺旋区域均展示出了很好的密度，CA_{CTD} 的二聚体界面相互作用也能够被清晰确认；

而在衣壳蛋白五聚体结构中，同样能够印证体外重构的结构特征（图 4-12）。HIV 的衣壳整体呈现出锥形，其较为窄小的一端首先指向细胞核的核孔部分，随后向内逐渐推入，待核孔逐渐张开后，衣壳可以凭借其弹性完成整个渗透过程。

二、包膜病毒整体结构

前文提到，包膜病毒由脂双层参与病毒整体的组装，因此病毒两两之间往往互不相同，体现出不同的形态，包膜表面和内部有多种结构蛋白，负链 RNA 病毒的包膜内还分布有聚合酶等。解析包膜病毒的全病毒分子结构及原位构象变化的特征，对于理解包膜病毒的生命周期和靶向中和抗体的开发有着重要的意义。新型冠状病毒 SARS-CoV-2 就是包膜病毒的代表，病毒基因组编码 29 种蛋白质，包括了 16 种非结构蛋白（nsp）、4 种结构蛋白及 9 种附属蛋白（图 4-13）。其中 4 种结构蛋白分别为刺突蛋白（S 蛋白）、核衣壳蛋白（N 蛋白）、膜蛋白（M 蛋白）和包膜蛋白（E 蛋白）。

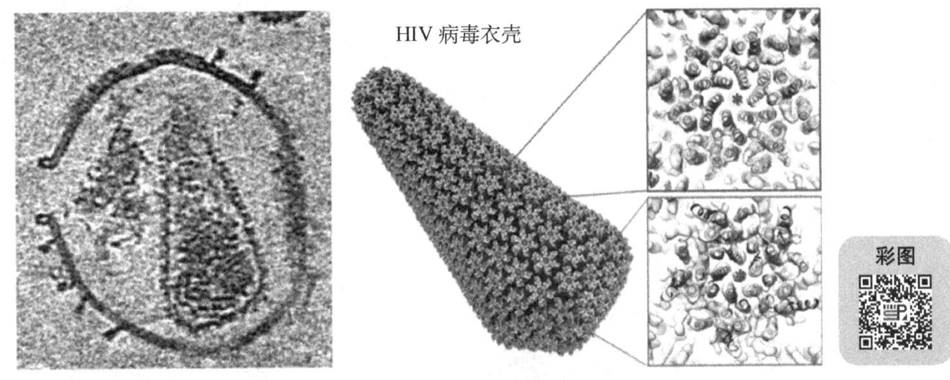

图 4-12　原位状态下 HIV-1 衣壳的三维结构（改自 Ni et al.，2021）

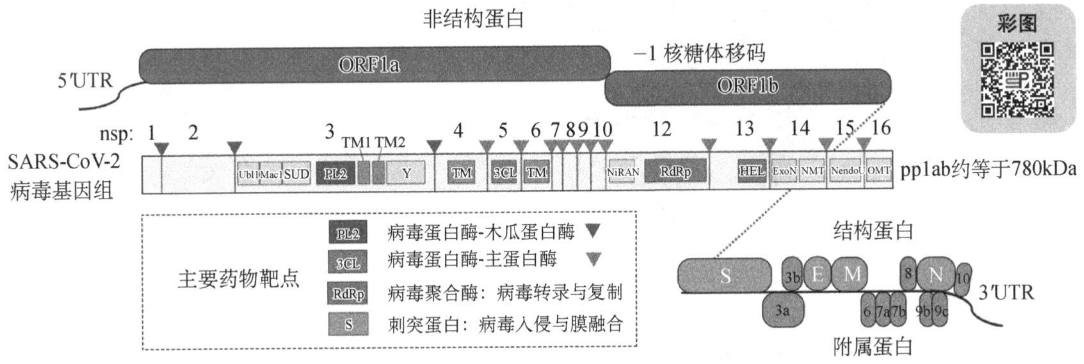

图 4-13　新型冠状病毒 SARS-CoV-2 的基因组

研究人员从新冠病毒感染患者样本中分离出 SARS-CoV-2，并在 Vero 细胞中增殖后完成收集，病毒颗粒经过甲醛固定后，通过超速离心和蔗糖密度梯度进行纯化和浓缩，制备出适合冷冻电镜观察的样品；利用透射电子显微镜对固定后的病毒粒子进行冷冻电子断层扫描，并通过 STA 方法对刺突蛋白部分进行后续的计算，以提高刺突蛋白区域的局部分辨率。SARS-CoV-2 颗粒呈现椭球形，其脂质包膜在不同轴向的平均直径分别为（64.8±11.8）nm、（85.9±9.4）nm 及（96.6±11.8）nm（共选取了 2294 个原始病毒颗粒），每个病毒颗粒上的刺突蛋白数量具有较大的差异性，平均每个病毒上包含（26±15）个处于融合前构象的刺突蛋白，而平均每个病毒内部包含了（26±11）个核糖核蛋白（ribonucleoprotein，RNP）。原始病毒颗粒上的刺突蛋白三聚体有 97%处于融合前构象，有 3%处于融合后构象；其中融合前状态的刺突蛋白包括了“RBD down”（RBD，receptor binding domain；刺突蛋白三个 RBD 结构域均处于向下构象）和“one RBD up”（刺突蛋白其中一个 RBD 处于向上而另外两个处于向下构象），比例约为 54∶46，通过 STA 分别重构到 8.7Å 和 10.9Å，能够较清晰地观察刺突蛋白的整体排布和结构特征。

值得注意的一点是，刺突蛋白（即 S 蛋白）并不是以单一的角度立于脂双层之上，而是在茎端可以较为自由地旋转，相对于所在包膜的垂直方向有一个平均 40°±20°的角度偏转（图 4-14），类似于中国古代一种名为流星锤的兵器，在动态的旋转过程中能够使得刺突蛋白的 RBD 结构域产生更多的朝向，有利于完成同宿主细胞受体血管紧张素转化酶 2（angiotensin converting enzyme 2，ACE2）受体的结合。原位状态下解析得到的刺突蛋白电子密度图上有相似的糖链修饰密度，这与刺突蛋白高度糖基化共包含 66 个 *N*-连接聚糖的特点相吻合。事实上，刺突蛋白众多的糖修饰所形成的“糖盾”，可以有效地起到保护潜在的抗原表位免受宿主免疫监视的作用。

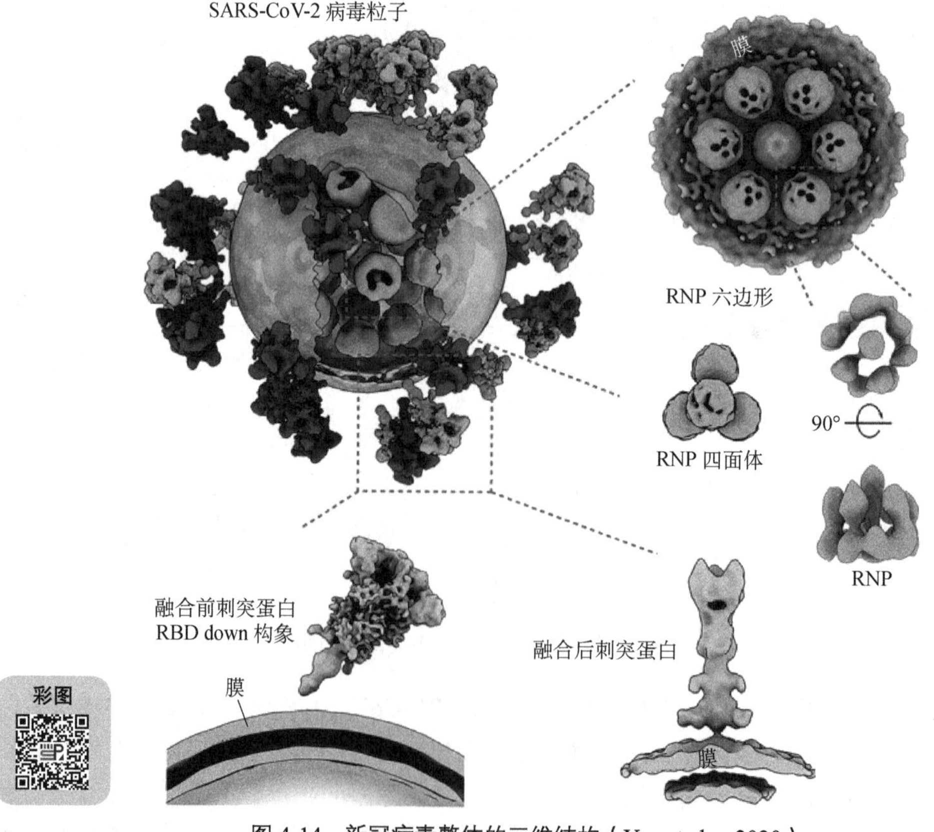

图 4-14　新冠病毒整体的三维结构（Yao et al.，2020）

当病毒 S 蛋白同宿主细胞 ACE2 受体结合后，宿主细胞膜表面的 TMPRSS2 蛋白酶可以切割 S 蛋白的 S1/S2 位点和 S2′位点，激活病毒融合机制，使病毒与宿主细胞融合，此时 S 蛋白的疏水部分暴露，形成了融合后（postfusion）的构象。在原位 SARS-CoV-2 结构分析中，有 3%的刺突蛋白捕获到了这一融合后构象，胞外域垂直排列在包膜上，呈现出针状，长度约 22.5nm，宽度约 6nm，相对于融合前构象的刺突蛋白，整体结构十分固定。SARS-CoV-2 的基因组约为 30kb，基因组在病毒膜内的包裹依赖于 RNP 的正确组装，在病毒 RNP 为 13.1Å 的原位结构中，可以发现 RNP 呈现出反向 G 形结构，以“六边形”和“四面体”形式组装，这些组装形式与病毒粒子的形态（球形或椭球形）密切相关（图 4-14）；而 RNP 可能以“串珠状”方式与 RNA 相互作用，形成有序的组装结构，有助于避免 RNA 缠结、打结或损伤。以上 SARS-CoV-2 原位状态下的结构信息对于深入理解病毒的生命周期、感染机制及病毒与宿主细胞的相互作用具有重要意义；同时利用结构数据能够优化后续中和抗体和疫苗的设计，提高有效性和安全性。

三、病毒生命周期中的生物大分子机器

在病毒入侵宿主细胞后，会挟持宿主的资源完成病毒基因组转录复制、蛋白质合成、病毒成熟、病毒释放等生命周期，在这些过程中，病毒往往会形成特定的蛋白质生物大分子机器，用以起始并调控不同功能状态。以新型冠状病毒 SARS-CoV-2 的转录复制复合体为例，展示在不同生命周期阶段中，新型冠状病毒如何完成特定的生物大分子机器组装，以适应宿主的免疫压力；另外，通过展示靶向转录复制复合体的抗病毒药物的机制，将更清晰地认识新一代抗病毒药物设计的结构基础。

冠状病毒属于单正链 RNA 病毒，使用了多亚单位复制/转录的机制。在冠状病毒完成入侵环节后，单正链 RNA 基因组可通过膜融合等途径进入宿主细胞内，利用宿主核糖体完成两个开放阅读框 ORF1a 和 ORF1ab 病毒多聚蛋白的表达，多聚蛋白随后被酶解为一系列的非结构蛋白（nonstructural protein，nsp），负责病毒的复制与转录。在这些非结构蛋白中，nsp1 可以挟持宿主细胞核糖体，以浓度依赖的方式抑制宿主 mRNA 的翻译；nsp3 是多功能域蛋白质，含有木瓜蛋白酶 PLpro 结构域，执行了前三个非结构蛋白之间位点的切割活性；nsp5 为冠状病毒的主蛋白酶，执行了后续非结构蛋白之间位点的切割活性；nsp12 拥有依赖于 RNA 的 RNA 聚合酶（RNA-dependent RNA polymerase，RdRp）和尼多病毒属特有的 RdRp 相关核苷转移酶（*Nidovirus* RdRp-associated nucleotidyltransferase，NiRAN）活性，是执行转录复制功能时关键的组成部分，可以催化病毒 RNA 的合成，从而在新冠病毒复制和转录周期中发挥着至关重要的作用；nsp7/8 有着冠状病毒的引发酶活性，是 nsp12 的辅助因子，同 nsp12 一起，构成了完整的 RdRp 复合体；nsp13 执行了解旋酶活性；nsp14 执行了核酸外切酶和 N7-甲基转移酶活性；nsp15 是鸟苷特异性核酸内切酶，在逃避先天免疫反应中发挥作用；nsp16 则起到 2′-*O*-甲基转移酶活性（图 4-13）。以上非结构蛋白在病毒转录复制的起始、延伸、调控、校正等过程中依次组装，对病毒的生存至关重要，也涵盖了大多数抗病毒药物开发的靶点。

因此在新冠病毒暴发后，nsp12 由于在病毒 RNA 合成中的关键作用，被视为最重要的

药物开发靶点之一。靶向新冠病毒 RNA 聚合酶的多种抑制剂的作用机制逐步被揭示。研究人员使用冷冻电镜方法解析了 RdRp 核心复合物的结构，其由一个 nsp12、一个 nsp7 和两个 nsp8 蛋白分子组成（图 4-15A），nsp12 由 RdRp 结构域、界面结构域（interface）和 NiRAN 结构域所组成；RdRp 结构域呈现经典的右手杯状环绕特征，可以进一步细分为手掌区（palm）、手指区（finger）及拇指区（thumb）等亚结构域；两个 nsp8 分子中，其中一个 nsp8 直接结合在 nsp12 上，另一个 nsp8 则通过 nsp7 与 nsp12 结合，nsp8 通过引发酶的活性起始 RNA 的复制。RdRp 核心复合物结合模板–产物的双链 RNA 后可以组成 C-RTC（central replication and transcription complex），对核酸–蛋白质相互作用的细致分析可以得出特异的识别机制，当 RNA 进行复制时，两个 nsp8 分子的 N 端螺旋可以形成一个类似轨道的结构，帮助双链 RNA 的快速释放（图 4-15B）。病毒完整 RNA 的延伸有赖于 E-RTC（elongation replication and transcription complex）的形成，其由 C-RTC 同两个解旋酶 nsp13 分子组成（图 4-15C），破坏 E-RTC 内部的相互作用会降低病毒存活能力；nsp13 能够通过驱动 ATP 的水解，完成 5′→3′方向双链 RNA 的解旋，解旋后的单链 RNA 模板可以通过氢键相互作用等形成的通道快速到达 nsp12 的活性中心，完成 RNA 的快速复制和延伸。

新冠病毒的 mRNA 在合成后，仍需要进一步形成一个独特的“帽结构”，帮助完成病毒蛋白翻译、逃逸宿主先天免疫等生理过程。帽结构加工分为 4 步：①由 pppA-RNA 生成 ppA-RNA［cap(-2)］；②合成 GpppA-RNA［cap(-1)］；③合成 m^7GpppA-RNA［cap(0)］；④合成 m^7GpppA$_{2'OMe}$-RNA［cap(1)］。第一步可由 nsp13 的 RTPase（RNA triphosphatase）活性来执行，将 RNA 的 5′端 γ 位磷酸进行切割，也可通过形成 RNA-nsp9 的中间状态复合物来实现；第二步反应则通过 nsp12 的 NiRAN 结构域完成的鸟苷转移酶 GTase 活性来实现，反应结束后，nsp9 分子会结合在 NiRAN 结构域上，终止反应的进行，这一反应后的复合物状态被冷冻电镜三维重构所捕获，即 cap(-1)′-RTC（图 4-15D）；第三步反应由 nsp14 的鸟苷碱基 N7-甲基转移酶来实现；而第四步反应则由 nsp16 的核糖 2′-*O*-甲基转移酶来实现。

在新冠病毒 RNA 复制过程中，尤为值得注意的一点是 RNA 复制的保真度，通常来说，RNA 聚合酶的保真度相对较低，随着基因组长度的延长，其发生突变的概率随之增加（例如，一个 10kb 长度的 RNA 基因组，每个复制循环平均都会引入一个突变）。而冠状病毒有着最大的 RNA 病毒基因组，长度约为 30kb，因此一个高效的复制校正机制对病毒 RNA 的复制尤为关键。新冠病毒依赖于 nsp14 的核酸外切酶活性来执行这一校正过程，当转录复制复合物感应到错配核苷酸时，结合模板链的 nsp13 分子会发生构象变化，促进 nsp13 中结合 RNA 的 1B 结构域形成一个不稳定的构象，整体转录复制复合体则以背靠背形式形成了一个二体状态（图 4-15E），由于这一构象并不稳定，当 1B 结构域回溯至正常构象时，会带动模板链 RNA 同时向上游进行回溯，此时继续带动发生错配的产物链向另一侧的 nsp14 核酸外切酶活性口袋延伸，在酶活性口袋中完成错配核苷酸的切割，保障病毒 RNA 复制的保真度。

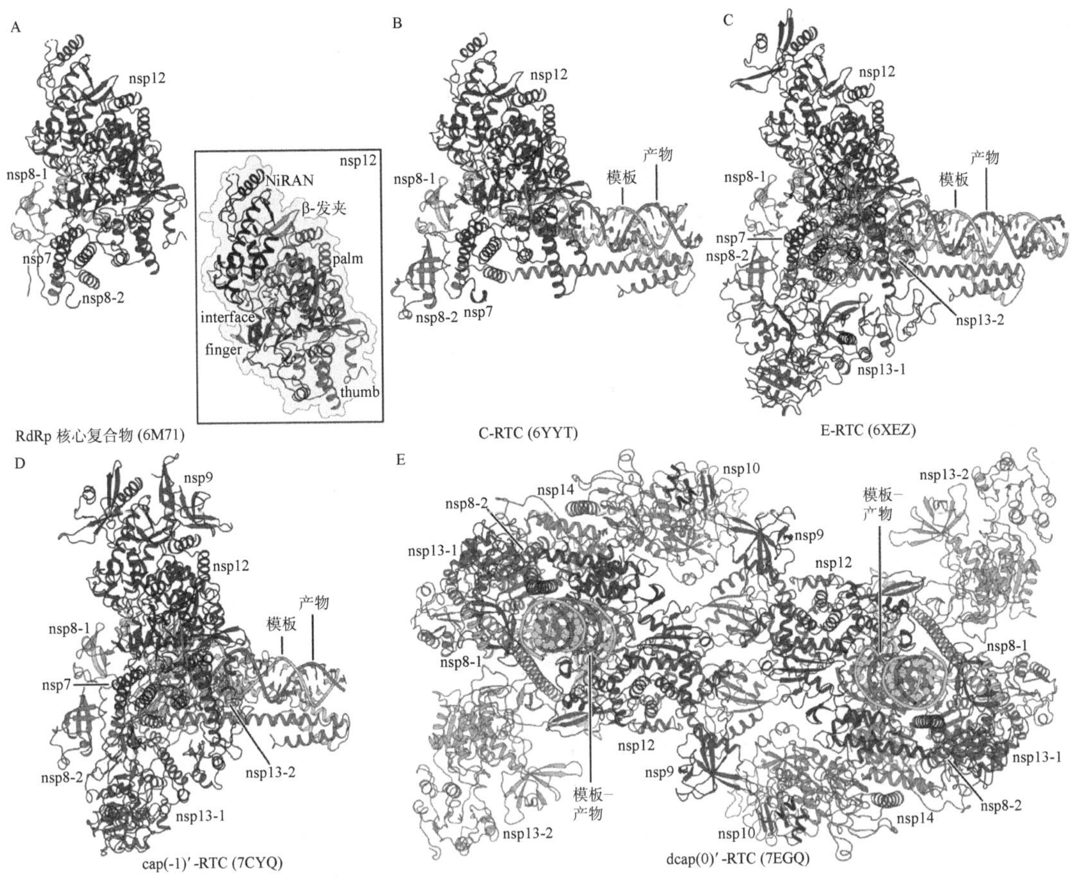

图 4-15 新型冠状病毒转录复制复合体的三维结构（改自 Cui et al.，2024）

A. RdRp 核心复合物三维结构；B. C-RTC 复合物三维结构；C. E-RTC 复合物三维结构；D. cap(-1)′-RTC 复合物三维结构；E. 复制校正 RTC 复合物的三维结构；interface. 界面结构域；palm. 手掌区；finger. 手指区；thumb. 拇指区

彩图

本章小结

了解病毒粒子的形态和结构是研究病毒生命过程的基础。不同病毒的毒粒大小、形态、基因组成分和结构、衣壳蛋白的对称方式、是否有包膜及包膜的组成等均差异很大。巴尔的摩分类系统根据病毒 mRNA 的产生方式将病毒分为七大类。病毒衣壳和包膜可以保护与传递病毒的基因组，其中衣壳常见的两种对称方式为二十面体对称和螺旋对称。对于裸露病毒，衣壳蛋白在病毒的吸附、进入过程中发挥重要作用，决定病毒的抗原性。对于包膜病毒，包膜糖蛋白在病毒的吸附、进入过程中发挥重要作用，决定病毒的抗原性。在病毒编码的重要蛋白质中，聚合酶在病毒的转录和复制过程中发挥重要作用，有些病毒为了保证其完成复制周期，会将病毒编码的聚合酶包裹进病毒粒子中。了解病毒精细结构的解析手段、病毒结构数据库及检索方法，展示部分代表性病毒的衣壳高分辨率结构及代表性包膜病毒的全病毒原位结构。病毒生物大分子机器的精细结构能够为更深入地理解病毒生命周期和靶向抑制剂开发提供重要基础。

（谈 娟 高 岩 乔文涛 杨海涛）

复习思考题

1. 病毒的非结构蛋白一般只存在于感染细胞中，为什么？

2. 简述巴尔的摩分类系统的分类依据及七大类代表性病毒。

3. 简述衣壳蛋白的功能及衣壳的对称方式。

4. 单负链 RNA 动物病毒的病毒粒子中是否需要包裹病毒编码的依赖于 RNA 的 RNA 聚合酶，为什么？

5. 通过数据库检索 AAV-1、AAV-2 等不同腺相关病毒的精细结构，并总结总体结构特征及精细结构的异同点。

主要参考文献

Bai X C，McMullan G，Scheres S H. 2015. How cryo-EM is revolutionizing structural biology. Trends Biochem Sci，40：49-57.

Caspar D L. 1963. Assembly and stability of the tobacco mosaic virus particle. Adv Protein Chem，18：37-121.

Castón J R，Carrascosa J L. 2013. The basic architecture of viruses. Subcell Biochem，68：53-75.

Chen J，Malone B，Llewellyn E，et al. 2020. Structural basis for helicase-polymerase coupling in the SARS-CoV-2 replication-transcription complex. Cell，182：1560-1573.

Cui W，Duan Y K，Gao Y，et al. 2024. Structural review of SARS-CoV-2 antiviral targets. Structure，32（9）：1301-1321.

Fang Q，Zhu D，Agarkova I，et al. 2019. Near-atomic structure of a giant virus. Nat Commun，10：388.

Gao Y，Yan L，Huang Y，et al. 2020. Structure of the RNA-dependent RNA polymerase from COVID-19 virus. Science，368：779-782.

Hillen H S，Kokic G，Farnung L，et al. 2020. Structure of replicating SARS-CoV-2 polymerase. Nature，584：154-156.

Hong Y，Song Y，Zhang Z，et al. 2023. Cryo-electron tomography：the resolution revolution and a surge of *in situ* virological discoveries. Annu Rev Biophys，52：339-360.

Kežar A，Kavčič L，Polák M，et al. 2019. Structural basis for the multitasking nature of the potato virus Y coat protein. Science Advances，5（7）：eaaw3808.

Li S. 2022. Cryo-electron tomography of enveloped viruses. Trends Biochem Sci，47：173-186.

Luque D，Castón J R. 2020. Cryo-electron microscopy for the study of virus assembly. Nat Chem Biol，16：231-239.

Malone B，Chen J，Wang Q，et al. 2021. Structural basis for backtracking by the SARS-CoV-2 replication-transcription complex. Proc Natl Acad Sci USA，118：e2102516118.

McKenna R，Xia D，Willingmann P，et al. 1992. Atomic structure of single-stranded DNA bacteriophage phi X174 and its functional implications. Nature，355：137-143.

Ni T，Zhu Y，Yang Z，et al. 2021. Structure of native HIV-1 cores and their interactions with IP6 and CypA. Science Advances，7：10.1126/sciadv.abj5715.

Nogales E，Scheres S H. 2015. Cryo-EM：a unique tool for the visualization of macromolecular complexity. Mol Cell，58：677-689.

Sanjuán R，Nebot M R，Chirico N，et al. 2010. Viral mutation rates. J Virol，84：9733-9748.

Wang N，Zhao D，Wang J，et al. 2019. Architecture of African swine fever virus and implications for viral assembly. Science，366：640-644.

Wang Q，Wu J，Wang H，et al. 2020. Structural basis for RNA replication by the SARS-CoV-2 polymerase. Cell，182：417-428.

Yan L，Ge J，Zheng L，et al. 2021a. Cryo-EM structure of an extended SARS-CoV-2 replication and transcription complex reveals an intermediate state in cap synthesis. Cell，184：184-193.

Yan L，Yang Y，Li M，et al. 2021b. Coupling of N7-methyltransferase and 3′-5′ exoribonuclease with SARS-CoV-2 polymerase reveals mechanisms for capping and proofreading. Cell，184：3474-3485.

Yang H，Rao Z. 2021. Structural biology of SARS-CoV-2 and implications for therapeutic development. Nat Rev Microbiol，19：685-700.

Yao H，Song Y，Chen Y，et al. 2020. Molecular architecture of the SARS-CoV-2 virus. Cell，183：730-738.

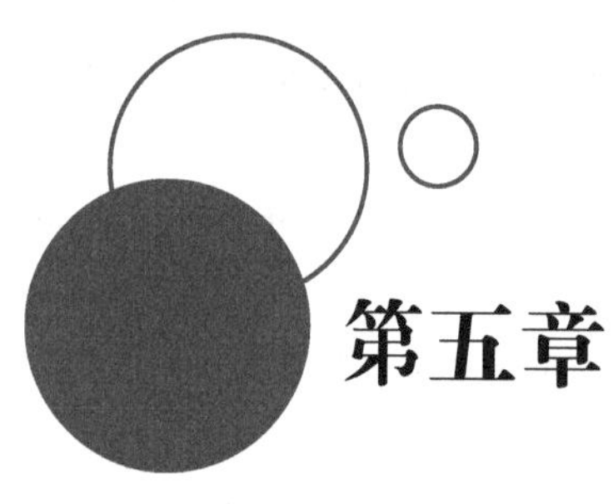

第五章　病毒基因组的结构与编码产物

本章要点

1. 病毒基因组：病毒基因组是病毒粒子中遗传物质的总和，带有病毒完成复制所需要的信息，也决定了病毒复制及基因表达的方式，是病毒最关键的组分。病毒基因组的核酸序列已经成为病毒分类鉴定的主要依据。
2. 病毒基因组核酸多样性：病毒的核酸既可以是DNA，也可以是RNA。同时基因组核酸还有单链或双链、线状或环状、单片段或多片段等的区分。不同病毒基因组核酸的长度范围覆盖数千碱基到数百万碱基。这些都反映了病毒的遗传多样性。
3. 多分体病毒：在某些多片段基因组病毒中，不同基因组的核酸片段被包埋在不同病毒颗粒中，一般只有在所有病毒粒子同时感染一个细胞时才能完成复制。这种现象对病毒的遗传和进化带来了复杂的影响。
4. 病毒基因组末端序列和结构：线状基因组核酸的末端往往会有特殊序列和结构，包括末端反向重复序列、末端回文结构、末端蛋白等。这些序列和结构往往与病毒的核酸复制有关。
5. 病毒非编码序列：病毒基因组排列紧凑，但仍有一些非编码序列，除了末端非编码序列，还有一些与核酸复制起始、基因转录调控、翻译调节等有关的非编码序列，包括重复序列、启动子序列、内部核糖体进入位点、包装信号等。
6. 病毒编码产物：病毒编码产物包括蛋白质和非编码RNA。病毒蛋白可以分成结构蛋白和非结构蛋白。越来越多的病毒非编码RNA被发现，包括长非编码RNA、microRNA、环状RNA。这些非编码RNA和病毒蛋白一样，在病毒复制和致病中有重要作用。

本章知识单元和知识点分解如图5-1所示。

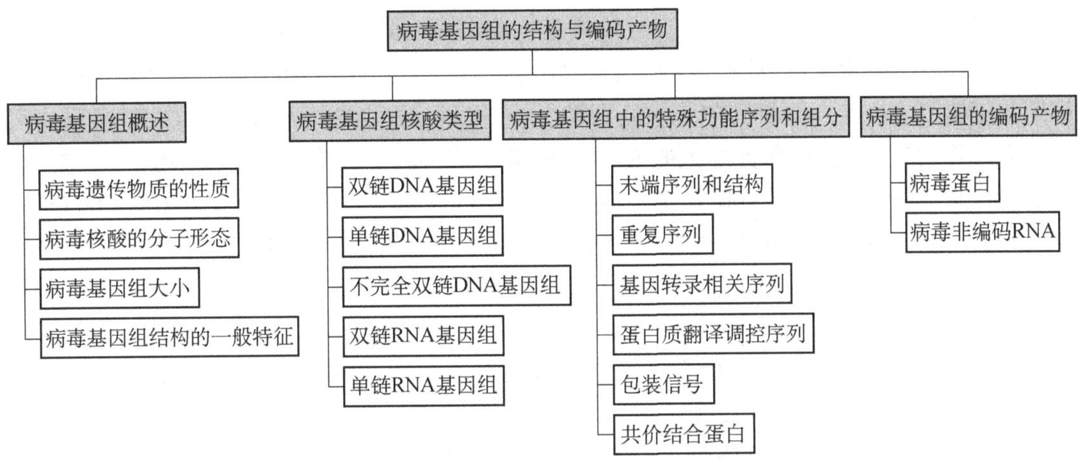

图 5-1 本章知识单元和知识点分解图

第一节 病毒基因组概述

病毒基因组（viral genome）是病毒粒子（virion）中遗传物质的总和，它带有病毒产生所有编码产物所需要的信息，也决定了病毒感染和复制的过程及病毒基因表达的方式，是病毒的核心组分。近年来，随着高通量核酸序列测定技术和生物信息学技术的不断提升，人们可以在分离得到病毒前，先通过获取样本中微量的病毒核酸进行序列测定，了解病毒是否存在和类别。新冠病毒（SARS-CoV-2）就是首先通过了解病毒基因组序列信息，然后被及时发现并受到高度重视的（Wu et al.，2020）；病毒组（virome）研究也是通过从不同生物和环境样本中发现病毒的基因组核酸序列，从而了解病毒的多样性和对人类的潜在风险。

一、病毒遗传物质的性质

遗传物质是生命的最基本要素，也是生物进化的物质基础。病毒作为一种特殊的生命形式，遗传物质同样也是它最基本的要素。所有细胞生物的遗传物质都是双链 DNA（dsDNA）。但与细胞生物不同，病毒的遗传物质并非都是 dsDNA，它既可以是 DNA，也可以是 RNA，可以据此把病毒分为 DNA 病毒和 RNA 病毒。病毒遗传物质的多样性反映了病毒起源和进化的复杂性，也是进行病毒分类的一项重要指标。

在细胞中，除了有作为遗传物质的双链 DNA，还有多种 RNA，包括 mRNA，以及 tRNA、rRNA、microRNA 等非编码 RNA。它们是 DNA 转录的产物，并不是细胞的遗传物质。但对于病毒，病毒粒子中的 RNA 就是遗传物质，它携带了病毒完成复制过程所需的所有信息，并可以代代传递。传统观点认为，病毒粒子中只会有 DNA 和 RNA 两种核酸中的一种，不会同时既有 DNA 也有 RNA，即一种病毒粒子中只有基因组 DNA 或基因组 RNA，不携带 mRNA、tRNA 等非基因组 RNA 成分。在很长时间内，这曾经被视为病毒的一个重要特征。但随着技术的进步，人们发现有些病毒粒子中也会带有细胞的 RNA 分子。例如，基因组为 dsDNA 的人巨细胞病毒（human cytomegalovirus，hCMV）粒子中就最早检出了多种 mRNA；结构生物学研究也表明 hCMV 的间质蛋白 PP150 可以通过静电作用与细胞 tRNA 结合，将其包装入病毒粒子（Liu et al.，2021）。因此，hCMV 粒子中可以既有病毒 DNA，也有来自细胞的 RNA，打破了病毒粒子只有一种类型核酸的认知。这种情况并非个例，人类免疫缺陷病毒 1 型（human immunodeficiency virus-1，HIV-1）粒子中也发现有许多 tRNA 和 7SL RNA 分子（真核细胞中构成“信号识别颗粒”，参与蛋白质定位的一种非编码 RNA）。需要强调的是，这些病毒基因组以外的核酸分子并不具有遗传物质的作用。

有一类特殊的感染物——朊粒［又称朊病毒（prion）］，它的本质是动物细胞编码产生的一种蛋白质（朊蛋白），是细胞的正常功能蛋白，蛋白质结构发生变化后导致其具有感染性和致病性。朊粒不含有核酸，也不是独立的进化实体，因此并非真正意义上的病毒（详见第十六章）。

二、病毒核酸的分子形态

无论是 DNA 病毒还是 RNA 病毒，它们的核酸都可以有多种不同的分子形态，如单链和双链、线状和环状、分节段和不分节段等（图 5-2）。

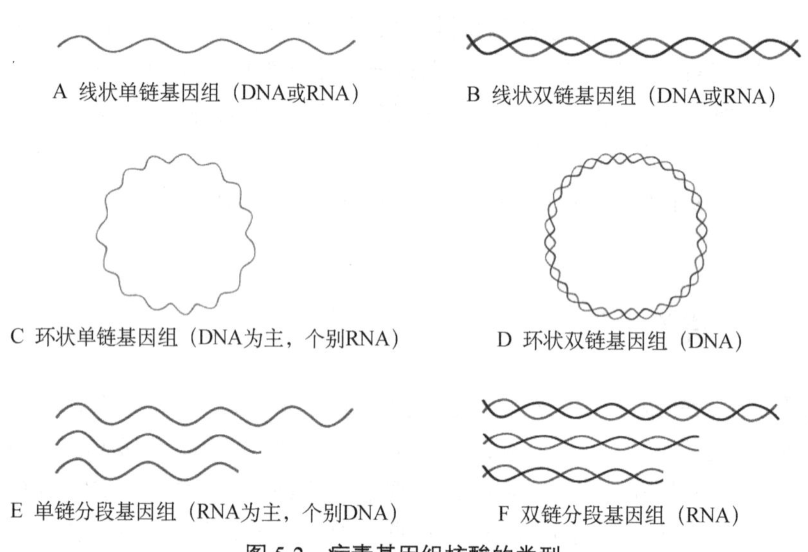

图 5-2 病毒基因组核酸的类型

（一）单链和双链

病毒的基因组 DNA 或 RNA 可以是单链或双链的，据此可以将它们分别称为单链 DNA 病毒（ssDNA 病毒）、双链 DNA 病毒（dsDNA 病毒）、单链 RNA 病毒（ssRNA 病毒）和双链 RNA 病毒（dsRNA 病毒）。有趣的是，这些不同基因组类型的病毒在不同生物中的分布存在明显的差异，植物病毒以单链 RNA 最常见，感染原核细胞的病毒以双链 DNA 为主，其中的原因值得探究。

单链核酸与双链核酸的主要差别在于，双链核酸两条链的碱基之间已经形成完全配对，构象更加稳定，而单链核酸的碱基没有固定配对，会形成分子内的部分碱基配对，构成复杂的三维立体构象，这种构象会因周围环境和所结合的蛋白质而发生变化，也会对核酸的复制和编码基因的表达产生影响。这种情况在 ssRNA 病毒中尤为明显。

（二）线状和环状

病毒基因组核酸既有线状的，也有环状的。相对而言，环状 DNA 基因组较为常见，而环状 RNA 罕见，迄今只有个别特殊的病毒或亚病毒感染物是以环状 ssRNA 为基因组的，包括丁型肝炎病毒（hepatitis D virus，HDV）和马铃薯纺锤形块茎类病毒（potato spindle tuber viroid，PSTVd）。尚未发现有以环状 dsRNA 为基因组的病毒。也有的 DNA 病毒的基因组核酸在病毒粒子中是线状核酸，进入宿主细胞后成为环状，并以环状方式复制，这类病毒有 λ 噬菌体（λ bacteriophage）、疱疹病毒（hcrpcs virus）等。

线状核酸和环状核酸的主要区别在于线状核酸有两个末端，而环状核酸没有末端，该特性会影响病毒核酸的稳定性，以及核酸的复制和基因表达的方式。因此，线状核酸往往有特殊的末端构造或序列。

（三）分节基因组

虽然大多数病毒的基因组由一个核酸分子构成，但也有不少病毒基因组由多个核酸分子组成，称为“分节基因组”（segmented genome）。基因组分节段现象在 RNA 病毒中更常见，一般认为可能与 RNA 的化学性质及 RNA 复制酶缺少校对机制有关，通过分节段可以在保证 RNA 分子稳定的同时，扩大基因组编码容量。一些 ssDNA 病毒的基因组也是分节段的，如双生病毒（geminivirus）。

多数情况下，分节基因组病毒的所有核酸片段都被包裹在同一个病毒粒子中，但也有不同核酸片段被分别包装在不同的病毒颗粒中，每个颗粒包装一个核酸片段的情形，这类病毒称为“多分体病毒”（multicomponent virus）。以往多分体病毒主要在植物 RNA 和 DNA 病毒中发现，如不少种类的双生病毒，它们的遗传物质是两个环状 ssDNA 分子，分别包裹在两个颗粒中；甜菜坏死黄脉病毒（beet necrotic yellow vein virus）的基因组由 5 个 ssRNA 分子组成，长度分别为 1.3kb、1.4kb、1.8kb、4.6kb 和 6.7kb，分别包装在 5 个颗粒中。但近年在感染无脊椎动物的病毒中也发现了分体包装的现象。例如，瓜伊科库蚊病毒（Guaico *Culex* virus，GCXV）的基因组单链 RNA 分成 5 个片段，分别被包装在 5 个病毒颗粒中，其中 4 个对于病毒完成复制是必需的，另一个片段则是非必需的（Ladner et al.，2016）。

多分体病毒与一般单体包装的病毒相比，其复制和遗传学都有许多特殊性（Michalakis and Blanc，2020）。一般情况下，多分体病毒只有在包裹不同基因组片段的所有颗粒同时进入一个细胞时才能完成病毒复制，但最新研究表明有一种植物多分体病毒——蚕豆坏死矮化病毒（faba bean necrotic stunt virus），即使不同基因组片段进入不同细胞，病毒也能借助细胞之间的协作完成复制（Sicard et al.，2019）。

三、病毒基因组大小

表 5-1 列出了一些代表性病毒的基因组。病毒的主要特点之一是病毒粒子体积微小，与这个特点相一致，绝大多数病毒的基因组都比较小，长度为数千核苷酸到数十万核苷酸，所编码的病毒基因数相应为几个到几十个。已知基因组最小的独立复制病毒是感染动物的圆环病毒（circovirus），它的基因组是 1.8～3.5kb 的 ssDNA。已知感染人的病毒中基因组最大的是引起天花、猴痘等疾病的痘病毒（poxvirus），其中，天花病毒的 dsDNA 基因组长约 186kb。RNA 病毒的基因组通常更小一些，多在 10kb 以内，而感染人和其他动物的冠状病毒（coronavirus）的基因组是 28～32kb 的 ssRNA，长期以来一直占据最大 RNA 基因组的位置，但近年有人报道了一种感染涡虫的 ssRNA 病毒——涡虫分泌细胞套式病毒（planarian secretory cell nidovirus，PSCNV），其基因组长达 41.1kb，“创造”了 RNA 基因组长度的新纪录（Saberi et al.，2018）。

表 5-1　代表性病毒的基因组

核酸性质	单/双链	线/环状	病毒名称	片段/分体	基因组长度/kb	宿主类型
DNA	双链	线状	λ 噬菌体	1	50	细菌
			T4 噬菌体	1	171	细菌
			腺病毒（5 型）	1	36	脊椎动物
			单纯疱疹病毒（HSV-1）	1	150	脊椎动物
			痘病毒（天花病毒）	1	186	动物
			拟菌病毒（APMV）	1	1200	原生动物
			绿藻病毒（PBCV1）	1	331	藻类
		环状	非洲猪瘟病毒	1	180	脊椎动物
			人乳头瘤病毒	1	7.9	脊椎动物
			杆状病毒（AcMNPV）	1	134	无脊椎动物
			多瘤病毒（如 SV40）	1	5.2	脊椎动物
	单链	线状	人细小病毒（B19）	1	5.5	脊椎动物
			腺相关病毒	1	4.7	脊椎动物
			家蚕浓核病毒	1	5.0	无脊椎动物
			家蚕二分浓核病毒	2/有分体	6.5+6.0	无脊椎动物
		环状	M13 噬菌体	1	6.4	细菌
			ΦX174 噬菌体	1	5.4	细菌
			双生病毒	1～2/有分体	2.5～5.2	植物
			蚕豆坏死矮化病毒	8/分体	7.9	植物

续表

核酸性质	单/双链	线/环状	病毒名称	片段/分体	基因组长度/kb	宿主类型
DNA	双链带缺口	类环状	乙型肝炎病毒	1	3.2	脊椎动物
			花椰菜花叶病毒	1	8.0	植物
RNA	单链	线状	MS2 噬菌体	1	3.6	噬菌体
			烟草花叶病毒	1	6.4	植物
			芜菁黄花叶病毒	1	6.3	植物
			马铃薯 X 病毒	1	9.7	植物
			甜菜坏死黄脉病毒	5/分体	14.8	植物
			新型冠状病毒	1	29.9	脊椎动物
			涡虫分泌细胞套式病毒	1	41.1	无脊椎动物
			脊髓灰质炎病毒	1	7.5	脊椎动物
			丙型肝炎病毒	1	9.6	脊椎动物
			狂犬病病毒	1	12.0	脊椎动物
			埃博拉病毒	1	18.9	脊椎动物
			麻疹病毒	1	15.9	脊椎动物
			流感病毒（甲型）	8/非分体	13.5	脊椎动物
			瓜伊科库蚊病毒	5/分体	12	动物
			艾滋病病毒	1	9.8	脊椎动物
		环状	丁型肝炎病毒	1	1.7	脊椎动物
			马铃薯纺锤形块茎类病毒	1	0.4	植物
	双链	线状	人轮状病毒 A	11/非分体	16.7	脊椎动物
			水稻矮缩病毒	12/非分体	25.7	植物
			家蚕质型多角体病毒	10/非分体	24.8	无脊椎动物
			酿酒酵母病毒 L-A	1	4.6	真菌
			产黄青霉病毒	4/非分体	12.6	真菌

DNA 病毒基因组的长度上限也不断被突破。20 世纪 90 年代，科学家在环境阿米巴中发现了一种大小接近细菌的感染物，经反复研究才明确它实际上是一类新的病毒，被命名为拟菌病毒（mimivirus），基因组长达 1.2Mb。随后，人们又陆续发现了多种感染阿米巴的巨型病毒，其中基因组最大的是潘多拉病毒（Pandoravirus），达 2.5Mb，大小超过了不少细菌基因组。从这些病毒的基因组中，人们发现了不少在一般病毒中从未见到过的基因。这些发现使病毒与细胞间的界限变得有些模糊，因此引起人们高度关注（Schulz et al.，2022）。

四、病毒基因组结构的一般特征

由于病毒基因组较小，其序列以蛋白质编码区为主，基因的排列较为紧凑，末端非编码区及基因间区域一般都很短，有些病毒还通过重叠编码（一段序列同时编码不同的蛋白质）、双义编码（两个不同方向的序列同时编码）等方式提高遗传物质的利用效率。例如，乙型肝炎病毒（hepatitis B virus，HBV）的基因组仅 3.2kb，却同时编码了多聚酶 P（832aa）、表面抗原 S（有 L、M、S 三种形式，其中最大的 L 型为 389aa）、核心抗原 C（有 PreC 和 C 两种形式，较大的 PreC 型为 212aa）和 X 蛋白（154aa）4 种蛋白质，其中表面抗原编码区和多聚酶编码区完全重叠，其他基因编码区之间（除了表面抗原和核心抗原之间）也有不同程度的重叠。4 个蛋白质的编码序列总长度达 4.8kb，约是病毒基因组长度的 150%。由于不同基因所采用的读码框不同，这 4 种蛋白质的氨基酸之间并没有重复。

尽管如此，病毒基因组中也有一些非编码区域，对于病毒复制同样重要。例如，线状 RNA 病毒的基因组两端都有 5′非翻译区（5′untranslated region，5′UTR）和 3′非翻译区（3′UTR），缺失后会严重影响病毒复制。在病毒基因组中还有一些重要的特殊核酸序列，包括重复序列、转录调控相关的序列、病毒核酸包装相关序列等。同样，这些序列往往都比较短且排列紧凑。

另外，绝大多数病毒粒子中只含有一个拷贝的病毒基因组，已知唯一的例外是以 HIV-1 为代表的逆转录病毒（retrovirus），它们的病毒粒子中有两个拷贝的病毒基因组，类似于细胞的两倍体基因组。

第二节　病毒基因组核酸类型

一、双链 DNA 基因组

dsDNA 的两条链之间稳定配对，可以形成稳定的双螺旋构型，既可以以线状形式存在，也可以以环状形式存在，其分子的长度几乎不受限制。细胞生物的基因组都是 dsDNA，显然和它的结构特征有关。

以 dsDNA 为基因组的病毒有很多，其中常见的人类病毒有痘病毒、疱疹病毒、腺病毒（adenovirus）、乳头瘤病毒（papilloma virus）、多瘤病毒（polyomavirus）等。已知大多数噬菌体的基因组是 dsDNA，如大肠杆菌噬菌体λ、T4、T7 等。感染无脊椎动物、原生动物和单细胞藻类的病毒中也有众多 dsDNA 病毒，如感染节肢动物的杆状病毒（baculovirus）和虹彩病毒（iridovirus）、感染绿藻的绿藻病毒（chlorovirus）、感染变形虫的拟菌病毒等。有意思的是，除不完全双链 DNA 病毒外，尚未有 dsDNA 基因组病毒感染高等植物的报道。

不少 dsDNA 病毒的基因组较为庞大，其中长度超过 100kb 的病毒就有痘病毒、疱疹病毒、T4 噬菌体、虹彩病毒、杆状病毒、绿藻病毒、拟菌病毒等。前述大小接近细菌的巨型病毒都以 dsDNA 为基因组。这些大型 dsDNA 病毒的基因组 DNA 既有线状也有环状。目前已知基因组最大的病毒——潘多拉病毒的 2.5Mb dsDNA 是线状的，而已知最大的环状病毒基因组 DNA 来自浮士德病毒（Faustovirus），长达 466kb。与此同时，也有不少小型 dsDNA 基因组病毒，如乳头瘤病毒的基因组约为 8kb。所有已知 dsDNA 病毒的基因组都是单一片段的。

二、单链 DNA 基因组

基因组为 ssDNA 的病毒种类并不多，且都为小型病毒，基因组一般在 10kb 以内。ssDNA 病毒中的代表性人类病毒包括常被用作基因载体的腺相关病毒（adeno-associated virus，AAV）及细小病毒（parvovirus）等。许多噬菌体也属于这类病毒，如大肠杆菌噬菌体 M13、ΦX174。此外，感染昆虫的浓核病毒（densovirus）和感染植物的双生病毒（geminivirus）也是 ssDNA 病毒。

ssDNA 在复制过程中会产生互补链，因此会有编码链（正链，+链）和互补链（负链，−链）之分。一些 ssDNA 病毒粒子所包装的核酸有正负链的选择偏好，即有些种类病毒主要包装编码链，有些主要包装互补链，但也有些种类病毒既包装编码链，也包装互补链。与 ssRNA 病毒不同，这种链的偏好并不会造成病毒过程复制的差异，因此一般并不将 ssDNA 病毒区分为正链病毒和负链病毒。

病毒 ssDNA 基因组也具有环状和线状两种形态。动物 ssDNA 病毒的基因组一般是线状的。少数环状 ssDNA 包括噬菌体 ΦX174 和双生病毒等。有些 ssDNA 病毒的基因组分成一个以上片段，且分别包装，属于多分体病毒。环状 ssDNA 基因组的双生病毒就是一种多分体病毒。此外，由我国科学家分离的家蚕二分浓核病毒（bombyx mori bidensovirus），其基因组由 6.5kb 和 6kb 两个线状 ssDNA 片段组成，分别包装在不同病毒粒子中。

三、不完全双链 DNA 基因组

这类病毒粒子中所包装的基因组 DNA 分子的部分区域是双链，部分区域是单链，或者 dsDNA 分子中的一条链有缺口，形成不完整的环状双链分子（图 5-3E）。这种特殊构型 DNA 分子的形成和病毒特殊的基因组复制方式——由 mRNA 逆转录成 DNA 有关。病毒感染细胞后，首先会在细胞中将 DNA 修补成完整的环状 dsDNA。这类病毒的代表是感染动物的嗜肝 DNA 病毒（hepadnavirus）（如乙型肝炎病毒），以及感染植物的花椰菜花叶病毒（cauliflower mosaic virus）。

四、双链 RNA 基因组

这类基因组的已知病毒种类也较少，代表性病毒类群是呼肠孤病毒（reovirus），其中既包括感染人类和动物的轮状病毒（rotavirus）等，也包括一些感染无脊椎动物的病毒，如感染昆虫的质型多角体病毒（cypovirus），以及感染植物的水稻矮缩病毒（rice dwarf virus）等。dsRNA 基因组在真菌病毒中所占的比例较高，是真菌病毒中最常见的基因组类型，如酿酒酵母病毒 L-A（*Saccharomyces cerevisiae* virus L-A，ScVLA）、产黄青霉病毒（*Penicillium chrysogenum* virus，PCV）等。

dsRNA 均为线状，其中虽有不分节段的酿酒酵母病毒 L-A 等，但大多数 dsRNA 病毒的基因组均分成两个或更多个片段。以轮状病毒 A（rotavirus A）为例，其基因组由 11 个 dsRNA 片段构成，长度为 0.7～3.3kb，总长度为 16.7kb。大多数分节段的 dsRNA 病毒将片段包装在单一颗粒中，但也有个别的是多分体病毒，如分体病毒（partitivirus）。

五、单链 RNA 基因组

根据病毒的复制和基因表达过程，可以将 ssRNA 基因组病毒分为三大类：①正链 ssRNA 病毒（+ssRNA 病毒），即基因组 RNA 直接可以翻译产生病毒蛋白；②负链 ssRNA 病毒（−ssRNA 病毒），其基因组需要首先拷贝成互补链，才能用作 mRNA 指导病毒蛋白合成；③逆转录病毒，其基因组序列虽然和 mRNA 一致，但并不直接用于指导病毒蛋白合成，而是通过逆转录合成 dsDNA，然后进行转录和翻译。

自然界中 ssRNA 病毒的数量和类型都非常多，在各类生物中都有发现。许多重要的人类病原病毒是 ssRNA 病毒，如属于+ssRNA 病毒的肠道病毒（enterovirus）、登革病毒（Dengue virus）、丙型肝炎病毒（hepatitis C virus）、冠状病毒，属于−ssRNA 病毒的流感病毒（influenza virus）、麻疹病毒（measles virus）、埃博拉病毒（Ebolavirus）等，以及属于逆转录病毒的 HIV-1。植物病毒中 ssRNA 病毒占比最大，种类众多，如烟草花叶病毒（tobacco mosaic virus）、芜菁黄花叶病毒（turnip yellow mosaic virus）等。

如前所述，病毒的 ssRNA 基因组基本都为线状，仅极个别特殊病毒或类病毒呈环状；同时 ssRNA 病毒基因组一般都较小，且有不少 ssRNA 病毒基因组分成片段。例如，甲型流感病毒的 RNA 基因组由 8 个片段组成，布尼亚病毒的基因组由 3 个片段组成。分节基因组的 ssRNA 病毒也有分体包装现象，如甜菜坏死黄脉病毒、瓜伊科库蚊病毒等。

第三节　病毒基因组中的特殊功能序列和组分

病毒基因组核酸序列以编码基因的序列为主，但也有一些非编码序列在病毒基因复制和表达中同样发挥重要作用。常见的非编码序列包括末端序列和结构、重复序列、基因转录相关序列、蛋白质翻译调控序列、病毒核酸包装序列等。此外，有些病毒基因组核酸还通过共价键连接了特定的蛋白质，这类蛋白质同样在病毒的复制中有重要作用。

一、末端序列和结构

病毒线状核酸基因组的末端常具有特殊的序列，或形成特定的末端结构。环状核酸不存在末端，因此也没有此类序列或结构。

（一）DNA 病毒的基因组末端结构

病毒线状 DNA 的两个末端一般有相似的结构或核苷酸序列，即呈现末端对称性。常见的末端结构包括 ssDNA 的末端发夹结构和 dsDNA 的封闭末端、黏性末端等。

1. 末端发夹结构　细小病毒的线状 ssDNA 两端带有末端反向重复序列（inverted terminal repeat，ITR），每个 ITR 内部又有回文序列，会内部配对形成发夹结构（图 5-3A）。这种结构既可以保护末端 DNA 的完整性，在 DNA 复制时，3′端也可以作为 DNA 合成的引物，启动 DNA 复制。

2. 封闭末端　有些大型 dsDNA 病毒，如痘病毒和绿藻病毒，其线状 DNA 都没有游离的 5′端磷酸基团和 3′端羟基基团。事实上，这些病毒 DNA 分子同侧末端一条链的 5′磷酸和另一条链的 3′羟基之间发生缩合反应，形成磷酯键，成为封闭末端（图 5-3B）。这种特殊结构同样有利于保护 DNA 末端，且有助于病毒 DNA 的复制。

3. 黏性末端　不少噬菌体的线状 dsDNA 末端是黏性末端，即有 5′的单链突起。例如，λ 噬菌体颗粒中所包装的 dsDNA 的两端为黏性末端，是由病毒的末端酶（terminase）切割基因组 DNA 上的黏性位点（cos 位点）形成的（图 5-3C）。当噬菌体进入大肠杆菌细胞后，两端的黏性末端可以相互配对结合，经修复成为环状 dsDNA 后再开始病毒复制。

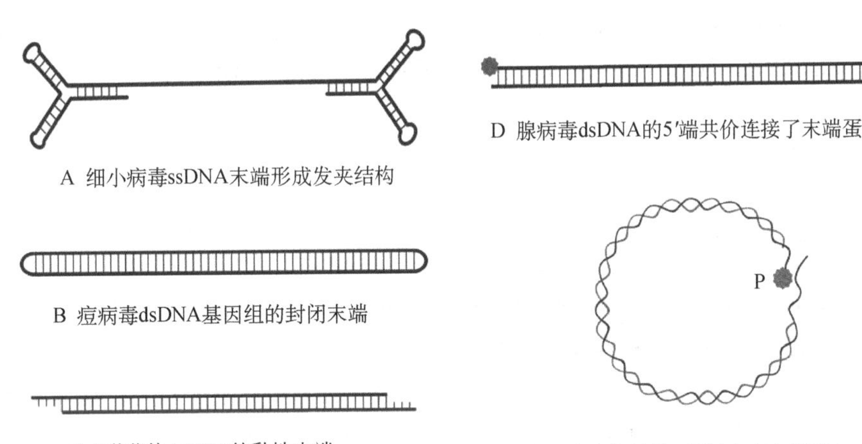

图 5-3　DNA 病毒基因组核酸的末端构造

（二）RNA 病毒的基因组末端结构

与线状病毒 DNA 的两端对称性不同，病毒线状 RNA 的两端往往不相同。感染真核生物的+ssRNA 病毒的基因组 RNA 常与真核细胞的 mRNA 有类似的构造，即 5′端有甲基化帽式结构，3′端有多腺苷酸尾［poly(A) tail］（图 5-4A）。大部分+ssRNA 动物病毒和部分植物病毒的基因组都是如此。也有些+ssRNA 植物病毒的 3′端没有 poly(A)尾，而是有一个类似 tRNA 的“三叶草样”三维结构，是由 RNA 序列内部配对形成的，称为“tRNA 样结构”（tRNA-like structure，TLS；图 5-4B）。这种 3′端 TLS 在序列上和真正的 tRNA 的相似度并不是很

数字资源 5-2

高，但可以被氨基酰化，并被一些 tRNA 结合蛋白识别并发生互作，可能在 RNA 复制和转运中起作用（Tolstyko et al.，2020）。

帽 AAAAAAA

A +ssRNA病毒基因组RNA具有类似真核细胞mRNA的末端

B 许多植物+ssRNA病毒基因组末端有tRNA样结构

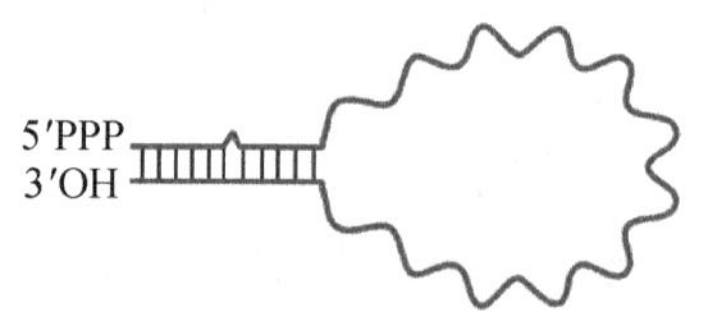

C 流感病毒等−ssRNA病毒基因组两端有保守的配对序列，可形成锅柄样结构

图 5-4 RNA 病毒基因组核酸的末端构造

−ssRNA 病毒核酸的两端一般没有帽式结构和 poly(A)尾，但末端的非编码序列往往会通过分子内部配对形成特殊的三级结构。例如，流感病毒等多种−ssRNA 病毒的 RNA 基因组两端各有一段含 12～13 个碱基的部分反向互补序列，相互配对形成“锅柄”（panhandle）样结构。这种结构是视黄酸诱导基因 I（RIG-I）蛋白等细胞模式识别受体识别的对象，与细胞启动抗病毒固有免疫应答有关（图 5-4C）。

dsRNA 病毒的基因组 dsRNA 由编码链和互补链结合而成，其编码链的 5′端有帽式结构，但 3′端没有 poly(A)尾，而互补链既没有 5′端帽式结构，也没有 3′端 poly(A)尾。感染哺乳动物的正呼肠孤病毒的 10 个基因组片段的 5′端序列都是 5′-GCUA-3′，而 3′端都是 5′-UCAUC-3′。

二、重复序列

（一）末端重复序列

一些线状 dsDNA 病毒基因组的两端带有长短不同的末端重复序列，它们往往也和病毒基因组 DNA 的复制有关。痘病毒线状 dsDNA 除了具有封闭末端，两端有数 kb 长的末端反向重复序列（ITR）。腺病毒等也有一段约 100bp 长的 ITR（图 5-5A），腺病毒 DNA 复制过程中有一个特殊的单链 DNA 阶段，单链 DNA 会形成锅柄样结构（类似于流感病毒，但末端配对区更长）就和这段序列有关。单纯疱疹病毒 1 型和 2 型（herpes simplex virus 1/2，HSV-1/2）属于大型 dsDNA 病毒，基因组长约 152kb，由长、短两个单一序列连接而成，分别称为 U_L 和 U_S，它们的两端分别都有反向重复序列 TR_L、IR_L 和 TR_S、IR_S。而基因组两端的 TR_L、TR_S 虽不完全相同，但它们最末端有一段数百 bp 的相同序列，导致整个基因组两端具有重复序列（图 5-5B）。这种情况在其他疱疹病毒中也都存在。

一般 RNA 病毒并没有明显的末端重复序列，但逆转录病毒是个例外，它的 RNA 两端是一段直接重复序列（repeat，R）。例如，HIV-1 的基因组 RNA 两端的 R 序列长 95bp，其中 5′端 R 序列就在 5′帽式结构后面，而 3′端的 R 序列后面还有一段 poly(A)序列（图 5-5C）。这段重复序列对于病毒通过逆转录形成双链 DNA 很重要，而且经逆转录所产生的双链 DNA，其两端的重复序列得到加长，成为约 630bp 的长末端重复（long terminal repeat，LTR）。

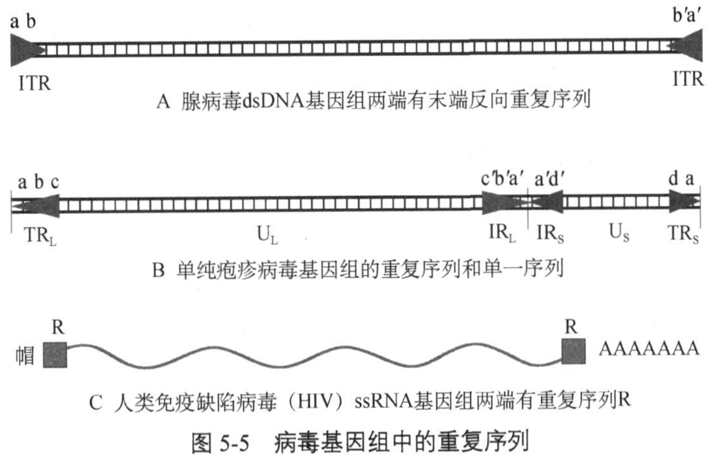

图 5-5　病毒基因组中的重复序列

（二）内部重复序列

一些 DNA 病毒的基因组内部序列中带有部分重复序列，在病毒感染和复制过程中发挥特定的作用。例如，病毒 DNA 复制起点往往由若干重复序列区域组成，可以被 DNA 聚合酶等识别和结合。也有的重复序列与基因表达有关。例如，转录增强子往往也由多个保守重复序列构成。杆状病毒 AcMNPV（autographa californica multiple nucleopolyhedrovirus，苜蓿银纹夜蛾核型多角体病毒）的基因组是环状 dsDNA，长约 134kbp，基因组上分布有 8 个同源区域（homologous region，*hr*），每个区域均由多个 70bp 长的重复单位串联排列，在 70bp 重复单位中间是 28bp 的不完美回文结构。这种 *hr* 序列具有转录增强子的活性，有些还与 DNA 复制起始有关。另外，属于多瘤病毒的 SV40 病毒的环状 dsDNA 长度仅 5.2kb，其 DNA 分子中的 *ori* 位点既是病毒基因转录的起始位点，也是 DNA 复制的起点，其中也包含若干短的重复序列。

三、基因转录相关序列

DNA 病毒的基因组上有各种与基因转录相关的保守序列，包括启动子、增强子、多腺苷酸化信号等。由于 DNA 病毒的基因转录在不同程度上依赖于宿主细胞，病毒启动子等序列往往与宿主的相应序列有一定的相似性。例如，噬菌体的启动子与细菌的启动子有相似的特点，而动物病毒的启动子则与动物细胞的启动子相似。

许多 DNA 病毒的启动子可以分成早期启动子和晚期启动子，早期启动子一般与宿主细胞的启动子更为相似，可以由细胞的 RNA 聚合酶识别并进行转录。晚期启动子的序列和结构与宿主细胞启动子有一定的差别，一般由病毒转录酶或经病毒蛋白修饰的宿主转录酶识别和进行转录。在病毒早期启动子附近往往还有转录增强子序列，它们可以与一些转录相关蛋白质结合，确保早期启动子被识别并得到表达。

RNA 病毒基因组也有与转录调控相关的序列，但其序列更短。例如，副黏病毒的 RNA 基因组编码区之间有 10 个碱基左右的保守序列，称为基因间区（intergenic region，IG region），它既是前一个基因转录终止的信号，也是后一个基因转录起始的信号；冠状病毒的 5′端和各基因编码区之前都有短的转录调控序列（transcription-regulating sequence，TRS），与负链 RNA 合成终止和亚基因组 mRNA 形成有关。

四、蛋白质翻译调控序列

RNA 病毒的基因组中常有一些与蛋白质翻译有关的序列。例如，肠道病毒等在基因组 RNA 的 5′非翻译区有一段称为内部核糖体进入位点（internal ribosome entry site，IRES）的区域，其内部通过碱基配对组成多个茎环结构，并进一步形成特殊的立体结构（图 5-6A）。这一立体结构可以直接与翻译起始因子结合，招募核糖体，使核糖体不再依赖 RNA 的 5′端帽式结构就可在病毒 RNA 上形成翻译复合体，有助于病毒蛋白的合成。冠状病毒、逆转录病毒等病毒的 RNA 基因组局部区域可以通过内部碱基配对形成称为“假节”（pseudoknot）的复杂结构，在翻译过程中影响核糖体在 mRNA 上的移动。例如，各种冠状病毒 ORF1a 的终止密码子附近都有这样的“假节”，是由三个内部配对序列（“茎”）构成的“假节”构造（图 5-6B），结构稳定，不宜被进行翻译的核糖体所打开，配合上游一小段富 AU 的区域（称为“滑动序列”），可以导致部分核糖体在附近发生异常位移，造成读码框改变，从而忽略这段区域中原有的终止密码子 UAA，使翻译过程继续进行，合成一个更大的病毒蛋白——ORF1ab。这种现象称为“读码框移位”。这种机制可以起到调节不同蛋白质表达水平的作用。

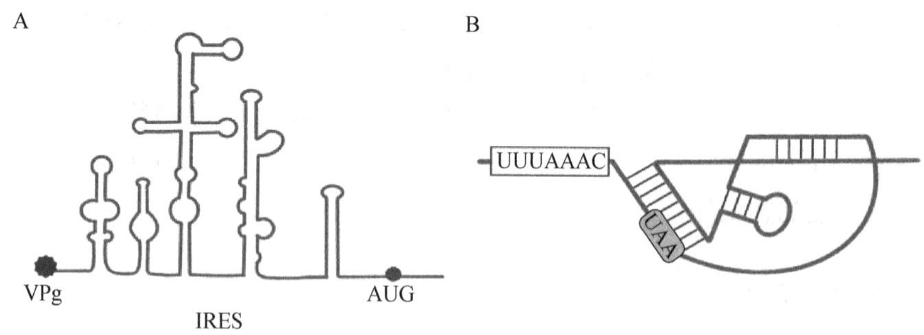

图 5-6　病毒基因组 RNA 形成影响翻译的结构

A. 肠道病毒 5′端末端蛋白和内部核糖体进入位点（IRES）；B. 新冠病毒 ORF1ab 中的滑动序列和由三个“茎”构成的假节

五、包装信号

许多病毒带有特定的包装信号（packaging signal）序列，常用希腊字母 ψ（psi）表示。在病毒包装成熟过程中，这些序列可以与病毒衣壳的相关蛋白质发生互作，将病毒核酸包装到新合成的子代病毒粒子中。该序列的缺失往往会导致病毒核酸无法被正常包装。包装信号在不同病毒中差别很大。例如，TMV 基因组 RNA 中有一段称为 OAS（origin of assembly）的茎环结构，是病毒粒子装配开始的信号；在 HIV-1 中，ψ 靠近病毒基因组 RNA 的 5′端，在末端重复序列 R 的后方是一段约 115bp 的序列，内部可以形成 4 个茎环结构，两个基因组 RNA 分子通过这段序列形成二聚体，并进而与病毒衣壳蛋白 GAG 互作，包装到病毒衣壳中。因此，这段序列也和这类病毒具有两拷贝 RNA 的特性密切相关。在利用慢病毒作为基因载体时，所用的表达病毒蛋白的包装质粒中不带有 ψ 序列，以保证包装产生的载体病毒不含有重要的病毒基因，确保安全性。

不仅 RNA 病毒，许多 dsDNA 病毒也都有类似的包装信号序列。腺病毒在基因组的左侧末端反向重复序列的下游有一段约 180bp 的序列，含有 7 个富含 AT 的序列。这段序列可以被病毒编码的包装蛋白识别并结合。在这些蛋白质的作用下，病毒 DNA 会被包装到已经初步组装成型的病毒衣壳中，完成 DNA 的包装。

六、共价结合蛋白

一些病毒的基因组核酸的 5′端通过共价连接了一个较小的病毒蛋白，称为 VPg（virus protein genome-linked）或末端蛋白（terminal protein，TP）。这种蛋白质与核酸间的共价连接是通过蛋白质上的丝氨酸、酪氨酸或苏氨酸等残基中的羟基与核酸的 5′端磷酸基团交联形成的。VPg 在病毒核酸复制过程中发挥特定的作用。许多感染植物和动物的+ssRNA，如肠道病毒、马铃薯 Y 病毒（potato virus Y，PVY）等，基因组 RNA 的 5′端并没有真核细胞 mRNA 5′端的甲基化帽式结构，但共价结合了 VPg。VPg 可以和多种病毒或细胞的蛋白质相互作用，如病毒 RNA 聚合酶、真核翻译起始因子 4E（eIF4E）等，一方面可以起到 RNA 合成起始引物的作用，另一方面招募翻译复合体结合到病毒+ssRNA 上，启动蛋白质翻译过程，因此在病毒基因组复制和翻译过程中发挥重要作用。

不仅 RNA 病毒有共价结合的 VPg，有的 DNA 病毒也有类似情况。例如，腺病毒线状 dsDNA 基因组两条单链的 5′端都共价连接了一个 TP（图 5-3D）。在 DNA 复制过程中，TP 首先被交联上一个胞嘧啶核苷酸（CMP）残基，然后 CMP 与模板 DNA 3′端的碱基 G 配对，作为引物在病毒聚合酶的催化下合成新的 DNA 链。腺病毒的两条链都是通过蛋白质作为引物合成的，因此两条链的 5′端都连接有 TP。

乙肝病毒的 DNA 也结合有末端蛋白。乙肝病毒的基因组是部分双链 DNA，其中编码链（+链）是不完整的，而互补链（−链）是完整的，在互补链的 5′端共价连接了病毒的聚合酶 P。聚合酶除了具有逆转录酶活性，还有一段 TP 结构域，上有一段“引物环”（priming loop）区。在病毒复制过程中，P 蛋白会结合到病毒前基因组 RNA（pregenomic RNA，pgRNA）的一个特定茎环区域，并以引物环区作为引物，以 pgRNA 为模板，进行逆转录。与腺病毒两条单链的末端都有 TP 不同，HBV 只有互补链的 5′端有共价连接的聚合酶（图 5-3E）。HBV 感染细胞后，DNA 上的聚合酶会被切离，不完全双链 DNA 被宿主酶修复成共价闭合环状 DNA（cccDNA）。

第四节　病毒基因组的编码产物

一、病毒蛋白

病毒基因组中编码蛋白质的序列占了大部分。根据是否构成病毒粒子的结构，可以把病毒蛋白分成结构蛋白和非结构蛋白两类。结构蛋白是病毒粒子的主要成分，包括衣壳蛋白、核酸结合蛋白和包膜蛋白等。非结构蛋白包括催化病毒核酸复制的酶、参与病毒基因表达调控的转录激活因子及与宿主细胞互作的蛋白质，在病毒复制过程中同样发挥重要作用。有的非结构蛋白也会少量出现在病毒粒子中。例如，有研究表明流感病毒的病毒粒子中带有病毒编码的所有蛋白质，包括非结构蛋白 NS1。

不同病毒编码的蛋白质数量差异极大，细小病毒只编码一个结构蛋白和一个非结构蛋白，由于病毒蛋白数量少，该病毒对细胞的依赖性极高。痘病毒编码 100 多种蛋白质，许多重要的功能，如病毒 DNA 复制、基因表达等，都可由病毒编码的蛋白质完成，因此对细胞的依赖度较低。痘病毒甚至还编码了许多宿主蛋白质的类似物，用于干扰宿主细胞的正常功能和免疫活性，确保病毒感染能够顺利进行。阿米巴巨型病毒的庞大基因组编码了一系列与蛋白质合成、脂质代谢、糖代谢等相关的基因，这些基因在一般病毒基因组中极少见到。例如，新近发现的雷神病毒（Tupanvirus）等巨型病毒编码了几乎全套氨酰 tRNA 合成酶，以及多个翻译起始因子、延伸因子、终止因子等与蛋白质翻译相关的因子。这个现象让人们重新思考“病毒没有自己的翻译系统”的认知是否正确。

不同病毒中基因的排列分布规律有所不同，既与病毒类型有关，同时也和宿主特性有关。在一些病毒中，同类功能的基因分布在一起。例如，编码结构蛋白的基因和非结构蛋白的基因分别位于基因组的不同区域。λ 噬菌体的早期基因调控、裂解性感染基因都是相对集中分布的。但在另一些病毒中，基因的分布与功能关系不大。

原核细胞和真核细胞在 mRNA 翻译方面有明显的差异。原核细胞一条 mRNA 可以翻译成多个蛋白质（多顺反子式），而真核细胞一条成熟 mRNA 只翻译产生一个蛋白质（单顺反子式）。由于病毒依赖于细胞进行蛋白质翻译，因此它的翻译方式与所感染的宿主细胞保持一致。但对于基因组较小的病毒，单顺反子编码需要占用较多的非编码区（启动子等），不利于充分利用基因组遗传资源。一些真核病毒进化出特殊的途径以实现多顺反子式编码，如 RNA 差异剪接、翻译过程中核糖体移位、翻译后蛋白酶切割等方式。以冠状病毒为例，病毒的基因组 RNA 可以直接作为 mRNA 指导蛋白质合成，在合成过程中，病毒可以通过“核糖体移位”机制产生 ORF1a 和 ORF1ab 两种蛋白质。这两种蛋白质都非常大，会在病毒编码的蛋白酶的作用下，裂解成 10 多个成熟蛋白质。由于 ORF1ab 涵盖了 ORF1a 的几乎所有序列，因此这个基因前半部分的蛋白质产物明显多于后半部分。这种机制有助于病毒通过一个编码区产生多个成熟蛋白质，同时还能调控不同成熟蛋白质的产量，避免资源浪费。

二、病毒非编码 RNA

除了编码蛋白质，一些病毒还可以转录产生长非编码 RNA。这种情况在 dsDNA 病毒中更为常见。病毒非编码 RNA 的作用包括帮助病毒逃避宿主细胞的防御反应，调控细胞状态使之更加有利于病毒复制，调节病毒基因的表达和基因组复制等。例如，腺病毒复制过程中会产生高水平的非编码 RNA VA1 和 VA2，长度为 150～200bp。这些 RNA 由宿主细胞的 RNA 聚合酶Ⅲ转录产生，序列并不均一，可以干扰宿主细胞对病毒感染的识别和防御反应，包括蛋白激酶 R 介导的蛋白质翻译抑制作用和 RNA 干扰机制介导的抗病毒效应等。单纯疱疹病毒 1 型感染细胞后会产生一个长非编码 RNA——潜伏相关的转录物（latency-associated transcript，LAT），它在病毒感染过程中具有多重功能，既能促进病毒潜伏感染的建立，又有助于病毒从潜伏状态进入激活状态，还具有抗细胞凋亡、下调宿主细胞 I 型干扰素通路相关基因表达水平、提高病毒的一个受体蛋白 HVEM 的表达水平等作用。其他疱疹病毒也会产生一些长非编码 RNA，如 EB 病毒（Epstein-Barr virus，EBV）编码的 EBER1 和 EBER2，卡波西肉瘤相关疱疹病毒（Kaposi's sarcoma-associated herpes virus，KSHV）编码的 PAN（polyadenylated nuclear RNA）等，都对调节病毒的基因表达和潜伏–激活状态的转换有关键作用。除了 DNA 病毒，黄热病毒（yellow-fever virus）、西尼罗河病毒（West Nile virus）等 RNA 病毒也被发现会产生长非编码 RNA，称为 SfRNA（subgenomic flavivirus RNA）。SfRNA 可以抑制干扰素反应和降解病毒 RNA 等宿主细胞的抗病毒机制。

microRNA 是一类长度为 22bp 左右的非编码小 RNA，是由细胞 Dicer 蛋白对细胞 RNA 或外来 RNA 上的茎环结构进行加工而产生的。microRNA 在细胞中与细胞蛋白 Ago 等共同形成 RNA 诱导的沉默复合物（RNA induced silencing complex，RISC），对细胞中的 RNA 进行配对识别，特异性降解 RNA，或抑制 mRNA 的翻译，从而起到对靶基因的表达进行负调控的作用。这一现象称为 RNA 干扰（RNA interference，RNAi）。一些病毒在感染过程中，可以借助宿主细胞的 microRNA 生成途径，产生病毒特异性 microRNA。虽然某些情况下这些病毒特异性 microRNA 可能会抑制病毒感染，但许多情况下它们可以被病毒利用，帮助病毒完成复制，或建立持续感染，甚至加强病症（Gouzouasis et al.，2023）。例如，有报道表明，上述 HSV-1 的非编码 RNA LAT 会被加工形成 microRNA，并通过 microRNA 发挥抗细胞凋亡的作用。RNA 病毒感染的细胞中同样发现有病毒特异的 microRNA，如禽流感病毒 H5N1，它的 *HA* 基因上的茎环结构可以被宿主细胞加工形成 microRNA 分子，作用于宿主细胞的特定基因，促进病毒感染引起的“细胞因子风暴”，加重病症。

此外，有新的研究表明，多种 RNA 病毒在复制过程中会产生病毒特异性环状 RNA（circular RNA，circRNA），这些病毒包括冠状病毒、丙型肝炎病毒、质型多角体病毒等。一些 DNA 病毒如人乳头瘤病毒、乙肝病毒、疱疹病毒等，它们的 mRNA 在加工过程中也会产生病毒特异性 circRNA。这些病毒 circRNA 中有少数可以翻译产生蛋白质（当环状 RNA 上有 IRES 序列时），大部分虽然不被翻译，但同样会影响细胞或病毒基因的表达水平，促进病毒感染复制的进行（Cao et al.，2024）。

本章小结

病毒基因组是病毒粒子中遗传物质的总和。与细胞生物的基因组不同，病毒基因组呈现高度的多样性。病毒基因组核酸既可以是 DNA，也可以是 RNA，同时也有单链与双链、线状与环状、单片段与多片段、单一病毒颗粒包装与多分体包装等多种变化。许多病毒基因组核酸上有一些功能性区域或特殊结构，与病毒复制的各个过程有关。病毒基因组的编码产物主要是各类结构蛋白和非结构蛋白，但除此以外，有些病毒也产生一些非编码RNA，包括长非编码RNA、microRNA和环状RNA，它们同样在病毒感染复制和致病过程中起重要作用。

（钟　江）

复习思考题

1. 病毒基因组有哪些与细胞生物基因组不同的特点？
2. 请举出不同基因组类别病毒的例子，简述它们基因组结构的特点。
3. RNA病毒中基因组分节段现象远多于DNA病毒，请分析这一现象可能的成因。
4. 为什么线状基因组核酸的末端会有一些特殊结构？它们可能会有哪些功能？
5. 什么是多分体病毒？你觉得多分体病毒可能会有什么优势？
6. 病毒编码的蛋白质可以分成哪些类别？
7. 什么是病毒非编码RNA？有哪些类型？它们对病毒有什么作用？
8. 研究病毒基因组的主要技术方法有哪些？

主要参考文献

Cao Q M，Boonchuen P，Chen T Z，et al. 2024. Virus-derived circular RNAs populate hepatitis C virus-infected cells. Proceedings National Academy Sciences USA，121（7）：e2313002121.

Gouzouasis V，Tastsoglou S，Giannakakis A，et al. 2023. Virus-derived small RNAs and microRNAs in health and disease. Annual Review Biomedical Data Science，6：275-298.

Ladner J T，Wiley M R，Beitzel B，et al. 2016. A multicomponent animal virus isolated from mosquitoes. Cell Host Microbe，20（3）：357-367.

Liu Y T，Strugatsky D，Liu W，et al. 2021. Structure of human cytomegalovirus virion reveals host tRNA binding to capsid-associated tegument protein pp150. Nature Communication，12（1）：5513.

Michalakis Y，Blanc S. 2020. The curious strategy of multipartite viruses. Annual Review Virology，7：203-218.

Saberi A，Gulyaeva A A，Brubacher J L，et al. 2018. A planarian nidovirus expands the limits of RNA genome size. PLoS Pathogen，14（11）：e1007314.

Schulz F，Abergel C，Woyke T. 2022. Giant virus biology and diversity in the era of genome-resolved metagenomics. Nature Reviews Microbiology，20：721-736.

Sicard A，Pirolles E，Gallet R，et al. 2019. A multicellular way of life for a multipartite virus. Elife，8：e43599.

Tolstyko E A，Lezzhov A A，Morozov S Y，et al. 2020. Phloem transport of structured RNAs：A widening repertoire of trafficking signals and protein factors. Plant Sci，299：110602.

Wu F，Zhao S，Yu B，et al. 2020. A new coronavirus associated with human respiratory disease in China. Nature，579：265-269.

第六章　病毒受体与穿入、脱壳

本章要点

1. 吸附：吸附是病毒与细胞相互作用的第一步。无包膜病毒由衣壳蛋白介导吸附，包膜病毒则由包膜蛋白介导吸附。
2. 受体：是细胞表面的特定分子，病毒附着这些分子进而侵入细胞。病毒受体包括配体结合受体、糖蛋白、糖类、蛋白多糖、神经节苷脂、转运蛋白、离子通道蛋白等。
3. 穿入：病毒通过细胞内吞和融合方式进入细胞。无包膜病毒和包膜病毒可通过大型胞饮、网格蛋白介导的胞吞、小窝蛋白介导的胞吞、不依赖网格蛋白和小窝蛋白的胞吞等内吞方式进入细胞，包膜病毒还可通过包膜与细胞膜融合的方式进入细胞。
4. 脱壳：是病毒移除衣壳蛋白和释放病毒基因组的过程，主要是通过内体酸化、溶酶体组织蛋白酶降解等方式实现脱壳。

本章知识单元和知识点分解见图 6-1。

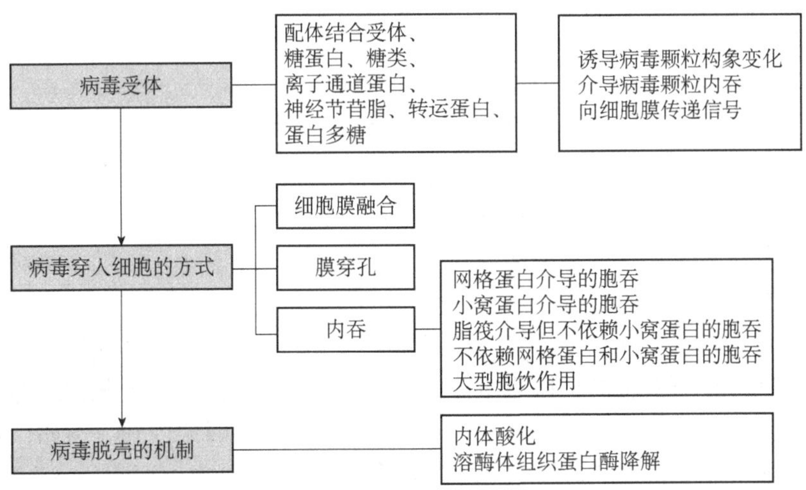

图 6-1　本章知识单元和知识点分解图

病毒感染一个细胞的最初步骤包括吸附（attachment）、穿入（penetration）和脱壳（uncoating），这些步骤不是随机发生的，而是依赖特定的生化过程完成。

第一节 吸 附

人和动物的大多数细胞处于细胞外基质中，细胞外基质的主要成分是蛋白质和多糖。另外，细胞表面也有大量表面分子，如蛋白质、脂质和多糖，细胞膜蛋白通常由碳水化合物链连接至蛋白质骨架，即被糖基化。细胞膜外的脂质也可以被糖基化。这些糖基化蛋白、脂质和多糖在细胞表面形成一层糖萼（glycocalyx）。细胞外基质和细胞表面的糖基化蛋白、脂质和糖萼构成细胞表面的保护屏障。

病毒是专性细胞内寄生生物，首先需要与这些细胞外基质和细胞膜表面的蛋白和糖萼作用，能够感染的病毒通常可利用这些蛋白质或糖萼介导病毒黏附和侵入细胞。因此，细胞膜既是病毒附着和进入的屏障，也是病毒附着和进入的必要条件。

吸附是病毒与细胞相互作用的第一步。无包膜病毒由衣壳蛋白介导吸附，而包膜病毒则由包膜蛋白介导吸附。这种相互作用通常靠表面分子的几个氨基酸或糖残基的静电吸引，因而是微弱且可逆的。但是，随着接触的病毒与细胞表面分子数量增加，这种结合变得牢固且不可逆。由于附着的静电引力会受到细胞外局部 pH、离子浓度和离子类型的影响，在实验室培养病毒时培养基的类型和 pH 会显著影响病毒的感染性。例如，酸性环境可以显著增强正黏病毒、布尼亚病毒、乳头瘤病毒的感染，但绝大多数病毒如冠状病毒、疱疹病毒、逆转录病毒、乙型肝炎病毒、副黏病毒、小 RNA 病毒等则对 pH 不敏感。

第二节 病毒受体

病毒只能感染它们能附着的细胞，病毒附着并侵入细胞需要借助细胞表面的特定分子作为受体（receptor）。受体的理化性状、分布和生物学功能决定了病毒可以感染的生物种属、细胞和组织类型，因此也在一定程度上决定了病毒引起的疾病性质。

受体通常是细胞表面的蛋白质分子，如跨膜糖蛋白，受体与病毒结合后，通过多种方式促进病毒进入宿主细胞。有些细胞膜表面分子可使病毒吸附至细胞表面，但不能主动介导穿入和激活信号通路，称为吸附因子（attachment factor），通常是生化性质各异的蛋白质、多糖和脂质分子。但是，由于很难清晰地用实验来判断病毒与细胞表面特定成分结合的后果，因此实际上不能很容易地区分受体和附着因子。附着因子有助于将病毒颗粒浓缩在细胞表面，有增强感染的作用。

受体和吸附因子在细胞中发挥着与病毒无关的生物学功能。受体在细胞表面经常是不均匀分布的，其丰度可能很高也可能很低，也可能普遍存在或仅限于某些局部。受体在局部形成聚焦的膜性结构域（microdomain），有助于病毒吸附后的内吞。例如，脂类受体通常分布于细胞膜的脂质富集区，如胆固醇富集的脂筏（lipid raft）区域。

受体的存在与否是宿主范围的主要决定因素，因为缺乏特定受体会导致病毒不能吸附和穿入细胞。生物体内的不同细胞具有不同的受体和吸附因子，决定了某种细胞或细胞类型可能允许病毒附着，而其他细胞则不然，因而是病毒亲嗜性（tropism）和感染性的决定因素之一。有的受体位于细胞内部的膜泡结构表面，介导子代病毒的释放或再感染。

一、受体的种类

许多人类和动物病毒的受体与吸附因子陆续被发现，但必须指出的是，一些受体和吸附因子是通过体外培养细胞系的研究被发现的，可能与自然感染并不一致。

有些病毒的吸附和穿入需要借助多个细胞表面分子相互作用才能完成，通常将其中发挥主要作用的分子称为受体，发挥次要作用的分子称为辅助受体（co-receptor）。例如，人类免疫缺陷病毒（HIV）的包膜糖蛋白 gp120 首先附着于 CD4 分子，使得包膜糖蛋白 gp41 与 CCR4 或 CCR5 等趋化因子结合，进而发生细胞膜与病毒包膜之间的膜融合，使病毒核心穿膜进入细胞质；位于辅助性 T 细胞、巨噬细胞和树突状细胞上的 CD4 分子为 HIV 的受体，而 CCR4、CCR5 则为 HIV 的辅助受体。

病毒受体的种类有配体结合受体（ligand-binding receptor）、糖蛋白、糖类、蛋白多糖、神经节苷脂（ganglioside）、转运蛋白、离子通道蛋白等（表 6-1）。有些表面分子被多种病毒用作受体，如跨膜蛋白中的 IgG 超家族、整合素（integrin）、末端带唾液酸（sialic acid，SA）的蛋白多糖、糖类和糖脂。

表 6-1 部分病毒的受体举例

分子类型	受体分子	生物学功能	病毒
IgG 超家族	CD4	T 细胞信号	人类免疫缺陷病毒 人类疱疹病毒 7 型
	CD155	黏附受体	脊髓灰质炎病毒 伪狂犬病病毒 牛疱疹病毒 1 型
	CAR	同类细胞间互作	B 组柯萨奇病毒 腺病毒 2、5 型
	ICAM-1	黏附分子	鼻病毒 A、B
	ICAM-5	黏附分子	肠道病毒 68 型
	Nectin-1/2	黏附素	单纯疱疹病毒 1 和 2 型
	Bgp1(a)/CD66a	糖蛋白	小鼠肝炎病毒 A59
G 蛋白偶联受体	CXCR4、CCR5、CCR3、CCR2b、CCR8	趋化因子	人类免疫缺陷病毒
低密度脂蛋白受体相关蛋白	LDLR	脂蛋白受体	鼻病毒 A 劳斯肉瘤病毒 A 型

续表

分子类型	受体分子	生物学功能	病毒
整合素	α2β1	结合胶原和层黏蛋白	埃可病毒 口蹄疫病毒
	α4β1、αvβ3、α2β1	结合玻连蛋白	轮状病毒
	αvβ1、α2β1、α6β1	结合玻连蛋白	巨细胞病毒
	αvβ3	结合玻连蛋白	腺病毒 A 组柯萨奇病毒 口蹄疫病毒
	αvβ5	结合玻连蛋白	腺病毒
	α3 整合素	结合玻连蛋白	汉坦病毒
TNF 受体相关蛋白	HveA	TNF 受体超家族	单纯疱疹病毒 1 型（HSV-1）
	TVB	凋亡诱导受体	禽白血病病毒 B、D、E
含共有重复序列蛋白	CR2	结合补体 C3	EB 病毒
	CD46	补体抑制	麻疹病毒
	CD55	补体抑制	B 组柯萨奇病毒 埃可病毒
单次跨膜糖蛋白	ACE2	血管紧张素转化酶	SARS-CoV-1/2
多次跨膜蛋白	CD81	四次跨膜蛋白	丙型肝炎病毒
	PiT-1	转运蛋白	猫白血病病毒
	NTCP	转运蛋白	乙型肝炎病毒 丁型肝炎病毒
	MCAT-1	阳离子氨基酸转移酶	白血病病毒
糖脂	GM1	神经节苷脂	流感病毒 SV40
	GD2	神经节苷脂	甲型肝炎病毒
其他	APN/CD13	金属基质蛋白酶	冠状病毒 229E

注：CAR. 柯萨奇病毒腺病毒受体；ICAM. 细胞间黏附分子；LDLR. 低密度脂蛋白受体；HveA. 肿瘤坏死因子受体超家族 14；TVB. 肿瘤坏死因子受体超家族 10b；CR2. 补体 C3d 受体 2；ACE2. 血管紧张素转化酶 2；PiT-1. 钠磷协同转运蛋白；NTCP. 钠-牛磺酸共转运蛋白；MCAT-1. 鼠阳离子氨基转运体 1；GM1. 神经节苷脂 1；GD2. 双唾液酸神经节苷脂 2；APN. 氨基多肽酶 N。

有些病毒有多个受体，这些受体有的是独立发挥作用，介导病毒在不同组织和细胞类型的入侵，也有的是多个受体联合发挥作用。例如，肠道病毒 D68 型（enterovirus D68，EV-D68）可利用 α-2,3-唾液酸、α-2,6-唾液酸、ICAM-5、硫酸乙酰肝素（heparan sulfate）作为吸附和侵入细胞的受体，其中，人类的呼吸道细胞不表达 ICAM-5，这个受体是 EV-D68 感染某些细胞系所需要的。又如，人类免疫缺陷病毒感染细胞需要靶细胞表面的 CD4

和 CXCR4 或 CCR5 共同作用，介导 HIV 的吸附和入侵，通常按发生作用的顺序，把首先吸附的分子称为受体，而将其后作用的分子称为辅助受体（co-receptor）。B 组柯萨奇病毒（Coxsackievirus B，CVB）感染细胞时需要柯萨奇病毒-腺病毒受体（Coxsackievirus-adenovirus receptor，CAR）作为受体，衰变加速因子（decay accelerating factor，DAF）作为辅助受体。同一分子可作为多种不同类型病毒的受体。例如，CAR 是 2、5 型腺病毒及 CVB 的受体。

病毒表面蛋白与受体的结合通常是高度特异性直接作用。无包膜病毒衣壳表面蛋白通常会形成隐窝状结构（canyon），或者如腺病毒在衣壳上形成纤毛突起，便于受体的吸附。包膜病毒与受体结合的是包膜的刺突蛋白（spike），通常膜外区会呈膨大形状，便于与受体结合，如 HIV 的 gp120、冠状病毒的花瓣状 E 蛋白。有的病毒可借助转接蛋白（adaptor protein）与受体结合。例如，登革病毒与相应抗体结合后，抗体 Fc 段可将病毒带至巨噬细胞并感染。

二、受体的生物学功能

受体与病毒结合，通过以下方式促进病毒进入：①诱导病毒包膜或衣壳发生构象变化，以便病毒与细胞膜融合并穿入；②介导结合的病毒粒子进入多种内吞途径；③通过细胞膜传递信号，导致病毒的摄入或侵入，并使细胞准备应对病毒入侵，如激活大型胞饮通路。

上述三种方式通常不是孤立事件，而是紧密关联的协同过程。病毒利用受体激活宿主细胞的信号系统，诱导内吞反应，并创造有利于感染的细胞内环境。受体通常由胞外区、跨膜区和胞内区三部分组成，胞外区与病毒结合后，胞内区通常激活相关激酶（如酪氨酸激酶等数十种激酶），从而启动一系列磷酸化级联反应，将信号传递至细胞质或细胞核，使得细胞对刺激作为相应反应，如内吞反应、干扰素应答、炎症反应等。

例如，腺病毒利用 CAR 和整合素 αvβ3、αvβ5 作为受体，通过网格蛋白（clathrin）介导的内吞，形成内体（endosome）进入细胞。病毒与 αvβ3、αvβ5 结合后，激活磷脂酰肌醇 3 激酶（PI3K），合成磷脂酰肌醇-3,4-二磷酸［PI(3,4)P2］和磷脂酰肌醇-3,4,5-三磷酸［PI(3,4,5)P3］，进而通过蛋白激酶 C（PKC）活化下游的 Rab、Rho 等 GTP 酶分子，从而启动大型胞饮（macropinocytosis）。大型胞饮是肌动蛋白介导的主动摄取胞外液体，但在摄取液体的同时，也将病毒内吞进细胞。

SV40 是通过小窝蛋白介导的胞吞机制入胞。SV40 与细胞表面的 GM1 结合后，激活胞内酪氨酸激酶，导致肌动蛋白纤维重排，在细胞局部形成小窝（caveolae），病毒进而通过小窝形成的囊泡进入细胞。

第三节　病毒穿入

病毒黏附于细胞后，接着就是将病毒衣壳或基因组送入细胞内。有些病毒的复制过程发生在细胞质，病毒进入细胞质即可；有些病毒需要在细胞核完成子代基因组转录和mRNA生成，因此需将病毒基因组运至细胞核。

病毒种类众多，经过长期进化和自然筛选，病毒能利用各种细胞机制完成穿入，包括膜融合、内吞等。无包膜病毒通常利用细胞内吞机制将病毒基因组运进细胞。包膜病毒通过病毒包膜和细胞膜的融合，将病毒核衣壳导入细胞，融合发生后，病毒包膜蛋白留在细胞表面，可能成为宿主免疫反应的攻击靶标。但是，包膜病毒实际上也利用内吞进入细胞。图6-2是部分病毒黏附和穿入细胞的示意图。

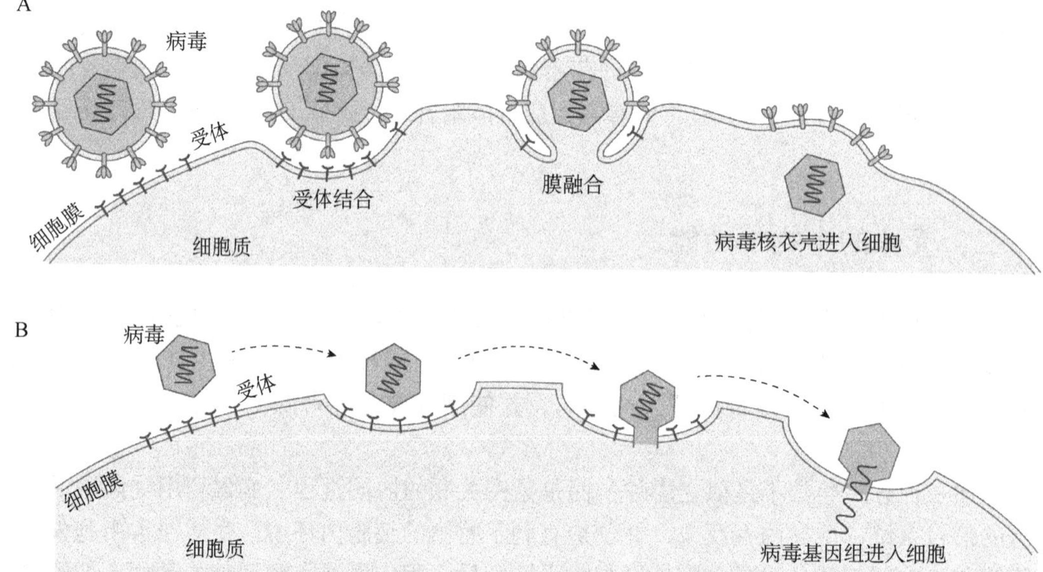

图6-2　部分包膜病毒和无包膜病毒黏附和穿入细胞的方式

A. 包膜病毒（如HIV）与细胞表面的受体结合，通过膜融合方式将核衣壳导入细胞，病毒衣壳留在细胞膜上；B. 部分无包膜病毒（如小RNA病毒）与受体结合后，病毒衣壳构象发生变化，通过疏水区插入细胞膜中，在细胞膜上形成小孔，从而将病毒基因组导入细胞中

近年发现，有些病毒甚至能利用细胞产生的膜泡结构，如自噬体、外泌体、细胞外囊泡等，运送子代病毒粒子出胞，并播散感染其他细胞。由于这些膜泡结构是细胞自身产生的，当释放到胞外后，可与周边细胞融合，甚至远程播散，将病毒导入细胞。这种入胞方式不需要受体介导，可能导致靶向受体的抗病毒治疗失败。

一、膜融合

病毒的包膜实际上是一种用于细胞间膜运输的囊泡。其形成和播散与细胞外囊泡的形成和运输相似，通过膜泡结构的出芽、分裂和融合等过程，病毒衣壳可以穿越细胞膜的疏水屏障。

包膜病毒通过膜融合，在病毒包膜和细胞膜之间形成孔洞。在此过程中，病毒利用包膜蛋白与宿主细胞表面受体的作用，将病毒包膜与细胞膜拉近，进而病毒蛋白疏水区插入细胞膜，从而触发蛋白质重排，将病毒包膜与细胞膜进一步拉近距离，继而完成膜融合。介导膜融合的病毒蛋白通常是位于病毒包膜上的跨膜蛋白，多数是糖蛋白，常以同源或异源寡聚体的形式存在。有的病毒表面单一蛋白既有受体活性也有融合活性，可以独立完成黏附和融合。例如，流感病毒血凝素（HA）存在黏附和疏水融合不同区域，分别介导黏附和融合两个过程。有的病毒（如副黏病毒）需要黏附和融合两种蛋白质，分别介导黏附、融合过程。融合后，病毒核衣壳被转入细胞质或细胞核中（图 6-2A）。

包膜病毒如流感病毒、人类免疫缺陷病毒、SARS-CoV-2、疱疹病毒等理论上也可通过膜融合进入细胞，但是包膜病毒的产毒性感染通常是依赖内吞方式进入细胞，原因可能是包膜与细胞膜融合后，病毒衣壳被肌动蛋白形成的细胞骨架网困住而影响脱壳，导致非产毒性感染，而内吞后形成的内体可为病毒提供庇护场所，可在胞质中自由穿梭并到达核周部位，内体也可以延缓病毒暴露于胞质中的天然免疫感应分子，从而避免过早被天然免疫清除。

二、膜穿孔

无包膜病毒没有膜融合的机制，但可通过膜穿孔（membrane puncture）机制将病毒基因组导入细胞。小 RNA 病毒科的病毒（如脊髓灰质炎病毒、柯萨奇病毒和埃可病毒等）与细胞膜结合后，病毒衣壳蛋白可通过构象改变侵入细胞膜或内体膜中，在细胞膜上形成小孔，将病毒基因组 RNA 从膜上小孔释放进入细胞质。通常病毒衣壳会留在细胞外或内体中，不进入细胞质（图 6-2B）。但是，小 RNA 病毒并不是只靠这种方式进入细胞，还可以通过内吞方式进入细胞。

三、内吞途径

绝大多数病毒是通过内吞作用进入细胞的，包括无包膜病毒和包膜病毒。病毒进入内吞形成的内体（endosome）或膜泡（vesicle）中，进入胞质后再发生脱壳和释放。内吞包括多种形式，如吞噬作用（phagocytosis）、大型胞饮（macropinocytosis）和胞吞作用（endocytosis）等（表 6-2）。

表 6-2　细胞内吞机制

特征	微米级内吞		纳米级内吞					
	吞噬作用	大型胞饮	网格蛋白介导的胞吞	小窝蛋白介导的胞吞	不依赖网格蛋白和小窝蛋白的胞吞			
					IL-2Rβ	GEEC	Flotillin依赖的胞吞	Arf6依赖的胞吞
形态大小	—	0.2～10μm	150～200nm囊泡	约 120nm烧瓶状	50～100nm囊泡	管状	囊泡	管状
包被蛋白	—	—	网格蛋白	小窝蛋白	—	—	—	—

续表

特征	微米级内吞		纳米级内吞					
					不依赖网格蛋白和小窝蛋白的胞吞			
	吞噬作用	大型胞饮	网格蛋白介导的胞吞	小窝蛋白介导的胞吞	IL-2Rβ	GEEC	Flotillin 依赖的胞吞	Arf6 依赖的胞吞
Dyn 依赖	—	+	+	+	+	—	—	—
相关的小 GTP 酶	Rac1 RhoA Cdc42	Rac1 Cdc42	Rab5	不清楚	RhoA Rac1	ARF1 Cdc42	—	Arf6
内吞物	细菌 凋亡 细胞	液体 细菌 病毒	EGF RTK 病毒	白蛋白 霍乱毒素 SV40 病毒	IL-2Rβ	液体 VacA 毒素	糖蛋白	MHC-Ⅰ

吞噬作用和大型胞饮都是较大尺度的内吞，通常为微米级（μm），可以吞噬细菌和凋亡细胞，大型胞饮可以被病毒利用以进入细胞。

胞吞作用形成的囊泡和内体形态较小，通常小于 200nm，是许多病毒入胞的方式。胞吞作用根据发生的机制不同，可分为：①网格蛋白介导的胞吞（clathrin-mediated endocytosis），是最常见的病毒侵入方式；②小窝蛋白介导的胞吞（caveolar-mediated endocytosis），是由小窝蛋白（caveolin）形成小窝被膜介导的胞吞作用；③不依赖网格蛋白和小窝蛋白的胞吞，包括脂筏依赖的胞吞、糖基磷脂酰肌醇（glycosylphosphatidyl-inositol，GPI）锚定蛋白富集的早期核内体腔室（GPI-anchored protein-enriched early endosomal compartment，GEEC）胞吞、Arf6 依赖的胞吞、Flotillin 依赖的胞吞等形式。

多数动物病毒都利用内吞进入宿主细胞，包括包膜病毒和无包膜病毒（图 6-3）。内吞也是病毒进入细胞引起有效感染的主要方式。内吞后形成内体，可使病毒在细胞质中避开细胞质骨架的阻挡，到达合适的复制区域。在内体也可以避免早期被细胞免疫机制识别，并激活抗病毒免疫应答和炎症反应。有些病毒需要入核，内体可以将病毒运送至核周边区域，通过膜融合将病毒衣壳或基因组送入核内。此外，在早期内体向晚期内体转变过程中，内体的 pH 逐渐下降，有利于病毒脱衣壳和穿入。

大型胞饮和网格蛋白介导的胞吞均需受体介导。网格蛋白介导的胞吞和小窝蛋白介导的胞吞需要网格蛋白包被（clathrin coat）或小窝蛋白包被（caveolin coat）在囊泡局部。在网格蛋白或小窝蛋白包被的囊泡根部有大量缢断蛋白（dynamin，Dyn），发挥收紧和断裂分离的作用。

许多病毒可利用多个受体和多种内吞途径介导入胞，可能是病毒长期自然演化获得的灵活性和适应性，以逃避宿主细胞的自我保护机制及对外来物的免疫清除作用。

1. 大型胞饮作用　大型胞饮是细胞非选择性内吞胞外液体的过程。在特定因素的刺激下，肌动蛋白聚集将细胞膜往外伸展，形成突出的皱褶，将胞外营养物质和液相大分子内吞形成胞内囊泡。大型胞饮也可选择性地获取胞外物质，位于大型胞饮局部细胞膜的受体与配体结合，触发大型胞饮调控信号通路，导致 F 肌动蛋白作用，完成大型胞饮过程，

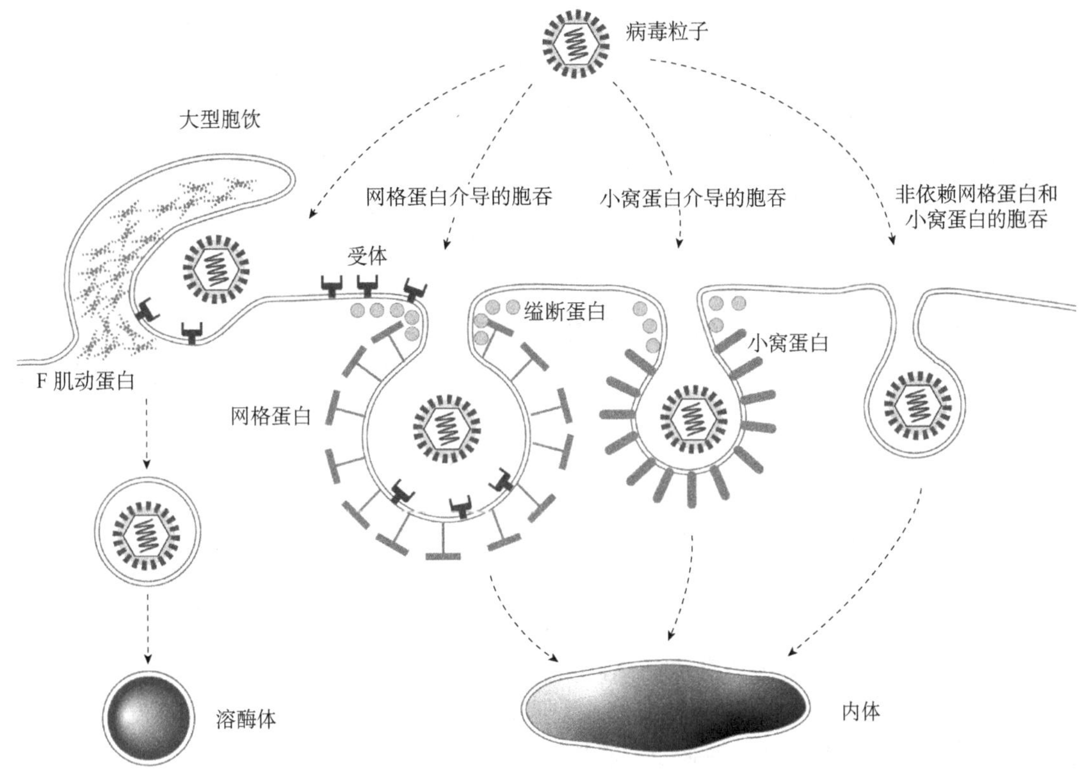

图 6-3 病毒通过内吞进入细胞的方式

将受体识别物质带入细胞。大型胞饮是细胞发挥摄取营养物质、清除凋亡细胞、更新细胞膜、吞噬微生物等的机制，是组织中凋亡细胞碎片清除的主要途径。

大型胞饮可被病毒利用以进入细胞，尤其是形态较大的病毒，如天花病毒、单纯疱疹病毒和埃博拉病毒等。形态较小的病毒也能利用大型胞饮机制完成入胞，如流感病毒、人类免疫缺陷病毒甚至肠道病毒。与胞吞作用不同，大型胞饮不激活细胞的固有免疫应答和炎症反应，因而有利于病毒入胞和复制。

2. 网格蛋白介导的胞吞作用 网格蛋白介导的胞吞作用原本是细胞用来识别受体结合的配体（ligand），并将其摄入细胞内，从而达到回收、降解和再利用的目的，是细胞摄取营养的一种机制。网格蛋白介导的胞吞作用的特点是细胞膜富集网格蛋白，内陷形成网格蛋白包被的小窝，小窝在发动蛋白（也称缢断蛋白）的作用下收缩和断离，形成内体进入细胞质。

病毒通过与受体结合，同样可以触发网格蛋白介导的胞吞作用，从而进入细胞。网格蛋白介导的胞吞途径是病毒最常利用的入胞方式。网格蛋白包被的胞吞囊泡直径可达120nm，可以容纳大多数动物病毒。网格蛋白介导的胞吞发生迅速，数分钟内可以将数千个病毒颗粒带入细胞，是一种高效的病毒入胞方式。研究显示，病毒感染可以刺激细胞形成大量网格蛋白包被小窝，病毒主要是通过这些新形成的网格蛋白包被小窝进入细胞。

3. 小窝蛋白介导的胞吞作用 小窝（caveolae）是细胞膜内陷形成的约 70nm 大小

的烧瓶状结构，富含鞘脂、胆固醇、糖基磷脂酰肌醇锚定蛋白和整合膜蛋白，在特定情况下发生内化，小窝分离形成胞内囊泡，从而向胞内运输物质。小窝蛋白介导的胞吞作用参与许多细胞功能，包括内吞与营养吸收、信号转导、突触传递、抗原呈递、脂质储存转运代谢及质膜动态平衡等。小窝作为细胞膜内陷结构，显著增加了细胞膜的面积，同时具备特定功能，因此目前认为小窝实际上是一类功能性膜结构细胞器。

小窝的主要结构是小窝蛋白（caveolin）和小窝支持蛋白（cavin）。小窝蛋白有三种（Cav1～Cav3），是小窝的主干；小窝支持蛋白有 4 个亚型（cavin 1～4），在小窝形成中起支架蛋白作用。嵌入质膜中的小窝蛋白和附着其上的小窝支持蛋白构成小窝被膜（caveolar coat）。小窝蛋白介导的胞吞作用不依赖受体，而通常是由 Src 家族酪氨酸激酶激活引发的，在肌动蛋白和 Cav1 的共同作用下实现小窝的分离和运输。

SV40 是通过小窝蛋白介导的胞吞作用进入宿主细胞的。SV40 病毒粒子进入小窝后，激活酪氨酸激酶，小窝发生收缩，脱落进入细胞质并与内体融合。

4. 不依赖网格蛋白和小窝蛋白的胞吞作用 不依赖网格蛋白和小窝蛋白的胞吞作用形式较多，陆续有新的方式报道。这种方式也经常被病毒用来完成入胞。例如，有的病毒包膜或衣壳有亲脂性，可结合于细胞膜的脂筏区，因此脂筏依赖的胞吞是多种病毒进入细胞的方式。又如，甲型流感病毒可利用网格蛋白介导的胞吞入侵细胞，SV40 病毒常利用小窝介导的胞吞入侵细胞，这两种病毒同时也能利用不依赖于网格蛋白和小窝蛋白的胞吞，但具体利用哪种形式进入细胞尚不清楚。

第四节 病 毒 脱 壳

病毒进入细胞后，其衣壳必须部分或完全解体，以完成病毒复制过程。脱壳（uncoating）是病毒移除衣壳蛋白和释放病毒基因组的过程，以便进行蛋白质翻译、基因组转录和病毒复制。

一、病毒入胞后的递送

病毒进入细胞后必须运输到适当的位置才能进入复制过程。在细胞质，病毒复制通常发生于膜性细胞器（如内质网、内质网-高尔基体中间体）或细胞核周边的“病毒工厂”，在细胞核内复制的病毒也需要到达特定的区域。由于细胞质极为黏稠和拥挤，病毒过早进入细胞质可能不利于运送到复制区域，因此病毒通常延迟穿透内体，而是借助内体，通过细胞的肌动蛋白纤维（actin filament）和微管（microtubule）系统，将病毒传递到恰当的区域，之后才穿入细胞质和解聚衣壳，释放病毒 DNA 或 RNA。但有些病毒在入胞早期就穿膜进入细胞质，这种情况下病毒衣壳蛋白需直接结合运动相关的蛋白质，完成胞内运输。多数病毒可以同时利用这两种方式。

内体或病毒衣壳沿微管的运输并不是固定朝一个方向，通常是双向运动，但总的运输方向还是朝着微管组织中心的远端进行，最终病毒被输送到细胞核周边聚集。病毒在细胞质的传送距离因细胞而异，绝大多数细胞只是细胞膜到核膜之间很短的距离，但对于感染神经细胞的病毒，这个距离可能超过 1m，因为病毒要逆向上行，跨越整个轴突。

二、病毒脱离内体的途径

内体要经历早期内体、晚期内体和与溶酶体融合的成熟过程，这个过程中内体的显著变化就是 pH 持续下降。另一个变化是 Rab 的组成，早期内体以 Rab5 为主体，晚期内体以 Rab7 为主体。此外，早期内体向晚期内体发展也要经历磷脂酰肌醇 3-磷酸［PI(3)P］到磷脂酰肌醇 3,5-二磷酸［PI(3,5)P2］的变换。

包膜病毒通过膜融合或破坏内体进入细胞。早期内体的 pH 通常略微偏酸性，为 6.0～6.6。少数病毒在这种 pH 下就能激活包膜与内体膜融合，从而进入胞质，如水疱性口炎病毒（VSV）。大多数病毒需要较低的 pH 条件才能激发这个过程，因此病毒会持续留在内体，直到酸化的晚期内体（pH 可达 4.9），甚至到内体与极为酸性的溶酶体融合后，才发生膜融合，将病毒释放至胞质甚至胞核。例如，流感病毒、鼻病毒、多瘤病毒、布尼亚病毒等都是在晚期内体才释放至核周区域。但也有例外的情况，一些多瘤病毒并不脱离内体，而会持续更久，直到被运送至内质网，才在内质网完成穿膜进入胞质。通过大型胞饮方式入胞的病毒，病毒如何穿透大型胞饮囊泡目前还不清楚。

无包膜病毒通过以下机制突破内体，将病毒衣壳、基因组和相关蛋白转移到细胞内：①穿孔（perforation），病毒完整衣壳穿膜而过，不破坏膜结构；②裂解（lysis），病毒引起内体、吞噬溶酶体、内质网等膜结构破坏，从而将病毒和膜结构的内容物一并释放至胞质中。例如，腺病毒在酸性环境下破坏内体膜而进入细胞。

三、脱壳

病毒脱壳的地点也因病毒种类而异。有些病毒在细胞质中脱壳释放基因组，有些病毒则是在细胞核中脱壳。有些病毒（如小 RNA 病毒），穿入和脱壳过程同时发生，两个过程不能分开，但多数病毒在穿入后需要额外的脱壳步骤。

病毒的脱壳方式也因病毒类型和种类而异。无包膜病毒通常与内吞后形成的内体内部环境逐渐酸化有关。例如，在酸性环境中，小 RNA 病毒的衣壳发生解聚。有的病毒也可能是在晚期内体与溶酶体融合后，溶酶体的组织蛋白酶降解了病毒的衣壳蛋白，导致病毒基因组释放。腺病毒在与细胞吸附时就开启了自身蛋白酶破坏衣壳的过程。

包膜病毒的脱壳过程较复杂，膜融合后病毒衣壳蛋白会发生重构，以辅助病毒复制。例如，HIV 的结构蛋白在出胞时，病毒蛋白酶就会进一步切割，进入靶细胞后结构蛋白发生重构，为病毒基因组逆转录提供场所，并形成有功能的起始前复合体（preinitiation complex，PIC）。

流感病毒的基质蛋白 M1 连接着病毒核糖核蛋白（RNP）和病毒包膜，内吞之后内体的酸化导致 M1 构象改变，使得 M1 和 RNP 脱钩，释放病毒基因组 RNA，进而入核进行转录。有趣的是，流感病毒没有脱壳过程，进入细胞核的流感病毒基因组不需要脱壳，而是直接转录，产生病毒子代 mRNA。

本章小结

病毒进入宿主细胞的第一步是吸附。病毒通过受体附着并侵入宿主细胞。受体通常是细胞表面分子，种类有配体结合受体、糖蛋白、糖类、蛋白多糖、神经节苷脂、转运蛋白、离子通道蛋白等。病毒可利用多种机制进入细胞，包括膜融合、胞吞等。包膜病毒能通过病毒包膜与细胞膜融合的方式进入细胞。裸露病毒和包膜病毒均能利用胞吞机制，包括大型胞饮、网格蛋白介导的胞吞、小窝蛋白介导的胞吞及不依赖网格蛋白和小窝蛋白的胞吞作用。病毒进入细胞后通常被包裹于内体，内体酸化后，病毒基因组核酸释放出来，实现脱壳并复制。

（钟照华　庄　敏　王　燕）

复习思考题

1. 请简述细胞表面哪些类型的分子常被用作病毒受体。
2. 请简述病毒穿入细胞的方式主要有哪些。
3. 病毒穿入细胞后如何脱去衣壳并释放病毒基因组？

主要参考文献

Howley P M，Knipe D M. 2024. Fields Virology. 7th ed. Philadelphia：Wolters Kluwer Health/Lippincott Williams & Wilkins.

Kumari S，Mg S，Mayor S. 2010. Endocytosis unplugged：multiple ways to enter the cell. Cell Res，20（3）：256-275.

Lakadamyali M，Rust M J，Zhuang X. 2004. Endocytosis of influenza viruses. Microbes Infect，6（10）：929-936.

Payne S. 2017. Viruses. New York：Academic Press：23-35.

Riedel S，Morse S A，Mietzner T，et al. 2019. Jawetz，Melnick，and Adelberg's Medical Microbiology. 28th ed. New York：McGraw-Hill Education.

第七章　病毒的基因组转录和复制

本章要点

1. 转录：是指遗传信息从基因（DNA）转移到 RNA，在 RNA 聚合酶的作用下形成一条与 DNA 碱基序列互补的 mRNA 的过程。
2. DNA 或 RNA 复制：是从一个原始 DNA 或 RNA 分子中产生两个相同的复制体的生物学过程。
3. 病毒的转录：是指病毒在感染宿主细胞后，利用宿主细胞的酶和能量系统，将病毒自身的遗传信息（通常是 DNA 或 RNA）转换成 RNA 的过程。这个过程是病毒复制周期中的一个关键步骤，为后续病毒蛋白的合成和病毒颗粒的装配提供了必要的 RNA 模板。
4. 病毒的基因组复制：是指病毒的核酸利用宿主细胞的酶和能量系统开始自我复制产生子代基因组的过程。这个过程依赖于病毒编码的特定酶（如 DNA 聚合酶或 RNA 复制酶），这些酶能够识别并利用宿主细胞的核苷酸原料进行核酸链的延伸。对于 DNA 病毒，它们可能直接利用宿主细胞的 DNA 复制机制，或者利用病毒编码的酶在宿主细胞核外进行复制。对于 RNA 病毒，它们的复制过程更为复杂，可能涉及 RNA 到 DNA 的逆转录（逆转录病毒）或直接 RNA 到 RNA 的复制（如某些 RNA 病毒）。
5. 逆转录病毒：又称反转录病毒，属于 RNA 病毒中的一类，它们的遗传信息不是储存在脱氧核糖核酸（DNA），而是储存在核糖核酸（RNA）上。其是在逆转录酶的作用下以 RNA 为模板，根据碱基互补原则合成 cDNA，新合成的 cDNA 插入宿主的核 DNA 中，随宿主 DNA 复制、转录、翻译达到扩增目的的一类病毒。这一过程与一般病毒转录方向相反，故称为逆转录，催化此过程的酶称为逆转录酶。

病毒基因组的转录和复制是指病毒侵入细胞并脱壳后，进行大分子合成的过程，涉及病毒的基因表达，即通过基因转录和翻译产生大量的病毒蛋白，以及病毒基因组复制产生大量子代病毒的基因组。由于病毒的寄生性，病毒的大分子合成很大程度上依赖于细胞中的相应机制。但许多病毒也编码了各种与大分子合成相关的基因。同时，由于病毒的多样性，不同类别病毒的转录和复制机制有很大差别，同一类别的不同病毒之间也有许多细微的差异。

根据巴尔的摩分类方法，病毒可归为7类：双链DNA病毒、单链DNA病毒、单正链RNA病毒、单负链RNA病毒、双链RNA病毒、单链RNA逆转录病毒和双链DNA逆转录病毒。本单元将介绍上述类别病毒的转录和复制过程。

本章知识单元和知识点分解如图7-1所示。

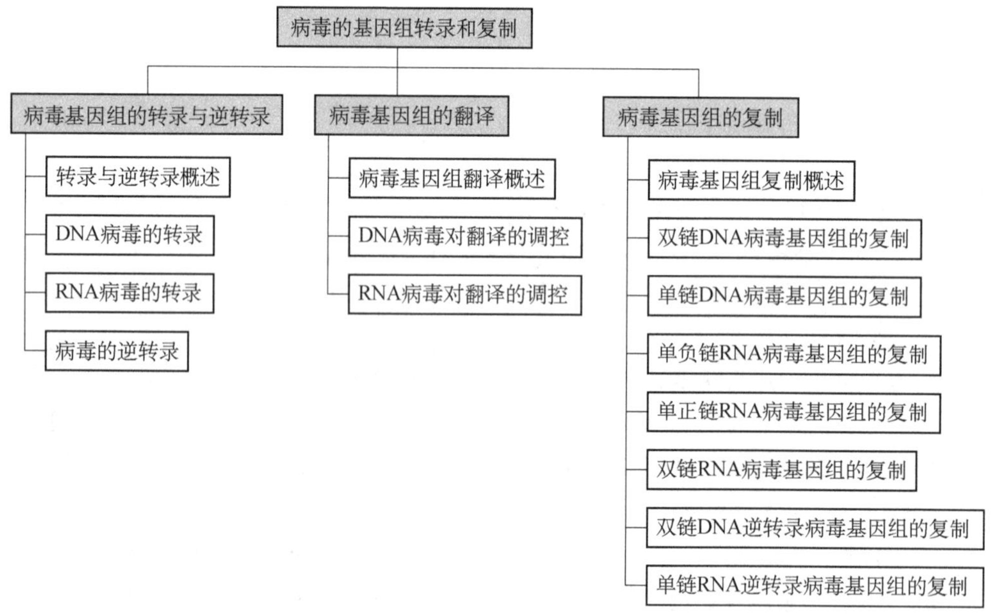

图7-1　本章知识单元和知识点分解图

第一节　病毒基因组的转录与逆转录

转录是一个以基因组DNA或RNA为模板来合成mRNA的生物化学过程，这个过程对于病毒基因的表达至关重要。在分子生物学的中心法则中，遗传信息是从DNA经由RNA传递到蛋白质的，然而，逆转录现象的出现，尤其是在某些病毒中，RNA同样具有遗传信息的传递和表达功能，这一发现进一步修正和补充了分子生物学的中心法则（图7-2）。对于某些遗传信息存储在基因组RNA序列中的病毒以RNA为模板来合成mRNA的过程，我们同样称之为转录。值得注意的是，对于大多数RNA病毒而言，转录和基因组的复制实际上是同一个过程。

一、转录与逆转录概述

病毒的转录过程与真核细胞基因转录过程类似，有些病毒利用真核细胞内的转录系统

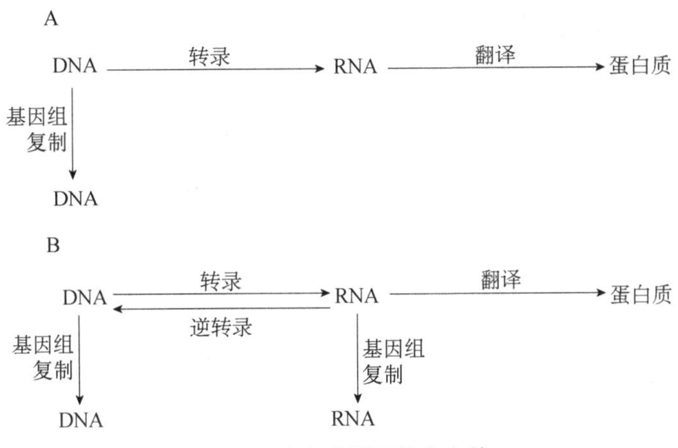

图 7-2 中心法则及补充完善

A. 1958 年，弗朗西斯·克里克提出遗传信息传递的中心法则：遗传信息可通过复制（replication）从 DNA 传递至 DNA，可通过转录（transcription）从 DNA 传递至 RNA，可通过翻译（translation）从 RNA 传递至蛋白质。蛋白质反过来协助上述过程。B. 中心法则补充完善的内容是一些病毒转录和基因组复制的必要过程。逆转录病毒的发现，说明了遗传信息可以从 RNA 传递给 RNA，以病毒的 RNA 为模板合成一个 DNA 分子，再以 DNA 分子为模板合成新的病毒 RNA

完成自身转录过程（图 7-3）。一个 DNA 的基因转录所需的元件为：可供其他转录因子结合的增强子、转录酶识别的启动子及终止子。许多真核细胞及病毒基因通常具有“TATAA/TAA/TA/G”的增强子序列，该序列被称为 TATA 框（TATA box），通常位于转录起始位点上游 25～30bp 的位置，能够结合转录因子以促进 RNA 聚合酶Ⅱ（RNA polⅡ）的转录效率。一些细胞内的增强子序列可位于启动子上游或下游至 1Mb 位置且具有细胞特异性，通过与启动子紧密结合促进 DNA 折叠而调控其转录过程。与增强子及启动子结合的转录因子，能够促进或抑制 DNA 转录过程。例如，转录因子ⅡD（TFⅡD）一旦结合 TATA 框，即可促进 TATA 框结合其他转录因子如 TFⅡA、TFⅡB、TFⅡE、TFⅡF、TFⅡH 和 RNA 聚合酶Ⅱ等，其他转录因子如 AP-1、AP-2、Sp1、NF-κB 等也能够与增强子结合而促进转录过程。转录产生的病毒 mRNA 可被细胞内的酶进行其 5′端加帽处理，5′帽式结构能够防止 mRNA 降解，同时促进产生的 mRNA 从细胞核转运至细胞质促进其翻译。有些病毒如细小核糖核酸病毒，其转录过程直接在细胞质中进行，不需要 mRNA 从细胞核转运至细胞质，也不需要 mRNA 的加帽过程即可启动翻译。这类病毒展现了与常规机制不同的独特转录模式。此外，尽管大多数病毒的 mRNA 与细胞 mRNA 类似，都需要 3′端进行多聚腺苷酸化修饰的加尾处理过程，但某些病毒可能通过其他方式完成加尾过程，如细小核糖核酸病毒。病毒的 mRNA 也通过 RNA 剪切作用形成多种成熟的 mRNA 剪切体，以供翻译产生多种功能的蛋白质。

逆转录与转录相反，是一个以 RNA 为模板合成 DNA 的过程。需要强调的是，逆转录并不是遗传信息的表达过程，而是某些病毒复制周期中的一个关键步骤。与转录不同，逆转录在生物界中并不常见，一些 RNA 病毒通过 DNA 中间体复制其基因组，而一些 DNA 病毒则通过 RNA 中间体复制其基因组（图 7-4）。这两种基因组复制模式都涉及逆转录，有两个主要步骤：从（+）RNA 模板合成（−）DNA，然后合成第二条 DNA 链。这两个步骤都是由病毒编码的逆转录酶催化完成的。在后面的内容中将以逆转录病毒 HIV 和乙型肝炎病毒（HBV）复制过程为例介绍逆转录过程。

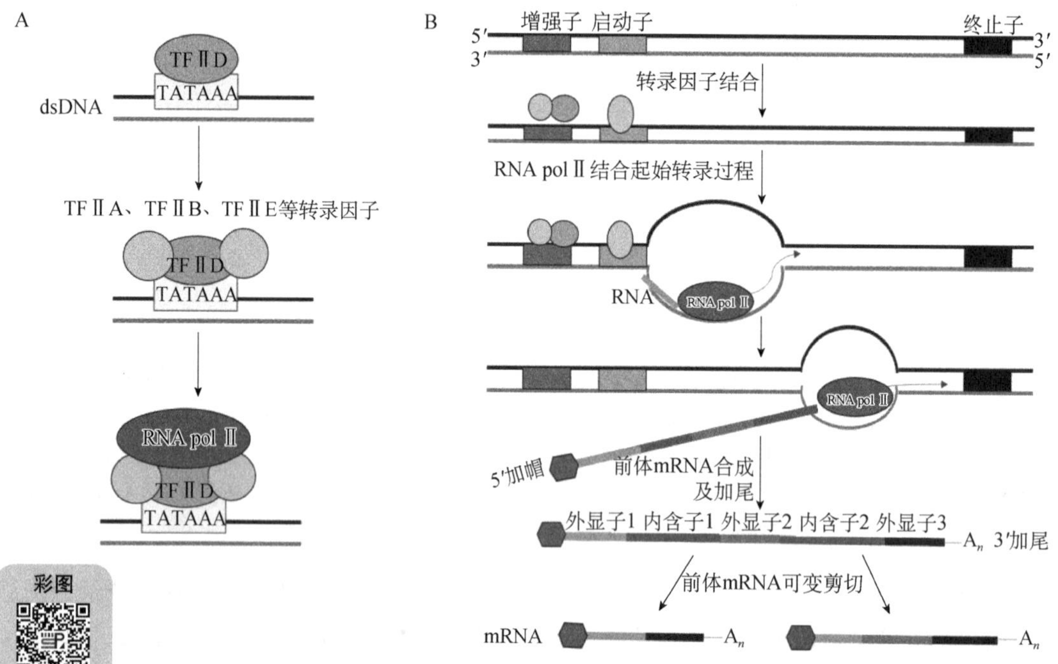

图 7-3　双链 DNA 的增强子结合转录因子及转录产生 mRNA 的过程

A. 转录因子如 TF Ⅱ A、TF Ⅱ B、TF Ⅱ E 等识别并结合 DNA 上的增强子，形成转录因子-增强子复合物。这种结合作用可以使得转录因子更加高效地引导 RNA pol Ⅱ 结合到启动子区域。B. RNA pol Ⅱ 结合到启动子区域后，RNA pol Ⅱ 在启动子区域开始合成 RNA 链，形成前体 mRNA。该前体 mRNA 可经过 5′端加帽及 3′端加尾形成促进 mRNA 转运及稳定的结构。前体 mRNA 在细胞核内经过剪接作用，去除内含子部分，将外显子部分按正确次序拼接在一起。某些基因的前体 mRNA 含有多个剪接位点，因此可以产生不具有编码能力的 mRNA 产物

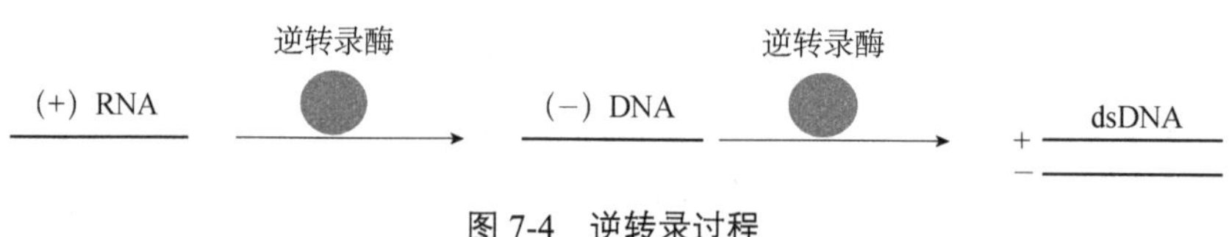

图 7-4　逆转录过程

以 RNA 为模板合成（−）DNA，然后以（−）DNA 为模板合成 dsDNA。这些过程均需要逆转录酶的调控作用。

二、DNA 病毒的转录

双链 DNA 病毒基因组的转录过程与宿主基因组的转录类似，转录酶在病毒转录过程中具有重要的作用，细胞质中的病毒通常应用自身编码的转录酶进行转录，但细胞核中的病毒通常应用宿主细胞中的转录酶进行转录，如逆转录病毒和一些 DNA 病毒。DNA 病毒复制需要依赖于 DNA 的 RNA 聚合酶转录基因组产生 mRNA，RNA 病毒则需要依赖于

RNA 的 RNA 聚合酶促进其自身转录（图 7-5）。许多 DNA 病毒的转录利用宿主细胞的 RNA 聚合酶（如真核细胞的 RNA 聚合酶Ⅱ）进行，也有一些 DNA 病毒编码自己的 RNA 聚合酶或转录相关因子，进行病毒基因的转录（图 7-6）。一些病毒转录产生非编码 RNA，则常由细胞的 RNA 聚合酶Ⅲ催化。

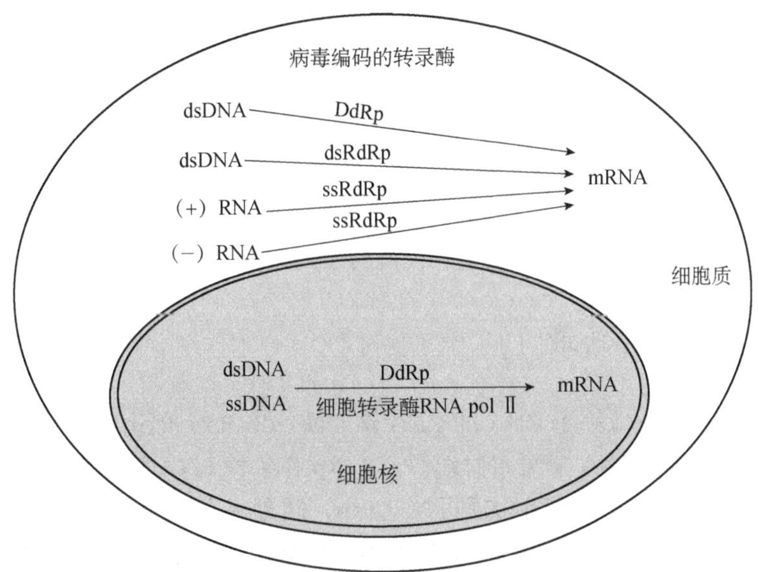

图 7-5　大多数病毒转录发生位置及病毒基因组转录产生 mRNA 所需的转录酶

(+) RNA 病毒基因组与其 mRNA 序列一致，(−) RNA 病毒基因组的序列与其 mRNA 序列互补。来自细胞核的双链 DNA 转录不仅适用于在细胞核内复制的双链 DNA 病毒，也适用于逆转录病毒。DdRp. 依赖于 DNA 的 RNA 聚合酶；dsRdRp. 依赖于双链 RNA 的 RNA 聚合酶；ssRdRp. 依赖于单链 RNA 的 RNA 聚合酶

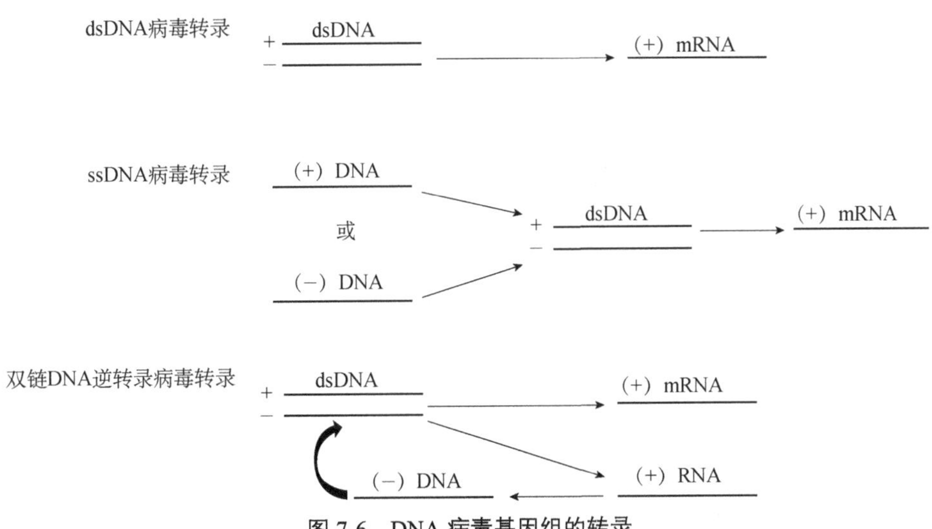

图 7-6　DNA 病毒基因组的转录

(+) DNA 与 mRNA 具有相同的序列，而 (−) DNA 具有与 mRNA 互补的序列（除了在 DNA 胸腺嘧啶取代尿嘧啶）。大多数 dsDNA 病毒的基因组在两个方向上都具有开放阅读框（ORF）。(+) 和 (−) 链表示单链 DNA 病毒，即 ssDNA。这些病毒大多数有 (+) 或 (−) 链基因组

双链 DNA 病毒的转录常分成早期转录和晚期转录两个阶段进行，早期转录的基因主要编码基因表达调控因子和酶，多由宿主细胞的 RNA 聚合酶和转录因子进行；晚期转录的基因主要编码与病毒结构形成有关的蛋白质，常由病毒编码或修饰的转录酶和转录因子完成。

具单链 DNA 基因组的病毒进行基因转录时，首先由单链 DNA 合成双链 DNA，再以类似于双链 DNA 病毒转录的方式进行转录产生 mRNA。单链 DNA 病毒的基因组往往较小，其转录更加依赖细胞的转录机制，且转录不分阶段。

双链 DNA 逆转录病毒基因组转录如乙肝病毒（后续将详细介绍），首先经过逆转录过程合成完整的双链 DNA，并以双链 DNA 为模板合成 mRNA。

与细胞 DNA 转录相似，DNA 病毒的转录需要有启动子序列。启动子是 RNA 聚合酶和转录因子结合的位点，启动子的强弱对基因转录的水平有极大影响。有些病毒基因附近还分布有增强子，可以促进转录的发生和提高转录的水平。

三、RNA 病毒的转录

RNA 病毒的转录由依赖于 RNA 的 RNA 聚合酶（RdRp）催化完成。该酶在动物细胞中一般不存在，需要由 RNA 病毒自身编码。RdRp 在各种 RNA 病毒中具有保守性。双链 RNA 病毒的病毒体中带有以双链为模板的 RdRp，病毒感染细胞后，基因组双链 RNA 保留在不完全脱壳的病毒核心颗粒中，由其中的病毒 RdRp 转录成 mRNA，再排出到细胞质中（图 7-7）。单正链 RNA 由于它的基因组 RNA 可以直接用作 mRNA，它的病毒体可以不带有 RdRp，病毒感染细胞后，其基因组 RNA 首先作为 mRNA 借助细胞翻译机制合成 RdRp，以催化后续的转录。单负链 RNA 病毒的基因组 RNA 无法直接作为 mRNA，这类病毒在病毒体中携带 RdRp。病毒感染细胞后，由该酶催化以负链 RNA 为模板转录产生正链 RNA（mRNA）。

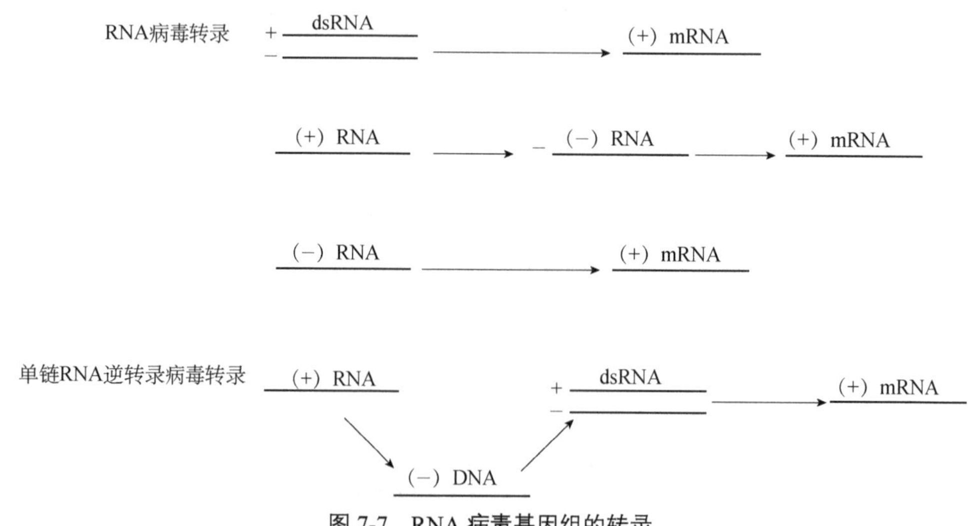

图 7-7 RNA 病毒基因组的转录

（+）RNA 与 mRNA 具有相同的序列，而（−）RNA 具有与 mRNA 互补的序列。一些单链 RNA 病毒具有双向基因组，这意味着其基因组的多样性

不同病毒中RNA转录的具体机制略有不同。RdRp通常可以结合RNA 3′端的特定序列，从而开始进行转录，合成互补的RNA链。大部分病毒的RNA转录不需要引物，但也有病毒会依赖特定的蛋白质为引物，这些蛋白质在结构或功能上具备与RNA模板结合的能力，从而引导RdRp开始转录。另外，某些病毒也会截获细胞中已有的RNA片段用作RNA合成的引物进行转录。一些RNA病毒中存在“不连续转录”的现象，即在病毒基因组内部的特定位置开始转录，或在特定位置发生转录中断，随后又开始一段新的转录，也有RdRp在基因组上特定保守序列之间“跳跃”的现象。因此，在这些病毒的复制过程中，除了产生全长的RNA，也会产生一些“亚基因组RNA”，可以用来表达某些病毒基因。

四、病毒的逆转录

逆转录是部分DNA病毒和RNA病毒复制过程中的一个核心且不可或缺的阶段。在此过程中，依赖于RNA的DNA聚合酶，即逆转录酶，发挥着关键作用，而这一酶同样是由病毒自身编码的。

当RNA逆转录病毒侵入细胞后，会利用病毒体内携带的逆转录酶，以基因组RNA（单正链）为模板，开始合成双链DNA。以人类免疫缺陷病毒（HIV）为例，其逆转录过程具有独特的起始机制，即以细胞内的tRNA作为引物，该tRNA会与基因组RNA上靠近5′端的引物结合序列（PBS）结合，随后沿基因组5′端方向进行负链DNA的合成。当新合成的负链DNA到达基因组5′端时，由于基因组两端带有重复序列R，会发生“模板转换”现象，即负链DNA会转移到基因组的3′端，与3′端的重复序列R配对，继续反转录过程，直至再次回到5′端，完成负链DNA的合成。

在形成的RNA-DNA杂合双链中，RNA部分会被逆转录酶自带的RNA酶H（RNase H）活性域切除，仅保留单链DNA。随后，以剩余的RNA为引物，进行正链DNA的合成。这一过程中同样会发生类似负链合成时的“模板转换”机制，确保R序列的正确配对，随后向两侧进行DNA合成，最终形成完整的线状双链DNA。由于两次模板转换的特殊机制，新形成的双链DNA会带有比原始基因组更长的末端重复序列，这被称为长末端重复（LTR）。随后，该双链DNA会在病毒整合酶的催化下，整合到宿主细胞的染色体上，成为其基因组的一部分。

与RNA逆转录病毒不同，DNA逆转录病毒的逆转录过程发生在病毒蛋白合成之后，子代病毒体形成之前。以乙肝病毒为例，其基因组为部分双链DNA，催化逆转录的酶是病毒编码的聚合酶。当病毒感染细胞后，病毒体中的聚合酶首先会催化补齐病毒基因组DNA的缺口，形成完整的共价闭合环状DNA（cccDNA）。这个环状双链DNA随后作为模板，在宿主细胞的RNA聚合酶Ⅱ催化下，转录合成病毒mRNA。其中，最长的一条mRNA（3.5kb mRNA）具有双重功能：既可以作为病毒的“前基因组”RNA，逆转录成基因组DNA，又可以直接作为mRNA被翻译产生病毒聚合酶。病毒聚合酶在合成后，会与编码它的3.5kb mRNA结合，并以之为模板，催化合成全长单链DNA（为负链）。接着，再以全长负链DNA为模板合成互补链，从而构成子代病毒的基因组DNA。值得注意的是，这一过程通常在正链DNA合成完毕之前就已经开始DNA的包装，因此子代病毒基因组常为不完整双链 DNA。

总之，逆转录过程在某些 DNA 病毒和 RNA 病毒的复制中扮演着至关重要的角色，它确保了病毒基因组能够在宿主细胞内有效复制和传递。

第二节 病毒基因组的翻译

基因翻译是将 mRNA 上的遗传信息转化为蛋白质的过程，这一过程依赖于核糖体、tRNA 及一系列复杂的翻译因子之间的协同作用。

在真核细胞中，基因翻译主要发生在细胞质中，这是一个高度有序且精密调控的环境。真核起始因子（eIF）首先识别 mRNA 5′端的甲基化帽式结构，这一识别过程确保了翻译的准确性和效率。随后，起始复合体沿 mRNA 移动，一旦遇到起始密码子 AUG，核糖体便会与之紧密结合，标志着蛋白质合成过程的开始。在核糖体的指导下，翻译过程依据 mRNA 上的三联密码子序列，精确招募特定的氨酰 tRNA。这些 tRNA 携带着与密码子相对应的氨基酸，在核糖体的催化作用下，按照特定的顺序连接成多肽链。这一过程不断重复，肽链逐渐延长，直到核糖体遇到终止密码子，此时蛋白质合成结束，核糖体与 mRNA 分离。值得注意的是，在原核细胞中，尽管翻译过程的基本机制与真核细胞相似，但核糖体的结合方式有所不同。在原核细胞中，核糖体不是通过识别甲基化帽式结构，而是与 mRNA 上的一段特定序列（SD 序列）结合。这一序列帮助核糖体快速定位到翻译起始位点，并启动后续的翻译过程。此外，基因翻译过程还受到多种因素的调控，包括 mRNA 的结构、核糖体的可用性、tRNA 的丰度及翻译因子的活性等。这些因素的协调作用确保了基因翻译的高效性和准确性，为生命体的正常运作提供了坚实的基础。

病毒的基本特征之一，是缺乏独立的翻译机制。这意味着病毒无法自行合成所需的蛋白质，而必须依赖宿主细胞的翻译机器来完成其基因到蛋白质的转化过程。因此，病毒基因组的翻译过程和其宿主细胞的翻译机制在基本原理上存在高度的相似性。

病毒基因组的翻译过程是一个复杂而精确的生物化学过程，通常涉及 mRNA 的产生、翻译起始、延伸、终止及蛋白质的组装和释放等多个步骤。这些步骤的顺利进行需要宿主细胞提供必要的酶、核糖体和其他辅助因子。首先，病毒利用宿主细胞的转录酶系统，将其基因组（DNA 或 RNA）中的遗传信息转录成 mRNA。随后 RNA 聚合酶开始工作，将遗传信息从 DNA 或 RNA 模板复制到 mRNA 上，新生成的 mRNA 可能需要经过一系列的加工步骤，如剪接、加帽和加尾等，以形成成熟的 mRNA 分子。在 mRNA 翻译的过程中，翻译起始复合体识别 mRNA 5′端甲基化的帽式结构，并沿 mRNA 移动，当核糖体遇到起始密码子（通常是 AUG）时，会与起始密码子结合，在 mRNA 上沿 5′到 3′的方向移动开始翻译过程。每次读取三个核苷酸组成的密码子，而这些密码子与 tRNA 上的反密码子配对，每个 tRNA 都携带着一个特定的氨基酸。在核糖体的催化下，配对的 tRNA 将其携带的氨基酸添加到正在合成的肽链上，肽链逐渐延长，当核糖体遇到 mRNA 上的终止密码子（UAA、UAG 或 UGA）时，会停止读取密码子，并释放新合成的肽链，该肽链可能需要经过进一步的加工和修饰，如折叠、糖基化、磷酸化等，才能成为具有生物活性的蛋白质。有些病毒的 mRNA 不具有帽式结构，但其 5′端具有内部核糖体进入位点（internal ribosome entry site，IRES）、能够募集转录因子的 RNA 茎环结构、RNA 修饰等，同样能够募集翻译起始复合物开启翻译过程（图 7-8）。对于许多病毒来说，新合成的蛋白质需要在宿主细胞内进行组装，以形成完整的病毒颗粒，组装好的病毒颗粒通过细胞裂解、出芽或其他方式从宿主细胞中释放出来，成为新的子代成熟病毒颗粒，即可准备进行新一轮感染宿主细胞的过程。

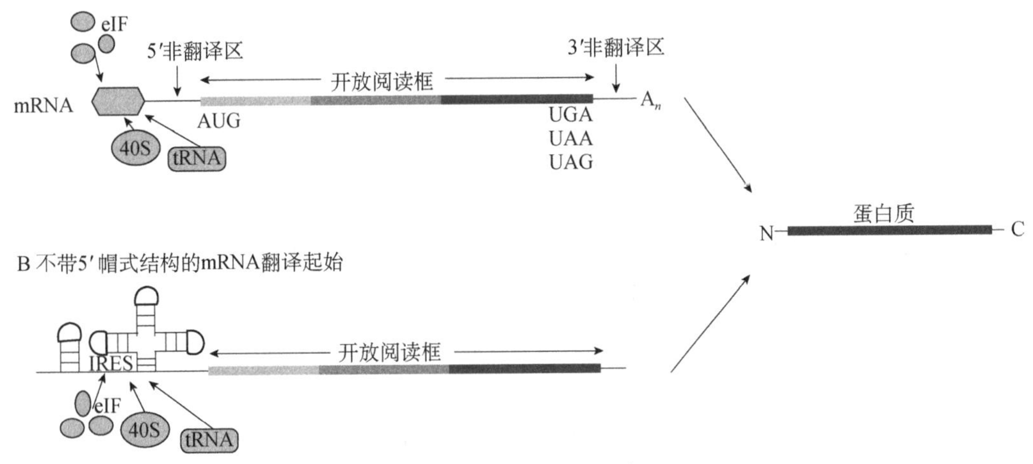

图 7-8 mRNA 的翻译过程

近年来，随着对病毒研究的深入，科学家从巨型病毒（如 Klosneuvirus 等）的基因组中发现了众多与翻译有关的编码基因，这些基因包括全套的氨酰 tRNA 合成酶，以及一系列翻译因子如起始因子、延伸因子和终止因子等，这些基因显示其祖先可能能够在宿主细胞外存活。尽管这些基因的具体功能及其与宿主细胞翻译机制的相互作用尚需进一步的研究揭示，但是该发现不仅挑战了人们对病毒传统认知的界限，也为深入挖掘病毒的起源和进化提供了新的视角。

在细胞内部，基因信息的传递和表达是一个复杂且精细的过程，其中翻译是将 mRNA 上的遗传密码转化为蛋白质的关键步骤。然而，当病毒侵入细胞时，它们会巧妙地“劫持”并调控这一过程，确保自己的 mRNA 得到优先翻译，从而合成出病毒所需的蛋白质。绝大多数病毒并不具备自己的翻译机器，因此它们必须依赖宿主细胞的核糖体等翻译工具来合成自己的蛋白质。病毒通过将自己的 mRNA 注入宿主细胞，然后利用宿主细胞的翻译机器进行翻译，从而合成出病毒所需的蛋白质。在此过程中，病毒的调控翻译的主要功能体现在以下几方面。

1）*降解利于宿主 mRNA 翻译的宿主因子，创造利于自身翻译的环境* 许多病毒会编码特定的蛋白酶，这些蛋白酶会降解宿主细胞中识别 mRNA 5′帽式结构的蛋白质因子。5′帽式结构是 mRNA 的一个重要特征，可帮助核糖体识别并结合 mRNA，从而启动翻译过程。当这些蛋白质因子被降解后，细胞的 mRNA 就无法正常起始翻译，而一些病毒的 mRNA 具有特殊的高级结构如 IRES，可以直接结合到核糖体上，启动翻译过程，而不需要依赖 mRNA 的 5′帽式结构。因此，即使宿主细胞的翻译起始受到抑制，病毒的 mRNA 仍然可以正常翻译。与此同时，为了确保病毒蛋白的优先合成，病毒会采取多种方式抑制宿主细胞的翻译，包括抑制翻译起始、延伸和终止等过程，以确保在宿主细胞内占据优势地位而顺利完成复制和传播。另外，在某些情况下，病毒 mRNA 也会激活宿主细胞的翻译。这通常是为了促进病毒自身的复制和传播。例如，一些病毒会通过产生激活因子或改变宿主细胞的翻译机制来激活翻译过程。

2）*利用细胞 mRNA 的 5′端序列合成自身完整结构的 mRNA*　有些病毒在转录时，会巧妙地利用宿主细胞 mRNA 的 5′端序列，通过切断细胞 mRNA 的 5′端一段序列用作引物来合成病毒的 mRNA，这就导致细胞 mRNA 因为缺少 5′帽式结构而无法被翻译成蛋白质，并很快被降解，而病毒的 mRNA 则因为具有完整的结构，可以正常进行翻译。

3）*应用多样化的翻译策略启动利于病毒翻译的策略*　病毒在翻译过程中还采用了一系列多样化的策略。例如，病毒通过读码框移位、选择性翻译起始、抑制终止等方式，从一条 mRNA 产生多种不同的蛋白质，而这些蛋白质在病毒的生命周期中发挥着不同的作用，如结构蛋白、酶和调控蛋白等。有些病毒会采取更为“主动”的策略，直接“劫持”宿主细胞的翻译起始因子。例如，新城疫病毒的 NP 蛋白就能够“劫持”翻译起始因子，使其优先进行病毒蛋白的翻译，从而确保病毒蛋白的优先合成。

第三节　病毒基因组的复制

病毒基因组的复制是病毒生命周期中的关键步骤，涉及以病毒基因组核酸为模板合成子代病毒核酸的过程，是病毒遗传信息传递的核心。不同类型的病毒基于其遗传物质核酸的特征，拥有不同的基因组复制途径和机制。下面将分别介绍巴尔的摩分类系统中 7 类病毒的复制过程。

一、双链 DNA 病毒基因组的复制

有 38 个病毒科具有双链 DNA（double-stranded DNA，dsDNA）基因组，包括脊椎动物病毒在内的病毒科有腺病毒科、异疱疹病毒科、阿斯法病毒科、疱疹病毒科、乳头瘤病毒科、多瘤病毒科、虹彩病毒科和痘病毒科。这些基因组可能是线状的或环状的。对于 dsDNA 病毒，其基因组复制和 mRNA 合成由宿主或病毒 DNA 依赖的 DNA 和 RNA 聚合酶完成。图 7-9 概述了其遗传信息传递的基本过程。

双链 DNA 病毒基因组的复制由 DNA 聚合酶催化。多数双链 DNA 病毒编码自身的 DNA 复制相关蛋白质，但 DNA 复制涉及众多蛋白因子，因此各种病毒在不同程度上依赖细胞因子的帮助。病毒 DNA 复制一般在早期基因转录和翻译完成后开始。不同病毒在具体复制机制上有所差异。对于基因组为环状双链 DNA，或进入细胞后线状 DNA 环化的病毒，基因组复制时，双链 DNA 在解链酶的作用下打开双链螺旋，形成双向复制叉，在 DNA 聚合酶和其他 DNA 复制相关蛋白质的作用下，合成子代双链 DNA。环状双链 DNA

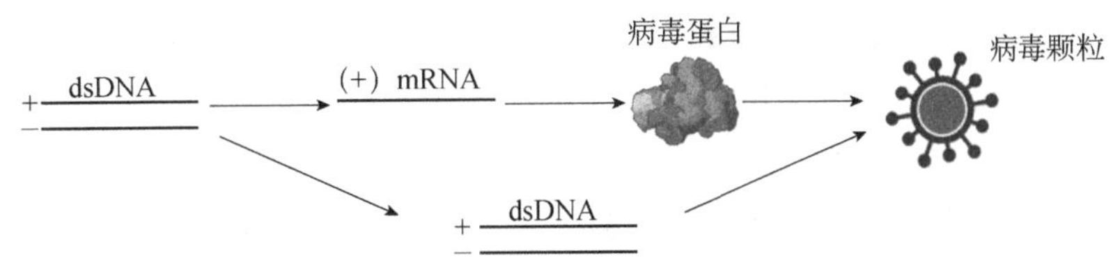

图 7-9 dsDNA 基因组的转录和复制过程

复制除了有经典的“双向复制叉”模式，还有“滚环复制”模式，即在双链 DNA 的一条链上形成一个缺口，然后从该位置开始，围绕环状的链进行互补链的连续合成，同时置换出一条单链 DNA。DNA 聚合是以该单链 DNA 为模板合成互补链，但由于合成的方向性，该互补链的合成是分段合成冈崎片段，通过 DNA 连接酶连接。在复制 dsDNA 分子后，每个子分子都包含原始分子的一条链。这种复制模式称为半保留复制（图 7-10）。

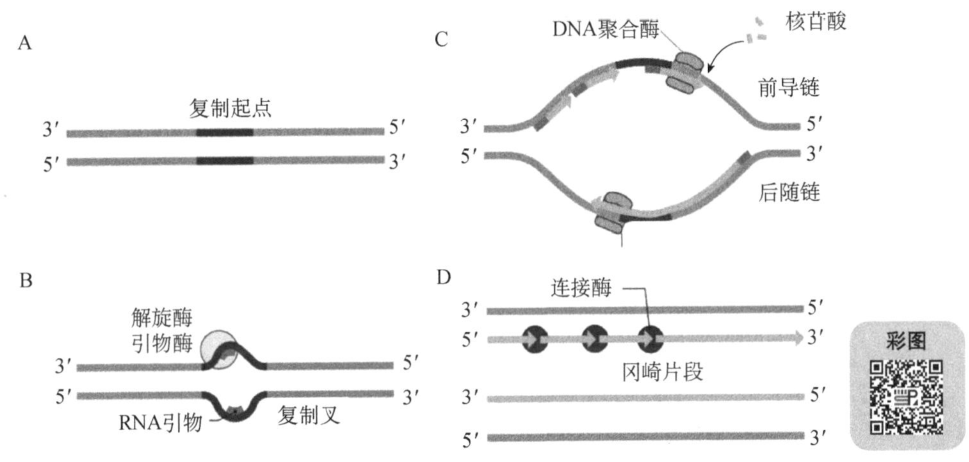

图 7-10 双链 DNA 病毒基因组的复制

A. 双链 DNA 上转录复制起点示意图。B. 在 DNA 复制过程中，解旋酶起到打开 DNA 双链的作用，当解旋酶解开 DNA 双链后，引物酶会在单链 DNA 模板上合成一段短的 RNA 引物。这些引物与 DNA 模板链互补，为 DNA 聚合酶的结合和延伸提供了基础。C. 随着 DNA 聚合酶从引物的 3′端开始合成新的 DNA 链。D. 冈崎片段在后随链上逐渐形成，最终这些片段由 DNA 连接酶连接成完整的 DNA 链

对于线状双链且无环化状态的 DNA 病毒，复制可以“链置换”方式进行。以腺病毒为例，DNA 复制时，首先以末端蛋白（TP）为引物，以两条链中的一条为模板合成新的链，同时将另一条链置换出来，形成一个双链 DNA 分子加一个单链 DNA 分子。由于腺病毒基因组的末端有反向重复序列，单链 DNA 的两端会相互配对，形成锅柄样结构。DNA 聚合酶会识别该双链末端，同样以 TP 为引物，以该单链 DNA 为模板进行 DNA 合成，形成第二个双链 DNA 分子。

某些双链 DNA 病毒的 DNA 复制，如疱疹病毒和噬菌体 T4，导致形成非常大的 DNA 分子，称为连接体。每个连接体由病毒基因组的多个拷贝组成，并且某些病毒的连接子是分支的。当 DNA 在病毒粒子组装过程中被包装时，核酸内切酶会从连接体上切割基因组长度。

下面将以疱疹病毒的基因组复制为例，介绍双链 DNA 病毒复制的过程。

疱疹病毒具有相对复杂的病毒粒子，由大量蛋白质组成，分为三种不同的结构：衣壳、被膜和包膜。疱疹病毒基因组是一种线状双链 DNA 分子，大小为 125～240kb。DNA 位于衣壳中，衣壳是二十面体，由被膜包围。被膜中包含多种蛋白质和一些病毒 mRNA 分子。在疱疹病毒中，大多数结构蛋白通常被命名为 VP（病毒蛋白）。而单纯疱疹病毒 1 型（HSV-1）是研究较多的疱疹病毒之一，在 HSV-1 中，衣壳和被膜中含量最高的蛋白质分别是 VP5 和 VP16；在包膜中至少有 12 种糖蛋白，每种糖蛋白都以“g”为前缀，如 gB、gC 和 gD。

HSV-1 最初感染口腔或生殖器黏膜、皮肤或角膜的上皮细胞。病毒可能进入神经元并可能被转运到其细胞核，进入潜伏感染阶段。尽管 HSV-1 在自然界中仅感染人类，但在实验室中，多种动物物种和细胞培养物都可能被感染。人们已在包括人类、猴子、小鼠和狗在内的多个物种的细胞中研究了该病毒的复制周期（图 7-11）。

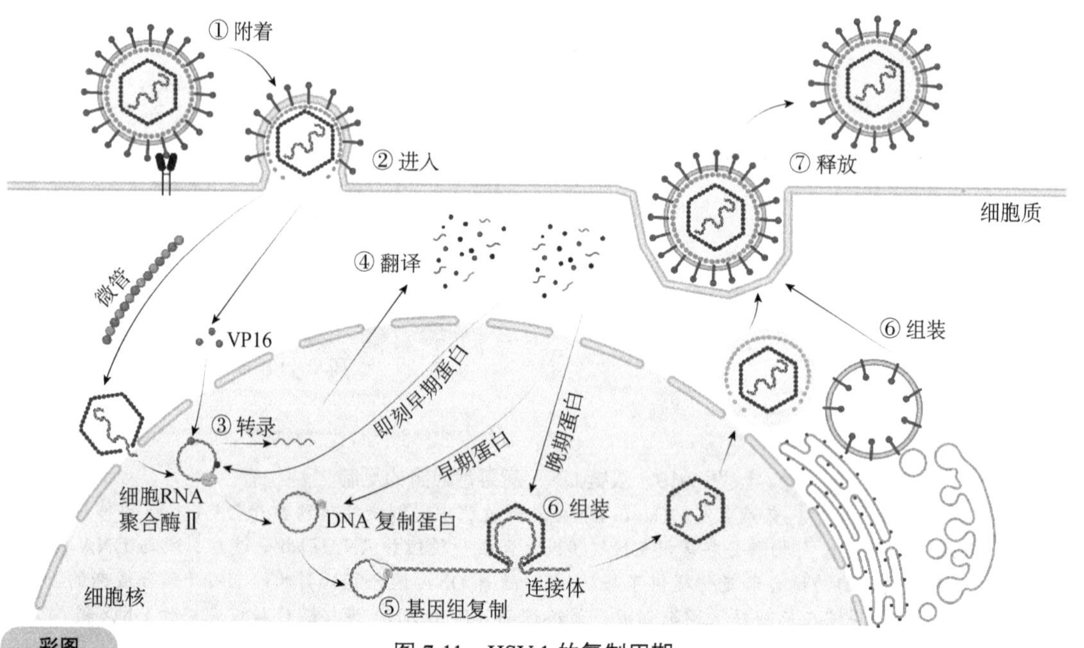

彩图

图 7-11　HSV-1 的复制周期

HSV-1 感染细胞释放基因组 dsDNA 后，解链形成 ssDNA，转录产生 mRNA，翻译产生病毒蛋白，同时以 ssDNA 为模板复制产生病毒蛋白及基因组

HSV-1 病毒颗粒首先与硫酸乙酰肝素结合，然后与细胞表面分子结合，包括一些细胞黏附分子（nectin）。在病毒包膜糖蛋白的作用下，病毒包膜与质膜融合，核衣壳和基质蛋白被释放到细胞质中。随后，核衣壳沿着微管运输到核孔附近，从而将病毒 DNA 释放到细胞核中。在细胞核中，线状 DNA 分子转变为共价闭合环状分子，并与细胞组蛋白结合。

疱疹病毒基因的表达分为三个阶段：即刻早期（immediate early，IE）、早期（early，E）和晚期（late，L）。HSV-1 的少数基因中含有内含子，主要在即刻早期基因中。而即刻早期基因主要由 VP16 激活。这是由于 VP16 可以与包括 Oct-1 在内的一系列细胞蛋白质复合物结合，这种蛋白质复合物与每个即刻早期基因启动子中的特定序列（TAATGARAT）

结合。然后，VP16发挥转录因子作用，将宿主RNA聚合酶Ⅱ和相关的启动组分招募到每个即刻早期基因上。而且有5种即刻早期蛋白（均为转录因子）负责开启早期和晚期基因的表达，并下调部分基因的表达。一些早期蛋白在病毒DNA复制中起作用，这在细胞核中称为复制区的离散区域内进行。病毒DNA和蛋白质与细胞RNA聚合酶Ⅱ会在这些区域积累，同时细胞RNA聚合酶Ⅱ会转录晚期基因，而大多数晚期基因编码的是病毒的结构蛋白。

病毒DNA由早期蛋白复制，其中有7种蛋白质是此过程所必需的，包括起始结合蛋白UL9、单链DNA结合蛋白ICP8、解旋酶-引物酶复合物（由UL5、UL8和UL52组成）、DNA聚合酶UL30及聚合酶过程因子UL42。起始结合蛋白UL9会与病毒DNA的三个复制起点之一结合。这种蛋白质具有解旋酶活性，使双螺旋在该位点解开，并亲和生成的单链DNA。单链DNA结合蛋白ICP8与单链DNA的结合，可以防止双螺旋重新形成。然后，具有解旋酶（helicase）和引发酶（primase）双重作用的三蛋白质UL5、UL8和UL52复合物会结合到起始位点，一方面进一步解开双螺旋并形成复制叉；另一方面，这种蛋白质复合物会合成一段与DNA互补的RNA序列，这段RNA会作为引物，让DNA聚合酶UL30与聚合酶过程因子UL42复合物开始合成DNA的前导链。在另一条基因组链上，引发酶合成短RNA，作为合成DNA后随链冈崎片段的引物。除上述7种蛋白质的活动外，其他病毒蛋白，如胸苷激酶，也可能参与DNA复制。

病毒包膜糖蛋白在粗面内质网中合成，并被运输到高尔基体。其他结构蛋白如VP5，会在核复制区积累，并组装成前衣壳。前衣壳比成熟衣壳更圆，其结构完整性通过骨架蛋白的结合来维持。在DNA包装前或包装过程中，病毒编码的蛋白酶会去除骨架蛋白。每个前衣壳获取一段基因组长度的DNA，该DNA从串联体中切割出来。每次切割发生在两个基因组拷贝连接处的包装信号处。DNA通过位于二十面体顶点之一的入口进入前衣壳。DNA在包装过程中进入前衣壳及在感染过程中离开衣壳时都通过这个入口。一旦构建成核衣壳，则会获得基质和包膜，然后释放出病毒粒子；但是这个过程十分复杂，许多细节尚不清楚。

二、单链DNA病毒基因组的复制

已发现含有单链DNA（single-stranded DNA，ssDNA）基因组的病毒科有13个，有指环病毒科、环状病毒科、基因组病毒科和细小病毒科等。ssDNA必须复制到mRNA中才能产生蛋白质。然而，无论ssDNA的方向如何，RNA只能由dsDNA模板制成（图7-12）。因此，在这些病毒的复制周期中，DNA合成必须先于mRNA产生。所有病毒DNA的合成都由细胞DNA聚合酶催化。

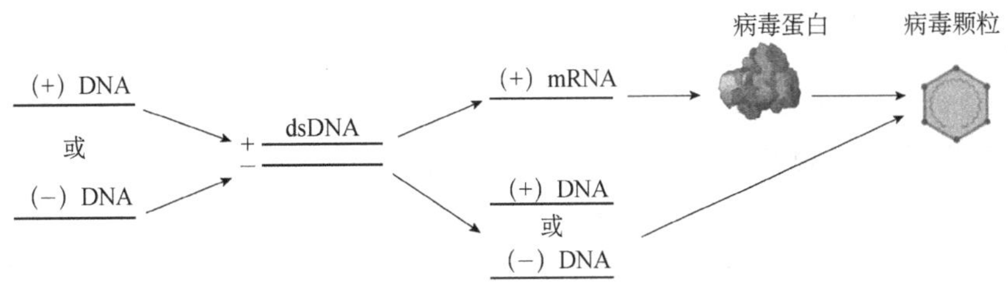

图7-12　ssDNA病毒基因组转录和复制过程

这类病毒的基因组小，编码基因有限，所以病毒基因组复制需要有许多宿主因子的参与。环状单链DNA病毒基因组复制的过程中，首先在DNA聚合酶的作用下，以亲代单链DNA为模板合成互补链，形成双链DNA，作为复制中间体，然后以与双链DNA复制类似的模式进行复制。在复制的最后阶段，病毒往往以滚环复制的方式产生所需的子代单链DNA基因组，经过切割包装到病毒颗粒中。对于线状单链DNA基因组，由于末端具有发夹结构，基因组复制时则以自身末端为引物进行互补链的合成。互补链末端同样也具有发夹结构，可以以同样的方式合成子代单链DNA。

细小病毒（parvovirus）是单链DNA病毒的典型代表，也是已知最小的病毒之一，病毒体直径为18～26nm，其名字来源于拉丁语“parvus”，意思是小。细小病毒科分为细小病毒亚科（脊椎动物病毒）和浓核病毒亚科（无脊椎动物病毒）两个亚科。细小病毒衣壳具有二十面体对称性，由60个蛋白质分子构成。衣壳的主要结构由一种蛋白质构成，并且根据病毒种类的不同，还含有少量的1～3种其他蛋白质。这些蛋白质按大小顺序编号，VP1为最大的蛋白质；较小的蛋白质是VP1的短版本。每种蛋白质都包含一个8股β桶结构，这是许多病毒衣壳蛋白的共同特征，包括小核糖核酸病毒的衣壳蛋白。病毒颗粒大致呈球形，表面具有突起和凹谷。在二十面体的每个顶点上有一个带有中心孔的突起。

细小病毒的基因组由线状单链DNA（ssDNA）组成，长度为4～6kb。在DNA分子的每一端存在若干短的互补序列，这些序列可以碱基配对形成二级结构。部分细小病毒基因组的末端含有倒位末端重复序列（ITR），即一端的序列与另一端的序列互补且方向相反。由于这些序列互补，因此末端具有相同的二级结构。其他细小病毒在DNA的每一端具有独特的序列，因此在每一端形成独特的二级结构。在复制过程中，含有ITR的细小病毒会生成并包装等量的正链（+）和负链（−）DNA。因此，不同病毒中包含正链DNA和负链DNA的病毒颗粒比例各异。在负链DNA中，非结构蛋白的基因位于3′端，而结构蛋白基因位于5′端。下面将基于对几种细小病毒的研究，详细说明细小病毒亚科中病毒复制的过程。以B19病毒为例介绍其转录和复制过程（图7-13），在细胞核内，单链病毒基因组通过细胞DNA聚合酶转变为双链DNA。由于碱基配对，基因组的末端形成双链结构，3′端的羟基（−OH）作为引物，酶结合于此进行DNA合成。细胞RNA聚合酶Ⅱ转录病毒基因，细胞转录因子在这一过程中起关键作用。初级转录产物经过多种剪接事件产生两种不同大小的mRNA。较大的mRNA编码非结构蛋白，较小的mRNA编码结构蛋白。在病毒颗粒组装和单链DNA基因组转变为双链DNA之后，DNA通过“滚动发夹复制”机制进行复制。该病毒复制机制的具体过程是dsDNA的一条链在复制起点处被切开，游离其5′端，这时DNA聚合酶Ⅲ可将脱氧核糖核苷酸聚合在3′-OH端。当复制向前移动后，亲代DNA上被切断的5′端游离下来并结合单链结合蛋白。由于5′端从环上向下解链的同时伴有环状双链DNA环绕其轴不断地旋转，而且以3′-OH端为引物的DNA生长链则不断地以另一条环状DNA链为模板向前延伸，形成滚环复制的现象。这是一种前导链复制机制，使细小病毒不同于其他通过前导链和后随链合成来复制其基因组的DNA病毒。前衣壳由结构蛋白构成，每个前衣壳中装填一份病毒基因组拷贝，可能是正链DNA或负链DNA之一。而一种非结构蛋白充当解旋酶，解开双链DNA以便单链进入前衣壳。增殖后，病毒体通过细胞裂解释放完成病毒复制过程。

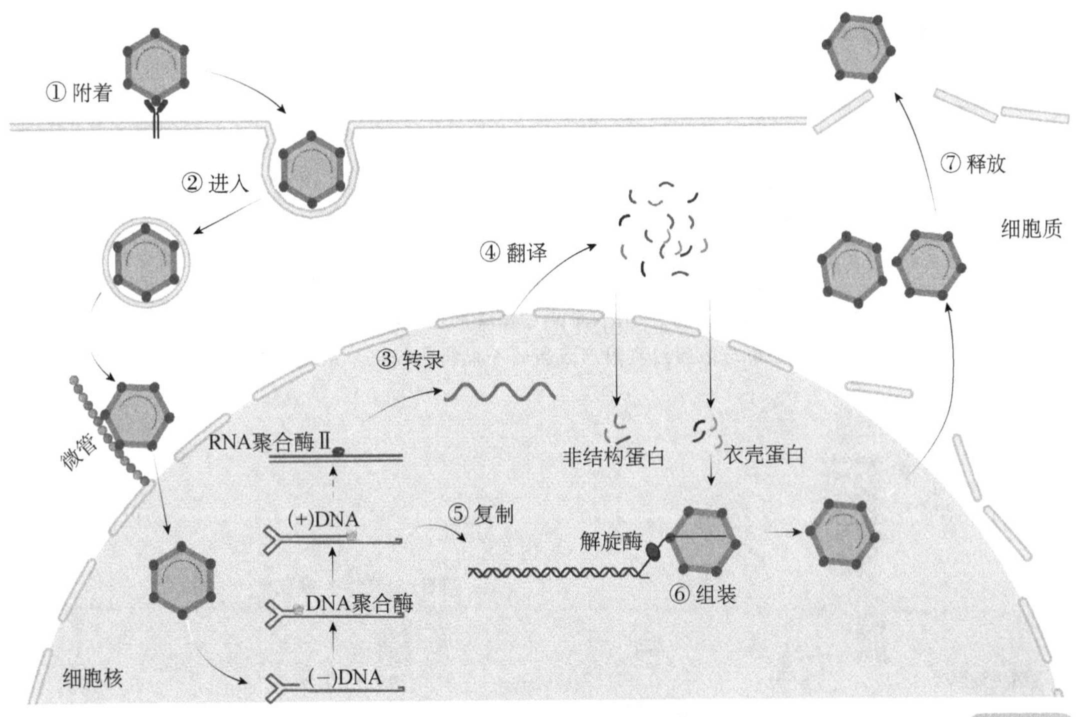

图 7-13　细小病毒的复制周期

在病毒感染细胞释放出（-）DNA 病毒基因组后，以（-）DNA 为模板合成（+）DNA 形成 dsDNA，以 dsDNA 为模板转录产生 mRNA，翻译产生不同的病毒蛋白，同时以 dsDNA 为模板通过滚动发夹复制机制完成基因组的复制过程

三、单负链 RNA 病毒基因组的复制

RNA 病毒的基因组复制和转录是同一个过程，都是由病毒编码的 RdRp 催化的以 RNA 为模板合成 DNA 的过程。对于某些具有分段转录现象的病毒，特别是各种单负链 RNA 病毒，其基因组复制待病毒编码的核蛋白（N 蛋白）大量翻译产生后才会进行，这时 N 蛋白会和新合成的 RNA 链结合，阻止转录的中断，促使产生全长基因组 RNA，从而完成病毒基因组的复制。大部分单链 RNA 病毒的基因组复制过程中不形成双链 RNA 中间体。随着 RdRp 的移动，新合成的链会和模板链脱离，另一个 RdRp 会结合到模板链的 3′ 端，开始进行转录，因此会形成一条模板链上结合多个 RdRp 的现象。但也有一些单链 RNA 病毒会形成双链 RNA 中间体。

单负链 RNA［single-stranded minus sense RNA，（-）ssRNA］病毒是一类基因组为单链 RNA 且具有负链（即不能直接作为 mRNA 翻译）的病毒。这类病毒在感染宿主细胞后，其 RNA 基因组需要首先被转录为正链 RNA（即 mRNA），才能启动病毒蛋白的合成和复制过程（图 7-14）。单负链 RNA 病毒包括许多对人类和动物具有重要致病性的病毒，如流感病毒、麻疹病毒、狂犬病病毒等。同正单链 RNA 病毒类似，单负链 RNA 病毒的生命周期也主要在宿主细胞的细胞质中进行，其复制也经过了附着与入侵、脱壳、转录、翻译、复制和组装与释放的过程。针对单负链 RNA 病毒，此处将选取狂犬病病毒来详细说明其转录复制过程（图 7-15）。

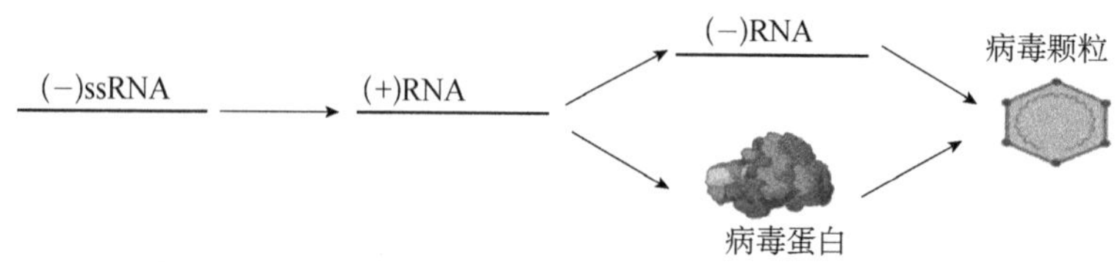

图 7-14 （－）ssRNA 病毒的转录和复制过程

（－）ssRNA 首先合成（＋）RNA。该（＋）RNA 既可翻译产生病毒蛋白，又可复制产生病毒基因组（－）RNA，最后病毒蛋白与基因组共同形成新的子代病毒颗粒，完成病毒转录和复制过程

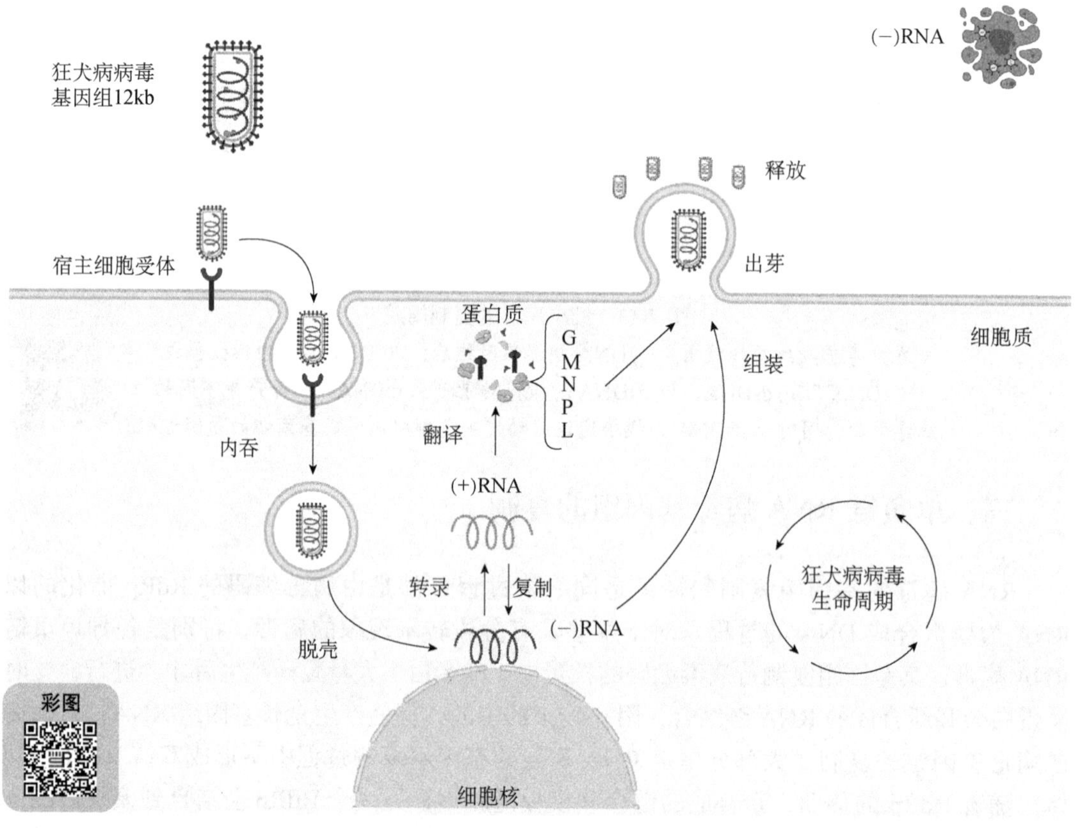

图 7-15 狂犬病病毒的转录和复制周期

病毒进入感染的宿主细胞后，释放出其基因组，首先产生（＋）RNA，其翻译产生病毒包装所需的病毒蛋白，同时（＋）RNA 也能复制产生（－）RNA 病毒基因组，能够与病毒蛋白共同组装出芽形成新的子代病毒粒子，完成病毒基因组的转录和复制过程

狂犬病病毒（rabies virus，RABV）是一种引起狂犬病的病毒，属于弹状病毒科（*Rhabdoviridae*）狂犬病病毒属（*Lyssavirus*），核衣壳呈螺旋对称，表面具有包膜，是单负链 RNA 病毒。狂犬病是一种人畜共患传染病，主要通过感染动物的咬伤或抓伤传播，临床上表现为致死性病毒性脑炎。狂犬病病毒的基因组为单负链 RNA，长度约为 12kb。狂犬病病毒通过其糖蛋白（G 蛋白）与宿主细胞表面的乙酰胆碱受体或神经细胞黏附分子

（NCAM）等结合。结合后，病毒通过内吞作用进入宿主细胞。进入细胞后，病毒脱壳释放出 RNA 基因组到细胞质中。狂犬病病毒的基因组具有 5 个主要的基因，分别编码核衣壳蛋白（N 蛋白）、磷蛋白（P 蛋白）、基质蛋白（M 蛋白）、糖蛋白（G 蛋白）和大蛋白（L 蛋白）。这些基因之间通过保守的基因间区分隔，这些区域允许聚合酶在转录过程中在每个基因之间停顿。狂犬病病毒的负链 RNA 基因组一旦进入细胞质，首先转录为正链 mRNA。这些 mRNA 随后被宿主细胞的核糖体识别并翻译成病毒蛋白，即 N 蛋白、P 蛋白、M 蛋白、G 蛋白和 L 蛋白。依赖于 RNA 的 RNA 聚合酶（L 蛋白）为狂犬病病毒中最大的一个结构蛋白，在狂犬病病毒的复制过程中起着关键作用。首先，L 蛋白以负链 RNA 为模板合成正链 RNA 中间体。这些正链 RNA 作为模板，再次合成负链 RNA。新合成的负链 RNA 既可以作为模板进一步进行复制，也可以作为 mRNA 翻译病毒的结构蛋白。在此过程中，L 蛋白需要其他辅助蛋白质的帮助。例如，P 蛋白与 L 蛋白形成复合物，增强其转录和复制能力。狂犬病病毒的 N 蛋白是病毒复制的关键，因为其包裹并保护 RNA 基因组，同时也调控 RNA 合成。P 蛋白作为 L 蛋白的辅因子，调控 L 蛋白的功能并在病毒的转录和复制中起到重要作用。M 蛋白是病毒颗粒形成和病毒出芽的关键，G 蛋白则是病毒表面的糖蛋白，介导病毒的入侵和传播。L 蛋白作为依赖于 RNA 的 RNA 聚合酶，负责所有的 RNA 合成活动，包括 mRNA 的合成和基因组的复制。新合成的负链 RNA 与结构蛋白在细胞质中自发组装成新的病毒颗粒。病毒颗粒首先形成核衣壳，然后核衣壳进一步组装成完整的病毒衣壳，并包装病毒 RNA 基因组，形成成熟的病毒颗粒。这些病毒颗粒通过细胞溶解或出芽的方式释放到细胞外，完成一个复制周期。总而言之，狂犬病病毒作为一种单负链 RNA 病毒，其复制过程是一个高度协调的分子机器的运作过程，其中病毒蛋白间的相互作用至关重要。狂犬病病毒的高效复制机制是其高度适应性和传染性的关键，促使病毒能够迅速在宿主体内增殖，感染大量细胞，主要造成神经系统的损害。因此，狂犬病病毒在生物学和医学领域都占据着举足轻重的地位。深入研究狂犬病病毒的复制和转录机制，对于理解其致病原理、控制病毒传播及开发新型抗病毒药物和疫苗具有重大意义。同时，单负链 RNA 病毒在生物学特性、传播方式及致病机制上存在着诸多相似之处，基于狂犬病病毒的研究成果有望为其他病毒的研究提供新的思路和方法。

四、单正链 RNA 病毒基因组的复制

单正链 RNA［single-stranded positive-sense RNA，（+）RNA］病毒是一类基因组为单链 RNA 且为正链（即具有 mRNA 功能）的病毒。这类病毒在感染宿主细胞后，其 RNA 基因组可以直接作为 mRNA 翻译成蛋白质，从而快速启动病毒复制周期（图 7-16）。

单正链 RNA 病毒广泛存在于自然界中，许多对人类和动物具有重要致病性的病毒都属于这一类，如脊髓灰质炎病毒、丙型肝炎病毒和黄热病毒等。单正链 RNA 病毒的生命周期主要在宿主细胞的细胞质中进行，其复制和转录过程具有高度的专一性和有效性。将选取单正链 RNA 病毒中的肠道病毒 71 型（enterovirus 71，EV71）来详细说明其转录和复制过程。

EV71 是一种引起手足口病及严重神经系统疾病的重要病原体。EV71 属于小 RNA 病

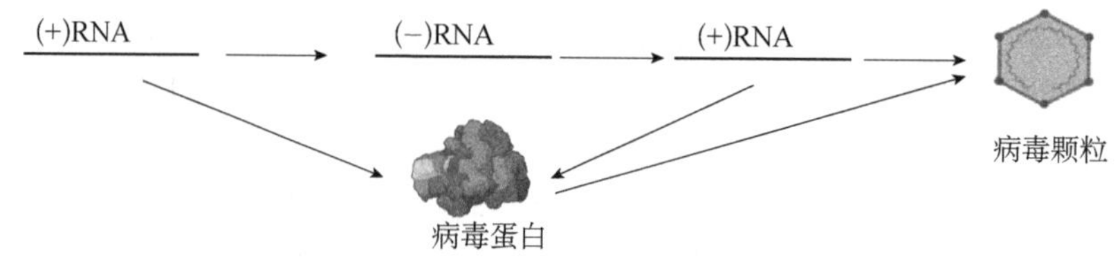

图 7-16 （+）ssRNA 病毒的转录和复制过程

（+）ssRNA 病毒基因组可直接作为模板合成病毒蛋白，同时以其为模板合成（−）RNA，再以（−）RNA 为模板合成病毒基因组，病毒蛋白及基因组结合，经过组装、出芽等形成新的病毒颗粒

毒科（*Picornaviridae*），其基因组为单正链 RNA，长度约为 7.4kb。EV71 主要通过粪-口途径和呼吸道飞沫传播。自 1969 年首次从美国加利福尼亚州一名患有脑炎的 9 个月大幼儿的粪便中分离出来以来，EV71 已经在全球范围内多次大规模暴发，特别是在东南亚地区，对儿童健康构成了严重威胁。

EV71 的 VP1 蛋白在其表面形成的峡谷（canyon）样结构是受体分子的结合位点。EV71 通过其外壳蛋白 VP1 与宿主细胞表面的糖蛋白或其他特定受体（如 SCARB2 和 PSGL-1）结合。病毒与受体结合的同时，病毒颗粒的空间构型改变，丢失 VP4，并且这种结合引发了病毒颗粒的内吞作用，病毒被包裹在内涵体中进入细胞。一旦进入内涵体，内涵体的酸性环境促使 EV71 的外壳蛋白发生构象变化，导致病毒颗粒解体，释放出 RNA 基因组到细胞质中。脱壳过程的具体机制尚未完全清楚，但已知宿主细胞的蛋白质可能在这一过程中起到一定的辅助作用。EV71 的正链 RNA 一旦进入细胞质，立即作为 mRNA 在宿主细胞的核糖体上进行翻译（图 7-17）。

EV71 在翻译过程中首先合成一个大的多聚蛋白，这个多聚蛋白包括病毒的所有非结构蛋白和结构蛋白。随后，这个多聚蛋白在病毒编码的蛋白酶（如 2Apro 和 3Cpro）及宿主细胞蛋白酶的作用下进行切割，产生多个功能性蛋白质，包括 2Apro、3Cpro、3Dpol 及结构蛋白 VP1、VP2、VP3 和 VP4。2Apro 是一种蛋白酶，负责切割多聚蛋白的特定位置；3Cpro 是另一种蛋白酶，负责进一步切割多聚蛋白；3Dpol 是依赖于 RNA 的 RNA 聚合酶，负责 RNA 复制。3Dpol 是 EV71 复制过程中的核心酶。首先，3Dpol 以正链 RNA 为模板合成负链 RNA 中间体。负链 RNA 作为模板，再次合成正链 RNA。新合成的正链 RNA 既可以作为模板进一步进行复制，也可以作为 mRNA 翻译病毒结构蛋白。在这一过程中，3Dpol 需要其他辅助蛋白质的帮助，如具有 ATPase 和 RNA 解旋酶功能的病毒编码的 2C 蛋白，解开 RNA 二级结构，以便聚合酶能够顺利进行 RNA 合成。此外，宿主细胞的一些蛋白质在 EV71 的复制过程中也起到关键作用。例如，宿主的重组异质性核糖核蛋白 A1（hnRNP A1）与病毒的 3Dpol 互作，调节病毒 RNA 的复制和转录。另一个宿主蛋白 PCBP2 在病毒 RNA 复制过程中与病毒的 IRES 区域结合，促进 RNA 的翻译和复制。宿主细胞的蛋白质在病毒的生命周期中不仅仅是旁观者，而是常常被病毒劫持，成为病毒复制的积极参与者。新合成的正链 RNA 与结构蛋白 VP1、VP2、VP3 和 VP4 在细胞质中自发组装成新的病毒颗粒。病毒颗粒首先形成五聚体，然后这些五聚体进一步组装成完整的病毒衣壳，并包装病毒 RNA 基因组，形成成熟的病毒颗粒。成熟的病毒颗粒通过细胞溶解或出芽的方式从宿主细胞中释放出来，完成一个复制周期，并可以感染更多的细胞。通过

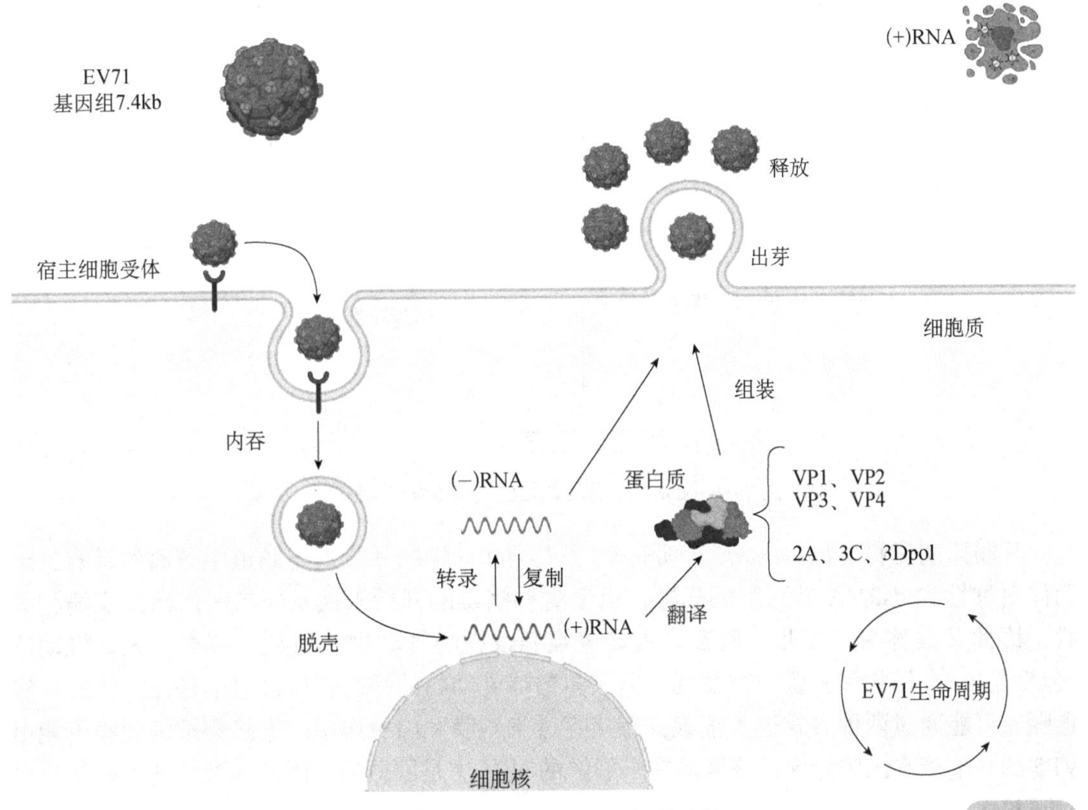

图 7-17　EV71 的转录和复制过程

以病毒基因组为模板翻译合成病毒蛋白 VP1、VP2、2A 等，同时转录合成（－）RNA，以（－）RNA 为模板复制产生病毒基因组 RNA

彩图

上述详细的过程描述，可以看出 EV71 的复制涉及多种病毒蛋白和宿主蛋白质的协调作用，特别是依赖于 RNA 的 RNA 聚合酶在合成新 RNA 链中的重要角色。EV71 的快速复制能力和高效的蛋白质合成机制，使其能够迅速扩散并感染大量的宿主细胞，造成严重的临床症状。

五、双链 RNA 病毒基因组的复制

具有线状双链 RNA（dsRNA）基因组的病毒，其病毒颗粒中的 dsRNA 片段数量各异，具体如下。

（1）1 个片段：单分体病毒科（*Totiviridae*）、减毒病毒科（*Hypoviridae*）和内源病毒科（*Endornaviridae*）（寄生于真菌、原生动物和植物的病毒）。

（2）2 个片段：分体病毒科（*Partitiviridae*）、双 RNA 病毒科（*Birnaviridae*）和巨大双分 RNA 病毒科（*Megabirnaviridae*）（寄生于真菌、植物、昆虫、鱼类和鸡的病毒）。

（3）3 个片段：囊状噬菌科（*Cystoviridae*）（寄生于假单胞菌的病毒）。

（4）4 个片段：金色病毒科（*Chrysoviridae*）（寄生于真菌的病毒）。

（5）10～12 个片段：呼肠孤病毒科（*Reoviridae*）（寄生于原生动物、真菌、无脊椎动物、植物和脊椎动物的病毒）。

虽然 dsRNA 包含（+）RNA，但作为双链的一部分，它不能直接用于合成病毒蛋白。基因组 dsRNA 的（−）RNA 首先由病毒编码的依赖于 RNA 的 RNA 聚合酶复制成 mRNA。新合成的 mRNA 被包裹后，再通过复制产生新的 dsRNA（图 7-18）。

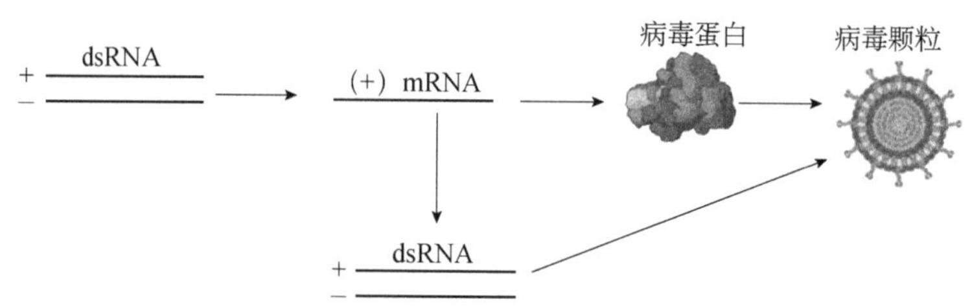

图 7-18　dsRNA 病毒基因组的转录和复制过程

呼肠孤病毒科（*Reoviridae*），是一种从人类和动物的呼吸道与肠道中分离的具有二十面体对称性和 dsRNA 基因组的病毒，由于这种病毒刚开始未被发现与任何已知疾病相关联，因此又被称为“孤儿”病毒。大量该类病毒在哺乳动物、鸟类、鱼类、无脊椎动物（包括昆虫）、植物和真菌中被发现，但大多数哺乳动物的呼肠孤病毒感染是无症状的。病毒颗粒可能通过两种方式进入细胞：直接穿透细胞膜和内吞作用。直接穿透细胞膜可能由 VP5 的一个疏水区域介导，该区域在未裂解的 VP4 中是隐藏的，因此未裂解的尖峰蛋白病毒颗粒无法通过这种机制进入细胞。病毒颗粒的外层去除后，形成双层颗粒，在其中激活转录。每个基因组片段可能与 VP1 分子［负责合成新的（+）RNA 拷贝］和 VP3 分子（在新 RNA 的 5′端加帽）相关联。RNA 合成所需的核苷酸通过蛋白质层中的通道进入颗粒，转录物通过相同通道从颗粒中排出，这些转录物未加聚腺苷酸尾。部分病毒蛋白在翻译和翻译后进行修饰：VP2 和 VP3 进行肉豆蔻酰化，nsp5 进行磷酸化和 *O*-糖基化。在病毒颗粒中，病毒核心由 VP1、VP2 和 VP3 组装而成。新合成的（+）RNA 进入核心，通过严格的选择程序确保每个核心接收到 11 种 RNA 中的每一种，即完整的基因组。这一选择程序涉及识别每个基因组片段中的独特序列，是所有具有多片段基因组病毒所共有的机制。随着（+）RNA 进入核心，（−）RNA 的合成开始，VP1 再次作为 RNA 聚合酶发挥作用。感染病毒颗粒的 dsRNA 保持完整，其复制模式是保守的，这与某些其他病毒的 dsRNA 复制模式不同。VP6 加入核心，形成衣壳的第二层。由此形成的结构是类似于感染病毒颗粒的双层颗粒，在双层颗粒内进行进一步的转录。与早期转录物不同，晚期转录物未加帽。细胞的翻译机制发生变化，优先选择未加帽的转录物，从而关闭细胞蛋白质的翻译，而病毒蛋白的翻译则持续进行。病毒需要不同数量的 12 种蛋白质，如需要大量的主要衣壳蛋白（VP6），而 VP1 则相对较少。尽管每种 dsRNA 的量是等摩尔的，但不同种类 mRNA 的生成量并不相同，在翻译水平上也存在调控。因此，病毒通过多种机制控制每种蛋白质的产量。病毒组装的最后阶段涉及衣壳外层和尖峰的添加。VP7 和 nsp4 在粗面内质网中合成并进行 *N*-糖基化，定位于膜中。nsp4 具有结合 VP4 和双层颗粒的位点。在结合这些成分后，未成熟的病毒颗粒通过芽突进入内质网内的囊泡。囊泡膜形成一个暂时的“包膜”，其中包含 VP7。VP7 分子的裂解将它们从膜中释放出来，形成病毒颗粒的外层。病毒颗粒通过细胞裂解或胞吐方式释放出细胞（图 7-19）。

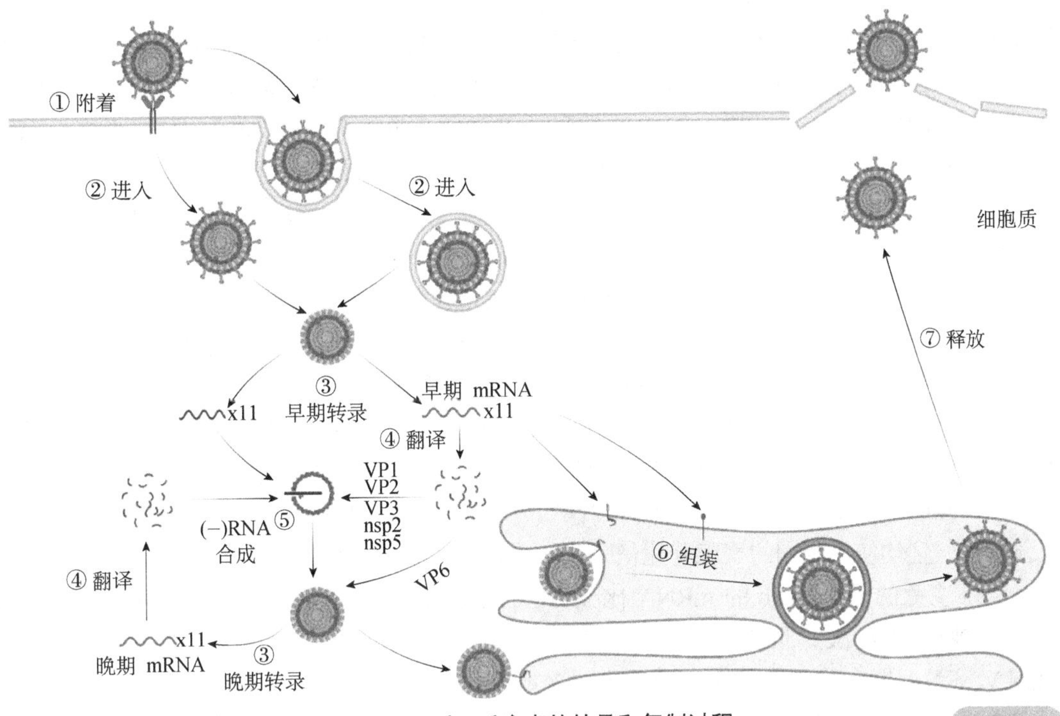

图 7-19　呼肠孤病毒的转录和复制过程

病毒感染细胞释放出 dsRNA 基因组后，以（−）RNA 为模板转录产生 mRNA，该 mRNA 翻译产生病毒蛋白；另外，mRNA 也可当作模板复制产生 dsRNA 病毒基因组

六、双链 DNA 逆转录病毒基因组的复制

这类病毒的基因组是带有缺口的双链 DNA。由于病毒依赖宿主的 RNA 聚合酶进行转录和复制，且 RNA 聚合酶只能转录完整的双链 DNA，因此病毒感染细胞后，首先需要将其基因组的缺口修复从而形成双链。通过 DNA 修补、转录为 RNA，翻译产生病毒聚合酶，逆转录成不完全双链 DNA 等环节（图 7-20），该不完全双链 DNA 即子代病毒基因组，会与病毒聚合酶一起被包装到子代病毒体中，从而完成病毒复制的整个过程。

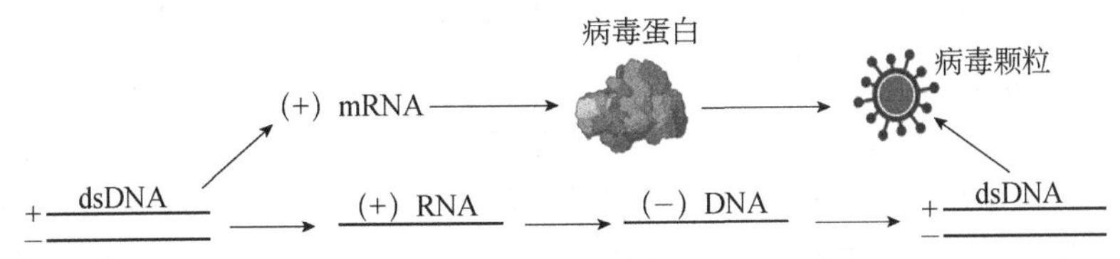

图 7-20　双链 DNA 逆转录病毒的转录和复制过程

乙型肝炎病毒（HBV）为此类病毒的典型代表。HBV 的转录和复制过程是一个复杂且精密的生物过程，涉及多个步骤和多个分子组件的参与。HBV 基因组只有 3.2kb，非常

小，有 4 个开放阅读框（ORF），能够编码如小包膜蛋白（S）、中等包膜蛋白（M）、大包膜蛋白（L）、聚合酶（P）、乙肝病毒 X 蛋白（HBx）等蛋白质，因此大量的编码信息被装入小基因组中。这种病毒巧妙地利用基因组中的每个核苷酸进行蛋白质编码，并在两个阅读框中读取超过一半的基因组，从而实现了这一目标。P ORF 约占基因组的 80%，与 C ORF、X ORF 和整个 S ORF 重叠。C ORF 编码核心蛋白（HBcAg）和 e 抗原（HBeAg）前体；X ORF 编码 HBx 蛋白；S ORF 编码外膜蛋白，包括主蛋白（S 蛋白）、中蛋白和前 S 蛋白（PreS1 和 PreS2）；P ORF 编码 DNA 聚合酶/反转录酶。

当 HBV 感染细胞将基因组 DNA 释放到核质中后，病毒的 DNA 在肝细胞核内脱去衣壳，暴露出内部的遗传物质。在 DNA 多聚酶的催化下，以负链 DNA 为模板，延长修补正链 DNA 裂隙区，形成完整的环状双链 DNA（cccDNA）。这个 cccDNA 是转录的模板。尽管 HBV 基因组有 4 个启动子，但只有 PreS2 启动子具有增强子 TATA 框，且至少有两种对肝细胞具有高度特异性的启动子，此现象可能解释了为什么 HBV 对肝细胞具有特异性感染的特性。HBV 基因组的所有 4 种启动子都是通过细胞转录因子与 HBV 基因组中存在的两个增强子序列的结合来控制的。以 cccDNA 为模板经由细胞 RNA 聚合酶Ⅱ进行转录，合成 0.9kb、2.1kb、2.5kb、3.5kb 四种不同大小的 mRNA。所有转录本 mRNA 都发生 5′加帽及 3′加尾而聚腺苷化，且均使用相同的聚腺苷化信号（TATAAA），所以均具有一个共同的 3′端。

值得注意的是，3.5kb 的 mRNA 比 3.2kb 的基因组长，说明在合成过程中，基因组的一部分被转录两次，因此这些 RNA 具有直接的末端重复序列。为了合成 3.5kb 的 mRNA，RNA 聚合酶必须在第一次传递时忽略聚腺苷化信号，这种调控是由特定 DNA 序列完成的。2.1kb 和 3.5kb 的 RNA 在病毒的生命周期中扮演着不同的角色，其中 2.1kb 的 RNA 作为 mRNA 转译出外衣壳蛋白，而 3.5kb 的 RNA 除转译出内衣壳蛋白外，还可作为 HBV DNA 复制的模板，因此也被称为前基因组 RNA。在前基因组复制过程中，以前基因组 RNA 为模板，在其 5′端开始合成（−）DNA，DNA 被转移到前基因组 RNA 的 3′端附近的同一序列，使（−）DNA 继续合成，RNA 酶 H 将（−）DNA 的前基因组 RNA 降解，完成（−）DNA 合成。除了 5′端的一个短序列，所有的前基因组 RNA 都被降解了。最后，环化（−）DNA 模板上（+）DNA 的合成，完成病毒基因组的复制过程。

七、单链 RNA 逆转录病毒基因组的复制

该类病毒为带有 DNA 中间体的单正链 RNA（single-stranded positive-sense RNA with DNA intermediate），是一类基因组为单正链 RNA 的病毒，这类病毒感染细胞后，其基因组 RNA 会首先逆转录为双链 DNA（图 7-21），该 DNA 在病毒整合酶的帮助下，插入到细胞染色体 DNA 中，以“前病毒”（provirus）的形式存在于染色体上，成为细胞的一部分。前病毒上的长末端重复序列（LTR）具有启动子和增强子的活性，在细胞核内 RNA 聚合酶Ⅱ的作用下转录产生病毒 mRNA，其中未经剪切的 mRNA 既可以用于翻译形成病毒聚合酶、蛋白酶及衣壳蛋白等，也是子代病毒的基因组 RNA。

这类病毒的典型代表是人类免疫缺陷病毒（HIV），即艾滋病病毒。HIV 是一种引起获得性免疫缺陷综合征（AIDS）的病毒。HIV 属于逆转录病毒科（*Retroviridae*），其基因组

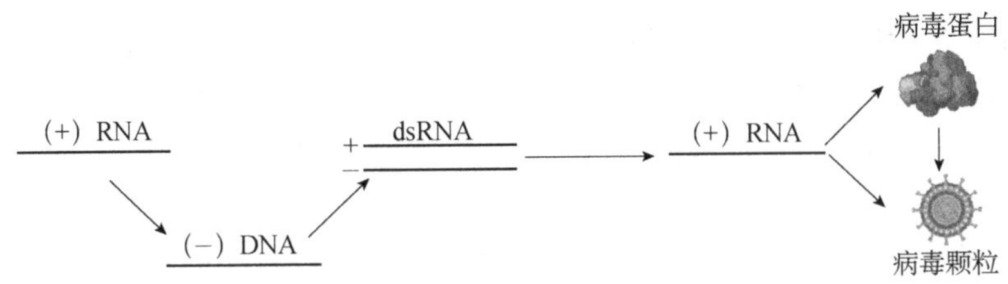

图 7-21　单链 RNA 逆转录病毒的转录和复制过程

为单正链 RNA，长度为 9.7kb。HIV 主要攻击宿主的免疫系统细胞，特别是 $CD4^+$ T 细胞，导致宿主免疫系统的严重破坏。HIV-1 颗粒呈球形，病毒包膜上突出有糖蛋白（gp120 和 gp41）。其他结构包括负责指导生产性感染细胞形成病毒颗粒的 Gag 蛋白，以及包含逆转录酶、蛋白酶和整合酶等对病毒复制至关重要的酶的 Pol 蛋白。此外，HIV 还表达一些调节核导入、复制、CD4 分子降解、病毒颗粒释放和增强病毒致病性的蛋白质，如 Vpr、Vpu、Vif 和 Tat。HIV 的生命周期包括附着与融合、入核、逆转录、整合、转录、翻译、组装、出芽与释放。HIV 的包膜与宿主细胞膜融合后，含有病毒基因组和逆转录酶（RT）、整合酶（IN）和蛋白酶（PR）等酶的核心被释放到宿主细胞质中，并被运输到细胞核。逆转录酶将病毒 RNA 基因组逆转录为双链 DNA，然后由整合酶与前整合复合体一起将其整合到宿主细胞基因组（图 7-22）。整合后的病毒 DNA 称为前病毒，在宿主细胞激活前保持休眠状态。前病毒被宿主细胞的 RNA 聚合酶Ⅱ转录为信使 RNA（mRNA），然后被剪接并运输到细胞质中。病毒 mRNA 在宿主细胞的核糖体上被翻译成病毒蛋白。

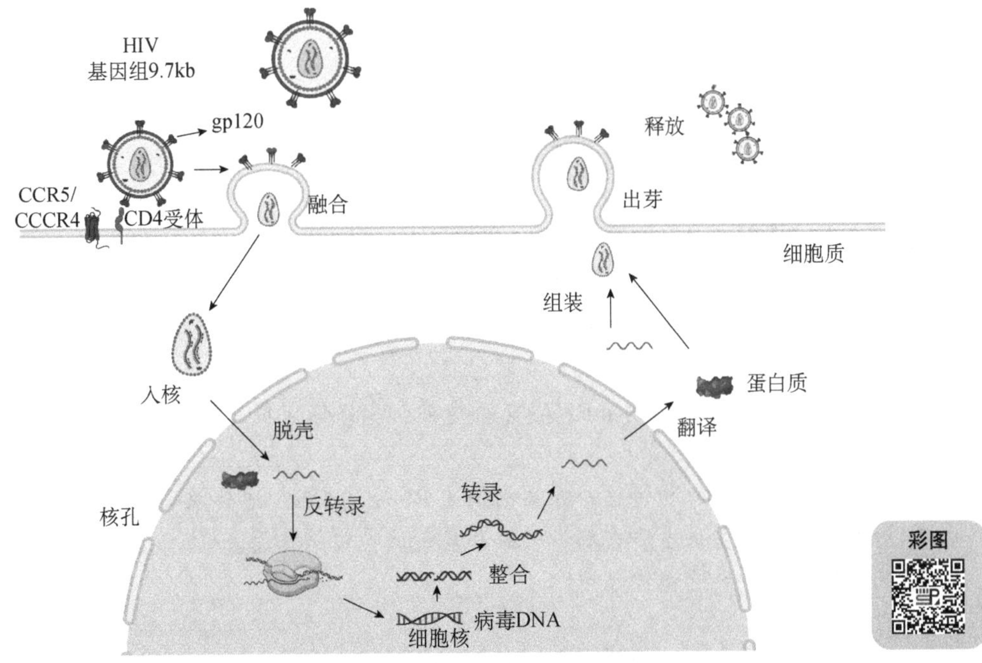

图 7-22　HIV 的转录和复制过程

HIV RNA 基因组首先反转录产生单链 DNA，再以此为模板产生双链 DNA，整合进基因组，随着基因组的转录和翻译过程产生子代病毒合成所需的病毒蛋白及基因组

HIV Gag 多聚蛋白被病毒蛋白酶切割形成结构蛋白，包括基质（MA）、衣壳（CA）和核衣壳（NC）。Gag-Pol 多聚蛋白也被切割生成逆转录酶、整合酶和蛋白酶等病毒酶。病毒蛋白和 RNA 基因组在宿主细胞膜上组装成病毒颗粒。病毒蛋白，包括 Gag 和 Gag-Pol，结合病毒 RNA 基因组，形成核衣壳核心。核心由脂双层包围，脂双层来源于宿主细胞膜，并包含病毒包膜糖蛋白。最终，成熟的病毒颗粒通过出芽的方式从宿主细胞膜中释放，获得包膜后离开细胞完成病毒的转录和复制过程。

本章小结

病毒在转录和复制其基因组时，会巧妙地利用宿主细胞的多种因子，如酶、核苷酸、氨基酸和核糖体等。此外，病毒与宿主细胞的相互作用还可能影响宿主细胞的正常转录和翻译过程，包括改变细胞代谢和干扰免疫信号通路的激活。

病毒的转录与逆转录机制，既体现了生物界的普遍规律，又蕴含着病毒的独特之处。转录作为遗传信息传递的基本方式，虽然普遍存在于生物界，但不同病毒采用的转录调控策略却各具特色。而逆转录病毒如 HIV 通过逆转录这一过程，将其 RNA 基因组转化为 DNA，并巧妙地整合到宿主基因组中，实现长期潜伏与复制。深入了解病毒的这些机制，对于揭示病毒与宿主细胞的复杂相互作用、开发抗病毒药物及疫苗具有重要意义。通过监测病毒转录与复制的特定产物，可以更精准地诊断疾病、评估病情，为公共卫生决策提供科学依据。

（张文艳　王　虹　桓　晨）

1. 简述中心法则及其补充发展。
2. 根据巴尔的摩分类系统，简述病毒的分类。
3. 如何理解病毒基因组的转录和复制是依赖宿主细胞提供的生物机制？
4. 简述各类病毒基因组的转录和复制过程。
5. 病毒基因组转录产生的 mRNA 有哪些特点和修饰以促进翻译起始及产生多功能蛋白质？
6. 理解逆转录的概念和过程，并举例阐述 RNA 和 DNA 逆转录病毒的逆转录过程。
7. 讨论病毒和宿主蛋白质在病毒转录和复制调控中的作用。
8. 阐述病毒对转录的调控作用。

主要参考文献

Ahmad I，Wilson D W. 2020. HSV-1 cytoplasmic envelopment and egress. Int J Mol Sci，21（17）：5969.

Cramer P. 2019. Organization and regulation of gene transcription. Nature，573（7772）：45-54.

Crick F. 1970. Central dogma of molecular biology. Nature，227（5258）：561-563.

de Klerk E，t Hoen P A. 2015. Alternative mRNA transcription，processing，and translation：insights from RNA sequencing. Trends Genet，31（3）：128-139.

Deantoneo C，Danthi P，Balachandran S. 2022. Reovirus activated cell death pathways. Cell，11（11）：1757.

Dewar J M，Walter J C. 2017. Mechanisms of DNA replication termination. Nat Rev Mol Cell Biol，18（8）：507-516.

Dremel S E，Jimenez A R，Tucker J M. 2023. "Transfer" of power：The intersection of DNA virus infection and tRNA biology. Semin Cell Dev Biol，146：31-39.

Ganaie S S，QIU J. 2018. Recent advances in replication and infection of human parvovirus B19. Front Cell Infect Microbiol，8：166.

Huan C，Li Z，Ning S，et al. 2018. Long noncoding RNA uc002yug.2 activates HIV-1 latency through regulation of mRNA levels of various RUNX1 isoforms and increased Tat expression. J Virol，92（9）：10.1128/JVJ.01844-17.

Koonin E V，Dolja V V，Krupovic M，et al. 2020. Global organization and proposed megataxonomy of the virus world. Microbiol Mol Biol Rev，84（2）：e00061-19.

Koonin E V，Krupovic M，Agol V I. 2021. The Baltimore classification of viruses 50 years later：How does it stand in the light of virus evolution? Microbiol Mol Biol Rev，85（3）：e0005321.

Li J，Boix E. 2021. Host defence RNases as antiviral agents against enveloped single stranded RNA viruses. Virulence，12（1）：444-469.

Li Z，Huan C，Wang H，et al. 2020. TRIM21-mediated proteasomal degradation of SAMHD1 regulates its antiviral activity. EMBO Rep，21（1）：e47528.

Michel B，Sinha A K，Leach D R F. 2018. Replication fork breakage and restart in *Escherichia coli*. Microbiol Mol Biol Rev，82（3）：e00013-18.

Moore M J，Proudfoot N J. 2009. Pre-mRNA processing reaches back to transcription and ahead to translation. Cell，136（4）：688-700.

Peacock T P，Sheppard C M，Staller E，et al. 2019. Host determinants of influenza RNA synthesis. Annu Rev Virol，6（1）：215-233.

Rodriguez-Molina J B B，West S，PassmoreL A. 2023. Knowing when to stop：Transcription termination on protein-coding genes by eukaryotic RNAP Ⅱ. Mol Cell，83（3）：404-415.

Schnell M J，Mcgettigan J P，Wirblich C，et al. 2010. The cell biology of rabies virus：using stealth to reach the brain. Nat Rev Microbiol，8（1）：51-61.

Shatsky I N，Dmitriev S E，Andreev D E，et al. 2014. Transcriptome-wide studies uncover the diversity of modes of mRNA recruitment to eukaryotic ribosomes. Crit Rev Biochem Mol Biol，49（2）：164-177.

Song Y. 2021. Central dogma，redefined. Nat Chem Biol，17（8）：839.

Tenorio R，Isabel F D C，Knowlton J J，et al. 2019. Function，architecture，and biogenesis of reovirus replication neoorganelles. Viruses，11（3）：288.

Unchwaniwala N，Zhan H，den Boon J A，et al. 2021. Cryo-electron microscopy of nodavirus RNA replication organelles illuminates positive-strand RNA virus genome replication. Curr Opin Virol，51：74-79.

Wang H，Liu Y，Huan C，et al. 2020. NF-kappaB-interacting long noncoding RNA regulates HIV-1 replication and latency by repressing NF-kappaB signaling. J Virol，94（17）：e01057-20.

Yang Z，Mitlander H，Vuorinent T，et al. 2021. Mechanism of rhinovirus immunity and asthma. Front Immunol，12：731846.

Zhang W，Du J，Evans S L，et al. 2011. T-cell differentiation factor CBF-beta regulates HIV-1 Vif-mediated evasion of host restriction. Nature，481（7381）：376-379.

Zhang X，Li Y，Huan C，et al. 2024. lncRNA NKILA inhibits HBV replication by repressing NF-kappaB signalling activation. Virol Sin，39（1）：44-55.

Zhou X，Tian L，Wang J，et al. 2022. EV71 3C protease cleaves host anti-viral factor OAS3 and enhances virus replication. Virol Sin，37（3）：418-426.

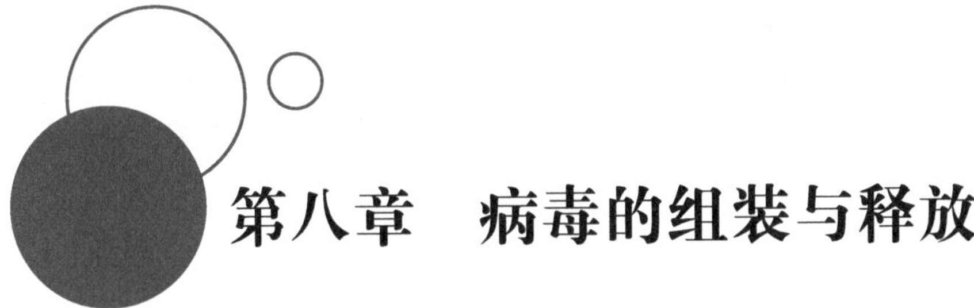

第八章　病毒的组装与释放

本章要点

1. 病毒的组装：病毒颗粒从最小单元起始形成各种成分，组装中间产物有序地结合，并转运到细胞内恰当的区域，按照一定的方式和顺序组装成完整的病毒颗粒。病毒的组装包括病毒蛋白衣壳、基因组及其他核心成分的组装。
2. 病毒的成熟：病毒组装核衣壳后，发育为具有感染性的病毒体的阶段称为成熟。病毒的成熟涉及衣壳蛋白及其内部基因组的结构变化，对于包膜病毒还需要从细胞膜、核膜或细胞质膜获得包膜。
3. 病毒的释放：无包膜病毒多通过溶解细胞的方式释放子代病毒，包膜病毒以出芽方式释放病毒颗粒。释放后的子代病毒颗粒在细胞之间扩散，感染相邻甚至远端的宿主细胞。

本章知识单元和知识点分解如图 8-1 所示。

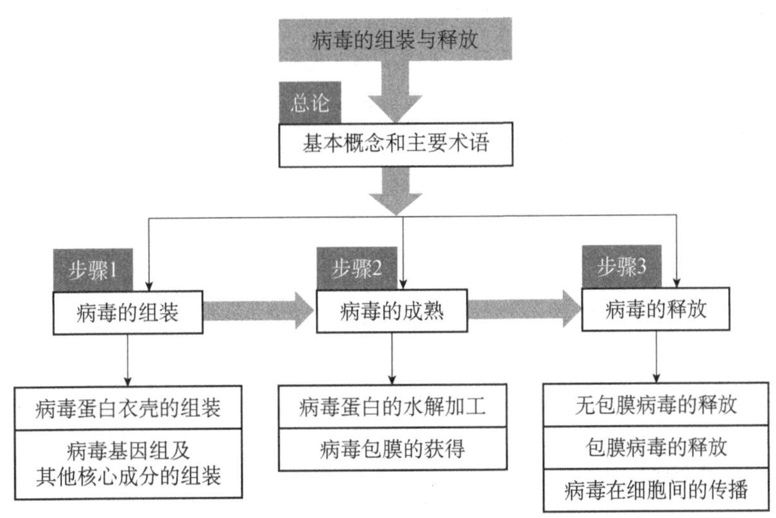

图 8-1　本章知识单元和知识点分解图

病毒组装与释放是病毒生命周期的重要环节。不同病毒颗粒的大小、组成和结构各异，其组装与释放的过程和方式也具有差异性。一般而言，不同蛋白质分子首先形成保护性蛋白衣壳的结构单位，随后结构单位相互作用组装成衣壳。病毒核衣壳组装后，无包膜病毒即成熟病毒体，包膜病毒则需获得包膜才能成熟为完整的病毒体。成熟的病毒体以不同方式从宿主细胞中释放出去，并感染新的宿主细胞，因此病毒的组装与释放是病毒在宿主中生存和增殖的必要条件（图 8-2）。

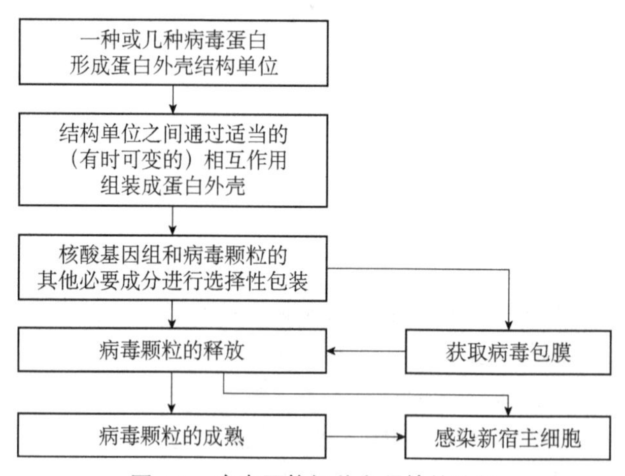

图 8-2　病毒颗粒组装和释放的途径

结构单位通常是最早的组装中间体，由构成病毒颗粒的结构蛋白的同源或异源寡聚体组成。箭头为病毒常见的组装顺序。基因组的包装可以与衣壳或核衣壳的组装协同进行。包膜病毒内部结构的组装可以与包膜的获取协同进行

第一节　病毒的组装

病毒的组装（assembly）是指将生物合成的蛋白质和核酸及其已形成的构件组装成子代核衣壳的过程。病毒颗粒的结构决定了组装反应的特性。病毒的基本结构包括病毒核酸、包裹核酸的核蛋白（或蛋白衣壳）及镶嵌病毒糖蛋白的包膜。因此，病毒的组装涉及蛋白质与蛋白质、蛋白质与核酸的相互作用。病毒中间体在病毒组装过程中被转运到细胞内合适的位点，按照一定的方式和顺序组装成完整的病毒颗粒。

病毒的种类不同，其组装的部位也不同，这与病毒复制部位和释放的机制有关。除痘病毒和乙肝病毒外，DNA 病毒的核衣壳都在核内组装，绝大多数 RNA 病毒在细胞质内组装。当生物合成的病毒蛋白和核酸达到很高浓度时，即可启动病毒的组装。

一、病毒蛋白衣壳的组装

（一）结构单位的组装

病毒颗粒组装的第一步是从最小单元起始形成组成病毒颗粒的各种成分，组装中间产物必须有序地结合在一起，并转运到细胞内恰当的区域。部分病毒蛋白衣壳的组装需要与

基因组的结合协同进行，因此只有蛋白质成分时不能形成结构单位。大多数病毒的第一个组装步骤是形成构建蛋白衣壳的最小结构单位，不同的结构单位含有 2～6 个蛋白质分子。某些蛋白衣壳的结构单位从不同的单个蛋白质成分开始直接组装。此外，大多数蛋白衣壳的结构单位可以通过共价结合的方式，连接在一个多聚蛋白前体上进行组装。总体而言，结构单位的形成存在多种不同的机制，有时需要其他蛋白质辅助完成（图 8-3）。

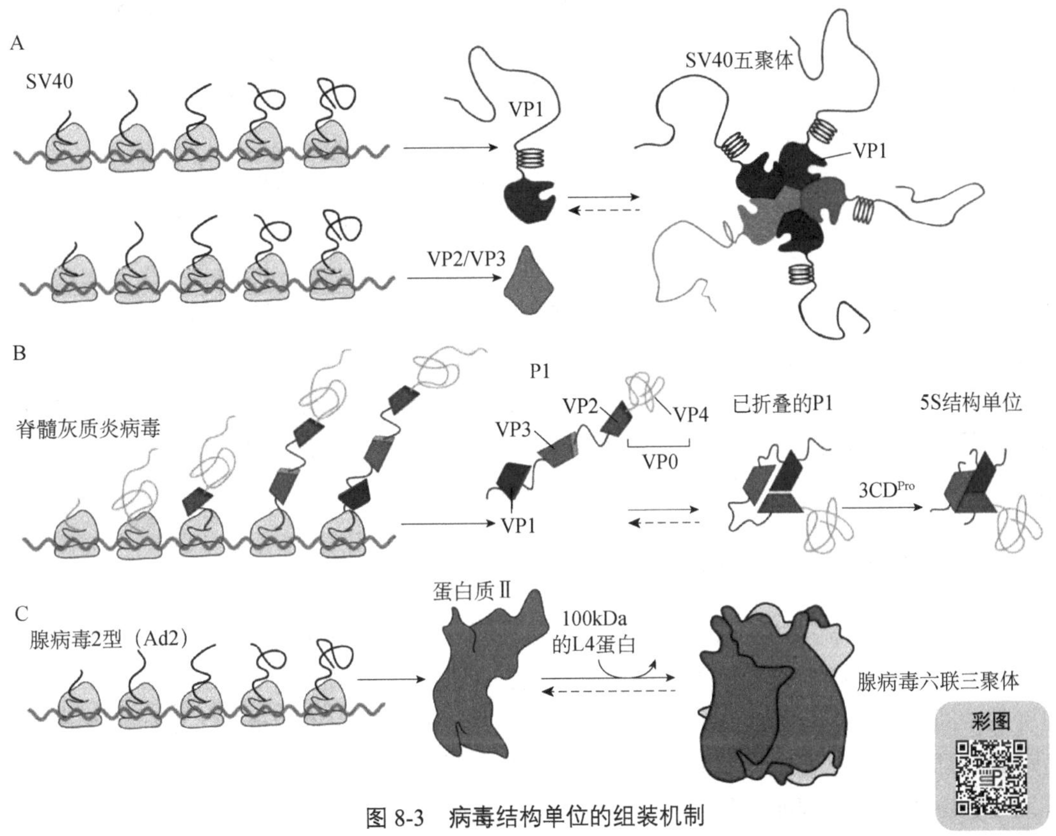

图 8-3　病毒结构单位的组装机制

A. 由单个蛋白质分子组装而成。以 SV40 病毒 VP1 五聚体为例，由感染细胞中合成的高浓度蛋白质亚基驱动，如实线箭头所示。B. 由多聚蛋白前体组装而成。以脊髓灰质炎病毒为例，P1 衣壳蛋白前体及其未成熟结构单位（VP0、VP3 和 VP1）折叠和组装后被病毒 3CD 蛋白酶（$3CD^{Pro}$）切割。P1 前体中 VP1、VP3 和 VP0 之间的柔性共价连接被蛋白酶切割，形成 5S 结构单位。VP0 中的 VP4 仍与 VP2 共价连接，直至组装完成。C. 伴侣蛋白辅助组装。以腺病毒分子质量 100kDa 的 L4 蛋白为例，需要从蛋白质Ⅱ单体形成六联三聚体

1. 由单个蛋白质分子进行组装　某些衣壳的结构单位由单独蛋白质组分开始组装，类似于含多种蛋白质成分的细胞结构的组装形式。在结构单元组装之前，单个蛋白质分子与同一蛋白质或不同蛋白质相互作用，在适当的蛋白质分子特异性结合时就已经形成，不需要蛋白质的构象变化。这类结构单位的组装通常在体外或可合成病毒衣壳蛋白组分的细胞内完成。此外，单个蛋白亚基必须在含有大量蛋白质的细胞内环境中寻找适合组装的蛋白亚基。但由于与组装无关的宿主细胞蛋白质浓度很高，容易造成病毒蛋白与细胞蛋白质的非特异性结合，因此病毒结构蛋白的合成数量远超病毒颗粒中实际包含的病毒结构蛋

白。高浓度的病毒蛋白可以通过随机扩散互相接触，促进结构单位的高效形成，最终驱动组装过程正向进行。

2. 由多聚蛋白前体进行组装　　病毒结构单元形成的另一机制是从衣壳分子共价连接于一个多聚蛋白前体开始组装，既能避免通常需要通过随机扩散才能结合的要求，也能避免非特异性结合反应。逆转录病毒衣壳的组装即多样的多聚蛋白组装机制。成熟的逆转录病毒颗粒包含三层蛋白质：基质蛋白（MA）位于病毒包膜内，包裹着由衣壳蛋白（CA）组成的衣壳，衣壳内层为包裹着两个拷贝的 RNA 基因组的核衣壳蛋白（NC）。三层结构蛋白以 Gag 多聚蛋白前体形式组成，按照在病毒颗粒中的顺序有序地构建，并与病毒基因组的衣壳化和获取病毒包膜步骤协同完成。

3. 细胞/病毒辅助蛋白的参与　　辅助蛋白通过防止新合成蛋白质的非特异性结合来促进蛋白质折叠。许多病毒结构蛋白可与一个或多个细胞辅助蛋白相互作用，在结构单元形成及后期组装中发挥重要作用。此外，某些细胞的辅助蛋白可以直接参与组装反应。例如，β 逆转录病毒科 Mason-Pfizer 猴病毒 Gag 蛋白与细胞质伴侣蛋白 TRiC（TCP-1 ring complex）的相互作用决定了 Gag 多聚蛋白的正确折叠。

病毒基因组也编码具有辅助作用的蛋白质，其中有些具有与细胞蛋白质同源的序列和功能。部分病毒辅助蛋白在形成结构单位或衣壳组装中是必需的。例如，腺病毒 L4 蛋白能够促进单个六邻体亚单位的折叠和三聚体的组装。

（二）衣壳和核衣壳的组装

在感染细胞的细胞区室内，病毒蛋白的结构单位聚集为更为复杂的衣壳或核衣壳。目前认为可能存在两种衣壳和核衣壳的组装机制：①逐步形成精细的中间体，如噬菌体通过明确的中间体一步一步形成头部、尾部和尾丝结构，脊髓灰质炎病毒等二十面体立体对称型动物病毒在组装过程中也会形成明显的中间体。②与病毒基因组或其他病毒颗粒组分的获取步骤协同进行。例如，负链 RNA 病毒核糖核蛋白的组装随基因组 RNA 的合成同步进行。核衣壳的组装依赖于核衣壳蛋白成分与新合成的 RNA 及与 RNA 结合的其他蛋白质分子的相互作用，单独存在的核衣壳蛋白不能组装成病毒核衣壳。

（三）自我组装和辅助组装

病毒结构蛋白的自我组装是蛋白衣壳形成的主要机制，其他病毒成分或细胞蛋白质也具有重要的辅助作用。例如，逆转录病毒蛋白衣壳的组装需要结构蛋白 Gag 与细胞膜的结合。结构蛋白与基因组或细胞膜的结合具有多种效应：①增加蛋白质局部浓度，以促进自我组装；②促使衣壳蛋白以某种特定方式进行重排，从而介导蛋白质间的相互作用；③诱导蛋白质构象变化，促进结构单位有机结合。

细胞成分也能辅助调节病毒结构蛋白的组装。例如，SV40 病毒的 VP1 蛋白在哺乳动物或昆虫细胞中，可在 HSP70 等分子伴侣蛋白的参与下形成更加规则有序的衣壳样结构，提高了 VP1 五聚体形成衣壳的准确性。

（四）病毒支架蛋白

在某些大的二十面体蛋白衣壳的组装过程中，需要病毒支架蛋白（scaffolding protein）的参与。这类支架蛋白是组装核衣壳内部核心的主要成分，在未成熟的核衣壳内以规则球体形式出现，但在组装完成后会被移除以容纳病毒基因组。最典型的例子是单纯疱疹病毒 1 型（herpes simplex virus-1，HSV-1）的 VP22a 蛋白前体。

VP22a 是组装核衣壳内核的主要成分。在缺乏其他病毒蛋白的情况下，VP22a 可形成特定的脚手架样结构。从受染细胞分离的未成熟核衣壳中，VP22a 以规则的球体结构存在。VP22a 蛋白前体的自结合介导其与病毒主要衣壳蛋白 VP5 结合，VP5 即形成病毒核衣壳的六聚体和五聚体的结构单位。VP5 和 VP22a 蛋白前体通过疏水相互作用，调控 VP5 六聚体和其他核衣壳蛋白的组装。缺少支架蛋白导致核衣壳不闭合和衣壳变形。

疱疹病毒核衣壳的 12 个顶点中有一个是 DNA 的入口通道，而非 VP5 五聚体。这种独特的结构单位在组装过程中必须包装到一个顶点，该过程需要 DNA 入口通道和支架蛋白的相互作用，成为核衣壳组装的核心环节。

在核衣壳组装完毕后，必须去除支架蛋白以容纳病毒基因组。病毒蛋白酶 VP24 是 DNA 衣壳化必需的，可剪切 VP22a 蛋白前体，去除与 VP5 结合所需的 C 端序列。一旦衣壳组装完成，VP22a 蛋白前体即可从结构蛋白上分离，随后病毒基因组开始包装。

二、病毒基因组及其他核心成分的组装

（一）协同或顺序组装

病毒基因组及其他核心成分进入蛋白衣壳的过程称为包装（packaging）。病毒基因组可以通过协同组装（concerted assembly）或顺序组装（sequential assembly）的方式完成包装。

在协同组装中，衣壳组装与基因组包装是同时进行的，病毒衣壳结构单位必须与基因组核酸结合才能开始病毒组装过程，如负链 RNA 病毒和逆转录病毒。在顺序组装中，基因组会插入一个预先形成的蛋白衣壳中，如疱疹病毒。与协同组装不同的是，在预先形成的衣壳结构中，基因组衣壳化需要特定的机制来打开或维持核酸的入口，并将基因组推入或拉入衣壳内。一般而言，很难明确病毒的基因组组装模式是协同组装或顺序组装。

（二）病毒基因组的识别与包装

在衣壳化期间，细胞遗传物质也存在于病毒组装的细胞内，因此病毒核酸必须与细胞核酸有效区分。通过依赖特异性识别病毒基因组的独特序列等方式，确定组装入病毒颗粒的核酸序列，这些序列称为包装信号（packaging signal）。

1. DNA 信号　腺病毒或多瘤病毒 DNA 合成的基因组 DNA 分子可以直接加入正在组装的病毒颗粒，包含具有共同性质的包装信号，如包含重复的短序列，有些是病毒启动子或增强子，邻近复制起点等（图 8-4）。

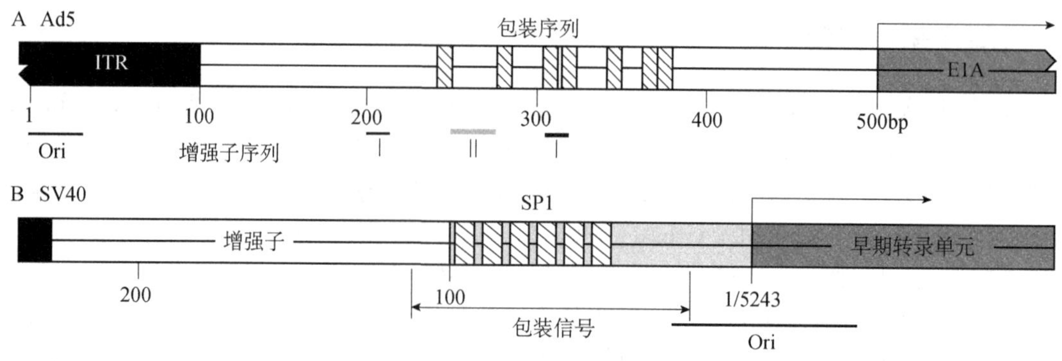

图 8-4　病毒 DNA 包装信号

A. 以人腺病毒 5 型（Ad5）为例。斜纹框. 包装信号的重复序列；ITR. 倒置末端重复序列；Ori. 复制起点；E1A. 转录单元。B. 以 SV40 病毒为例，包装序列中的 SP1 结合位点是基因组包装所必需的

2. RNA 信号　包括丙型肝炎病毒在内的多种 RNA 病毒基因组携带着基因组衣壳化所需的特异性序列。典型的 RNA 逆转录病毒的基因组会以二聚体形式进行包装，两个基因组 RNA 分子间必然存在相互作用，这种特殊的性质有助于病毒基因组在受到广泛破坏时能够存活。逆转录病毒基因组的包装信号序列称为Ψ序列，结构复杂且位置多变。例如，莫洛尼鼠白血病病毒的Ψ序列是 RNA 衣壳化的充分必要条件。由于该序列位于 5′端剪接位点的下游，只有未剪接的基因组 RNA 分子才能被识别包装。

3. 分节基因组的包装　分节基因组以特定的机制进行包装，其中典型的例子是含有 8 个 RNA 分子的甲型流感病毒。感染性病毒颗粒需要装入基因组每个节段的至少一个拷贝，但很难区分随机包装机制和选择性包装机制。如果采取随机包装机制，将流感病毒基因组的任意 8 个 RNA 节段装入病毒颗粒中，需大约 400 次组装才能产生最多 1 个感染性颗粒。虽然比例很低，但与病毒培养时发现的感染性颗粒与非感染性颗粒的比例相符。如果病毒能够包装超过 8 个 RNA 节段，感染性颗粒的比例将显著增加。近年研究人员发现，流感病毒分节基因组的包装是有选择性的，意味着每个 RNA 节段都携带独特的包装信号。

（三）酶及病毒非结构蛋白的整合

在很多病毒的组装过程中还需要加入必要的病毒酶类或决定病毒高效感染的其他蛋白质，这些蛋白质可以通过非共价结合基因组或结构蛋白的方式进入组装颗粒。例如，HSV-1 编码的 VP16 蛋白既是病毒衣壳的主要成分，也是病毒即刻早期基因转录的激活蛋白。

第二节　病毒的成熟

病毒的成熟（maturation）是指病毒核衣壳组装后，病毒发育为具有感染性的病毒体的阶段。病毒成熟涉及衣壳蛋白及其内部基因组的结构变化，需要由蛋白酶对病毒前体蛋白进行切割加工。成熟病毒的标准是具有完整的形态结构、成熟颗粒的抗原性及感染性。具

有这些特征的无包膜病毒核衣壳即成熟病毒体。包膜病毒组装成核衣壳后，需要从细胞膜、核膜或细胞质膜获得包膜才能成熟。

一、病毒蛋白的水解加工

1. 结构蛋白的水解加工 许多病毒组装后成为无感染性病毒颗粒，经过特定蛋白酶水解后才转变为具有感染性的病毒颗粒。病毒蛋白的水解加工通常发生在病毒颗粒组装晚期，或在未成熟病毒颗粒从宿主细胞释放之后，由病毒编码的酶类催化完成。结构蛋白的水解加工在组装过程中引入一个不可逆反应，驱动组装反应正向进行。病毒蛋白的水解加工会在每个水解位点产生一个新的N端和C端，为蛋白质间的相互作用提供机会。病毒蛋白的水解加工还使特定蛋白质序列间的共价连接转换为较弱的非共价连接，以利于病毒感染中多肽链间的非共价键断开。这种病毒颗粒蛋白间化学键的改变可以促进子代病毒侵入新的宿主细胞。因此，病毒蛋白酶是病毒获得感染性所必需的，也成为抗病毒药物的重要靶点。例如，抑制人类免疫缺陷病毒1型（HIV-1）的蛋白酶可用于治疗艾滋病。

大多数逆转录病毒颗粒释放后，Gag多聚蛋白需经病毒蛋白酶加工，导致未成熟的病毒颗粒发生构象重组。这种蛋白质的水解加工反应在感染性逆转录病毒颗粒的装配和释放机制中具有重要作用。Gag多聚蛋白之间的共价连接及其NC和MA结构域与病毒RNA、质膜间的相互作用可促进病毒颗粒有效且有序地组装。Gag蛋白MA结构域的膜结合信号暴露在外，在成熟病毒颗粒中被MAC末端的α螺旋阻碍。因此，Gag多聚蛋白过早的成熟加工反而对逆转录病毒的装配不利。增强逆转录病毒蛋白酶催化活性的突变可抑制病毒颗粒的出芽。此外，病毒蛋白间的共价连接对于病毒颗粒的装配是必要的，但当病毒与新的宿主细胞结合后，则会阻碍病毒颗粒的释放。病毒蛋白的共价连接也会抑制以Gag-Pol蛋白形式整合的病毒蛋白酶的活性，因此蛋白质间共价连接的断裂对感染性病毒颗粒的产生是必需的。

2. 其他成熟反应 除了蛋白质的水解加工，新生的病毒颗粒一般很少经历共价修饰。对于某些特定病毒，寡聚糖修饰、二硫键形成或变构等过程是病毒颗粒获得感染性所必需的。在转运到质膜的过程中，甲型流感病毒包膜糖蛋白血凝素（hemagglutinin，HA）和神经氨酸酶（neuraminidase，NA）寡聚糖链末端的唾液酸残基被清除。HA与甲型流感病毒的受体唾液酸特异性结合，因此新合成的病毒颗粒可以与另一病毒颗粒包膜蛋白或细胞表面蛋白上的唾液酸结合，从而发生自身凝集。NA可以从包膜蛋白寡糖链末端去除唾液酸残基，从而抑制新合成的病毒颗粒之间及其与细胞表面蛋白的结合，促进子代病毒从宿主细胞表面释放。

二、病毒包膜的获得

许多病毒颗粒的成熟需要包膜包裹衣壳或核衣壳，病毒的包膜蛋白通过脂膜运输。大部分包膜病毒的组装依赖于子代病毒出芽前细胞膜上各病毒颗粒组分间特定的相互作用。不同病毒获得包膜的部位、过程及病毒颗粒的释放不尽相同。病毒蛋白在细胞中的定位决定了获得病毒包膜的部位，如细胞膜、核膜、细胞质膜（如内质网膜、高尔基体膜）等。对于多数包膜病毒而言，病毒包膜的获得可以伴随着内部结构的组装过程有序进行；部分逆转录病毒从细胞膜结构的出芽与其内部结构的组装同时进行。

1. 与病毒组分组装有序进行 大多数包膜病毒获得包膜的时间和空间与病毒内部结构组装是分离的，如负链 RNA 病毒。甲型流感病毒包膜糖蛋白 HA、NA 和基质蛋白 M2 通过细胞分泌途径到达质膜，其基因组 RNA 节段、核蛋白（nucleoprotein，NP）及 RNA 聚合酶则以核糖核蛋白的形式在细胞核内组装，然后转运到细胞质中。M1 基质蛋白通过与病毒核衣壳及包膜糖蛋白胞内区相互作用，指导子代病毒颗粒在细胞膜上组装。

2. 与病毒组分组装协同进行 很多逆转录病毒获取包膜的时间和空间与病毒内部结构组装基本同步。内部核心结构首先以新月形复合体聚集在质膜的内表面，随着质膜的包裹逐渐延伸形成一个闭合的球体，最终形成病毒颗粒并与质膜分离。Gag 分子间的相互作用形成蛋白核心，通过 NC 蛋白与 RNA 基因组相互作用，通过 MA 片段 N 端和质膜相互作用。只有当 MA 片段锚定于质膜上时，Gag 分子才能具有装配能力，使 Gag 稳定地与质膜结合。有时 Gag 分子的 MA 片段还能与包膜糖蛋白的胞质尾部结合。例如，HIV-1 的组装核心需与 MA 片段 N 端 100 个氨基酸结合。这种 Gag-Env 的相互结合能确保病毒糖蛋白与病毒包膜的整合。

第三节 病毒的释放

成熟的病毒体以不同方式离开宿主细胞的过程称为释放（release）。无包膜病毒多通过溶解细胞的方式释放出子代病毒。大量装配好的病毒颗粒可在受染细胞中积聚数小时至数天，直至释放。包膜病毒的核衣壳多通过出芽方式释放，不直接引起细胞死亡，细胞膜在出芽后可以修复。尽管包膜病毒颗粒的释放率较低，但使病毒能最大限度地利用宿主细胞。部分病毒的核衣壳可以在位于受染细胞膜的病毒糖蛋白的介导下，从一个受染细胞直接转移到相邻的未感染细胞。

一、无包膜病毒的释放

大多数无包膜病毒感染宿主细胞后导致细胞裂解和死亡，释放出大量子代病毒颗粒。在自然感染中，机体免疫系统对病毒感染细胞的破坏是导致宿主细胞裂解死亡的主要机制。此外，很多病毒蛋白会诱导宿主细胞结构蛋白的降解，破坏细胞结构的完整性，或者通过细胞凋亡途径裂解细胞，促进病毒的释放。

例如，腺病毒不仅通过作用于细胞基因转录、核内 RNA 转运、蛋白质翻译等过程抑制宿主细胞基因表达，还可通过特定机制加速细胞裂解。在感染后期，腺病毒编码的 L3 蛋白酶能水解胞质中间丝组分，尤其是将细胞角蛋白切割成多肽，使之不能重新聚合形成多聚蛋白。中间纤维网状结构的破坏瓦解了细胞结构的完整性，从而促进病毒释放。总体而言，目前对无包膜病毒复制诱导宿主细胞死亡的机制仍知之甚少。

在培养细胞中，无包膜病毒直接破坏宿主细胞可产生细胞病变效应。但有证据表明某些无包膜病毒的释放并不引起细胞病变。例如，脊髓灰质炎病毒在极化上皮细胞中复制时，子代病毒通过非破坏性机制从细胞顶部释放。病毒 2BC 和 3A 蛋白诱导形成感染细胞特异性小泡，这些与自噬体类似的小泡含有脊髓灰质炎病毒颗粒，为感染性病毒颗粒的非裂解性释放提供了转移途径。

二、包膜病毒的释放

大多数包膜病毒以“出芽”（budding）方式释放病毒颗粒。出芽是指病毒颗粒通过细胞膜获得脂膜，或者进入细胞内囊泡，再通过细胞膜释放到细胞外的复杂过程。包膜病毒从宿主细胞的释放与获得包膜的出芽过程相偶联。在多数情况下，非破坏性的出芽机制使包膜病毒与宿主细胞建立了长期稳定的关系。例如，逆转录病毒释放后，细胞不会明显受损。但有些出芽释放的包膜病毒则会严重破坏细胞，如疱疹病毒。

（一）在质膜上的出芽

包膜病毒从细胞质膜的释放包括病毒成分诱导膜弯曲（芽形成）、芽生长、芽膜融合等过程。病毒包膜糖蛋白和病毒颗粒内部成分间的相互作用可诱导芽的形成和生长。尽管出芽所需的病毒蛋白的构象变化丰富，但通过研究多个出芽所需的病毒蛋白序列，证实不同病毒家族存在共有的出芽机制。例如，宿主细胞的内吞体分选转运复合体（endosomal sorting complex required for transport，ESCRT）介导了许多病毒的释放（表 8-1）。

表 8-1　包膜病毒颗粒出芽所需的共有序列基序

L 结构域基序	ESCRT 组件	病毒蛋白
P（T/S）AP	Tsg101	人类免疫缺陷病毒 1 型 Gag、戊型肝炎病毒 ORF3、埃博拉病毒 VP40、鼠白血病病毒 Gag3、蓝舌病病毒 NS
YPXnL	ALIX	人类免疫缺陷病毒 1 型 Gag、仙台病毒 M、劳斯肉瘤病毒 Gag、黄病毒 NS3
PPXY	NEDD4	劳斯肉瘤病毒 Gag、埃博拉病毒 VP40、水疱性口炎病毒 M

通过研究具有特殊组装表型的 HIV-1 突变体，目前对病毒颗粒从质膜出芽的机制已有了重大突破。突变 Gag 多聚蛋白特有的 p6 区编码序列不影响未成熟病毒颗粒的组装，但产生的病毒颗粒将附着在宿主细胞膜的薄膜茎状结构上，提示 Gag 序列对于分离病毒包膜和质膜是必需的。其他逆转录病毒的 Gag 蛋白中也存在类似功能的序列，称为晚期（L）组装结构域。不同逆转录病毒的 L 结构域通常包含少量短小的核心序列基序，如 PTAP 和 PPXY（X 和 Y 代表任意氨基酸）。尽管它们在 Gag 中的位置与氨基酸序列并不保守，但在促进病毒出芽时可以相互替代。此外，不同家族的病毒（如黄病毒、丝状病毒、弹状病毒等）中也存在 L 结构域，通过特异性招募参与囊泡运输的细胞蛋白质来促进出芽。

病毒颗粒从质膜的释放也可依赖于主要结构蛋白之外的病毒非结构蛋白。例如，HIV-1 在某些细胞中的释放需要病毒 Vpu 蛋白。Vpu 蛋白可拮抗束缚蛋白（tetherin）的作用，束缚蛋白在Ⅰ型干扰素刺激细胞后产生，可以将病毒颗粒禁锢于细胞膜表面，参与限制某些逆转录病毒、丝状病毒、弹状病毒等病毒的释放。因此缺乏 Vpu 时，病毒颗粒会积聚于细胞内的空泡中或滞留在感染细胞的表面。

（二）在细胞内膜上的出芽

在具有定位功能的病毒蛋白引领下，部分包膜病毒在分泌途径的细胞区室表面进行组装，最后以出芽方式进入区室外的腔体。因此，病毒颗粒位于膜结合的膜性细胞器内，通常必须被包装在细胞运输囊泡中，沿着分泌途径到达细胞表面。但转运模式的具体机制尚不清晰。病毒颗粒向分泌途径的区室出芽是由病毒膜蛋白的胞质区域与病毒颗粒内部组分之间的相互作用启动的。一旦感染细胞的病毒蛋白达到阈值浓度，病毒颗粒即可发生出芽。

选择胞内出芽的优势是降低暴露于感染细胞表面的糖蛋白浓度，有利于降低宿主免疫系统识别感染细胞的机会，使子代病毒得以充分组装和释放；同时有利于区室摆脱细胞骨架结构与连接细胞外基质的蛋白质束缚，从而促进病毒的组装和出芽成分；内膜独特的脂质也可能赋予目前未知的、利于组装的特殊属性。

胞内成熟的病毒颗粒只有在受染细胞裂解后才能被释放，但有些病毒颗粒会被细胞内膜性细胞器吞噬，形成胞内包膜蛋白。成熟的病毒颗粒通过微管被转运到包装位点，多种细胞器膜在病毒蛋白的作用下发生重塑，并包裹病毒颗粒。这些病毒蛋白通过分泌途径被分选至包装位点，仅存在于被包裹的颗粒中。被包裹的病毒颗粒含有两层质膜，被转运到细胞表面，其外膜与质膜融合，从而将病毒颗粒释放出来形成胞外包膜病毒颗粒。由于胞内成熟病毒颗粒和胞外包膜病毒颗粒可与细胞表面不同受体结合，因此释放两类感染性病毒颗粒会增加病毒感染细胞的范围。

相当比例的包膜病毒在膜融合后并不释放，而是以细胞结合形式停留在宿主细胞表面。这类病毒颗粒的转运和出芽机制依赖于宿主细胞骨架成分的重组。被包裹的病毒颗粒由细胞马达携带，从组装位点沿微管运输至质膜。该主动运输作用能在 1min 内将庞大的包膜病毒颗粒运输至细胞边缘。病毒颗粒到达质膜还需要在细胞信号通路的调控下，对下方的皮质肌动蛋白致密层进行重构。

（三）在细胞核内的出芽

由于疱疹病毒的核衣壳在细胞核中完成组装，因此其离开宿主细胞的途径一直存在争议。大量证据表明疱疹病毒以二次囊膜化的模型完成释放。释放的第一步是病毒核衣壳通过独特的非核孔复合体依赖机制离开细胞核；多种病毒膜蛋白经分泌途径分选到特定的细胞膜结构后，释放第二步发生于反式高尔基体和（或）内体胞质侧的膜表面部分。最后病毒颗粒通过分泌小泡运输至细胞膜，并通过小泡与细胞膜的融合释放子代病毒。

三、病毒在细胞间的传播

释放的子代病毒在宿主内传播，感染新的宿主细胞，从而维持病毒的增殖周而复始。

子代病毒可能感染与原始感染细胞相邻的宿主细胞，也可能通过宿主循环系统或神经系统感染远端细胞。对在感染细胞和直接相邻细胞的局部释放的病毒颗粒而言，可以最大程度地降低被宿主免疫系统攻击的机会。此外，某些病毒可以从一个细胞传播到另一个细胞，从而避免将子代病毒颗粒释放到细胞外环境（图 8-5）。

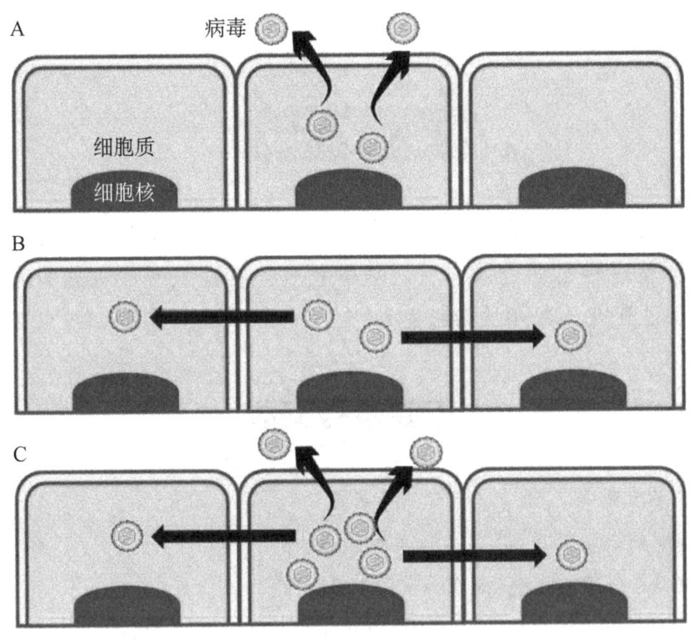

图 8-5　病毒在细胞外和细胞间的传播

A. 病毒被释放至被感染细胞外，并传播到另一个宿主细胞；B. 病毒可以不通过细胞外环境而在细胞间传播；C. 病毒以两种机制在细胞间传播

病毒在大多数情况下可以直接从感染细胞转移到相邻细胞中，逃避机体对外来病毒的防御机制。例如，单纯疱疹病毒在细胞间传播需要糖蛋白 gD、gE 和 gI。gD 负责与细胞表面的连接蛋白 1 结合，gE 和 gI 在受染细胞的细胞膜和病毒包膜上形成异源低聚物。通过中和抗体可以阻止游离病毒颗粒在细胞间的转移，但缺少 *gE* 和 *gI* 基因的突变病毒则无法从一个细胞扩散到另一个细胞中，也不能在动物中从轴突末端向未感染的神经元顺向扩散。

本章小结

即使是结构最简单的病毒，其组装、成熟与释放也是一个复杂的不可逆过程，必须按照正确的顺序高效协同完成。病毒颗粒的结构决定了其组装反应的性质。所有病毒都需要保持稳定的结构以保护基因组免遭破坏。在组装过程中，病毒颗粒组分间的结合很稳固，但在感染宿主细胞后又能很快解体，进而推进复制周期的进程。病毒在宿主内的生存和增殖需要不断感染新的宿主细胞，因此在感染后期，组装后的病毒颗粒必须从被感染的细胞中释放，并传播至其他细胞。

由于技术条件的限制，对病毒组装、成熟与释放的研究相对较少。结构学、生物化学、遗传学、成像技术的发展，使人们得以从分子学角度探索病毒复制周期的最后环节，有望为研制更有效的抗病毒药物提供靶点。

（严　沁）

复习思考题

1. 请以一种感兴趣的病毒为例，通过查阅文献描述其组装与释放的具体过程和机制。

2. 冠状病毒颗粒通过出芽进入内质网获取包膜。这些被包裹的病毒颗粒如何在不失去膜或裂解宿主细胞的前提下离开受染细胞?

主要参考文献

黄文林. 2016. 分子病毒学. 北京：人民卫生出版社.

刘文军. 2020. 医学病毒学原理. 北京：化学工业出版社.

袁正宏. 2024. 病毒学原理. 北京：北京大学医学出版社.

Flint J，Racaniello V R，Rall G F，et al. 2020. Principles of Virology. 5th ed. New York：Academic Press.

Howley P M，Knipe D M. 2024. Fields Virology（Volume 4：Fundamentals）. 7th ed. Philadelphia：Wolters Kluwer Health/Lippincott Williams & Wilkins.

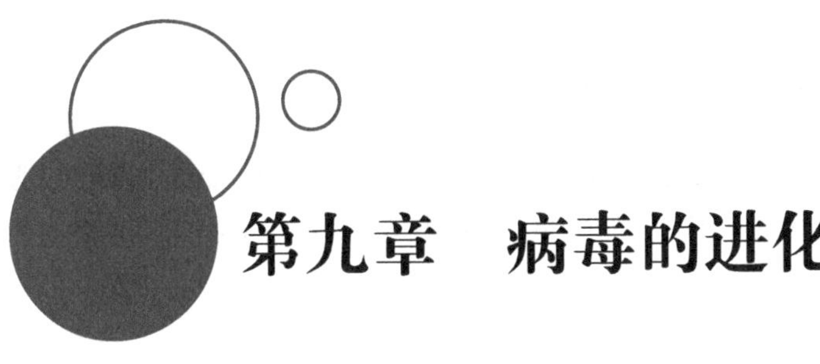

第九章　病毒的进化

本章要点

1. 病毒的进化：病毒的进化是指病毒在一段时间内发生基因变化的过程，相比于细胞生物，病毒尤其是 RNA 病毒的进化速度较快。
2. 病毒进化的分析方法：在病毒学研究中，由于测序技术、计算机技术和生物信息技术等交叉学科方法与技术的使用，病毒进化研究有了显著发展。通过病毒基因组数据库或基因组测序获取目标病毒基因组的序列是研究病毒进化的首要工作，随后结合序列比对分析、系统发育分析、病毒基因组变异频率分析、病毒基因组重组和重配分析等方法，可进一步探索病毒进化的过程。

本章知识单元和知识点分解如图 9-1 所示。

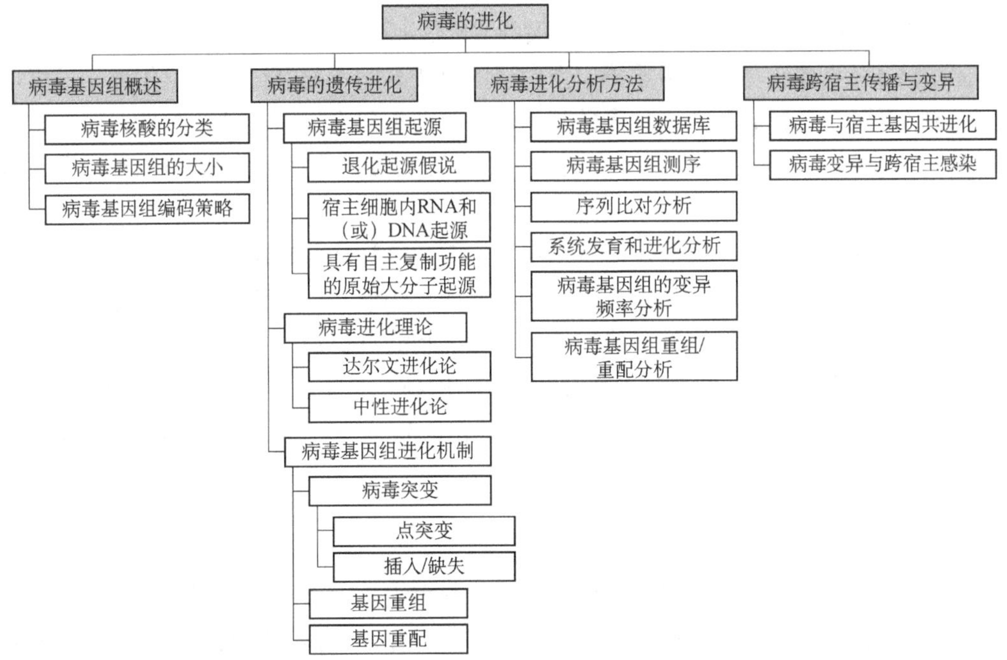

图 9-1　本章知识单元和知识点分解图

第一节　病毒基因组概述

病毒的核酸即病毒的基因组。通过分子生物学方法测定主要病毒家族代表性毒株的遗传物质，科学家了解到病毒的基因组是以核酸为基础的信息贮库，这些信息用以指导病毒的分类、复制和传播。

一、病毒核酸的分类

病毒核酸与所有的原核、真核生物的核酸比较，最为突出的特点是每种病毒颗粒只含一种核酸，或为 DNA 或为 RNA，两者一般不共存于同一病毒颗粒中。据此，可将病毒简单地分为 DNA 病毒和 RNA 病毒两类。除逆转录病毒外，一切病毒的基因组都是单倍体，每个基因在病毒颗粒中只出现一次。逆转录病毒的基因组有两个拷贝。组成病毒基因组的 DNA 和 RNA 可以是单链的，也可以是双链的，可以是闭环分子，也可以是线状分子。例如，乳头瘤病毒的基因组是一种闭环的双链 DNA，而腺病毒的基因组则是线状双链 DNA；脊髓灰质炎病毒是一种单链的 RNA 病毒，而呼肠孤病毒是双链的 RNA 病毒。一般来说，大多数 DNA 病毒的基因组是双链 DNA 分子，而大多数 RNA 病毒的基因组是单链 RNA 分子。多数 RNA 病毒的基因组是由连续的核糖核酸链组成的，但也有些病毒的基因组 RNA 由不连续的几条核酸链组成。比如，甲型流感病毒的基因组 RNA 分子是分节段的，由 8 条 RNA 分子构成，每条 RNA 分子都含有编码蛋白质的信息；而呼肠孤病毒的基因组由双链的节段性 RNA 分子构成，共有 10 个双链 RNA 片段，同样每段 RNA 分子都编码一种蛋白质。目前，还没有发现由分节段的 DNA 分子构成的病毒基因组。

基因组的一个普遍功能是指导特定蛋白质的合成，病毒的基因组也不例外，同样可以指导特定病毒蛋白的合成。由于病毒的基因组并不能编码合成蛋白质的装置，而是依赖宿主细胞 mRNA 翻译系统。因此，严格地说，所有的病毒都是宿主细胞 mRNA 翻译系统的寄生物。

世界上的病毒千奇百怪，数量极多，生活周期各具特征。经历了几亿年甚至几十亿年的漫长时间，现存的病毒已分化形成了不同形式的基因组，但病毒基因组多样性中也存在统一性。这是因为，病毒如何将它的基因组变为细胞能够识别的 mRNA，是病毒生命周期中至关重要的环节。无论病毒基因组是 DNA 还是 RNA、单链还是双链、正链还是反链，所有的病毒基因组都必须经过复制，产生被宿主核糖体解读的 mRNA，才可以翻译成蛋白质。

二、病毒基因组的大小

一般来讲，与真核细胞或细菌相比，病毒的基因组相对小很多，但不同病毒基因组的大小差异很大。对于 RNA 病毒，目前已知最小的 RNA 病毒是线粒体病毒（mitovirus），基因组大小只有约 2500nt，最大的 RNA 病毒基因组有 31 500nt。而最小的 DNA 病毒基因组只有不到 2000nt（如圆环病毒）；乙肝病毒 DNA 也只有 3000bp，所含信息量较小，仅编码 6 种蛋白质；而痘病毒的基因组有 300kb，可以编码几百种蛋白质，不仅包括编码病毒复制所需的酶类，甚至还包括编码核苷酸代谢的酶类。因此，痘病毒对宿主的依赖性较乙肝病毒和圆环病毒小得多。

普通病毒的平均直径为 10～100nm，较大的天花病毒也只有 300nm，然而 1992 年，人们在英国北部布拉德福德的水塔中发现了一种 400nm 大的神秘微生物，在显微镜下可以观察到一种毛茸茸的多面体，有 20 个面，这暗示它是一种病毒。然而，也有专家认为它是一种细菌，因为与之前所发现的病毒相比，它的个体似乎太大了。直到 1998 年，法国科学家伯纳德发现它没有核糖体，而众所周知，核糖体是制造蛋白质的工厂，更关键的是，这种微生物不像细菌一样进行细胞繁殖，因此伯纳德认定它是一种病毒。2003 年，法国科学家克拉弗里在研究导致“军团病”的“军团菌”时，再次发现了这种病毒，并通过基因测序，正式将它确定为巨型病毒，称为米米病毒（mimivirus，意思是酷似细菌的病毒）。测序结果表明，米米病毒的基因组达到惊人的 1.18Mb，包含大约 1018 个基因，并且有 50 个基因编码了一些以前在病毒中没有发现过功能的蛋白质。米米病毒的基因组长度大大超过了人们对病毒基因组大小的认知，模糊了病毒和其他微生物之间的界限。

与克拉弗里同一所大学的研究者拉奥尔特在巴黎的水塔中发现了另一种巨型病毒，并命名为“妈妈病毒”（mamavirus）。拉奥尔特在妈妈病毒里发现了噬病毒，这是科学家首次看到一个病毒感染另一个病毒。这一发现说明，在某种程度上，妈妈病毒是“活的”，因为它也会“生病”。2010 年，拉奥尔特进行了更广泛的搜索，总共发现了 19 种巨型病毒，它们分别出现在河流、湖泊、喷泉、水龙头的水中。就这样，巨型病毒犹如雨后春笋般出现在世人面前。

2010 年，克拉弗里在智利的海洋中发现了更大的病毒，并将其命名为“百万病毒”（megavirus）。百万病毒似乎与米米病毒是远亲，除了拥有许多与米米病毒相同的基因，还多出了一些独特的基因。虽然它们的外表很相似，但百万病毒却比米米病毒大了将近 6.5%，基因组大约为 1.26Mb。紧接着，克拉弗里的研究团队在澳大利亚的一个池塘淤泥和智利的河泥中发现了潘多拉病毒（Pandoravirus），其中一个潘多拉病毒的基因组约为 1.9Mb，编码大约 1500 个基因，另一个基因组达到了惊人的 2.77Mb，编码大约 2550 个基因。

2014 年，克拉弗里在 3 万年前冰封住的冰芯样品中发现了另一种巨型病毒。由于它的一端有开口，在显微镜下看起来宛如一个细长的罐子，因此被称作西伯利亚阔口罐病毒（*Pithovirus sibericum*）。它大约有 1.5μm 长，比之前的体型纪录保持者潘多拉病毒还要大。令人惊讶的是，它居然具有传染性，不过它的目标仅仅是阿米巴虫。2015 年，西伯利亚的研究人员在北极圈内发现了一种被称为西伯利亚软体病毒（*Mollivirus sibericum*）的病毒，这同样是一种 3 万年前的病毒巨人。虽然西伯利亚阔口罐病毒的体积很大，但西伯利亚软体病毒的基因组并不大，只有约 600kb。

2018 年，欧洲科学家在一个从碱湖和深海沉积物收集的样本中发现了两株巨型病毒 Tupanvirus。对其约 1.5Mb 的基因组进行研究表明，它们包含了与已知病毒及三种生命域（古菌域、细菌域和真核域）的生物体类似的基因，其中约 30%的基因在其他生物体中尚未发现同源基因。值得一提的是，这种病毒包含了所有人类已知病毒中蛋白质组装所需的最全基因集，以及将所有 20 种氨基酸组装成蛋白质所需要的基因，通过研究它，可以深入了解病毒的演化。

如前所述，目前已知最大的病毒基因组是潘多拉病毒的 2.77Mb DNA 分子，最大的 RNA 病毒基因组约为 31kb，是一些动物冠状病毒（图 9-2）。所有病毒的基因组都在残酷的选择压力下生存。我们依然无法证明某种基因组规模要优于其他规模，因此对于每种病毒而言，无论其基因组大或小，都必然提供某种生存优势。大基因组与小基因组的一个显著区别是，它们含有许多编码参与病毒复制、核酸代谢和逃避宿主防御系统的蛋白质的基因。换句话说，这些大病毒具有足够的编码容量来躲避宿主细胞的一些生化限制。相比之下，从细菌基因组推测，最小的可成活细胞基因组包括的基因少于 300 个，这一数量要小于巨型病毒和一些大型 DNA 病毒的基因组遗传物质含量。

限制病毒基因组大小的因素尚未确定。细胞 DNA 和 RNA 分子要比在病毒粒子中发现的分子大得多，因此核酸合成速率不可能限制病毒基因组大小。某些病毒衣壳的体积可能限制病毒基因组的尺寸。拥有大基因组固有的问题是，必须提供大的颗粒，而且它们不是简单的形式。比如，150kb 的单纯疱疹病毒基因组存在于一个 T=16 的二十面体的衣壳中，该衣壳由 4 种蛋白质分子的多个拷贝构成。此外，病毒粒子外膜上携带 20 种或 30 种外壳蛋白的大量拷贝及超过 15 种膜蛋白。颗粒本身的成分是用于组装大而复杂的衣壳所需的基因产物。在单纯疱疹病毒中，需要 50～60 种基因产物来构建最终的颗粒以容纳基因组，但其只有 84 个已知的开放阅读框。换句话说，75%的病毒遗传信息用于构建衣壳。米米病毒（1200kb）和藻 DNA 病毒（phycodnavirus，330kb）位于二十面体对称的最大衣壳结构中。尽管二十面体对称的原理允许衣壳大小变化，但构建一个巨大且稳定的衣壳，同时又可以拆卸开以释放病毒基因组，可能超越了大分子的内在性质。一个解决衣壳尺寸问题的方法是利用螺旋对称，由螺旋对称构成的衣壳原则上可以容纳非常大的基因组。例如，杆状病毒基因组可达 180kb。

在细胞内，DNA 分子比 RNA 分子要长很多，这是因为 RNA 分子不如 DNA 分子稳定。细胞内的大多数 RNA 分子用来合成蛋白质，所以 RNA 的尺寸不必超过指导最大多肽合成所需的大小。尽管如此，这种限制并不适用于病毒的基因组。看上去似乎 RNA 分子受核酸酶攻击的影响限制了病毒基因组的尺寸，但是很少有直接证据支持这种假设。目前最有可能的解释是 RNA 合成过程中没有纠正错误掺入的核苷酸的酶，也就是 RNA 聚合酶不具有校正功能。RNA 聚合酶与 DNA 聚合酶在合成过程中都能产生错误，但 DNA 聚合酶具有校对的功能，可以在聚合过程中消除错误，错误也可以在合成完成后被纠正。然而，这种过程在 RNA 合成中是行不通的。RNA 基因组的平均错误频率大约是每合成 10^4 个或 10^5 个核苷酸出现一次错误掺入。在一个 10kb 的 RNA 病毒基因组中，每次复制大约发生 96 个突变。因此，非常长的 RNA 病毒基因组（如超过 32kb），将遭受相当多的致命突变。即使是基因组只有 7.5kb 的脊髓灰质炎病毒也处于生存的边缘：使用致 RNA 突变的物质如利巴韦林（Ribavirin）处理脊髓灰质炎病毒，会导致病毒在一轮复制周期后失去大于 99%的感染力。

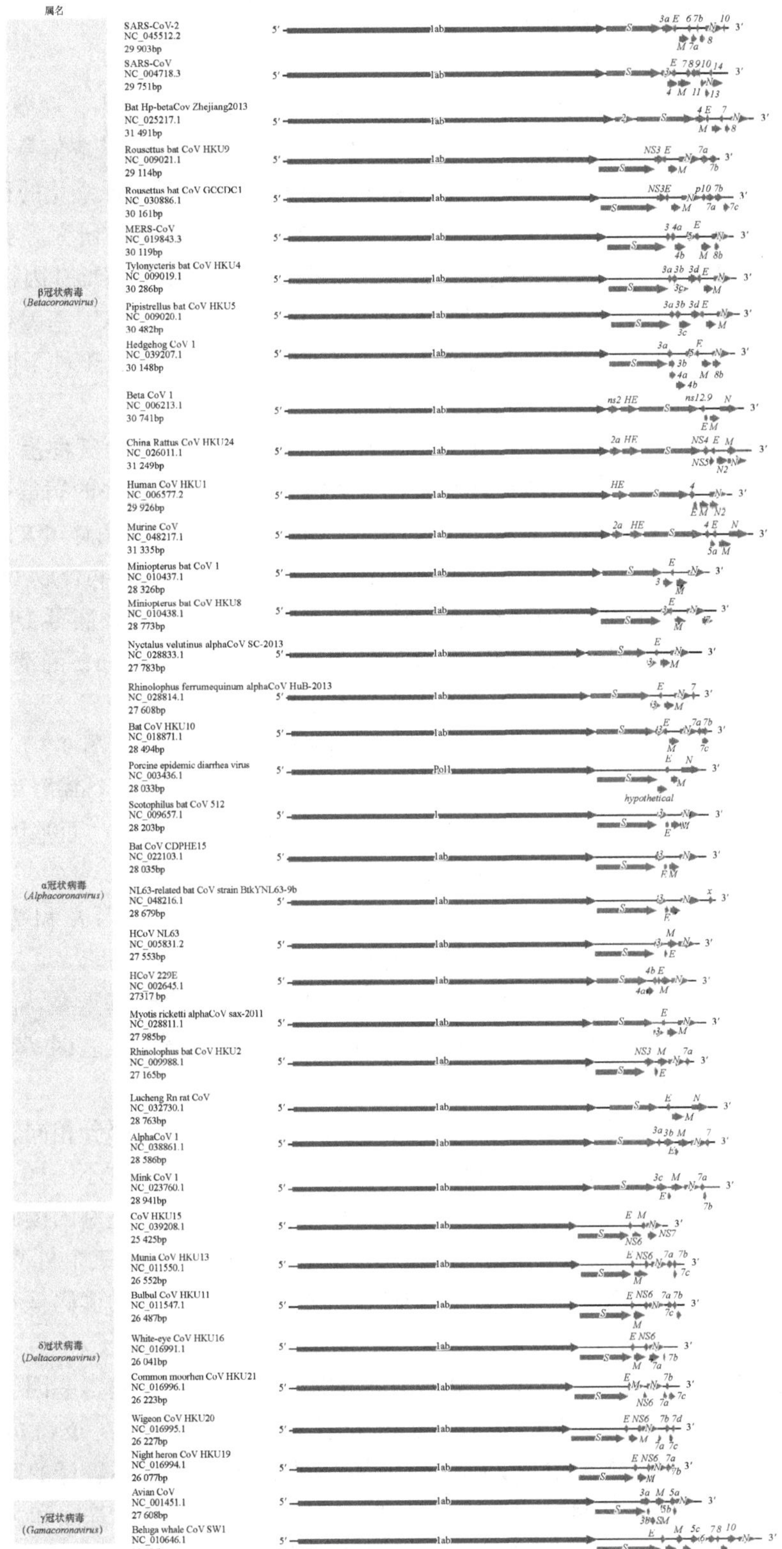

图 9-2　多种冠状病毒基因组的大小及结构

彩图

三、病毒基因组编码策略

虽然越来越多的巨型病毒被发现，但大多数病毒的基因组仍然较小，遵循“一个基因一个 mRNA”的法则进行编码（有时并不精确）。为了从病毒基因组中获取信息，病毒在进化过程中形成了一套非凡的策略。一般而言，基因组越小，其基因信息压缩化的程度越高。

对病毒基因组的本质和编码策略的认识首先来源于对病毒核酸的研究。实际上，DNA 测序技术极大地拓展了人们对病毒基因组的认识。第一个被测序的病毒基因组是 *E. coli* 噬菌体 ΦX174（5386 个核苷酸的环状单链 DNA）。双链 DNA（dsDNA）基因组，如疱疹病毒和痘病毒（痘苗病毒）在 1990 年完成测序。自那时起，已经有数千种不同病毒的基因组被测定，科学家对病毒基因组编码策略的认识也随之深入。

1. 基因重叠 基因重叠即同一段 DNA 片段能够编码两种甚至三种蛋白质分子。这种现象在其他生物细胞中仅见于线粒体和质粒 DNA。基因重叠使较小的病毒基因组能够携带更多的遗传信息。重叠基因现象于 1977 年由 Sanger 在研究噬菌体 ΦX174 时发现。ΦX174 是一种单链 DNA 病毒，宿主为大肠杆菌。它感染大肠杆菌后共合成 11 种蛋白质，总分子量约为 25 万，相当于 6078 个核苷酸所容纳的信息量。而该病毒 DNA 本身只有 5375 个核苷酸，最多能编码总分子量为 20 万的蛋白质分子。在 Sanger 弄清 ΦX174 的 11 个基因中有些是重叠的之前，这样一个矛盾长期无法解决。

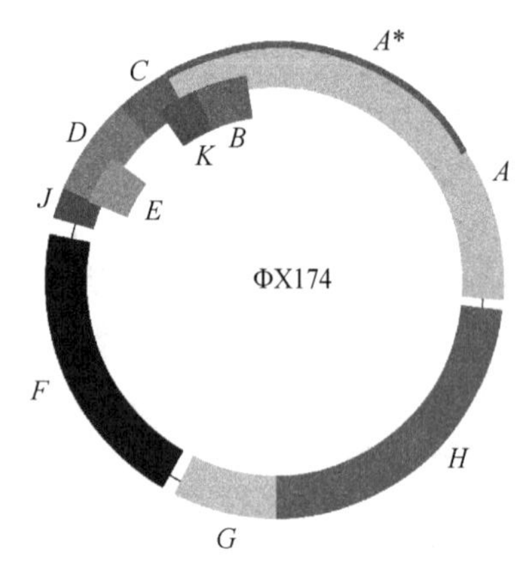

图 9-3　噬菌体 ΦX174 基因重叠示意图

重叠基因有以下几种情况（图 9-3）。

（1）一个基因完全在另一个基因里面。例如，基因 *A* 和 *B* 是两个不同的基因，而基因 *B* 包含在基因 *A* 内。

（2）部分重叠。例如，基因 *K* 和基因 *A* 及 *C* 的一部分重叠。

（3）两个基因只有一个碱基重叠。例如，基因 *D* 的终止密码子的最后一个碱基是基因 *J* 起始密码子的第一个碱基（如 TAATG）。

尽管重叠基因的 DNA 大部分相同，但是由于将 mRNA 翻译成蛋白质时的读码框不一样，产生的蛋白质分子往往并不相同。有些重叠基因读码框相同，只是起始部位不同。例如，SV40 DNA 基因组中，编码三个外壳蛋白 VP1、VP2、VP3 的基因之间有 122 个碱基的重叠，但密码子的读码框不一样；而小 t 抗原完全在大 T 抗原基因里面，它们有共同的起始密码子。

2. 编码区与非编码区 与真核细胞 DNA 的冗余现象不同，病毒基因组的利用效率非常高，大部分用来编码蛋白质，只有很少部分不被翻译。例如，在 ΦX174 中不翻译的部分只占 217/5375，G4 DNA 中占 282/5577，都不到或刚到 5%。不翻译的区域也并非毫无功能，这些区域通常是基因表达的控制序列。例如，ΦX174 的 *H* 基因和 *A* 基因之间的序列（3906～3973）共含 68 个碱基，包括 RNA 聚合酶结合位点、转录的终止信号及核糖体结合位点等基因表达的控制区。乳头瘤病毒是一类感染人和动物的病毒，基因组约为

8.0kb，其中不翻译部分约为 1.0kb，该区域同样是基因表达的调控区。

3. 多顺反子 在病毒基因组中，功能相关的蛋白质编码基因或 rRNA 基因通常会聚集在基因组的一个或几个特定部位，形成一个功能单位或转录单元。这些基因可以一起转录成含有多个 mRNA 的分子，称为多顺反子 mRNA（polycistronic mRNA）。这些多顺反子 mRNA 经再加工后，成为各种蛋白质的模板 mRNA。例如，腺病毒晚期基因编码的 12 种外壳蛋白就是当晚期基因转录时在一个启动子的作用下生成多顺反子 mRNA，然后加工成各种 mRNA，从而编码病毒的各种外壳蛋白，这些蛋白质在功能上是相关的。ΦX174 基因组中的 *D-E-J-F-G-H* 基因也在同一 mRNA 中转录，然后被翻译成各种蛋白质，其中 *J*、*F*、*G* 及 *H* 编码外壳蛋白，D 蛋白与病毒的装配有关，E 蛋白负责细菌的裂解，这些基因在功能上也是相关的。

4. 基因连续性 很多病毒编码的基因是连续的，与此相反，某些真核细胞病毒的基因具有内含子，是不连续的。除正链 RNA 病毒外，真核细胞病毒的基因通常先被转录成 mRNA 前体，然后经过加工才能切除内含子成为成熟的 mRNA。有趣的是，一些真核病毒的内含子或其中的一部分对某一个基因来说是内含子，但对另一个基因却可能是外显子。例如，SV40 和多瘤病毒（polyomavirus）的早期基因就是这样。SV40 的早期基因即大 T 和小 t 抗原的基因都是从 5146 位开始反时针方向进行翻译，大 T 抗原基因到 2676 位终止，而小 t 抗原到 4624 位即终止。然而，4900～4555 位一段 346bp 的片段是大 T 抗原基因的内含子，而该内含子中 4900～4624 位的 DNA 序列则是小 t 抗原的编码基因。同样，在多瘤病毒中，大 T 抗原基因中的内含子则是中 T 和 t 抗原的编码基因。

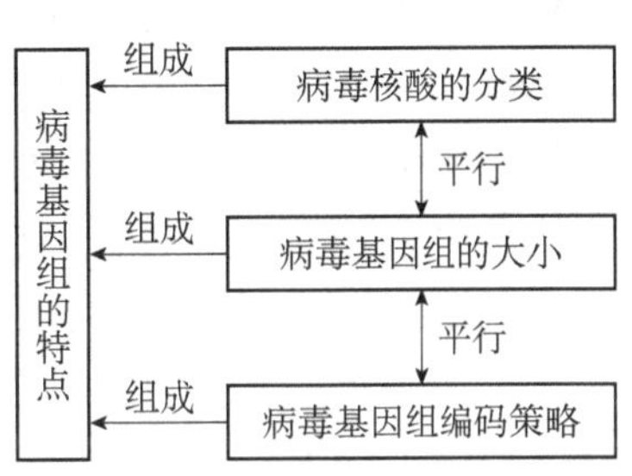

图 9-4 病毒基因组的知识点关联

病毒基因组的知识点关联如图 9-4 所示。

第二节 病毒的遗传进化

遗传与变异是生物界普遍发生的现象，也是物种形成和生物进化的基础。由于病毒生命周期短、复制频率高且容易受到免疫压力和环境的影响，相对于其寄生的高等生物，病毒基因组的进化与变异速度往往更快。

一、病毒基因组起源

不同于动物、植物，甚至细菌，由于病毒无法形成化石，最古老的病毒样本仅有 100 多年，这给研究病毒基因组的起源造成了极大的困难。虽然通过比较各种不同病毒的基因组可以构建病毒的进化关系，但由于病毒基因组小、变异快，对于大部分病毒，特别是 RNA 病毒来说，通过比较不同病毒的基因组只能构建其较近的进化历史。

关于病毒的起源，目前有三种主要假说：退化起源、宿主细胞内 RNA 和（或）DNA

起源，以及具有自主复制功能的原始大分子起源。

1. 退化起源　退化起源假说认为病毒是细胞内寄生物的退化形式。这种细胞内寄生的产生原因可能是微生物对某种不能穿过细胞膜的代谢产物发生了严重依赖。在细胞内，这类寄生物可以在不影响其生存的情况下逐渐丢失部分生物学功能。它们必须保留的功能是具有可能进行自主复制的 DNA 复制原点（顺式元件），可以对复制进行调控的反式调控蛋白，以及能与宿主生物合成及复制系统相互作用的顺式和反式功能。最终就可以产生一种专性细胞内寄生的 DNA 分子或质粒。

退化起源假说将病毒的起源解释为两个阶段：首先，寄生物在细胞内产生独立复制的 DNA 质粒；然后，编码寄生物亚细胞结构单位的基因发生突变，形成病毒的衣壳蛋白。随着进化的发生，新获得的可以在细胞间转移的特性被进一步选择下来。

2. 宿主细胞内 RNA 和（或）DNA 起源　这种假说认为病毒来源于宿主细胞内 RNA 和（或）DNA：病毒的基因组可能就是细胞的染色体或线粒体的基因物质。由于某种原因，这些核酸脱离细胞而独立存在，经过进一步演化而具备专性寄生的特性，这就是所谓的内源性学说。这一学说能解释所有病毒的起源：DNA 病毒起源于质粒或转移因子；逆转录病毒起源于反转座子；RNA 病毒起源于自主复制的 mRNA。近年来发现，某些 RNA 肿瘤病毒中存在癌基因，正常机体细胞中存在与之相似的基因（称为原癌基因），且癌基因和原癌基因的序列高度同源。这些发现似乎支持内源性学说，因为病毒的癌基因可能就是随某些细胞核酸脱落或逃逸出来的一个组成成分。当然，DNA 肿瘤病毒中也有癌基因，但是迄今为止在细胞内还没有找到相应的原癌基因。

3. 具有自主复制功能的原始大分子起源　这种假说认为病毒起源于具有自主复制功能的原始大分子。也就是说，病毒起源于自主复制的 RNA 分子，RNA 病毒是“RNA 世界”的遗物。在这个时期，可能是数十亿年前，蛋白质还不存在，RNA 既是信息又是催化分子。生命可能是从 RNA 进化而来的，最早的生物体可能带有 RNA 基因组，带有 RNA 基因组的病毒可能是在这个时期进化而来的。支持这种假说最直接的证据就是 RNA 分子具有自主复制的信息，同时具有催化化学反应的能力。后来，随着 DNA 基因组的出现，DNA 病毒发生了进化。RNA 分子的反应性有利于它作为催化物质而不是遗传物质，而 DNA 分子比 RNA 分子更稳定，最终成为主要的遗传信息载体。然而，那些带有 RNA 基因组的病毒仍然在进化中竞争着，并且一直存活到今天。因此，带有两种类型核酸的病毒在进化上都非常成功。

二、病毒进化理论

人们对进化的理解经历了由神学到科学、由简单到复杂、由单一到综合的过程。无论是东方还是西方，受当时客观条件限制，神创论一直是主导的进化理论。19 世纪末，拉马克提出了以下观点：①物种是可变的，物种是由变异的个体组成的群体。②自然界的生物中存在着由简单到复杂的一系列等级（阶梯），生物本身存在着一种内在的“意志力量”驱动着生物由低的等级向较高的等级发展变化。③生物对环境有巨大的适应能力；环境的变化会引起生物的变化，生物会由此改进其适应；环境的多样化是生物多样化的根本原因。④环境的改变会引起动物习性的改变，习性的改变会使某些器官经常使用而得到发展，另一些器官不使用而退化；在环境影响下所发生的定向变异，即后天获得的性状，能够遗传；如果环境朝一定的方向改变，由于器官的用进废退和获得性遗传，微小的变异逐渐积累，终于使生物发生了进化。拉马克学说的核心是用进废退和获得性遗传。但它有明显的缺陷，比如它认为生物本身存在着一种内在的“意志力量”驱动生物发展，这是一种典型的唯心主义，父母出生时不是近视，后来由于没有保护眼睛导致视力下降，这是后天获得的性状，但这种近视并不会遗传给下一代。

1. 达尔文进化论　19 世纪中叶，在完成了全球科学旅行后，达尔文发表了《物种起源》一书。在书中，他石破天惊地提出了著名的达尔文进化论：①世界不是静止的，而是进化的。物种不断地变异，新物种产生，旧物种消灭。化石资料对此做了极好的证明。②生物进化论是逐渐的和连续的，其中不存在巨大的或者不连续的突变。达尔文指出：自然选择只能通过累积轻微的、连续的、有益的变异而发生作用，所以不能产生巨大的或突然的变化，它只能通过短且慢的步骤发生作用。③生物之间都有一定的亲缘关系，它们有着共同的祖先。例如，一切昆虫都有它们的原始祖种，一切哺乳动物也源于共同的祖先，其他的种群也是如此。④自然选择是变异最重要的途径。在同一群体的不同个体之间具有不同的变异，有些变异对生存比较有利，有些则不利。在生存斗争中，就会出现适者生存、不适者被淘汰的现象，这就是自然选择。达尔文的进化理论能解释很多现象，但也有明显的不足之处。特别是，达尔文进化论强调生物进化论是逐渐和连续的，其中不存在巨大的或不连续的突变。达尔文进化论无法解释“寒武纪大爆发”（Cambrian explosion）或称作“寒武纪生命大爆炸”（Cambrian life’s big bang），这说的是绝大多数动物门类在寒武纪就像“爆炸”一样突然出现。1995 年 5 月 25 日《人民日报》海外版刊登了纽惟恭的报道“澄江化石生物群研究成果瞩目”。他指出，“寒武纪生命大爆炸”是全球生命演化史上突发性重大事件，对其进行深入研究，可能动摇传统的达尔文进化论。由此，1972 年两名美国古生物学家埃尔德里吉和古尔德提出间断进化理论。他们认为，从化石记录看，生物的进化有这样的模式：长时间的只有微小变化的稳定或平衡，被短时间内发生的大变化所打断。也就是说，长期的微进化之后出现快速的大进化，渐变式的微进化与跃变式的大进化交替出现。

2. 中性进化论　1968 年，日本进化学家木村资生提出了中性进化论。简单地说，中性进化论认为多数或绝大多数突变都是中性的，即无所谓有利或不利，因此对于这些中性突变不会发生自然选择与适者生存的情况。生物的进化主要是中性突变在自然群体中进行随机的“遗传漂变”的结果，而与选择无关。这是中性学说和达尔文进化论的不同之处。中性进化论阐明了分子水平上的进化机制，这种机制主要在于中性突变本身，是生物分子随机的自由组合，自然选择不起作用，分子进化的方向与环境无关。中性进化论使生物进化论在分子层次水平上得到了发展，并有可能验证定量化和精确化。中性进化论是达尔文进化论在微观演化水平上的进一步发展、修正和补充。

病毒作为自然界的一种生命形式，尽管其具体的进化机制多种多样，且在很多情况下是多种机制共同决定其进化与变异，但是绝大多数病毒的进化规律可以在现有的进化理论框架内得到合理解释。但是，病毒有时也会发生一些让进化学家费解的变异。比如，2014～2016 年西非暴发了有史以来最大规模的埃博拉疫情。在这次疫情中，国内外不同科研团队均发现部分埃博拉病毒在基因组某些区域连续发生 T→C 突变，有的毒株在 150nt 的基因组区域内竟然发生了高达 11 个 T→C 突变。尽管之前有流行病学研究表明携带这些突变的毒株可以形成传播链，但有数据证实很多毒株携带的 T→C 突变是独立且同时发生的。病毒学家猜测这可能反映了病毒与宿主之间复杂的相互作用关系。

三、病毒基因组进化机制

相对于其寄生的高等生物，病毒基因组进化与变异速度往往更快。一般，由于依赖于 RNA 的 RNA 聚合酶（RdRp）缺少校对功能，RNA 病毒进化速率比 DNA 病毒快，很多 RNA 病毒的核苷酸突变速率在 10^{-3} 突变/（位点・复制）这个量级。对于一个基因组长度为 10kb 的病毒，其平均发生的总核苷酸突变数为 10 突变/复制，这比其宿主细胞的进化速率高了数个数量级。RNA 病毒里面的逆转录病毒，如 HIV-1，其突变速率比大部分使用 RdRp 的 RNA 病毒要慢很多，仅为 0.1～0.3 突变/（位点・复制）。而 dsDNA 病毒的进化速率相对更慢，如单纯疱疹病毒的突变速率仅为 1.8×10^{-8} 突变/（位点・复制）。但是，并非所有的 DNA 病毒都进化得比较慢。据报道，犬细小病毒和猫传染性粒细胞缺乏症病毒的进化速率达到 10^{-4} 替代/（位点・年），接近很多 RNA 病毒的进化速率。

多种因素驱动病毒进化。第一，病毒生命周期短、复制频率高，使得遗传物质在复制过程中很容易发生突变。由于 RdRp 缺少校对功能，每一代 RNA 病毒复制都有可能引入突变。虽然 DNA 聚合酶的保真性比 RdRp 高，但仍然存在一些复制错误，这是病毒进化的内在因素。第二，免疫压力。病毒在宿主体细胞内复制、繁殖，必然要遭到宿主免疫系统的攻击。因而，变异成为病毒逃避免疫杀伤的最佳方式。免疫压力不仅包括循环抗体 IgG、IgM，也包括 IgA、IgE、IgD 和先天免疫因素，这是病毒进化的外在因素。第三，当环境发生剧烈变化，如病毒跨宿主传播、侵染新的细胞类型或者受到某种化学抑制（如抗病毒药物）时，在选择压力的作用下，带有某种变异表型的病毒由于更适应新的环境而生存下来，从而发生定向的变异。

病毒突变具有双重作用：一方面，病毒突变可使其抗原性发生改变，从而逃逸免疫应答；另一方面，大多数突变可能是有害的，它们只存在较短的时间就被进化清除掉。有证据表明，细胞释放的脊髓灰质炎病毒颗粒绝大多数为缺陷性的，只有大约 1%能完成一个完整的复制周期。虽然大多数突变是非感染性的或者对其生存极为不利，并很快被消除，但自发突变却是病毒进化的重要动力。对于 RNA 病毒而言，应对高的突变率而成功存活的唯一可行途径就是拥有足够大的病毒种群。这体现在 RNA 病毒总是尽可能感染更多的宿主，尽可能感染宿主内大量的细胞，以及每个被感染的细胞尽可能产生更多的病毒粒子。

与动物、植物及细菌相比，病毒基因组的进化既有相同点，又有不同点。常见的病毒进化与变异机制主要有 4 种：点突变（point mutation）、插入/缺失（insertion/deletion，Indel）、基因重组（genetic recombination）和基因重配（genetic reassortment）。

（1）点突变：在基因一级结构的某个位点上，一种碱基被另外一种碱基取代。广义上，点突变可以是碱基替换、单碱基插入或缺失；狭义上，点突变只包括单碱基替换（base substitution）。碱基替换又分为转换（transition）和颠换（transversion）两类。转换指的是嘌呤和嘌呤之间的替换，或嘧啶和嘧啶之间的替换；颠换则是嘌呤和嘧啶之间的替换。

狭义上的点突变可造成多种不同的效应。如果点突变发生在基因编码区，可能会产生以下效应。第一，同义突变：突变将密码子替换为编码相同氨基酸的另一个密码子，最终蛋白质序列没有改变。同义突变源于遗传密码的简并性。如果同义突变不导致任何表型变化，那么这种同义突变也被称为沉默突变，但并非所有同义突变都是沉默突变。第二，非同义突变：点突变将密码子替换为编码不同氨基酸的另一个密码子，从而导致编码的蛋白质序列发生改变。第三，无义突变：由于碱基的替代，原来编码某种氨基酸的密码子突变成终止密码子，导致翻译提前终止，获得变短的蛋白质序列，甚至没有功能。如果点突变发生在非编码区，那么点突变可能对病毒表型没有影响，也可能对病毒的复制等产生重要影响，这是因为很多病毒的非编码区具有调控上游或下游基因表达的作用。而有些位于非编码区的点突变可能会严重影响 RNA 病毒的高级结构，从而对病毒表型产生重要影响。

点突变又分为自发突变和诱发突变。自发突变是指在没有任何诱变剂的条件下，病毒子代产生高比例的突变体，最终导致表型变异。DNA 病毒复制中的自发突变率仅为 10^{-11}～10^{-8}，而 RNA 病毒的自发突变率高，每个掺入核苷酸的自发突变率高达 10^{-6}～10^{-3}。自发突变对病毒有着重要的生物学意义，它为病毒基因组进化提供了基本的原材料，是基因组进化的重要动力。传统的进化理论认为，自发突变频率很低，且突变位点随机分布。诱发突变指的是采用人为措施诱导生物体的表型或者遗传基因信息产生变异。根据采取的诱变措施，诱发突变可以分为物理诱变、化学诱变、航天诱变、生物诱变等。诱发突变可将病毒基因组的突变率提高到 10^{-4}～10^{-3}。

点突变是病毒进化最普遍的形式，所有的病毒均可发生。尽管多数的点突变是随机的中性突变或者是有害的，但有的点突变可显著改变病毒的复制力、传播力、致病性、耐药性等。比如，禽流感病毒血凝素蛋白 226 位点对于病毒与受体结合至关重要，该位点 G226L 突变会显著增加禽流感病毒与人源受体的结合力，增加人感染禽流感病毒的风险。动物实验表明，在美洲流行的寨卡病毒 prM 蛋白 139 位点 S→N 的突变显著增加了病毒的神经毒性，这至少部分解释了为何在美洲寨卡疫情中发现了数千例生殖性的中枢神经系统异常，如小头症。

（2）插入/缺失：是分子水平上基因组自发突变的一种重要形式，是 DNA 或蛋白质序列水平上发生频率仅次于残基替换的进化改变，也是同源序列比对中产生空位的原因。由于大多数情况下无法获得祖先序列，因此一般不能判断空位位点上哪些序列发生了插入，哪些序列发生了缺失，故统称为插入/缺失。插入/缺失可以导致严重的序列改变，如基因/蛋白质序列增加或缩短，甚至可能导致移码突变，从而编码完全不同的蛋白质，进而对基因功能产生重要的影响。

在病毒基因组进化中，插入/缺失并不罕见。比如，H7 亚型禽流感病毒血凝素（HA）的基因就曾独立发生了多次的基因序列插入事件，其中不少插入事件发生在 HA 的裂解位点或连接肽的位置，从而增加了连接肽区域碱性氨基酸的数目，导致禽流感病毒对鸡、火鸡等陆禽的致病性增强。最近一次发生在 2015～2016 年，低致病性的 H7N9 禽流感病毒的 HA 连接肽插入多个氨基酸（包含 2～3 个碱性氨基酸），从而变异成为高致病性 H7N9 禽流感病毒。此外，碱基缺失在禽流感病毒进化中也有所发生。比如，神经氨酸酶（NA）颈部多个氨基酸的缺失就在 H5N1、H9N2 等多种亚型禽流感病毒中被发现过。科学家猜测这种缺失可能与水禽源禽流感病毒适应陆禽及病毒致病性有关。

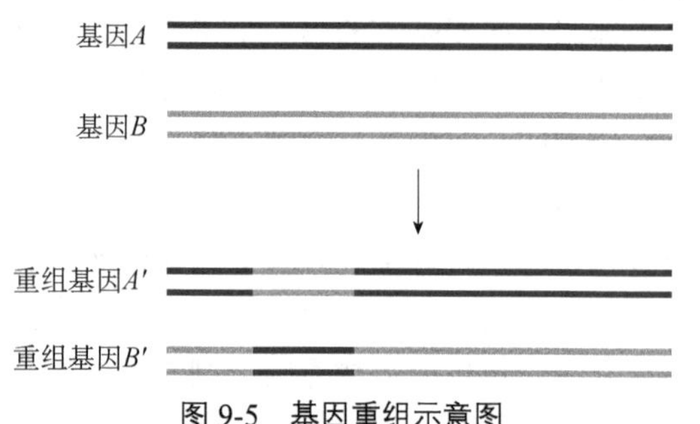

图 9-5　基因重组示意图

（3）基因重组：两种不同的病毒或同一种病毒的两个不同的毒株同时感染同一个宿主细胞时，在核酸复制过程中，病毒之间交换核酸片段，导致产生的子代兼有两亲本的基因片段，称为基因重组（图 9-5）。除了病毒之间，基因重组也可在病毒和宿主细胞之间发生。

DNA 病毒和 RNA 病毒均可发生基因重组。相对而言，dsDNA 病毒更容易发生基因重组，如乙肝病毒。研究表明，乙肝病毒大部分是重组株，重组的热点区域跟基因边界有关，甚至乙肝病毒基因型 I 就有可能是基因重组产生的。普遍来说，RNA 病毒基因重组频率低，如单负链 RNA 病毒；但是某些 RNA 病毒，如逆转录病毒、肠道病毒和冠状病毒，基因组重组频率较高。例如，2017 年底，科学家从在中国云南的一个蝙蝠洞分离的 15 株冠状病毒中发现了组成严重急性呼吸综合征冠状病毒（SARS-CoV）的全部基因组片段，因此猜测 SARS-CoV 可能起源于基因重组。基因重组甚至可以发生在不同病毒科之间。例如，一株蝙蝠来源的冠状病毒的部分基因片段可能重组于呼肠孤病毒，尽管两者分属于冠状病毒科和呼肠孤病毒科，且基因组结构也不同（冠状病毒的核酸是单正链 RNA，而呼肠孤病毒是分节段的双链 RNA 基因组）。

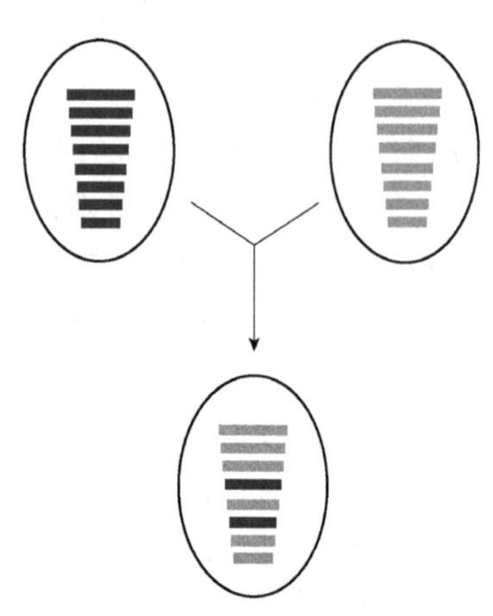
图 9-6　基因重配示意图

（4）基因重配：是指两个具有分节基因组的病毒在产生子代病毒时，将它们的遗传物质重新组合，从而导致产生的子代病毒粒子带有不同来源的遗传片段（图 9-6）。基因重配是具有分节基因组的病毒进化的重要机制。与基因重组发生在核酸复制时期不同，基因重配只是 RNA 片段的简单交换，发生在病毒颗粒包装阶段。

对于基因组分节段的病毒，如流感病毒、布尼亚病毒、呼肠孤病毒等，基因重配是其重要的进化机制。例如，人和动物流感病毒之间不断发生的基因重配可以产生抗原性转变的流感毒株，从而引起全球流感大流行。在过去的 100 年中，人类经历了 4 次全球流感大流行，其中 1918 年的西班牙流感导致约 5000 万人死亡。研究表明，造成 4 次全球流感大流行的流感病毒基因组中均含有来自动物流感病毒的重配基因片段。近年来，在我国新发的感染人类的禽流感病毒，如 H7N9 和 H10N8 等，也源自基因重配事件。

需要注意的是，无论是基因重组还是基因重配，都不是狭义的点突变，不涉及真实发生的核苷酸替代，不符合分子钟理论的假设，因此，在研究频繁发生上述进化事件的病毒时，使用基于分子钟的方法必须谨慎，以免得到误导性的结果。

病毒遗传进化的知识点关联如图 9-7 所示。

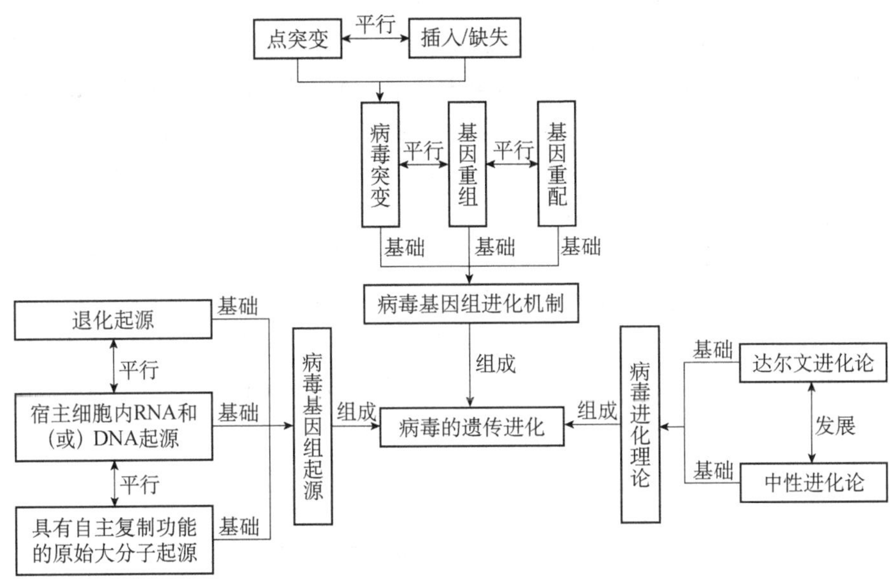

图 9-7 病毒遗传进化的知识点关联

第三节 病毒进化分析方法

自 1977 年 Sanger 首次提出基于双脱氧的 DNA 测序方法以来，越来越多的测序方法如雨后春笋般建立起来，极大地方便了病毒基因组的测序工作。获取目标病毒基因组的序列是研究病毒进化的首要工作，随后结合序列比对、系统发育分析和序列相似性等方法，进一步探索病毒进化的过程。

一、病毒基因组数据库

病毒基因组除了通过测序获得，还可以从相关线上数据库检索下载。以新型冠状病毒为例，目前广泛使用的收录有新型冠状病毒的公共数据库包括：全球流感共享数据库（GISAID，https://www.gisaid.org/）、美国国家生物技术信息中心（NCBI，https://www.ncbi.nlm.nih.gov/sarscov-2/）、Genome Warehouse（GWH，https://bigd.big.ac.cn/gwh/）及国家生物信息中心（CNCB）/国家基因组科学数据中心（NGDC）（https://bigd.big.ac.cn/ncov/）等，其中 GISAID 收录的 SARS-CoV-2 基因组序列最多，NCBI 收录的病毒种类最为丰富。这些数据库在基因组序列存档、同源性搜索、变异发现、疾病表型关联等方面发挥着重要作用。

二、病毒基因组测序

自 1977 年基于双脱氧的 Sanger 测序方法发明以来，DNA 测序被广泛应用于生物学领域，在包括病毒基因组在内的许多模式生物的基因组测序中发挥了至关重要的作用，已成为现代生物学领域研究人员不可或缺的工具。同时，下一代测序技术（NGS）的快速发展实现了大规模、高通量测序的目标，能够同时处理上百万乃至数亿个 DNA 分子，大大降低了测序成本和测序周期，为病毒多样性、进化和分类学研究提供了更丰富的视角。

目前的 NGS 主要包括 Roche 公司的 454 技术、ABI 公司的 SOLiD 技术和 Illumina 公司的 GA 技术等，涵盖宏基因组测序和宏转录组测序等多种测序策略，已被广泛用于病毒基因组的发现和分析，如正在发生的 COVID-19 大流行病原体 SARS-CoV-2（图 9-8）。其中，宏基因组学已被证明是一种简单和高效的病毒发现方法。当目标病毒丰度较高，同时需要分析样品中的其他微生物时，常选择宏基因组方法。在测序过程中，可通过在文库制备阶段去除样本中宿主核糖体 RNA 来提高病毒相关短序列片段［即测序片段（reads）］的比例。在文库构建后，结合混合捕获法，使用与特异性片段对应的混合 RNA 探针能够实现病毒片段的富集。这些文库随后在 Illumina、MGI 或 Nanopore 平台上进行测序，提供的读取长度为 25～150 个核苷酸。

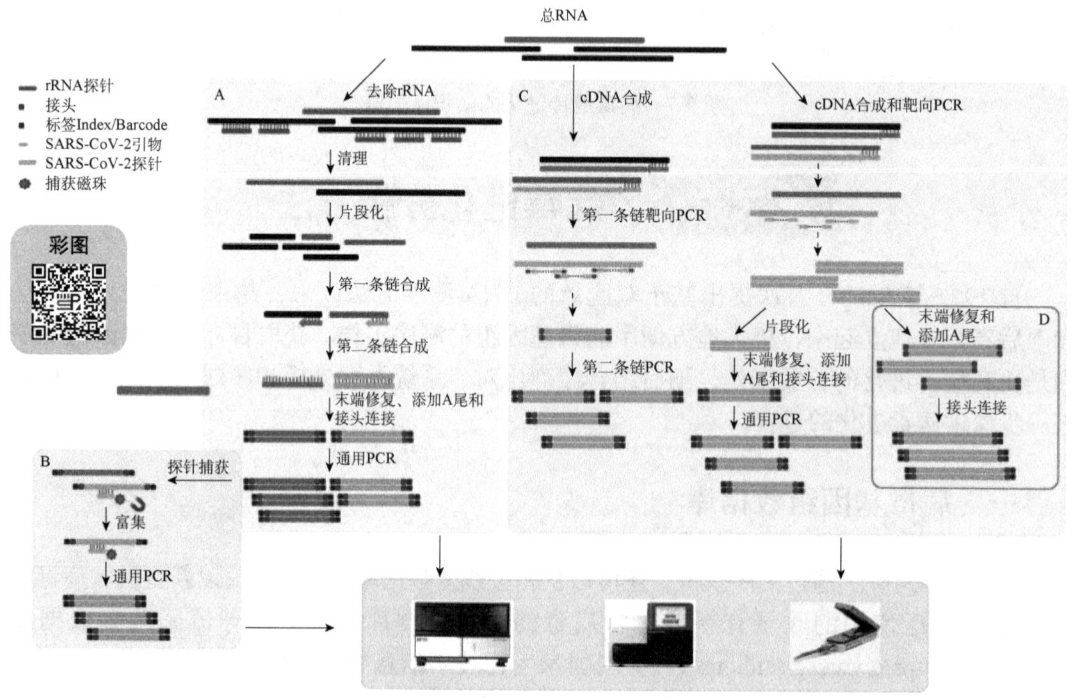

图 9-8　目前用于病毒发现和基因组监测的不同 NGS 方法的工作流程（胡弢，2021）

文库构建方案用于宏转录组测序（A）、基于宏转录组文库的混合捕获法（B）、NGS 平台的多重 PCR 扩增（C）、Oxford Nanopore 测序平台（D）

NGS 通常会产生数百万个病毒 reads，目前尚没有一个完全集成的下游生物信息学工具能够自动分析病毒基因组的 NGS 数据，并识别可能与病毒相关的 reads。常规的 NGS 数据分析工作流程主要包括几个基本步骤（图 9-9）：数据的质量控制、宿主/rRNA 数据的删除、reads 组装、病毒的分类鉴定和病毒基因组验证，每个步骤涉及的应用程序见表 9-1。

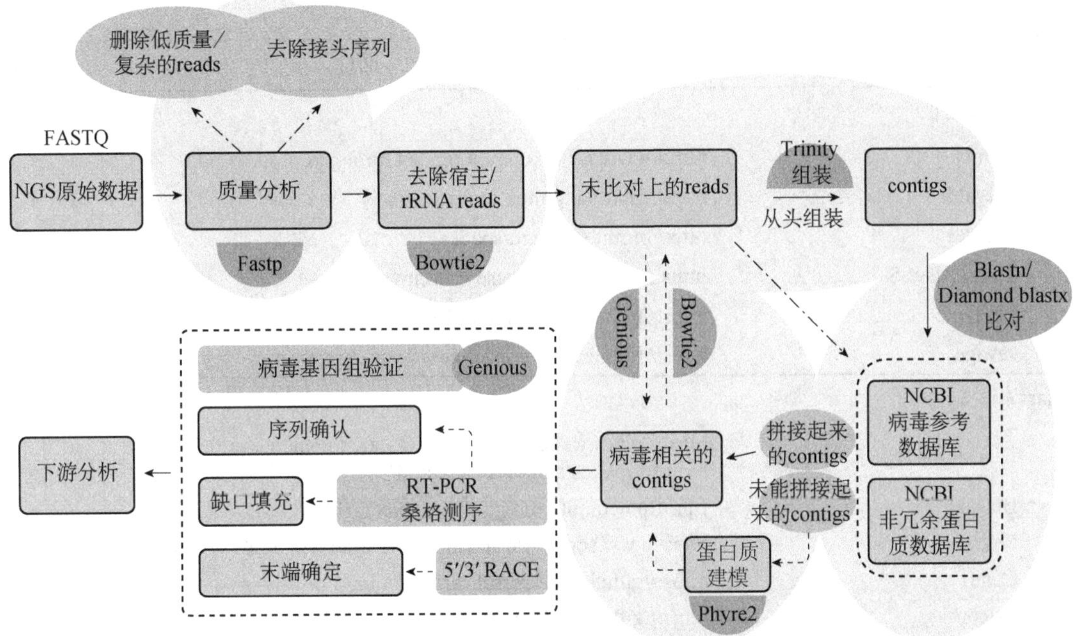

图 9-9 NGS 数据分析和病毒基因组识别的工作流程图（胡弢，2021）

表 9-1 NGS 数据分析和病毒基因组识别的生物学资源

资源	网址
数据质控软件	
Trimmomatic	http://www.usadellab.org/cms/index.php?page=trimmomatic
Cutadapt	https://cutadapt.readthedocs.io/en/stable/
SOAPnuke	https://github.com/BGI-flexlab/SOAPnuke
AfterQC	http://www.github.com/OpenGene/AfterQC
Fastp	https://github.com/OpenGene/fastp
Cut_Multi_Primer.py	https://github.com/MGI-tech-bioinformatics/SARS-CoV-2_Multi-PCR_v1.0/tree/master/bin
NanoPack	https://github.com/wdecoster/nanopack
Porechop	https://github.com/rrwick/Porechop
reads 映射比对软件	
HISAT2	https://daehwankimlab.github.io/hisat2/
BWA	http://bio-bwa.sourceforge.net
Bowtie2	http://bowtie-bio.sourceforge.net/bowtie2/index.shtml
kma	https://bitbucket.org/genomicepidemiology/kma/src/master/
SortmeRNA	https://github.com/sortmerna
minimap2	https://github.com/lh3/minimap2
ngmlr	https://github.com/philres/ngmlr
marginAlign	https://github.com/benedictpaten/marginAlign

续表

资源	网址
从头组装软件	
Trinity	http://www.nature.com/nbt/index.html.
Megahit	https://hku-bal.github.io/megabox/
SPAdes	http://bioinf.spbau.ru/spades
Trans-ABySS	https://github.com/bcgsc/transabyss
PEHaplo	https://github.com/chjiao/PEHaplo
savage	https://bitbucket.org/jbaaijens/savage/src/master/
Blast 相关软件	
DIAMOND	https://www.wsi.uni-tuebingen.de/lehrstuehle/algorithms-in-bioinformatics/software/diamond/
Blastn	ftp://ftp.ncbi.nlm.nih.gov/blast/executables/blast+/LATEST
Phyre2	http://www.sbg.bio.ic.ac.uk/phyre2/html/help.cgi?id=help/whatsnew
Canu	https://github.com/marbl/canu
Falcon	https://github.com/PacificBiosciences/falcon
Miniasm	https://github.com/lh3/miniasm
基因组可视化软件	
IGV	https://igv.org/doc/desktop/
Geneious	https://www.geneious.com
QUAST	https://sourceforge.net/projects/quast/
DNA STAR	https://www.dnastar.com/software/molecular-biology/

第三代测序技术又称单分子测序，如 Oxford Nanopore 纳米孔单分子测序技术，测序读长能够达到几十 kb 的级别，远高于第二代测序技术。目前，第三代测序技术正逐渐在病毒基因组研究中推广使用。与第二代测序技术相比，第三代测序技术平台生成的序列数据需要进行相似的组装和分析流程（表 9-2），但由于第三代测序技术读长较长，因此在每一步数据处理步骤中使用的程序仍有不同。

表 9-2　病毒基因组进化分析可用生物信息学资源

资源	网址
序列比对软件	
CLUSTALW	https://www.genome.jp/tools-bin/clustalw
MAFFT	https://mafft.cbrc.jp/alignment/software/
MUSCLE	http://drive5.com/muscle/
T-Coffee	https://tcoffee.org
ProbCons	http://probcons.stanford.edu
PRANK	http://wasabiapp.org/software/prank/
BAli-Phy	http://www.bali-phy.org/
StatAlign	https://dl.acm.org/doi/10.1093/bioinformatics/btn457

续表

资源	网址
JABAWS	https://www.compbio.dundce.ac.uk/jabaws/
EMBL-EBI	https://www.ebi.ac.uk
webPRANK	https://www.ebi.ac.uk/goldman-srv/webprank/
Jalview	http://www.jalview.org/getdown/release/
MSAViewer	http://msa.biojs.net/index.html
AliView	http://www.ormbunkar.se/aliview/
Bioedit	https://bioedit.software.informer.com
系统发育分析软件	
JMODELTEST	http://evomics.org/learning/phylogenetics/jmodeltest/
ProtTest	https://github.com/ddarriba/prottest3
TempEst	http://tree.bio.ed.ac.uk/software/tempest/
BIONJ	http://www.atgc-montpellier.fr/bionj/
PhyML	http://www.atgc-montpellier.fr/phyml/
RAxML	http://www.exelixis-lab.org/software.html
IQ-TREE	http://www.iqtree.org
MrBayes	http://nbisweden.github.io/MrBayes/
PhyloBayes	http://www.atgc-montpellier.fr/phylobayes/
BEAST	http://beast.community
BEAST2	http://www.beast2.org
PAUP*	http://paup.phylosolutions.com
MEGA	https://www.megasoftware.net
PhyloSuite	http://phylosuite.jushengwu.com
系统发育树可视化软件	
Dendroscope	http://www-ab.informatik.uni-tuebingen.de/software/dendroscope
FigTree	http://tree.bio.ed.ac.uk/software/figtree/
ggtree	https://bioconductor.org/packages/release/bioc/html/ggtree.html
iTOL	https://itol.embl.de
Evolview	http://www.evolgenius.info/evolview/
基因组分析软件	
Conserved Domain Database	https://www.ncbi.nlm.nih.gov/cdd/
UCSC	http://genome.ucsc.edu
gff2ps	http://genome.imim.es/software/gfftools/GFF2PS.html
Vector Nti Software	https://www.winsite.com/vector/vector+nti/
IBS	http://ibs.biocuckoo.org
PHYLIP	https://phylipweb.github.io/phylip/
SimPlot	https://sray.med.som.jhmi.edu/SCRoftware/SimPlot/

续表

资源	网址
RDP	http://web.cbio.uct.ac.za/～darren/rdp.html
Swiss-Model	https://swissmodel.expasy.org
PyMOL	https://www.pymol.org

三、序列比对分析

精确的多序列比对（MSA）是所有比较基因组序列分析的基础。近几十年来，可用的MSA方法数量不断增加，主要分为三个类别：①渐进法（progressive-based method），如CLUSTALW、MAFFT和MUSCLE等；②一致性法（consistency-based method），如T-Coffee、ProbCons和MAFFT（部分版本）等；③进化法（evolution-based method），如PRANK、BAli-Phy和StatAlign等。一些软件集成了多种MSA工具，如JABAWS里包括MUSCLE、MAFFT和CLUSTALW等比对方法。在线网站如EMBL-EBI等也免费提供MUSCLE、MAFFT、CLUSTALW、T-Coffee和webPRANK等序列分析工具的在线应用。

四、系统发育和进化分析

系统进化树在理解病毒的出现、演化和变异过程中具有至关重要的作用，研究中常用距离法（distance-based method）和性状法（character-based method）来重建病毒序列的系统发育树，前者包括UPGMA和邻接法（NJ），后者包括最大简约法（MP）、最大似然（ML）和贝叶斯推断法（BI）。在使用NJ、ML和BI方法进行系统发育重建时，通常需要借助如jMODELTEST和ProtTest等程序来选择最适合的核苷酸或氨基酸替代模型。当前，研究者已经开发了多种程序和软件来支持这些方法，如BIONJ、PhyML、RAxML、IQ-TREE、PAUP*、MEGA、MrBayes、PhyloBayes、BEAST和BEAST2等。此外，新型集成平台如PhyloSuite也受到科研人员的青睐。

一些软件如Dendroscope、FigTree和ggtree，以及在线工具如iTOL和Evolview，也被广泛应用于系统发育树的可视化和特色化注释。

五、病毒基因组的变异频率分析

通过病毒基因组间的相似性高低，能够简单获悉毒株间的变异数。目前，Geneious、PHYLIP中的Dnadist等软件或程序都可以用于计算病毒基因组间的遗传距离矩阵。当然，如果比较的基因组数量较少、序列长度较短时，通过目测也足以识别变异数量，计算遗传距离。此外，结合MEGA系列版本的软件，也能实现这一过程。然而，当需要分析的基因组数量较多或序列长度较长时，仅凭目测就很不适合了。随着全球对某些病毒关注度的提高，病毒基因组的在线资源也在不断增加，最典型的如新型冠状病毒（SARS-CoV-2），可以利用CNCB/NGDC数据库（https://bigd.big.ac.cn/ncov/）、Nextstrain网站（https://

nextstrain.org/）和 UCSC SARS-CoV-2 基因组浏览器（http://genome.ucsc.edu/covid19.html），这些资源能够显示整个 SARS-CoV-2 基因组的 10 000 多个位点上的单核苷酸多态性。

六、病毒基因组重组/重配分析

冠状病毒、乙肝病毒等多种病毒的基因组都经常发生基因重组，在研究中，通常使用 SimPlot 软件来检测β冠状病毒的潜在谱系间重组，采用滑动窗口分析确定序列之间相似性的变化模式，结合系统发育分析进行验证。RDP4 是一个用于检测特定数据集中重组事件的软件包，它包含了许多用于重组检测的常见和重要算法，如 RDP、GENECONV、3Seq、Chimaera、SiScan、MaxChi 和 LARD 等。通常情况下，当一个重组事件被多个独立的方法检测到时，它被认为是可靠的。RDP4 和 GARD 常被用于测定亲本病毒间发生重组的断点位置。对流感病毒等分节段病毒，结合各节段的系统发育差异和进化动力学，可研究病毒的基因重配。

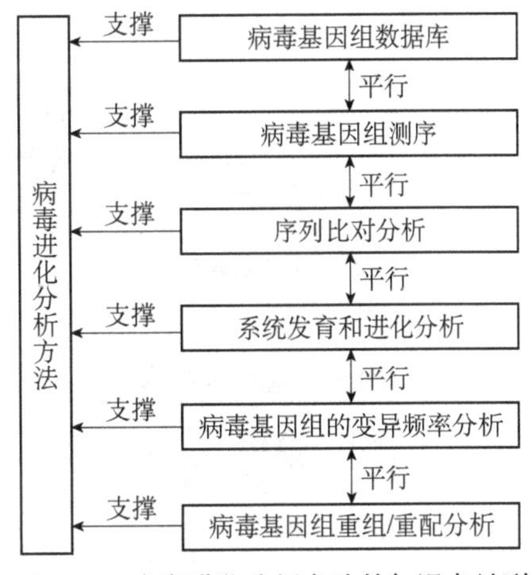

图 9-10 病毒进化分析方法的知识点关联

病毒进化分析方法的知识点关联如图 9-10 所示。

第四节 病毒跨宿主传播与变异

病毒是一种非细胞生物，通常寄生在宿主活细胞中，并与宿主长期共进化。同时，病毒在不同宿主之间也频繁发生跨物种传播事件，并在这个过程中发生变异。在病毒的进化历史中，跨宿主传播可能比共进化更为常见，尤其是在处于相似环境的宿主之间。确定跨宿主传播事件发生的频率对于了解疾病发生至关重要，这可以帮助我们评估人兽共患病的风险，并识别对人类具有感染潜力的病毒。

一、病毒与宿主基因共进化

几十年来，多种 RNA 病毒被证实与其宿主可能存在共进化。例如，对于多数无脊椎动物 RNA 病毒，通常根据它们宿主分类群的进化关系形成零散的、单独的系统发育分支，反映了病毒与其无脊椎动物宿主之间的长期共进化。在脊椎动物携带 RNA 病毒的研究中（图 9-11），悉尼大学著名分子进化学专家爱德华·C. 霍姆斯（Edward C. Holmes）发现从鱼类中提取的 RNA 病毒往往处于从两栖动物、爬行动物、鸟类和哺乳动物中提取的 RNA 病毒的进化根部。这说明脊椎动物 RNA 病毒的系统发育总体上反映了其脊椎动物宿主的系统发育，即两者都是从海洋向陆地过渡进化的。这在某些具体的病毒研究实例中也是存在的，如汉坦病毒，亚历山大（Alexander）等研究者通过比较病毒（RdRp 蛋白）和宿主系统发育树，展示了汉坦病毒与其脊椎动物宿主间的共同演化。

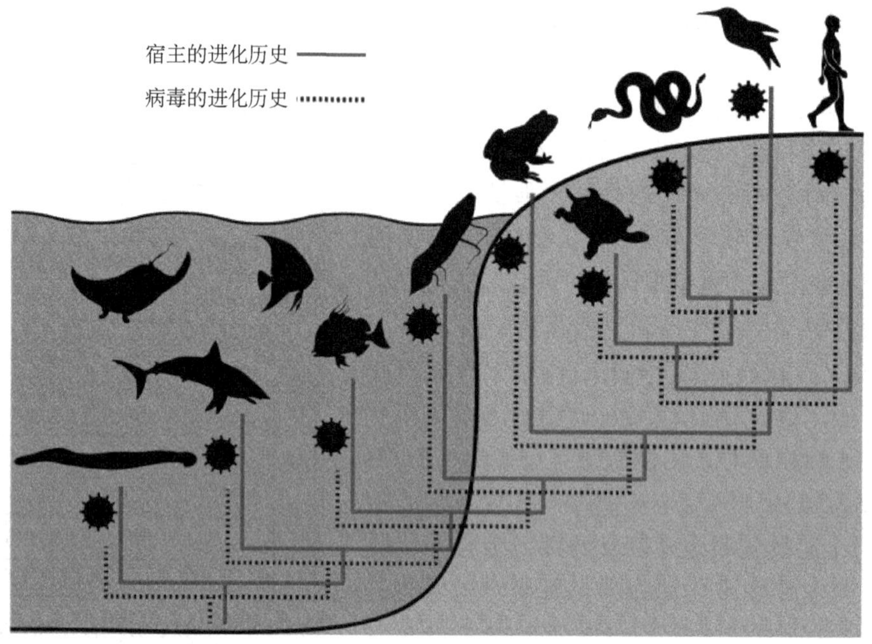

图 9-11　RNA 病毒及其脊椎动物宿主进化历史的合成描述（Zhang et al.，2018）

二、病毒变异与跨宿主感染

尽管大体上 RNA 病毒与其脊椎动物宿主之间存在共进化现象，但是跨宿主传播也是病毒变异经常造成的结果之一。冠状病毒和流感病毒都是典型的例子，对于这两种病毒，蝙蝠和鸟类是新病毒亚型出现和病毒在宿主间传播过程中提供病毒基因的天然宿主，这些脊椎动物具有高度的物种多样性、栖息和迁徙行为及独特的适应性免疫系统，为不同病毒的无症状携带、传播及作为混合器产生新的突变、重组和重配病毒提供了有利条件。部分产生的新基因变异在病毒跨物种感染人或其他哺乳动物的过程中发挥了重要作用。例如，冠状病毒中果子狸分离株 Spike 蛋白 RBD 区的 K479N 和 S487T 变异被证实是其感染人的适应性突变，在增加病毒与人 ACE2 受体的结合亲和力中起关键作用；流感病毒 PB_2 基因 627K 和 701N 等是 H5N1、H7N9、H7N7 等亚型禽流感病毒跨宿主感染哺乳动物的重要适应性变异。事实上，在病毒进化史中，跨宿主传播可能比共进化更为常见，尤其是在处于相似环境的宿主之间。另外，人类对野生动物栖息地的入侵增加也促进了不同动物物种之间的跨物种传播。

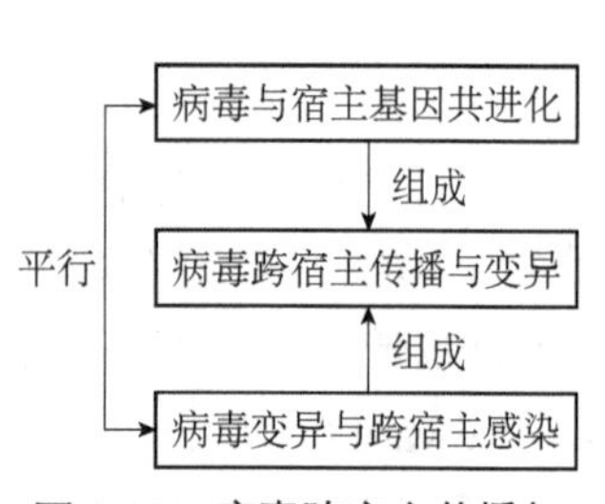

图 9-12　病毒跨宿主传播与变异的知识点关联

病毒跨宿主传播与变异的知识点关联如图 9-12 所示。

本章小结

病毒的进化是指其基因在一段时间内发生变化的过程，尤其是RNA病毒，由于其复制机制的特殊性，进化速度更快。这种进化带来的基因变异和多种基因型的选择，可能导致病毒宿主范围、致病力及抗原性发生变化，进而影响疾病的传播和防控。因此，研究病毒的进化规律对于理解和控制病毒性疾病至关重要。病毒根据其基因组即核酸载体，可分为DNA病毒和RNA病毒。不同病毒的基因组形式多种多样，可能是单链或双链，闭环或线性结构。基因组的大小差异极大，最小的病毒基因组仅有几千碱基对，而最大的巨型病毒则拥有数百万碱基对。巨型病毒如米米病毒、潘多拉病毒的发现，颠覆了人们对病毒体积及基因组大小的传统认知，甚至模糊了病毒与其他微生物的界限。此外，病毒基因组中包含了丰富的编码策略，利用基因重叠和压缩信息的方式，使得相对较小的基因组能够编码大量蛋白质。这种策略不仅提高了病毒的生存适应性，还增强了其感染和复制的效率。通过基因测序技术，科学家对病毒基因组的理解得到了极大的提升，为病毒学研究提供了新的视角。

（史卫峰　李　娟）

1. 简述病毒基因组的编码策略。
2. 简述中性进化论。
3. RNA病毒和DNA病毒在进化速率上有哪些差异？这种差异的主要原因是什么？
4. 解释什么是基因重组和基因重配，它们如何影响病毒的进化？
5. 假设通过NGS组装获得一条新型冠状病毒全基因组序列，长度约为31kb，请至少根据三种常用的病毒进化分析方法，分析该序列的基因组特征。
6. 举例说明病毒如何通过跨宿主感染进行进化。

主要参考文献

刘文军，许崇凤，高福，等. 2016. 病毒学原理Ⅰ. 北京：化学工业出版社.

Abedon S T，Calendar R L. 2006. The Bacteriophages. 2 ed. Oxford：Oxford University Press.

Arslan D，Legendre M，Seltzer V，et al. 2011. Distant mimivirus relative with a larger genome highlights the fundamental features of *Megaviridae*. Proc Natl Acad Sci USA，108：17486-17491.

Bi Y，Li J，Shi W，2022. The time is now：a call to contain H9N2 avian influenza viruses. Lancet Microbe，3（11）：e804-e805.

Garten R J，Davis C T，Russell C A，et al. 2009. Antigenic and genetic characteristics of swine-origin 2009 A（H1N1）influenza viruses circulating in humans. Science，325：197-201.

Holmes E C. 2009. The Evolution and Emergence of RNA Viruses. Oxford：Oxford University Press.

Hu B，Zeng L P，Yang X L，et al. 2017. Discovery of a rich gene pool of bat SARS-related coronaviruses provides new insights into the origin of SARS coronavirus. PLoS Pathog，13：e1006698.

Hu T，Li J，Zhou H，et al. 2021. Bioinformatics resources for SARS-CoV-2 discovery and surveillance. Briefings in Bioinformatics，22（2）：631-641.

Huang C，Liu W J，Xu W，et al. 2016. A bat-derived putative cross-family recombinant coronavirus with a reovirus gene. PLoS Pathog，12：e1005883.

la Scola B，Audic S，Robert C，et al. 2003. A giant virus in amoebae. Science，299：2033.

Legendre M，Bartoli J，Shmakova L，et al. 2014. Thirty-thousand-year-old distant relative of giant icosahedral DNA viruses with a Pandoravirus morphology. Proc Natl Acad Sci USA，111（11）：4274-4279.

Legendre M，Lartigue A，Bertaux L，et al. 2015. In-depth study of *Mollivirus sibericum*，a new 30,000-y-old giant virus infecting *Acanthamoeba*. Proc Natl Acad Sci USA，112（38）：E5327-E5335.

Liu D，Shi W，Shi Y，et al. 2013. Origin and diversity of novel avian influenza A H7N9 viruses causing human infection：phylogenetic，structural，and coalescent analyses. Lancet，381：1926-1932.

Lu R，Zhao X，Li J，et al. 2020. Genomic characterisation and epidemiology of 2019 novel coronavirus：implications for virus origins and receptor binding. Lancet，395（10224）：565-574.

Philippe N，Legendre M，Doutre G，et al. 2013. Pandoraviruses：amoeba viruses with genomes up to 2.5 Mb reaching that of parasitic eukaryotes. Science，341：281-286.

Plyusnin A，Sironen T. 2014. Evolution of hantaviruses：co-speciation with reservoir hosts for more than 100 MYR. Virus Res，187：22-26.

Quan C，Shi W，Yang Y，et al. 2018. New threats from H7N9 influenza virus：spread and evolution of high-and low-pathogenicity variants with high genomic diversity in wave five. J Virol，92（11）：e00301-e00318.

Xiong X，Coombs P J，Martin S R，et al. 2013. Receptor binding by a ferret-transmissible H5 avian influenza virus. Nature，497：392-396.

Yuan L，Huang X Y，Liu Z Y，et al. 2017. A single mutation in the prM protein of Zika virus contributes to fetal microcephaly. Science，358：933-936.

Zhang Y Z，Wu W C，Shi M，et al. 2018. The diversity，evolution and origins of vertebrate RNA viruses. Current Opinion in Virology，31：9-16.

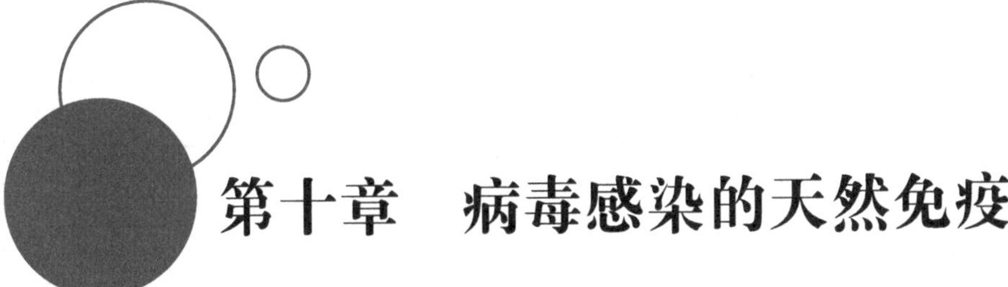

第十章　病毒感染的天然免疫

本章要点

1. 天然免疫：又称先天免疫、固有免疫或非特异性免疫，是机体遗传获得、与生俱来的，具有反应快速、作用广泛、相对稳定和可遗传等特点。天然免疫对各种入侵的病原微生物能快速反应，是机体抵抗外来入侵的第一道防线，也是获得性免疫的启动和进展的基础。
2. 天然免疫的组成：天然免疫系统主要由组织屏障、天然免疫细胞和天然免疫分子组成。组织屏障是机体内部的一系列组织结构，其通过物理隔离、排泄和分泌等有效防御病原体和其他有害物质的入侵。天然免疫细胞包括巨噬细胞、自然杀伤细胞、粒细胞、树突状细胞等。天然免疫分子包括细胞因子、补体分子、凝集素等。
3. 抗病毒天然免疫信号通路：机体对于入侵病原微生物的识别是通过天然免疫系统中的模式识别受体完成的，模式识别受体是一类能够识别病原体相关分子模式的蛋白质。目前已知的天然免疫信号通路主要包括：①RIG-Ⅰ样受体信号通路；②Toll 样受体信号通路；③NOD 样受体信号通路；④C 型凝集素受体和 DNA 受体信号通路。
4. 病毒天然免疫逃逸：病毒在与宿主长期的相互博弈过程中，进化出多种策略抵抗天然免疫反应。其抑制机制主要包括：①抑制宿主基因的转录和 mRNA 成熟；②抑制宿主基因的翻译；③逃逸模式识别受体的识别；④靶向干扰素产生信号通路；⑤抑制干扰素下游信号通路；⑥直接抑制干扰素刺激因子的抗病毒功能，抑制炎症小体活化等。

本章对抗病毒天然免疫进行深入介绍，包括天然免疫系统的组成，天然免疫细胞的分类及其抗病毒作用，介导抗病毒天然免疫的模式识别受体的分类和信号通路，以及病毒逃避天然免疫的机制等。

本章知识单元和知识点分解如图 10-1 所示。

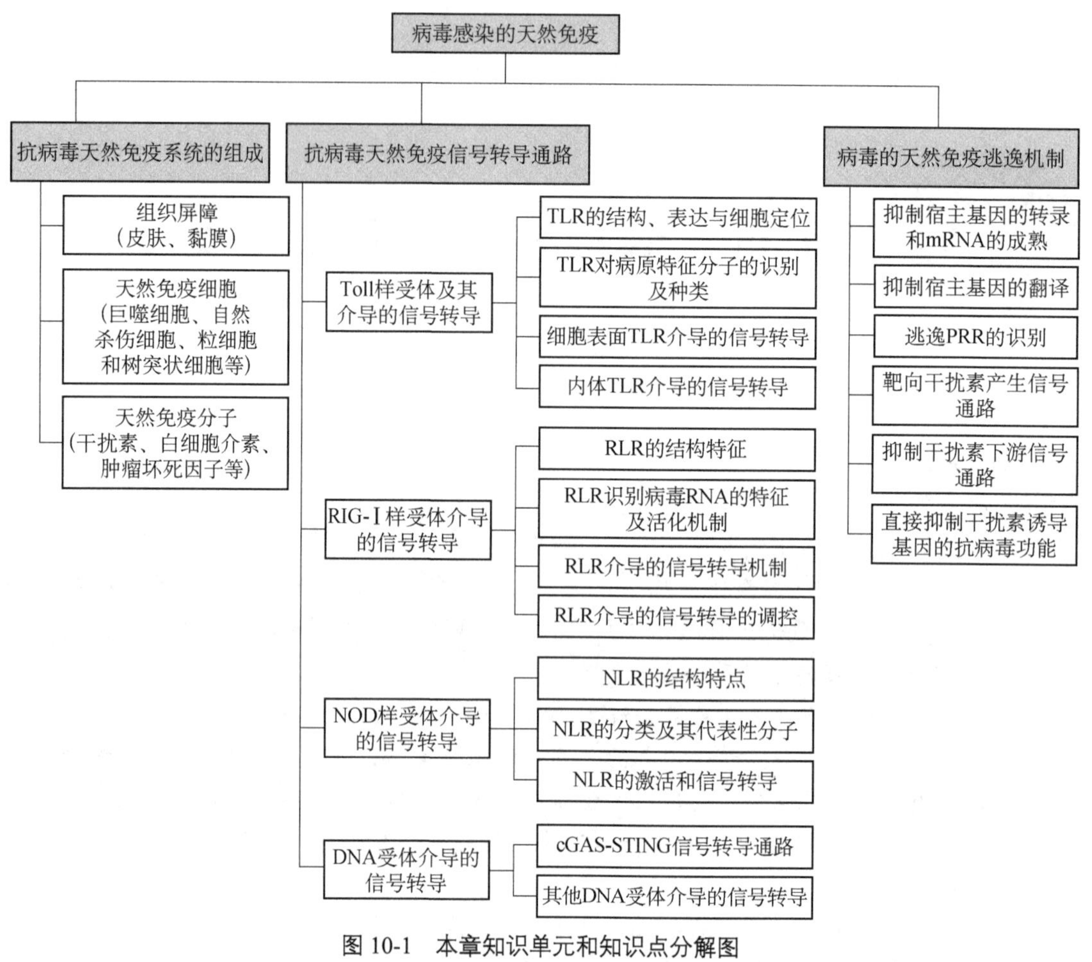

图 10-1　本章知识单元和知识点分解图

第一节　抗病毒天然免疫系统的组成

一、概述

天然免疫（natural immunity），又称先天免疫（innate immunity）、固有免疫或非特异性免疫，是机体在种系发育和进化过程中逐渐建立的一系列天然防御功能。天然免疫通常在病原体侵入后快速响应，有助于早期清除病原微生物感染，限制其扩散和进一步感染，因此被认为是机体抵抗病原微生物感染的第一道防线。它是机体与生俱来的，受到表观遗传机制的严格调控，具有反应迅速、非适应性、作用广泛、无特异性和记忆性等特点。原生动物、所有多细胞动物（后生动物）和植物都有天然免疫系统，这也是大多数物种抵御病原体的唯一防御系统。天然免疫系统对于确保细胞的完整性、动态平衡和所有生物的生存至关重要。

天然免疫系统由物理屏障、天然免疫细胞和天然免疫分子组成。物理屏障是机体的组织屏障，由皮肤、黏膜、器官包膜、细胞膜等组成，对病原微生物发挥物理防御作用。病毒突破组织屏障，通过与受体结合吸附到细胞表面并入侵细胞。一旦成功进入，病毒将被多种模式识别受体识别，这些受体通常通过识别病毒核酸激活天然免疫反应。天然免疫反应信号通路激活后诱导产生干扰素和细胞因子等关键分子。病毒诱导产生的干扰素和细胞因子可刺激趋化因子的表达，募集天然免疫细胞至感染部位。天然免疫细胞主要包括巨噬细胞、树突状细胞、自然杀伤细胞、粒细胞和肥大细胞等。这些细胞在防御过程中直接吞噬、杀伤病原微生物并进一步募集免疫细胞，维持机体稳态和调控炎症反应。干扰素还可通过诱导上百个干扰素刺激基因（interferon-stimulated gene，ISG）的表达发挥抗病毒作用。ISG 通过作用于病毒生活周期的不同阶段抑制病毒的感染复制。

二、天然免疫系统的组成

（一）组织屏障

天然免疫的组织屏障是机体内部的一系列组织结构，其通过物理隔离、排泄和分泌等手段，有效防御病原体和其他有害物质的入侵。这些屏障中，皮肤、黏膜及其附属成分占据了重要地位。皮肤作为人体最大的器官，通过多层紧密连接的角质细胞和表皮细胞形成物理屏障，有效阻止病原体的入侵。同时，皮肤的皮脂腺和汗腺分泌的油脂及汗液中含有的抗菌物质，进一步增强了防御效果。黏膜覆盖在呼吸道、消化道、泌尿道等内腔表面，其表面的黏液层、纤毛和黏液腺分泌物共同协作，将病原体阻隔在外，并通过纤毛的机械摆动和分泌液、尿液的冲洗作用，将病原体排出体外。天然免疫的化学屏障则主要依赖于各种分泌液中的乳酸、不饱和脂肪酸和胃酸等抗菌物质。

生物学屏障表现为微生物屏障，如口腔菌群和肠道菌群。口腔内的正常菌群维持微生态平衡，通过抵御外来菌的入侵，保护宿主免受新的、致病性较强的外源微生物的侵害。这种屏障作用有助于维护口腔健康。口腔内的细菌与免疫系统之间存在复杂的相互作用，它们促进免疫细胞的形成与成熟，并参与微生物应答，协助识别和筛选共生定植的微生物。肠道菌群与肠壁内的免疫细胞相互作用，共同构建了一个动态平衡的系统。肠道细菌紧密结合在肠道内壁表面的黏膜层上，形成一道由细菌构成的屏障，有效阻止病原菌的入侵。肠道菌群在促进免疫系统发育和维持正常免疫功能方面起着关键作用，能产生抗菌物质，如细菌素和毒性短链脂肪酸，以杀死或抑制外来细菌，降低其毒性，进一步保护肠道免受感染。除此之外，它们还刺激黏膜淋巴组织的发育，增加免疫球蛋白在血浆和肠黏膜中的水平，并促进免疫系统的适度活跃状态。

（二）天然免疫细胞

参与先天免疫的细胞称为天然免疫细胞或固有免疫细胞（innate immunocyte），主要包括中性粒细胞、自然杀伤细胞、树突状细胞、肥大细胞、巨噬细胞及其前体单核细胞等。天然免疫细胞在宿主防御过程中发挥着重要作用，包括杀死病原体、调控免疫细胞的募集和激活，同时也具有提供营养、维持组织稳态和调控炎症反应的功能。在健康或疾病的背景下，先天免疫细胞表现出广泛的功能表型。

1. 巨噬细胞 巨噬细胞（macrophage）是一种重要的先天免疫细胞，源自骨髓，通过血液循环进入各个组织。根据在免疫反应中的角色和激活状态，巨噬细胞分为两种主要类型：M1（促炎型）和 M2 型（抗炎型）。M1 型巨噬细胞在抗病毒防御中发挥重要作用，主要负责吞噬和消化病原体、细胞残骸和其他异物。M2 型巨噬细胞则在伤口愈合、组织修复和炎症反应中起作用，产生抗炎细胞因子。巨噬细胞具有高度的可塑性，能够通过分化与极化来调节宿主的免疫反应。

2. 自然杀伤细胞 自然杀伤细胞（natural killer cell，NK cell）是一类淋巴细胞，主要负责识别并杀伤感染或异常变异的细胞，如病毒感染细胞和肿瘤细胞，无需预先的抗原刺激。自然杀伤细胞的主要功能之一是识别和杀伤被感染或变异的细胞。它们能够主动识别并攻击这些异常细胞，通过与靶细胞表面的特定分子结合，使自然杀伤细胞能够精确地识别并消除这些潜在威胁。

自然杀伤细胞具有非常高的杀伤效率。当识别到异常细胞后，它们会释放细胞毒性物质如颗粒酶和穿孔素来破坏这些细胞。这种高效的杀伤机制使自然杀伤细胞在清除病原体和肿瘤细胞方面发挥着重要作用。此外，自然杀伤细胞还与其他免疫细胞相互作用，形成复杂的免疫调节网络。它们与巨噬细胞、T 细胞等协同工作，共同抵御感染和维护免疫平衡。这种协同作用使免疫系统能够更有效地应对各种挑战。

自然杀伤细胞的数量和活性对于维持人体健康至关重要。随着年龄的增长，自然杀伤细胞的数量可能会减少，导致免疫力下降，增加患病风险。因此，保持健康的生活方式，如均衡饮食和适度运动，有助于维持自然杀伤细胞的数量和活性，从而维持免疫系统的正常功能。

3. 中性粒细胞 中性粒细胞（neutrophil）是血液中最常见的白细胞类型之一，它们是第一批进入感染部位的免疫细胞，能够吞噬和消化细菌、真菌和其他微生物。吞噬并杀死病原体是中性粒细胞的核心功能。当身体受到感染时，中性粒细胞会迅速聚集到感染部位，吞噬并杀死细菌、病毒等微生物，从而保护机体免受进一步伤害。中性粒细胞到达感染或损伤部位时，会释放多种炎症介质，包括前列腺素、三磷酸腺苷（ATP）、细胞因子（如肿瘤坏死因子 α、白细胞介素 1β 和白细胞介素 6 等）及化学趋化因子，增强炎症反应，吸引更多的免疫细胞到达炎症部位，加剧局部血管的通透性，使得免疫细胞更易进入感染部位。中性粒细胞的生命周期较短，完成功能后通过程序性死亡的方式消亡，避免继续释放炎症介质。死亡的中性粒细胞随后被巨噬细胞清除，以促进炎症的消退。

4. 嗜酸性粒细胞 嗜酸性粒细胞（eosinophil）是一种白细胞，主要参与对寄生虫感染和过敏反应的免疫应答，能够释放抗寄生虫和抗过敏物质。它们含有许多嗜酸性颗粒，这些颗粒能够吞噬并消灭入侵人体的细菌、寄生虫等非机体异物。当人体受到这些病原体的感染时，嗜酸性粒细胞的数量通常会增加，从而增强对病原体的防御能力。嗜酸性粒细胞还能释放颗粒中的内容物，这些物质可能引发组织损伤，并促进炎症的进展。嗜酸性粒细胞在肺部等组织的募集和活化是导致组织损伤的关键因素。它们通过表达细胞膜信号分子及受体，与嗜碱性粒细胞、内皮细胞、巨噬细胞等相互作用，参与自然免疫。同时，它们也能与 T 淋巴细胞等多种细胞相互作用，对抗细菌、病毒和肿瘤等病原体。

5. 嗜碱性粒细胞　嗜碱性粒细胞（basophil）是一种白细胞，主要在过敏和炎症反应中释放组胺等炎症介质，促进炎症反应的发生和维持。嗜碱性粒细胞含有肝素、组胺和其他炎症介质的颗粒。当嗜碱性粒细胞被激活时，它们释放这些颗粒，导致血管扩张和血管通透性增加，这是过敏反应和炎症过程的一部分。嗜碱性粒细胞通过释放组胺和其他化学物质参与Ⅰ型超敏反应（即时过敏反应），这些反应与过敏性疾病如哮喘、过敏性鼻炎和某些类型的皮疹有关。嗜碱性粒细胞在抗寄生虫免疫中也发挥作用，它们释放的某些颗粒内容物对某些寄生虫具有毒性。

6. 树突状细胞　树突状细胞（dendritic cell）是一类专门的抗原提呈细胞，主要负责捕获、加工和呈递抗原，激活和引导适应性免疫应答。树突状细胞能够吞噬或摄取抗原，加工、处理、提取各种抗原物质，然后将抗原信息呈递给T细胞，从而启动并调控免疫应答。这种功能使得树突状细胞成为连接天然免疫和适应性免疫的桥梁。此外，树突状细胞还能调节人体的体液免疫、细胞免疫和肿瘤免疫等，是免疫调节的重要成分。树突状细胞可作为免疫细胞网络的“信息集散节点”，通过蛋白质、细胞信号分子等多种介质来调控其他免疫细胞（如淋巴细胞）的功能状态，从而有效地引导、调控和调节免疫反应的强度、方向和质量，防止过度的免疫反应对机体造成损伤。

（三）天然免疫分子

天然免疫分子是指生物体在长期进化过程中形成的，能够非特异抵抗病原微生物感染的分子，具有非特异性防御、调节炎症反应和激活适应性免疫的功能。它们主要包含补体系统、细胞因子、防御素和抗菌肽等。其中细胞因子在抗病毒防御中发挥重要作用，如干扰素、白细胞介素和肿瘤坏死因子等。

细胞因子多为可溶性的小分子多肽，通过与细胞表面的受体结合发挥生物学功能。细胞因子通常以自分泌和旁分泌方式作用，自分泌是指作用于自身细胞，旁分泌是指作用于相邻细胞。如果表达过高，细胞因子还可以进入循环系统，通过内分泌方式产生全身效应。

1. 干扰素　干扰素（interferon，IFN）是最早发现的细胞因子，因其能够干扰病毒的复制而得名。干扰素为糖蛋白，可分为Ⅰ、Ⅱ和Ⅲ型。其中Ⅰ型和Ⅲ型主要发挥抗病毒作用。Ⅰ型干扰素包括IFNβ和12种α亚型。Ⅰ型干扰素合成后分泌到细胞外发挥作用，与细胞膜上的干扰素受体结合，诱导干扰素受体IFNAR1和IFNAR2的异二聚化，激活Tyk2-JAK1，诱导转录因子STAT1/2的磷酸化，与IRF9形成转录复合物ISGF3，进入细胞核促进干扰素刺激基因（interferon-stimulated gene，ISG）的表达，进而发挥抗病毒作用。Ⅲ型干扰素受体IFNLR下游信号通路与Ⅰ型干扰素下游信号类似，但Ⅲ型干扰素受体表达没有Ⅰ型干扰素受体表达广泛，主要表达于黏膜组织，因此Ⅲ型干扰素主要在黏膜上皮的抗病毒保护中发挥重要作用。

2. 白细胞介素　在早期研究中，人们将白细胞分泌的细胞因子命名为白细胞介素（interleukin，IL），然而后来发现其他细胞也可以产生，因此白细胞介素是由多种细胞产生，并通过受体作用于多种细胞的一类细胞因子，目前已发现40多种。IL-1通过与IL-1R结合诱导上百个基因的表达，包括IL-6和TNF-α等，主要发挥免疫调节作用，可促进单核细胞和巨噬细胞等抗原提呈细胞的抗原呈递能力，与干扰素协同增强 NK 细胞活性，并募集中性粒细胞释放炎性介质等。IL-6 在免疫调节、造血、炎症等方面具有广泛的生物学活性。

3. 肿瘤坏死因子 肿瘤坏死因子（tumor necrosis factor，TNF）是 1975 年发现的一种能够使肿瘤发生出血性坏死的细胞因子。与 IL-1 和 IL-6 类似，TNF 参与诱导炎症反应，促进机体抵抗外来入侵的能力。TNF 与受体激活后也可以通过诱导细胞凋亡和细胞坏死抵御病毒感染。

除上述几个细胞因子外，机体还包括多种细胞因子，它们相互之间构成复杂的细胞因子网络，通过促炎反应和抗炎反应维持机体免疫系统的平衡。

第二节 抗病毒天然免疫信号转导通路

病毒入侵细胞后，被细胞相关的模式识别受体（pattern recognition receptor，PRR）所识别，启动和激活天然免疫与炎症反应以清除感染的病原体。模式识别受体主要通过感知病毒的核酸来实现识别。由于病毒可感染宿主大部分的细胞类型，因此细胞都能够感知外来入侵的病毒并启动下游天然免疫反应。PRR 下游信号通路所诱导的关键分子是干扰素和细胞因子。干扰素通过诱导数百种 ISG 发挥抗病毒作用，ISG 可作用于病毒生命周期的多个阶段，阻止病毒的复制和传播。干扰素和细胞因子诱导趋化因子的产生，募集免疫细胞至感染部位，进一步加强天然免疫反应并促进适应性免疫的激活。

模式识别受体是一类表达于天然免疫细胞表面、内体、溶酶体、细胞质中的非克隆性分布的识别分子，可识别一种或多种病原体，或宿主凋亡细胞和衰老损伤细胞表面某些共有的特定分子结构。它们位于不同的细胞区室（质膜、内体和细胞质），属于不同的分子家族，包括 Toll 样受体（Toll-like receptor，TLR）、RIG-Ⅰ样受体（retinoic acid-inducible gene Ⅰ-like receptor，RIG-Ⅰ-like receptor，RLR）、NOD 样受体（nucleotide-binding oligomerization domain-like receptor，NOD-like receptor，NLR）、C 型凝集素受体（C-type lectin receptor，CLR）和 DNA 识别受体等。

一、Toll 样受体及其介导的信号转导

TLR 在宿主抗感染中扮演着至关重要的角色，能够识别并响应多种病原体相关分子模式（PAMP）。早在 1996 年，朱尔斯·霍夫曼（Jules Hoffman）团队就发现 Toll 受体诱导成年果蝇表达抗感染组分，包括抗菌肽和曲霉素，抵抗细菌和真菌感染。随后，布鲁斯·博伊特勒（Bruce Beutler）发现 TLR4 是细菌脂多糖（LPS）的受体，确定其能够诱导哺乳动物天然免疫激活和预防细菌感染。此后，越来越多的 TLR 被发现可识别特异的病原体相关分子模式。TLR 通过其膜外的富含亮氨酸重复序列（leucine-rich repeat，LRR）来识别 PAMP，包括广泛存在于病原体中的分子结构，如病毒的双链 RNA、单链 RNA、DNA 和蛋白质等。

（一）TLR 的结构、表达与细胞定位

TLR 是Ⅰ型跨膜蛋白，主要由三个区域组成：①胞外域（ectodomain），主要由 16～28 个 LRR 组成。每个 LRR 含有 20～25 个氨基酸，多个 LRR 形成马蹄形蛋白支架，介导 TLR 识别特定的病原成分；②跨膜区（transmembrane domain），该区域使得 TLR 能够嵌入细胞膜中，从而在细胞表面或内体中发挥作用；③胞内域（cytoplasmic domain），主要由 TIR（toll-interleukin-1 receptor）结构域构成，负责介导下游信号转导。

人类编码 10 种 TLR 蛋白，包括 TLR1～TLR10。TLR 主要在天然免疫细胞中表达，包括巨噬细胞、自然杀伤细胞、树突状细胞和循环白细胞（如单核细胞和中性粒细胞）。TLR 也在适应性免疫细胞如 T 淋巴细胞和 B 淋巴细胞中表达，还在特定非免疫细胞如上皮细胞、内皮细胞和成纤维细胞中表达。TLR 定位于细胞表面或内体等囊泡结构中。TLR1、TLR2、TLR4、TLR5、TLR6 和 TLR10 定位于细胞膜，负责识别脂质和蛋白质；TLR3、TLR7、TLR8 和 TLR9 定位于内体和溶酶体，负责识别核酸。TLR10 在小鼠中无功能，小鼠还编码 TLR11、TLR12 和 TLR13，这些 TLR 在人类中不存在，但在小鼠中有特定的功能。

（二）TLR 对病原特征分子的识别及种类

根据 TLR 在细胞中的定位和识别的分子类型，可将它们分为不同的类别。

1. 细胞表面 TLR　该类 TLR 主要位于细胞膜表面，能够识别病原体的细胞壁成分，包括细菌的鞭毛蛋白，革兰氏阳性细菌的脂磷壁酸（lipoteichoic acid，LTA）和肽聚糖，革兰氏阴性细菌的 LPS、阿拉伯甘露聚糖、脂肽及酵母的酵母聚糖等。简述如下。

（1）TLR1 和 TLR2：通常以异二聚体的形式存在，识别细菌的脂蛋白，如三酰化脂蛋白等。

（2）TLR4：主要识别 LPS。

（3）TLR5：识别细菌的鞭毛蛋白。

（4）TLR6：与 TLR2 一起参与识别某些类型的脂蛋白，如二酰化脂蛋白等。

2. 内体 TLR　主要位于内体和溶酶体中，能够识别病原体的核酸。简述如下。

（1）TLR3：识别病原体的 dsRNA。

（2）TLR7 和 TLR8：识别病原体的单链 RNA（single-stranded RNA，ssRNA）。

（3）TLR9：识别含有未甲基化 CpG 基序的 DNA。

（三）细胞表面 TLR 介导的信号转导

细胞表面 TLR（如 TLR1、TLR2、TLR4、TLR5 和 TLR6）主要识别细菌和真菌的细胞壁成分及病毒的表面蛋白。

1. TLR4 介导的信号转导　TLR4 是在人类中发现的第一个 Toll 同源物。LPS 是最典型的 TLR4 配体，TLR4 介导的信号转导涉及 MyD88 和 TRIF 这两个接头分子的参与，激活不同的通路。TLR4 活化导致 MyD88 的招募，形成 MyD 小体（myddosome），进而激

活 IRAK 家族蛋白和 TRAF6，启动 NF-κB（nuclear factor-κB）和 MAPK（mitogen-activated protein kinase）的信号转导，诱导炎症细胞因子的表达。TLR4 活化招募 TRIF（TIR domain-containing adaptor inducing IFN-beta），则激活 TBK1（TANK-binding kinase 1）和 IKKε（inhibitor of kappa B kinase-ε），进而促进 IRF3 的激活和Ⅰ型干扰素的产生，这对于宿主的抗病毒免疫至关重要。MyD88 通路主要负责快速产生炎症反应，而 TRIF 通路则涉及干扰素的产生和对病原体的长期免疫应答，两者共同作用，确保了宿主对病原体的有效防御。这两种通路的激活取决于多种因素，包括病原体的性质和宿主细胞的类型及 TLR4 的内化等。例如，TRIF 通路的激活可能需要 TLR4 的内化，而 MyD88 通路活化主要在细胞表面发生。

2. TLR2 介导的信号转导　TLR2 主要表达在免疫系统细胞如巨噬细胞、树突状细胞和中性粒细胞表面，参与识别多种 PAMP，如细菌的肽聚糖、脂蛋白，以及某些病毒和真菌的组分。TLR2 通常与其他 TLR 家族成员（如 TLR1 或 TLR6）形成异源二聚体，以识别特定的 PAMP。例如，TLR2-TLR1 复合体可以识别三酰化脂肽，而 TLR2-TLR6 复合体则识别二酰化脂肽。

3. TLR5 介导的信号转导　TLR5 表达于巨噬细胞、树突状细胞和肠道上皮细胞基底层，主要识别细菌鞭毛蛋白。鞭毛蛋白是细菌鞭毛的主要结构蛋白，在细菌中高度保守。鞭毛蛋白中保守的精氨酸残基与 TLR5 的 LRR 序列互补结合，诱导 TLR5 发生二聚化，激活 MyD88 介导的天然免疫信号通路。TLR5 还具有增强 MHC Ⅱ（major histocompatibility complex Ⅱ）类分子向 $CD4^+$ T 细胞呈递鞭毛蛋白的作用。肠上皮细胞表达的 TLR5 调节肠道菌群的组成和定位，是宿主对鞭毛微生物的免疫反应和维持肠道稳态的重要调节因子，对于预防肠道炎症相关疾病至关重要。

（四）内体 TLR 介导的信号转导

内体 TLR 包括 TLR3、TLR7、TLR8、TLR9 及小鼠 TLR13，主要负责识别病原体的核酸成分，如病毒和细菌的双链 RNA、单链 RNA 及含有非甲基化 CpG 基序的 DNA。这些受体位于细胞内体中，当病原体被吞噬作用摄入细胞后，其核酸成分被释放到内体空间，内体 TLR 与之结合并激活。

1. TLR3 介导的信号转导　TLR3 介导的信号转导机制是宿主细胞对病毒核酸，特别是双链 RNA（dsRNA）识别和响应的关键途径。合成的多肌胞苷酸［polyinosinic acid-polycytidylic acid，poly(I:C)］常被用于模拟 dsRNA 激活 TLR3。TLR3 以序列非依赖的方式结合 dsRNA。TLR3 结合 dsRNA 的最佳 pH 低于 6.5，能结合短至 40～45bp 的 dsRNA。在未结合配体时，TLR3 以单体形式存在，一旦与 dsRNA 结合，TLR3 会发生构象变化并形成同源二聚体，两个 TLR3 的细胞外结构域协同作用，夹住一个 dsRNA 分子。TLR3 的二聚化是介导抗病毒免疫反应的基本功能单元，多个 TLR3 二聚体同时结合在长的 dsRNA 上，这种结合能够增强信号转导的效率，并有助于 TLR3 对长链 dsRNA 的识别和结合。在内溶酶体中，由于环境的 pH 是轻度酸性的，TLR3 上的关键组氨酸残基的咪唑基团会发生质子化，从而获得正电荷。这些正电荷对于与带负电荷的 dsRNA 分子结合十分必要。

TLR3 的活化会促进胞内 TIR 结构域的寡聚化并招募 TRIF。TRIF 的激活解除了其自抑制状态，暴露出下游信号分子的结合位点，募集 TRAF3、TBK1 和 IKKε，激活 IRF3，促进Ⅰ型干扰素的产生。TRIF 还能够通过其 RHIM（RIP homotypic interaction motif）结构域招募 RIPK1（receptor-interacting serine/threonine-protein kinase 1）并激活 TAK1（transforming growth factor β activated kinase 1），进而激活 IκB 激酶（IκB kinase，IKK）复合体，导致 NF-κB 途径的激活和促炎基因的转录。TLR3 主要通过 TRIF 依赖的途径激活 IRF3 和 NF-κB。在某些情况下，TLR3 的激活还可以通过 TRIF 依赖的途径诱导细胞死亡，如程序性坏死（programmed necrosis）等。

2. TLR7/8 介导的信号转导 与 TLR3 相似，TLR7 和 TLR8 也是位于内体的核酸感受器。TLR7 和 TLR8 识别病毒和细菌来源的 ssRNA。TLR7 和 TLR8 在其细胞外结构域中都含有一个主要的配体结合口袋，能够与 ssRNA 分子中的特定序列或结构模式相互作用并产生选择性结合。TLR7 偏好识别富含 GU 的序列，而 TLR8 则识别富含 AU 和 GU 的序列。另外，TLR7 能够结合鸟苷（guanosine）分子，而 TLR8 则对尿苷（uridine）分子有高亲和力。这些核苷的结合对于 TLR7 和 TLR8 的激活至关重要。TLR7 和 TLR8 的外细胞域具有高度同源性，都包含 26 个 LRR 并形成封闭环形结构。TLR7 在未激活时为单体，配体结合会促使其形成二聚体，每个二聚体可以结合两个小分子，如鸟苷或雷西莫特（Resiquimod/R848）和两个 ssRNA 配体。TLR8 在不结合配体时已经是二聚体，尿苷和富含 GU 的 ssRNA 的结合会诱导 TLR8 二聚体界面的重排，使得 C 端的 TIR 结构域相互靠近，从而促进 TLR8 通路活化。TLR7 的活化会通过 TIR 结构域招募 MyD88，形成 MyD 小体，这个复合体还包含 IRAK4 和 IRAK1/2 激酶。MyD 小体的形成和寡聚化促进 IRAK4 的自我磷酸化和激活，进而激活 IRAK1/2。值得注意的是，这些激酶激活 IRF7 而不是 IRF3 来促进Ⅰ型干扰素的产生。另外，MyD 小体还通过 IKK 复合体促进 NF-κB 途径的激活和促炎基因的转录。

3. TLR9 介导的信号转导 哺乳动物基因组 DNA 的胞苷磷酸鸟苷（cytidine-phosphate-guanosine，CpG）位点具有甲基化修饰，而许多细菌和病毒的基因组 DNA 的 CpG 未被甲基化。含有未甲基化 CpG 的 DNA 可被 TLR9 识别。TLR9 对 DNA 的识别发生在溶酶体中，DNase Ⅱ消化溶酶体中的 DNA 片段，能够促进 TLR9 的活化。与 TLR7 类似，TLR9 的胞外域在没有配体时呈封闭环形结构。当与含有 CpG 的细菌单链 DNA（ssDNA）结合时，会形成 2：2 复合体。TLR9 通过两个结合面与 CpG DNA 分子结合。第一个结合面由一个 TLR9 胞外域的 N 端提供，与 DNA 的碱基部分相互作用，而第二个结合面由二聚体中另一个 TLR9 胞外域的 C 端提供，与 DNA 的骨架相互作用。这种 DNA 与 TLR9 的结合形式有利于 TLR9 通路的激活。TLR9 与 TLR7 类似，通过 MyD 小体的招募和组织来激活Ⅰ型干扰素和促炎基因的转录。

4. 内体 TLR 的运输与定位 正确的定位对内体 TLR 信号十分重要。TLR 蛋白的合成起始于内质网，TLR3、TLR7 和 TLR9 从内质网转移至内体需要与 UNC93B1 蛋白相互作用。UNC93B1 由 12 个跨膜结构域组成，通过其跨膜结构域直接与 TLR 结合，协助 TLR 进入内质网（ER）衍生的囊泡，并进一步转运到高尔基体和内体。人类 UNC93B1 突变会增加单纯疱疹病毒性脑炎的易感性。

综上，TLR 作为先天免疫系统的关键组成部分，通过识别广泛的病原体相关分子模式，发挥着至关重要的作用。它们不仅激活免疫细胞产生炎症细胞因子和干扰素，促进病原体清除，还通过调节树突状细胞和巨噬细胞的活性，协调先天免疫和适应性免疫之间的连接，从而维持免疫稳态和防御机制的有效性。因此，TLR 不仅在基础免疫学研究中占有核心地位，也在疫苗开发、疾病预防和治疗策略中具有重要的应用潜力。

二、RIG-Ⅰ样受体介导的信号转导

RLR 介导的信号转导是细胞天然免疫系统中对 RNA 病毒识别和响应的核心机制之一。RLR 家族主要包括视黄酸诱导基因-Ⅰ（retinoic acid-inducible gene-Ⅰ，RIG-Ⅰ）、黑色素瘤分化相关基因 5（melanoma differentiation-associated protein 5，MDA5）和遗传与生理实验分子 2（laboratory of genetics and physiology 2，LGP2），它们主要存在于细胞质中，负责识别病毒 RNA 并迅速启动免疫防御机制。这些受体通过高度特异的方式识别病毒 RNA 的特征性结构，包括双链结构（double-stranded RNA，dsRNA）、5′-三磷酸化（5′-ppp）末端或特定的二级结构，一旦识别到这些“非我”特征，便激活复杂的信号转导途径。

（一）RLR 的结构特征

RLR 大多由三个关键结构域构成，协同工作以实现对病原 RNA 的精准识别和后续的免疫应答，三个关键结构域为：①N 端 CARD（胱天蛋白酶激活募集结构域），RIG-Ⅰ和 MDA5 含有双 CARD，LGP2 不含此结构域。CARD 是信号转导的关键部分，负责与线粒体抗病毒信号蛋白质（MAVS）相互作用，激活下游信号通路。②解旋酶结构域，所有 RLR 都含有一个 RNA 解旋酶结构域，包含 HEL1、HEL2 及 HEL2 插入结构域，参与识别病毒 RNA 的特定结构。与 RNA 结合后，解旋酶结构域的构象变化促使 CARD 暴露。③C 端结构域（CTD），所有 RLR 都含有 CTD，这个区域能够与 RNA 特异性结合。CTD 的结构差异赋予了 RIG-Ⅰ和 MDA5 识别不同类型 RNA 的能力。

（二）RLR 识别病毒 RNA 的特征及活化机制

RLR 识别病毒 RNA 机制的关键在于区分自我和非我。宿主自身 mRNA 经过特定的修饰以避免被 RLR 识别。例如，成熟的 mRNA 在其 5′端具有一个 7-甲基鸟苷帽子结构（cap 0），这个结构可以掩盖新生 mRNA 的 5′-三磷酸化（5′-ppp）末端，以避免被 RIG-Ⅰ识别。在高等真核生物中，mRNA 的 5′端的第一个核苷酸会通过甲基转移酶修饰形成 2′-*O*-甲基化结构（称为 cap1），而一些 mRNA 的第二个核苷酸会进一步被修饰形成 2′-*O*-甲基化结构（称为 cap2）。研究表明，相比 cap0，cap1 和 cap2 的结构与 RIG-Ⅰ的结合能力更低，因此后两类结构可能更有利于宿主 mRNA 逃避 RLR 的识别。

在识别病毒 RNA 方面，RIG-Ⅰ和 MDA5 具有不同的偏好性。RIG-Ⅰ倾向于识别具有 5′-ppp 末端的 RNA 分子，这种结构通常存在于病毒 RNA 的 5′端，是 RIG-Ⅰ激活的关键特征之一。RIG-Ⅰ也能够识别较短的 dsRNA。RIG-Ⅰ还能识别具有特定二级结构的 RNA，

如含有 5′-ppp 和"锅柄"（panhandle）状二级结构的流感病毒基因组 RNA。MDA5 倾向于识别较长的 dsRNA。例如，脑心肌炎病毒这类小核糖核酸病毒复制过程中产生的 dsRNA 会被 MDA5 所特异性识别。一般来说，RIG-Ⅰ识别 20～1000bp 长度的 dsRNA，而 MDA5 识别大于 1000bp 的 dsRNA。这种区分使得 RIG-Ⅰ和 MDA5 能够互补，扩大了它们对病毒 RNA 的识别范围。

RLR 位于 C 端的 CTD 负责直接与病毒 RNA 的特定结构或序列相互作用，这是识别过程的起点。这一结构域的高度特异性保证了 RLR 仅对病原相关的 RNA 而非正常的宿主 RNA 做出反应，避免了自身免疫反应的激活。在细胞未受刺激时，RIG-Ⅰ分子处于自抑制状态，其 CARD 被解旋酶结构中的 HEL2i 结构域所掩蔽。RIG-Ⅰ通过 CTD 与病毒 RNA 的 5′-ppp 结构结合后，在解旋酶结构域的帮助下，RIG-Ⅰ的蛋白结构发生较大变化，导致其 CARD 暴露出来，从而激活 RIG-Ⅰ并启动下游的信号转导过程（图 10-2）。MDA5 通过 CTD 与 RNA 的磷酸骨架和 2′-羟基基团相互作用，实现对 RNA 的识别。MDA5 在识别 RNA 后，会形成多聚体，这些多聚体通过头对尾的方式排列，形成螺旋状结构，这时 MDA5 的 CARD 会暴露出来，为下游信号分子的招募提供结合位点。LGP2 的 CTD 也能够与 dsRNA 结合。由于 LGP2 不具备 CARD 结构，因此无法直接启动信号转导。LGP2 通过与 RIG-Ⅰ竞争结合 dsRNA 或者通过和 MDA5 相互作用，能够在多种层面上调节这些受体的活性和选择性。LGP2 的这种调节功能可能在精细调控免疫应答强度和范围上扮演着关键角色，确保免疫反应的高效和适度。

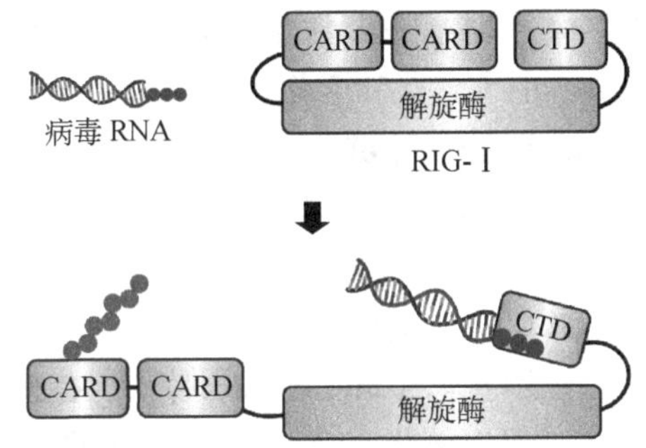

图 10-2　RIG-Ⅰ结合病毒 RNA 被活化

（三）RLR 介导的信号转导机制

MDA5 与病毒 RNA 结合后发生构象变化，导致 CARD 的暴露，这是信号转导的第一步。CARD 能够介导 RIG-Ⅰ或 MDA5 在细胞质中发生寡聚化，并与位于线粒体或者过氧化物酶体外膜上的 MAVS 的 CARD 相互作用。这一过程不仅促进了 MAVS 分子间的自我聚集，形成了类似于朊蛋白的聚合体，还招募了 TNF 受体相关因子（TNF receptor-associated factor，TRAF）家族蛋白，如 TRAF2、TRAF5、TRAF6 等。TRAF 蛋白具有泛素连接酶的功能，能够促使 MAVS 发生泛素化修饰。泛素化的 MAVS 进一步结合了 NF-κB 必需调控因子（nuclear factor-κB essential modulator，NEMO），NEMO 是 IKK 复合体的关键调节亚基，它通过其泛素结合域与 MAVS 相互作用，进而促进下游 IKKα/β 和 TANK 结合激酶 1（TANK binding kinase 1，TBK1）被招募至 MAVS 信号复合物中。TBK1 能够催化 MAVS 特定序列（pLxIS）上丝氨酸位点的磷酸化，磷酸化后的 MAVS 与干扰素调节因子 3（interferon regulatory factor 3，IRF3）的正电荷表面结合，从而促进 TBK1 对 IRF3 的 C 端丝氨酸残基的磷酸化，导致 IRF3 发生构象改变，促使 IRF3 二聚化并从细胞质转移到细胞核。与此同时，NEMO 的招募也激活了 NF-κB 途径，通过 IKKα/β 对 IκBα 的磷酸化导致其降解，释放出 NF-κB 转录因子，使其进入细胞核。

IRF3 和 NF-κB 进入细胞核后，会结合至Ⅰ型干扰素基因的启动子，协同促进Ⅰ型干扰素的表达。Ⅰ型干扰素的产生是抗病毒反应的核心，不仅能够通过自分泌途径增强细胞的抗病毒状态，还能够通过旁分泌的方式激活邻近细胞的抗病毒反应。此外，NF-κB 通路的活化能够促进致炎症细胞因子的表达，这有助于招募免疫细胞至感染部位，并增强适应性免疫反应。

（四）RLR 介导的信号转导的调控

RLR 信号转导过程是受到精细调控的，涉及多个层面的相互作用和反馈机制，确保了免疫反应的及时性和适度性。蛋白质的翻译后修饰（post-translational modification，PTM）是信号转导调控的重要机制之一。RLR 途径的活性受到多种 PTM 的调控，这些修饰能够影响 RLR 通路蛋白的功能或者稳定性。常见的 RLR 途径的 PTM 及调控方式有下列几种。

1. 泛素化（ubiquitination） RLR 途径中的 RIG-Ⅰ和 MDA5 可以通过泛素化被激活或抑制。例如，E3 泛素连接酶 TRIM25 或 RNF135 介导 RIG-Ⅰ的 K172、K788 等位点的泛素化修饰，从而促进或稳定其寡聚化状态。TRIM31 介导 MAVS 的 K63 连接的泛素化修饰，促进 MAVS 聚集体的形成。TRIM65 介导 MDA5 的 K63 连接的泛素化修饰，以促进 MDA5 的寡聚化和活化。

2. 磷酸化（phosphorylation） 死亡相关蛋白激酶 DAPK1 对 RIG-Ⅰ的解旋酶结构域的 T667 位点进行磷酸化，这种磷酸化会抑制 RIG-Ⅰ的活性。右开放阅读框架蛋白激酶 3（RIOK3）在 MDA5 的 S828 位点进行磷酸化，这种磷酸化会抑制 MDA5 的寡聚化，从而抑制 MDA5 的活性。

3. 甲基化（methylation） RLR 途径中的蛋白质也可以通过甲基化被修饰。例如，PRMT3 可以催化 RIG-Ⅰ和 MDA5 的不对称二甲基化，这种修饰抑制了 RLR 的 RNA 识别能力。MAVS 蛋白在 R41/R43 位点由 PRMT9 介导甲基化，在 R52 位点由 PRMT7 介导甲基化。

4. 其他类型的修饰 RLR 途径中的蛋白质还能通过其他多种类型的 PTM 进行信号转导的调控。例如，RIG-Ⅰ可以通过 HDAC6 去乙酰化特定赖氨酸残基来调节其功能，MAVS 可以通过糖基化修饰（*O*-GlcNAcylation）、琥珀酰化（succinylation）和多聚核糖基化（PARylation）修饰来调节 MAVS 的活化或者降解。

综上，病毒感染时，宿主细胞内天然免疫信号通路的精细调节十分重要。RLR 结构精巧，功能复杂，可广泛识别各种 RNA 病毒，有效地激活抗病毒反应。同时，RLR 通路可通过 PTM 等多种调控方式，避免过度激活导致自身免疫疾病。深入理解 RLR 通路的功能及机制将有助于抗病毒策略的发展。

三、NOD 样受体介导的信号转导

NLR 信号通路是生物体一种关键的免疫防御机制。作为先天免疫系统的重要组成部分，NLR 信号通路能够识别并响应病原体相关分子模式（pathogen associated molecular pattern，PAMP）和损伤相关分子模式（damage associated molecular pattern，DAMP），是响应细胞内感染和其他应激条件的关键分子。

（一）NLR 的结构特点

人的 NLR 蛋白家族包括 23 个成员，它们的结构主要由三类功能不同的结构域组成。

1. 位于 C 端的富含亮氨酸的重复序列（LRR）　这个结构域与 Toll 样受体胞外段相似，主要参与对配体的识别，增强了 NLR 对细胞内外信号的特异性和选择性。

2. 中段的核苷酸结合结构域（NACHT 域）　NACHT 域为 NLR 共有的结构域，在 NLR 中起到信号传递的核心作用，能够介导 ATP 依赖的自身寡聚化，从而启动信号通路。

3. 位于 N 端的效应结构域　效应结构域如 CARD 或 PYD（pyrin domain）则负责与下游信号分子的相互作用，引发免疫应答。

（二）NLR 的分类及其代表性分子

NLR 家族根据 N 端效应结构域的不同，可以进一步分为 5 个亚族，包括 NLRA（含 AD 域）、NLRB（含 BIR 域）、NLRC（含 CARD）、NLRP（含 PYD）和 NLRX（含未分类的效应结构域）（图 10-3）。每个亚族根据其特定的功能和信号途径进一步细分，下面介绍几个代表性的 NLR 成员。

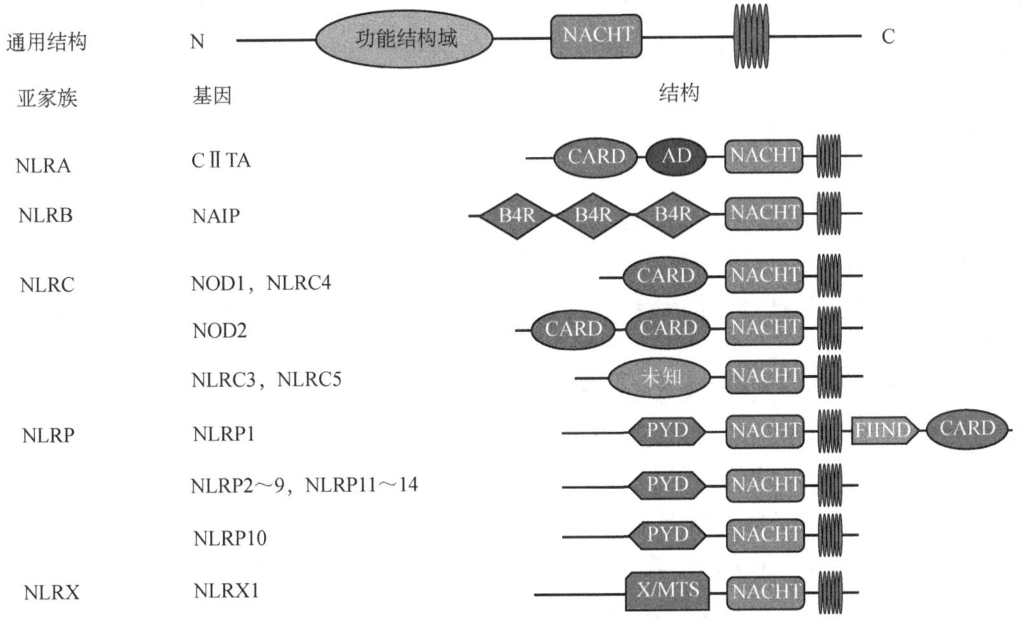

图 10-3　NLR 家族分子结构示意图

1. CⅡTA　NLRA 亚家族仅包含一个成员，即Ⅱ类 MHC 反式活化因子（CⅡTA），它具有一个 AD 域、4 个 LRR，以及一个 GTP 结合域，后者促进蛋白质从细胞质运输到细胞核，通过其固有的乙酰转移酶活性而非 DNA 结合活性来促进 *MHC-Ⅱ*基因的转录。

2. NAIP　NAIP 是 NLRB 亚家族的唯一成员，在形成炎症小体（inflammasome）和抑制细胞凋亡中发挥作用。它能抑制 caspase-3、caspase-7 和 caspase-9 的激活，从而抑制细胞凋亡。

3. NOD1 和 NOD2　NOD1 和 NOD2 分别包含一个和两个 CARD，同属于 NLRC 亚家族的成员，它们通过 CARD 与 RIPK2 蛋白相互作用，激活 NF-κB 和 MAPK 信号通路，参与免疫防御反应。特别是 NOD2，它在克罗恩病（Crohn disease）等炎症性肠病的发病机制中起到关键作用，NOD2 对细菌肽聚糖的识别异常是这些疾病发生的重要因素之一。

4. NLRP3　NLRP3 是 NLRP 亚家族中研究最为广泛的成员之一。它能够通过其 PYD 与 ASC 蛋白相互作用，形成 NLRP3 炎症小体，进而激活 caspase-1，促进炎症细胞因子 IL-1β 和 IL-18 的成熟与释放。NLRP3 的激活与多种自身免疫性疾病的发生密切相关，因此成为炎症调控和疾病治疗的重要靶点。

5. NLRX1　NLRX1 是一种位于线粒体的 NLRX 成员，它通过调节线粒体产生的活性氧种类和影响干扰素的产生来调控抗病毒反应与细胞凋亡过程。NLRX1 的独特功能显示了 NLR 家族成员在调节细胞内稳态和免疫反应中的多样性。

（三）NLR 的激活和信号转导

炎症小体是一种多蛋白质复合物，由 NLR（AIM2 和 IFI16 例外）、含有 CARD 的衔接蛋白凋亡相关斑点样蛋白质（ASC）和效应蛋白 pro-caspase-1 组成。ASC 含有两个结构域：PYD 和 CARD。这使其能够介导 NLRP 和 pro-caspase-1 之间的相互作用。当被激活时，NLRP 通过其 PYD 之间的同型相互作用募集 ASC，催化 ASC 分子的朊病毒样聚合以增强下游信号转导。

下面以 NLRP3 为例，介绍 NLR 炎症小体的激活和信号转导，NLRP3 炎症小体的产生和激活分为两个阶段。

1. NLRP3 炎症小体在病毒感染中的启动步骤　静止状态下，细胞 NLRP3 水平足够低，可以避免异常的炎症小体组装和激活。病毒感染后，通过 PAMP 和 DAMP 刺激 PRR，随后启动 NF-κB 信号转导，导致 NF-κB 的激活，并促进 NLRP3、pro-IL-1β 和 pro-IL-18 的表达。

2. NLRP3 炎症小体在病毒感染中的组装步骤　第二步由感染、组织损伤或代谢失衡期间出现的一系列刺激触发。这些刺激包括 ATP、成孔毒素、结晶物质、核酸和入侵病原体等，NLRP3 通过其 N 端效应结构域 PYD 募集 ASC，从而形成 ASC 朊病毒样寡聚化，NLRP3 中间的 NACHT 结构域具有 dNTP 酶活性并介导下游寡聚化，C 端 LRR 结构域与 HSP90、SGT1 和 PML 相关，并被认为负责调节 NLRP3 炎症小体活性。组装后，NLRP3 炎症小体会触发 pro-caspase-1 的自动裂解，caspase-1 介导 pro-IL-1β、pro-IL-18 和 GSDMD（Gasdermin-D）的蛋白质水解加工。GSDMD 裂解的 N 段片段在感染细胞膜中形成孔，促进 IL-1β/IL-18 的分泌，诱导炎症相关细胞死亡，称为细胞焦亡。IL-1β 的分泌随后将中性粒细胞募集到炎症部位，以帮助消除入侵病毒。此外，IL-1β 和 IL-18 都负责随后诱导适应性免疫应答。因此，NLRP3 炎症小体的激活有助于宿主建立有效的抗病毒状态（图 10-4）。

NOD 样受体（NLR）是胞质 PRR 的一个亚组，可检测细胞内病原体和内源性损伤信号。NLR 参与炎症小体多蛋白质复合物的形成，引起 caspase-1 的激活，切割 IL-1β 和 IL-18 前体及 GSDMD，最终导致 IL-1β 和 IL-18 的释放。信号通路主要包括模式识别受体

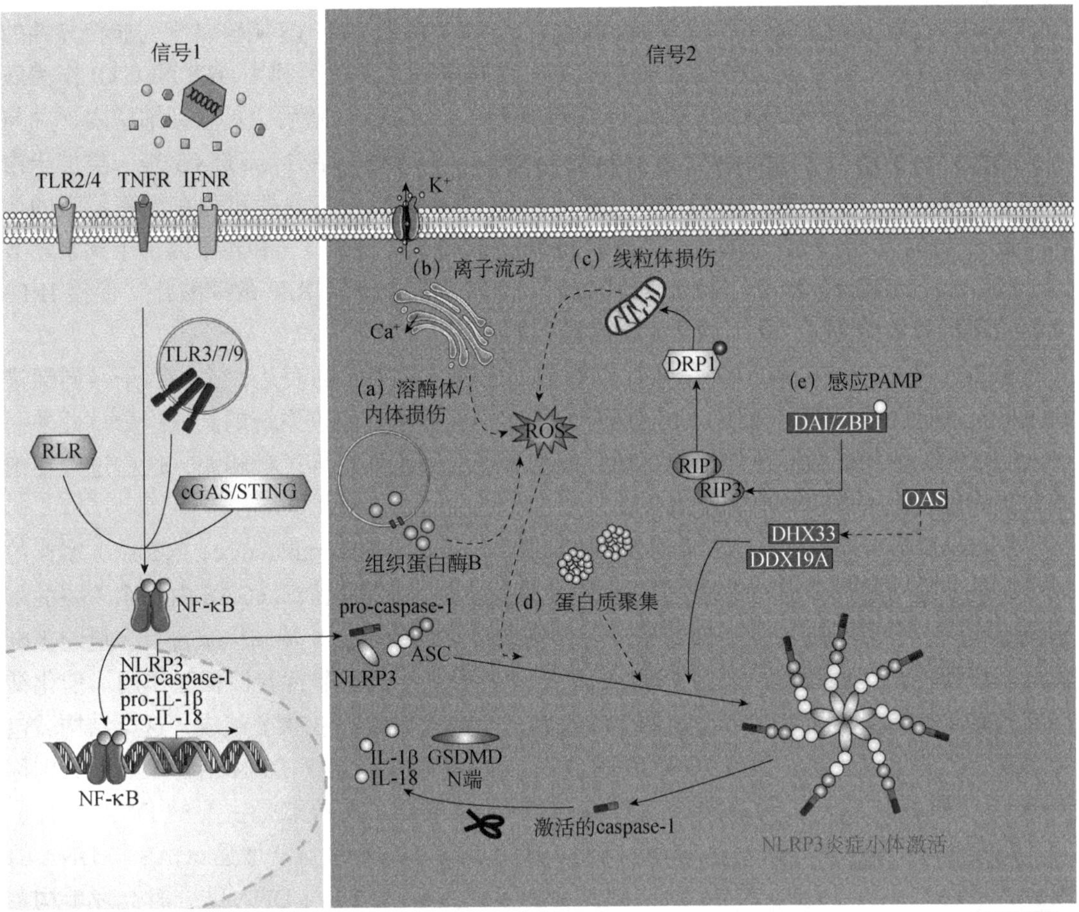

图 10-4　病毒感染诱导的 NLRP3 炎症小体激活

（PRR）、炎症小体、caspase-1 及相关炎症因子等多个组分，这些组分在免疫防御反应中相互协作，发挥着重要的作用。

四、DNA 受体介导的信号转导

DNA 受体介导的信号转导途径在细胞应对外来病原体（如 DNA 病毒）和内部损伤时发挥着关键作用。早在 100 多年前，科学家就发现 DNA 能够激活免疫反应，但机制一直不清楚。近年来，随着 cGAS-STING 等通路的发现及其介导的抗病毒信号转导机制的阐明，人们对机体如何识别和抵抗 DNA 病毒有了突破性的认识。多种 DNA 受体介导的信号转导途径可以协同工作，通过不同的机制识别病原体，并激活共同的下游信号分子和转录因子，引发抗病毒和炎症反应。

（一）cGAS-STING 信号转导通路

cGAS-STING 通路是一种主要的细胞内 DNA 识别途径，在识别 DNA 病毒方面发挥着关键作用。当 DNA 病毒侵入宿主细胞时，它们的基因组 DNA 可能会被宿主细胞的环状

GMP-AMP 合酶（cyclic GMP-AMP synthase，cGAS）识别。cGAS 能够以序列非特异性的方式与双链 DNA 结合，这种结合触发 cGAS 的催化活性，使其利用 ATP 和 GTP 作为底物，产生第二信使分子 cGAMP（cyclic GMP-AMP）。cGAMP 随后会扩散到细胞内，并与干扰素基因刺激蛋白（stimulator of interferon gene，STING）结合。STING 是一类位于内质网的跨膜蛋白。cGAMP 与 STING 的结合导致 STING 发生构象变化和在细胞器间的运输，进而招募 TANK 结合激酶 1（TANK binding kinase 1，TBK1）和转录因子干扰素调节因子 3（interferon regulatory factor 3，IRF3）。TBK1 通过介导 IRF3 的磷酸化，促使 IRF3 发生二聚化及核内转位，从而激活干扰素基因的表达。

STING 还参与调控 NF-κB 诱导促炎细胞因子和趋化因子的表达，这些因子共同促进宿主的抗病毒免疫反应，增强细胞对病毒的抵抗力，并激活免疫系统的其他组分。此外，cGAS-STING 途径的激活还与细胞自噬、细胞衰老、细胞死亡等过程相关，这些过程在细胞对抗病毒入侵时也起着重要作用。

1. cGAS 的结构　cGAS 属于核苷酸转移酶（nucleotidyltransferase，NTase）家族的成员，是细胞内负责识别 DNA 并引发天然免疫反应的主要蛋白质。cGAS 由两个主要的结构域组成：一个无序的 N 端结构域和一个 C 端的催化结构域。N 端结构域含有大量的正电荷氨基酸残基，这些残基可以与 DNA 的负电荷磷酸骨架进行非特异性相互作用。催化结构域具有双叶结构，其 N 端部分由两个螺旋和一个高度扭曲的 β 折叠组成，这个结构域包含所有必需的催化残基，参与 cGAMP 的合成。cGAS 至少有两个 DNA 结合位点，分别称为 A 位点和 B 位点，它们共同参与 DNA 的识别和结合。A 位点是主要的 DNA 结合位点，负责介导 DNA 诱导的 cGAS 构象变化。B 位点则辅助 A 位点，增强 cGAS 与 DNA 的结合，最终 cGAS 与 DNA 形成 2∶2 的复合物形式。当 cGAS 与 DNA 结合时会发生构象变化，尤其是位于连接 β1 链和 β2 链的环（loop）区的 GS（Gly212-Ser213）基序，这是一个在 NTase 家族中保守的基序。在未结合 DNA 的状态下，GS 基序所在的环区是高度柔性的，而结合 DNA 后，这个环会形成短螺旋构象，从而使 GS 基序能够与供体底物（ATP 和 GTP）的磷酸基团紧密相互作用，为催化反应提供了最佳构象。cGAS 与 DNA 的结合也促进了 cGAS 分子之间的二聚体界面的形成，促使 cGAS 发生二聚化。在二聚体的形成和活性位点稳定后，cGAS 利用 ATP 和 GTP 作为底物，发生了两步反应，第一步反应生成线性二核苷酸 5-pppG（2′-5′）pA，第二步反应形成 cGAMP 的 3′,5′-磷酸二酯键，从而合成能够激活 STING 分子的 cGAMP。

2. cGAS 活性调控　cGAS 活性受到多种机制的调控。在长的 DNA 链上，cGAS 二聚体可以通过形成类似梯子的网络结构进一步组装，这种结构的形成对于触发 cGAS 的活性十分重要。与 DNA 结合后，cGAS 能够通过其无序 N 端和 DNA 结合诱导液态–液态相分离（liquid-liquid phase separation，LLPS），形成凝聚体（condensate）。这些凝聚体有助于 cGAS 的激活，因为它们可以作为微反应器，提高 cGAS 的局部浓度，从而促进 cGAMP 的合成。另外，LLPS 也提供了一种保护机制，使细胞中存在低浓度的自身 DNA 时防止 cGAS 的激活，从而避免发生自身免疫反应。

在 cGAS 发现的早期，人们认为 cGAS 主要位于细胞质中，从而从空间上与细胞核中的染色质 DNA 隔离，避免被自身的 DNA 激活。经过深入研究发现，cGAS 在很多细胞中呈现细胞核分布，而且细胞分裂时核膜破裂，cGAS 也不会被自身的染色质 DNA 激活。人们推测可能存在一类机制，使细胞核中的 cGAS 不能被异常激活。研究表明，cGAS 倾向于与核小体表面结合，而不是直接与 DNA 双链结合，这种结合方式有助于 cGAS 在核内保持非激活状态。经过结构生物学分析发现，cGAS 与核小体的酸性斑块（acidic patch）具有很强的结合能力。核小体的酸性斑块是由组蛋白 H2A 和 H2B 的二聚体形成的一个结构区域，这个区域富含酸性氨基酸，而 cGAS 的 N 端富含正电荷氨基酸残基，特别是精氨酸（如 R236 和 R255），它们与核小体上的酸性氨基酸形成盐桥，有助于 cGAS 与核小体的紧密结合。这种结合阻止了 cGAS 与 DNA 的直接接触，从而抑制了其合成 cGAMP 的能力。

cGAS 受到多种翻译后修饰的调控。例如，CDK1 激酶能够催化 cGAS 的 S291 位发生磷酸化从而抑制其活性，而 E3 泛素连接酶 MARCH8 可以促进 cGAS 的 K411 位点发生泛素化修饰，该修饰阻碍 cGAS 与双链 DNA 的结合，从而降低 cGAS 的催化活性。cGAS 还能发生乙酰化修饰，这类代谢修饰能够抑制 cGAS 的活性。

3. STING 的结构与活化调控机制　STING 是一种位于内质网膜上的跨膜蛋白，其由 4 个跨膜螺旋、一个细胞质尾端（C-terminal tail，CTT）和配体结合域（ligand binding domain，LBD）组成。在静息状态下，STING 以二聚体形式存在。当 cGAS 产生的第二信使 cGAMP 与 STING 的 LBD 结合时，STING 发生显著的构象变化，导致 LBD 闭合并触发 STING 从内质网向高尔基体的转运。在这一过程中，STING 的 LBD 与跨膜区域之间发生约 180°的旋转，促使 STING 从二聚体转变为更高阶的寡聚体。活化的 STING 利用其 CTT 招募并激活 TBK1，进而磷酸化 IRF3，使其二聚化并转位到细胞核，激活 I 型干扰素和其他炎症细胞因子的表达。活化的 STING 也能够激活 NF-κB，但具体机制并不完全清楚。

STING 的活性受到其在细胞内定位和运输的严格调控，确保其在正确的时间和地点激活下游的免疫反应。在静息状态下，通过与 STIM1 等内质网驻留蛋白结合，STING 被锚定在内质网上，保持非活化状态。cGAMP 的结合导致 STING 发生构象变化，促使 STING 分子之间形成寡聚体，在 STEEP 等蛋白的帮助下，STING 寡聚体通过 COPI 囊泡介导的方式从内质网运输到高尔基体。到达高尔基体后，STING 会经历进一步的修饰，如棕榈酰化，这对于 STING 寡聚体的稳定和功能至关重要。STING 也可通过 COPI 囊泡从高尔基体逆向运输回内质网，这有助于调节 STING 的活性和定位。

活化后的 STING 在高尔基体完成其信号转导任务后，需要被及时清除以避免过度激活免疫反应。STING 主要通过高尔基体网络被运输到溶酶体进行降解。研究表明，STING 在 ESCRT（endosomal sorting complex required for transport）复合物的协助下，以微自噬（microautophagy）的方式被运送至溶酶体中。NPC1（Niemann-Pick C1）蛋白是一种溶酶体膜蛋白，它作为 STING 的招募因子，帮助 STING 靶向到溶酶体。另外，STING 的降解也可以通过巨自噬（macroautophagy）的方式进行。

STING 蛋白的活性和功能受到多种翻译后修饰的调控，这些修饰包括磷酸化、棕榈酰化、泛素化及苏木化等。与 MAVS 类似，TBK1 会磷酸化 STING 的 CCT 区域 pLxIS 基序的第 366 位丝氨酸，该位点的磷酸化促使 STING 招募 IRF3，形成 STING-TBK1-IRF3 信号复合物。STING 在高尔基体中发生棕榈酰化，这种修饰对于 STING 的定位、寡聚化及与下游信号分子的相互作用十分重要。另外，STING 还会在多个位点进行泛素化修饰，这些翻译后修饰通过精细的调控网络确保 STING 能够在适当的时间和地点被激活，并在完成其功能后被及时降解，从而维持细胞内环境的平衡和免疫反应的精确调控。

STING 介导的自噬过程是细胞固有免疫反应的一部分，它通过促进自噬来增强细胞对病原体的防御能力。海葵（*Nematostella vectensis*）是一类 5 亿年前就存在的物种，其 STING 缺乏 CTT 结构域，但仍然能够在活化后促进自噬体的形成，说明诱导自噬是 STING 的一个高度保守的功能。当 STING 被其配体 cGAMP 激活后，它从内质网转移到内质网–高尔基体中间体（ER-Golgi intermediate compartment，ERGIC），进而促进自噬囊泡的形成。在这一过程中，STING 与自噬相关蛋白如 ATG16L1 和 WIPI2 等相互作用，通过非经典自噬途径将病原体包裹进自噬泡，并最终与溶酶体融合，形成自噬溶酶体，其内部的酸性环境和水解酶有助于病原体的清除。STING 介导的自噬不仅对病原体的清除至关重要，还参与调节免疫反应，影响细胞因子和趋化因子的产生，以及细胞炎症状态的调节。

（二）其他 DNA 受体介导的信号转导

1. IFI16（interferon-γ-inducible protein 16） IFI16 是从人 THP-1 单核细胞的胞质提取物中鉴定出来的，包含一个 PYD 和两个 HIN 结构域，主要在细胞核内表达，能够结合病毒 HSV-1 或 KSHV 的 DNA。识别到 DNA 后，IFI16 与 cGAS 协同作用，以 STING 依赖的方式激活下游的 TBK1 和 IRF3 信号通路，诱导 Ⅰ 型干扰素和促炎细胞因子的产生。

2. DNA-PK DNA-PK（DNA 依赖蛋白激酶）是一个由三个亚基组成的异源三聚体复合物，包括 Ku70、Ku80 和催化亚基 DNA-PKcs，主要参与 DNA 损伤和修复反应。研究表明，DNA-PKcs 可能主要识别 DNA 的末端结构，以 STING 非依赖的方式促进 TBK1 和 IRF3 的磷酸化及干扰素的产生，其具体的作用机制仍然存在争议。

3. ZBP1/DAI ZBP1 的 N 端包含 Z-α 和 Z-β 结构域，能够结合 Z 型构象的核酸 Z-DNA 或 Z-RNA。结合 DNA 的 ZBP1 可以与 TBK1 和 IRF3 相互作用并促进干扰素的产生，但 ZBP1 缺失的小鼠对于 DNA 刺激仍能产生正常的 Ⅰ 型干扰素反应。经过进一步研究发现，ZBP1 能够识别流感病毒的 Z-RNA，并通过 RIPK3-MLKL 通路诱导细胞的程序性坏死，从而拮抗流感病毒的复制。

4. AIM2 除了 cGAS-STING 途径，细胞质中的 dsDNA 还能启动炎症小体的组装，促进促炎细胞因子如 IL-1β 的成熟和分泌。NLRP3（NLR family pyrin domain containing 3）是 NLR 家族中被研究得最广泛的成员，能够感应多种刺激并促进炎症小体的组装。AIM2 是 ALR（AIM2-like receptor）家族的成员，与 NLR 不同，ALR 具有一个或多个 HIN-200 结构域，能够以序列非依赖的方式结合双链 DNA，并以 NLR 非依赖的方式激活炎症小体，促进宿主炎症反应的发生。

综上，cGAS-STING 通路的活化涉及复杂的机制，包括 cGAS 对 DNA 的感知，以及 STING 蛋白的寡聚化和易位等。同时，该通路受到多种机制调控，包括蛋白质修饰如泛素化和磷酸化，以及与自噬等其他细胞过程的交叉作用。这些研究不仅有助于人们深入理解宿主抵抗 DNA 病毒入侵的工作机制，也为开发新的治疗策略提供了潜在的靶点。

第三节　病毒的天然免疫逃逸机制

病毒在与宿主长期的相互博弈过程中，进化出多种策略抵抗天然免疫反应。除了直接作用于天然免疫信号通路，还可通过阻断宿主 mRNA 和蛋白质合成抑制天然免疫。

一、抑制宿主基因的转录和 mRNA 的成熟

病毒需要利用宿主细胞的酶系统、分子资源和能量进行复制。然而，这种利用并不是简单的窃取，而是经过数百年进化已具备了改变宿主内环境的能力。调控宿主基因的转录是病毒改变宿主微环境以利于自身复制的常用策略，通过调控基因转录破坏天然免疫反应是宿主内环境重塑的途径之一。病毒生命周期中产生的结构蛋白和非结构蛋白可以通过不同机制靶向宿主基因的转录起始、RNA 延伸和转录终止等，抑制宿主基因的表达。

病毒感染后可以通过与转录因子和启动子结合抑制转录，也可以抑制转录延伸，直接切割转录因子，或者抑制宿主 mRNA 的核转运和成熟，进而抑制转录。肠道病毒 3C 蛋白酶和水疱性口炎病毒的 M 蛋白能够与宿主转录起始因子 TFⅡD 结合，抑制转录；肠道病毒的 3CD 蛋白还可以进入细胞核切割许多转录因子，抑制三种 RNA 聚合酶催化的转录；流感病毒 NS1 和黄病毒 NS5 可以募集染色质相关复合物 PAF1C 到启动子区域促进组蛋白 H4K4 和 H3K19 的三甲基化，抑制 PAF1C 介导的转录延伸，进而抑制 ISG 的表达；病毒蛋白还可以与多聚腺苷酸化特异性因子（CPSF）结合，抑制 mRNA 的成熟，进而抑制细胞的抗病毒反应；流感病毒 NS1 通过与 mRNA 核输出受体 NXF1、P15、Rae1 等结合而抑制 mRNA 的核输出；多个病毒蛋白还可以抑制 IRF3 和 STAT1 进入细胞核，进而抑制干扰素及 ISG 的转录。

二、抑制宿主基因的翻译

真核细胞翻译中通过成熟 mRNA 头部的 5′鸟嘌呤帽子结构与真核细胞起始因子 4F（eIF4F）复合体中的 eIF4E 结合，促进 eIF4A 和 eIF4G 翻译起始复合物与 mRNA 的结合，并将蛋白质合成的主要机器核糖体大小亚基及翻译所需蛋白质募集到 mRNA，促进翻译。病毒编码的蛋白质通过不同机制抑制宿主基因翻译的起始、延伸和终止。其机制主要包括：病毒编码的蛋白质通过直接切割翻译起始复合物的宿主因子，抑制翻译复合物的形成；病毒蛋白酶可以直接切割宿主翻译起始因子 eIF4G，特异抑制宿主加帽结构的基因翻译；病毒蛋白还可以切割 poly(A) 结合蛋白而抑制宿主翻译；病毒蛋白直接靶向 40S 核糖体亚基，导致 mRNA 无法加载，翻译暂停，进而抑制宿主干扰素的抗病毒防御。

三、逃逸 PRR 的识别

病毒入侵后，机体通过多种 PRR 识别 PAMP 来激活天然免疫反应。病毒为了生存，通过直接干扰 PRR 与 PAMP 的结合而抑制天然免疫的识别。

1. 形成双层膜的复制中心 大多数病毒在复制过程中劫持宿主细胞内的膜结构，形成单层和双层膜囊泡、双层膜球体或者卷曲膜网状的病毒复制中心或工厂。这种结构保证了病毒最大限度地利用细胞资源，为病毒 RNA 的合成提供了最佳微环境。病毒复制中心的空间隔离可以保护病毒核酸，并延缓或阻滞病毒 RNA 被宿主先天免疫的识别，进而阻碍宿主抗病毒天然免疫。

2. 修饰病毒核酸 RIG-Ⅰ受体识别 5′-ppp 的单链和双链 RNA。一些病毒可以通过改变病毒核酸的修饰，进而逃逸 RIG-Ⅰ的识别。例如，基因组为单负链 RNA 的汉坦病毒、内罗病毒和伯尔纳病毒编码的病毒核酸内切酶将自身基因组 5′-ppp 切割，形成 5′单磷酸化的 ssRNA，从而逃逸 RIG-Ⅰ的识别。另外，真核生物 mRNA 的 5′帽式结构（m^7GpppN）具有维持 mRNA 稳定性的功能，也是细胞区分"自我"和"非我"的重要标志，病毒通过宿主或自身编码的蛋白质对病毒 RNA 进行"加帽"，使得病毒的 mRNA 5′端具有与宿主 mRNA 相同的结构，逃逸宿主的识别。

3. 抑制应激颗粒的形成 为了响应不同的细胞应激条件，细胞会迅速活化多种负责应激反应的信号通路，诱导动态非膜的细胞质"病灶"，形成"应激颗粒"。这些应激颗粒包含 40S 核糖体亚基、RNA 结合蛋白和多聚腺苷酸化 mRNA 等。病毒感染后，细胞诱导应激颗粒的形成，一方面通过 eIF2α 的磷酸化抑制病毒蛋白合成，另一方面通过促进干扰素的产生，发挥抗病毒作用。因此，应激颗粒的形成是抗病毒天然免疫的重要途径之一。病毒为了逃逸识别，通过多种机制抑制应激颗粒的形成，进而抑制干扰素的产生。病毒的结构蛋白和非结构蛋白通过抑制 PKR 激活而阻碍应激颗粒的形成。另外，病毒蛋白还可以切割形成应激颗粒的重要因子 G3BP1，抑制应激颗粒的形成。西尼罗病毒和登革病毒则通过靶向应激颗粒的重要组分 TIA-1/TIAR 而抑制应激颗粒的形成。除抑制 PKR 激活和应激蛋白之外，病毒还可通过多种机制有效抑制应激颗粒的形成，如 SARS-CoV-2 nsp15 以核酸外切酶活性依赖的方式抑制 eIF2α 磷酸化，阻碍应激颗粒的形成。因此，病毒可以通过不同的机制抵抗应激颗粒的形成，进而隔离病毒核酸，逃逸宿主天然免疫的识别。

4. 病毒蛋白直接结合 PRR 或核酸而阻碍天然免疫的识别 病毒编码的结构蛋白或非结构蛋白可以直接与模式识别受体（PRR）结合，阻碍受体与核酸的结合。流感病毒的 NS1 蛋白可以直接与 RIG-Ⅰ结合，抑制 RIG-Ⅰ对病毒 RNA 的识别。流感病毒 NS1 不仅直接结合 RIG-Ⅰ，还可以与病毒 RNA 的 N 端结合，进而将病毒核酸与 RIG-Ⅰ隔离，以逃逸识别。

四、靶向干扰素产生信号通路

宿主对 RNA 病毒的识别主要通过 RLR 和 TLR 两类受体，而对 DNA 的识别主要通过 cGAS。模式识别受体下游信号级联放大中包括多个宿主因子参与。RLR 通过与线粒体蛋白 MAVS 结合，募集 TBK1 和 IKK 激活 NF-κB 和 IRF3，诱导炎症因子和干扰素的产生；TLR 则通过 TRIF 或者 MyD88 激活 NF-κB 和 IRF3；cGAS 通过内质网蛋白 STING 激活下游干扰素产生。病毒可以作用于干扰素产生信号通路的多个节点，以抑制干扰素的产生。

1. 与模式识别受体相互作用 病毒编码的蛋白质可以与 RIG-Ⅰ结合，从而抑制其与 MAVS 的结合，以阻断下游信号转导。病毒蛋白也可以与干扰素产生的下游分子结合，如疱疹病毒的 US11 通过与热休克蛋白 90 结合抑制 TBK1 的激活，并通过泛素化途径降解

TBK1，进而抑制干扰素的产生。

2. 直接切割干扰素产生信号分子　病毒编码的蛋白酶可以切割天然免疫信号通路的分子，抵抗宿主抗病毒天然免疫反应。例如，丙型肝炎病毒的 NS3-4A 可以切割 MAVS，破坏 RIG-Ⅰ通路介导的干扰素反应。肠道病毒 2A 和 3C 蛋白酶可以切割干扰素信号通路中的多个分子，抑制干扰素的产生，包括 RIG-Ⅰ、MDA5、MAVS、TRIF、IFR7 等。此外，3C 还可以切割 TAK1 和 TAB1/2/3 复合物，抑制炎症因子的产生。冠状病毒的 nsp3 切割 IRF3 而抑制干扰素的产生，nsp5 则切割 TAB1 而抑制炎症反应。

3. 泛素化和去泛素化修饰宿主因子抑制天然免疫　泛素化修饰在天然免疫信号通路中发挥重要作用。比如，TRIM25 介导的 RIG-Ⅰ的 Lys63 泛素化能够促进干扰素的产生。流感病毒 NS1 可以与 TRIM25 结合，抑制 TRIM25 的寡聚化和 RIG-Ⅰ的泛素化，进而抑制干扰素的产生。布尼亚病毒中的伴血小板减少综合征病毒（SFTSV）的包膜糖蛋白 Gn 与 STING 结合，抑制 STING 的 K27 的泛素化修饰，破坏 STING-TBK1 复合物的形成和下游干扰素的产生。此外，一些病毒可以编码去泛素化蛋白酶，从宿主底物中切割泛素链，从而抵抗天然免疫的抗病毒作用。冠状病毒的木瓜样蛋白酶可以减少 RIG-Ⅰ、TBK1 和 TRAF3 等分子的泛素化，抑制干扰素产生。病毒去泛素化酶促进病毒复制和抵抗宿主天然免疫的功能，使得病毒去泛素化酶成为抗病毒治疗的重要靶标之一，其特异性抑制剂的研发在未来应对新发突发传染病中具有重要作用。

4. 抑制干扰素调节因子 3（IRF3）的磷酸化和入核　许多病毒已经被证明可以直接靶向模式识别受体下游的转录因子 IRF3，通过抑制 IRF3 的磷酸化和进入细胞核，抑制干扰素的产生。日本脑炎病毒的 NS5 靶向 KPNA2、KPNA3 和 KPNA4，抑制 IRF3 和 NF-κB 进入细胞核。丙型肝炎病毒的 NS3/4 通过切割 KPNB1，限制 IRF3 和 NF-κB 进入细胞核。冠状病毒的 ORF6 蛋白可以与核孔蛋白结合，抑制 IRF3 的入核。HIV 的 Vpr 蛋白通过抑制 KPNA1 介导的 IRF3 和 NF-κB 进入细胞核，从而抑制天然免疫。

五、抑制干扰素下游信号通路

Ⅰ型干扰素产生后释放到细胞外，通过自分泌和旁分泌途径激活 JAK1-Tyk2 激酶，引起 STAT1/2 的磷酸化进入细胞核，并与 IRF9 形成干扰素刺激基因因子 3（IFN-stimulated gene factor 3，ISGF3），从而诱导干扰素刺激基因的表达，发挥抗病毒作用。干扰素下游信号通路也是病毒拮抗天然免疫的重要部分。病毒拮抗干扰素下游信号通路的机制主要包括以下几种：病毒感染切割或降解干扰素受体；抑制 STAT1/2 的磷酸化或入核，如冠状病毒的 ORF6 可以与核孔受体 Nup98-Rae-1 复合物结合，抑制 STAT1 进入细胞核，进而抑制干扰素诱导基因的表达，破坏宿主抗病毒天然免疫反应；切割或降解转录因子 STAT1/2。登革病毒的 NS5 通过募集 E3 泛素连接酶 UBR4 引起 STAT2 的泛素化依赖降解，从而抑制天然免疫反应。

六、直接抑制干扰素诱导基因的抗病毒功能

Ⅰ型 IFN 通过诱导产生上百种 ISG 发挥抗病毒功能，病毒蛋白可直接抑制 ISG 的功能，实现天然免疫逃逸（图 10-5）。例如，BST2 是 HIV 复制的限制因子，抑制 HIV 的释

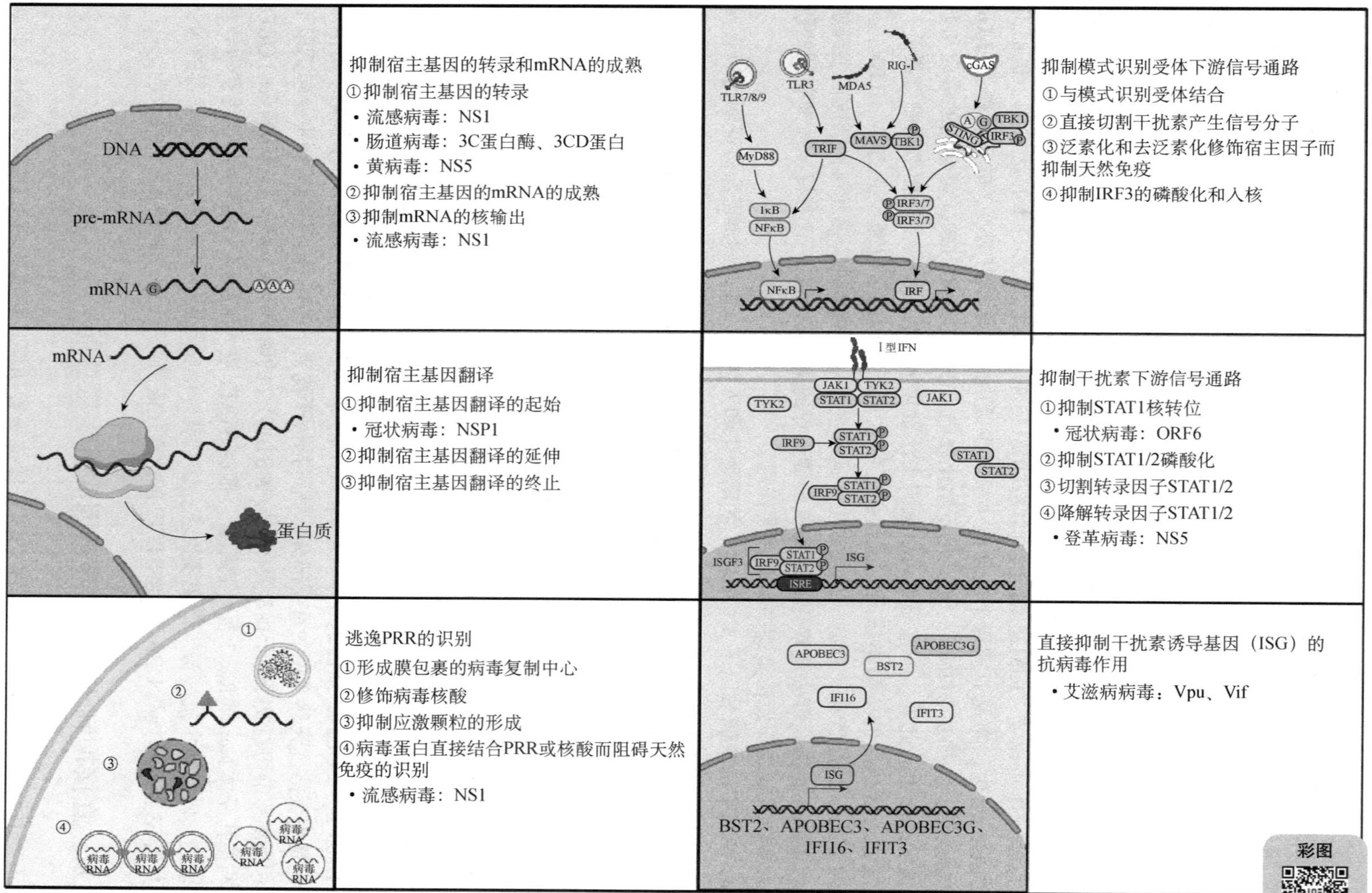
DNA
pre-mRNA
mRNA G AAA
抑制宿主基因的转录和mRNA的成熟
①抑制宿主基因的转录
• 流感病毒：NS1
• 肠道病毒：3C蛋白酶、3CD蛋白
• 黄病毒：NS5
②抑制宿主基因的mRNA的成熟
③抑制mRNA的核输出
• 流感病毒：NS1
TLR7/8/9
TLR3
MDA5
RIG-I
cGAS
MyD88
TRIF
MAVS
TBK1
STING
IRF3
IκB
NFκB
IRF3/7
IRF
抑制模式识别受体下游信号通路
①与模式识别受体结合
②直接切割干扰素产生信号分子
③泛素化和去泛素化修饰宿主因子而抑制天然免疫
④抑制IRF3的磷酸化和入核
mRNA
蛋白质
抑制宿主基因翻译
①抑制宿主基因翻译的起始
• 冠状病毒：NSP1
②抑制宿主基因翻译的延伸
③抑制宿主基因翻译的终止
Ⅰ型IFN
JAK1
TYK2
STAT1
STAT2
IRF9
ISGF3
ISRE
ISG
抑制干扰素下游信号通路
①抑制STAT1核转位
• 冠状病毒：ORF6
②抑制STAT1/2磷酸化
③切割转录因子STAT1/2
④降解转录因子STAT1/2
• 登革病毒：NS5
①
②
③
④
病毒RNA
逃逸PRR的识别
①形成膜包裹的病毒复制中心
②修饰病毒核酸
③抑制应激颗粒的形成
④病毒蛋白直接结合PRR或核酸而阻碍天然免疫的识别
• 流感病毒：NS1
APOBEC3
APOBEC3G
BST2
IFI16
IFIT3
ISG
BST2、APOBEC3、APOBEC3G、IFI16、IFIT3
直接抑制干扰素诱导基因（ISG）的抗病毒作用
• 艾滋病病毒：Vpu、Vif

彩图

图 10-5　病毒天然免疫逃逸机制示意图

放，HIV 的 Vpu 蛋白则与 BST2 相互作用，抵抗其抗病毒功能。病毒感染也可以引起 ISG 的降解，如 HIV 的 Vif 蛋白与宿主限制因子 APOBEC3 结合引起其泛素化依赖的蛋白酶体的降解，进而抑制其抗病毒功能。

此外，炎症反应也是抗病毒天然免疫的一部分，病毒感染可激活炎症小体，引发炎症反应。反过来，病毒利用多种策略抑制炎症小体的激活。流感病毒 NS1 蛋白与 NLRP3 相互作用，抑制 NLRP3 炎症小体介导的 IL-1β 分泌，PB1-F2 蛋白则易位至线粒体，引起线粒体膜电位的降低，抑制 NLRP3 介导的炎症小体的活化。麻疹病毒的 V 蛋白与 NLRP3 的 C 端相互作用抑制 IL-1β 的产生。肠道病毒的 3C 和 2A 蛋白酶则通过切割 NLRP3 而抑制 IL-1β 的分泌。

本章小结

对于机体抗病毒天然免疫的认识在过去的二十几年中有了很大的提高。首先，宿主可以通过物理屏障阻碍病原体感染，一旦突破屏障，细胞内可以通过多种模式识别受体识别感染的病原体，产生细胞因子、炎性分子和其他介质启动天然免疫防御。天然免疫细胞包括树突状细胞、巨噬细胞、NK 细胞和粒细胞等，这些细胞和细胞因子为机体提供了第一道防线。同时，病毒为了有效感染和复制，进化出一系列天然免疫逃逸的策略。病毒的有效复制和宿主抵抗病毒感染是一个十分复杂的相互作用。天然免疫除直接的抗病毒作用外，也是适应性免疫激活所需的，天然免疫产生的细胞因子能够促进 T 细胞和 B 细胞的活化。天然免疫和适应性免疫构成机体免疫的两大部分，二者密切协作，共同保护机体免受病原体的侵袭。

（雷晓波　周　卓　刘　星）

1. 简述天然免疫应答的概念和特征。
2. 简述天然免疫的组成。
3. 天然免疫细胞有哪些？其主要功能有哪些？
4. 简述模式识别受体的种类及其识别的配体。
5. 简述病毒天然免疫逃逸机制。

主要参考文献

Du M，Chen Z J. 2018. DNA-induced liquid phase condensation of cGAS activates innate immune signaling. Science，361（6403）：704-709.

Gao P，Ascano M，Wu Y，et al. 2013. Cyclic ［G（2′，5′）pA（3′，5′）p］is the metazoan second messenger produced by DNA-activated cyclic GMP-AMP synthase. Cell，153（5）：1094-1107.

Gordon S，Taylor P R. 2005. Monocyte and macrophage heterogeneity. Nature Reviews Immunology，5（12）：953-964.

Howley P M，Knipe D M. 2024. Fields Virology Volume 4：Fundamentals. 7th ed. Philadelphia：Wolters Kluwer Health/Lippincott Williams & Wilkins.

Ishikawa H，Barber G N. 2008. STING is an endoplasmic reticulum adaptor that facilitates innate immune signalling. Nature，455（7213）：674-678.

Lamkanfi M，Dixit V M. 2014. Mechanisms and functions of inflammasomes. Cell，157：1013-1022.

Marazzi I，Ho J S，Kim J，et al. 2012. Suppression of the antiviral response by an influenza histone mimic. Nature，483（7390）：428-433.

Medzhitov R. 2021. The spectrum of inflammatory responses. Science，374（6571）：1070-1075.

Nemeroff M E，Barabino S M，Li Y，et al. 1998. Influenza virus NS1 protein interacts with the cellular 30 kDa subunit of CPSF and inhibits 3′end formation of cellular pre-mRNAs. Mol Cell，1（7）：991-1000.

Schroder K，Tschopp J. 2010. The inflammasomes. Cell，140（6）：821-832.

Takaoka A，Wang Z，Choi M K，et al. 2007. DAI（DLM-1/ZBP1）is a cytosolic DNA sensor and an activator of innate immune response. Nature，448（7152）：501-505.

Takeuchi O，Akira S. 2010. Pattern recognition receptors and inflammation. Cell，140：805-820.

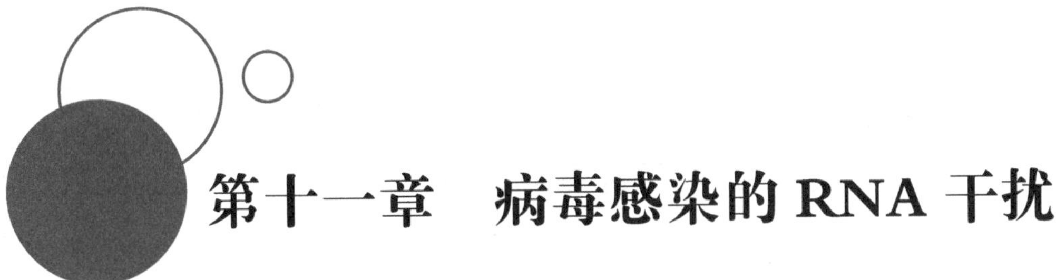

第十一章　病毒感染的 RNA 干扰

本章要点

1. RNAi 的基本通路：RNAi 是真核细胞中由非编码小 RNA（sncRNA）介导的基因转录后调控机制，参与机体新陈代谢、发育分化、维持基因组稳定性及抗病毒免疫等许多关键生理活动。sncRNA 根据来源的不同，可分为干扰小 RNA（siRNA）、微 RNA（miRNA）和 PIWI 相互作用 RNA（piRNA）。siRNA 主要参与抗病毒免疫，miRNA 主要参与基因的转录后调控，piRNA 对生殖细胞和干细胞维持与调控基因的表达具有重要作用。
2. RNAi 通路的基本组分：Dicer 和 AGO 是 RNAi 通路中的核心蛋白。不同物种的 Dicer 和 AGO 蛋白在结构域、异构体、催化活性和家族成员数量方面存在一定的差异。在 RNAi 通路中，Dicer 蛋白参与 sncRNA 的产生，AGO 蛋白主要在 RNAi 的效应阶段起作用。
3. RNAi 抗病毒免疫：由 siRNA 介导的 RNAi 反应在植物、线虫、昆虫与哺乳动物中均起到保守的抗病毒作用。不同物种中参与抗病毒 RNAi 的 Dicer、AGO 及辅助蛋白不同。RNAi 的抗病毒效应可通过细胞间通信机制在细胞之间传播，具有系统性效应。
4. 病毒逃逸 RNAi 免疫：为逃逸或拮抗抗病毒 RNAi，许多病毒编码出 RNAi 抑制蛋白（VSR）。不同 VSR 能在 RNA 及蛋白质水平等通过不同的机制抑制 RNAi 通路。此外，许多 VSR 可通过多种方式抑制 RNAi 通路。

本章知识单元和知识点分解如图 11-1 所示。

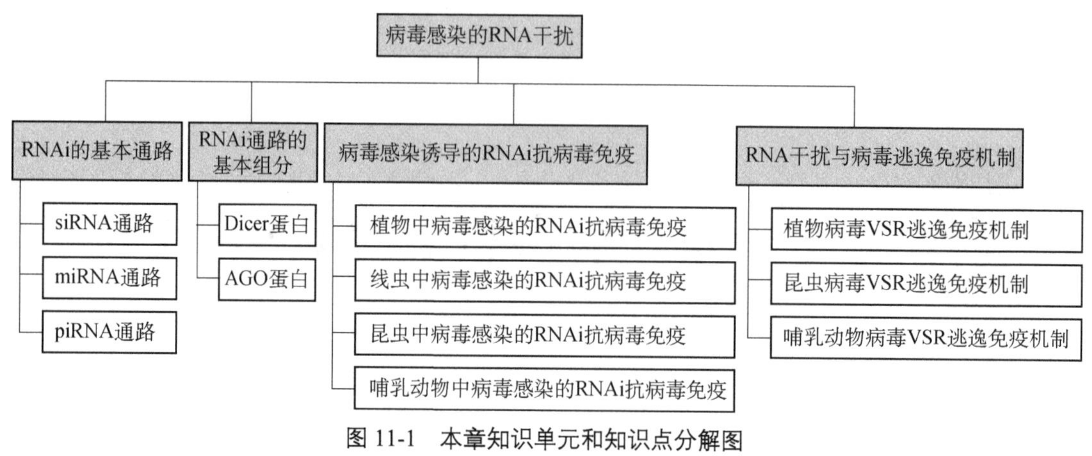

图 11-1　本章知识单元和知识点分解图

第一节　RNA 干扰的基本概念

RNA 干扰（RNA interference，RNAi）是真核细胞中存在的一种保守的由非编码小 RNA（small non-coding RNA，sncRNA）介导的基因沉默机制。1990 年，科学家乔根森（Jorgensen）等在研究牵牛花花青素时发现，外源基因 mRNA 的转入能抑制植物中内源基因的表达，当时他们将该现象称作共抑制。后来这种现象也在真菌、线虫、果蝇、小鼠中得到了确认，但具体的原因并不清楚。1998 年，美国科学家克雷格・C. 梅洛（Craig C. Mello）和安德鲁・Z. 法尔（Andrew Z. Fire）在秀丽隐杆线虫（*Caenorhabditis elegans*）中发现，将双链 RNA（double-stranded RNA，dsRNA）注入线虫后可抑制序列同源基因的表达，首次证明这种抑制主要作用在转录之后，并证明 RNA 发挥了基因沉默的作用。所以 RNAi 又称为转录后基因沉默（post transcriptional gene silencing，PTGS）。Craig C. Mello 和 Andrew Z. Fire 由于在 RNAi 机制研究中的突出贡献，获得了 2006 年诺贝尔生理学或医学奖。随后，RNAi 的作用机制也在昆虫与哺乳动物中被进一步证实。在植物中的研究表明，除了 PTGS，sncRNA 介导的基因沉默还可引起 DNA 甲基化和异染色质化，这种沉默方式属于转录基因沉默（transcriptional gene silencing，TGS）。RNAi 参与新陈代谢、发育分化、维持基因组稳定性及抗病毒免疫等许多关键细胞生理活动。此外，RNAi 技术已成为一种广泛应用的基因编辑手段，能够选择性地敲降特定基因的表达，并用于临床药物研发。2018 年，首款基于 RNAi 技术的药物——帕蒂西兰（Patisiran）获美国 FDA 批准上市，Patisiran 可被用于治疗遗传性转甲状腺素蛋白淀粉样变性（hATTR）引起的神经损伤。

第二节　RNAi 的基本通路

sncRNA 根据小分子 RNA 来源的不同，可分为干扰小 RNA（small interfering RNA，siRNA）、微 RNA（microRNA，miRNA）和 PIWI 相互作用 RNA（PIWI-interacting RNA，piRNA）（表 11-1）。三种 sncRNA 分别介导细胞内三种转录后调控模式（图 11-2）。

表 11-1　非编码小 RNA 的基本特点

RNAi 通路	siRNA	miRNA	piRNA
来源	基因组转录本产生的长 dsRNA 或外源 dsRNA（病毒）	基因组转录本 pri-miRNA	反义转座子转录本
长度/nt	19 ~ 25	20 ~ 24	24 ~ 36
配对方式	完全互补配对	不完全互补配对或完全互补配对	完全互补配对
作用方式	降解靶标	抑制翻译或降解	降解靶标

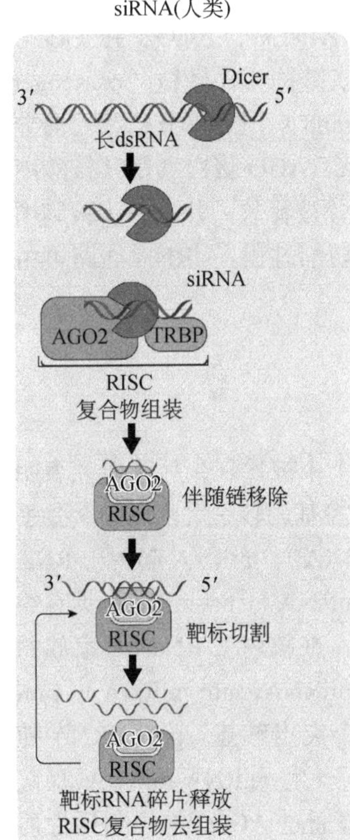

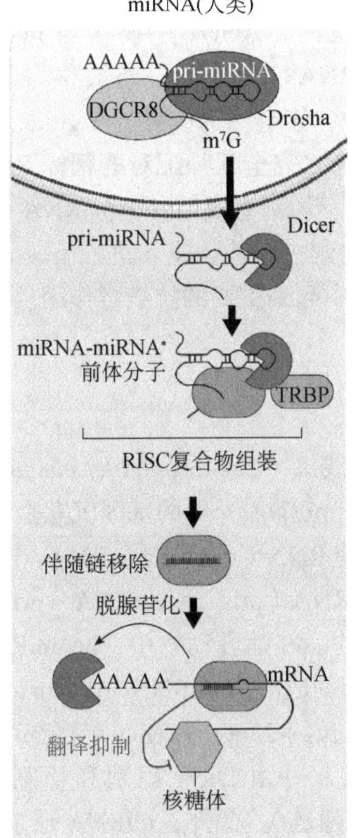

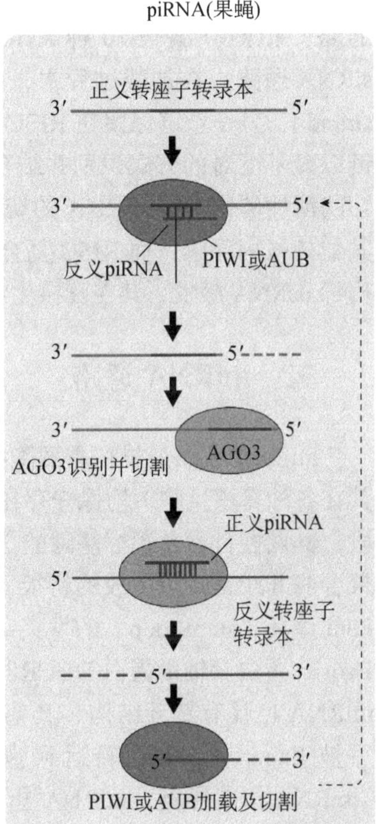

图 11-2　三种 sncRNA 分别介导的 RNAi 机制

一、siRNA 通路

siRNA 介导的 RNAi 通路起始于长双链 RNA，这些 RNA 来源于 RNA 病毒复制中间体的 dsRNA、细胞收敛转录（convergent transcription，指某些基因转录时同时产生正义和反义转录本）、移动遗传因子（mobile genetic element）、自退火的转录本（self-annealing transcript)，以及实验外源转染的 dsRNA 或短发夹 RNA（short hairpin RNA，shRNA）。这些 RNA 会被核酸内切酶（endonuclease）Dicer（属于 RNase Ⅲ家族）识别并切割，生成 19～25nt 长度的短双链 siRNA。不同物种编码不同的 Dicer 蛋白且功能不同。果蝇编码 Dicer-1 和 Dicer-2，Dicer-2 参与 siRNA 生成，而 Dicer-1 参与 miRNA 生成。哺乳动物编码一个 Dicer，同时参与 siRNA 和 miRNA 的生成。拟南芥编码多种 Dicer 样蛋白（Dicer like，DCL），DCL1 主要参与 miRNA 产生，DCL4 主要参与 siRNA 生成。

Dicer 产生的 siRNA 带有两个碱基的 3′端悬垂，具有 5′-单磷酸和 3′-羟基端。随后 siRNA 被 Argonaute（AGO）蛋白加载并在辅助蛋白帮助下组装成 RNA 诱导沉默复合物（RNA-induced silencing complex，RISC）。不同物种编码不同的 AGO 蛋白且功能不同。果蝇编码 5 种 AGO 蛋白，其中 AGO1 主要介导 miRNA 通路，AGO2 主要介导 siRNA 通路。哺乳动物编码 4 种 AGO 蛋白，其中 AGO2 起主要作用，同时参与 siRNA 和 miRNA 通路。拟南芥编码 10 种 AGO 蛋白，AGO1 主要参与 miRNA 通路，AGO2 主要参与 siRNA 通路。在加载过程中，siRNA 双链中的一条被移除，该链称为伴随链（passenger strand）；另一条链保留在 RISC 中，该链称为向导链（guide strand）。之后 RISC 利用向导链以碱基配对的方式识别并结合与之完全互补配对的靶标 RNA，AGO 蛋白利用其核酸内切酶活性催化对靶标 RNA 的切割。切割完成后，靶标 RNA 碎片被释放，并进一步被胞内其他核酸酶降解，而 RISC 复合物则去组装，重新进入下一轮切割过程。siRNA 通路可由病毒 dsRNA 激发，其在真核生物中起到重要的抗病毒作用。

二、miRNA 通路

miRNA 通路最早在秀丽隐杆线虫（*Caenorhabditis elegans*）中被发现，后续研究表明其在各种真核生物中均保守存在。miRNA 介导的基因沉默是调控基因转录后翻译的重要手段，其调控目标是靶标基因的信使 RNA（messenger RNA，mRNA）。miRNA 起始于 RNA 聚合酶Ⅱ或Ⅲ转录生成的初级 miRNA（primary miRNA，pri-miRNA），pri-miRNA 具有约 80nt 茎环（stem-loop）的发夹结构。在哺乳动物中，pri-miRNA 在核内被 RNaseⅢ家族的 Drosha 蛋白及辅助蛋白 DGCR8 切割成前体 miRNA（precursor miRNA，pre-miRNA）。pre-miRNA 也具有茎环结构，其茎部长约 22nt，并在 3′端存在两个突出碱基。pre-miRNA 随后被 Exportin 5 蛋白转运到胞质，并由 Dicer 识别和切割，产生 miRNA-miRNA* 双链（miRNA 指向导链，miRNA*指伴随链）。此外，miRNA 还能够通过 AGO2 的切割活性而不依赖 Dicer 产生，如 miR-451。与 siRNA 不同，miRNA 源于转录本单链 RNA 折叠形成的不完全互补发夹结构，因此，大多数 miRNA-miRNA*双链互补部分的碱基是不完全互补配对的。miRNA-miRNA*双链前体分子随后被 AGO 识别并加载组装为 RISC，其中的向导链保留，伴随链移除。RISC 选择向导链并不是随机的，miRNA-miRNA*双链中 5′端 A/U 含量高或热稳定性较弱的链更容易被 RISC 加载。伴随链有时也可以去沉默相应的靶基因，因此向导链与伴随链的概念是相对的。

miRNA 向导链被分为几个功能片段，从 5′端开始，第一个核苷酸为锚定区，第 2～8 个核苷酸区域为种子区，第 9～12 个核苷酸区域为核心区，第 13～16 个核苷酸为补充区，第 17～22 个核苷酸为 3′端。miRNA 向导链介导 RISC 以其种子区与靶标 mRNA 在 3′非翻译区（untranslated region，UTR）互补配对，这一过程促进 miRNA 的补充区与靶标 mRNA 进一步结合，从而完成 miRNA 识别靶标 RNA 的过程；miRNA 其他区域并不需要与靶标完全互补配对。miRNA 种子区与靶标的结合配对是 miRNA 行使功能的首要条件。另外，miRNA 也可以与基因 mRNA 的 5′UTR 及编码区（coding sequence，CDS）结合并介导 RISC 发挥功能。

在后生动物（哺乳动物和昆虫等）中，AGO 蛋白发挥其核酸内切酶活性依赖于向导链与靶标 RNA 的互补程度。在 siRNA 介导的 AGO 蛋白切割靶标 RNA 过程中，除种子区外，siRNA 通常需要额外有 8～10 个碱基与靶标完全互补配对，其中 siRNA 的第 9～12 位核苷酸核心区必须与靶标完全配对。miRNA 通常不与靶标 mRNA 完全互补配对，因此 miRNA 通路一般不依赖 AGO 蛋白的核酸内切酶活性，不会导致对靶标 mRNA 的切割。但也有少数 miRNA 能够与靶标 mRNA 完全互补配对并促使 AGO 切割。miRNA 介导的基因沉默主要抑制 mRNA 翻译，RISC 可以通过阻止真核生物翻译起始因子（eIF4F）识别 mRNA 的 5′帽子、抑制核糖体复合物在 mRNA 上的延伸及使 miRNA 脱帽或脱腺苷酸化（deadenylation）来降低其稳定性，从而抑制靶标 mRNA 的翻译。对于植物，miRNA 主要与 mRNA 的编码区完美配对结合，但仍以翻译抑制为主，mRNA 切割情况较少。

由于 miRNA 与靶标 mRNA 不完全互补的特点，同一个 miRNA 可结合多种 mRNA，而同一个 mRNA 也可以被多种 miRNA 结合，因此 miRNA-mRNA 在细胞内形成了十分复杂的调控网络，在几乎所有的生理和病理过程中均发挥着重要作用。此外，植物 miRNA 可以通过胞间连丝进行短距离转移，通过韧皮部进行长距离运输；而动物 miRNA 则可以通过装载在外泌体内进行跨细胞运输。因此，miRNA 能够发挥全身的系统性效应。在植物中，miRNA 更多地靶向调控转录因子 mRNA，能诱发更大范围的下游效应。

三、piRNA 通路

piRNA 是一类大小为 24～36nt 的 sncRNA，主要在生殖细胞中被发现。piRNA 在来源、结构和效应蛋白等方面均与 siRNA 及 miRNA 不同。piRNA 来源于基因组编码的 piRNA 基因簇，其特征是包含有大量转座子及其残余序列的成簇分布基因间重复序列。piRNA 的产生不需要 Dicer 蛋白切割，piRNA 的效应蛋白属于 Argonaute 家族中的 PIWI 亚家族。果蝇 PIWI 家族包含 PIWI、Aubergine（AUB）和 AGO3；人类包含 HIL1（HIWI-like）、PIWI1（HIWI1 human）、PIWI2（HIWI2 human）和 PIWI3（HIWI3 human）。PIWI 和 AUB 蛋白介导切割 piRNA 基因簇的正义转录本并产生正义 piRNA，称为初级 piRNA（primary piRNA）。后者与 AGO3 结合，识别并切割反义转座子转录本，并产生反义 piRNA。而产生的反义 piRNA 又会转而与 PIWI 和 AUB 结合，介导切割正义转录本并产生正义 piRNA，称为次级 piRNA（secondary piRNA）。该次级 piRNA 与产生它的 piRNA 前体具有 10 个碱基的互补性，因此又可以作为靶向初级 piRNA 前体转录物以生成更多的次级 piRNA，该过程称为乒乓循环（ping-pong cycle）。

转座子是基因组可自我复制的 DNA 序列，能够插入基因组不同区域。当转座子插入不当时，可能会引入基因组突变，进而影响基因组的稳定性和完整性，导致一系列严重后果。piRNA 来源于转座子，其主要功能之一是参与转座子的调控与基因沉默。正常情况下，体细胞基因组中的转座子维持在相对沉默状态；而在生殖细胞和干细胞中，转座子活跃。因此，piRNA 对生殖细胞和干细胞维持与调控基因的表达具有重要作用。此外，piRNA 广泛参与了表观遗传调控，通过调控多种甲基化酶参与生理和病理过程。

第三节　RNAi 通路的基本组分

一、Dicer 蛋白

Dicer 是 RNAi 通路的核心蛋白，首次于 2001 年在黑腹果蝇中被发现，并很快被证明在许多物种中是保守存在的。不同物种的 Dicer 在结构域、异构体、催化活性和家族成员数量方面存在一定的差异。拟南芥基因组编码多种 Dicer 样蛋白（DCL1～4）；拟南芥 DCL1 主要参与 miRNA 产生，而 DCL4 对于抗病毒免疫是至关重要的，但是拟南芥在感染不同的正链 RNA 病毒后，只有多个 DCL 的基因同时失活才能促使抗病毒 RNAi 通路的阻断，这表明植物中抗病毒 RNAi 不依赖于单一的 DCL 蛋白。昆虫基因组编码两种 Dicer 蛋白（Dicer-1 和 Dicer-2），Dicer-1 主要参与 miRNA 的加工合成，Dicer-2 主要参与 siRNA 的加工合成。线虫和哺乳动物基因组仅编码一种 Dicer 蛋白，其既参与 miRNA 也参与 siRNA 的产生。老鼠卵母细胞中存在一种 Dicer 的异构体，其比正常的 Dicer 蛋白缺失了部分 N 端解旋酶区域，但其却有更强的切割活性。哺乳动物胚胎干细胞中也存在 Dicer 蛋白剪接体——抗病毒 Dicer（antiviral Dicer，aviDicer），其具有更强的 dsRNA 切割活性，主要负责抗病毒作用。

Dicer 属于第四类Ⅲ型核糖核酸酶（RNaseⅢ），其核心功能是将 dsRNA 切割成大小均一的片段（19～25nt），并产生 3′端有两个碱基突出的黏性末端。除此之外，Dicer 还具有一些非经典功能。在哺乳动物中，Dicer 被发现能够进入细胞核，参与基因组 DNA 的断裂修复。Dicer 能通过结合并募集甲基转移酶，影响 p53 靶基因启动子区组蛋白甲基化水平，从而特异性调控基因转录。Dicer 通过与靶 RNA 的被动结合参与 P 小体/RNA 颗粒的功能。在果蝇中，Dicer-2 可以通过与 Toll 基因 mRNA 结合增强其稳定性并促进 poly(A)尾的加长。在线虫中，Dicer 可被 caspase 切割，产生具有 DNase 活性的 C 端片段，导致染色体上 3′羟基 DNA 的断裂，降解染色体 DNA 从而促进细胞凋亡。

Dicer 是一种多结构域的核酸内切酶。在人类中，Dicer 由位于 14 号染色体的 *DICER1* 基因编码，该基因包含约 72kb 的区域，并包含 29 个外显子。人类 Dicer 由 1922 个氨基酸组成（约 220kDa），是 RNaseⅢ家族中最大且最复杂的成员。冷冻电子显微镜重建了人类 Dicer 的 3D 结构，揭示了其 L 形分子的结构。该分子由一个 N 端解旋酶、一个 DUF283 结构域、一个平台 PIWIAGO/ZWILLE（PAZ）结构域、两个 RNaseⅢ结构域（RNaseⅢa 和 RNaseⅢb）及一个 C 端双链 RNA 结合结构域（dsRBD）组成（图 11-3）。以下是对 Dicer 结构域及其功能的更详细描述。

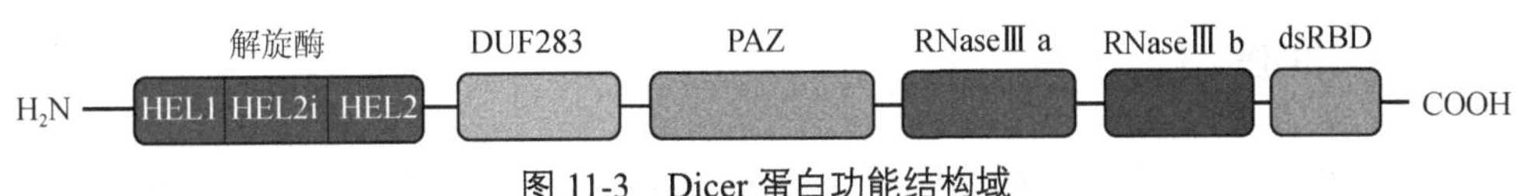

图 11-3　Dicer 蛋白功能结构域

（1）解旋酶结构域：在结构上由三部分组成，即 HEL1、HEL2i 和 HEL2 亚结构域。这些亚结构域在 DExD/H 和 RIG-Ⅰ样解旋酶家族中是保守的。在 pre-siRNA 或 pre-miRNA 被 Dicer 剪切后，解旋酶结构域参与向导链与伴随链分离的过程，使向导链结合 AGO 形成 RISC。在空间上，HEL1 亚结构域通过与 DUF283 和 RNaseⅢb 结构域的相互作用连接“L”的长臂和短臂。HEL2 位于其他两个解旋酶亚结构域之间，呈“C”形，而 HEL2i 位于“L”的短臂末端。解旋酶结构域根据 dsRNA 末端区分 pre-siRNA 和 pre-miRNA，这一过程可以有 ATP 参与，也可以不参与。例如，线虫和果蝇的 Dicer 以 ATP 依赖的方式切割平末端 dsRNA，而处理携带 3′-悬垂的 pre-miRNA 则不需要 ATP。脊椎动物 Dicer 的解旋酶结构域是不依赖 ATP 的，其辨别机制依赖于与 pre-miRNA 顶端茎环的相互作用。除了 dsRNA 识别，解旋酶结构域还可以作为募集 dsRBP 的平台。

（2）DUF283 结构域：DUF283 与 dsRBP 具有结构相似性，但它不结合 dsRNA，而是结合单链核酸并参与核酸退火过程，促进 dsRNA 互补链之间的杂交。该结构域可以与 ADAR1 相互作用，ADAR1 与 Dicer 结合可以提高 pri-miRNA 切割和 miRNA 转移到 AGO2 蛋白的效率。有趣的是，缺失 DUF238 的 Dicer 增加了与 dsRNA 的结合能力，导致切割效率降低，但不影响其结合和切割 pre-miRNA 的能力。

（3）PAZ 结构域：为 Dicer 和 AGO 蛋白中都具有的高度保守的 PAZ 结构域。PAZ 结构域在空间结构上位于 Dicer 蛋白的头部，其具有 3′结合口袋，可以连接 dsRNA 底物的 3′突出。缺乏 PAZ 结构域的 Dicer 不能处理长的 pre-miRNA 或 dsRNA 底物，但在短的单链 RNA 和 DNA 上仍保留 RNase 和 DNase 活性，这表明在缺乏 PAZ 结构域的情况下，可以产生非经典产物。

（4）RNaseⅢ结构域：Dicer 蛋白能够作为一种分子标尺准确地将 dsRNA 切割为 19～25nt 的 siRNA，两个 RNaseⅢ结构域（RNaseⅢa 和 RNaseⅢb）起到巨大作用。每一个 RNaseⅢ结构域都具有切割磷酸二酯键的活性中心，即 Dicer 的核酸酶催化核心。这两个活性中心相距大约 65Å，相当于 25nt 的长度，这种结构特征保证 Dicer 只产生 19～25nt 大小的 siRNA，并与其他结构域相互配合，通过微调两个 RNaseⅢ结构域的距离来调整切割产物的长度。在二价金属离子（如 Mg^{2+}）存在的情况下，RNaseⅢ结构域才能催化 dsRNA，使每条单链 RNA 内的磷酸二酯键水解，其中 RNaseⅢa 结构域切割带 3′羟基的 RNA 链，而 RNaseⅢb 结构域切割含 5′磷酸的 RNA 链。

（5）dsRBD：dsRBD 是一种 dsRNA 结合结构域，包含 65～70 个氨基酸，可折叠成 αββα 构象。dsRBD 的主要功能是与 dsRNA 结合。尽管 dsRBD 可以与特定的 dsRNA 序列结合，但也与底物的形状相关。dsRBD 缺失减少了平末端 dsRNA 的加工，使 Dicer 加工更依赖于 3′-悬垂。dsRBD 中存在核定位信号，这使得 Dicer 可以在细胞核中行使非经典功能。

二、AGO蛋白

AGO蛋白在几乎所有生物中高度保守，在古菌、细菌、真菌、植物、线虫、果蝇及哺乳动物中均存在。AGO蛋白不仅参与sncRNA的生物合成，还通过sncRNA介导的基因沉默途径调控基因表达和抵御外来病原体的入侵。基于序列和结构特征，真核AGO蛋白可分为AGO亚家族和PIWI亚家族两大类。不同物种可同时编码多个AGO蛋白，并且每个AGO蛋白的生物活性并不完全一样。其中以果蝇为代表的昆虫基因组编码5种AGO蛋白，以拟南芥为代表的植物基因组编码10种AGO蛋白，哺乳动物基因组编码4种AGO蛋白。

果蝇基因组编码的5种AGO蛋白分别为AGO1、AGO2、AGO3、PIWI和Aub蛋白（aubergine），其中AGO1和AGO2属于AGO亚家族，AGO3、PIWI和Aub属于PIWI亚家族。在果蝇RNAi途径中，miRNA优先与AGO1结合，而siRNA优先与AGO2结合。因此，果蝇AGO1蛋白参与miRNA相关的基因沉默，AGO2蛋白参与siRNA相关的基因沉默。在病毒感染情况下，AGO2通过加载病毒来源的siRNA（virus-derived siRNA，vsiRNA）直接特异性切割病毒RNA。PIWI亚家族的AGO3、Aub和PIWI蛋白主要参与piRNA的形成。

植物编码的AGO蛋白种类繁多，拟南芥基因组编码10种AGO蛋白且功能各异。其他植物编码的AGO蛋白种类更多。例如，大豆基因组编码22种AGO蛋白，水稻基因组编码19种AGO蛋白，玉米基因组编码17种AGO蛋白。以拟南芥为例，其AGO1、AGO2和AGO5能与RNA病毒来源的vsiRNA组装为RISC，从而发挥抗病毒功能，而AGO4能与DNA病毒来源的vsiRNA结合发挥抗病毒功能。AGO4还能通过RNA介导的DNA甲基化（RNA directed DNA methylation，RDM）调控DNA病毒的甲基化水平，从而起到抗病毒的目的。

哺乳动物基因组编码4种AGO蛋白，AGO2是最主要的AGO蛋白，其既参与miRNA介导的靶标基因翻译抑制，也通过切割活性参与siRNA介导的靶标基因的切割。其他AGO虽然也可以加载miRNA和siRNA，但不行使切割功能。在病毒感染时，AGO2蛋白起主要抗病毒作用。此外，哺乳动物AGO4也具有RNAi依赖和非依赖的抗病毒作用。

RNAi的效应阶段是由RISC组装起始的。RISC装载复合体是由AGO、Dicer和其他辅助蛋白组成的。Dicer蛋白切割dsRNA或pre-miRNA，生成siRNA或miRNA-miRNA*前体双链产物，这些分子按照5′端的热稳定、末端碱基偏好或结构特征进行向导链的选择，并随之与AGO蛋白结合。向导链和AGO蛋白的结合过程与前体双链产物的生成过程紧密相连。AGO蛋白同时降解伴随链，促进其释放。AGO蛋白在RISC中发挥关键的沉默效应，不同AGO蛋白具有相似的催化流程。首先，当向导链加载进AGO后，其种子区域（第2～8位核苷酸）与靶标RNA互补配对，随后3′端附加区（第13～16位核苷酸）进一步与靶标RNA结合。在这一过程中，靶标RNA并没有与向导链的中心区域（第9～12位核苷酸）配对结合。其次，只有当向导链的种子区域和3′附加区全部与靶标RNA结合后，才会扭转向导链使其中心区域也与靶标RNA结合。最后，如果向导链（如siRNA）的中心区域与靶标RNA完全互补配对，AGO蛋白就会发挥核酸内切酶活性，在第10～11位核苷酸之间对靶标RNA进行切割。如果向导链（如miRNA）的中心区域不能与靶标

RNA 完全互补配对，AGO 蛋白则不会切割靶标，而是抑制靶标 mRNA 的翻译。

AGO 蛋白一直被认为主要定位于体细胞的细胞质中，并被招募到细胞质 P 小体上发挥功能，包括将 mRNA 靶向 P 小体进行降解或翻译抑制。在哺乳动物细胞中，AGO2 也能定位于弥漫性细胞质及应激颗粒中。此外，在细胞核中也发现了 AGO 蛋白。在哺乳动物胚胎干细胞和成体肌肉干细胞中发现，约 50%的 AGO 蛋白定位于细胞核中，这些 AGO 蛋白在细胞核中能组装成完全的功能性 RISC 并发挥沉默靶标 mRNA 的作用。此外，哺乳动物核 RISC-AGO 也被认为发挥启动子激活、转录本基因沉默、可变剪切等功能。研究人员发现 RISC-AGO 在酵母和拟南芥中的细胞核中发挥调控基因完整性、调控染色质动力学及控制转录等重要作用。

所有已知的真核 AGO 蛋白都具有相同的结构单元，其中包括 N 端结构域、PAZ 结构域、MID（middle）结构域、PIWI（P-element induced wimpy testis）结构域及两个连接区域 L1 和 L2（图 11-4）。

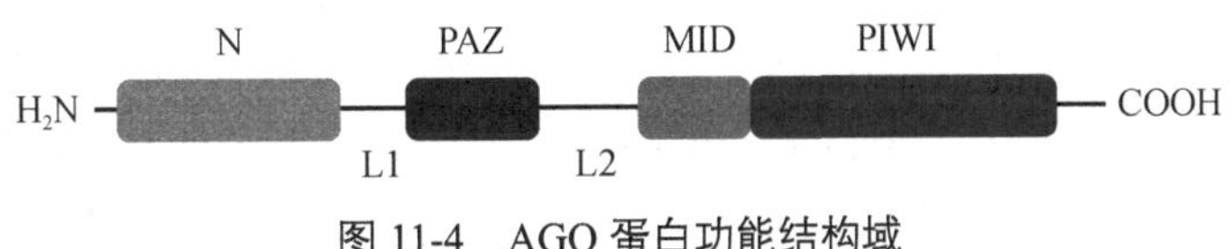

图 11-4　AGO 蛋白功能结构域

（1）N 端结构域：N 端结构域在 AGO 蛋白加载 siRNA/miRNA 及向导链选择过程中起到分离向导链与伴随链的作用，同时在切割靶标 RNA 时也发挥重要作用。当加载在 AGO 中的向导链与靶标 mRNA 完全互补配对时，N 端结构域可以限制向导链与靶标 mRNA 之间形成 A 型螺旋，促使靶标 RNA 被高效切割。

（2）PAZ 结构域和 MID 结构域：PAZ 结构域和 MID 结构域通过提供结合口袋，分别锚定 siRNA/miRNA 的 3′端和 5′端。PAZ 结构域与 siRNA 3′端突出的初始相互作用对于有效沉默至关重要，同时 PAZ 结构域的氨基酸侧链与结合的 siRNA 之间能够形成大量的极性相互作用，促进 siRNA 与 AGO 蛋白之间的稳定结合。

（3）PIWI 结构域：AGO 蛋白 PIWI 结构域在结构和功能上与 RNase H 十分相似，发挥 RNA 内切酶的作用。siRNA 或 miRNA 的指导链与靶标 RNA 完全互补配对是 AGO 发挥核酸内切酶活性的先决条件。AGO 蛋白需要二价金属离子的辅助来完成切割反应。PIWI 结构域的催化活性主要由一个三元结构的 DDX（D 表示天冬氨酸，X 表示天冬氨酸或者组氨酸）活化中心实现。在目前已知的所有 AGO 蛋白中，这些氨基酸残基的位置高度保守。但具有该保守序列并不一定具有切割活性，如人类 AGO3 蛋白。此外，AGO 蛋白切割活性除了参与以上 RNAi 的效应阶段，还直接生成 miRNA。例如，脊柱动物 miR-451 的产生不依赖 Dicer，其短的 42nt pre-miRNA 发夹不能被 Dicer 识别，而是直接由 AGO2 识别并切割。

第四节　病毒感染诱导的 RNAi 抗病毒免疫

由 siRNA 介导的 RNAi 通路在植物、线虫、昆虫与哺乳动物中均起到保守的抗病毒作用。病毒在复制或转录过程中产生的不同形式的 dsRNA 均可被 Dicer 识别，并产生 vsiRNA，随后 vsiRNA 被 AGO 蛋白识别并组装为 RISC，以碱基配对的方式靶向降解病毒基因，清除病毒。不同物种中参与抗病毒 RNAi 通路的 Dicer、AGO 及辅助蛋白不同。在植物与线虫中，vsiRNA 可以通过依赖于 RNA 的 RNA 聚合酶扩增，加强 RNAi 抗病毒免疫。此外，在不同物种中，vsiRNA 可以通过不同的细胞间通信机制在细胞之间传播，因此 vsiRNA 介导的 RNAi 通路不仅在细胞内起抗病毒作用，同样也具有系统性效应。

一、植物中病毒感染的 RNAi 抗病毒免疫

植物体内存在 4 种 DCL 蛋白，负责加工不同的 dsRNA 并产生不同的 vsiRNA，其中 DCL4 和 DCL2 分别产生 21nt 和 22nt 的 vsiRNA。当正链 RNA 病毒感染时，植物体内主要积累由 DCL4 生成的 21nt vsiRNA，其主要参与 RNA 沉默介导的植物抗病毒防御，所以 DCL4 在抗病毒过程中发挥最主要的作用。在 *dcl4* 功能缺失突变体中，主要积累由 DCL2 加工的 22nt vsiRNA，但其介导的抗病毒效应弱于 21nt vsiRNA。而 DCL3 只有在 *dcl2*/*dcl4* 双突变体中才发挥作用，产生 24nt 的 vsiRNA，因而 DCL3 在对抗 RNA 病毒过程中作用较小。而在 DNA 病毒感染时，DCL3 发挥主要的抗病毒作用。拟南芥在感染了双生病毒（geminivirus）和拟逆转录病毒（pararetrovirus）时，*dcl3* 突变体的症状非常严重，而野生型和 *dcl2*/*dcl4* 双突变体感染双生病毒症状可以得到缓解。无论在 RNA 病毒还是 DNA 病毒中，DCL1 只是协助其他几个 DCL 蛋白，间接参与了 vsiRNA 的产生。

植物中直接切割病毒 dsRNA 产生的 vsiRNA，称为初级 vsiRNA。初级 vsiRNA 介导 RISC 剪切病毒基因组 RNA，产生的 RNA 片段被植物内源的依赖于 RNA 的 RNA 聚合酶（RNA-dependent RNA polymerase，RdRp）识别并扩增成新的 dsRNA，继而又被 DCL 切割成为次级 vsiRNA。拟南芥共编码 6 个 RdRp，其中 RdRp1 和 RdRp6 与抗病毒相关。由 RdRp 介导的 RNA 复制发生在由膜凹陷形成的富集了特定磷脂的类囊泡结构中，并依赖于抗病毒 RNAi 缺陷 1（antiviral RNAi defective 1，*AVI1*）基因和 *AVI2* 基因。次级 vsiRNA 与 AGO 蛋白形成 RISC 进一步加强 RNAi 介导的抗病毒作用。除了直接切割病毒 RNA，植物的 vsiRNA 也能够以翻译抑制的方式来抑制病毒基因的翻译表达。拟南芥编码 10 种 AGO 蛋白，RNA 病毒来源的 vsiRNA 主要与 AGO1、AGO2 或 AGO5 结合并形成 RSIC，DNA 病毒来源的 vsiRNA 主要与 AGO4、AGO6 或 AGO9 结合（图 11-5）。

初级 vsiRNA 和次级 vsiRNA 可以沿着胞间连丝进行细胞间的扩散，之后沿着筛管进行长距离的迁移，随后离开筛管，到达未受病毒感染的叶片细胞，在病毒感染前建立沉默信号，实现系统性抗性。因此，在植物中，RNAi 介导的抗病毒信号可以沿着病毒潜在的运动轨迹扩散至整个植株，激发迅速、系统性的病毒抗性。此外，植物还能识别病毒侵染伴随的创伤并诱导钙流，促进 RNAi 通路相关基因的转录及表达，系统性地加强 RNAi 抗病毒防御。

在植物中，RNA 介导的 RDM 引起 TGS 并调控基因表达。当病毒感染时，vsiRNA 同样也引起 TGS 并起到抵抗 DNA 病毒的作用。由 DCL3 参与加工而形成的 24nt vsiRNA 是一些甲基转移酶（methyltransferase）活化的起始信号。vsiRNA 可与 AGO4、AGO6 或

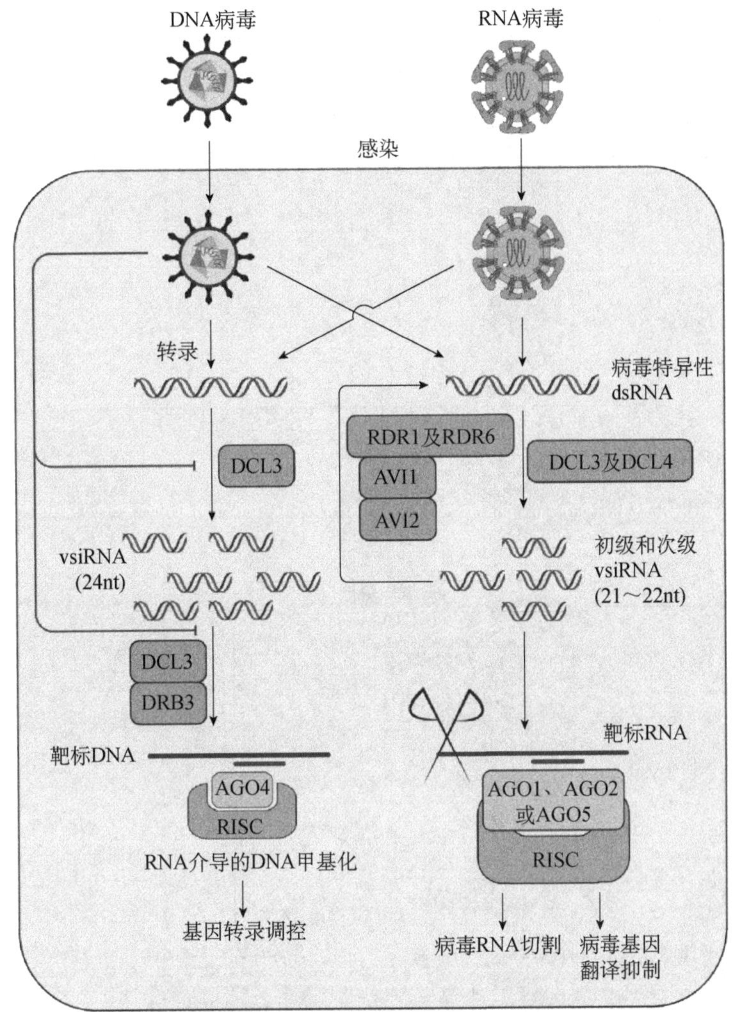

图 11-5　植物中病毒感染的 RNAi 抗病毒免疫反应

AGO9 结合，介导甲基转移酶使 DNA 区域包含胞嘧啶–鸟嘌呤核苷酸连续区（称为 CG 岛）、CNG（N 表示 A/T/G/C）和 CHH（H 表示 A/T/C）中的胞嘧啶核苷 C 与组蛋白 H3 亚基的第 9 个赖氨酸（K9 in histone H3，H3K9）发生甲基化，病毒基因表达因此而受到抑制。植物利用 vsiRNA 介导的 RDM 抵御双生病毒感染，拟南芥甲基化缺陷型突变体对双生病毒更易感。

二、线虫中病毒感染的 RNAi 抗病毒免疫

秀丽隐杆线虫 Dicer-1 识别并剪切病毒 dsRNA，产生 23nt 的初级 vsiRNA。这一过程需要其他蛋白质辅助，包括 RNA 干扰缺陷蛋白 4（RNAi-defective 4，RDE-4）及 Dicer 相关解旋酶 1（Dicer-related helicase-1，DRH-1）。DRH-1 与哺乳动物中 RIG-Ⅰ家族蛋白具有同源性，其作用可能是识别病毒 dsRNA。在缺失 RDE-4 和 DRH-1 的线虫中，Dicer-1 也能

产生 vsiRNA，但是效率降低。初级 23nt vsiRNA 与线虫 AGO 蛋白（也称为 RDE-1）结合，该复合物募集线虫中依赖于 RNA 的 RNA 聚合酶 RRF-1 至病毒基因组 RNA，并合成大量带有 5′鸟嘌呤的 22nt 次级 vsiRNA，这一过程需要 DRH-3 辅助。这些次级 vsiRNA 与线虫特异性 AGO 蛋白（WAGO）结合组装为 RISC，降解与 vsiRNA 互补的病毒 RNA（图 11-6）。

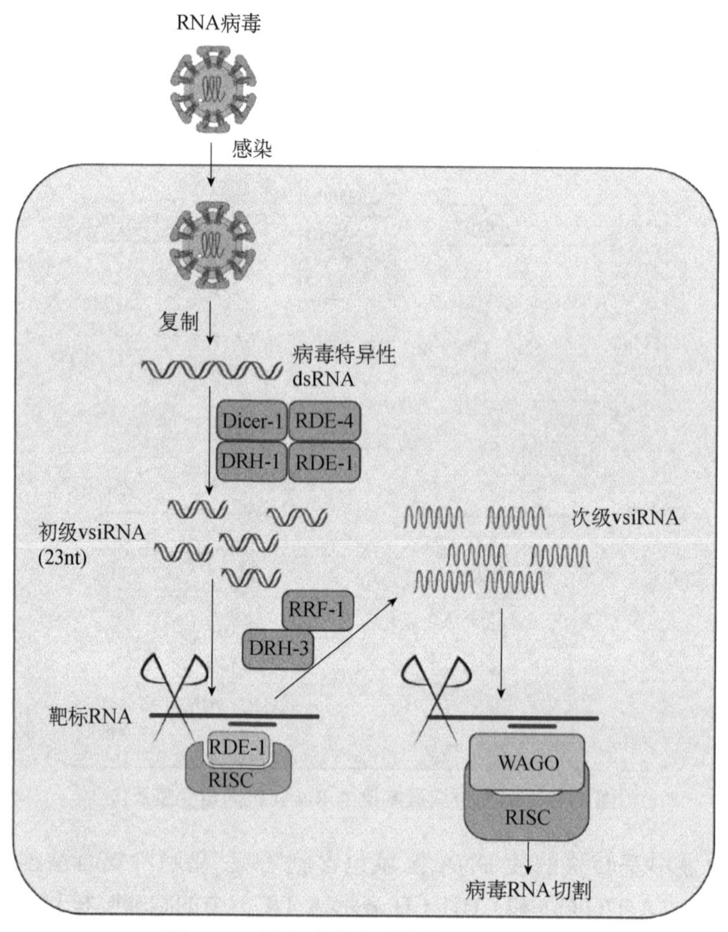

图 11-6　线虫中病毒感染的 RNAi 应答

三、昆虫中病毒感染的 RNAi 抗病毒免疫

果蝇 Dicer-2 识别并剪切 RNA 病毒复制及 DNA 病毒转录产生的 dsRNA，这一过程需要辅助蛋白 Loqs-PD 参与。生成的 21nt vsiRNA 随后在辅助蛋白 R2D2 的帮助下被 AGO2 加载组装为 RISC，靶向降解病毒基因（图 11-7）。在果蝇中，RNA 病毒和 DNA 病毒都可以通过 Dicer-2 产生 vsiRNA 及抗病毒 RNAi。此外，在蜜蜂、蚕、叶蝉、菜青虫、蚊和蜱中也发现，多种 RNA 病毒感染后，均能产生类似特征的 vsiRNA。值得注意的是，在家蚕中主要产生 20nt vsiRNA，而在蜜蜂和蜱中主要产生 22nt 的 vsiRNA，表明在不同物种中 Dicer-2 切割产物的偏好性不同。

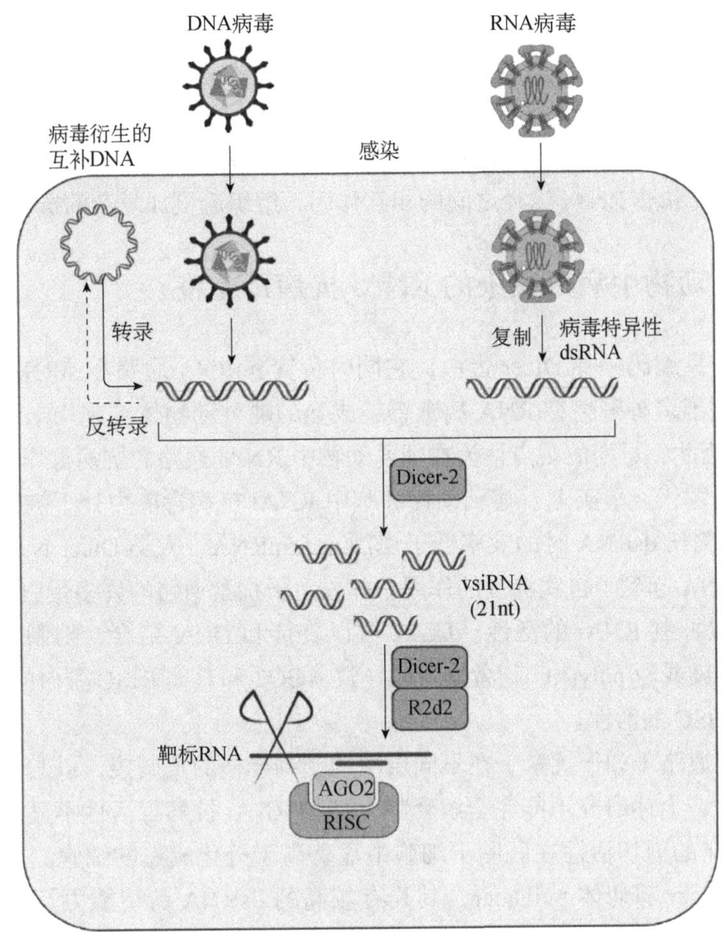

图 11-7　昆虫（如果蝇）中病毒感染的 RNAi 抗病毒免疫反应

在果蝇中还观察到了系统性抗病毒 RNAi 反应。果蝇血细胞能从感染细胞中吸收 dsRNA，并利用内源性转座子反转录酶产生病毒衍生的互补 DNA（vDNA）。此外，在感染 RNA 病毒期间，有缺陷的病毒基因组可作为合成 vDNA 和环状 vDNA（cvDNA）的模板，该过程由 Dicer-2 的解旋酶结构域调节。vDNA 可以进一步转录为 dsRNA，并被 Dicer-2 切割产生次级 vsiRNA。这一过程与植物的次级 vsiRNA 产生途径类似。这些 vsiRNA 被分泌到类似外泌体的囊泡中，并随之递送到远端的细胞，从而将 RNAi 信号从感染细胞传递到非感染细胞。因此，果蝇血细胞衍生的外泌体样囊泡赋予全身 RNAi 抗病毒免疫力。当这些 vDNA 作为内源性病毒元件（endogenous viral element，EVE）整合到宿主基因组中时，就能建立长期的抗病毒免疫。

除了 siRNA 通路，昆虫中 miRNA 和 piRNA 通路也参与了抗病毒作用。在白纹伊蚊细胞中，已经证实可以从西尼罗病毒（WNV）3′非翻译区相应的亚基因组 RNA 中产生病毒来源的 miRNA。这种特定的 miRNA 可以调节 GATA 结合蛋白 4（GATA-binding protein 4，GATA4）的合成，最终产生促病毒效应。此外，来自病毒的 piRNA 在虫媒病毒感染的蚊子细胞中已观察到。比如，piRNA 具有抑制西门利克森林病毒（Semliki forest virus，

SFV）的作用。

果蝇 RNAi 还可以与其他抗病毒免疫相关途径相结合。例如，果蝇 Dicer-2 与蛋白 Vago 发生相互作用，Vago 是一种可以诱导 JAK-STAT 信号通路的配体。Dicer-2 通过与 Toll 基因 mRNA 结合及促加尾，增强 Toll 蛋白表达，从而促进 Toll 信号通路。因此，昆虫能够通过 RNAi 和非 RNAi 途径之间的相互作用，组织起更加复杂的抗病毒免疫。

四、哺乳动物中病毒感染的 RNAi 抗病毒免疫

哺乳动物中只编码一种 Dicer 蛋白，它同时负责 miRNA 通路和 siRNA 通路。在早期的研究中，使用了多种野生型 RNA 病毒感染成熟的哺乳动物体细胞均未能检测到足够丰度的 vsiRNA。因此，早期的观点认为在哺乳动物中 RNAi 通路的抗病毒作用已经弱化并且被干扰素通路所替代。事实上，哺乳动物细胞中 RNAi 抗病毒能力处于被抑制状态。哺乳动物 Dicer 在切割长 dsRNA 时的效率低于切割 pre-miRNA。人类 Dicer N 端解旋酶区域对其切割长链 dsRNA 起到了自我抑制的作用。此外，干扰素通路的许多蛋白质包括 LGP2 和多种 ISG 也可以抑制 RNAi 的活性。LGP2 可以直接和 Dicer 结合，抑制 Dicer 对 dsRNA 的加工。病毒感染或者 poly(I:C)刺激均可以导致 AGO2 和其他 RISC 蛋白的多 ADP 核糖基化，从而抑制 RISC 的活性。

许多抗病毒通路（如干扰素）在不同层次均受到严格的负调控，以避免病毒感染时的过度激发。因此，上述研究不能完全解释哺乳动物 RNAi 抗病毒活性不显著的原因。后续研究表明，Dicer 的剪切活性在胚胎干细胞中显著高于分化成熟的细胞。此外，胚胎干细胞中存在一种 Dicer 剪切体 aviDicer，其具有较高的 dsRNA 剪切能力及抗病毒活性。因此，病毒感染具有干性或多能性的细胞能激活 RNAi 抗病毒。比如，脑心肌炎病毒（encephalomyocarditis virus，EMCV）感染鼠胚胎干细胞后可以检测到 vsiRNA 产生。人的神经前体细胞（human neural progenitor cell，hNPC）在感染了寨卡病毒（Zika virus，ZIKV）后也可以产生 vsiRNA。据此，有学者认为，哺乳动物中的 RNAi 可能主要在干细胞或未分化细胞中发挥抗病毒作用，而在分化的体细胞中 RNAi 的抗病毒活性被其他抗病毒机制取代了。

随着研究的深入，发现病毒编码的 RNAi 抑制蛋白（viral suppressor of RNAi，VSR）能极大地限制 Dicer 剪切 dsRNA 的活性，当 VSR 活性被突变或抑制时，病毒感染产生的 vsiRNA 才能被明显检测到。比如，野田村病毒（Nodamura virus，NoV）B2 蛋白的 VSR 活性被突变后，其感染小鼠产生 vsiRNA。此外，VSR 活性缺陷的甲型流感病毒（influenza A virus，IAV）、EV71、登革病毒 2 型（Dengue virus type 2，DENV2）、西门利克森林病毒感染体细胞后都能检测到高丰度的 vsiRNA 及抗病毒 RNAi。此外，设计针对 VSR 活性的多肽药物，能够有效抑制 EV71 的 VSR 活性，并在野生型 EV71 感染的体细胞和小鼠中激活 RNAi 抗病毒免疫反应。这些证据表明哺乳动物的 RNAi 不仅在未分化细胞，也在分化成熟的体细胞中具有抗病毒能力。最近的研究表明，即使在有完全活性 VSR 存在的情况下，野生型 SFV 和辛德毕斯病毒（Sindbis virus，SINV）感染体细胞后依然能产生较高丰

度的 vsiRNA 并激活 RNAi 抗病毒免疫反应。因此，在分化的体细胞中，哺乳动物 RNAi 针对一些病毒（如 SFV 和 SINV）可能会表现出更强的抗病毒能力，其编码的 VSR 不能完全抑制 RNAi，这提示了哺乳动物 RNAi 的抗病毒作用可能具有病毒选择性（图 11-8）。

此外，哺乳动物 RNAi 可以通过 vsiRNA 介导系统性和持续性抗病毒作用。研究表明，VSR 缺陷的 NoV 感染小鼠后，肌肉中产生的大量 vsiRNA 可以在小鼠体内多种组织中稳定存在，甚至在病毒被基本清除后的两周还能检测到相当的丰度。vsiRNA 系统性免疫由外泌体样囊泡介导，携带有 vsiRNA 的外泌体样囊泡可以通过血液循环到未感染病毒的组织和细胞，起到抑制病毒的作用。此外，这种 VSR 缺陷病毒的某些免疫特征类似于减毒的活疫苗，小鼠接种 VSR 缺陷的 NoV 可以对致死剂量的同源野生型 NoV 病毒感染起到完全保护作用。

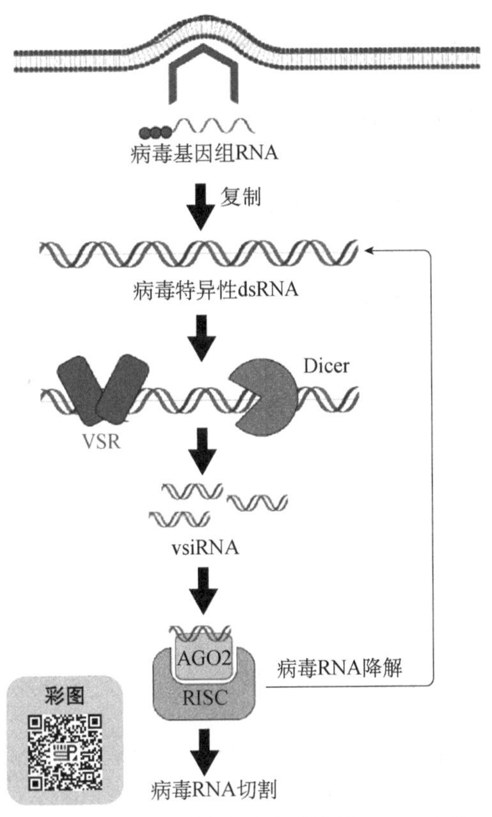

图 11-8　哺乳动物中病毒感染的 RNAi 应答

第五节　RNA 干扰与病毒逃逸免疫机制

为逃逸或拮抗 RNAi 抗病毒免疫，许多病毒通过编码 VSR 抑制或阻断 RNAi 通路。在大部分植物病毒、昆虫病毒和哺乳动物病毒中均发现了 VSR。VSR 能通过多种策略达到抑制 RNAi 抗病毒通路的目的，包括：①在 RNA 水平，VSR 可通过结合病毒 dsRNA 或 vsiRNA，保护病毒 dsRNA 不被 Dicer 切割，或阻止 vsiRNA 转运至 RISC；②在蛋白质水平，VSR 可与 Dicer、AGO 等相互作用，抑制 RNAi 通路核心蛋白的功能；③在植物中，VSR 可抑制次级 vsiRNA 扩增、RDM 及具有抗病毒效应 miRNA 的翻译。此外，许多 VSR 可通过多种方式抑制 RNAi 通路。不同种类的病毒均编码 VSR 这一现象提示了抗病毒 RNAi 对 VSR 功能构成强大的选择压力，促使病毒在进化中始终选择编码 VSR 并保留较强的活性。

一、植物病毒 VSR 逃逸免疫机制

主要植物病毒编码的 VSR 及其作用机制见表 11-2。

表 11-2　主要植物病毒编码的 VSR 及其作用机制

病毒	所属科	VSR	作用机制
番茄斑萎病毒（tomato spotted wilt virus，TSWV）	番茄斑萎病毒科（*Tospoviridae*）	NS	结合 dsRNA 和 siRNA
水稻条纹病毒（rice stripe virus）	未分类	NS3	结合 dsRNA
大麦条纹花叶病毒（barley stripe mosaic virus）	帚状病毒科（*Virgaviridae*）	γB	结合 dsRNA，调控 RNAi
水稻黄矮病毒（rice yellow stunt virus，RYSV）	弹状病毒科（*Rhabdoviridae*）	P6	抑制次级 vsiRNA 产生
马铃薯 A 病毒（potato virus A）	马铃薯 Y 病毒科（*Potyviridae*）	HC-Pro	抑制 AGO1
阿根廷马铃薯卷叶病毒（Argentinian potato leafroll virus，SYLV）	*Solemoviridae*	P0	降解 AGO1
甘蔗黄叶病毒（sugarcane yellow leaf virus）	*Solemoviridae*	P0	抑制 RISC
棉花卷叶矮化病毒（cotton leafroll dwarf virus）	*Solemoviridae*	P0	抑制次级 vsiRNA 的产生，调控 AGO1 的稳定性
黄瓜花叶病毒（cucumber mosaic virus，CMV）	雀麦花叶病毒科（*Bromoviridae*）	2b	结合 dsRNA，抑制 AGO1 和 AGO4
番茄丛矮病毒（tomato bushy stunt virus，TBSV）	番茄丛矮病毒科（*Tombusviridae*）	P19	结合 vsiRNA

黄瓜花叶病毒编码的 2b 蛋白是最早发现的具有 PTGS 抑制功能的 VSR 之一。该蛋白质定位在宿主核仁中，通过直接与双链 vsiRNA 和 AGO 蛋白结合行使 VSR 功能。2b 能够与 AGO1 的 PIWI 结构域互作，抑制 AGO1 的切割活性，阻遏 RNAi 抗病毒作用。此外，2b 还能够与 vsiRNA 结合并抑制 RDM。

番茄斑萎病毒的 NS 蛋白是第一个发现的负链 RNA 病毒的 VSR。NS 蛋白与长 dsRNA 和双链小 RNA 分子（vsiRNA 和 miRNA/miRNA*）均具有亲和力。因此，NS 不仅能够抑制 DCL 介导的对 dsRNA 的切割，也能够抑制细胞内的 miRNA 通路。

番茄丛矮病毒的 P19 蛋白可以结合 vsiRNA，通过形成 P19-vsiRNA 复合体以减少细胞中游离的 vsiRNA，并使结合态的 vsiRNA 与 RISC 分离，从而减少 vsiRNA 与 RISC 的组装，达到抑制 RNAi 的目的。

阿根廷马铃薯卷叶病毒的 P0 蛋白靶向 AGO1 以抑制 RNAi。P0 与 AGO1 相互作用并劫持宿主 S 期激酶相关蛋白 1（SKP1）-cullin 1（CUL1）-F-box 蛋白复合物，通过 E3 泛素化途径降解 AGO1。P0 蛋白识别 AGO1 的基序在 AGO 家族中保守，因此 P0 可以介导不同 AGO 蛋白的降解。

由于植物中有 RdRp 和 SGS3 的存在，vsiRNA 具有级联放大效应，因此有些 VSR 通过干扰 RdRp 依赖的次级 vsiRNA 产生，从而抑制抗病毒 RNAi。比如，水稻黄矮病毒的 P6 蛋白可以通过与 RdRp6 互作，抑制其介导的次级 vsiRNA 产生。

马铃薯 Y 病毒科的 HC-Pro 蛋白通过多种机制发挥 VSR 功能，包括直接结合 dsRNA、阻止 vsiRNA 加载、抑制 DCL2 和 DCL4 功能、干扰 AGO1 功能、靶向 RdRp6 及抑制 vsiRNA 和 miRNA 甲基化等。此外，该病毒科的烟草蚀纹病毒（tobacco etch virus，TEV）的 HC-Pro 可以促进靶向降解 AGO1 mRNA 的 miRNA 表达，从而抑制 AGO1 积累量。

植物中有些 VSR 还受到病毒编码其他蛋白的调控。薯羽状斑驳病毒（sweet potato mild mottle virus，SPFMV）的 P1 蛋白能够增强 HC-Pro 的 VSR 活性。CMV 的衣壳蛋白（CP）通过负调控 2b 蛋白的积累和 vsiRNA 的放大效应，诱导 RdRp6/SGS3 依赖的抗病毒基因沉默。此外，CMV 编码的 1a 蛋白可以调控 2b 与 AGO1 之间的互作，通过结合 2b 蛋白，将其困在 P 小体中，从而限制 2b 蛋白能够接触到 AGO1 蛋白的数量，导致 2b 的 VSR 活性被抑制。

二、昆虫病毒 VSR 逃逸免疫机制

主要昆虫病毒编码的 VSR 及其作用机制见表 11-3。

表 11-3 主要昆虫病毒编码的 VSR 及其作用机制

病毒	所属科	VSR	作用机制
弗洛克豪斯病毒（Flock house virus，FHV）	野田村病毒科（*Nodaviridae*）	B2	结合 dsRNA 与 vsiRNA，抑制 Dicer-2
野田村病毒（Nodamura virus，NoV）	野田村病毒科（*Nodaviridae*）	B2	结合 dsRNA 与 vsiRNA，抑制 Dicer-2
武汉野田村病毒（Wuhan nodavirus，WhNV）	野田村病毒科（*Nodaviridae*）	B2	结合 dsRNA 与 vsiRNA，抑制 Dicer-2
莫西诺病毒（Mosinovirus，MoNV）	野田村病毒科（*Nodaviridae*）	B2	结合 dsRNA 与 vsiRNA，抑制 Dicer-2
果蝇 C 病毒（*Drosophila* C virus，DCV）	二顺反子病毒科（*Dicistroviridae*）	1A	结合 dsRNA
蟋蟀麻痹病毒（cricket paralysis virus，CrPV）	二顺反子病毒科（*Dicistroviridae*）	1A	抑制 AGO2 剪切活性
果蝇 X 病毒（*Drosophila* X virus）	双核糖核酸病毒科（*Birnaviridae*）	VP3	结合 dsRNA 与 vsiRNA
Y 型库蚊病毒（*Culex* Y virus）	双核糖核酸病毒科（*Birnaviridae*）	VP3	结合 dsRNA 与 vsiRNA
诺拉病毒（Nora virus）	未分类	VP1	抑制 AGO2 剪切活性
类迪姆诺拉病毒（DimmNora-like virus，DimmNV）	未分类	VP1	抑制 AGO2 剪切活性

续表

病毒	所属科	VSR	作用机制
螺旋体腹水病毒 3e（*Heliothis virescens* ascovirus-3e）	囊泡病毒科（*Ascoviridae*）	Orf27	降解病毒 vsiRNA
无脊椎动物虹彩病毒 6 型（invertebrate iridescent virus type 6）	虹彩病毒科（*Iridoviridae*）	340R	结合 dsRNA 与 vsiRNA

野田村病毒科的 B2 蛋白具有结合 dsRNA 和 siRNA 的保守特征，对 RNAi 通路有双重抑制作用。目前已知的弗洛克豪斯病毒、野田村病毒、武汉野田村病毒和莫西诺病毒的 B2 蛋白既能够结合 dsRNA，抑制 Dicer-2 将其切割成 vsiRNA，也可以直接结合 vsiRNA，抑制其被 RISC 加载。B2 蛋白还能够与 Dicer-2 结合，阻碍其加工 vsiRNA。此外，双核糖核酸病毒科的 VP3 蛋白也能够通过结合 dsRNA 和 siRNA 发挥抑制 RNAi 作用。

二顺反子病毒科的病毒进化出不同的抵抗宿主 RNAi 抗病毒作用的机制。果蝇 C 病毒及蟋蟀麻痹病毒两者编码的 VSR 皆是 1A 蛋白，但它们分别在 RNAi 途径中靶向不同的分子。DCV 的 1A 蛋白通过结合 dsRNA 来抑制 Dicer-2 的切割作用；而 CrPV 的 1A 蛋白则与 AGO2 互作抑制其剪切活性和稳定性。DCV 可感染多种果蝇品系，在自然界中建立非致死性的持续性感染；而 CrPV 却在田间蟋蟀和果蝇中产生致死性感染，这可能是因为这两种病毒抑制 RNAi 的机制不尽相同。

诺拉病毒和类迪姆诺拉病毒的 VP1 蛋白均能通过抑制 AGO2 的切割活性来阻断 RNAi 通路。

三、哺乳动物病毒 VSR 逃逸免疫机制

主要哺乳动物病毒编码的 VSR 及其作用机制见表 11-4。

表 11-4　主要哺乳动物病毒编码的 VSR 及其作用机制

病毒	所属科	VSR	作用机制
新型冠状病毒（SARS-CoV-2）	冠状病毒科（*Coronaviridae*）	N	结合 dsRNA 与 vsiRNA
SARS-CoV	冠状病毒科（*Coronaviridae*）	N 7a	结合 dsRNA 与 vsiRNA 减少 vsiRNA 产生
中东呼吸系统综合征冠状病毒（MERS-CoV）	冠状病毒科（*Coronaviridae*）	7a	减少 vsiRNA 产生
登革病毒（Dengue virus，DENV）	黄病毒科（*Flaviviridae*）	NS2A NS4B	结合 dsRNA 抑制 Dicer 活性
寨卡病毒（Zika virus，ZIKV）	黄病毒科（*Flaviviridae*）	NS2A Capsid	结合 dsRNA 抑制 Dicer 活性
丙型肝炎病毒（hepatitis C virus，HCV）	黄病毒科（*Flaviviridae*）	Capsid NS2	抑制 Dicer 活性 结合 dsRNA 与 vsiRNA

续表

病毒	所属科	VSR	作用机制
黄热病毒（yellow fever virus，YFV）	黄病毒科（*Flaviviridae*）	Capsid	结合 dsRNA
人类肠道病毒 71 型（human enterovirus 71，EV71）	小 RNA 病毒科（*Picornaviridae*）	3A	结合 dsRNA
柯萨奇病毒 B 型 3（Coxsachie virus B3，CVB3）	小 RNA 病毒科（*Picornaviridae*）	3A	结合 dsRNA 与 vsiRNA
人类免疫缺陷病毒 1 型（HIV-1）	逆转录病毒科（*Retrovidae*）	Tat	结合 dsRNA
1 型灵长类泡沫病毒（simian foamy virus 1）	逆转录病毒科（*Retrovidae*）	Tas	抑制 miRNA 介导的 RNAi
风疹病毒（rubella virus）	风疹病毒科（*Matonaviridae*）	Capsid	结合 dsRNA 与 vsiRNA
西门利克森林病毒（Semlik forest virus，SFV）	披膜病毒科（*Togaviridae*）	Capsid	结合 dsRNA 与 vsiRNA
辛德毕斯病毒（Sindbis virus，SINV）	披膜病毒科（*Togaviridae*）	Capsid	结合 dsRNA 与 vsiRNA
埃博拉病毒（Ebola virus，EBOV）	丝状病毒科（*Filoviridae*）	VP30	抑制 Dicer
		VP35	抑制 Dicer
		VP40	—
马尔堡病毒（Marburg virus）	丝状病毒科（*Filoviridae*）	VP35	结合 dsRNA
甲型流感病毒（influenza A virus）	正黏病毒科（*Orthomyxoviridae*）	NS1	结合 dsRNA
拉克罗斯病毒（La Crosse virus）	布尼亚病毒科（*Bunyaviridae*）	NSs	—
呼肠孤病毒（reovirus）	呼肠孤病毒科（*Reoviridae*）	σ3	结合 dsRNA
腺病毒（adenovirus）	腺病毒科（*Adenoviridae*）	VA Ⅰ、VA Ⅱ	结合 Dicer
牛痘病毒（vaccinia virus）	痘病毒科（*Poxviridae*）	E3L	结合 dsRNA

在哺乳动物病毒中，许多病毒都编码具有 VSR 功能的蛋白质。这些 VSR 大多通过 dsRNA 和 siRNA 结合活性来行使 RNAi 通路的抑制功能。NoV 是野田村病毒科中唯一可感染昆虫、鱼类和哺乳动物的成员，其 B2 蛋白是最早发现可在哺乳动物中起 VSR 作用的蛋白质。与其在昆虫细胞中作用方式类似，B2 蛋白在哺乳动物细胞中通过抑制 Dicer 剪切 dsRNA 及 RISC 装载 vsiRNA 发挥作用，B2 蛋白功能缺失的 NoV 感染体细胞和乳鼠后产生大量的 vsiRNA 并激活 RNAi 反应，导致病毒复制被抑制。

甲型流感病毒（IAV）的 NS1 蛋白通过结合 dsRNA 抑制 RNAi。NS1 缺失的 IAV 感染多种哺乳动物细胞激活大量的 vsiRNA。vsiRNA 的生成来自 IAV 感染细胞中病毒 dsRNA

前体，并由 Dicer 蛋白切割产生，这一过程可被 NS1 有效抑制。

小 RNA 病毒科中的 EV71 和柯萨奇病毒 B 型 3 的 3A 蛋白均能通过结合 dsRNA 来抑制 RNAi 通路。此外，CVB3 的 3A 蛋白还具有 vsiRNA 结合活性。3A 蛋白的 dsRNA 活性缺失导致其 VSR 活性缺失。VSR 活性缺失的 EV71 感染多种哺乳动物细胞和小鼠后激活 vsiRNA。此外，通过使用针对 3A VSR 活性的多肽抑制剂，可以有效抑制 VSR-3A 的活性，激发 RNAi 反应，抑制病毒复制。这表明靶向 VSR 活性是一种极具潜力的新型抗病毒药物研发策略。

冠状病毒科的 SARS-CoV 和 SARS-CoV-2 的 N 蛋白也通过结合 dsRNA 及 vsiRNA 的方式抑制 dsRNA 被 Dicer 切割及 siRNA 被 RISC 加载。另外，SARS-CoV 的 7a 蛋白可以通过减少 siRNA 的产生来抑制 RNAi 通路，中东呼吸系统综合征冠状病毒（MERS-CoV）的 7a 蛋白同样也具有相似的 VSR 活性。

披膜病毒科甲病毒属的西门利克森林病毒和辛德毕斯病毒的 Capsid 蛋白通过 dsRNA 结合活性发挥 VSR 作用，这些蛋白质的 dsRNA 结合区域突变体会抑制它们的 VSR 活性。此外，尽管野生型 SFV 感染哺乳动物细胞能直接激发产生 vsiRNA 及抗病毒 RNAi 反应，但 VSR 活性突变的 SFV 感染后能产生更高丰度的 vsiRNA 并激活更强烈的 RNAi 反应。

黄病毒科的病毒编码多种 VSR。登革病毒的 NS2A 蛋白和 NS4B 蛋白均具有 VSR 活性，NS2A 通过结合 dsRNA 抑制 Dicer 剪切，NS4B 通过直接与 Dicer 互作从而抑制其活性。寨卡病毒的 NS2A 蛋白也通过 dsRNA 结合抑制 RNAi，而 Capsid 蛋白通过与 Dicer 互作抑制 RNAi。丙型肝炎病毒的 NS2 蛋白和 Capsid 蛋白的 VSR 活性均依赖 dsRNA 结合活性。黄热病毒的 Capsid 蛋白通过与 dsRNA 结合抑制 RNAi。此外，DENV 和 ZIKV 还编码一种亚基因组黄病毒 RNA（subgenomic flavivirus RNA，sfRNA），其具有类似 shRNA 的茎环结构，可以同 dsRNA 竞争性结合 Dicer 蛋白，从而起到抑制 RNAi 的作用。

埃博拉病毒的 VP35、VP30 和 VP40 均具有 RNAi 抑制子活性。VP35 具有 dsRNA 结合活性，VP35 和 VP30 还能够与 Dicer 的辅助因子 TRBP（transactivation response element RNA-binding protein）和 PACT（protein kinase R(PKR) activating protein）结合从而抑制 RNAi。逆转录病毒科的人类免疫缺陷病毒 1 型的 Tat 蛋白也具有 VSR 功能，其抑制 Dicer 对 shRNA 的切割。牛痘病毒的 E3L 蛋白也具有 dsRNA 结合活性依赖的 RNAi 抑制功能。

除了上述通过抑制 siRNA 途径的 VSR，还有一类能够抑制细胞内 miRNA 途径的 VSR。当 1 型灵长类泡沫病毒入侵宿主时，细胞内源的 miRNA 能识别外来病毒核酸直接发挥抗病毒作用，而该病毒编码的 Tas 蛋白能够抑制 miRNA 介导的 RNAi。此外，HIV 的附属蛋白 Nef 通过两个保守的甘氨酸–色氨酸（GW）基序与 AGO2 互作，抑制 AGO2 的切割活性及 miRNA 介导的基因沉默。

本章小结

RNAi 是真核细胞中保守存在的由 sncRNA 介导的基因转录后调控机制，广泛参与多种生理过程，如新陈代谢、发育、基因组稳定性及抗病毒免疫。根据来源的不同，

sncRNA 可分为 siRNA、miRNA 和 piRNA。siRNA 主要参与抗病毒免疫，miRNA 主要参与基因的转录后调控，piRNA 主要在生殖细胞中发挥作用。Dicer 和 AGO 是 RNAi 通路中的关键蛋白。Dicer 负责识别与切割 pre-miRNA 或 dsRNA，生成功能性的 miRNA 或 siRNA，而 AGO 蛋白与 miRNA 或 siRNA 结合，形成 RISC 并负责降解靶标 RNA 或抑制其翻译。由 siRNA 介导的 RNAi 反应在植物、线虫、昆虫与哺乳动物中均发挥重要的抗病毒作用。不同物种的 Dicer 和 AGO 蛋白在结构域、异构体、催化活性和家族成员数量方面存在一定的差异，这导致它们在抗病毒中的具体作用也有所不同。此外，RNAi 的抗病毒效应具有系统性，可以通过细胞间通信进行传播。为了逃逸宿主的 RNAi 防御机制，许多病毒编码 VSR，这些病毒蛋白能够通过多种机制逃逸 RNAi 通路，包括抑制 siRNA 的产生、阻断 RISC 的组装或直接与 siRNA 结合等。

（郭德银　邱　洋）

1. 简述 sncRNA 的分类及其功能。
2. 详述 Dicer 和 AGO2 蛋白的功能。
3. 详述 RNAi 反应如何抑制病毒感染。
4. 比较昆虫、植物与哺乳动物 RNAi 抗病毒免疫反应的差异。
5. 详述 VSR 在功能上的分类与作用机制。

主要参考文献

Ahlquist P. 2002. RNA-dependent RNA polymerases，viruses，and RNA silencing. Science，296：1270-1273.

Bartel D P. 2018. Metazoan microRNAs. Cell，173：20-51.

Cai Q，Qiao L，Wang M，et al. 2018. Plants send small RNAs in extracellular vesicles to fungal pathogen to silence virulence genes. Science，360：1126-1129.

Ding S W，Voinnet O. 2007. Antiviral immunity directed by small RNAs. Cell，130：413-426.

Fang X，Qi Y. 2016. RNAi in plants：An argonaute-centered view. Plant Cell，28：272-285.

Fang Y，Liu Z，Qiu Y，et al. 2021. Inhibition of viral suppressor of RNAi proteins by designer peptides protects from enteroviral infection *in vivo*. Immunity，54：2231-2244, e6.

Fire A，Xu S，Montgomery M K，et al. 1998. Potent and specific genetic interference by double-stranded RNA in *Caenorhabditis elegans*. Nature，391：806-811.

Gebert L F R，MacRae I J. 2019. Regulation of microRNA function in animals. Nat Rev Mol Cell Biol, 20：21-37.

Guo Z，Li Y，Ding S W. 2019. Small RNA-based antimicrobial immunity. Nat Rev Immunol，19：31-44.

Kong J，Bie Y，Ji W，et al. 2023. Alphavirus infection triggers antiviral RNAi immunity in mammals. Cell Rep，42：112441.

Li H, Li W X, Ding S W. 2002. Induction and suppression of RNA silencing by an animal virus. Science, 296: 1319-1321.

Li W X, Ding S W. 2022. Mammalian viral suppressors of RNA interference. Trends Biochem Sci, 47: 978-988.

Li Y, Lu J, Han Y, et al. 2013. RNA interference functions as an antiviral immunity mechanism in mammals. Science, 342: 231-234.

Liu Z, Wang J, Cheng H, et al. 2018. Cryo-EM structure of human Dicer and its complexes with a pre-miRNA substrate. Cell, 173: 1191-1203, e12.

Lu R, Maduro M, Li F, et al. 2005. Animal virus replication and RNAi-mediated antiviral silencing in *Caenorhabditis elegans*. Nature, 436: 1040-1043.

Maillard P V, Ciaudo C, Marchais A, et al. 2013. Antiviral RNA interference in mammalian cells. Science, 342: 235-238.

Maillard P V, van der Veen A G, Poirier E Z, et al. 2019. Slicing and dicing viruses: antiviral RNA interference in mammals. EMBO J, 38: e100941.

Mlotshwa S, Voinnet O, Mette M F, et al. 2002. RNA silencing and the mobile silencing signal. Plant Cell, 14 Suppl: S289-S301.

Napoli C, Lemieux C, Jorgensen R. 1990. Introduction of a chimeric chalcone synthase gene into petunia results in reversible co-suppression of homologous genes *in trans*. Plant Cell, 2: 279-289.

Pak J, Fire A. 2007. Distinct populations of primary and secondary effectors during RNAi in *C. elegans*. Science, 315: 241-244.

Parameswaran P, Sklan E, Wilkins C, et al. 2010. Six RNA viruses and forty-one hosts: viral small RNAs and modulation of small RNA repertoires in vertebrate and invertebrate systems. PLoS Pathog, 6: e1000764.

Poirier E Z, Buck M D, Chakravarty P, et al. 2021. An isoform of Dicer protects mammalian stem cells against multiple RNA viruses. Science, 373: 231-236.

Poirier E Z, Goic B, Tomé-Poderti L, et al. 2018. Dicer-2-dependent generation of viral DNA from defective genomes of RNA viruses modulates antiviral immunity in insects. Cell Host Microbe, 23: 353-365, e8.

Schirle N T, Sheu-Gruttadauria J, MacRae I J. 2014. Structural basis for microRNA targeting. Science, 346: 608-613.

Tassetto M, Kunitomi M, Andino R. 2017. Circulating immune cells mediate a systemic RNAi-based adaptive antiviral response in *Drosophila*. Cell, 169: 314-325, e13.

Treiber T, Treiber N, Meister G. 2019. Regulation of microRNA biogenesis and its crosstalk with other cellular pathways. Nat Rev Mol Cell Biol, 20: 5-20.

Voinnet O. 2005. Induction and suppression of RNA silencing: Insights from viral infections. Nat Rev Genet, 6: 206-220.

Wang X H, Aliyari R, Li W X, et al. 2006. RNA interference directs innate immunity against viruses in adult *Drosophila*. Science, 312: 452-454.

Wilkins C, Dishongh R, Moore S C, et al. 2005. RNA interference is an antiviral defence mechanism in *Caenorhabditis elegans*. Nature, 436: 1044-1047.

Zhang Y, Dai Y, Wang J, et al. 2022. Mouse circulating extracellular vesicles contain virus-derived siRNAs active in antiviral immunity. EMBO J, 41: e109902.

第十二章　病毒感染的适应性免疫

本章要点

1. B 细胞和 T 细胞的发育：B 细胞发育始于胚肝，胚胎发育晚期及出生后，其发育场所转移到骨髓。在骨髓中产生多种“未成熟”B 细胞，迁移出骨髓，作为幼稚 B 细胞植入外周血淋巴器官。T 细胞发育主要发生在胸腺，胸腺中产生两类成熟的 T 细胞，主要的一类 T 细胞是 αβ T 细胞，约占外周 T 细胞的 80%；第二类是 γδ T 细胞，是较小的 T 细胞亚群。
2. 适应性免疫主要发生在次级淋巴器官（SLO）：发育成熟的幼稚 B 细胞和 T 细胞进入血液，迁移到 SLO。SLO 在启动对病毒和其他微生物的适应性免疫反应中发挥关键作用。
3. B 细胞识别病毒抗原和活化：B 细胞识别病毒抗原后，发生增殖形成生发中心（GC），B 细胞分化为产生抗体的浆细胞和记忆 B 细胞。滤泡辅助性 T 细胞（T follicular helper cell，Tfh）是 GC 形成和维持所必需的，B 细胞的活化需要第一信号和第二信号，第一信号由 β 细胞抗原受体复合物（BCR-Igα/Igβ）和 B 细胞共受体（CD19/CD21/CD81）共同传递。第二信号由抗原特异性 $CD4^+$ T_H（T help）细胞和 B 细胞表面的多个分子相互作用介导，最重要的是 CD40-CD40L。
4. T 细胞识别病毒抗原和活化：T 细胞识别抗原时对抗原三维结构不敏感，对病毒抗原的识别主要限于病毒的多肽成分，$CD8^+$ T 细胞识别细胞表面的 MHC Ⅰ类分子结合的外源抗原肽，$CD4^+$ T 细胞识别细胞表面的 MHC Ⅱ类分子结合的外源抗原肽。树突状细胞（DC）是诱导 T 细胞免疫反应的关键抗原提呈细胞（APC）。T 细胞上的 T 细胞抗原受体/共受体复合物和 CD28 共刺激受体是 T 细胞对外来抗原反应的两个关键步骤，提供 T 细胞活化的第一信号和第二信号，活化的 T 细胞迅速增殖/分化，产生效应 T 细胞及记忆 T 细胞。
5. B 细胞和 T 细胞的效应功能：B 细胞的抗病毒活性主要由抗体介导，表现为对病毒的中和作用和 Fc 效应。$CD8^+$效应 T 细胞通过颗粒胞吐作用，由穿孔素/颗粒酶介导杀伤，或 FasL 和 Fas 介导的凋亡杀伤病毒感染的细胞，还可以通过合成分泌细胞因子发挥抗病毒作用。$CD4^+$效应 T 细胞在抗病毒免疫中的一个重要作用是帮助B细胞产生抗病毒抗体。在病毒感染期间，$CD4^+$ T细胞可能也在$CD8^+$记忆T细胞反应的发展和维持中发挥作用。$CD4^+$效应T细胞通过释放细胞因子参与发挥抗病毒效应活性。

6. B细胞和T细胞的记忆：B细胞和T细胞记忆导致长期免疫的维持。B细胞记忆来源于：①特异性记忆B细胞，表达病毒抗原特异性BCR，病毒感染导致特异性B细胞的活化，产生高亲和力病毒特异性抗体；②骨髓中长寿浆细胞，不断地补充血清和组织的浆细胞池。与幼稚T细胞相比，记忆T细胞具有更高的频率和更低的激活阈值，再次暴露于抗原会更快地触发细胞增殖和分化。
7. 病毒逃逸体液（B细胞）免疫反应：病毒利用多种机制逃逸体液免疫反应，特别是抗病毒中和抗体。病毒逃逸中和抗体反应的策略包括：①通过抗原漂移、抗原转换和重组等策略使表面蛋白发生突变；②遮蔽保守表位；③聚糖屏蔽抗原表位；④在某些条件下可能“清除”中和抗体的表面蛋白诱饵；⑤表面蛋白间距不规则，容易降低抗原免疫原性；⑥呈现多种表面蛋白质和病毒形式。
8. 病毒逃逸细胞（T细胞）免疫反应：病毒通过破坏抗原加工和提呈、干扰细胞因子功能，逃逸宿主免疫。

本章知识单元和知识点分解如图12-1所示。

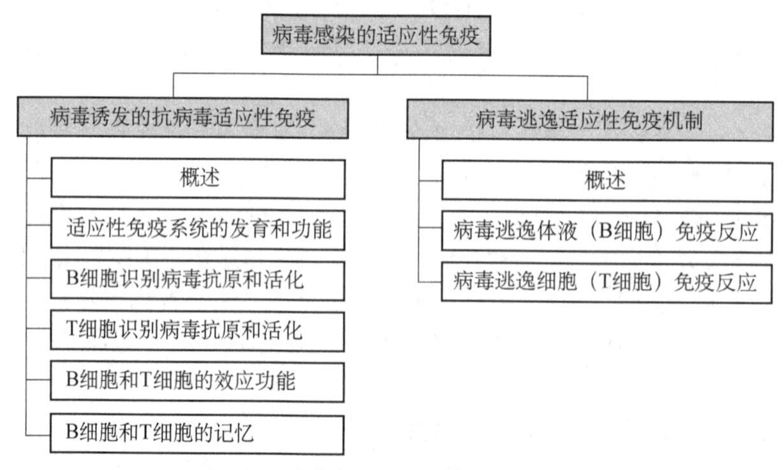

图12-1　本章知识单元和知识点分解图

第一节　病毒诱发的抗病毒适应性免疫

一、概述

自从人类出现以来，病毒就一直是人类生态学的一部分，与人类共进化。病毒可以进化出复杂的机制以破坏宿主的防御机制。在宿主防御系统正常的情况下，病毒感染后通常产生轻微的疾病，随后痊愈。有的人类病毒进化出在感染者体内低水平持续存在的机制，并通过感染未接触过的人（如儿童）来维持自身生存，感染者可以发展为轻度至重度疾病，成为传播病毒的宿主。随着人类在世界各地迁徙，接触到各种动物物种的病毒，有的动物病毒可以跨越物种屏障感染人类，产生具有潜在大流行风险的严重疾病，如 HIV、甲型流感病毒 H1N1/pdm2009、SARS-CoV-2 等。病毒感染几乎可以导致身体任何器官和组织的急性或慢性疾病，有的病毒与肿瘤的发生发展直接相关。为了对抗病毒带来的持续威胁，有必要了解人体免疫系统对抗病毒感染的主要防御机制。

病毒是严格的细胞内生存，它们在感染宿主的细胞内复制，并利用宿主细胞的生物合成机制进行复制和产生子代病毒。病毒感染的特性决定了机体免疫系统必须产生应对感染的机制。在急性病毒感染中，病毒复制和宿主反应之间的角逐会导致不同的临床结局，宿主产生疾病甚至死亡，或病毒被清除和终止感染。病毒在感染部位产生的组织损伤既可以来自病毒复制导致的细胞病变效应，也可以来自宿主对病毒感染的异常免疫反应。一般来说，病毒在感染宿主中的复制能力越强，组织损伤和导致的疾病会越严重。

在急性和慢性病毒感染中，由病毒感染引起的异常免疫反应（免疫病理）会导致组织损伤。在许多慢性感染中，免疫介导的损伤占主导地位。病毒感染后机体的临床表现（如发热、头痛、肌痛、厌食症）主要是由免疫细胞在应对感染时释放的炎症介质（如细胞因子）引起的。此外，病毒感染会诱导机体产生针对病毒和自身细胞成分的异常免疫反应，从而导致自身免疫性疾病。

宿主对病毒感染的主要防御机制依赖免疫系统的物理/化学屏障。免疫系统可以分为两部分：天然免疫系统和适应性免疫系统。天然免疫系统对病毒感染的反应是非常迅速的，可以在感染数分钟或数小时内迅速诱导。相比之下，适应性免疫系统对首次遇到病毒的反应需要几天的时间。病毒感染后通过 B 细胞和 T 细胞表面特异性受体诱导适应性免疫反应，并产生免疫记忆，当机体重复暴露于该抗原时会产生更快速、更强的免疫反应，免疫记忆是疫苗接种的基础。

由于病毒以细胞外病毒粒子的形式存在，但在感染细胞内进行复制/组装，因此机体将适应性免疫系统巧妙地划分为 B 细胞和 T 细胞，分别识别细胞外和受感染细胞内的病毒。病毒感染具有特异性受体的 B 细胞并将其激活，B 细胞释放可溶性抗原受体（即抗体分子），与游离（细胞外）病毒粒子结合，这种相互作用通常导致病毒的中和或清除。抗病毒 B 细胞反应对具有三维结构的病毒或病毒成分非常敏感，它们在感染期间清除病毒、预防或限制病毒再感染方面起主导作用。抗原特异性 T 细胞受体识别 MHC-病毒抗原肽复合物，激活的病毒特异性 T 细胞，通过直接细胞间接触和释放细胞因子（如 IFN-γ、TNF-α、IL-2）等可溶性介质的方式杀死病毒感染的细胞，从而阻止感染的扩散。通过释放这些细胞因子和其他可溶性介质，活化的 T 细胞可以招募和协调天然免疫细胞的反应，进一步起到清除感染的作用。病毒诱发的抗病毒适应性免疫知识点关联图如图 12-2 所示。

二、适应性免疫系统的发育和功能

（一）初级淋巴器官 B 细胞和 T 细胞的产生

1. B 细胞的产生　在人类适应性免疫系统大约 10^9 个幼稚（naive）T 细胞和 B 细胞

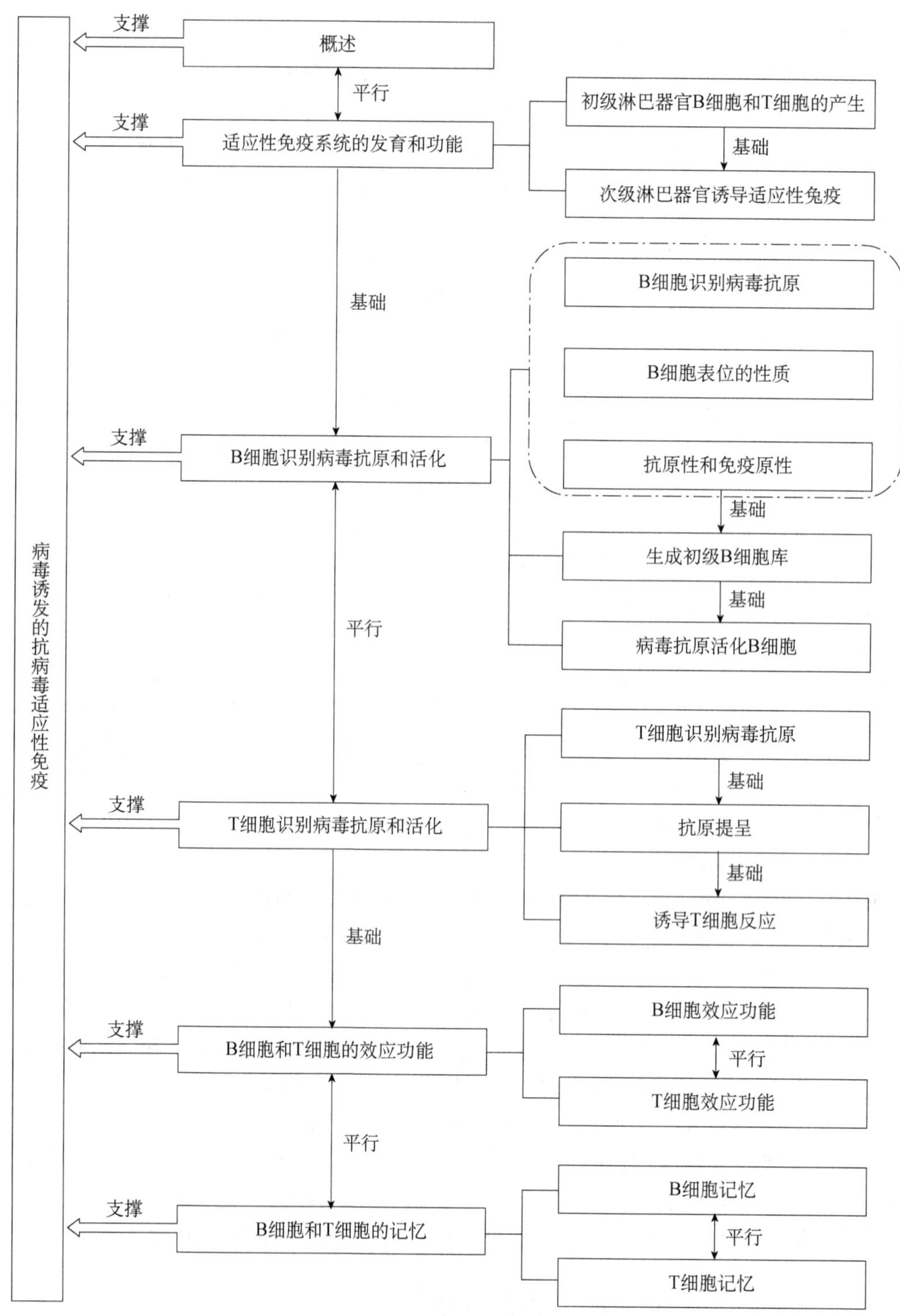

图 12-2　病毒诱发的抗病毒适应性免疫知识点关联图

中，每个细胞原则上都可能显示出针对特定外源抗原结构的独特受体。在哺乳动物胚胎发育过程中，B 细胞发育始于胚肝，胚胎发育晚期及出生后，其发育场所转移到骨髓。在骨髓中，多能造血干细胞（hematopoietic stem cell，HSC）经多能祖细胞（multiple pluripotent progenitor，MPP）发育为淋系共同祖细胞（common lymphoid progenitor，CLP），再经原 B 细胞（pro-B cell）和前 B 细胞（pre-B cell）的细胞阶段，经过重链和轻链基因重排，在骨髓中产生多种"未成熟"B 细胞（immature B cell），每个细胞表达一个表面 IgM 分子，作为 B 细胞受体。未成熟 B 细胞迁移出骨髓，作为幼稚 B 细胞植入外周血淋巴器官，继续在脾脏发育为成熟的 B 细胞。B 细胞的骨髓发育是非抗原依赖性的，骨髓基质细胞来源的各种信号发挥关键作用。B 细胞在外周免疫器官的分化发育是抗原依赖性的。

2. T 细胞的产生　T 细胞发育主要发生在胸腺。来自骨髓的淋巴祖细胞从血液进入胸腺，淋巴祖细胞进入胸腺皮质至离开胸腺前称为胸腺细胞（thymocyte），T 细胞的发育以循序渐进的方式进行，首先是一个 *TCR* 基因（即 *TCR-β* 或 *TCR-δ*）重排和表达，然后另一个 *TCR* 基因重排和表达（即 *TCR-α* 或 *TCR-γ* TCR 链）。在胸腺中，它们分化成成熟的 T 细胞，然后离开胸腺，进入循环，填充次级（外周）淋巴器官（secondary lymphoid organ，SLO）。T 细胞亚群如表 12-1 所示。

1）αβ T 细胞和 γδ T 细胞　为胸腺中产生的两类成熟的 T 细胞。主要的一类 T 细胞是 αβ T 细胞，约占外周 T 细胞的 80%。第二类是 γδ T 细胞，是较小的 T 细胞亚群。目前关于 T 细胞发育的信息主要来自对 αβ T 细胞的分析，这些 T 细胞代表了主要对病毒感染作出反应的 T 细胞亚群，γδ T 细胞亚群在病毒感染的适应性反应中发挥有限的作用。

2）NK T 细胞（natural killer T cell）和黏膜相关恒定 T 细胞（MAIT 细胞）　在 T 细胞发育过程中产生的其他 T 细胞亚群中还包括 NK T 细胞，这些细胞表达 T 细胞和 NK 细胞共享的细胞表面标记，所有 NK T 细胞都能识别 MHC Ⅰ类分子家族中的脂质抗原，称为 CD1 分子。NK T 细胞有时会被认为是天然免疫样的 T 细胞。另一种天然免疫样 T 细胞群，称为黏膜相关恒定 T 细胞（mucosa-associated invariant T cell，MAIT 细胞），表达半恒定 TCR，可识别来自 MHC Ⅰ类相关蛋白（MR1）上的核黄素合成途径产生的真菌或细菌代谢物。MAIT 细胞表达 CD8，大量存在于肠道和肝脏中，在遇到感染细胞时，包括病毒感染的细胞，分泌细胞因子，并参与控制某些病毒感染。

3）调节性 T 细胞（regulatory T cell，Treg cell）　在 T 细胞发育过程中，胸腺也产生 Treg 细胞，Treg 细胞是 $CD4^+$ T 细胞的一个亚群，是感染性病原体、自身分子和过敏原的适应性免疫反应的关键调节因子。Treg 抑制 $CD4^+$和 $CD8^+$ T 细胞对病毒感染的反应，防止过度损伤的发展，并在病毒感染期间抑制自身免疫反应的发展。

表 12-1　T 细胞亚群

T 细胞亚群	功能		
αβ T 细胞	对病毒感染产生反应的主要 T 细胞亚群		
	$CD8^+$	识别 MHC Ⅰ/肽复合物，是重要的抗病毒适应性免疫效应性细胞	
	$CD4^+$	识别 MHC Ⅱ/肽复合物，调节 B 细胞分化和病毒感染的宿主炎症反应	
		T_H1	产生 IFN-γ 的效应性 $CD4^+$ T 细胞
		T_H2	产生 IL-4、IL-5 和 IL-13 的效应性 $CD4^+$ T 细胞
		T_H17	产生 IL-17、IL-22 的效应性 $CD4^+$ T 细胞

续表

T 细胞亚群	功能
γδ T 细胞	作为“天然免疫样细胞”发挥重要作用 • 表达 CD3 复合体，但不表达 CD4 和 CD8 分子 • 存在于循环和淋巴器官，主要定位于上皮表面，特别是皮肤、肠道和泌尿生殖道 • 识别应激（感染）细胞表面与 MHC Ⅰb 分子结合的脂质或磷酸化代谢物
NK T 细胞	在感染早期作为“天然免疫样细胞” • 表达传统 TCR αβ 链，但使用有限数量的 *TCR* 基因 • 大多数 NK T 细胞表达 CD4 和 NK 细胞标志，但不表达 CD8 分子 • 识别 MHC Ⅰ类分子家族中的脂质抗原 CD1 分子
Treg 细胞	表达传统 TCR αβ 链，控制 B 细胞和 T 细胞对外源抗原和自身抗体的反应 • 表达 CD4 和 CD25 • 抑制 $CD4^+$和 $CD8^+$ T 细胞对病毒感染的反应，抑制自身免疫反应的发展

（二）次级淋巴器官诱导适应性免疫

B 细胞和 T 细胞分别从骨髓和胸腺发育，成熟的幼稚（静息）B 细胞和 T 细胞进入血液，然后迁移到 SLO。SLO 在启动对病毒和其他微生物的适应性免疫反应中发挥关键作用。SLO 主要包括淋巴结（lymph node，LN）、脾脏及黏膜相关淋巴组织（mucosal associated lymphoid tissue，MALT）。

机体内特定病原体的特异性 B 细胞或 T 细胞频率极低［1/（10^4～10^6）］。适应性免疫系统面临的问题是，这些罕见的、抗原特异性的细胞随机分布在全身各处，必须快速移动以应对入侵的病原体。机体通过淋巴细胞的 SLO 再循环的过程来解决这一问题。幼稚 T 细胞和大多数幼稚 B 细胞不会永久驻留在 SLO 中，而是不断地从 LN 中迁移到血液中。淋巴细胞的再循环是由不同的归巢受体（黏附分子）的表达控制的，其配体在 SLO 内的细胞上表达，以实现淋巴细胞的再循环。位于体表/组织的天然免疫细胞（特别是 DC 和单核巨噬细胞）遇到病毒时，吸收病毒或病毒抗原，然后通过输入淋巴管迁移到引流淋巴结，由于遇到天然免疫细胞携带的抗原，具有病毒特异性抗原受体的淋巴细胞将不再通过 LN 运输，而是会被保留在 LN 中，并启动活化和分化过程，导致特异性抗病毒效应的产生。因此，SLO 将病毒抗原集中在特定部位，在体内循环的罕见抗原特异性幼稚 B 细胞和 T 细胞在这个特定的部位遇到病毒抗原并对病原体做出反应。一旦完全激活，效应 T 细胞离开淋巴结，进入血液，特异性地迁移到病毒感染部位，而不是归巢到 SLO。

如果病毒感染局限于体表（如乳头瘤病毒的皮肤感染或流感病毒的呼吸道感染），则主要在淋巴结中诱导针对该病原体的适应性免疫反应。导致全身扩散的病毒感染（如病毒血症）也会诱发脾脏的适应性免疫反应。感染 MALT 部位的病毒［如轮状病毒感染小肠的派尔集合淋巴结（Peyer patch）］将在 MALT 部位诱导适应性免疫反应。

三、B 细胞识别病毒抗原和活化

（一）B 细胞识别病毒抗原

病毒感染细胞产生的可溶性分子，以及病毒颗粒和感染细胞后的分解产物，均可作为病毒抗原。血浆或组织中可溶性形式的抗体及 B 细胞抗原受体（B-cell receptor，BCR）识别病毒抗原。如果机体曾感染或接种疫苗，血浆中可能存在特异性可溶性高亲和力抗体，与病毒和病毒感染细胞上的病毒抗原反应，发挥抗病毒作用。在既往感染或接种疫苗的情况下，机体表达特异性抗体的记忆 B 细胞在接触病毒抗原时被激活，导致几种可能的结果：第一种是刺激这些细胞进入生发中心（germinal center，GC）进行进一步的亲和力成熟；第二种是分化成短寿命的浆母细胞，分泌可溶性的特异性高亲和力抗体，提高特异性血清抗体水平；第三种是记忆 B 细胞或随后的 GC B 细胞将在骨髓中分化成长寿的浆细胞，这些浆细胞将在很长一段时间内，甚至几十年内分泌特异性抗体。而在第一次遇到病毒抗原时，幼稚 B 细胞表面的抗体将以相对较低的亲和力与抗原结合，启动抗体亲和力成熟和类别转换过程。

（二）B 细胞表位的性质

大多数关于抗体如何识别抗原的研究是从可溶性抗体或抗体片段与抗原的相互作用中确定的。抗体识别抗原表面的分子，称为抗原表位。抗体结合位点与抗原表面多次接触，形成互补表面。这些表面在几何和化学性质上的互补性越强，抗体和抗原之间就会形成越多的相互作用，抗体对抗原的亲和力也就越高。抗体对抗原的亲和力是决定抗体在体内有效性的重要因素之一。

抗体结合位点主要由 6 个高可变区组成，称为互补决定区（complementary determining region，CDR）。根据 CDR 的长度和特征，其在形状和性质上会有很大的不同。一般来说，大多数 CDR 有助于抗原结合，但它们的相对贡献各不相同。重链 CDR［特别是第三重链 CDR（CDR3）］主要促进抗原结合。人类抗体中的 CDR3 可以很长，具有独特的形状，如手指和锤头，接触病毒表位。

通常情况下，由于蛋白质的折叠方式不同，表位上的关键残基会在蛋白质线性氨基酸序列的不同位置出现。该线性序列多次从蛋白质的一侧延伸到另一侧。这样的表位为不连续表位。有时，关键残基产生于线性氨基酸序列。另外一种表位为连续抗原表位，该抗原表位的肽可以抑制抗原与抗体的结合。

（三）抗原性和免疫原性

一个表位被抗体识别的能力（抗原性）和它呈现给宿主抗体系统时激发抗体反应的能力（免疫原性）之间有明显的区别。一个特定的表位如何诱导良好的抗体反应，最重要的因素之一是蛋白质表面抗原表位的可及性。折叠蛋白表面突出的环往往会引发较好的抗体反应。流感病毒表面血凝素（HA）上位于“顶部”的表位，远离病毒膜，最容易被抗体接近。自然感染和经典的疫苗接种策略诱导的抗体通常会接近血凝素的顶端表位，而这些突出的表位区域具有毒株特异性。不同亚型流感病毒在这些表位的突变使其可以对原有的中和抗体产生免疫逃逸，为了对人群提供强有力的保护，需要每年接种流感疫苗。HA 的茎干部序列相对保守，并诱导较弱的抗体反应，但如果茎干部表位能够以更具有免疫优势的形式呈现，它们可能诱导广谱的中和抗体，以应对不同的流感病毒感染。

另一个可能影响免疫原性的因素是携带 BCR 的幼稚 B 细胞前体的频率，这些细胞能够以较高的亲和力识别病毒表面抗原，引发抗体反应。因此，SARS-CoV-2 感染原始株或接种含原始株 S 蛋白的疫苗在许多个体中引发强中和抗体反应，可能部分依赖于具有特定人类重链基因片段的幼稚 BCR 对受体结合域（receptor binding domain，RBD）上 ACE2 结合位点的识别。这样的 BCR 几乎不需要亲和力成熟就能以高亲和力结合 RBD 并中和病毒。

（四）生成初级 B 细胞库

体液免疫系统首先通过 B 细胞表面抗体（单体 IgM 和/或 IgD）与抗原的相互作用感知到新的病毒抗原。单个 B 细胞表面有多个具有相同特异性的 BCR，当这些 BCR 被抗原占据时，B 细胞发生活化、增殖和分化，产生大量特异性的、可溶性的抗体，并产生记忆 B 细胞，这些细胞再次遇到病毒抗原时很容易诱导产生高亲和力抗体。

病毒抗原与 B 细胞的第一次相遇是个体的原代 B 细胞库。这个库容量足够大，种类繁多，原则上可以识别任何病毒。它是骨髓 B 细胞中通过一组有限的胚系片段重组产生的。因此，每个细胞都是独特的，并且处于不断变化的状态。简而言之，抗体重链和轻链的可变区是由 V（D）J 重组产生的，在这种重组中，通过将重链位点上的 V、D 和 J 段及轻链位点上的 V 和 J 段的不同组合连接起来，可以产生许多独特的 Ig 基因。在人类，潜在的重链库为约 45 V H×23 D H×6 J H=6.2×10^3 种不同的组合。同样，存在约 165 种（33 Vλ×5 Jλ）和 200 种（40 Vκ×5 Jκ）不同的组合，共 365 种轻链（λ 和 κ）组合。如果每条重链都可能与每条轻链配对，那么 Ig 序列的多样性约为 10^6 种可能的组合。进一步连接多样性是由于 V 基因片段与（D）J 的连接不精确而产生的。目前估计人类抗体库的潜在大小为 10^{16}～10^{18}。

（五）病毒抗原活化 B 细胞

在病毒感染后，抗原特异性 $CD4^+$ T 细胞在驱动 B 细胞活化/分化中发挥着关键作用。和幼稚 T 细胞一样，幼稚 B 细胞通过 HEY 进入 LN，如果 B 细胞在滤泡中没有遇到抗原，它将最终从皮质滤泡迁移到髓质，然后进入输出淋巴管，重新进入血流中的循环 B 细胞池而进入淋巴细胞再循环。在次级淋巴器官，抗原与 BCR 结合（即交联细胞表面免疫球蛋白）为特异性 B 细胞活化提供初始刺激（第一信号），第一信号由 BCR 复合物（BCR-Igα/Igβ）和 B 细胞共受体（CD19/CD21/CD81）共同传递。B 细胞活化的第二信号由抗原特异性 $CD4^+$ T_H 细胞和 B 细胞表面的多个分子相互作用介导，最重要的是 CD40-CD40L。

病毒抗原与表达 BCR 的幼稚 B 细胞结合后产生两个后果。首先，信号被传递到 B 细胞，通过细胞内途径放大，导致转录因子如 NF-κB 和 AP-1 的激活。这些因子可诱导特异性基因转录，促进B细胞增殖和分化。其次，BCR将病毒抗原传递到细胞内，在那里病毒抗原被裂解，一些病毒抗原肽与MHCⅡ类分子结合，MHCⅡ肽复合物返回到B细胞表面，被特异的$CD4^+$ T细胞（称为Tfh或滤泡辅助性T细胞）上的病毒特异性TCR识别，刺激Tfh细胞产生细胞因子，提供表面共刺激分子，促进B细胞增殖，形成生发中心，并作用于这些B细胞的后代，促进它们分化为产生抗体的浆细胞和记忆B细胞。

B细胞与特定的T细胞接触并分泌抗体有两种途径。首先，经过多轮增殖后，B细胞可以分化为滤泡外浆母细胞，并分泌大量的针对病毒蛋白的可溶性抗体。这些抗体由未突变的胚系基因编码，对病毒抗原具有低至中等亲和力，它们可能是IgM或类别转换的IgG或IgA。浆母细胞的寿命很短，只有几天。这种早期抗体是对抗病毒感染的一线体液免疫反应。一些浆母细胞可能迁移到骨髓，成为长寿浆细胞。在几天后建立的第二种途径中，淋巴组织中的GC通过亲和成熟大大提高病毒蛋白抗体的质量和多功能性。B细胞迅速分裂，细胞周期短至5～6h。Tfh细胞是GC形成和维持所必需的，它们刺激体细胞超突变和高亲和克隆的选择，并提供调节GC B细胞向浆细胞和记忆B细胞分化的信号。体细胞超突变涉及将非模板点突变引入快速增殖的B细胞的V区，其速率约为每一代细胞每1000个碱基对中有1个突变，比细胞看家基因的突变速率高10^6倍。

抗体的类别转换，即IgM的恒定区被IgA或IgG同型区取代，在大多数病毒感染的情况下，这将导致针对病毒蛋白的IgG和IgA抗体的表达。抗体类别转换通过缺失的DNA重组事件发生。

四、T细胞识别病毒抗原和活化

（一）T细胞识别病毒抗原

T细胞利用TCR α∶β链异二聚体识别外来抗原介导T细胞对病毒的反应。采用γ∶δ链复合体的T细胞，以及某些罕见的表达TCR α∶β的T细胞，在病毒的适应性免疫反应中作用不太明确。传统的TCR α∶β T细胞离开胸腺进入SLO和血液，与TCR一起表达CD4或CD8共受体分子。与BCR不同，T细胞识别抗原时对抗原三维结构不敏感，对病毒抗原的识别主要限于病毒的多肽成分，更准确地说，限于感染细胞中表达的病毒基因产物。$CD8^+$ T细胞识别表达在细胞表面的MHCⅠ类分子结合的外源抗原肽，$CD4^+$ T细胞识别表达在细胞表面的MHCⅡ类分子结合的外源抗原肽。

T细胞识别和加工肽片段的MHC限制性对病毒识别的影响是直接和深远的。传统的TCR α∶β T细胞对病毒感染的反应是识别感染细胞，而不是游离病毒粒子或可溶性病毒蛋白。因此，幼稚T细胞的激活和活化T细胞对病毒感染的效应活性表达主要是通过细胞与细胞的接触（即初始T细胞与抗原提呈细胞，或效应T细胞与感染的靶细胞如上皮细胞的接触）来实现的。

（二）抗原提呈（antigen presentation）

病毒进入人体表面（如胃肠道和呼吸道的皮肤和黏膜），与免疫系统相遇。这些体表含有支持病毒复制的上皮细胞。同时，上皮表面还含有 DC，它既是监视病毒感染的哨兵，也是抗原提呈细胞（antigen presenting cell，APC）。DC 迁移到 SLO，并将抗原提呈给 SLO 中的适应性免疫细胞。DC 是诱导 T 细胞初级适应性免疫反应的关键 APC。幼稚 T 细胞的激活有严格的要求，包括抗原肽/MHC 复合物与 TCR 结合，以及幼稚 T 细胞上共刺激受体（如 CD28）、相应的配体（如 CD80/86）、肽/MHC 复合物的结合。成熟的携带抗原的 DC 是唯一适合进行这一过程的抗原提呈细胞。病毒感染引发的炎症反应触发 DC 成熟/迁移。研究表明，在进入引流淋巴结时，活化的（成熟的）DC 在趋化因子梯度刺激下迁移到淋巴结副皮层 T 细胞区域。因此，携带抗原的 DC 会在特定的位置与进入引流淋巴结和淋巴循环的病毒特异性幼稚 B 细胞和 T 细胞相互作用，从而启动适应性免疫反应。

MHC Ⅰ类和Ⅱ类分子向 $CD8^+$和 $CD4^+$ T 细胞进行抗原加工和提呈肽的途径称为内源性和外源性提呈途径。蛋白质抗原，如病毒多肽，能够进入细胞质，有可能有效地进入 MHC Ⅰ类加工/呈递途径。在病毒感染过程中，通过重新合成病毒基因产物感染细胞可能是最有效的接近细胞质的方法。这种内源性提呈途径（即细胞感染）是大多数病毒感染的细胞被活化的 $CD8^+$ T 细胞识别的典型方式。

可溶性和颗粒状（细菌、病毒粒子）蛋白抗原内化到表达 MHC Ⅱ类分子的细胞内，进入 MHC Ⅱ类加工/提呈通路，被 $CD4^+$ T 细胞识别。这种外源性呈递途径（即从外部摄取）的特点是适应性免疫系统处理可溶性抗原（如完整的灭活病毒、亚单位疫苗和细胞外细菌），导致 $CD4^+$ T 细胞的活化和抗体的产生。

适应性免疫系统的特点是外源抗原识别的特异性。对于 T 细胞来说，这意味着识别与 MHC Ⅰ类或Ⅱ类分子结合的抗原肽，这些抗原肽展示在细胞表面。T 细胞的反应有两个阶段。首先是诱导期，静止的幼稚（或记忆）T 细胞识别展示肽/MHC 复合物的特化 APC 时，T 细胞活化，产生效应 T 细胞。其次是效应期，$CD8^+$ T 细胞产生效应物，应对任何细胞类型的病毒感染。此外，由于抗原肽/MHC Ⅰ类复合物非常稳定，在感染细胞表面的与 MHC Ⅰ类分子结合的病毒肽不会转移到周围未感染的细胞。因此，$CD8^+$ T 细胞对旁观者细胞的破坏是微不足道的。

（三）诱导 T 细胞反应

1. T 细胞的活化　在 SLO 中，幼稚的 $CD8^+$ T 细胞和 $CD4^+$ T 细胞通过 TCR 识别 APC 表面的抗原肽，T 细胞上的 TCR/共受体复合物和 CD28 共刺激受体的参与是诱导 T 细胞对外来抗原反应的前两个关键步骤。在 T 细胞激活过程中，天然免疫应对病毒感染产生的细胞因子（如Ⅰ型、Ⅱ型和Ⅲ型干扰素，如 IL-1、IL-4、IL-6、IL-10 等）将极大地调节效应 T 细胞和记忆 T 细胞反应的强度和类型。除了 CD28，其他的共刺激受体，如 Ig 受体基因家族［如细胞毒性 T 细胞抗原 4（CTLA-4）、诱导性 T 细胞共刺激因子（ICOS）、程序性死亡-1（PD-1）］和 TNF 受体基因家族（如 CD27、OX40、4-1BB、CD40L），在 T 细胞激活后表达上调，在 SLO 或病毒感染的外周部位正向（ICOS、CD27）或负向（PD-1、CTLA-4）调节 T 细胞活化和分化为效应细胞的速度与幅度。

2. T 细胞的增殖　小的静止的幼稚 T 细胞活化后，在 SLO 中，T 细胞增殖程序触发抗原特异性 T 细胞的快速克隆扩增，单个特异性 T 细胞经过 10～20 次分裂后，数量增加约 1000 倍（图 12-3）。这种幼稚 T 细胞的增殖扩增主要发生在 SLO 中。对于大多数病毒感染，T 细胞在 5～7 天内迅速增殖/分化，产生效应 T 细胞及记忆 T 细胞。鉴于大多数病毒的复制速度较快，免疫系统非常有必要在 SLO 中集中积累罕见的抗原特异性 T 细胞，使特异性 T 细胞尽快活化和动员，并在 SLO 中快速增殖扩增/分化为效应细胞。然而，如果机体感染了引起慢性感染的 HIV 和 HCV 等病毒，T 细胞和 B 细胞的活化过程可能会延迟数周至数月。在这种情况下，病毒有能力抑制或延迟机体诱导适应性免疫反应。

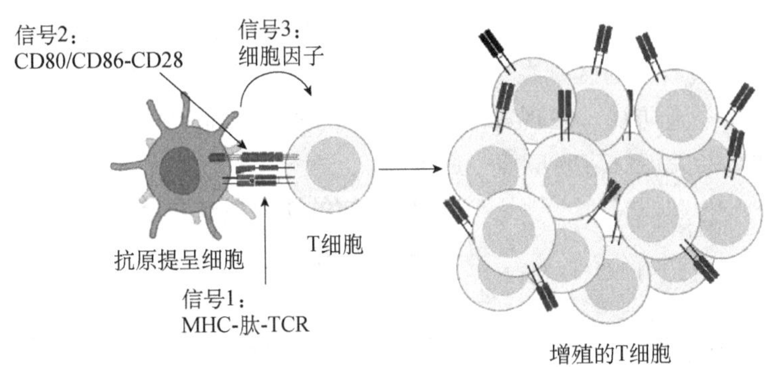

图 12-3　T 细胞的活化和增殖

3. 检测 T 细胞反应的工具和方法

1）酶联免疫斑点（enzyme-linked immunospot assay，ELISpot）　病原体特异性抗体滴度检测技术的发展已经大约经历了一个世纪，而抗原特异性 T 细胞免疫检测技术发展较慢。20 世纪 80 年代，ELISpot 的发展使得检测病原体特异性 T 细胞成为可能。然而，由于 T 细胞抗原具有 MHC 限制性，肽表位的广度因 MHC 多态性而变化。外周血中 T 细胞相对容易获取，但是不能完全代表淋巴结和组织定位 T 细胞。通过细针穿刺进行淋巴结取样或通过活检进行组织取样已变得越来越普遍。

2）活化诱导标志物（activation-induced marker，AIM）　AIM 检测技术是基于 4-1BB、OX40、CD40L、CD25 等在抗原刺激下表达上调的事实，在 T 细胞表位未知的情况下特别有用。例如，在 SARS-CoV-2 大流行期间，可以利用覆盖整个可能的表位宽度的全长蛋白肽库刺激 T 细胞。

3）MHC-肽四聚体　随着 MHC 多聚体技术的发展和应用，T 细胞反应分析取得了重要进展。MHC-肽四聚体可以作为流式细胞术中特异性 TCR 的探针，用荧光标记多聚体，然后用流式细胞术对从血液或组织中分离的抗原特异性 T 细胞进行鉴定和定量。

4）细胞内细胞因子染色（intracellular cytokine staining，ICS）　另一种基于流式细胞术的技术方法为 ICS，特定的肽与适当的 MHC 结合时，激活的效应 T 细胞在体外触发合成细胞因子的能力。通过阻断细胞因子从肽刺激的 T 细胞内释放（如用莫能菌素/brefeldin A），利用荧光标记的抗细胞因子抗体对积累的细胞因子进行细胞内染色来检测抗原特异性 T 细胞亚群。该技术已被广泛用于分析人类外周血中 T 细胞对急性或慢性病毒感染反应的细胞因子谱，以及实验性病毒感染模型中 SLO 和外周部位的 T 细胞反应。

5）*基于算法的表位预测*　预测含有蛋白质抗原显性MHC限制性表位的算法，如免疫表位数据库（IEDB；https://www.iedb.org/），已经发展到足够准确。随着已知表位和TCR数据库的扩展，这项技术会变得更加强大。

五、B细胞和T细胞的效应功能

（一）B细胞效应功能

1. 概述　B细胞的抗病毒活性主要由抗体介导，但B细胞也可能对天然免疫有调节作用。抗体与T细胞效应的区别在于，抗体对游离病毒颗粒和病毒感染细胞都有活性，是抵御病毒感染的第一道防线。在现实的意义上，抗体和T细胞的适应性抗病毒活性是互补的，在理解对病毒的免疫反应时应该一起考虑。

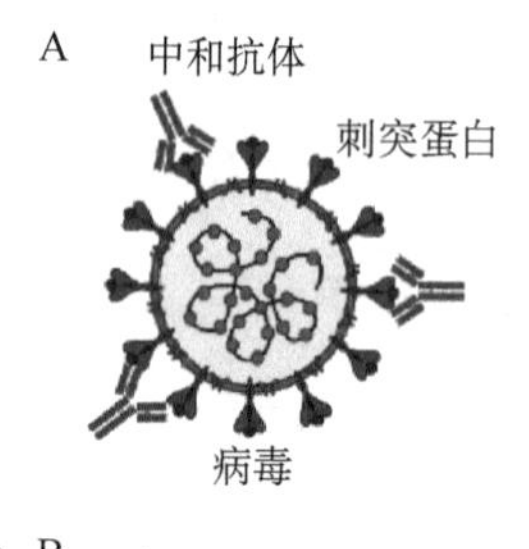

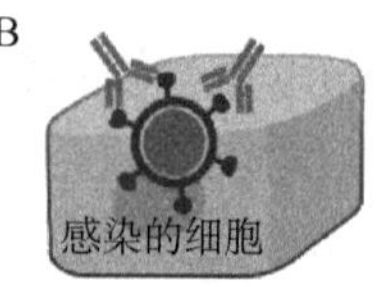

图12-4　表达表面蛋白的包膜病毒抗体的中和作用

A.中和抗体针对游离病毒颗粒的作用；B. 中和抗体针对病毒感染细胞的作用

2. 抗体的体外抗病毒活性　如前所述，抗体既可作用于游离病毒，也可作用于受感染细胞（图12-4）。抗体体外抗病毒活性研究最多，体内抗体保护最重要的活性是对游离病毒颗粒的中和作用。中和作用被定义为当抗体分子与病毒颗粒结合时，在没有任何其他媒介参与的情况下，病毒传染性的丧失。因此，这是一种不同寻常的抗体活性，多年来，中和的机制一直备受争议。最简单的模型是基于抗体分子对病毒黏附或病毒进入细胞的空间位阻。抗体分子相对较大的体积，与包膜病毒的典型病毒刺突蛋白非常相似，这是这种模型的关键。这种模型预测，抗体的中和效应主要与它对病毒粒子表面抗原的亲和力有关。有明确的证据表明抗体可以中和病毒，而不直接与病毒粒子表面的功能位点结合。

其他的中和模型表明：①通过一个或仅几个抗体分子与病毒粒子表面关键部位结合，可以中和病毒；②包膜或衣壳分子的构象变化对中和作用至关重要；③抗体可在进入受感染细胞后使病毒失活，如通过阻止病毒脱壳或通过IgG中的Fc与TRIM21的相互作用。在抗体中和机制方面仍存在相当大的争议，而且可能不同的机制在不同的条件下对不同的病毒起作用。

Fc介导的效应系统可以通过多种方式增强抗体对游离病毒颗粒的活性。第一，病毒粒子结合抗体后激活补体，使补体成分沉积在病毒粒子表面，可增强中和作用。第二，补体激活可通过在病毒膜上沉积补体末端成分而直接导致病毒分解。第三，吞噬细胞的Fc受体和补体受体可以结合抗体或补体包被的病毒粒子，导致吞噬作用。总之，中和抗体往往覆盖在病毒表面，将最有效地触发病毒溶解或吞噬。原则上结合抗体不介导中和作用，然而这种非中和抗体可能引发病毒溶解或吞噬作用。

抗体不仅可以对抗游离的病毒粒子，也可以通过与感染细胞表面表达的病毒蛋白结合来对抗感染细胞。Fc 介导的效应系统可通过补体依赖的细胞毒性（CDC）或依赖抗体的细胞毒性（ADCC）裂解或清除细胞。抗体也可抑制病毒从被感染者体内释放，或与受感染的细胞表面结合，通过信号机制抑制细胞内的病毒复制。

3. 抗体的体内抗病毒活性　确定抗体在体内保护活性的经典方法是将免疫血清或单克隆抗体被动转移到未接触过抗原的动物体内，然后用病毒攻击动物，观察其结局。对于许多不同的病毒、动物模型和病毒攻击途径，这种方法所获得的保护与体外测量的抗体血清中和活性之间存在良好的相关性。应该指出的是，这并不一定意味着中和是保护活动的机制。中和抗体可能是与游离病毒粒子和病毒感染细胞结合最有效的抗体。

（二）T 细胞效应功能

1. 概述　$CD8^+$和 $CD4^+$ T 细胞亚群限制识别的 MHC 分子不同（$CD8^+$ T 细胞识别Ⅰ类，$CD4^+$ T 细胞识别Ⅱ类），而且在效应水平上具有不同的功能（表 12-2）。$CD8^+$效应 T 细胞（$CD8^+$ T_E）能够通过直接细胞间接触释放颗粒酶和穿孔素蛋白破坏有病毒抗原的靶细胞。$CD8^+$ T_E 还产生/分泌几种具有抗病毒活性的细胞因子（如 IFN-γ、TNF-α）。$CD4^+$效应 T 细胞（$CD4^+$ T_E）主要通过释放细胞因子［尤其是 IFN-γ 和（或）IL-4、IL-5］发挥作用。在极少数情况下，也可以通过 TCR/CD4 复合物与带有肽/MHCⅡ复合物的靶细胞直接接触获得杀伤能力。

表 12-2　效应 T 细胞的机制

效应 T 细胞		靶细胞	效应机制
$CD8^+$ T 细胞		MHCⅠ$^+$类	• 颗粒胞吐作用——穿孔素/颗粒酶 • FasL（T 细胞）和 Fas（靶细胞）介导的凋亡 • 合成、分泌细胞因子 IFN-γ、TNF
$CD4^+$ T 细胞	T_H1	MHCⅡ$^+$类	合成、分泌细胞因子 IFN-γ、TNF
	T_H2	MHCⅡ$^+$类	合成、分泌细胞因子 IL-4、IL-5、IL-13
	T_H17	MHCⅡ$^+$类	合成、分泌细胞因子 IL-17A、IL-17F、IL-22

2. $CD8^+$ T 细胞效应机制　$CD8^+$效应 T 细胞/细胞毒性 T 细胞（cytotoxic T cell，CTL）主要通过两种不同的机制经细胞间的直接接触破坏靶细胞，还可以通过合成细胞因子发挥抗病毒作用（图 12-5）。

1）通过颗粒胞吐作用，由穿孔素/颗粒酶介导的杀伤途径　成熟的完全分化的 $CD8^+$ CTL 细胞质中含有溶解颗粒，TCR 通过与靶细胞上的肽/MHCⅠ类复合物作用在 $CD8^+$ CTL 形成免疫突触。CTL 的颗粒内容物在免疫突触部位释放到突触间隙中。裂解颗粒含有一种蛋白质穿孔素和一组丝氨酸蛋白酶，它们以酶原形式存在于 CTL 颗粒内，并在颗粒胞吐时被激活。在细胞外 Ca^{2+}存在的情况下，释放到靶细胞上的一些穿孔蛋白单体可以嵌入和聚合，在靶细胞的质膜内形成一个孔，使颗粒酶能够进入靶细胞的细胞质。丝氨酸蛋白酶的颗粒酶家族在人类中至少有 10 个成员（包括颗粒酶 A、B、C 和 K）。它们通过激活靶细胞中的细胞死亡途径发挥作用。研究最充分的颗粒酶是颗粒酶 B，它存在于 $CD8^+$

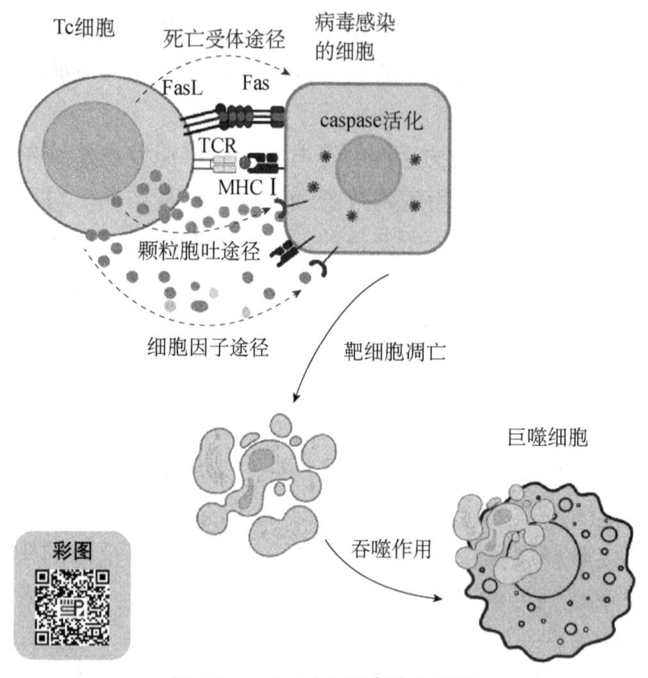

图 12-5　CD8$^+$ T 细胞效应机制

CTL 和 NK 细胞裂解颗粒中，通过蛋白质水解裂解和激活 procaspase（procaspase 3→caspase 3）和促凋亡的 Bcl2 家族成员，导致细胞凋亡特征的 DNA 断裂和线粒体损伤。

2）FasL 和 Fas 介导的凋亡途径　CTL 还可以通过上调 CTL 上的 TNF 家族蛋白 CD154（FasL、CD95L）及其受体 TNF 受体家族成员 CD95（Fas）在被感染的靶细胞上的作用来破坏靶细胞。CD95 参与导致胱天蛋白酶的募集/激活和靶细胞的凋亡。

病毒感染实验模型的研究表明，颗粒胞吐机制和 Fas/FasL 介导的凋亡都有助于消除病毒感染的细胞，并通过 CD8$^+$ T_E 清除病毒。每种裂解机制对病毒清除的相对贡献因病毒而异。

3）合成分泌细胞因子　此外，抗原肽与 TCR 结合后，CD8$^+$效应 T 细胞也会产生许多细胞因子，最主要的是 IFN-γ 和 TNF-α。IFN-γ 通过上调 MHC 分子表达，刺激 MHC Ⅰ类加工/呈递途径在感染细胞中发挥其抗病毒作用。此外，IFN-γ 是巨噬细胞的有效激活剂，激活的巨噬细胞吞噬和破坏病毒/病毒感染细胞。TNF-α 与 TNF 配体家族的另一成员 CD154（FasL）一样，可以诱导表达 TFN-α 受体的感染细胞凋亡，也可以通过细胞因子依赖性 NF-κB 活化而发出促炎/抗病毒信号。

3. CD4$^+$ T 细胞效应机制　CD4$^+$ 效应 T 细胞在抗病毒免疫中的一个重要作用是帮助 B 细胞产生抗病毒抗体。在病毒感染期间，CD4$^+$效应 T 细胞可能也在 CD8$^+$ 记忆 T 细胞反应的发展和维持中发挥作用。CD4$^+$效应 T 细胞通过释放细胞因子参与发挥抗病毒效应活性。

许多细胞因子和趋化因子负责协调先天和适应性免疫反应。其中几种细胞因子在 T 细胞活化中起着重要作用。白细胞介素-12（IL-12）主要是活化的 DC 和巨噬细胞的产物，以 IL-12p70 和 IL-12p40 的同源二聚体的形式存在。IL-12p70 与其在幼稚和活化 T 细胞上的受体相互作用，招募和激活 STAT-4，在幼稚 T 细胞活化中提供第三信号。该信号转导的结果是促进 CD8$^+$ T 细胞分化为活化的效应性细胞，并帮助驱动 CD4$^+$ T 细胞分化为效应 T 细胞，分泌 IFN-γ。因此，IL-12 p70 对 T 细胞的作用是产生活化的效应 T 细胞，有效清除病毒。

IL-2 是 CD4$^+$ T 细胞和 CD8$^+$ T 细胞在 T 细胞活化和分化的初始阶段共同产生的细胞因子。IL-2 与高亲和力的 IL-2 受体（仅在 T 细胞激活后表达）结合驱动 T 细胞增殖。CD4$^+$ 效应 T 细胞产生的 IL-2 可以调节 CD8$^+$ 效应 T 细胞在呼吸道病毒感染过程中产生的调节细胞因子 IL-10。

其他细胞因子，如 IFN-γ、IL-4、IL-6 和 TGF-β，与 IL-12 一样，为 T 细胞的活化提供第三信号，因此在病毒感染中是适应性免疫系统和免疫细胞功能的重要调节因子。IFN-γ 主要是在病毒感染过程中由活化的 $CD4^+$ T 细胞和 $CD8^+$ T 细胞（以及一些 NK T 细胞）产生的。IFN-γ 可以上调 MHC Ⅰ类和Ⅱ类分子的表达，增强抗原呈递中的作用。效应 T 细胞在病毒感染的外周部位对病毒抗原做出反应时，IFN-γ 可能在破坏病毒和病毒感染细胞方面发挥重要作用。在 T 细胞对抗原的应答过程中，早期产生 IFN-γ（可能是由于 NK 细胞在感染后进入 SLO 产生的）可以驱动 T 细胞向 T_H1 途径分化，产生抗病毒 T 细胞反应。

IL-4 是由沿着 T_H2 途径分化的活化 $CD4^+$ T 细胞产生的。在免疫反应早期，幼稚 T 细胞、NK T 细胞和 NK 细胞也会低水平产生 IL-4。在活化/分化的早期，$CD4^+$ T 细胞暴露于 IL-4 对 SLO 中产生 T_H2 效应 T 细胞至关重要。在 T_H1 或 T_H2 T 细胞分化之前，通过活化的 T 细胞（或 NK T 细胞和 NK 细胞）早期产生低水平的 IL-4，可能足以使 IL4 基因位点能够通过 $CD4^+$ T_H2 效应因子在 TCR 参与下产生高水平 IL-4。NK T 细胞亚群在对病原体的反应早期迅速产生高水平的 IL-4，可以调节 SLO 中传统的 α：β TCR T 细胞分化，以应对病毒感染。活化的 T 细胞产生的 IL-4 既是 B 细胞生长促进因子，也是 B 细胞活化/分化过程中触发免疫球蛋白类型转换的因子。IL-4 和 IFN-γ 拮抗调节 T 细胞分化和 T 细胞生成 T_H1 或 T_H2 效应。

细胞因子 IL-6 和 TGF-β 在推动幼稚 $CD4^+$T 细胞分化为产生 IL-17 的 T_H17 效应细胞中发挥关键作用。IL-6 是一种促炎细胞因子，在炎症刺激后表达上调，如病毒感染。在感染时，SLO 中 IL-6 和 TGF-β 的产生将触发幼稚 $CD4^+$T 细胞分化为 T_H17 效应 T 细胞。

六、B 细胞和 T 细胞的记忆

（一）B 细胞记忆

1. 概述　“B 细胞记忆”经常用作导致长期体液免疫机制的简称。B 细胞记忆主要存在以下两种机制：①特异性记忆 B 细胞表达病毒抗原特异性 BCR，病毒感染导致特异性 B 细胞活化，产生高亲和力、类别转换的病毒特异性抗体；②机体血清和组织既存的高亲和力、病毒特异性抗体，可能来自骨髓中长寿浆细胞。

2. 记忆 B 细胞　记忆 B 细胞表达类别转换、体细胞突变的抗体。在清除初次感染的病毒后，记忆 B 细胞在脾脏和其他淋巴组织中积累。未受到抗原刺激时，记忆 B 细胞处于静息状态，不分泌抗体。进行体外刺激时，记忆 B 细胞很容易地通过 ELISpot 和流式细胞仪进行检测。再次暴露于相同或相似的病毒后，导致对病毒抗原的快速抗体反应。这种反应是由记忆 B 细胞以 $CD4^+$ T 细胞依赖的方式快速增殖和分化引起的。脾脏和淋巴结的特异性记忆 B 细胞数量大量增加，分化为浆细胞，产生大量特异性高水平抗体。因此，反复暴露于抗原是维持记忆 B 细胞水平的一种方法。即使没有抗原刺激，记忆 B 细胞也可能可以长期存活，但这种观点多年来一直存在争议。

一个与记忆 B 细胞有关的现象是抗原原罪（original antigenic sin，OAS），它是指一个人最初感染了一种病毒，然后又感染了这种病毒的变异株，在第二次感染病毒时产生的抗体反应，对原始毒株比对变异株更强烈。据推测，对第一种病毒的记忆 B 细胞的加强免疫可能会通过一种未确定的机制干扰第二种病毒幼稚 B 细胞的活化。

3. 长寿浆细胞　浆细胞是终末分化的、不分裂的细胞，能够分泌大量的抗体。浆细胞有两种群体。短寿的浆细胞只能存活几天，在滤泡外产生抗体，在病原体的早期反应中起关键作用。浆细胞可能在人体内存活多年，可以维持抗体水平几十年。一种假说是，浆细胞在体外只能存活几天，因此骨髓微环境（bone marrow niche）可能为浆细胞提供了存活信号。另一种假说是，特定的记忆 B 细胞可以以独立于抗原的方式或旁观者方法活化，不断地补充浆细胞池。这两种假说并不相互排斥，维持血清抗体水平可能涉及多种机制。

4. 长期的体液免疫　与病原体最后一次接触多年后，可在人类血清中检测到体液免疫反应。同样，许多疫苗诱导的血清抗体反应可以维持几十年。一个关键的问题是：这些反应是由内在机制维持的，还是通过接触抗原而周期性地增强体液免疫，目前尚不明确。

黏膜抗体反应的寿命比血清反应短得多。这表明最初在黏膜部位产生的浆细胞可能迁移到骨髓，对黏膜抗体产生的贡献较小。

（二）T 细胞记忆

1. 记忆 T 细胞　与 B 细胞上的免疫球蛋白受体不同，$CD4^+$ T 和 $CD8^+$ T 细胞的 *TCR* 基因不经历任何额外的体细胞突变，因此记忆 T 细胞在遇到抗原后不表现出亲和力成熟。与幼稚 T 细胞相比，记忆 T 细胞具有更高的频率（是抗原特异性 T 细胞克隆扩增的结果）和更低的激活阈值（即对 CD28 共刺激的需求降低），再次暴露于抗原会更快地触发细胞增殖和分化。某些记忆 T 细胞可以在数小时内快速表达效应活性（如分泌促炎/抗病毒细胞因子，如 IFN-γ 和 TNF-α），且不需要细胞增殖。幼稚 T 细胞的活化和增殖及记忆 T 细胞群的形成和维持由三种细胞因子控制：IL-2、IL-7 和 IL-15（图 12-6）。IL-2/ IL-15 在与 TCR 接触后可以促进活化的幼稚 T 细胞的增殖。目前的证据表明，记忆 T 细胞一旦形成，它们可以进行基础/稳态的低水平增殖，这是依赖于 IL-15 的，而长期记忆 T 细胞的活力（即抑制凋亡）是由 IL-7 支持的，IL-7 可以上调/维持记忆 T 细胞中抗凋亡 *Bcl-2* 基因家族成员的表达。

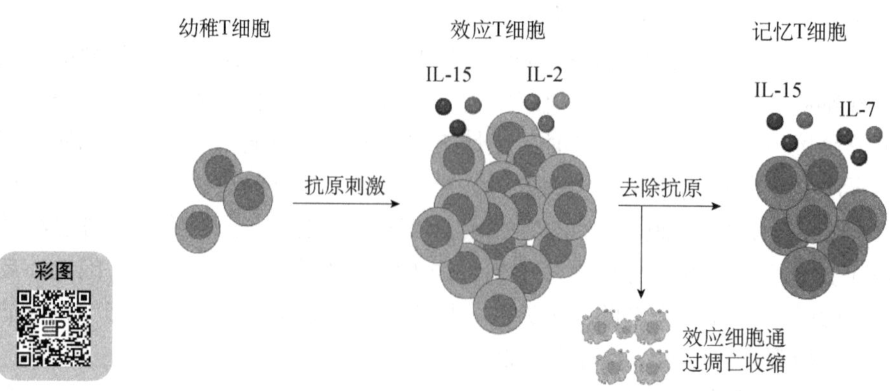

图 12-6　细胞因子控制着 T 细胞的增殖和存活

虽然幼稚 T 细胞活化后同时产生效应 T 细胞（effector T cell，T_E）和记忆 T 细胞（memory T cell，T_M），但这两种 T 细胞之间的关系尚不清楚，尚不清楚 T_E 是否以线性进展的方式产生 T_M，或者 T_E 和 T_M 是否是单独的细胞亚群。通过在 T_M 和幼稚 T 细胞上表达不同的某些细胞表面分子（如 CD45 的异型），可以将二者进行区分，在一定程度上也可以将 T_E 与 T_M 区分开。$CD4^+$ T_M 细胞和 $CD8^+$ T_M 细胞可能进一步细分为中央记忆（central memory，T_{CM}）和外周效应记忆（effector memory，T_{EM}）两个细胞群。T_{CM} 表达细胞表面分子如 CD62L 和趋化因子受体 CCR7，这将促进 T_{CM} 从血液循环到 SLO（特别是淋巴结）。因此，T_{CM} 会模仿幼稚 T 细胞的再循环模式（从血液进入 SLO，然后回到血液），并会对运送到 SLO 的抗原做出反应；而且，与幼稚 T 细胞一样，T_{CM} 需要活化和增殖才可以获得效应活性。相比之下，T_{EM} 没有 SLO 的归巢受体，主要驻留在血液和外周组织，在那里，它们可以在病原体进入外周的初始位置迅速对病原体做出反应。而 T_{EM} 对病原体的刺激进行有限的增殖，迅速表现出抗病毒效应活性以对抗感染。虽然这种基于细胞表面标记的记忆 T 细胞分类（T_{CM}/T_{EM}）作为一个检测实验方案是有用的，但来自人类对病毒感染的免疫反应分析的证据表明，外周血循环 T 细胞的细胞表面标志物表达存在相当大的异质性。因此，在自然感染（以及疫苗接种）的条件下，记忆 T 细胞反应可能包括一个连续的激活和分化状态，因此基于激活/分化标志可能也有一个连续的表达。

2. $CD8^+$ 记忆 T 细胞的分化　幼稚 T 细胞分化为抗原特异性 $CD8^+$记忆 T 细胞过程中涉及的表型和功能变化方面已经取得了实质性的进展。在病毒感染的急性期，抗原识别炎症信号如 Ⅰ 型 IFN 和 IL-12，诱导幼稚的抗原特异性 T 细胞快速大量克隆性扩增，在感染后 1～2 周发展为效应 T 细胞。在这个阶段，抗原特异性 T 细胞的表型和功能发生了一些变化，以获得记忆 T 细胞。在 $CD8^+$ T 细胞反应高峰时，幼稚 T 细胞扩增产生两种不同的亚群，即短效应细胞和记忆前体效应细胞。这些细胞可以通过细胞表面标志物 CD127 和 KLRG1 的表达来定义。CD127 在幼稚 T 细胞上高表达，但在所有抗原特异性 $CD8^+$ T 细胞活化后表达下调。这些 $CD127^{low}$T 细胞由 $KLRGl^{hi}$ 和 $KLRGl^{low/int}$ 两群细胞组成。$CD8^+$记忆 T 细胞来自 $KLRGl^{low/int}$ 群体，随后 CD127 重新表达。这些记忆前体效应细胞（$CDl27^{hi}$ $KLRG1^{low/int}$）在收缩阶段有效地存活下来，具有记忆 T 细胞的特性，并构成了记忆 T 细胞池的大部分细胞。这些 $CD8^+$记忆 T 细胞进一步分化为具自我更新能力的记忆 T 细胞，其寿命部分取决于 IL-7/IL-15 依赖的稳态增殖，具有缓慢的细胞分裂和最小的细胞数量变化。

已经证实了控制效应 $CD8^+$ T 细胞和记忆 $CD8^+$ T 细胞分化有关的因素。首先，T 细胞中表达的 T-box（T-bet）为调节效应性和 $CD8^+$记忆 T 细胞反应分化的转录因子：高水平的炎症和 T-bet 促进效应细胞分化，而轻度炎症和低 T-bet 产生记忆细胞。另一种 T-box 转录因子 Eomesodermin（Eomes）与 T-bet 负向表达，被炎症细胞因子 IL-12 抑制，因此 Eomes 可能在促进记忆反应中发挥作用。此外，Blimp-1 是一种浆细胞分化调节因子，也是 $CD8^+$ T 细胞分化为功能性杀伤细胞所必需的，对再次感染的召回反应至关重要。然而，Blimp-1 对记忆 T 细胞的生成并不是必需的。

第二节　病毒逃逸适应性免疫机制

一、概述

机体对病毒的免疫反应涉及病毒与宿主之间复杂的分子和细胞相互作用。因此，这种相互作用的任何阶段都可能成为病毒攻击的目标。对病毒基因组的系统研究表明，大多数病毒都进化出逃逸或颠覆宿主免疫防御的手段，其中一些病毒有许多专门用于这一目的的基因。不管是 DNA 病毒还是 RNA 病毒，可以引起慢性感染的病毒都进化出了破坏宿主免疫反应的策略。这些策略包括通过抗原变异来逃逸体液和细胞免疫、干扰抗原加工和提呈、调节细胞因子的产生等。了解宿主免疫系统和入侵的病毒之间复杂的相互作用，最终将使研究人员能够设计出更好的策略来预防和治疗病毒性疾病。病毒逃逸适应性免疫机制知识点关联图如图 12-7 所示。

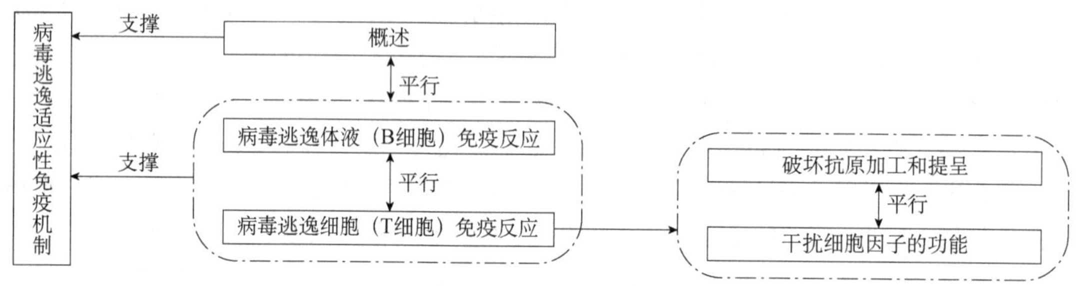

图 12-7　病毒逃逸适应性免疫机制知识点关联图

二、病毒逃逸体液（B 细胞）免疫反应

病毒利用多种机制逃逸体液免疫反应，特别是抗病毒中和抗体。病毒逃逸中和抗体反应的策略包括：①通过抗原漂移、抗原转换和重组等策略使表面蛋白发生突变，主要发生于容易高度变异的病毒，如流感病毒、HIV 和 HCV；②遮蔽保守表位；③聚糖屏蔽抗原表位，如 HIV 和埃博拉病毒；④在某些条件下可能“清除”中和抗体的表面蛋白诱饵，如乙型肝炎病毒；⑤抗原原罪；⑥表面蛋白间距不规则，容易降低抗原免疫原性；⑦呈现多种表面蛋白质和病毒形式，如痘病毒编码多种蛋白质进入靶细胞。病毒还可以通过在细胞间直接传播、上调和劫持宿主补体调节蛋白、编码拮抗 Fc 和补体受体及诱导免疫抑制等方式逃逸体液反应。

三、病毒逃逸细胞（T 细胞）免疫反应

（一）破坏抗原加工和提呈

许多病毒通过破坏 MHC Ⅰ类分子抗原的呈递，从而降低抗原特异性 $CD8^+$ T 细胞的活

化，以及 $CD8^+$ T 细胞对病毒感染细胞的识别。MHC Ⅰ类抗原提呈通路的每一步几乎都可被干扰，一些病毒编码多种蛋白质，这些蛋白质作用于 MHC Ⅰ类呈递通路的不同阶段。

1. 抑制Ⅰ类或Ⅱ类主要组织相容性复合体的合成　病毒蛋白，如 HIV Tat 蛋白，可以抑制 *MHC* 基因启动子活性。HIV Tat 蛋白的 MHC Ⅰ类基因启动子的活性降低为原来的 1/12。人巨细胞病毒（HCMV）可以通过两种不同的途径损害 MHC Ⅱ类分子的表达。这种表达在转录水平上受到调控，调控元件包括 MHC Ⅱ类基因的构成型和细胞因子诱导型转录元件。

2. 抑制抗原肽的产生和转运　HCMV 感染过程中，金属蛋白酶 CD10（内肽酶）和 CD13（氨基肽酶 N）表达下调。CD10 和 CD13 肽酶均表达于细胞表面，并将抗原肽修剪成允许其与Ⅰ类或Ⅱ类分子凹槽结合的大小，在 MHC Ⅰ类和Ⅱ类抗原呈递途径的肽加工中发挥作用。

将肽从细胞质运送到内质网需要肽转运体 TAP。HCMV 的 US6 蛋白通过阻止 TAP 的 ATP 水解抑制 TAP 肽转运。HSV 的 ICP47 多肽通过结合 TAP 的肽结合位点抑制 TAP，从而阻止其与其他多肽的结合。这导致内质网中与 MHC Ⅰ类分子结合的多肽数量不足。

3. 抑制主要 MHC Ⅰ类分子在细胞表面表达　至少系统报道了三种病毒对 MHC Ⅰ类分子表达的调节：腺病毒、HCMV 和 HSV。HCMV US3 蛋白是一种Ⅰ型膜蛋白，可以将 MHC Ⅰ类分子保留在内质网中来阻止其成熟。

（二）干扰细胞因子的功能

病毒有三种不同的机制会影响细胞因子的活性，逃逸宿主免疫。①病毒产生细胞因子同源物，作用于相同的细胞因子受体；②病毒产生类似细胞因子受体的抗原，从而中和相应的因子；③它们可以通过产生可溶性细胞因子结合蛋白直接干扰细胞因子的作用。细胞因子的病毒同源物及其受体的功能是多样的，病毒编码的细胞因子同源物可能参与了灭活炎症细胞因子或重新定向免疫反应。

本章小结

机体将适应性免疫系统分为 B 细胞和 T 细胞，分别识别细胞外和受感染细胞内的病毒，诱导适应性免疫反应。病毒感染 B 细胞并将其激活，B 细胞释放抗体分子，与游离（细胞外）病毒粒子结合，导致病毒的中和或清除。抗病毒 B 细胞反应在感染期间清除病毒、预防或限制病毒再感染方面起主导作用。抗原特异性 T 细胞受体识别 MHC-病毒抗原肽复合物，激活的病毒特异性 T 细胞通过直接细胞间接触和释放细胞因子等可溶性介质的方式杀死病毒感染的细胞，从而阻止感染的扩散。通过释放这些细胞因子和其他可溶性介质，活化的 T 细胞可以招募和协调天然免疫细胞的反应，进一步起到清除感染的作用。B 细胞和 T 细胞活化后还产生免疫记忆，当机体重复暴露时产生更快速、更强的免疫反应。机体对病毒的免疫反应涉及病毒与宿主之间复杂的分子和细胞相互作用，这种相互作用的任何阶段都可能成为病毒攻击的目标，进化出逃逸或颠覆宿主免疫防御的手段。

（郭　丽）

复习思考题

1. 病毒以细胞外病毒粒子的形式存在，但在感染细胞内进行复制/组装，机体免疫系统如何控制病毒感染？
2. 简述胸腺内 T 细胞的类型和功能。
3. 既往感染了某种病毒或接种过病毒疫苗，机体发生再感染时病毒特异性记忆细胞会发生怎样的变化？
4. 简述 B 细胞与特定 T 细胞接触后分泌抗体的途径。
5. 简述 $CD8^+$ T 细胞效应机制。
6. 简述形成 B 细胞记忆的机制。
7. 病毒如何逃逸 T 细胞免疫反应？

主要参考文献

Abbas A K，Lichtman A H，Pillai S P. 2021. Cellular and Molecular Immunology. 10th ed. Amsterdam: Elsevier.

Abernathy M E，Dam K A，Esswein S R，et al. 2021. How antibodies recognize pathogenic viruses：Structural correlates of antibody neutralization of HIV-1，SARS-CoV-2，and Zika. Viruses，13（10）：2106.

Altmann D M. 2020. Adaptive immunity to SARS-CoV-2. Oxf Open Immunol，1（1）：iqaa003.

Antia A，Ahmed H，Handel A，et al. 2018. Heterogeneity and longevity of antibody memory to viruses and vaccines. PLoS Biol，16（8）：e2006601.

Cancro M P，Tomayko M M. 2021. Memory B cells and plasma cells：The differentiative continuum of humoral immunity. Immunol Rev，303（1）：72-82.

Crotty S. 2019. T follicular helper cell biology：A decade of discovery and diseases. Immunity，50（5）：1132-1148.

Cyster J G，Allen C D C. 2019. B cell responses：Cell interaction dynamics and decisions. Cell，177（3）：524-540.

Dingens A S，Arenz D，Weight H，et al. 2019. An antigenic atlas of HIV-1 escape from broadly neutralizing antibodies distinguishes functional and structural epitopes. Immunity，50（2）：520-532, e3.

Elsner R A，Shlomchik M J. 2020. Germinal center and extrafollicular B cell responses in vaccination，immunity，and autoimmunity. Immunity，53（6）：1136-1150.

Howley P M，Knipe D M. 2024. Fields Virology（Volume 4：Fundamentals）. 7th ed. Philadelphia: Wolters Kluwer Health/Lippincott Williams & Wilkins.

Kato Y，Abbott R K，Freeman B L，et al. 2020. Multifaceted effects of antigen valency on B cell response composition and differentiation *in vivo*. Immunity，53（3）：548-563，e8.

Klasse P J，Moore J P. 2022. Reappraising the value of HIV-1 vaccine correlates of protection analyses. J Virol，96（8）：e0003422.

Laidlaw B J，Cyster J G. 2021. Transcriptional regulation of memory B cell differentiation. Nat Rev Immunol，21（4）：209-220.

Paul W E. 2012. Fundamental Immunology. 7th ed. Philadelphia: Lippincott Williams & Wilkins.

Raghunandan R，Higgins D，Hosken N. 2021. RSV neutralization assays—use in immune response assessment. Vaccine，39（33）：4591-4597.

Robinson M J，Webster R H，Tarlinton D M. 2020. How intrinsic and extrinsic regulators of plasma cell survival might intersect for durable humoral immunity. Immunol Rev，296（1）：87-103.

Roltgen K，Nielsen S C A，Silva O，et al. 2022. Immune imprinting，breadth of variant recognition，and germinal center response in human SARS-CoV-2 infection and vaccination. Cell，185（6）：1025-1040, e14.

Sompayrac L M. 2019. How the Immune System Works. 6th ed. New York: Wiley-Blackwell.

Victora G D，Nussenzweig M C. 2022. Germinal centers. Annu Rev Immunol，40：413-442.

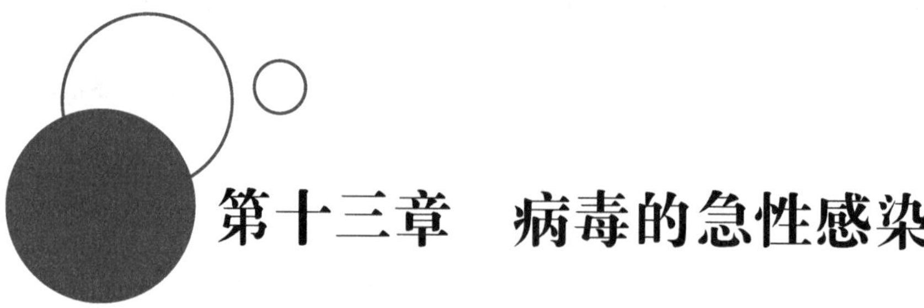

第十三章　病毒的急性感染

本章要点

1. 病毒的急性感染：根据感染后病毒在体内播散的范围，可分为局部感染和系统感染；根据感染后病毒是否复制，可分为增殖性感染和顿挫感染。根据是否出现临床症状，病毒的急性感染可分为出现症状的显性感染和无症状的隐性感染；有些病毒在急性感染后转为持续性感染。有些一般仅急性感染的病毒也可能在免疫功能低下的宿主中造成持续性感染。
2. 病毒的传播途径：分为水平传播和垂直传播。病毒的水平传播包括呼吸道传播、消化道传播、血液传播、接触传播和动物媒介传播等。病毒的垂直传播可发生在妊娠期、分娩过程和哺乳期。
3. 病毒急性感染的致病机制：主要包括病毒感染直接诱导的细胞损伤，病毒感染诱导的免疫病理损伤和免疫抑制。

本章知识单元和知识点分解如图 13-1 所示。

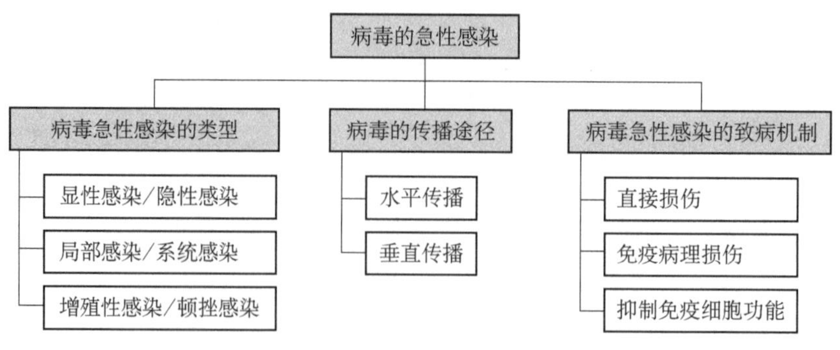

图 13-1　本章知识单元和知识点分解图

第一节　病毒急性感染的类型

任何病毒的感染都始于急性感染（acute infection）（图 13-2）。很多病毒的急性感染常是自限性的，病程为数日或数周，恢复后病毒被清除，如轮状病毒、甲型肝炎病毒。有些病毒的急性感染造成体内组织器官严重受损，甚至危及生命。例如，新冠病毒感染的危重症患者发生呼吸窘迫和多器官衰竭；埃博拉病毒感染引起的出血热和多器官衰竭等。有些病毒在急性感染后转为持续性感染（persistent infection），即长期感染，病毒在体内可持续存在数月、数年甚至终身，如人类免疫缺陷病毒和人类疱疹病毒。此外，通常仅急性感染的病毒也可能在免疫功能低下的宿主中造成持续性感染。例如，在免疫健全个体上，戊型肝炎病毒的急性感染是自限性的，但在老年人、器官移植患者中可引起持续性感染。

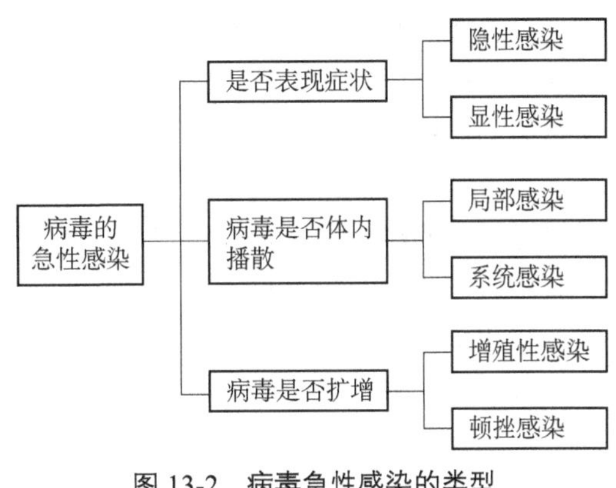

图 13-2　病毒急性感染的类型

一、显性感染和隐性感染

大多数病原病毒的急性感染者中有一定比例的感染者没有临床症状或症状很轻微，称为隐性感染（inapparent infection，silent infection），不同病毒的隐性感染率差别很大。相对于隐性感染，出现疾病症状的感染称为显性感染（apparent infection）。少数病毒的急性感染几乎总为显性感染，如狂犬病病毒、天花病毒等。急性感染的症状取决于感染的病毒类型，可能包括发热、咳嗽、喉咙痛、肌肉疼痛、头痛、乏力、恶心、呕吐或腹泻。从病毒侵入机体到机体出现症状所需的时间为“潜伏期”，各种病毒感染的潜伏期长短不一，并受到多种因素的影响，如感染病毒量、毒株特性、环境因素、年龄、免疫状态、营养状态、基础疾病等。一些病毒的潜伏期短至 12h（如诺如病毒），也有的病毒潜伏期可能持续数周甚至更长（如乙型肝炎病毒）。

很多病原病毒的感染会导致从无症状感染到严重疾病甚至死亡的各种可能结果。例如，新冠病毒的感染可以表现为无症状、轻症、重症和危重症等系列临床表现；即使是致死率较高的埃博拉病毒的感染，实际上在人群中也总是引起从轻度疾病到出血热或多器官衰竭的疾病表现谱。但有些病毒，如狂犬病病毒，几乎总是导致致命的疾病。了解导致这些不同疾病结果的因素是病毒发病机制研究的核心问题之一。

二、局部感染和系统感染

一些病毒的感染只局限在初始入侵部位及其邻近组织，病毒并不侵入血液，称为局部感染（local infection）。例如，鼻病毒通常仅在上呼吸道黏膜细胞内增殖，引起普通感冒；轮状病毒局限于肠道黏膜感染，引起腹泻。另一些病毒可以从初始入侵部位进入血液，或通过动物叮咬和外伤进入血液向全身播散，或经神经系统播散，形成系统（全身性）感染（systemic infection）。

经血播散是病毒系统感染的常见类型。经血播散的病毒首先在入侵的局部或其邻近淋巴结内增殖，子代病毒进入血液引起初级（第一次）病毒血症。由于病毒的复制局限于初始感染部位或者局部宿主细胞，因此初级病毒血症的病毒滴度较低。随着病毒在体内的播散，病毒感染更多的宿主细胞，由此形成的次级（第二次）病毒血症的病毒滴度较高。较高病毒滴度的次级病毒血症，又进一步使得病毒播散到全身各个靶器官。例如，脊髓灰质炎病毒通过肠道黏膜、口、咽侵入体内后，到达肠壁、咽壁、扁桃体等局部淋巴组织处增殖，排出病毒，形成初级病毒血症，到达各处非神经组织如呼吸道、肠道、皮肤黏膜、心、肾、肝、胰、肾上腺等处增殖，大量子代病毒形成次级病毒血症，少数患者因血中抗体不足或病毒毒力强，病毒可随血流经血脑屏障侵犯中枢神经系统。

具有神经嗜性的病毒可通过感染部位的神经末梢侵入神经系统，然后沿着轴突向中枢神经系统播散。例如，狂犬病病毒以 50～100mm/天的速度沿着神经轴突从伤口播散到中枢神经系统。脊髓灰质炎病毒偶尔也可沿外周神经播散到中枢神经系统。

三、增殖性感染和顿挫感染

病毒感染易感细胞通常能导致病毒在细胞内复制，从而产生大量的子代病毒，这种感染称为增殖性感染（productive infection）。但某些易感细胞可能缺少病毒复制所需的酶或其他成分而不支持病毒的复制，当病毒感染这些非容纳细胞后，病毒不能完成其完整的复制周期，这种感染称为顿挫感染（abortive infection）。顿挫感染也可表现为显性感染。

第二节　病毒的传播途径

病毒从传染源传播到易感者的途径称为病毒的传播途径（route of transmission）。明确病毒的传播途径是制定控制病毒传播和感染的公共卫生策略的关键之一。病毒的传播途径包括两类：水平传播和垂直传播，每一类又分为几种途径。

一、水平传播

病毒在宿主群体的不同个体之间的传播称为水平传播（horizontal transmission）。就人类病原病毒而言，水平传播包括人与人之间、动物与人之间，以及人通过接触媒介而被感染。水平传播是大多数病毒的传播方式（表 13-1）。

表 13-1　人类病原病毒的水平传播途径

传播途径	主要传播方式及媒介	代表性病毒
呼吸道	飞沫、气溶胶、接触	流感病毒、鼻病毒、腺病毒、冠状病毒、呼吸道合胞病毒、偏肺病毒、副流感病毒、麻疹病毒、风疹病毒、腮腺炎病毒、水痘-带状疱疹病毒、汉坦病毒、天花病毒、部分型别的肠道病毒等

续表

传播途径	主要传播方式及媒介	代表性病毒
消化道	污染的水或食物、食具	轮状病毒、诺如病毒、人星状病毒、部分腺病毒、甲肝病毒、戊肝病毒、肠道病毒等
血液	污染血或血液制品、文身、污染的注射器/手术器材、器官移植	人类免疫缺陷病毒、乙型肝炎病毒、丙型肝炎病毒、人类嗜T细胞病毒、人巨细胞病毒、EB病毒等
接触	泌尿生殖道（性接触）	人类免疫缺陷病毒、乙型肝炎病毒、单纯疱疹病毒2型、人乳头瘤病毒等
	皮肤	天花病毒、猴痘病毒、单纯疱疹病毒1型、人乳头瘤病毒
	唾液	EB病毒、单纯疱疹病毒1型、人巨细胞病毒
	眼睛	单纯疱疹病毒、部分型别的腺病毒和肠道病毒等
动物媒介	昆虫叮咬、狂犬撕咬、接触鼠类及其排泄物	虫媒病毒、狂犬病病毒、汉坦病毒等

1. 呼吸道传播　病毒的呼吸道传播主要经由飞沫、气溶胶和接触传播。飞沫是指人打喷嚏、咳嗽、说话时从口腔内喷出的液滴，直径一般大于5μm，它们往往播散很短的距离（通常1～2m）就会迅速落到地面。气溶胶是指悬浮在空气中的液滴，直径小于5μm，可以在空气中悬浮很长一段时间，并随气流播散。包括新冠病毒在内的呼吸道病毒通常以飞沫传播，但在封闭的空间中（如隔离病房）和高浓度的病毒存在下，可能形成气溶胶。接触传播主要是指易感者用手接触带有病原病毒的媒介表面，病毒转移到手上，随后手又接触眼睛、鼻子或嘴等。

2. 消化道传播　消化道传播是指病毒通过胃肠道感染易感者，通常也称为“粪-口”传播。病毒通过感染者粪便排出体外，污染食物、水源或食具，易感者进食时被感染。

3. 血液传播　病毒存在于感染者的血液中，通过输血、使用血液制品、文身、使用污染的注射器/手术器材、器官移植等方式感染易感者。血液传播是病毒医源性传播的主要途径之一。医源性传播是指易感者在接受医学检查、治疗和预防措施时，因药品、生物制剂、医疗器械和医务人员的手被污染，在院内感染防范措施不到位情况下的病毒传播。

4. 接触传播　易感者同传染源接触而引起感染，有直接接触传播和间接接触传播两种。直接接触传播是指易感者与传染源直接接触所造成的传播。直接接触可以通过皮肤接触、接吻和性交等进行。例如，EB病毒可通过接吻传播，人类免疫缺陷病毒、乙型肝炎病毒等可通过性行为传播，人乳头瘤病毒可以通过皮肤接触和性行为传播。间接接触传播是通过接触病毒污染的物品而受感染。

5. 动物媒介传播　动物媒介传播是指易感宿主被病毒感染的吸血节肢动物（如蚊、蜱、白蛉、蠓等）叮咬、病毒感染的动物撕咬及接触含有病毒的动物排泄物引起的病毒传播。由吸血节肢动物传播的病毒统称为虫媒病毒。例如，蜱可传播森林脑炎病毒，蚊可传播流行性乙型脑炎病毒。采取杀灭病媒昆虫等措施，可防止虫媒病毒的传播。狂犬病病毒由病毒感染的动物撕咬传播至人，汉坦病毒可通过人接触含有病毒的鼠类排泄物而传播到人。

二、垂直传播

垂直传播（vertical transmission）是指病毒在亲代与子代之间的传播。垂直传播可发生在妊娠期、分娩过程（围生期）和哺乳期（表 13-2）。某些病毒（风疹病毒、人巨细胞病毒、单纯疱疹病毒）的垂直传播可导致死胎、流产、先天畸形等。

表 13-2　人类病原病毒的垂直传播途径

传播途径	代表性病毒
妊娠期	人巨细胞病毒、细小病毒 B19、风疹病毒、人类免疫缺陷病毒
分娩过程（围生期）	乙型肝炎病毒、丙型肝炎病毒、单纯疱疹病毒、人类免疫缺陷病毒、人乳头瘤病毒
哺乳期	人巨细胞病毒、人类免疫缺陷病毒、人类嗜 T 细胞病毒

第三节　病毒急性感染的致病机制

病毒的急性感染主要通过两类机制引起疾病，这些机制包括病毒直接诱导的损伤和病毒诱导的免疫病理损伤。另外，一些病毒直接感染免疫细胞造成免疫细胞功能受损或死亡，抑制抗病毒免疫反应，如麻疹病毒、人类免疫缺陷病毒。病毒慢性感染中也常通过持续性的抗原表达诱导免疫细胞（T 细胞、B 细胞）的耗竭，如乙型肝炎病毒（图 13-3）。

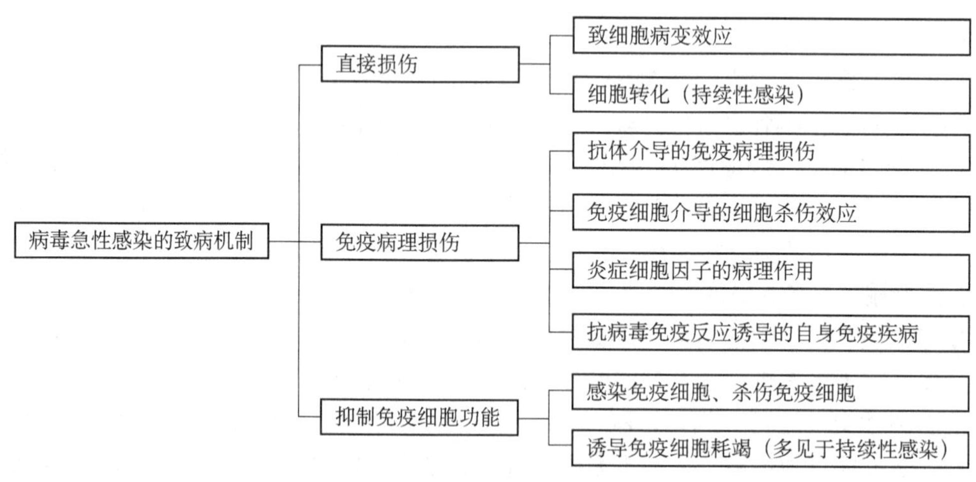

图 13-3　病毒急性感染的致病机制

一、病毒直接诱导的损伤

一些病毒的感染和复制会引起细胞凋亡（apoptosis）、细胞坏死（necrosis）和细胞融合（cell fusion），以及病毒表达产物或复制产物聚集在细胞内形成包涵体（inclusion body），损伤细胞，造成致细胞病变效应（cytopathic effect，CPE），如腺病毒、新冠病毒、EV71 等。另一些病毒感染细胞后，致细胞病变效应不明显，但病毒因子可能诱导细胞功能（如细胞周期）的紊乱或病毒基因组整合入细胞染色体，诱导细胞转化。这种情况主要发生于病毒的持续性感染中，如乙型肝炎病毒、人乳头瘤病毒等。

二、病毒诱导的免疫病理损伤

病毒感染能诱导免疫反应介导的病理损伤。主要分为以下几种类型：①抗体介导的免疫病理损伤，包括抗病毒 IgG 或 IgM 结合细胞表面病毒抗原诱导的Ⅱ型超敏反应，抗原抗体复合物介导的Ⅲ型超敏反应；②免疫细胞介导的细胞杀伤效应，如细胞毒性 T 细胞、NK 细胞等；③炎症细胞因子的病理作用，如 TNF-α、IL-6、IL-1 及细胞因子风暴等；④抗病毒免疫反应诱导的自身免疫疾病。

病毒感染所诱导的疾病状态一般都受到病毒和宿主多方面因素的影响。例如，基孔肯雅病毒可对受感染的细胞造成直接的细胞病变，同时过度活跃的单核细胞介导的炎症反应和 $CD4^+$ T 细胞参与基孔肯雅病毒诱导的关节炎。

本章小结

了解病毒急性感染的主要类型，以及分类的依据。显性感染和隐性感染是根据病毒感染后是否出现临床症状进行的分类，局部感染和系统感染是根据感染后病毒体内播散的范围进行的分类，增殖性感染和顿挫感染是根据感染后病毒是否复制进行的分类。病毒传播的途径分为水平传播和垂直传播，水平传播又包括呼吸道传播、消化道传播、血液传播、接触传播和动物媒介传播，垂直传播分为妊娠期传播、分娩过程（围生期）传播和哺乳期传播，有些病毒可经多种途径传播。了解病毒的传播途径对于制定有效的防控策略具有重要意义。病毒的急性感染主要通过两类机制引起疾病，包括病毒直接诱导的损伤和病毒诱导的免疫病理损伤。很多病原病毒的感染会导致从无症状感染到严重疾病甚至死亡的各种可能结果，疾病状态受到病毒和宿主多方面因素的影响。

（谢幼华　沈忠良）

1. 简述病毒急性感染的分类。
2. 简述病毒传播的主要途径。
3. 举例说明病毒诱导的免疫病理损伤。

主要参考文献

彭宜红，郭德银. 2024. 医学微生物学. 4 版. 北京：人民卫生出版社.

Howley M P，Knipe M D. 2024. Fields Virology. 7th ed. Philadelphia：Wolters Kluwer Health/Lippincott Williams & Wilkins.

第十四章　病毒的持续性感染

本章要点

1. 病毒的持续性感染：一些病毒发生急性感染后，如果机体免疫反应不足以清除病毒，感染可转为持续性感染。病毒的持续性感染分为慢性感染、潜伏感染和慢病毒感染三种类型。病毒持续性感染过程中感染者可能出现临床症状，也可能无明显的临床症状。有些病毒的持续性感染还引起细胞转化，诱导肿瘤的发生。当人体免疫力低下或免疫受损时，有些一般仅急性感染的病毒也可能形成持续性感染。
2. 病毒持续性感染的形成机制：既有病毒的因素，也有宿主的因素。主要的病毒因素包括：病毒抑制宿主免疫反应，病毒隐藏在免疫豁免器官，病毒降低其基因表达和复制而逃逸免疫监控，病毒变异等；宿主因素主要为免疫系统的缺陷，以及个体的遗传背景差异造成的易感性差异。
3. 病毒持续性感染的致病机制：主要表现在引起慢性炎症，免疫抑制，以及有些病毒可能诱导细胞转化和肿瘤发生。

本章知识单元和知识点分解如图 14-1 所示。

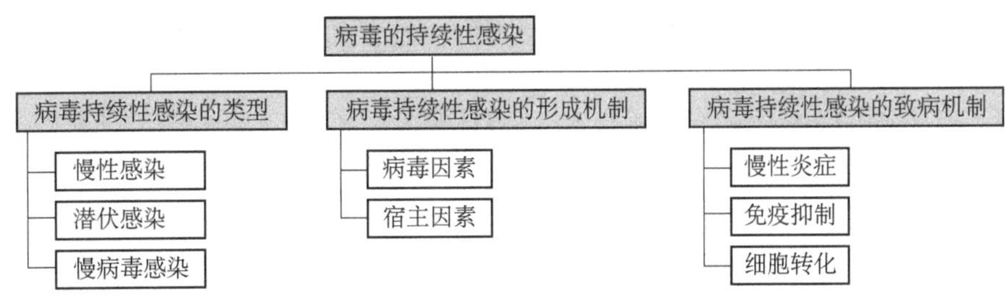

图 14-1　本章知识单元和知识点分解图

第一节　病毒持续性感染的类型

一些病毒发生急性感染后，如果机体免疫反应不足以清除病毒，感染可转为持续性感染，病毒在体内持续存在数月、数年甚至终身。病毒持续性感染过程中，感染者可出现临床症状（显性感染），也可能无明显的临床症状（隐性感染）。总体上，感染后不导致明显细胞病变的病毒更易造成持续性感染。能够持续性感染人的病毒多为双链 DNA 病毒（如乙型肝炎病毒、人类疱疹病毒、人乳头瘤病毒、多瘤病毒等）和逆转录病毒（如人类免疫缺陷病毒、人类嗜 T 细胞病毒等），少数为 RNA 病毒（如丙型肝炎病毒）。当人体免疫力低下或免疫受损时，一些通常仅限急性感染的病毒也可能形成持续性感染（如戊型肝炎病毒、诺如病毒等）。部分常见的持续性感染病毒如表 14-1 所示。

表 14-1 主要持续性感染人类的病毒

病毒	持续性感染组织/器官（主要）	持续性感染的致病性
腺病毒	腺样体、扁桃体、淋巴细胞	未知
乙型肝炎病毒	肝脏	慢性肝炎、肝硬化、肝癌
丙型肝炎病毒	肝脏	慢性肝炎、肝硬化、肝癌
单纯疱疹病毒 1 型和 2 型	感觉和自主神经节	口咽疱疹、生殖器疱疹
水痘–带状疱疹病毒	感觉神经节	带状疱疹、神经痛
EB 病毒	B 细胞、鼻咽上皮	慢性活动性 EB 病毒感染、淋巴瘤、鼻咽癌、多发性硬化症
人巨细胞病毒	肾脏、唾液腺、淋巴细胞、巨噬细胞、干细胞	肺炎、视网膜炎
卡波西肉瘤相关疱疹病毒	B 细胞	卡波西肉瘤、原发渗出性淋巴瘤、多中心卡斯特曼疾病
人类免疫缺陷病毒	$CD4^+$ T 细胞、巨噬细胞、小胶质细胞	艾滋病、机会性感染、肿瘤
人类嗜 T 细胞病毒	T 细胞	白血病
多瘤病毒 BK	肾脏	出血性膀胱炎、肾移植物丢失
多瘤病毒 JC	肾脏、中枢神经系统	进行性多灶性白质脑病
人乳头瘤病毒	皮肤、上皮细胞	宫颈癌、疣

病毒持续性感染可分为慢性感染（chronic infection）、潜伏感染（latent infection）和慢病毒感染（slow virus infection）三种类型。

一、慢性感染

病毒慢性感染时体内（如血液中）可持续检测到分泌的病毒或病毒抗原。感染者可表现出临床症状或无临床症状，常反复发作，迁延不愈。乙型肝炎病毒和丙型肝炎病毒的慢性感染为典型的病毒慢性感染。例如，乙型肝炎病毒慢性感染者的血液中可持续检测到病毒 DNA 和病毒抗原［乙肝表面抗原和（或）e 抗原］，有些感染者出现慢性肝炎的症状，并可进展为肝硬化甚至肝癌。

二、潜伏感染

典型的病毒潜伏感染时体液中一般难以检测到分泌的病毒和病毒抗原，病毒在宿主细胞内不复制或仅存在低水平的复制。在一定条件下，如免疫抑制、精神紧张、劳累、紫外线照射等，潜伏感染的病毒可被激活而进入活跃复制阶段，产生子代病毒。人类疱疹病毒的持续性感染是典型的潜伏感染。例如，EB 病毒主要通过感染黏膜上皮细胞（如口腔）而进入体内。在黏膜上皮细胞中，EB 病毒通过裂解复制，产生子代病毒。子代病毒入血后，主要感染 B 细胞，并潜伏在记忆 B 细胞中。在潜伏感染阶段，EB 病毒不复制，仅表达有限的病毒蛋白和病毒 RNA。在特定条件的刺激下，EB 病毒可被激活，进入裂解复制，产生子代病毒。

三、慢病毒感染

慢病毒感染是指某些病毒在体内缓慢增殖长达数年甚至更长，其间无明显临床症状，但症状一旦出现后逐渐加重，最终导致死亡。例如，人类免疫缺陷病毒急性感染后，在人体免疫系统的压制下，血液中病毒载量（viral load）迅速下降，但并不会如 EB 病毒潜伏感染那样检测为阴性，而是会维持在一个较低的水平，感染者无明显临床症状，这一状态可维持 2～8 年，但体内 $CD4^+$ T 细胞数量持续降低，最终出现临床症状并逐渐加重，进入艾滋病阶段。朊粒引起的海绵样脑病和由复制缺陷的麻疹病毒感染引起的亚急性硬化性全脑炎（subacute sclerosing panencephalitis，SSPE）等也属于慢病毒感染。

一些病毒的持续性感染还能诱导宿主细胞的转化而诱生肿瘤（如乙型肝炎病毒、丙型肝炎病毒与肝癌；高致病性人乳头瘤病毒与宫颈癌和肛门癌；EB 病毒与伯基特淋巴瘤和鼻咽癌等）。肿瘤相关的人类病毒如表 14-2 所示。

表 14-2　肿瘤相关的人类病毒

病毒	相关肿瘤
EB 病毒	伯基特淋巴瘤、鼻咽癌
卡波西肉瘤相关疱疹病毒	卡波西肉瘤、原发渗出性淋巴瘤、多中心卡斯特曼疾病
人类嗜 T 细胞病毒	白血病
乙型肝炎病毒	肝癌
丙型肝炎病毒	肝癌
梅克尔细胞多瘤病毒	梅克尔细胞癌
人乳头瘤病毒	宫颈癌、肛门癌

第二节　病毒持续性感染的形成机制

病毒持续性感染的形成既有病毒的因素，也有宿主的因素。有些病毒如人类免疫缺陷病毒和人类疱疹病毒的感染几乎总是形成持续性感染。而有些病毒如乙型肝炎病毒感染健康的成年人，仅有 5%～10%的感染者转为慢性感染，但乙型肝炎病毒感染婴幼儿，慢性感染率可达 95%。

一、病毒因素

造成病毒持续性感染的主要病毒因素简述如下。

1. 抑制宿主免疫反应 某些病毒能够抑制宿主的免疫反应。例如，人类免疫缺陷病毒感染 $CD4^+$ T 细胞，使得感染者的 $CD4^+$ T 细胞出现进行性下降，感染者的免疫系统逐渐受到损害，当 $CD4^+$ T 细胞密度小于 200 个/mm^3 时就可能会发生多种严重性机会性感染或肿瘤。乙型肝炎病毒通过持续地表达乙肝表面抗原而使得病毒特异的 $CD8^+$ T 细胞发生耗竭，即特异性 T 细胞数量的减少和抗病毒功能的弱化。

2. 隐藏在免疫豁免器官 某些病毒感染免疫效应细胞难以到达的部位，如神经细胞，而不受免疫反应的攻击。例如，水痘–带状疱疹病毒急性感染后，潜伏在感觉神经元中。

3. 降低病毒基因表达和复制而逃逸免疫监控 人类疱疹病毒在潜伏感染阶段不复制，仅表达少量蛋白质和免疫原性低的小 RNA，从而逃避免疫系统。

4. 病毒变异 病毒在持续的复制中不断改变其基因组序列，特别是病毒表面蛋白的序列，使得免疫系统难以识别和清除变异的病毒，如人类免疫缺陷病毒和丙型肝炎病毒的高变异率。

二、宿主因素

造成病毒持续性感染的主要宿主因素包括免疫系统的缺陷，如先天性或获得性免疫缺陷。此外，某些个体的遗传背景可能使他们对病毒的持续感染更易感或对治疗更不敏感。

第三节 病毒持续性感染的致病机制

病毒持续性感染的致病性主要表现在：①长期的免疫反应可能导致慢性炎症及进行性的组织损伤，慢性炎症的急性发作也可能造成重症和器官衰竭，慢性炎症也提高了细胞转化的风险。②有些病毒的持续性感染可造成免疫功能低下。③持续感染的病毒编码的蛋白因子可能诱导细胞功能（如细胞周期）的紊乱或病毒基因组整合入细胞染色体，诱导细胞转化。持续性感染的症状和疾病通常取决于病毒类型和感染部位。例如，乙型肝炎病毒和丙型肝炎病毒可导致慢性肝炎，进而发展为肝硬化和肝癌；人类免疫缺陷病毒引起获得性免疫缺陷综合征（AIDS），导致多种机会性感染和恶性肿瘤；单纯疱疹病毒导致周期性复发的口腔或生殖器疱疹；高危型人乳头瘤病毒（如 16 和 18 型 HPV）可导致宫颈癌及其他癌症。

本章小结

了解病毒持续性感染的主要类型及每种类型的主要特点。病毒慢性感染时体液中可持续检测到病毒或病毒抗原。病毒潜伏感染时体液中一般难以检测到病毒和病毒抗原，病毒在细胞内不复制或仅低水平复制。在一定条件下，潜伏感染的病毒可被激活而进入活跃复制阶段。慢病毒感染是指病毒在体内缓慢增殖，临床潜伏期可长达数年，但症状出现后逐渐加重，最终导致死亡。病毒持续性感染的形成是病毒与宿主相互作用的结果。病毒的持续性感染可引起慢性炎症，导致进行性的组织器官损伤。一些持续感染的病毒可能诱导细胞转化而促进肿瘤的发生。病毒持续性感染造成的疾病状态受到病毒和宿主多方面因素的影响。

（谢幼华　沈忠良）

1. 简述病毒持续性感染的类型。
2. 简述病毒持续性感染形成的主要机制。

主要参考文献

彭宜红，郭德银. 2024. 医学微生物学. 4 版. 北京：人民卫生出版社.

Howley M P，Knipe M D. 2024. Fields Virology. 7th ed. Philadelphia：Wolters Kluwer Health/Lippincott Williams & Wilkins.

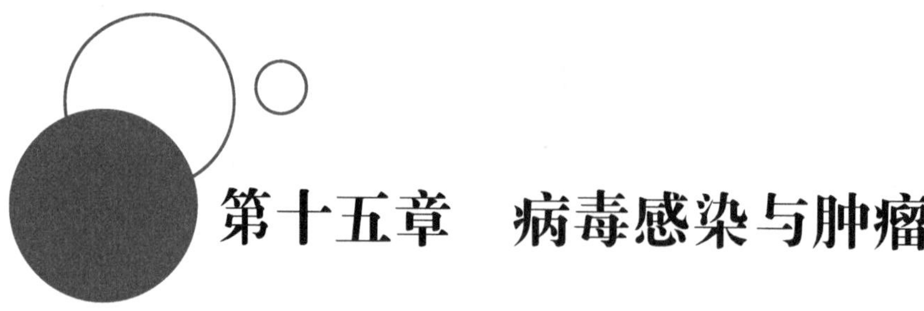

第十五章　病毒感染与肿瘤

本章要点

1. 肿瘤的基本特征：肿瘤一般是指在各种致瘤因素的作用下，细胞发生异常增殖而形成的一种新生物。其是由于机体细胞的增生、分化及与死亡有关的基因失去了正常的控制而形成的。
2. 肿瘤具有标志性的特征：正常的组织细胞发展为肿瘤细胞的过程中，逐步获得了一系列使其具有致瘤性并最终发展为恶性的标志性特征。
3. 肿瘤微环境：肿瘤不仅仅是由恶性转化的肿瘤细胞组成的，而是由肿瘤细胞、肿瘤干细胞和肿瘤相关基质细胞形成的特殊的肿瘤微环境，在肿瘤的发生和恶性化进程中起着关键作用。
4. 肿瘤病毒：是指能引起人或动物产生肿瘤的病毒，或可以使细胞在体外发生恶性转化的病毒。根据肿瘤病毒的核酸种类可将其分为DNA致瘤病毒和RNA致瘤病毒。目前已证实与人类某些肿瘤有关联的病毒至少有8种。
5. RNA致瘤病毒：RNA致瘤病毒属于反转录病毒科，根据其基因组结构是否完整，可以分为非缺陷型RNA病毒和缺陷型RNA病毒，也可根据动物体内致瘤的潜伏期和体外转化细胞的能力分为急性RNA致瘤病毒或慢性RNA致瘤病毒，这类病毒多引起白血病和淋巴瘤。
6. DNA致瘤病毒：可引起多种肿瘤。DNA致瘤病毒分为多瘤病毒科、乳头瘤病毒科、腺病毒科、疱疹病毒科、嗜肝病毒科。其中肝炎病毒、EB病毒和人乳头瘤病毒是与人类肿瘤发生最为密切的病毒。
7. 病毒致癌机制：肿瘤病毒是一种生物致癌因子，与肿瘤的发生具有一定的联系。肿瘤的发生是病毒感染和细胞癌基因作用共同造成的结果。肿瘤病毒感染的特点是具有长期潜伏性与隐匿性。癌的发生是细胞内多基因的改变和多阶段的复杂过程，仅有病毒的作用不足以诱发肿瘤的发生，病毒感染后可导致组织慢性炎症及免疫系统改变，也是导致肿瘤发生发展的重要机制之一，目前已知的肿瘤病毒导致了全世界12%～15%的人类癌症。

本章知识单元和知识点分解如图15-1所示。

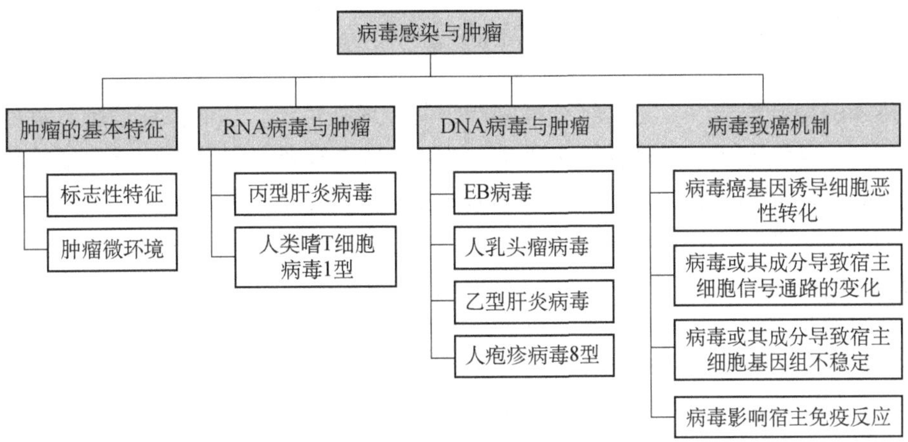

图 15-1　本章知识单元和知识点分解图

第一节　肿瘤的基本特征

肿瘤细胞特征是指在肿瘤多阶段发生过程中，各类肿瘤通过不同机制，在不同阶段所获得的对细胞存活、增殖和扩散等肿瘤发生发展关键过程具有决定性影响的特征性能力。2011 年，哈纳汉（Hanahan）和温伯格（Weinberg）总结了恶性肿瘤细胞的十大基本特征，包括持续的增殖信号、逃避生长抑制、抵抗细胞死亡、无限复制能力、诱导血管新生、激活侵袭和转移、免疫逃逸、能量代谢重编程、基因组不稳定和突变、促肿瘤炎症（图 15-2）。此外，近年来的肿瘤生物学研究认为，肿瘤是一个由多种类型的实质细胞与间质细胞及细胞外基质共同组成、相互作用且动态变化的复杂组织。肿瘤微环境（tumor microenvironment，TME）中被肿瘤招募的间质细胞在塑造肿瘤细胞特征和肿瘤发生发展过程中扮演着重要角色。

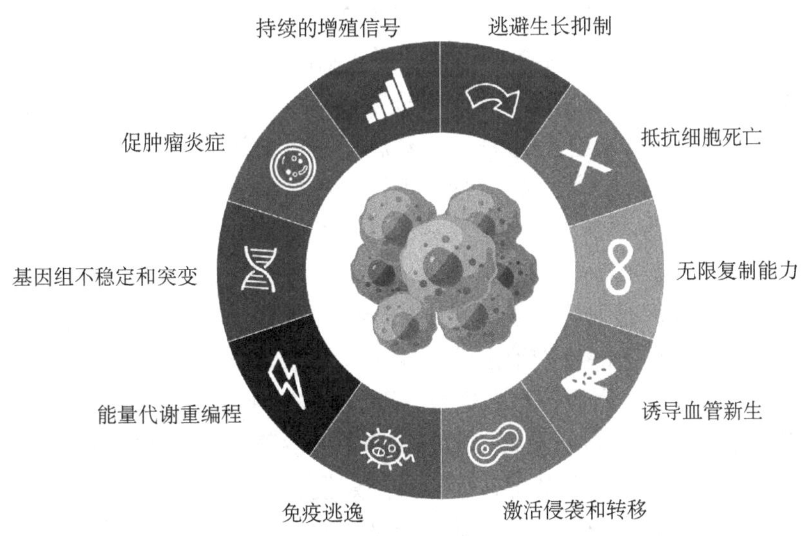

图 15-2　恶性肿瘤细胞的十大基本特征

一、恶性肿瘤细胞的标志性特征

1. 持续的增殖信号 正常组织能够严密调控细胞生长，从而保证细胞数量稳态以维持组织正常结构和功能。而肿瘤细胞则通过破坏这些调控机制以获得持续的增殖能力。生长因子（growth factor）作为增殖的关键信号分子，能够结合并激活具有酪氨酸激酶活性的受体，进而触发细胞内多个分支的信号通路。这些信号通路不仅调控细胞周期进程和细胞增殖，还影响细胞的其他生物学特性，包括细胞代谢等。

2. 逃避生长抑制 肿瘤细胞不仅需要具备启动和维持促进生长信号这一关键特性，还需要逃避抑制细胞增殖的调控机制。这些逃避生长抑制的负向调控机制在很大程度上依赖于抑癌基因的功能。迄今为止，已发现数十种能够显著抑制细胞生长与增殖功能的抑癌基因。其中，视网膜母细胞瘤蛋白（Rb）和 p53 蛋白在细胞增殖、衰老及凋亡中发挥着关键性作用。

3. 抵抗细胞死亡 在肿瘤发生发展和治疗抵抗过程中，肿瘤细胞演化出多种机制来限制或逃避细胞凋亡，这证明肿瘤细胞在恶性生长过程中诱导细胞凋亡信号具有多样性。尤其是肿瘤细胞中最常见的抑癌蛋白 p53 功能的缺失，导致细胞缺失了对细胞凋亡诱导通路中关键损伤信号的感知能力。

4. 无限复制能力 在体内，绝大多数正常细胞仅能进行有限连续生长和分裂周期，而肿瘤细胞则获得了无限复制能力从而形成肿瘤。端粒（telomere）是真核细胞线状染色体末端的一种特殊结构，其功能是保持染色体的完整性，以及能够控制细胞分裂周期，但其随着细胞分裂会逐渐缩短。端粒酶（telomerase）作为一种特殊的 DNA 多聚酶，能够使端粒 DNA 末端加上端粒重复片段，以此确保端粒在细胞复制过程中的长度，但它在非永生化细胞中几乎完全缺乏。肿瘤细胞主要通过上调端粒酶表达，或通过基于重组的端粒维持策略来确保端粒 DNA 长度，以此逃避细胞的衰老与凋亡。这一策略的核心效应在于延长端粒酶的活性，从而催化肿瘤内部的基因突变，赋予肿瘤细胞近乎无限的增殖潜能。随后，活化的端粒酶进一步巩固了这些突变基因的稳定性，促进了癌细胞基因组的适应性调整。这一系列变化最终导致癌细胞不断增殖，形成临床上可见的肿瘤。

5. 诱导血管新生 多数情况下，正常成人血管系统保持相对静止状态，血管新生仅在创伤愈合和女性生殖周期等生理过程中短暂启动。血管新生开关是由诱导或抑制血管新生的两类相互拮抗因子调控，而肿瘤血管新生开关被持续激活以支持肿瘤生长。部分调节血管新生的分子属于信号类蛋白，如血小板反应蛋白-1（thrombospondin-1，TSP-1）和血管内皮生长因子 A（vascular endothelial growth factor-A，VEGF-A），两者分别通过与血管内皮细胞表面受体结合而起到活化或抑制血管新生的效果。此外，肿瘤内新生成的血管大多异常，典型特征包括早熟的毛细管出芽，缺少周细胞覆盖，血管缠绕与过度分支，管腔扭曲和扩大，血流不稳定，出血与渗血现象，以及内皮细胞的异常增殖和凋亡。

6. 激活侵袭和转移 局部浸润和远处转移是恶性肿瘤最显著的生物学特征。肿瘤的侵袭性生长是肿瘤转移的前提和基础，而转移则是侵袭的结果，虽然两者紧密相连，但代表了不同的病理过程。肿瘤浸润和转移是一个复杂的过程，如粘连、酶降解、肿瘤细胞间的移动、基质内的增殖等，恶性肿瘤最本质的表现是发生转移。临床上 90%以上的恶性肿瘤患者最终因肿瘤的转移、复发而死亡。研究表明，上皮来源的肿瘤细胞通过上皮间质转化（epithelial-mesenchymal transition，EMT）失去细胞原本的极性和粘连，从而获得侵袭、抗凋亡和扩散能力。在许多恶性肿瘤中发现与EMT相关的转录因子包括Snail、Slug、Twist和Zeb1/2等表达，这些转录因子相互调节并重叠调控靶基因，从而进一步加速肿瘤扩散。

7. 免疫逃逸 肿瘤细胞可以通过抑制免疫杀伤或逃避免疫系统的监视来避免被机体的免疫系统清除，这也是肿瘤的发生机制之一。肿瘤细胞能够通过分泌免疫抑制因子来抑制浸润的细胞毒性T淋巴细胞（cytotoxic T lymphocyte，CTL）和自然杀伤细胞（natural killer cell，NK cell）的作用机制；同时，它们还可以招募具有免疫抑制功能的炎症细胞，如调节性T细胞（regulatory T cell，Treg cell）和骨髓来源的抑制性细胞，以进一步抑制CTL的功能。此外，肿瘤细胞能通过调控机体免疫抑制信号来降低T淋巴细胞活性，进而有效地逃避免疫系统的攻击。

8. 能量代谢重编程 与正常细胞不同的是，肿瘤细胞需要通过调节其代谢形式以满足自身异常增殖、侵袭转移等恶性表型的能量需求。提高摄取营养的效率可以促进肿瘤的自愈能力，而致癌因素通过改变代谢实现高效的营养摄取。早在1924年，德国生理学家奥托·瓦尔堡（Otto Warburg）就观察到即便在氧气供应充足的情况下，肿瘤细胞依旧主要从糖酵解过程获得能量，这种代谢重编程形式也被称为瓦尔堡效应（Warburg effect）（又称有氧糖酵解）。除此之外，在肿瘤发生发展过程中，谷氨酰胺代谢、氧化磷酸化和脂肪酸氧化等均扮演着关键作用。

9. 基因组不稳定和突变 肿瘤细胞恶性表征能力的获得在很大程度上是由癌细胞基因组不稳定性所导致的随机突变和染色体重排造成的。特定突变基因型的出现，赋予了细胞在局部组织中呈优势生长。在肿瘤发生发展过程中，细胞对致突变物质的敏感性增加和（或）基因组维护的受损，从而导致肿瘤细胞基因突变频率的增加。迄今为止，肿瘤细胞基因组测序显示不同类型的肿瘤具有不同的DNA突变模式，同时也发现肿瘤中存在广泛的基因组维护和修复缺陷，以及普遍的基因拷贝数和核苷酸序列的不稳定，这些都有力地体现了绝大多数癌细胞固有的核心特征为基因组不稳定。

10. 促肿瘤炎症 肿瘤浸润炎症细胞具有双重作用，在大多数肿瘤组织中既有抗癌的免疫细胞，也有促癌的免疫细胞。当前普遍认为巨噬细胞亚型、肥大细胞、中性粒细胞及T淋巴细胞和B淋巴细胞是主要的促癌炎症细胞。这些间质细胞驱动的癌前病变和癌变病灶的炎症状态与各种机制影响肿瘤进展。肿瘤浸润炎症细胞还可通过释放多种具有促癌效应的信号分子包括肿瘤生长因子、促血管新生因子、趋化因子和细胞因子，以及促侵袭的基质降解酶等，从而刺激肿瘤细胞增殖、血管新生及其侵袭和转移扩散。此外，炎症细胞还能分泌一些促使邻近肿瘤细胞发生基因突变进而加速肿瘤恶化进程的化学物质，如活性氧（ROS）等。

二、肿瘤微环境

肿瘤微环境主要由细胞外基质（extracellular matrix，ECM）和间质细胞组成，是肿瘤

细胞赖以生存的内环境。TME 由多种类型的细胞组成，如成纤维细胞、免疫细胞、炎症细胞、脂肪细胞、胶质细胞、平滑肌细胞及一些血管细胞等。这些细胞在肿瘤细胞的诱导下，分泌出大量的生长因子、细胞趋化因子和基质降解酶，能够为肿瘤细胞的增殖和侵袭提供有利条件。

1. 癌细胞与肿瘤干细胞 癌细胞是驱动肿瘤形成并促进其演化的始动因素。传统观念认为，癌细胞是同种性质细胞的集合体，遗传不稳定的克隆亚群直到肿瘤演化的晚期才会出现，这些亚群在病理形成上具有多样性，通过分化程度不同、增殖、血管供给、炎症或浸润等作用，形成各具特色的区域。近年来，大量证据表明，一种具有特殊性质的肿瘤细胞亚型——肿瘤干细胞（cancer stem cell，CSC）存在于肿瘤内部。这些 CSC 对化疗往往表现出较强的抵抗性。

2. 肿瘤相关成纤维细胞 肿瘤相关成纤维细胞（cancer associated fibroblast，CAF）是一种处于持续活化状态的成纤维细胞。CAF 作为肿瘤微环境的重要成分之一，通过直接接触肿瘤细胞、分泌多种因子、对肿瘤干细胞的调控及对肿瘤细胞外基质的改造，促进肿瘤的发生发展。

3. 肿瘤相关的巨噬细胞 肿瘤相关的巨噬细胞（tumor associated macrophage，TAM）是来源于血液单核细胞的巨噬细胞，它在进入肿瘤微环境后转变为 TAM，成为肿瘤内部主要的免疫细胞。TAM 具有很强的可塑性，其功能的多样性取决于肿瘤细胞及肿瘤微环境中其他组分复杂而动态的相互作用。这种高度适应性使 TAM 能够在不同环境信号的诱导下，分化成两种主要功能极化的表型：经典激活 M1 表型和替代激活 M2 表型。M1 型 TAM 作为促炎免疫应答的关键执行者，其特征在于能分泌一系列的促炎因子，包括白细胞介素 IL-6、IL-12、IL-23 和肿瘤坏死因子 α（tumor necrosis factor-α，TNF-α）等。此外，M1 型 TAM 显著增加了主要组织相容性复合物（MHC）Ⅰ类分子的表达，提高了肿瘤特异性抗原提呈能力，从而引起了更为高效的抗肿瘤反应。因此，M1 型 TAM 也被认为是一种可分泌多种促炎因子并且具有杀伤肿瘤细胞功能的细胞。相比而言，M2 型 TAM 具有抗炎和致癌作用，它通过高表达免疫抑制因子 IL-10、TGF-β 等来抑制 T 细胞的免疫反应。此外，M2 型 TAM 还积极参与了肿瘤微环境的重塑，包括重建损伤组织、促进血管再生和修复。

三、人类肿瘤病毒纳入标准

人类肿瘤病毒是现代医学研究的一个重要领域，与人类恶性肿瘤之间存在着密切联系。通过了解和确定人类肿瘤病毒的特性和致病机制，可以为癌症的预防、诊断和治疗提供帮助。一般来说，被列为人类肿瘤病毒往往需要符合以下 6 条标准。

1. 先有病毒感染，后发生癌变 病毒感染是潜在的诱发癌症的关键因素之一。通过流行病学研究和临床案例分析发现，如果某种病毒被确认为肿瘤病毒，其感染通常先于癌症的发展。物理、化学和病毒致癌因子是引起细胞癌变的常见外因，而内因是原癌基因和抑癌基因发生基因突变。世界卫生组织（WHO）报道人乳头瘤病毒（HPV）是一种常见的以性传播感染的病毒，可影响皮肤、生殖器部位和喉咙。大部分情况下，人体感染的低危型 HPV 会由免疫系统自行清除。但是免疫功能较弱或持续感染高危型 HPV 会引起子宫颈上皮瘤样病变等细胞发育异常的情况，最终发展为癌症。了解病毒如何影响宿主细胞的生理和遗传过程，有助于发现新的抗癌靶点和药物。

2. 新分离的肿瘤组织中存在病毒的核酸和蛋白质 通过分离肿瘤细胞并检测病毒的核酸和蛋白质来识别肿瘤病毒，主要有免疫学或分子生物学的方法，如通过免疫印迹法和聚合酶链反应检测肿瘤组织样本中特异性表达的病毒蛋白和核酸。艾滋病病毒感染检测主要通过实验室血清学检查，但公认的艾滋病病毒感染诊断的金标准是通过免疫印迹法检测 HIV-1 不同抗原组分的抗体表达情况。

3. 病毒在体外组织培养中的细胞转化能力 在体外实验条件下，能够观察到病毒感染导致正常细胞转化为肿瘤细胞，这个过程通常涉及细胞内遗传物质的改变或调节网络异常，比如细胞获得永生化能力，细胞核型改变，膜蛋白表达异常等。EB 病毒对 B 淋巴细胞具有天然亲和力，可使其发生转化和增殖。在体外条件下，EB 病毒能够感染 B 淋巴细胞，感染后的 B 淋巴细胞具有无限增殖能力，而转化后的 B 淋巴细胞为非裂解型，即病毒感染后无法在细胞内进行复制，但可以整合到宿主细胞的基因组上，其中一部分整合了病毒基因组的细胞发生转化，其性状和生长特性随之改变。病毒癌基因编码产物在病毒诱发细胞发生转化的过程中发挥主要作用。

4. 分类学上同属的病毒会引起动物肿瘤 1909 年，美国纽约洛克菲勒研究所的佩顿·劳斯（Peyton Rous）在健康鸡身上移植了患有肉瘤的鸡肿瘤细胞，结果一些健康鸡也长出了肉瘤。他进一步将去除肿瘤细胞的滤液移植到健康鸡中进行试验，发现依然可引起健康鸡发生肉瘤，从而发现鸡肉瘤的发生与滤液中病毒相关。1933 年，肖普（Shope）发现棉尾兔的乳头状皮肤肿瘤可由一种过滤的病毒引起，随后发现乳头瘤病毒可以在人群中传播，并发展为癌症。动物病毒诱发的肿瘤受到多种因素影响，如宿主性别、遗传特征、内分泌、免疫状态、病毒的致癌能力等。有些肿瘤病毒在同一动物中可引起多种肿瘤，如多瘤病毒在小鼠体内能产生多达 23 种不同部位、不同组织类型的肿瘤。而有些病毒则能跨物种诱发肿瘤。例如，鸡肉瘤病毒不仅能引起禽类肿瘤，还能诱发包括猴在内的哺乳动物肿瘤。

5. 存在流行病学依据 通过流行病学研究可以揭示病毒感染与特定肿瘤之间的关系。这类研究利用大规模的人群数据分析来评估感染与肿瘤发生之间的统计学意义。恶性肿瘤是由环境、遗传等因素引发的一种复杂疾病。因此，有效识别危险因素、探索其病因学机制、评估其作用大小并制订相应干预方案是恶性肿瘤一级预防策略中至关重要的研究内容。例如，理论流行病学模型（theoretical epidemiology model）通过数学手段定量模拟不同情境和干预下传染病疫情发展动态，研究分析疫情流行趋势，并评估各类病原体防控措施与疫苗干预策略的效果，为疾病防控提供科学理论依据。

6. 免疫高危人群，肿瘤发病率下降 通过疫苗或其他免疫策略针对特定病毒引起的人体免疫反应的干预能明显降低高风险人群的肿瘤发病率。提高公共卫生意识、关注相关信息和加强服务是预防和控制肿瘤发病率的关键。WHO 表明异常细胞发展成癌症通常需要 15～20 年，但对于免疫系统较弱的女性，如艾滋病未得到治疗者，这一过程可能会更短，只需要5～10年，若不进行治疗干预，95%左右的宫颈癌由子宫颈持续性感染HPV导致。利用疫苗和免疫治疗干预高危人群的病毒感染，已经在很多疾病中展现出显著的预防效果。

第二节　RNA病毒与肿瘤

核糖核酸（ribonucleic acid，RNA）是RNA病毒（RNA virus）的遗传物质。RNA病毒包括三种类型：单正链RNA（+ssRNA）病毒、单负链RNA（-ssRNA）病毒和双链RNA（dsRNA）病毒。RNA病毒的复制方式可分为自我复制（self-replication）和逆转录（reverse transcription）。常见的RNA病毒有麻疹病毒、艾滋病病毒、登革病毒，也包括所有的流行性感冒病毒等。2012年在中东暴发的MERS -CoV、2013年在西非肆虐的埃博拉病毒及2019年横扫世界的新型冠状病毒都属于RNA病毒。

遗传物质与复制机制的不同是DNA病毒和RNA病毒的主要差别。另外，RNA病毒比DNA病毒更容易发生突变，主要因为RNA病毒在其复制过程中出错率较高，且其错误修复机制的酶活性也较低，所以RNA病毒容易产生突变株。相较于DNA病毒，RNA病毒的抵抗力弱，较容易治愈，但双链RNA病毒和逆转录病毒除外，前者抵抗力强，后者较难治愈。

根据病毒诱导肿瘤的能力，致瘤性RNA病毒又可分为强致瘤病毒和弱致瘤病毒。强致瘤病毒含有病毒癌基因（viral oncogene，v-onc），能直接使宿主细胞发生恶性转化。弱致瘤病毒不含病毒癌基因，通过整合在宿主细胞中导致长时间的潜伏性感染而诱发肿瘤。例如，在宿主细胞内，有些逆转录病毒依靠逆转录酶，将自身的遗传物质RNA逆转录成DNA，再整合到宿主细胞DNA上，所以这些病毒不会阻止细胞分裂，不仅可以在宿主细胞内繁殖，还可以转化动物和人类细胞，诱发动物和人产生肿瘤。与人类恶性肿瘤发生有关的RNA病毒主要有丙型肝炎病毒、人类嗜T细胞病毒1型。

一、丙型肝炎病毒

数字资源
15-2

由丙型肝炎病毒（hepatitis C virus，HCV）引起的丙肝，曾被称为非甲非乙型肝炎（parenterally transmitted nonA，nonB hepatitis，PT-NANB）。1974年，美国病毒学家戈拉菲尔德（Golafield）首次报告输血后非甲非乙型肝炎的病例。美国科学家迈克尔·霍顿（Michael Houghton）及其同事在1989年利用分子生物学技术揭示了该病毒的基因序列，克隆出丙肝病毒，并将此疾病和病原体分别命名为丙型肝炎（hepatitis C）、丙型肝炎病毒。因为在丙型肝炎病毒领域的杰出贡献，在2020年哈维·詹姆斯·奥尔特（Harvey James Alter）、Michael Houghton和查尔斯·赖斯（Charles Rice）三位科学家被授予了诺贝尔生理学或医学奖。由于HCV基因组（图15-3）结构和人类黄病毒及瘟病毒相类似，1991年国际病毒命名委员会将其纳入黄病毒科丙型肝炎病毒属。

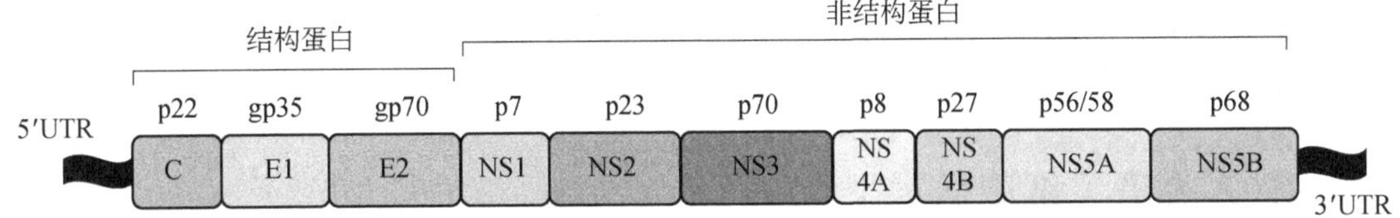

图 15-3　HCV 基因组

HCV 颗粒呈球形，有包膜，直径 55～65nm。HCV 难以在体外培养，目前已知的动物模型有黑猩猩、小鼠、树鼩等。HCV 基因组是长度约 9.5kb 的单正链 RNA 病毒，基因组分为编码区和非编码区，中间为编码区，两端为 5′端非编码区（5′UTR）和 3′端非编码区（3′UTR），其中 5′UTR 是 HCV 基因组中最保守的序列。HCV 的 5′UTR 下游紧邻着开放阅读框（open reading frame，ORF），编码产生一个约由 3000 个氨基酸组成的多蛋白，该多蛋白在病毒蛋白酶和宿主信号肽酶的作用下，会被切割为病毒的 3 个结构蛋白和 7 个非结构蛋白。3 个结构蛋白包括衣壳蛋白（C 蛋白）、包膜蛋白 E1 和 E2。C 蛋白是由 191 个氨基酸残基组成的 RNA 结合蛋白，是 HCV 基因组中较为保守的结构。C 蛋白与病毒基因组共同组成病毒核衣壳，抗原性强，含有多个 CTL 表位，可以诱导细胞免疫反应。E1 和 E2 均为高度糖基化的蛋白质，E1 蛋白参与病毒宿主细胞膜融合，E2 蛋白参与多种细胞受体相互作用。这两种病毒包膜蛋白具有高度变异性，能够快速改变其抗原性。非结构蛋白包括 NS1、NS2、NS3、NS4A、NS4B、NS5A 和 NS5B 蛋白，它们对于 HCV 的复制是必不可少的。

人类是 HCV 感染的天然宿主。传染源主要为慢性 HCV 携带者及急、慢性丙型肝炎患者，输血和使用血液制品是 HCV 主要传播途径。人群对 HCV 普遍易感，同性恋者、血液透析患者等较容易成为高危人群。HCV 感染极易慢性化。在宿主免疫功能和病毒生物学特性等多种因素的作用下，机体难以有效清除病毒，40%～50%的丙肝患者转为慢性肝炎，约 20%的慢性丙肝患者发展为肝硬化，严重者可发展为肝癌。

研究人员认为，HCV 感染的致病机制主要分为两方面，一方面是由细胞免疫介导的肝脏免疫损伤：丙肝病毒一旦感染肝脏细胞，就会诱发人体免疫反应，淋巴细胞、自然杀伤细胞等免疫细胞进攻肝细胞，对肝脏造成病理损害，这是丙肝的第一个重要致病机制。另一方面是丙肝感染的直接致病作用：丙肝病毒在肝细胞内复制、干扰肝细胞蛋白合成，进而改变肝脏细胞的正常结构与功能，造成肝细胞变性坏死，从而直接损害肝脏。人感染 HCV 后，虽然机体会产生特异性抗体 IgM 和 IgG，但由于 HCV 是 RNA 病毒，易发生变异，不断出现逃逸免疫系统的突变株，造成机体免疫保护功能较弱。

抗体检测和病毒核酸检测是丙型肝炎常用的微生物检查方法。抗体检测：HCV RNA 和 HCV 核心抗原 p22 在 HCV 暴露后 6 个月内首先出现，随后出现 HCV 抗体。目前 HCV 抗体的检测方法主要有免疫印迹试验、酶联免疫吸附试验和化学发光免疫试验等。病毒核酸检测：定量检测和定性检测 HCV RNA 是判断 HCV 感染和传染性的可靠指标，可应用于丙肝患者临床诊断、治疗效果评估和献血者筛查等工作中。常用方法有 RT-PCR 和 RT-qPCR。目前还没有能对丙型肝炎进行有效预防的特异性疫苗。HCV 高危人群包括献血者和血液制品使用者，故严格筛选献血员、加强血液制品管理是最主要的预防 HCV 感染的手段。目前临床上能有效阻断 HCV 在肝内复制，且较为安全、治愈率较高的丙型肝炎治疗方案是使用直接抗病毒药物（direct antiviral agent，DAA）。

二、人类嗜 T 细胞病毒 1 型

人类嗜 T 细胞病毒（human T-lymphotropic virus，HTLV）是一种可导致人类恶性肿瘤的 RNA 肿瘤病毒，是 20 世纪 70 年代后期发现的第一个人类逆转录病毒，属于人类逆转录病毒科（*Human Retroviridae*）。HTLV 分为 1 型（HTLV-1）和 2 型（HTLV-2），分别是引起成人 T 细胞白血病（adult T cell leukemia，ATL）和淋巴瘤的病原体。

在电镜下观测到的 HTLV-1 是直径约 100nm 的球形颗粒。HTLV-1 基因组由两条相同的单正链核糖核酸组成，长度为 9.03kb。病毒的最外层是包膜，包膜糖蛋白有 gp46 和 gp120，包膜糖蛋白 gp46 可与易感细胞上的 CD4 分子结合，从而允许病毒进入宿主细胞。病毒包膜上镶嵌了跨膜蛋白 gp21。在病毒颗粒内包含由衣壳蛋白（CA，p24）组成的正二十面体结构的核衣壳，病毒颗粒内还含有两个相同单正链的 RNA 基因组、核衣壳蛋白（NC，p15）及逆转录酶等。HTLV 两端均为长末端重复序列（long terminal repeat，LTR），中间有 3 个结构基因（*gag*、*pol*、*env*）和 2 个调节基因（*tax*、*rex*），3 个结构基因编码病毒的结构蛋白和非结构蛋白。由 *gap* 基因编码的前体蛋白，在经蛋白酶切割后形成基质蛋白（p19）、核衣壳蛋白（p15）和衣壳蛋白（p24），这些蛋白质组成了病毒的衣壳和核衣壳。*pol* 基因主要编码整合酶和逆转录酶，HTLV 在复制过程中，以自身 RNA 为模板并利用逆转录酶的催化作用，将其基因组逆转录为 DNA，随后整合到细胞染色体中。*env* 编码前体蛋白 gp61/68，之后裂解生成 1 个外膜蛋白 gp46 和 1 个跨膜蛋白 gp21。gp46 与宿主细胞表面受体葡萄糖转运蛋白-1（glucose transporter-1，GLUT-1）、硫酸乙酰肝素蛋白聚糖（heparan sulfate proteoglycan，HSPG）及神经纤毛蛋白-1（neuropilin-1，NRP-1）结合后，由 gp21 启动 gp46 与宿主细胞膜融合，从而完成病毒传播。感染者的血清中通常包含具有中和活性的 gp46 抗体。此外，HTLV-1 基因组上有 1 个“X”基因区，该基因区为 HTLV-1 特有的 pX 区域，位于 3′LTR 与 *env* 之间，主要有 4 个开放阅读框Ⅰ～Ⅳ。ORF-Ⅰ和 ORF-Ⅱ主要编码 p12、p13、p30 蛋白，ORF-Ⅲ和 ORF-Ⅳ编码 Tax 和 Rex 蛋白。Tax 蛋白在维持 5′端 LTR 正常转录、调节病毒蛋白表达及病毒复制过程中发挥了重要作用，Rex 蛋白可以携带病毒 RNA 穿梭于胞质和胞核之间，促进病毒结构蛋白和酶的大量表达，在病毒 mRNA 的转运与剪接过程中发挥作用。

HTLV-1 的传播途径主要有输血（15%～60%）、注射及性接触，或垂直传播（通过胎盘、产道或母乳传播）。机体一旦感染 HTLV-1，可能引起 HTLV-1 热带痉挛性麻痹症/HTLV-1 相关脊髓病（tropical spastic paralysis disease/HTLV-1 associated myelopathy，TSP/HAM），以及与 HTLV-1 有关的葡萄膜炎（HTLV-1 associated uveitis，HAU），也会导致成人 T 细胞白血病，其中以 HAU 最为常见，而 ATL 迄今为止尚无有效的治疗方案和药物。

由于 HTLV-1 在血液中能够长时间循环，其循环能力导致病毒难以完全清除，HTLV-1 检测在许多领域变得越来越重要。血清学法、病毒核酸检测法、多聚酶链反应法、核酸杂交法等是 HTLV-1 感染的主要诊断方法。其中以血清学法的应用最为广泛，包括 ELISA、化学发光法、线性免疫分析法、明胶颗粒凝集法、蛋白质印迹等。ELISA 和明胶颗粒凝集法的敏感性很高，可用于大通量标本普筛，常用于献血者筛查和 ATL 患者的常规检查。但 ELISA 容易产生非特异性反应，而明胶颗粒凝集法易漏检，所以不能依靠一种检测方法进行诊断。

目前 HTLV-1 感染尚无特异性的疫苗。主要通过控制传播途径的措施来进行预防，如及早识别感染者、阻断传播途径。孕妇在产前加强 HTLV-1 抗体筛查，防止母婴传播。献血者进行 HTLV-1 抗体筛查能够很好地防范 HTLV-1 的输血传播。此外，避免过多的性生活伴侣可预防两性传播。治疗方法可采用逆转录酶抑制剂、IFN-α、联合化疗等综合方案。

第三节　DNA 病毒与肿瘤

大约 20%的人类肿瘤与病毒感染有关。以 DNA 作为遗传物质的致瘤病毒称为 DNA 致瘤病毒，这类病毒在侵入和感染宿主细胞后，通过干扰细胞的 DNA 复制和修复功能，破坏正常的细胞周期和调控机制，造成细胞异常增殖和 DNA 损伤，促进肿瘤的形成。可引起人和动物肿瘤的 DNA 病毒有 50 多种，包括嗜肝 DNA 病毒、乳头瘤病毒、疱疹病毒、腺病毒和多瘤病毒等。这类病毒没有合成 DNA 聚合酶的基因，因此其基因组的复制完全依赖宿主细胞的底物和 DNA 聚合酶（DNA polymerase）。此类病毒的 DNA 可以不整合在宿主细胞中，通过病毒编码蛋白的表达，促进宿主细胞增殖、增加宿主细胞遗传不稳定性，并导致其出现致瘤性转化。DNA 病毒的遗传物质也可以整合到宿主基因组中，通过间接作用，导致宿主细胞的异常增殖，从而导致肿瘤的发生。目前已知与人类恶性肿瘤发生有关的 DNA 病毒有 EB 病毒、人乳头瘤病毒、乙型肝炎病毒和人类疱疹病毒 8 型。

DNA 病毒导致肿瘤发生的主要机制有两种：一种是病毒通过直接引发细胞基因突变或癌基因异常表达，从而促进细胞的恶性增殖；另一种是病毒通过激活细胞内的增殖信号，或抑制细胞凋亡信号，促使细胞进行非自主性增殖。对于 DNA 病毒感染导致的肿瘤，治疗方面目前主要采取的是抗病毒药物和免疫疗法，通过抑制病毒活性和加强宿主免疫系统来对抗病毒。同时，研究人员也在探索针对特定 DNA 病毒的治疗方法，如利用基因编辑技术靶向病毒基因，或通过基因治疗增强宿主细胞的自我修复能力。

一、EB 病毒

EB 病毒（Epstein-Barr virus，EBV）又称人类疱疹病毒 4 型（HHV-4），属于 γ 疱疹病毒家族成员，于 1964 年在伯基特淋巴瘤中首次被发现，是第一个被识别的人类肿瘤病毒。EB 颗粒呈球形，直径约 180nm，表面为对称的二十面体核衣壳，具有包膜和糖蛋白刺突。EBV 的核心是线状双链 DNA，EBV 基因组较大，长度为 172kb，包含多个重复序列，根据重复序列数量可区分不同的病毒株。EBV 基因组可编码 80 多种病毒蛋白，包含 84 个开放阅读框。EBV 感染存在潜伏期（latent phase）和裂解期（lytic phase）两种状态。潜伏期时，EBV 基因组以游离环状附加体的形式存在于被感染的细胞核中。细胞中

EBV 急性增殖性感染即裂解期，此时 EBV 的环状基因组线性化，病毒开始复制，最终从细胞中以出芽方式释放出子代病毒颗粒。不同感染状态下病毒所表达的抗原是不一样的，根据这些抗原可以进行临床诊断。EBV 裂解期表达的抗原有 EBV 早期抗原（early antigen，EA）和 EBV 晚期抗原。EA 作为病毒的非结构蛋白，具有 DNA 聚合酶活性，其表达标志着病毒进入增殖周期。由于 T 细胞对 EBV 的终生免疫监视作用，大多数人都能够无症状地携带 EBV，表现为潜伏感染。感染的细胞在潜伏期内含有少量的病毒附加体，而病毒为了维持潜伏状态，仅有少量病毒基因进行转录。当细胞分裂时，在 DNA 聚合酶的作用下，EBV 的部分基因被转录，而且会选择性地表达 EBV 潜伏期抗原，主要有 EBV 核抗原（Epstein-Barr virus nuclear antigen，EBNA）和 EBV 潜伏膜蛋白（latent membrane protein，LMP）。

全球 90%以上的成人曾感染过 EBV，而在我国，90%以上的 3 岁左右儿童 EBV 的抗体反应呈阳性。大多数儿童在第一次感染 EBV 后不会出现明显症状，少数可能会出现咽炎和上呼吸道感染症状，病毒潜伏在体内，甚至终生携带。EBV 隐性感染者和患者是 EBV 传染源。EBV 通过唾液进入口咽部的上皮细胞后开始增殖，释放的病毒会感染局部淋巴组织中的 B 淋巴细胞，这些受感染的 B 淋巴细胞进入血液循环后，引起全身性 EBV 感染。细胞免疫功能在限制 EBV 原发感染和慢性感染方面发挥着不可忽视的作用。首次感染 EBV 后，会引发体内细胞免疫应答，产生病毒特异性中和抗体，机体首先出现 EBV 衣壳抗原（viral capsid antigen，VCA）抗体、膜抗原（membrane antigen，MA）抗体，之后产生早期抗原（early antigen，EA）抗体，随着感染细胞裂解和疾病康复，核抗原（nuclear antigen，NA）抗体也随之产生。宿主产生的病毒特异性中和抗体能够防止外源性 EBV 的再次感染，但不能根除细胞内潜伏的 EBV。在正常个体中，只有少量 EBV 潜伏感染的 B 淋巴细胞能够持续性存在，大部分感染的细胞会被机体免疫系统清除。潜伏期的病毒与宿主的免疫系统保持着一种相对平衡的状况，使得 EBV 能在口咽部不断进行低滴度的增殖性感染，从而与机体终生共存（图 15-4）。

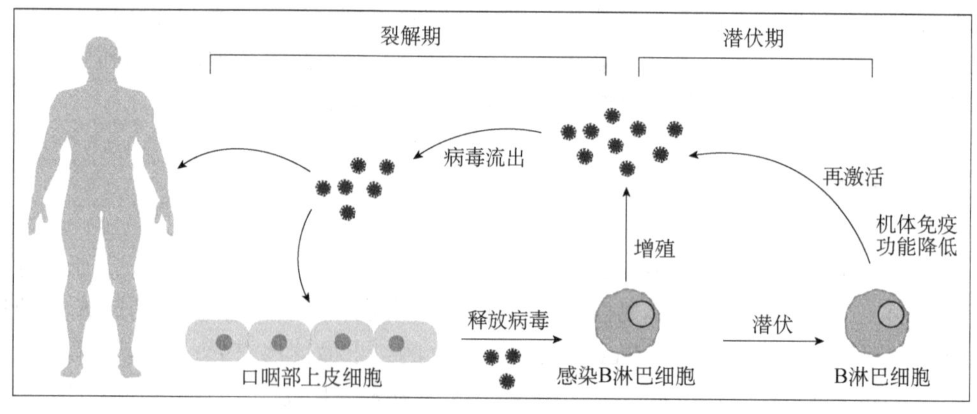

图 15-4　EBV 感染机制

首次感染大量 EBV 时也许会导致传染性单核细胞增多症（infectious mononucleosis，IM）。IM 是一种急性全身性淋巴细胞增生性疾病，对于严重免疫缺陷的儿童、获得性免疫缺陷综合征的患者及免疫力低下的器官移植者，病死率较高。伯基特淋巴瘤是一种分化程度较低的单克隆B淋巴细胞瘤，该疾病的发生与EBV感染关系密切，多见于6岁左右的儿童，面部和腭部为好发部位。血清流行病学调查结果表明，在伯基特淋巴瘤发生前，患病儿童已感染EBV，患者的血清EBV抗体反应为阳性结果，肿瘤组织可检测到EBV基因组。EBV还与上皮来源的肿瘤包括鼻咽癌、EBV相关胃癌的发生有关。鼻咽癌患者的活检组织能够检测到EBV标志物，如病毒核酸、病毒抗原，患者血清中EBV相关抗原（EA、VCA、MA、EBNA）的抗体效价也超过正常人。另外，免疫功能受损的患者易出现由EBV导致的淋巴组织增生性疾病，如恶性单克隆B淋巴细胞瘤等，艾滋病患者易出现与EBV相关的淋巴瘤、舌毛状白斑症等。

EBV的微生物学检查方法包括病毒分离培养、病毒抗原与核酸检测、血清学诊断和异嗜性抗体检测。直接检测样本抗原或病毒DNA是检测EBV感染的重要实验方法，如通过原位核酸杂交法或PCR法检测样本中的EBV DNA，或利用免疫荧光法检测细胞内EBV抗原。EBV特异性抗体检测多采用免疫酶染色法或免疫荧光法对特异性VCA或EA抗体进行检测，对于传染性单核细胞增多症的辅助诊断常进行异嗜性抗体检测。EBV抗体测定能用于鼻咽癌的早期确诊，有益于早期治疗。EBV疫苗目前还没有获得临床许可，近年来研究者在纯化EBV多肽方面取得了一些进展，可能利用MA、LMP等多肽疫苗进行免疫，借助抗体或细胞免疫也许能够阻断EBV的原发性感染。

二、人乳头瘤病毒

人乳头瘤病毒（human papilloma virus，HPV）是一种感染上皮细胞的DNA病毒，依据致癌性的不同可分为低危型（非致癌）和高危型（致癌）。低危型HPV病毒与肛门生殖器疣有关，也与复发性呼吸道乳头瘤相关；高危型HPV持续性感染是导致宫颈癌、肛门癌、阴道癌、外阴癌和口咽癌在内的多种恶性肿瘤的重要危险因素。在大多数外阴癌、阴道癌、肛门癌及几乎所有的宫颈癌病例中都能检测到致癌性HPV毒株。

HPV颗粒呈圆形，无包膜，直径为40～55nm。HPV的基因组由环状双链DNA组成，长度约为7900bp。病毒衣壳由72个衣壳蛋白亚单元构成二十面体结构，每个亚单位包含主要衣壳蛋白L1和次要衣壳蛋白L2。当L1蛋白表达过多时，在细胞内会自行组装成不含病毒核酸的病毒样颗粒（virus-like particle，VLP），此颗粒具有较强的免疫原性，可用于制备特异性的HPV预防疫苗。HPV至少有180个基因型，可分为α、β、γ、μ和ν等属。HPV各分型的独特性与其临床症状紧密关联。α属HPV会引起嗜黏膜型和某些嗜皮肤型的疾病，而β、γ、μ、ν属HPV引起的疾病主要为嗜皮肤型。在目前已知的180个基因型的HPV中，约有75%的病毒为嗜皮肤型HPV，仅可导致皮肤疣的发生。其余约25%的HPV是嗜黏膜型HPV，也称为生殖器型HPV，低危型嗜黏膜HPV可诱发良性乳头瘤，高危型则会导致恶性肿瘤的形成。

HPV的传播途径包括自体接种、污染物传播、皮肤–皮肤或黏膜–黏膜的接触传播、性接触传播及母婴传播等。HPV感染的危险因素包括性活动或初次怀孕年龄过早、有性病史、多个性伴侣、吸烟等。HPV是只感染人类的病毒，仅在人的皮肤或黏膜的复层上皮细胞中，病毒就可完成自身的复制和增殖。HPV 感染后主要引发上皮细胞增生性病变，病毒一般滞留在人体局部的皮肤和黏膜中，并不会引发病毒血症，但容易发展为持续性感染。因感染不同类型 HPV 或病毒感染部位的差异，也能发展为不同疾病，如皮肤疣、尖锐湿疣、喉部乳头瘤等。皮肤疣的病毒仅存在于局部皮肤和黏膜中，不会造成病毒血症。尖锐湿疣是主要由 HPV 6 型和 11 型感染泌尿生殖道的皮肤和黏膜导致的疾病，也称为生殖器疣，是一种性传播疾病，近年发病率呈上升趋势。生殖道恶性肿瘤主要与多型别的高危 HPV 感染有关，病毒感染导致子宫颈、外阴及阴茎等生殖道上皮的瘤样变，长期感染会发展为恶性肿瘤，最常见的是宫颈癌，其与 HPV 16 型和 18 型感染最相关。特异性细胞免疫在控制 HPV 感染中起着关键的作用。复发性尖锐湿疣患者通常免疫功能较弱，而免疫功能受损的 HIV 患者和器官移植者，其 HPV 感染的病情发展往往更为严重。HPV 感染的肿瘤细胞通过诱导人类白细胞抗原（human leukocyte antigen，HLA）Ⅰ类抗原变异或抑制其表达，从而产生免疫逃逸突变株，同时通过抑制Ⅰ型干扰素的产生等机制来避免宿主免疫系统的攻击。因此，建立有效的细胞免疫，尤其是局部细胞免疫，对于清除和阻断 HPV 的持续性感染至关重要。

由于 HPV 不能在常规细胞中培养和增殖，迄今为止尚无法进行病毒分离与鉴定。在临床上，典型的乳头瘤或疣相对容易诊断，但大部分的 HPV 亚临床感染或宫颈癌普查则需要进行微生物学诊断，包括组织学、免疫学检查及核酸检测。能够快速、特异且敏感检测 HPV 分型的方法是针对 HPV DNA 特异性保守区分别设计各分型引物进行 PCR 扩增，再利用特异性探针进行核酸杂交来检测 PCR 扩增产物，这也是实验室常用的诊断方法。血清学检测患者血清中抗体也是临床 HPV 检测方法之一。

HPV 是一种主要通过性接触传播的病毒，其传染源包括 HPV 感染的患者和病毒携带者，预防 HPV 感染的重要策略是防止性传播途径。因此，首先要加强性安全教育及提高人群的防范意识；其次要推广并实施 HPV 预防性疫苗，在青少年人群普遍进行预防性疫苗的接种，从而在源头上遏制生殖器疣及宫颈癌的发生。目前，预防 HPV 感染的预防疫苗已有数种，已成功预防健康人群感染 HPV，以及降低已感染人群的再次感染概率。尽管 HPV 疫苗在预防 HPV 感染、预防 HPV 相关疾病等方面获得了较大进展，但在世界范围内，HPV 相关疾病的负担仍然很大，预防工作不可松懈。

三、乙型肝炎病毒

乙型肝炎病毒（hepatitis B virus，HBV）是一种嗜肝 DNA 病毒，是引起乙型肝炎的病原体。HBV 感染是全球性的公共卫生问题，目前全球约有 2.96 亿慢性乙肝病毒感染者。HBV 在电子显微镜下可观察到 3 种结构形态的颗粒：大球型颗粒［也称丹氏颗粒（Dane granule）］、小球型颗粒、管状颗粒。大球型颗粒是由包膜和核衣壳组成的完整病毒颗粒，具有感染性，其包膜由糖蛋白、脂双层膜结构和表面蛋白［小蛋白（S 蛋白，即 S-HBsAg）、中蛋白（M 蛋白，即 M-HBsAg）、大蛋白（L 蛋白，即 L-HBsAg）］组成。HBV 的核心颗粒由核心蛋

白（HBcAg）、双链 DNA 及 DNA 多聚酶等组成。小球型颗粒和管状颗粒均由脂蛋白组成，其与病毒包膜相同，前者主要由 HBsAg 形成中空颗粒，无 DNA 和 DNA 多聚酶，无传染性；后者由串联聚合的小球型颗粒组成。乙型肝炎病毒基因分型主要为 A～H 亚型。HBV 基因组结构独特，其环状双链 DNA 由不完全互补的短链和长链组成，短链为正链，长链为包含 3200 个碱基的负链，两者形成 HBV 的不完全互补的环状双链 DNA。HBV 基因组有 4 个开放阅读框，分别是 S 区、C 区、P 区、X 区。S 区又可以分为 *preS1*、*preS2* 及 *S* 这三个编码区，通常编码 S 蛋白、M 蛋白和 L 蛋白。C 区又分为 *PreC* 基因和 *C* 基因，编码 HBeAg 和 HBcAg。P 区编码一种大分子碱性多肽，含有多种功能蛋白，是 HBV 最长的读码框。*X* 基因编码 X 蛋白，即 HBxAg。HBV 通过低亲和力受体附着在肝细胞表面，随后通过包膜蛋白与宿主受体结合，通过内吞作用介导病毒进入细胞，在细胞质中，病毒衣壳被去除，内部的松弛环状 DNA（relaxed circular DNA，rcDNA）释放到细胞核中。在细胞核内，病毒利用 rcDNA 的负链作为模板，在 HBV 编码的 DNA 聚合酶的催化下，延长并修复正链的缺口，从而形成共价闭合环状 DNA（covalently closed circular DNA，cccDNA）。cccDNA 作为病毒转录的模板，可转录出 4 种不同的 mRNA，其中 3.5kb 的前基因组 RNA（pgRNA）不仅可反转录出病毒基因组 rcDNA，还可作为模板转录翻译出病毒核心蛋白和聚合酶蛋白。HBV 产生的 HBsAg 会在粗面内质网中发生多聚化，继而被转运至高尔基体中组装为核心颗粒，组合完成的 HBV 颗粒和亚病毒颗粒能够在高尔基体中进行 HBsAg 糖基化修饰，最终以出芽的方式将完整的病毒颗粒分泌出宿主细胞，完成 HBV 的一个生命周期。

乙肝病毒感染者的临床表现各异，根据肝功能损伤程度分为无症状携带者、急性乙肝、慢性乙肝等，部分慢性乙肝可发展为肝硬化或肝癌。乙肝病毒的潜伏期为 30～160 天，到目前为止，其发病机制仍不明确。HBV 感染人体后通常不会直接损伤肝细胞，主要是由体内免疫反应导致肝细胞受损。当人体免疫功能正常时，病毒入侵后会受到体内特异性免疫系统的攻击，当受损的肝细胞数量较少时，可通过清除病毒而痊愈。当感染的肝细胞数量较多时，机体会出现强烈的免疫反应，表现为重型肝炎。如果机体免疫功能低下或病毒发生变异，免疫系统不能及时清除病毒，病毒将持续复制并存在，从而导致慢性肝炎，随着肝细胞的慢性病变进展，最终可能引发肝硬化。

目前临床上最常用的乙肝诊断检查方法是通过 ELISA 检测患者血清中乙肝病毒的抗原和抗体，主要检测指标有抗-HBs、HBsAg、抗-HBe、HBeAg 及抗-HBc（统称为乙肝五项），这些指标能普遍反映人体内乙肝病毒水平和免疫反应情况，以此来辅助评估病毒感染情况。此外，HBV DNA 具有很强的特异性和敏感性，是 HBV 感染的最直接指标，HBV DNA 可利用 PCR 或 qPCR 实验法进行检测。乙肝病毒的传染源主要为急性、慢性乙肝患者及 HBV 携带者。HBV 感染者的体液中含有乙肝病毒，如精液、阴道分泌物及唾液等，HBV 主要的传播途径有血液传播（如输血和血液制品）、母婴传播、性传播及医源性传播。因此，急性乙肝患者需采用隔离治疗来控制传染源，慢性乙肝患者和乙肝携带者不能献血；现症感染者不能从事餐饮、幼托机构等职业；血液制品需进行 HBsAg 检测，医院消毒应彻底，规范注射操作等以防止医源性传播；通过接种乙肝疫苗来保护易感人群是最有效的预防 HBV 感染的方法。

四、人类疱疹病毒 8 型

疱疹病毒（herpes virus）归属于疱疹病毒科，病毒大小中等，具有包膜，是一类具有相似生物学特性且普遍存在于自然界的双链 DNA 病毒。目前已知的疱疹病毒有 100 多种，根据其基因组、宿主范围、复制周期和潜伏感染等特点可分为 α、β、γ 三个亚科。人类疱疹病毒 8 型（human herpes virus 8，HHV-8）属于 γ 疱疹病毒，由常源等于 1994 年首次在艾滋病患者的卡波西肉瘤（Kaposi's sarcoma，KS）组织中发现，也称之为卡波西肉瘤相关疱疹病毒（Kaposi's sarcoma-associated herpes virus，KSHV）。KS 是一种常发生于艾滋病患者的混合细胞型血管性肿瘤。

HHV-8 具有与其他疱疹病毒相似的形态与结构，包括二十面体对称的球形衣壳，其基因组是线状双链 DNA，由中间单一区域（long unique region，LUR）和两端重复区域（terminal repeat region，TR）组成，全长 170kb、中间单一区域长 140kb，包含编码调节因子、细胞因子的特有基因序列，也包含编码与其他疱疹病毒相同保守基因的序列区；两端重复区段约为 35kb，包含高 GC 含量的 DNA 串联重复序列，可使病毒在复制过程中形成环状。HHV-8 至少包含 90 个开放阅读框，其中保守基因有 68 个，独特基因有 15 个，分别为 K1～K15。HHV-8 不同基因位点之间可以发生基因重组，所以会发生重复感染，HHV-8 在 B 淋巴细胞、内皮细胞和上皮细胞等细胞中以裂解期和潜伏期这两种形式存在。HHV-8 基因组除了编码病毒结构蛋白与代谢相关蛋白，还编码干扰素调节因子、细胞因子及其受体同源物等，这些编码产物能够干扰细胞的增殖与凋亡，导致细胞转化与永生化，最终引发肿瘤的形成。

HHV-8 的传播途径尚不清楚。性接触是美国和北欧艾滋病患者中 HHV-8 重要的传播方式。目前主流认为有三种传播途径：①家庭成员之间共同使用餐具造成唾液的接触性传播；②吸毒人员共用针头静脉注射造成的传播，HHV-8 也会通过性行为传播；③器官移植引发的医源性传播。1%～4%的正常人感染过 HHV-8，并且终生携带该病毒。无症状感染者具有传染性，免疫功能低下的患者（艾滋病、器官移植、免疫抑制剂使用等）易发生显性感染。是否感染 HHV-8 可通过 PCR 结合核酸杂交来检测病毒 DNA，也可以使用免疫荧光、ELISA、免疫印迹等方法检测血清抗原或抗体来进行判断。人类疱疹病毒 8 型感染的治疗以手术治疗为主，也可配合使用放射和化疗药物治疗，液氮冷冻和激光疗法也具有效果，预后良好。抗疱疹病毒有效的药物有更昔洛韦和西多福韦等，也可用于预防 KS 的发生，但肿瘤一旦形成，则药物治疗无效。

第四节　病毒致癌机制

人类肿瘤病毒在人与人之间传播，参与宿主细胞的复制过程，干扰细胞周期和调控细胞凋亡相关的信号通路以维持自身复制，逃避免疫系统识别，在机体建立持续多年且无明显临床症状的慢性感染。人类肿瘤病毒的基因组、宿主细胞及导致肿瘤的病理学特征等均不相同，但是它们引起肿瘤的过程却具有相似的分子机制。

一、病毒癌基因诱导细胞恶性转化

病毒癌基因（viral oncogene）是指能使靶细胞发生恶性转化的致癌病毒基因，该病毒基因不编码病毒结构成分，也不影响病毒复制，当受到外界因素刺激而被激活时会诱导肿瘤形成。细胞肿瘤抗原 p53 和视网膜母细胞瘤蛋白 Rb 是肿瘤抑制通路的两大核心分子，它们通过调控细胞周期、细胞 DNA 损伤修复和诱导不可逆损伤细胞的凋亡等方面来抑制肿瘤的发生。几乎所有的病毒癌基因都能编码使 p53 和 Rb 通路失调的癌蛋白，癌蛋白通过诱导 *p53* 和 *Rb* 等抑癌基因的降解、失活来限制抑癌基因 *p53* 和 *Rb* 的功能，从而导致细胞发生恶性转化。例如，HBx 是乙型肝炎病毒癌基因编码的蛋白质，HBx 与 p53 形成复合物，抑制其与 DNA 结合，阻止 p53 下游基因转录；HPV、EBV 和 KSHV 的癌基因均能使 *p53* 和 *Rb* 失活，诱导细胞进入 S 期（DNA 合成期），利用宿主细胞的复制机制和核苷酸进行病毒自身的核酸复制。

二、病毒或其成分导致宿主细胞信号通路的变化

肿瘤病毒可以建立持续数年的慢性感染而无明显的症状，致癌病毒会选择细胞进行复制并破坏宿主的免疫识别。肿瘤病毒通过控制和干扰保守的细胞周期进程与细胞凋亡信号通路，以维持自身的繁殖。在与宿主细胞相互作用的过程中，肿瘤病毒及其病毒成分能够干扰 PI3K-AKT-mTOR、WNT/β-catenin、NF-κB、MAPK、Notch、cGAS-STING 等在内的信号通路，导致细胞周期改变，通过激活或抑制宿主细胞凋亡来促进感染细胞的生长和病毒复制；也利用宿主细胞的自噬机制来促进病毒复制，通过干扰自噬来避免宿主细胞被降解等；促进细胞侵袭转移，改变宿主免疫反应等，从而促进肿瘤发生发展。例如，人乳头瘤病毒癌基因编码的 E5、E6 和 E7 能够在缺乏必要生长因子和营养物质时激活 PI3K-AKT-mTOR 信号通路，促进细胞分裂，使受感染细胞更易于发生肿瘤；WNT/β-catenin 信号通路调控细胞生长、干细胞更新、胚胎发育和组织分化等多种生理过程。乙型肝炎病毒编码的 X 蛋白（HBx）和乙型肝炎表面抗原（HBsAg）异常激活 WNT/β-catenin 信号转导，刺激促使细胞增殖的靶基因的异常转录，最终推动癌症的进展。

三、病毒或其成分导致宿主细胞基因组不稳定

DNA 损伤反应（DNA damage response，DDR）是宿主细胞中复杂的信号通路网络，监测并修复由 DNA 复制、细胞代谢和外源性损伤（如辐射和病毒感染）引起的 DNA 损伤。肿瘤病毒感染常引发宿主 DNA 损伤反应，促进细胞周期进入 S 期，并抑制凋亡，从而促进病毒自身的复制。例如，HPV 等 DNA 病毒能够激活毛细血管扩张性共济失调突变（ataxia telangiectasia-mutated，ATM）和 Rad3 相关的（ATM and Rad3-related，ATR）蛋白激酶的 DNA 损伤反应相关因子，并将其招募到病毒 DNA 复制点，促进病毒 DNA 复制。DNA 损伤反应相关因子的持续激活和肿瘤病毒诱导的复制增强均导致宿主基因组的不稳定，诱导肿瘤的发生。例如，高危型 HPV 可通过其病毒癌基因 *E6* 和 *E7* 诱导 DNA 损伤、有丝分裂缺陷，引起宿主基因组的不稳定。病毒感染过程中产生的复制应激、核苷酸缺乏

和活性氧（reactive oxygen species，ROS）也可能导致基因组不稳定和肿瘤发生。例如，EBV 的 EBNA1 蛋白可以增加 NADPH 氧化酶的转录来诱导 ROS 的产生，导致宿主 DNA 损伤和染色体畸变，从而引起 EBV 相关的恶性肿瘤。在持续感染 HCV 的过程中，被激活的慢性炎症细胞释放 ROS，使得氧化 DNA 损失并促进癌症微环境，从而推动 HCC 的发展。部分病毒主要通过抑制 DNA 修复途径来增加宿主细胞基因组的不稳定性，而不是直接破坏宿主 DNA。例如，HTLV-1 表达的 Tax 蛋白通过诱导 DNA 修复来进一步增加宿主细胞的基因组不稳定性，从而积累体细胞中的突变，最终发展为恶性肿瘤。HCV 是一种没有明确致癌基因的致瘤 RNA 病毒，HCV 感染引起的 DNA 聚合酶和活化诱导的胞苷脱氨酶（AID）表达增加，从而导致了高频率的突变，也增加了肿瘤抑制因子和原癌基因的突变。HBV 产生的 HBx 解除了 SMC5/6 与 HBV 的结合对染色体外 HBV 基因组的抑制作用，从而高效地完成病毒基因的复制和表达。

四、病毒影响宿主免疫反应

宿主对细胞内病原体的免疫应答反应包括异常分子信号的监测、细胞因子释放、炎症反应和直接杀伤受感染细胞等。肿瘤病毒能够通过不同策略抵抗这些免疫应答反应，阻止机体对转化细胞的免疫监测，从而影响肿瘤的发生。例如，KSHV 的癌基因 *ORF52*、*LANA* 和 *vIRF1* 能抑制宿主细胞 cGAS-STING 信号通路，从而拮抗宿主干扰素依赖的抗病毒反应。肿瘤病毒还可调节受感染细胞和免疫细胞之间的相互作用，使受感染细胞避免被机体免疫系统清除，达到扩散病毒的作用。例如，HTLV-1 的 p12 蛋白可下调细胞表面的免疫调节因子 ICAM-1、ICAM-2 和 MHC-I，使受感染细胞避免被自然杀伤细胞和细胞毒性 T 淋巴细胞清除。

本章小结

肿瘤是一个由多种类型的实质细胞与间质细胞及细胞外基质共同组成、相互作用且动态变化的复杂组织。病毒感染与人类肿瘤的关系是在长期的临床实践中，通过各种流行病学线索发现并经过细胞生物学、病理学、肿瘤学等方法验证，最终证实了某些病毒的感染可以导致肿瘤的发生。与肿瘤有关的病毒可分为致瘤 DNA 病毒和致瘤 RNA 病毒两大类。DNA 病毒通过直接整合到宿主细胞的 DNA 上来改变细胞特性，而 RNA 病毒则先将 RNA 逆转录成 DNA 后，再与宿主细胞 DNA 整合，从而发挥改变宿主细胞的作用。目前已知与人类恶性肿瘤发生有关的 DNA 病毒有 EB 病毒、人乳头瘤病毒、乙型肝炎病毒和人类疱疹病毒 8 型。与人类恶性肿瘤发生有关的 RNA 病毒主要有丙型肝炎病毒、人类嗜 T 细胞病毒 1 型。常见的与病毒相关的肿瘤有原发性肝癌、宫颈癌、头颈部恶性肿瘤、成人 T 细胞白血病/淋巴瘤、鼻咽癌和胃癌、卡波西肉瘤、皮肤梅克尔细胞癌等。人类肿瘤病毒的基因组、宿主细胞及导致肿瘤的病理学特征等均不相同，但是它们引起肿瘤的过程却具有相似的分子机制，可以通过调节信号通路、引起慢性炎症、改变细胞基因表型及破坏宿主细胞的遗传稳定性等多方面促进恶性肿瘤的发生与发展。目前，人们对病毒致瘤有了新的认识，肿瘤病毒的研究已经取得了很多进展。对肿瘤病毒及病毒致瘤机制的研究，有助于阐明肿瘤的分子机制，有效预防肿瘤病毒的感染，从而降低人群肿瘤的发生率。

（陈婉南）

复习思考题

1. 恶性肿瘤细胞具有哪些主要特征？请列出其中两项并简单解释其对肿瘤发展的影响。
2. 什么是肿瘤微环境？为什么肿瘤微环境对于肿瘤的发展至关重要？
3. 为什么病毒感染常常先于癌症的发展？请结合一个具体病毒的例子进行解释。
4. 如何通过流行病学和实验室研究确定某种病毒与肿瘤的关联？请简要说明这两类研究方法的作用。
5. 为什么 RNA 病毒比 DNA 病毒更容易发生突变？这对病毒的致瘤性有什么影响？
6. 机体在感染 HCV 多久后会出现 HCV RNA 和 HCV 核心抗原 p22？抗体的检测方法有哪些？
7. EB 病毒是通过何种途径进入人体并引发感染的？感染后可能导致哪些疾病？
8. 高危型 HPV 病毒感染与哪些恶性肿瘤有关？如何预防这种病毒的传播？
9. 简述 HBV 在肝细胞内的生命周期。
10. 简述病毒致癌机制。

主要参考文献

陈晔洲，王红梅，段生宝，等. 2019. 人类嗜 T 淋巴细胞病毒的研究进展. 中国输血杂志，32（6）：6.

李翠萍. 2019. 慢性乙型肝炎的诊治进展. 基层医学论坛，23（11）：1583-1585.

张恒之，丁中兴，沈明望，等. 2021. 新型冠状病毒疫情防控中的理论流行病学模型研究进展. 中华预防医学杂志，55（10）：1256-1262.

张莉莉，冯国和. 2008. 丙型肝炎病毒核心蛋白作用研究进展. 世界华人消化杂志，16（18）：6.

Chisari F V，Ferrari C. 1995. Hepatitis B virus im-munopathogenesis. Annu Rev Immunol，13：29.

de Martel C，Georges D，Bray F，et al. 2020. Global burden of cancer attributable to infections in 2018：a worldwide incidence analysis. Lancet Glob Health，8（2）：e180-e190.

Dow D E，Cunningham C K，Buchanan A M. 2014. A review of human herpesvirus 8，the Kaposi's sarcoma-associated herpesvirus，in the pediatric population. J Pediatric Infect Dis Soc，3（1）：66-76.

Hanahan D，Weinberg R A. 2011. Hallmarks of cancer：the next generation. Cell，144（5）：646-674.

Krump N A，Jianxin Y. 2018. Molecular mechanisms of viral oncogenesis in humans. Nature Reviews Microbiology，16（11）：684-698.

Truant R，Antunovic J，Greenblatt J，et al. 1995. Direct interaction of the hepatitis B virus HBx protein with p53 leads to inhibition by HBx of p53 response element-directed transactivation. Journal of Virology，69（3）：1851-1859.

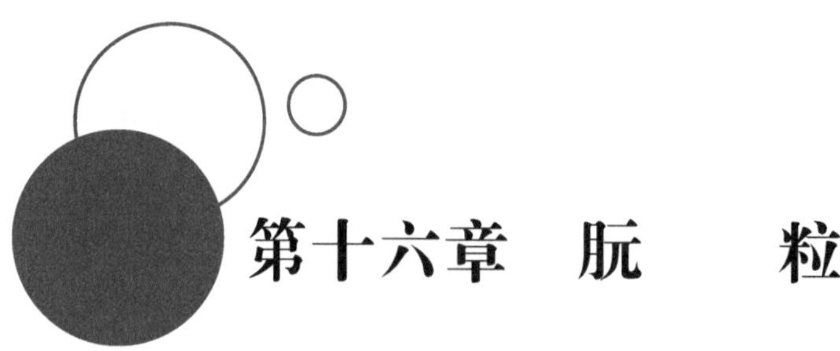

第十六章　朊　　粒

本章要点

1. 朊粒：朊粒是一种构象异常的传染性蛋白粒子，由宿主细胞中正常朊蛋白经过构象改变而形成，不含核酸，但具有自我复制能力和传染性。其是朊粒病，即传染性海绵状脑病的病原体。
2. 朊粒的结构特点：朊粒的本质是一种构象异常的朊蛋白，仅存在于感染的宿主组织中，对蛋白酶K有抗性。PrP^{Sc}的分子构型以β折叠结构为主，通常聚集存在，由PrP^{Sc}单体层层平行堆积形成淀粉样纤维，每个PrP^{Sc}分子组成纤维的一层。
3. 朊粒病：朊粒可引起人和动物的朊粒病，是一种慢性、进行性、致死性神经退行性疾病，也称传染性海绵状脑病。目前已知有十多种，这类疾病具有一些共同的病理与临床特征。
4. 朊粒病的基本类型：人类朊粒病可分为散发性、家族性和获得性三种类型。散发性朊粒病无遗传特征，也无明显的传播现象，发病机制尚不明确，可能与PrP^{C}自发性异常折叠有关；家族性朊粒病与宿主*PRNP*基因突变有关，突变基因产生的PrP^{C}可以自发变构为PrP^{Sc}，从而导致疾病的发生；获得性朊粒病是外源性朊粒感染所致。

本章知识单元和知识点分解如图 16-1 所示。

第一节　朊 粒 概 述

朊粒（prion）是一种构象异常的传染性蛋白粒子，其存在对传统的生命中心法则提出了挑战。朊粒是人和动物朊粒病（prion disease）的病原体。

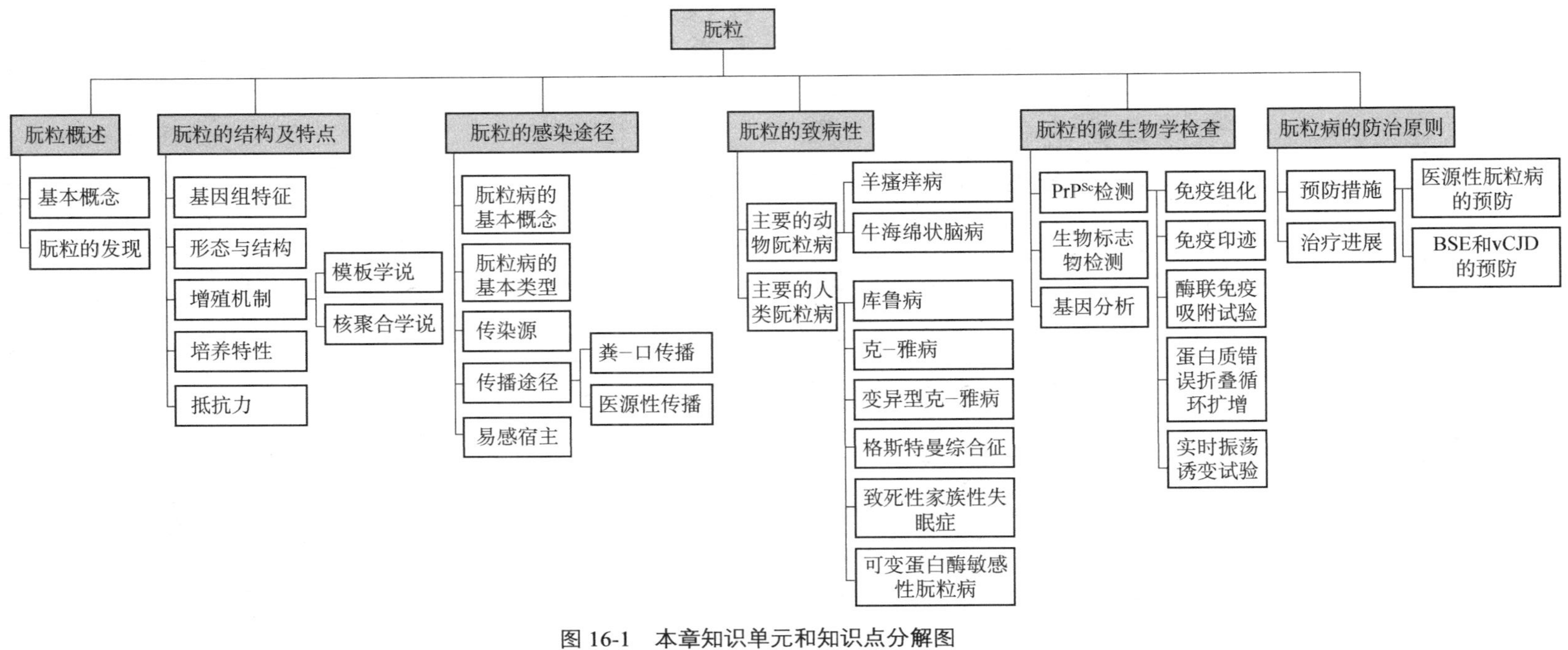

图 16-1 本章知识单元和知识点分解图

一、基本概念

朊粒是一种由宿主细胞中正常朊蛋白经过构象改变形成的蛋白粒子，不含核酸，但具有自我复制能力和传染性。朊粒已在人类、多种动物和真菌中被发现，是人类和动物朊粒病的病原体。

二、朊粒的发现

早在 17 世纪，人们就对朊粒病有所描述。当时观察到羊瘙痒病，其是一种发生于绵羊和山羊的特殊致死性疾病。20 世纪 50 年代，经研究发现流行于巴布亚新几内亚地区土著部落的库鲁病（Kuru disease）与羊瘙痒病类似，都具有传染性并引起脑组织海绵样神经病理学病变。美国科学家盖杜谢克（D. C. Gajdusek）首次提出库鲁病是由一种新致病因子（非常规“慢性病毒”）引起的传染性疾病，因此获得了 1976 年诺贝尔生理学或医学奖。1982 年，美国学者普鲁西纳（S. B. Prusiner）从感染羊瘙痒病的仓鼠脑组织中纯化出一种具有感染性的蛋白质，并将其命名为“prion”。因首次提出朊粒这一概念并证明了朊粒是羊瘙痒病的致病因子，Prusiner 荣获了 1997 年诺贝尔生理学或医学奖。

第二节　朊粒的结构及特点

人类 *PRNP* 基因编码的朊蛋白（prion protein，PrP）含有 253 个氨基酸，是一种糖基化膜蛋白。朊粒的本质是一种构象异常的朊蛋白，其分子构象中含有大量的 β 折叠结构。朊粒的增殖机制尚不明了，目前主要存在“模板学说”和“核聚合学说”两种假说。现已建立了多种动物感染模型，可用于朊粒的培养。朊粒对理化因素具有较强的抵抗力，对蛋白酶 K、一些常用的消毒剂和物理消毒灭菌方法均不敏感。

一、基因组特征

人类、多种哺乳动物、鸟类和鱼类等生物的染色体中都存在编码朊蛋白的基因，即 *PRNP* 基因。人类的 *PRNP* 基因位于第 20 号染色体短臂，含有 2 个外显子和 1 个内含子。外显子 1 位于 5′端，长 52～82bp，为非编码外显子，可能与朊蛋白表达的起始有关；外显子 2 位于 3′端，含有编码朊蛋白的开放阅读框；内含子约长 10kb，位于两个外显子之间。目前的研究已证实，*PRNP* 基因突变可能导致家族性朊粒病的发生。此外，*PRNP* 等位基因多态性也可能与朊粒的致病性有关。例如，*PRNP* 基因第 129 位密码子具有甲硫氨酸（M）和缬氨酸（V）的多态性，这个位置的密码子为甲硫氨酸（M）纯合子的个体更易患家族性克–雅病。

二、形态与结构

在正常情况下，*PRNP* 基因编码的朊蛋白称为细胞朊蛋白（cellular prion protein，

PrP^C）。PrP^C是一种正常的糖基化膜蛋白，人类PrP^C由253个氨基酸组成，包括N端信号肽序列、5个八肽重复序列、高度保守的疏水中间区和C端的糖基磷脂酰肌醇（glycosylphosphatidylinositol，GPI）。PrP^C通过GPI锚定于细胞膜表面，在多种组织，尤其是中枢神经系统的神经元中普遍表达。目前，PrP^C的确切生物学功能尚不清楚。因其定位于细胞表面，推测可能与细胞跨膜信号转导有关，或者也可能与细胞黏附和识别等功能有关。PrP^C一般以单体形式存在，其分子构型以α螺旋结构为主，对蛋白酶K敏感，可溶于非变性去污剂，对人和动物没有致病性，也没有传染性。

某些因素的作用可以引起PrP^C的构象发生异常改变，形成羊瘙痒病朊蛋白（scrapie isoform of PrP，PrP^{Sc}），即朊粒。PrP^{Sc}的分子质量为27～30kDa，仅存在于感染的人和哺乳动物组织中，对蛋白酶K有抗性，具有致病性和传染性。PrP^{Sc}是PrP^C的异构体，两者的氨基酸序列相同，但空间结构存在明显差异（图16-2）。PrP^C含有大量的α螺旋结构和少量的β折叠结构，而PrP^C在转变为PrP^{Sc}的过程中，α螺旋减少，β折叠增加。PrP^{Sc}的分子构型以β折叠结构为主，通常聚集存在，由PrP^{Sc}单体层层平行堆积形成淀粉样纤维，每个PrP^{Sc}分子组成纤维的一层。PrP^C与PrP^{Sc}的主要区别见表16-1。

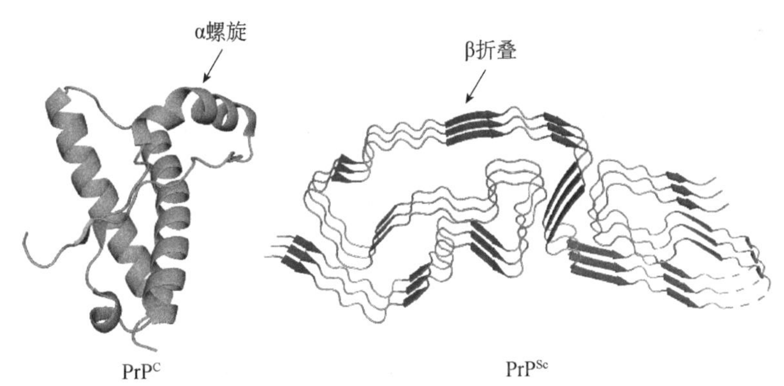

图16-2 PrP^C和PrP^{Sc}的三维结构模式图

表16-1 PrP^C和PrP^{Sc}的主要区别

指标	PrP^C	PrP^{Sc}
分子构象	以α螺旋结构为主	以β折叠结构为主
存在部位	正常及感染的人和动物	感染的人及动物
对蛋白酶K的敏感性	敏感	抗性
对去污剂的溶解性	可溶	不可溶
致病性和传染性	无	有

三、增殖机制

PrP^C向PrP^{Sc}的转变是朊粒病发生和发展的关键。目前，这一过程的确切机制尚不明了，受到广泛关注的两种假说是模板学说和核聚合学说。

模板学说认为，PrP^C可能产生一种部分变构的中间分子PrP^*。PrP^*可以重新回复为

PrP^{C}，也能进一步形成 PrP^{Sc}。在正常情况下，PrP^{C} 通过 PrP^{*} 最终形成的 PrP^{Sc} 量极少，不会导致疾病。但在某些特殊情况下，如外源性 PrP^{Sc} 侵入或者 *PRNP* 基因发生突变而自发产生 PrP^{Sc} 的条件下，PrP^{Sc} 可以与 PrP^{C} 或 PrP^{*} 结合形成异源二聚体，随后 PrP^{Sc} 作为模板促使 PrP^{C} 或 PrP 转变为 PrP^{Sc}，形成 PrP^{Sc} 同源二聚体。PrP^{Sc} 同源二聚体随后解离，产生的 PrP^{Sc} 单体重新参与循环，生成更多的 PrP^{Sc}。不过，也有研究表明，直接将 PrP^{C} 和 PrP^{Sc} 混合在一起并不能产生新的 PrP^{Sc}，提示 PrP^{C} 向 PrP^{Sc} 的转化可能还需要其他分子伴侣的参与。目前，对这些分子伴侣的本质尚不清楚，因此将其称为 X 蛋白（protein X，PrX）。

核聚合学说也称“种子学说”，认为犹如物质的结晶需要已经形成的细小晶体作为核心一样，PrP^{Sc} 的聚集也需要一个已经形成的核心充当晶体形成的“种子”。正常机体内只有少量 PrP^{C} 可以自发转变为 PrP^{Sc}，二者之间存在可逆的构象变化，使 PrP^{C} 和 PrP^{Sc} 之间处于一种动态平衡。因此，正常细胞内自发形成 PrP^{Sc} 聚合物并不容易。但在某些条件下，PrP^{Sc} 单体可以相互聚集形成低级聚合物充当“种子”，通过黏附其他 PrP^{Sc} 单体而形成更大的聚合物。这些聚合物碎裂后又转变为新的“种子”，重复聚合过程，产生更多的 PrP^{Sc} 聚合物，在局部形成淀粉样蛋白沉淀。

四、培养特性

目前尚缺乏理想的朊粒体外细胞培养模型。研究证实，朊粒可在一些起源于神经组织的细胞系中增殖，如鼠神经母细胞瘤细胞 Neuro-2a、鼠嗜铬细胞瘤细胞 PC12 等。小鼠、大鼠和仓鼠等对朊粒敏感，常作为实验动物模型。

五、抵抗力

朊粒对理化因素有较强的抵抗力：对蛋白酶 K 的消化作用有较强的抗性；对常用的消毒剂和物理消毒灭菌方法如煮沸、紫外线、电离辐射等不敏感；对苯酚、氢氧化钠、次氯酸钠、十二烷基硫酸钠有一定的敏感性；标准的高压蒸汽灭菌（121.3℃，20min）不能使之完全灭活。目前，对需要重复使用的器械和其他材料进行朊粒灭活，采取的是消毒剂处理和高压蒸汽灭菌法相结合的方法。若无须重复使用，焚烧销毁则是确保没有感染风险的最安全可行的方法。

第三节　朊粒的感染途径

朊粒可引起人和动物的朊粒病，目前已知有十多种。人类朊粒病可分为散发性、家族性和获得性三种类型。

一、朊粒病的基本概念

朊粒病是一种慢性、进行性、致死性神经退行性疾病，也称传染性海绵状脑病

（transmissible spongiform encephalopathy，TSE）。

目前已知的人和动物的朊粒病有十多种（表 16-2），这类疾病共同的特征是：①潜伏期长，可达数年甚至数十年之久；②发病后病程呈亚急性、进行性发展，最终死亡；③患者通常有痴呆、共济失调和震颤等中枢神经系统症状主要临床表现；④病理学特征包括脑皮质神经元空泡变性、神经元缺失、星形胶质细胞增生、脑皮质疏松呈海绵状并有淀粉样斑块形成，脑组织中通常没有炎症反应；⑤朊粒的免疫原性弱，不能诱导机体产生特异性免疫应答。

表 16-2 主要的人类及动物朊粒病

人类朊粒病	动物朊粒病
库鲁病（Kuru disease）	羊瘙痒病（scrapie）
克-雅病（Creutzfeldt-Jakob disease，CJD）	牛海绵状脑病（bovine spongiform encephalopathy，BSE）
变异型克-雅病（variant CJD，vCJD）*	猫海绵状脑病（feline spongiform encephalopathy，FSE）
格斯特曼综合征（Gerstmann-Sträussler-Scheinker syndrome，GSS）	鹿慢性消耗性疾病（chronic wasting disease，CWD）
致死性家族性失眠症（fatal familial insomnia，FFI）	水貂传染性脑病（transmissible mink encephalopathy，TME）

*人 vCJD 的发生与 BSE 密切相关

二、朊粒病的基本类型

人类朊粒病可分为散发性、家族性（也称遗传性）和获得性三种类型。散发性朊粒病无遗传特征，也无明显的传播现象，发病机制尚不明确，可能与 PrP^{C} 自发性异常折叠有关，如散发性克-雅病。家族性朊粒病与宿主 *PRNP* 基因突变有关，突变基因产生的 PrP^{C} 可以自发变构为 PrP^{Sc}，从而导致疾病的发生，包括家族性克-雅病、格斯特曼综合征和致死性家族性失眠症。获得性朊粒病是外源性朊粒感染所致，包括库鲁病、医源性克-雅病，以及与牛海绵状脑病相关的变异型克-雅病。

三、传染源

朊粒病的传染源主要是感染 PrP^{Sc} 的动物和人，或由于 *PRNP* 基因变异产生 PrP^{Sc} 的动物和人。

四、传播途径

获得性朊粒病的传播途径主要包括粪-口传播和医源性传播。另外，朊粒病既是传染病，又是遗传病，可由于宿主 *PRNP* 基因突变而发病，并且可以遗传给下一代。研究表明，人类 *PRNP* 基因中有多个位点的插入或点突变与家族性朊粒病有关。此外，*PRNP* 等位基因多态性也可能与朊粒的致病性有关。

1. 粪–口传播 人和动物均可通过进食含有朊粒的宿主组织及其加工物而感染，尤其是含朊粒的脑组织。

2. 医源性传播 人体的各种组织含有朊粒的可能性不同，危险性也不同。部分克–雅病患者是通过医源性途径感染的，如器官移植（如角膜、硬脑脊膜移植）、应用垂体来源激素（如生长激素、促性腺激素）、接触污染的手术器械等。输血及血液制品能否传播克–雅病也引起了极大的关注。2004 年，英国报道了 2 例可能经输血而感染的变异型克–雅病病例。目前，已有学者建立了经输血传播朊粒的动物模型。

五、易感宿主

人对朊粒普遍易感；朊粒还可以感染多种哺乳动物，如羊、牛、鹿、猫、水貂、羚羊等。

第四节 朊粒的致病性

朊粒的致病机制尚未完全清楚。朊粒致病的始动环节是 PrP^{C} 发生错误折叠等构象变化，转变成致病型 PrP^{Sc}。PrP^{Sc} 具有神经毒性，其不断增殖并积聚于神经细胞，使神经细胞产生空泡变性和凋亡，形成淀粉样沉积，大脑皮质疏松呈海绵状，最终导致传染性海绵状脑病。朊粒的分子量小，免疫原性弱，免疫系统不能识别氨基酸序列完全一致但构象不同的两种蛋白质。因此，朊粒不能诱导人或动物产生适应性免疫应答，也不能诱导干扰素的产生。朊粒病在人和动物中均可发生，主要引起人和动物中枢神经系统退化性疾病。目前发现的动物朊粒病主要包括羊瘙痒病、牛海绵状脑病、猫海绵状脑病、鹿慢性消耗性疾病、水貂传染性脑病等；人类的朊粒病包括库鲁病、克–雅病、变异型克–雅病、格斯特曼综合征、致死性家族性失眠症等。朊粒病在世界多国发生，对人类生命健康的危害极大。

一、主要的动物朊粒病

1. 羊瘙痒病（scrapie） 是一种自然发生的动物朊粒病，主要累及绵羊和山羊。目前已知的羊瘙痒病有两大类：经典型羊瘙痒病和非典型羊瘙痒病。经典型羊瘙痒病是最早被发现的动物传染性海绵状脑病。1732 年，英国首次在绵羊身上发现此病；1759 年，德国也发现了此病。此后，该病迅速传播到世界大部分地区。目前，亚洲、欧洲和美洲均有经典型羊瘙痒病病例。该病的最大特点是病羊因全身瘙痒而在围栏上摩擦身体，因此得名“羊瘙痒病”。经典型羊瘙痒病的症状包括后肢共济失调和（或）无力、头部震颤、行为改变、异常姿态和步态、体重减轻及瘙痒（皮肤瘙痒），导致绵羊摩擦物体并丢失羊毛。非典型羊瘙痒病在 1998 年首次在挪威被发现，在全球范围内也广泛存在，即使是在被认为没有经典羊瘙痒病的国家，如澳大利亚和新西兰，也有非典型羊瘙痒病。非典型羊瘙痒病通常通过朊病毒监测计划在临床疾病发作前被检测到。其临床症状通常表现为共济失调

（常见于后肢）、行为改变和体重减轻，但没有瘙痒症状。羊瘙痒病在羊群中的自然传播最常见的是从母羊到小羊的垂直传播。除了脑组织，病羊的胎盘组织也具有感染性，这可能是该病在同一牧场羊群传播的重要原因。此病的潜伏期一般为 1～3 年，病羊表现为易惊、消瘦、步态不稳、脱毛和麻痹等，最终导致死亡。

2. 牛海绵状脑病（bovine spongiform encephalopathy，BSE）　是一种新发现的动物朊粒病。1986 年，英国首次报告了此病，随后传播到欧洲及世界多个国家和地区。20 世纪 80 年代中期至 90 年代中期是该病的暴发流行期，主要发病国家为英国及其他欧洲国家。1987～1999 年，仅英国证实的 BSE 发病病牛就达 17 万多头。目前，大部分病例集中在欧洲国家，包括德国、意大利、西班牙、法国、丹麦、比利时、荷兰、瑞士、葡萄牙、爱尔兰等；美国、加拿大、日本等国家也有报道，中国尚未发现此病。该病潜伏期长，一般为 4～5 年。发病初期，病牛主要表现为体重减轻、产奶量下降和体质差；发病后期，病牛出现明显的运动失调、震颤、恐惧和狂躁等症状，故俗称“疯牛病”（mad cow disease）。研究证实，疯牛病的病原体来自未经严格灭菌处理的羊瘙痒病病羊的内脏和肉骨粉制作的饲料（meat and bone meal，MBM），导致病羊的 PrP^{Sc} 进入了牛的食物链，引发牛的感染，并在牛群中流行。为控制疯牛病的蔓延，英国政府于 1988 年 7 月立法禁止用反刍动物来源的蛋白质饲料喂养牛等反刍动物，并屠杀病牛和疑似病牛。这一行动显著降低了疯牛病的发病率，有效阻止了其传播。

二、主要的人类朊粒病

1. 库鲁病（Kuru disease）　是第一种被发现并详细研究的传染性海绵状脑病。1957 年，美国科学家盖杜谢克在大洋洲巴布亚新几内亚的土著原始部落首次发现此病，多发生于妇女和 15 岁以下的儿童，主要表现为共济失调、颤抖和痴呆。当地语言称之为“Kuru”，意为“震颤”。当时，该地有一种宗教习俗，即妇女和儿童要食用已故亲人的内脏和脑组织以示对死者的尊敬。库鲁病在流行高峰时期导致 1%～2%的人口死亡，有些村庄甚至没有成年妇女。20 世纪 50 年代末，澳大利亚卫生部下令废除这一陋俗，此病逐年显著减少。库鲁病的潜伏期很长，可达 4～30 年。患者早期的临床表现包括颤抖、共济失调和姿态不稳。随着病情进展，患者逐渐失去行走能力，出现包括肌阵挛、舞蹈手足徐动症和肌束颤等非随意运动；晚期表现为痴呆、四肢瘫痪和言语障碍，患者多因继发感染而死亡。

2. 克–雅病（Creutzfeldt-Jakob disease，CJD）　是人类最常见的朊粒病，又称为皮质–纹状体–脊髓变性病（cortico-striato-spinal degeneration）、亚急性海绵状脑病（subacute spongiform encephalopathy）或传染性痴呆（transmissible dementia）。1920 年，德国科学家克罗伊茨费尔特（Creutzfeldt）首次报道了一例有渐进性大脑功能障碍病史的妇女。一年后，另一位德国科学家雅各布（Jakob）报道了另一个病例，因此命名为 CJD。1968 年，证实 CJD 可以传染给灵长类动物。CJD 遍布世界各地，我国也有此病存在。好发年龄多在 50～75 岁，潜伏期为 10～15 年，也可长达 40 年以上。大多数 CJD 患者皮质功能受损，典型临床表现为进行性发展的痴呆、肌阵挛，以及抑郁、精神病和视觉幻觉等精神症状，患者最终因感染或中枢神经系统功能衰竭而死亡。CJD的病理特征主要是海绵状变性和星形胶质细胞增生。根据传染途径和发病机制，CJD分为散发性、家族性和医源性三种类型。散发性CJD约占所有人类朊粒病病例的85%，发病率约为1/100万。散发性CJD的传播途径不明，平均发病年龄为65岁，临床症状包括快速进行性智力退化、小脑功能障碍（包括肌肉不协调），以及视觉、言语和步态异常。快速进行性智力退化是主要的临床症状，随后是自发或诱发的肌阵挛。多数患者病情进展十分迅速，通常在发病后一年内死亡。散发性CJD患者中枢神经系统中出现的海绵状病变和PrP^{Sc}稀疏分布是该疾病神经病理学的标志性特征。在5%～10%的病例中，也可能观察到淀粉样斑块的沉积。家族性CJD的发病率占整个克–雅病的5%～15%，表现为常染色体显性遗传，*PRNP*基因的八肽重复区域中的错义突变和扩增是家族性CJD的发病原因。最常见的是第102位密码子（Pro→Leu）、第178位密码子（Asp→Asn）和第200位密码子（Glu→Lys）的点突变，第48位和第56位密码子处有重复片段插入，多伴有129位缬氨酸纯合子。医源性CJD首次于1974年在一位接受来自克–雅病患者尸体角膜移植的个体中被发现，为感染性朊粒病，与朊粒污染临床诊疗过程有关。目前已有角膜与硬脑膜移植患者、使用被朊粒污染的生长激素或促性腺激素感染CJD的病例报道。现已采取许多公共卫生措施来防止朊粒所致感染的扩散传播，因此医源性CJD的病例数目前正在下降。

3. 变异型克–雅病（variant CJD，vCJD） 是1996年3月由英国CJD监测中心首先报道的一种新发现的人类传染性海绵状脑病。此后，法国、德国、爱尔兰与俄罗斯等欧洲国家也相继出现病例。vCJD与典型CJD在发病年龄、临床表现与病程、神经病理改变等方面均有明显不同，因此被称为变异型克–雅病。vCJD的发病年龄较轻，通常在42岁以下，平均发病年龄为29岁，最小病例仅15岁。vCJD的平均病程比散发性CJD长，临床表现常有感觉障碍和精神症状。最显著的神经病理改变是遍布于大脑和小脑的PrP^{Sc}高密度斑块，以及基底节和丘脑的低密度斑块。研究证实，人类vCJD的发生与牛海绵状脑病（BSE）密切相关。接触病牛或进食病牛肉及牛肉制品是vCJD最主要的发病原因，但确切的致病机制尚未明确。致病因子可能通过消化道进入人体，先在肠道局部淋巴组织中增殖，随后出现在脾脏和扁桃体等处，最终定位于中枢神经系统，引起疾病。

4. 格斯特曼综合征（Gerstmann-Sträussler-Scheinker syndrome，GSS） 是一种罕见的传染性海绵状脑病，发病率为每年1～10例/亿人。GSS是一种常染色体显性遗传病，主要与*PRNP*基因的第102位密码子（Pro→Leu）、第178位密码子（Asp→Asn）和第198位密码子（Phe→Ser）突变有关。GSS的发病较早，平均发病年龄为43～48岁，病程缓慢，持续时间为3.5～9.5年。临床症状包括小脑共济失调、步态异常、痴呆、眼球运动障碍、肌阵挛、痉挛性截瘫、帕金森样体征等。通常患者在5年左右发展至死亡。GSS的病理特征是特征性的小脑多中心淀粉样斑块、神经元丢失和星形胶质细胞增生。

5. 致死性家族性失眠症（fatal familial insomnia，FFI） 是1986年被正式确定的一种家族性朊粒病。目前全球范围内已经记录了数百例FFI患者，主要分布在欧洲和亚洲，近年来中国FFI的病例数量显著增加。FFI的病因已确定为位于20号染色体短臂（p）位置p13（20p13）的*PRNP*基因第178密码子的常染色体显性突变（Asp→ Asn），但第129

位密码子多为甲硫氨酸纯合子，与家族性 CJD 的第 129 位密码子多为缬氨酸纯合子不同。FFI 的平均发病年龄为 49 岁，患者出现进行性的失眠，失去正常生理节律的睡眠模式，随后出现自主神经功能障碍（包括心动过速、多汗和高血压等）、认知障碍（包括短期记忆和注意力缺陷等）、内分泌功能障碍及平衡问题。FFI 的神经病理变化主要表现为显著的丘脑神经胶质增生和神经元丧失，很少或几乎没有海绵样变化。目前该病无法治愈，平均病程为 18 个月，最终导致死亡。

6. 可变蛋白酶敏感性朊粒病（variably protease-sensitive prionopathy，VPSPr） 是新近确定的一种罕见的散发性朊粒病亚型，主要影响在 *PRNP* 基因密码子 129 位置上具有缬氨酸纯合性的个体。2008 年，在 11 名患者中发现了一种新型的不典型痴呆形式，所有患者 *PRNP* 基因密码子 129 位置上均为缬氨酸纯合子，大多数患者都有认知障碍的家族史，但未发现 *PRNP* 基因的其他突变。该病的临床病程比散发性 CJD 长，通常为 2 年，但其神经病理学特征与传染性海绵状脑病（TSE）相似。

第五节 朊粒的微生物学检查

目前，朊粒病的临床诊断主要依据流行病学、临床表现、脑组织神经病理学检查和病原学检查等进行综合判断。病原学检查包括检测标本中的 PrP^{Sc} 或脑脊液中朊粒病的生物标志物如 14-3-3 蛋白等；以及疾病相关基因 *PRNP* 的检测与分析等。在标本中检测到 PrP^{Sc} 是确诊朊粒病最可靠的指标。

一、PrP^{Sc} 检测

在基础研究及临床诊断领域，通常使用免疫组化、免疫印迹、酶联免疫吸附试验等方法来检测 PrP^{Sc}，但这些方法的敏感性较低，一般用于检测 PrP^{Sc} 含量较高的样本，如脑组织或淋巴组织。而体外扩增技术，包括蛋白质错误折叠循环扩增技术和实时振荡诱变试验，为 PrP^{Sc} 的检测提供了高灵敏度的途径。

1. 免疫组化（immunohistochemistry，IHC） 由于目前尚无可区分 PrP^{C} 和 PrP^{Sc} 的特异性抗体，免疫组化检测法通常将脑组织或淋巴组织的病理切片用福尔马林固定及石蜡包埋后，用蛋白酶 K 处理以破坏 PrP^{C}，再用抗 PrP 单克隆抗体或多克隆抗体检测组织标本中对蛋白酶 K 有抗性的 PrP^{Sc}。免疫组化检测法不仅能检出脑组织中的 PrP^{Sc}，还能观察 PrP^{Sc} 在脑组织中的分布特点。

2. 免疫印迹（Western blotting，WB） 该法仍需用蛋白酶 K 处理匀浆后的脑组织或淋巴组织标本以破坏 PrP^{C}，电泳后转印到硝化纤维素膜上，再用抗 PrP 单克隆抗体或多克隆抗体检测组织标本中对蛋白酶 K 有抗性的 PrP^{Sc}。

3. 酶联免疫吸附试验（enzyme linked immunosorbent assay，ELISA） 一般采用可识别 PrP^{Sc} 不同位点的夹心 ELISA 或化学发光 ELISA 检测脑组织悬液或脑脊液中的 PrP^{Sc}。ELISA 是目前筛查朊粒病常用的方法。

4. 蛋白质错误折叠循环扩增（protein misfolding cyclic amplification，PMCA） 该技术是一种类似 PCR 的体外扩增 PrP^{Sc} 的检测方法。将检测样本与含有 PrP^{C} 的正常脑组织匀浆或者细胞匀浆混合，放置在超声静置孵育循环中。若检测样本中存在微量的 PrP^{Sc}，这些 PrP^{Sc} 则可作为模板，诱导 PrP^{C} 转变为 PrP^{Sc}；PrP^{Sc} 通常聚集存在，经超声处理后形成单体或低级聚合物，然后孵育；经重复孵育和超声处理，标本中 PrP^{Sc} 的含量可大幅度增加，从而实现 PrP^{Sc} 的体外复制和扩增过程。当生成的 PrP^{Sc} 足够多时，可以被免疫印迹法检测出来。PMCA 显著提高了检测的灵敏度，可用于 PrP^{Sc} 含量较低样本的检测。但 PMCA 也存在无法从脑脊液中检测 PrP^{Sc}，需要脑组织匀浆或者细胞匀浆来提供反应所需的底物 PrP^{C}，一次检测通量低、耗时长，产物具有生物安全危害等缺点。

5. 实时振荡诱变试验（real-time quaking-induced conversion assay，RT-QuIC） RT-QuIC 同样利用了 PrP^{Sc} 能够诱导 PrP^{C} 转化的特性，但将超声替换为了振荡。该方法采用重组 PrP^{C} 为底物与检测样本一起进行间歇性振荡和共孵育，从而启动 PrP^{C} 向 PrP^{Sc} 的转化。转化后的 PrP^{Sc} 通常聚集形成淀粉样纤维，纤维在振荡条件下碎裂生成中间产物，可进一步诱导 PrP^{C} 的转化，实现 PrP^{Sc} 的大量扩增。在扩增过程中，加入能够与淀粉样纤维结合发出荧光的硫黄素 T（thioflavin T），通过采集荧光信号来实时检测产生的纤维量。与 PMCA 相比，RT-QuIC 的检测通量更高，可检测样本的范围更广，产物不具有感染性，并且可以实现对扩增过程中体系内荧光信号的实时监测。目前，RT-QuIC 已成为最常用来检测朊粒的体外扩增技术。

二、生物标志物检测

14-3-3 蛋白具有参与调节细胞分化、信号转导和神经传递等多种生物功能。正常生理状态下，14-3-3 蛋白主要存在于细胞质中，脑脊液中一般检测不到。当神经元受到损伤时，细胞内的 14-3-3 蛋白会释放到脑脊液中。在朊粒病患者的脑脊液中，14-3-3 蛋白的含量明显升高。目前，主要通过免疫印迹法来检测患者脑脊液样本中的 14-3-3 蛋白。

三、基因分析

基因检测主要用于辅助诊断家族性朊粒病。通过从可疑患者的外周血或组织中提取 DNA，扩增 *PRNP* 基因，进行分子遗传学分析，可以发现特定区域或位点的突变基因，从而协助诊断家族性朊粒病。

第六节 朊粒病的防治原则

目前，尚无疫苗用于预防朊粒病，也缺乏有效的治疗方法，主要是针对朊粒病的可能传播途径采取相应的预防措施。

一、预防措施

1. 医源性朊粒病的预防 由于大多数医源性 CJD 是通过器官移植和应用垂体来源激素所致，因此必须严格器官捐献的标准。朊粒病患者或任何神经系统退行性疾病患者、曾接受垂体来源激素治疗者、有朊粒病家族史者均不能作为器官、组织或体液的供体，也不能做献血员。对于家族性朊粒病家族，应进行监测，给予遗传咨询和产前筛查。使用重组人生长因子取代源于人脑垂体的生长因子，可以减少医源性感染的发生。应对患者的血液、体液及手术器械等污染物进行彻底消毒，彻底销毁含有致病因子的动物尸体、组织块或注射器，以减少该病的传播。医护人员在诊疗过程中应严格遵守操作规程，加强防范意识，注意自我保护。

2. BSE 和 vCJD 的预防 禁止使用动物的骨肉粉作为饲料喂养牛、羊等反刍动物，以防止致病因子进入食物链。对从有 BSE 流行的国家进口的牛（包括胚胎）或牛相关制品，必须进行严格和特殊的检疫，防止输入性感染，并加强检测工作。鉴于朊粒感染的危害严重且难以对付，预防其发生和发展必须做到未雨绸缪，多方严加防范。各相关部门应仔细查找和消除可能导致朊粒传染的隐患，积极采取防范措施。同时，需要对我国的牛、羊等偶蹄动物进行更大范围的朊粒感染风险调查。

二、治疗进展

目前，对朊粒病仍缺乏有效的治疗方法，主要措施为对症、支持治疗。总体有三大策略试图阻止朊粒病的发展：①抑制 PrP^{Sc} 的形成及增殖为该病的理想治疗靶点，如研制使 PrP^{C} 结构稳定的药物、破坏 PrP^{Sc} 的 β 折叠结构的药物等，但仍处于设想和研发阶段；②阻止朊粒从外周运输扩散至中枢神经系统；③补救治疗，通过移植或再生手段有可能替换或修复损伤的组织。目前，在寻找朊粒病治疗方法的过程中，传统化学药物的筛选大多仍停留在细胞实验上。一些影响朊粒病致病过程的调控因子和信号通路引起了广泛关注，为寻找朊粒病的治疗方法带来了新的思路。此外，不同朊粒病治疗方案的联合使用效果也有待进一步探究。

本章小结

朊粒是一种构象异常的传染性蛋白粒子，由宿主细胞中正常朊蛋白经过构象改变而形成，不含核酸，但具有自我复制能力和传染性。人类、多种哺乳动物、鸟类和鱼类等生物的染色体中存在着编码朊蛋白的 *PRNP* 基因。在正常情况下，*PRNP* 基因编码的朊蛋白称为 PrP^{C}，是一种正常的糖基化膜蛋白。某些因素的作用可以引起 PrP^{C} 的构象发生异常改变，形成 PrP^{Sc}，即朊粒。朊粒的本质是一种构象异常的朊蛋白，分子构象含有大量的 β 折叠结构，仅存在于感染的宿主组织中，对蛋白酶 K 有抗性。朊粒引起人和动物的朊粒病，是一种慢性、进行性、致死性神经退行性疾病，也称传染性海绵状脑病。目前发现的动物朊粒病主要包括羊瘙痒病、牛海绵状脑病、猫海绵状脑病、鹿慢性消耗性疾病、水貂传染性脑病等；人类的朊粒病包括库鲁病、克–雅病、变异型克–雅病、格斯特曼综合征、致死性家族性失眠症等。朊粒病的临床诊断主要依据流行病学、临床表现、脑组织神经病理学检查和病原学检查等进行综合判断。病原学检查包括检测标本中的感染性 PrP^{Sc} 或脑脊液中朊粒病的生物标志物，以及疾病相关基因的检测与分析等。目前，尚无疫苗用于预防肮粒病，也缺乏有效的治疗方法，主要针对朊粒病的可能传播途径采取相应的预防措施。

（周琳琳　摆　茹　李明远）

1. 什么是朊粒？比较 PrP^{C} 与 PrP^{Sc} 的主要区别。
2. 简述朊粒病的临床特征。
3. 朊粒可导致人和动物哪些疾病？

主要参考文献

Baiardi S，Mammana A，Capellari S，et al. 2023. Human prion disease：Molecular pathogenesis，and possible therapeutic targets and strategies. Expert Opinion on Therapeutic Targets，27（12）：1271-1284.

Caughey B，Priola S A，Schonberger L B，et al. 2020. Prion diseases. *In*：Meechan P J，Potts J. Biosafety in Microbiological and Biomedical Laboratories. 6th ed. Bethesda：U.S. Department of Health and Human Services：355-366.

Foutz A，Appleby B S，Hamlin C，et al. 2017. Diagnostic and prognostic value of human prion detection in cerebrospinal fluid. Annals of Neurology，81（1）：79-92.

Groveman B R，Dolan M A，Taubner L M，et al. 2014. Parallel in-register intermolecular β-sheet architectures for prion-seeded prion protein（PrP）amyloids. The Journal of Biological Chemistry，289（35）：24129-24142.

Imran M，Mahmood S. 2011. An overview of human prion diseases. Virology Journal，8：559.

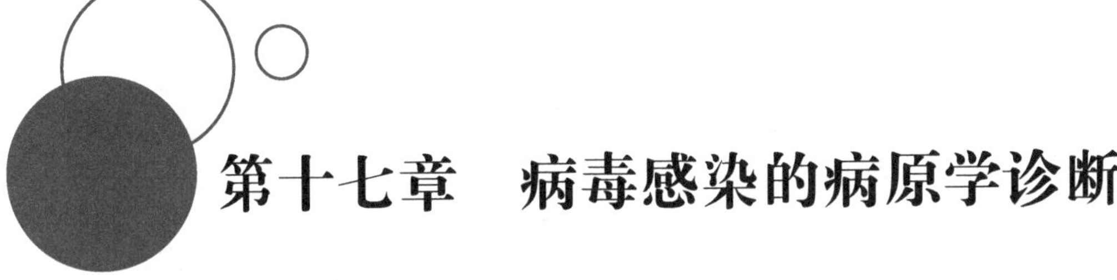

第十七章　病毒感染的病原学诊断

本章要点

1. 标本采集与送检原则：正确采集、处理、保存和送检标本是病毒性疾病的病原学诊断成功的首要保证。
2. 病毒形态学检查：电镜检查可观察病毒的大小、形态和结构，光镜可观察病毒包涵体和感染细胞的特征。
3. 病毒抗原和抗体检测：采用免疫学技术检测病毒特异性或相关的抗原、抗体，可对病毒感染性疾病进行快速诊断。
4. 病毒核酸检测：采用分子生物学技术检测病毒核酸分子，具有灵敏度高、特异性强、简便快速等优点，被广泛应用于病毒感染的快速诊断。
5. 病毒分离培养与鉴定：采用细胞培养等方法分离与鉴定病毒是病毒感染性疾病诊断的金标准，但不适用于病毒感染的早期快速诊断。

病毒是非细胞型微生物，必须在活的易感细胞中才能复制增殖。病毒感染机体后可在宿主细胞内进行复制并合成自身成分，产生新的子代病毒，同时刺激机体产生特异性免疫应答。因此，病毒感染的病原学诊断，即病毒学诊断（virological diagnosis），是指对来自病毒感染性疾病患者的标本，依靠病毒形态学检查、分子诊断技术、免疫学技术和病毒分离培养与鉴定等，检测标本中病毒体、病毒蛋白和病毒核酸，或病毒侵入后机体的免疫应答产物，最终鉴定出病毒的种属甚至型别。病毒学诊断是确诊病毒感染性疾病的客观依据，决定了对患者的管理决策和治疗方案。应依据采集标本的类型、待检病毒的种属分类及其所致疾病的临床特点，选择适宜的病毒学诊断技术。标本采集、运送和检测过程中均要在符合生物安全要求的条件下进行，做好个人防护、样品防护和实验室防护，防止病毒感染与传播。本章知识单元和知识点分解如图 17-1 所示。

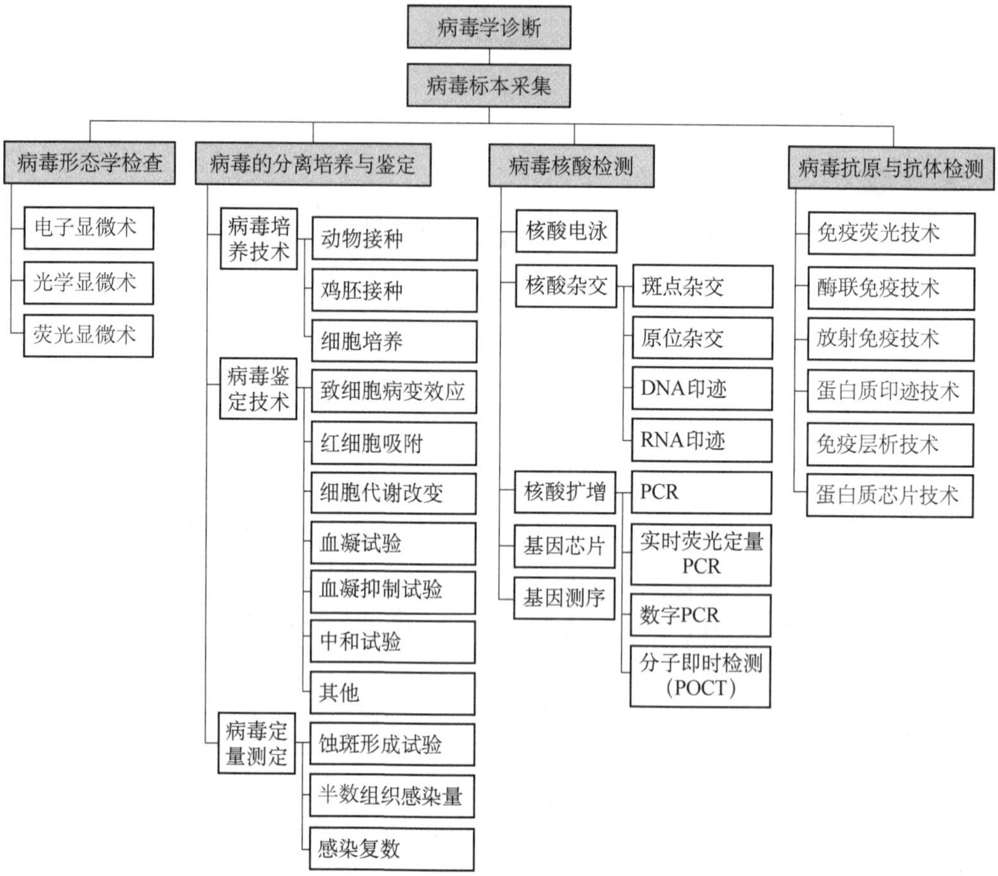

- 病毒学诊断
  - 病毒标本采集
    - 病毒形态学检查
      - 电子显微术
      - 光学显微术
      - 荧光显微术
    - 病毒的分离培养与鉴定
      - 病毒培养技术
        - 动物接种
        - 鸡胚接种
        - 细胞培养
      - 病毒鉴定技术
        - 致细胞病变效应
        - 红细胞吸附
        - 细胞代谢改变
        - 血凝试验
        - 血凝抑制试验
        - 中和试验
        - 其他
      - 病毒定量测定
        - 蚀斑形成试验
        - 半数组织感染量
        - 感染复数
    - 病毒核酸检测
      - 核酸电泳
      - 核酸杂交
        - 斑点杂交
        - 原位杂交
        - DNA印迹
        - RNA印迹
      - 核酸扩增
        - PCR
        - 实时荧光定量PCR
        - 数字PCR
        - 分子即时检测(POCT)
      - 基因芯片
      - 基因测序
    - 病毒抗原与抗体检测
      - 免疫荧光技术
      - 酶联免疫技术
      - 放射免疫技术
      - 蛋白质印迹技术
      - 免疫层析技术
      - 蛋白质芯片技术

图 17-1　本章知识单元和知识点分解图

第一节　标本采集与送检的原则

正确采集、处理、保存和送检标本是病毒性疾病的病原学诊断成功的首要保证。

一、标本采集时间

分离或检测病毒应尽可能在病程的早期阶段、急性发作期或症状典型时，或使用抗病毒药物之前采集标本。在不同病程的情况下，病毒感染标志物的检测结果存在差异。例如，在发病时和急性期大多可以检测出病毒，在前驱期可能检测出，而在潜伏期和恢复期大多数病毒无法被检测出；从恢复期和急性期标本中可检测出病毒抗体，而从潜伏期和前驱期标本中不能检测出抗体。

二、标本种类与部位

应依据感染部位、疾病类型和病程来确定应采集的标本，核心是保证标本中存在活的病毒或可检测到的病毒成分。例如，采集流感病毒感染者的咽漱液或鼻咽拭子，腮腺炎病毒感染者的唾液或脑脊液，轮状病毒感染者的粪便，单纯疱疹病毒感染者的水疱液或阴道拭子，人类免疫缺陷病毒感染者的血液，狂犬病死者或动物的脑组织，病毒血症期的血液等。

三、标本处理、保存和送检

取材时应遵循无菌操作的原则，将采集到的标本盛放于无菌容器中，避免标本被环境中的其他微生物所污染。有细菌或真菌污染的标本进行病毒分离培养时，需要使用抗细菌或抗真菌药物处理，或经滤过除菌。无菌的血液、脑脊液可直接接种于细胞。病毒耐冷怕热，离体后在室温易失活，标本应低温保存并尽快送检。不能立即送检的标本置-80℃以下环境中保存，病变组织可置于50%甘油缓冲盐水中保存。用于检测抗体的全血必须在冻存前分离出血清。用于细胞培养的组织应在4℃环境中保存。应避免反复冻融，若一份样本进行多种检测，宜分装保存。盛放标本的容器表面贴好标签，准确填写标本送检单，注明患者姓名、年龄、性别和疑似诊断等信息及标本来源和检验目的，便于实验室选择适宜的培养和鉴定方法。

四、血清学诊断标本

检测病毒IgM抗体时，在急性期采集一份血清标本即可；检测病毒IgG抗体的血清标本，需要在急性期和恢复期各采集一份血清标本，观察两份血清中抗体效价的动态变化，通常恢复期血清抗体效价比急性期抗体效价升高4倍或以上时具有诊断价值。

第二节 病毒感染的诊断技术

一、病毒形态学检查

1. 电子显微术（electron microscopy） 扫描电子显微镜（scanning electron microscope，SEM）是利用电子束扫描样品表面，通过样品与电子束相互作用产生的信号来获取高分辨率图像的显微镜，通常可达纳米级别，故可用于观察病毒的大小、形态和表面结构。透射电子显微镜（transmission electron microscope，TEM）是一种使用透射电子束来观察样品内部结构的显微镜，其分辨率达到原子级别，故可用于观察病毒内部的超微结构。含有高浓度病毒颗粒（$\geqslant 10^7$个颗粒/mL）的标本或病变组织，可直接应用磷钨酸负染后电镜观察，依据病毒的形态和大小，可初步鉴定到病毒科或属。对含低浓度病毒的样本（如粪便中的轮状病毒），可超速离心后取标本沉淀物进行电镜观察，以提高检出率；也可用免疫电子显微术（immuno-electron microscopy），将病毒样本与病毒特异性抗体作用，形成病毒-抗体复合物，利用电镜观察则可明显提高检测敏感性并具有特异性。电镜技术因操作复杂、

成本高和不甚敏感，一般不被用于临床的常规病原学诊断，但对胃肠道病毒及新发病毒性感染的诊断仍具有重要价值。有些病毒如埃博拉病毒、甲型肝炎病毒、乙型肝炎病毒、轮状病毒和诺如病毒等均是利用电镜首次发现的。此外，采用冷冻电子显微术（cryo-electron microscopy）结合电子断层成像术可观察病毒完整的形态结构和病毒蛋白分子的结构，其方法是快速将病毒悬液冷冻成为玻璃状样品，然后在低温条件下用电镜观察，再通过数字成像技术多角度对样品进行图片采集，经过计算机三维重构得到病毒完整的形态结构及其蛋白质分子的结构。

2. 光学显微术（light microscopy） 针对病理标本、含有脱落细胞及针吸细胞或培养细胞的标本，在光学显微镜下观察细胞内出现的嗜酸性或嗜碱性包涵体或多核巨细胞，可作为病毒感染的辅助诊断。包涵体多呈圆形或卵圆形，位于胞质（如狂犬病病毒）、胞核（如疱疹病毒）或胞质和胞核内均有（如麻疹病毒）。如取可疑病犬的大脑海马回制成组织切片并染色，在光学显微镜下见到胞质内嗜酸性内基小体（Negri body）（图 17-2），可诊断为狂犬病；对疑似麻疹患者早期的眼、鼻咽分泌物涂片，瑞氏染色镜检，观察到多核巨细胞，诊断阳性率高达 90%。

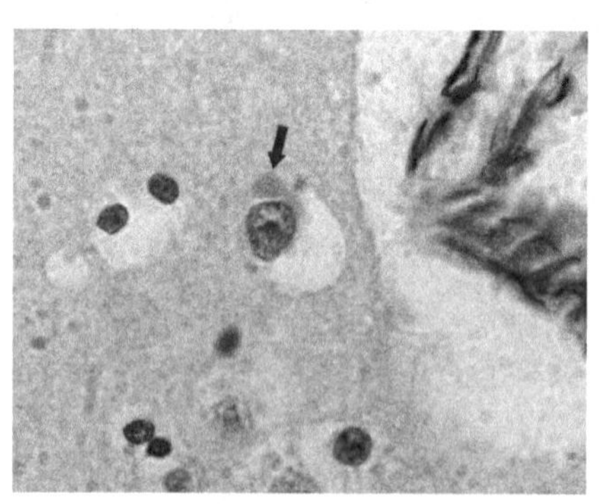
图 17-2 狂犬病病毒包涵体（内基小体）

3. 荧光显微术（fluorescence microscopy） 该技术是基于病毒荧光染色的显微镜观察。标本用荧光染料染色或与荧光素标记的病毒特异性抗体反应，在荧光显微镜或共聚焦显微镜（confocal microscope）下可观察到不同颜色的荧光（如红色、绿色和蓝色等），做出病毒感染的特异性诊断。

二、病毒抗体检测

病毒感染机体后可在宿主细胞内合成病毒蛋白成分，并刺激机体产生特异性抗体。血清、血浆和脑脊液等临床标本可用于检测病毒抗体。在病毒感染急性期，检测特异性抗体特别适用于分离培养困难的病毒、培养时间较久的病毒或检测时病毒分泌已经停止的情况，如甲型肝炎病毒、风疹病毒和细小病毒 B19 等。抗体的检测对于诊断和筛查人类免疫缺陷病毒和丙型肝炎病毒等持续性感染也很必要，病毒复制与抗体出现并存。病毒感染机体后，特异性 IgM 抗体较早产生，因此 IgM 抗体的测定可辅助早期诊断。例如，从孕妇羊水中查到 IgM 型特异抗体，可诊断某些病毒引起的胎儿宫内感染；抗 HBc IgM 出现较早，常作为急性 HBV 感染的指标。在感染早期，血清中特异性 IgG 抗体未产生或水平较低，恢复期或病程晚期（1～2 周后），IgG 抗体滴度显著升高。因此，常采集病程的急性期和恢复期双份血清，若恢复期 IgG 抗体由阴性转为阳性，或者抗体效价比早期升高 4 倍或 4 倍以上，则有诊断价值。中和试验、血凝抑制试验、酶联免疫吸附试验（ELISA）、蛋白质印迹和蛋白质芯片技术等均被应用于病毒抗体的检测。某些病毒感染的诊断需要特别谨慎，如 AIDS 和成人

T 细胞白血病等，在抗体检测初筛试验阳性后，尚需用蛋白质印迹等方法进行确认。

数字资源 17-3

三、病毒抗原检测

在病毒感染的细胞内，病毒合成各种蛋白质，构成病毒的抗原。采用免疫学技术直接检测标本或培养物中的病毒抗原，是目前早期诊断病毒性感染较为常用的方法。免疫荧光技术、酶联免疫技术、放射免疫技术和免疫层析技术等方法均可用于检测病毒抗原，这些技术操作简便、特异性强、敏感性高。使用单克隆抗体标记技术可测到 ng（10^{-9}g）至 pg（10^{-12}g）水平的抗原或半抗原。其中放射免疫技术可引起放射性污染，其使用逐渐减少，并被非放射性标记物（如地高辛等）所代替。蛋白质印迹技术也可用来检测病毒抗原，但不常用。免疫层析技术是最早应用于病毒感染诊断的即时检测（point-of-care test，POCT）技术，其中胶体金免疫层析技术发展最为成熟，临床使用广泛，可用于检测流感病毒、冠状病毒和轮状病毒等。此外，应用新型的蛋白质（抗体）芯片技术，可以在一张芯片上同时对多个标本或多种病毒进行抗原检测，具有快速、敏感和高通量等特点。例如，用蛋白质芯片可同时检测 HBsAg、HBeAg 等 HBV 抗原。

四、病毒核酸检测

利用分子技术进行病毒的核酸检测，是近年来病毒性感染的临床诊断中较为常用的方法，其优点包括：①可用于检测常规培养系统不能培养的病毒；②可用于少量标本或含少量病毒的标本的检测；③可用于抗体产生前或不能产生抗体的免疫缺陷患者检测；④可对病毒进行定量检测，有助于了解病毒感染的进程和监测抗病毒治疗的效果；⑤可对病毒进行基因分型，预测疾病的传播和鉴定新病毒；⑥灵敏度高、特异性好、快速、简捷。主要检测技术包括核酸电泳（nucleic acid electrophoresis）、核酸杂交、核酸扩增、基因芯片、基因测序等。

1. 核酸电泳（nucleic acid electrophoresis）　基因组分节段的病毒，如流感病毒、呼肠孤病毒、轮状病毒等，可从标本中直接提取核酸，经琼脂糖凝胶电泳后，在凝胶上可见特征性条带。例如，从粪便标本中提取轮状病毒的核酸，直接经琼脂糖凝胶电泳和银染色后，在凝胶上可见 11 个条带，结合临床情况可进行轮状病毒感染的诊断。

2. 核酸杂交（nucleic acid hybridization）　该技术检测病毒具有很高的敏感性和特异性。将标记探针与待测标本在一定条件下进行杂交，根据杂交信号检测结果，判断标本中是否存在互补的病毒核酸。常用的杂交方法有：①斑点杂交（dot blot hybridization），从标本中提取待测的 DNA 或 RNA 直接点样在杂交滤膜上，变性后与标记的探针核酸序列杂交，根据标记物的不同采用放射自显影或酶反应技术等检测放射性核素或非放射性标记物；②原位杂交（*in situ* hybridization），是核酸杂交结合细胞学技术的一种特殊检测方法，在病理切片上，用细胞原位释放的 DNA 或 RNA 与标记的特异核酸探针进行杂交，通过显色技术可直接观察待测核酸在细胞内的分布状态及其与细胞染色体的关系等；③DNA 印迹（Southern blot）和 RNA 印迹（Northern blot），提取标本中的 DNA 或 RNA，用限制性内切酶切割后经琼脂糖电泳形成不同大小的核酸条带，再将琼脂糖凝胶中的核酸条带电转移至硝酸纤维素膜上，与来自已知病毒的标记过的探针序列进行杂交，可以检测病毒DNA或RNA中的特异序列。

3. 核酸扩增（nucleic acid amplification） 选择特异引物通过聚合酶链反应（polymerase chain reaction，PCR）扩增标本中的病毒核酸的特异性序列，按照扩增产物片段的大小加以鉴定，明确样本中是否存在该病毒而诊断病毒性感染。PCR是敏感、快速的诊断方法，可直接扩增病毒DNA，用于检测DNA病毒。逆转录PCR（reverse transcription PCR，RT-PCR）是将RNA逆转录为互补DNA，再进行PCR扩增，用于检测RNA病毒。多重PCR（multiplex PCR）可在1份标本中检测多种病毒。目前临床上病毒感染的诊断最常用的是第二代核酸扩增技术，即实时荧光定量PCR（real-time quantitative PCR，qPCR）或实时荧光定量逆转录PCR（RT-qPCR）。该技术不仅敏感性和特异性更高，而且可对起始模板进行定量分析。例如，在SARS-CoV-2流行期间，基于RT-qPCR法的核酸检测技术成为确诊SARS-CoV-2感染的主要病原学诊断手段。第三代核酸扩增技术如数字PCR（digital PCR，dPCR）是一种对核酸分子绝对定量及扩增的新技术。dPCR具有比qPCR更好的灵敏性、特异性、稳定性和精确性。此外，分子即时检测（POCT）是一种快速发展的核酸检测方法，主要基于微流控技术和等温扩增（isothermal amplification）等，具有检测时间短、设备小、操作简单等优点。

数字资源 17-4

4. 基因芯片（gene chip） 基因芯片是指固定有寡核苷酸、基因组DNA或互补DNA等的生物芯片（biochip）。利用这类芯片与标记的生物样品进行杂交，可对样品的基因表达谱生物信息进行快速定性和定量分析。基因芯片具有高通量、高灵敏性和准确性、快速简便等优势，不仅可高通量检测病毒，而且可确定病毒的耐药基因或基因型别。液态基因芯片整合了多重PCR技术和荧光编码微球检测系统，对一个样本进行至多可达100个分析指标的检测，已成功用于呼吸道病毒感染的诊断和人乳头瘤病毒的分型等。

数字资源 17-5

5. 基因测序（gene sequencing） 病毒基因测序包括对病毒特征性基因片段的测序和应用高通量测序技术（high-throughput sequencing）对病毒全基因组和宏基因组进行测序，将所检测病毒的基因（组）序列与基因库的病毒标准序列进行生物信息学比对与分析，可达到诊断病毒感染的目的。病毒全基因组测序（virus whole genome sequencing）可检测一个病毒完整的基因组序列，在新发病原体检测与鉴定方面具有突出的优势。例如，该技术在新冠疫情早期的病原学诊断及病毒基因组序列的鉴定上做出了重要贡献。目前对已发现的病原性病毒的全基因测序已基本完成并将建立基因库。病毒宏基因组测序（virus metagenomic sequencing）可检测样品中全部病毒的核酸，对某些病毒感染标本不仅检出率高，还可能发现标本中未被检测到的已知病毒，甚至新病毒。随着高通量测序技术的迅速发展，病毒宏基因组学（viral metagenomics）的理论和技术已被证明在临床病毒学诊断中发挥着重要的作用。例如，有许多病毒表现出具有感染神经系统的潜力，临床多表现为脑炎，通过宏基因组测序技术成功地鉴定出了这些病毒，如埃博拉病毒、寨卡病毒、基孔肯雅病毒、西尼罗病毒等。近年来又发展了病毒宏转录组测序（virus metatranscriptomic sequencing），即提取样品中的全部 RNA，然后逆转录成 cDNA，构建 cDNA 文库并测序。该方法的优点是能够同时检测到 RNA 病毒，而且可以同时分析病毒感染后的表达调控状态。

五、病毒的分离培养与鉴定

病毒的分离培养与鉴定是病毒感染的病原学诊断的金标准，但因为病毒的分离培养方法繁杂，技术条件要求高，培养需时较长等原因，故不适用于病毒感染的早期快速诊断。病毒的分离培养仅在以下情况下应用：①怀疑为新发或再发病毒性感染的病原体鉴定；②同症多因的病毒性感染的鉴别诊断；③病程长且常规技术诊断较为困难的病毒性感染的诊断；④监测病毒减毒活疫苗的效果（如及时发现恢复毒力的变异株）；⑤流行病学调查；⑥开展病毒特性相关的科学研究。

数字资源
17-6

（一）病毒的分离培养

1. 动物接种（animal inoculation） 是最早采用的病毒培养方法。通常选择同一年龄段、体重范围一致、对接种病毒敏感性高的健康动物。根据病毒种类、实验动物及研究目的不同，选择不同的接种途径，如鼻内、皮内、颅内、皮下、腹腔、静脉、角膜接种等，然后观察动物发病情况，并采集病变标本进行病毒鉴定。目前该方法已很少被应用于病毒感染的诊断，主要被用于病毒学研究。

2. 鸡胚接种（chick embryo inoculation） 有些病毒如正黏病毒、痘病毒和疱疹病毒等可用受精鸡蛋形成的鸡胚进行分离培养。依据病毒种类选用不同胚龄的鸡胚，接种于不同部位，包括绒毛尿囊膜、尿囊腔、羊膜腔和卵黄囊等，培养后收获相应的材料进行鉴定。如分离流感病毒，初次分离时接种于羊膜腔，传代适应后可移种于尿囊腔，培养后收获羊水或尿液进行鉴定。鸡胚培养法具有来源广、经济、操作简便、易于管理、病毒繁殖快等优点，但需注意的是很多病毒在鸡胚中不生长，且鸡胚可能被细菌和病毒污染或具有母源抗体等。

3. 细胞培养（cell culture） 是目前最常用的病毒分离培养方法。根据病毒的细胞嗜性，选择适当的细胞。根据细胞生长的方式，可分为单层细胞培养（monolayer cell culture）和悬浮细胞培养（suspended cell culture）；根据细胞来源、染色体特性、传代次数和用途等，可将细胞分为：①原代培养细胞（primary cultural cell），指来源于动物、鸡胚或引产人胚组织的细胞，如猴肾或人胚肾细胞等；对多种病毒的敏感性高，适用于从临床标本中分离病毒，但细胞来源困难。②二倍体细胞株（diploid cell strain），指在体外分裂50～100 代后仍保持 2 倍体染色体数目的细胞，但经多次传代后也会出现细胞老化，以致停止分裂，如用人胚肺组织建立的 WI-26 和 WI-38 株；常用于病毒分离及疫苗生产。③传代细胞系（continuous cell line），指能在体外连续传代的细胞，由肿瘤细胞或二倍体细胞突变而来，如 HeLa 细胞、Hep-2 细胞等；对多种病毒的感染性稳定，但不能用肿瘤来源的传代细胞系生产人用疫苗。

（二）病毒的鉴定

1. 病毒在培养细胞中增殖的鉴定指标

（1）致细胞病变效应（cytopathic effect，CPE）：是指部分病毒在敏感细胞内增殖引起的细胞形态学变化，细胞呈现胞内颗粒增多、皱缩、变圆、形成包涵体或多核巨细胞，甚至出现细胞溶解、死亡和脱落等。不同病毒的 CPE 特征不同，如腺病毒可引起细胞圆缩、死亡细胞呈葡萄样聚集并脱落（图 17-3），而副黏病毒、呼吸道合胞病毒等可引起细胞融合，形成多核巨细胞（又称为合胞体）。因此，观察 CPE 特点和所用细胞类型，可初步判定标本中感染的病毒种类。

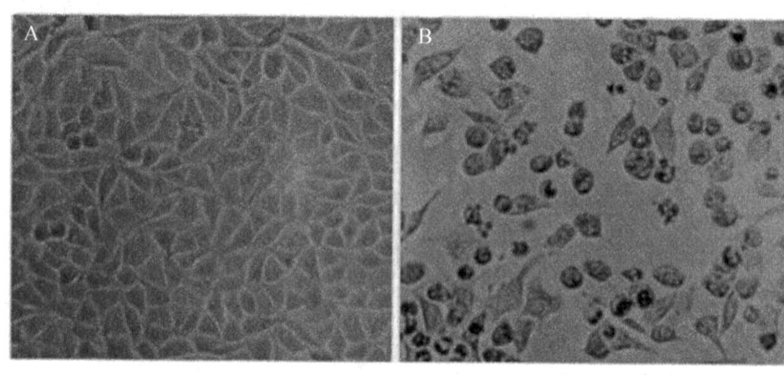

图 17-3　腺病毒感染 HeLa 细胞的致细胞病变效应（曾庆仁等，2013）

A. 正常 HeLa 细胞；B. 致细胞病变效应

（2）红细胞吸附（hemadsorption）：有些病毒的血凝素能与人或一些动物（鸡、豚鼠等）的红细胞凝集。这种带有血凝素的病毒感染易感细胞后，血凝素可表达在细胞表面，向该细胞中加入红细胞，可观察到感染细胞表面有红细胞聚集现象，称为红细胞吸附。

（3）细胞代谢改变：病毒感染细胞后可引起细胞的代谢发生改变，导致培养基的 pH 发生变化。这种培养环境的生化改变也可作为病毒增殖的指征。

2. 血凝试验（hemagglutination test，HA）　将含有血凝素的病毒加入人或一些动物（鸡、豚鼠等）的红细胞悬液中，可导致红细胞发生凝集，称为红细胞凝集试验，简称血凝试验。血凝试验阳性可作为病毒增殖的指标。若将病毒悬液作不同稀释，以引起一定程度血凝反应的病毒的最高稀释度作为血凝效价，可对病毒含量进行半定量检测。

3. 血凝抑制试验（hemagglutination inhibition test，HIT）　病毒凝集红细胞的现象可被相应病毒的血凝素抗体或抗病毒血清抑制，即血凝抑制试验。其原理是当血凝素抗体与病毒表面的血凝素结合后，阻止了血凝素与红细胞表面受体结合，从而抑制红细胞凝集现象的产生。用已知病毒的抗血清，可鉴定病毒种类、型及亚型，如鉴定流感病毒和乙型脑炎病毒等；用已知病毒，可测定患者血清中有无相应抗体，并能检测血清中抗体的效价，如检测流感病毒的血凝抑制抗体可协助流感的诊断。

4. 中和试验（neutralization test）　用已知的中和抗体或抗病毒血清先与待测病毒悬液混合，在适宜温度下作用一定时间后接种敏感细胞，经培养后观察 CPE 或红细胞吸附现象是否消失，即病毒能否被特异性抗体中和而失去对敏感细胞的感染性。其既可作为病毒增殖的指标、鉴定病毒种类，还可以测定中和抗体水平。

5. 鉴定病毒有无包膜　可用乙醚敏感性试验测定。病毒包膜含有脂类成分，用乙醚或其他脂溶剂破坏包膜，病毒被灭活而失去对敏感细胞的感染能力。

6. 测定病毒的核酸类型　可用碘苷（idoxuridine）敏感性试验测定。碘苷处理可抑制 DNA 病毒在感染的敏感细胞内繁殖，但对 RNA 病毒无抑制作用。也用于用 DNA 酶和 RNA 酶处理病毒的核酸以鉴定核酸类型。

7. 其他鉴定病毒的方法　包括病毒形态学检查，如病毒悬液经高度浓缩和纯化后，用电子显微镜直接观察病毒的形态和大小；对不能导致明显细胞病变的病毒，利用其特异性抗体进行免疫荧光或免疫酶染色，检测细胞内的病毒抗原，或采用分子诊断技术检测病毒核酸。

（三）病毒数量与感染性测定

对于已增殖或纯化的病毒悬液，应进行病毒的感染性和数量的测定。在单位体积内测定感染性病毒的数量称为滴定。病毒滴定常用的方法如下。

1. 蚀斑形成试验（plaque forming test，PFT）　将一定体积的适当稀释度的待检病毒液接种于敏感细胞单层，培养一定时间后，覆盖一层琼脂在细胞上，待其凝固后继续培养，病毒的增殖使局部被感染的单层细胞病变，形成肉眼可见的蚀斑（plaque）。一个蚀斑通常是由一个病毒感染并增殖所形成的，称为一个蚀斑形成单位（plaque forming unit，PFU）。计数单位体积内的培养皿中的蚀斑数，可推算出待检病毒液中活病毒的数量，通常以 PFU/mL 表示。PFT 既是测量病毒液滴度的经典方法，也是制备病毒纯种的方法。

2. 半数组织感染量（50% tissue culture infectious dose，$TCID_{50}$）测定　将待测病毒液作 10 倍系列稀释，分别接种并感染敏感细胞单层，经培养后观察 CPE，以能感染导致 50%细胞出现 CPE 的病毒液的最高稀释度为判定终点，经统计学处理计算 $TCID_{50}$。$TCID_{50}$ 是综合判断病毒的感染性、毒力和数量的经典方法。

3. 感染复数（multiplicity of infection，MOI）　指病毒数量与靶细胞数量的比值，作为定量感染性病毒的指标。

4. 病毒滴定的其他方法　除上述方法外，传统上还可用红细胞吸附抑制试验、血凝抑制试验和中和试验等进行病毒滴定。这些传统的技术方法操作较为烦琐，结果观察有一定的主观因素。目前常用的病毒滴定技术是采用免疫学和分子技术直接定量检测病毒抗原和核酸，较传统技术操作更加简便、快速且结果更客观。

本章小结

病毒感染的病原学诊断主要包括检测标本中病毒体、病毒蛋白和病毒核酸，或病毒侵入后机体的免疫应答产物。正确采集、处理、保存和送检标本是病毒性疾病的病原学诊断成功的首要保证。利用电子显微镜可观察病毒的大小、形态和结构，利用光学显微镜可观察病毒包涵体和感染细胞的特征。利用免疫荧光技术、免疫酶技术、蛋白质印迹技术和蛋白质芯片技术等免疫学方法检测病毒的抗原和抗体可对病毒感染进行快速诊断。核酸杂交、核酸扩增、基因芯片、基因测序等分子诊断技术检测病毒核酸是近年来病毒学诊断中较为常用的方法，可了解病毒感染的进程、监测抗病毒治疗的效果及鉴定新病毒等。病毒分离培养与鉴定是病毒感染的病原学诊断的金标准，但因为病毒的分离培养方法繁杂，技术条件要求高，培养需时较长等原因，故不适用于病毒感染的早期快速诊断。病毒分离培养方法主要有动物接种、鸡胚接种和细胞培养。致细胞病变效应和红细胞吸附现象等是鉴定病毒在培养细胞中增殖的重要指标。蚀斑形成试验和半数组织感染量等方法可用于病毒感染性和数量的测定。

（陈利玉）

1. 进行病毒分离培养时对临床标本的采集和送检有何要求？
2. 鉴定病毒在培养细胞内增殖的方法有哪些？
3. 一种病毒性疾病流行时如何快速鉴定出病原体？怎么确定是新的病原体？

主要参考文献

彭宜红，郭德银. 2024. 医学微生物学. 4 版. 北京：人民卫生出版社.

曾庆仁，丁剑冰，陈利玉，等. 2013. 免疫学和病原检测技术及基础与创新实验. 武汉：华中科技大学出版社.

Cassedy A，Parle-McDermott A，O'Kennedy R. 2021. Virus detection：A review of the current and emerging molecular and immunological methods. Front Mol Biosci，21（8）：637559.

Howley P M，Knipe D M. 2024. Fields Virology（Volume 4：Fundamentals）. 7th ed. Philadelphia：Wolters Kluwer Health/Lippincott Williams & Wilkins.

Riedel S，Morse S A，Mietzner T，et al. 2019. Jawetz，Melnick，& Adelberg's Medical Microbiology. 28th ed. New York：Lange Medical Books/McGraw-Hill Education.

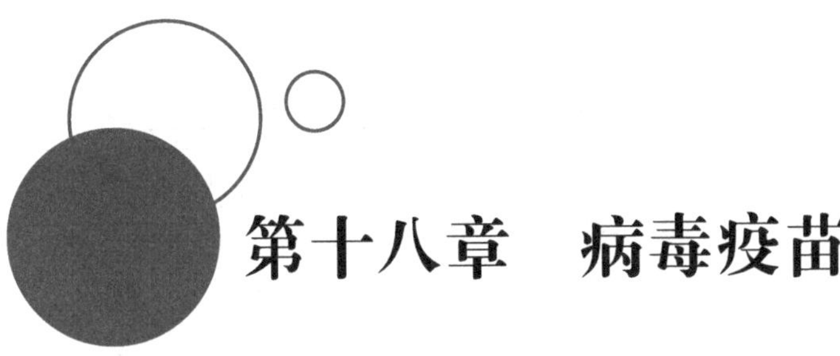

第十八章 病毒疫苗

本章要点

1. 病毒性疫苗：疫苗是预防病毒感染最有效的医疗干预措施。病毒性疫苗经人工减毒、灭活或利用基因工程的方法改造病毒，激活人体免疫系统，以阻断病毒的感染和传播。
2. 病毒疫苗的历史：随着科技与医学的进步，疫苗经历了多次革命性发展。传统的病毒性疫苗主要包括减毒活疫苗和灭活疫苗；20 世纪 80 年代后，第二次疫苗革命诞生了亚单位疫苗、重组病毒载体疫苗和合成肽疫苗；核酸疫苗被认为是“第三次疫苗革命”，开辟了疫苗研究的新时代。
3. 病毒疫苗的分类：病毒疫苗根据其发展策略可分为减毒活疫苗、灭活疫苗、亚单位疫苗、重组病毒载体疫苗、合成肽疫苗和核酸疫苗等几大类。每类疫苗在免疫机制、安全性和有效性上各有特点。
4. 病毒疫苗的制备：病毒疫苗的制备是一个复杂而系统的过程，它涉及多个步骤和精细的操作，以确保疫苗的安全性、有效性和稳定性。病毒的基因序列、致病机制及引发免疫应答的关键抗原对疫苗的设计和生产至关重要，疫苗的生产过程会根据所选用的技术路线而有所不同。
5. 新兴技术与病毒性疫苗：新兴技术推动了疫苗研发领域的进步，反向疫苗学是一种现代疫苗学研究的新策略，其从全基因水平来筛选具有保护性免疫反应的候选抗原，加速了疫苗研发的进程；合成生物学利用生物学、工程学和信息学的交叉学科优势，设计、构建和改造新型疫苗，新兴技术的加入是疫苗研发领域的一次重要进步。

本章知识单元和知识点分解如图 18-1 所示。

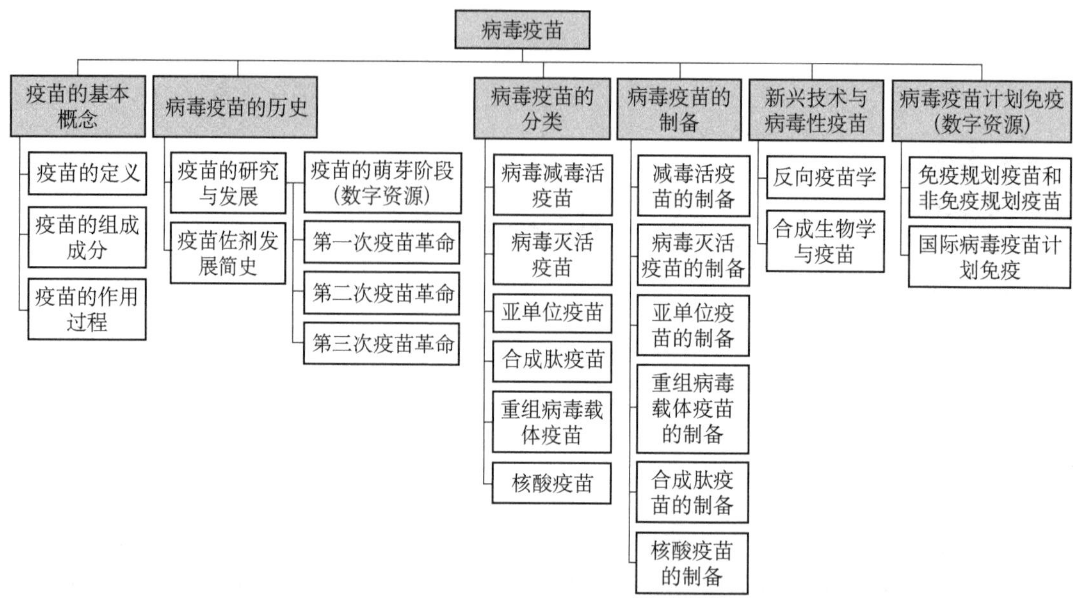

图 18-1　本章知识单元和知识点分解图

第一节　疫苗的基本概念

疫苗是将病原微生物（如细菌、立克次体、病毒等）及其代谢产物，经过人工减毒、灭活或利用基因工程等方法制成的用于预防传染病的主动免疫制剂。目前，已经获得上市许可并使用的疫苗可以预防或治疗 30 多种传染性疾病，白喉、百日咳、破伤风、麻疹、腮腺炎、风疹、肺炎、乙型肝炎和脑膜炎等严重危及人类生命健康的传染病已基本得到控制。在全球范围内，接种疫苗每年可以挽救 200 万～300 万生命。世界卫生组织曾强调疫苗的发明和预防接种是人类伟大的公共卫生成就。但近几年各种新发、突发病原体的出现和变异及微生物对药物的耐受性增加进一步给公共卫生安全造成了巨大威胁。本章重点介绍病毒类疫苗。

一、疫苗的定义

世界卫生组织（WHO）将疫苗（vaccine）定义为：含有免疫原性物质，能够诱导机体产生特异性、主动和保护宿主免疫，能够预防传染性疾病的一类异源性药学产品，包括以传染性疾病为适应证的预防和治疗性疫苗。在《中国药典》（2020 年版）中，疫苗的定义是：以病原微生物或其组成成分、代谢产物为起始材料，采用生物技术制备而成，用于预防、治疗人类相应疾病的生物制品。

二、疫苗的组成成分

抗原是疫苗最主要的有效活性组分，是决定疫苗的特异免疫原性物质。抗原应能有效地激发机体的免疫反应，包括体液免疫和细胞免疫，产生保护性抗体或致敏淋巴细胞，最后产生针对特异性抗原的保护性免疫。相比于蛋白质类和多糖类抗原，类脂类抗原的免疫原性较弱。免疫原性较弱的抗原可以通过与佐剂配伍来增强免疫应答。

此外，疫苗中还含有其他成分：疫苗稀释液（注射用水或盐离子缓冲液）；增强免疫原性的疫苗佐剂，通常是氢氧化铝等各种含铝盐；保证疫苗在不同条件和温度下安全性和有效性的明胶、山梨醇等稳定剂；防止细菌生长的防腐剂，如2-苯氧基乙醇等；在疫苗制造过程中使用制剂的残余，如用于杀灭病毒的甲醛、杀灭细菌的抗生素等。

三、疫苗的作用过程

人类的免疫系统有三个组成部分：体表屏障（皮肤、黏膜的机械屏障作用，唾液、眼泪中的溶菌酶等）、非特异性免疫系统和特异性免疫系统。非特异性免疫也称先天免疫或固有免疫，是人类在长期的种系发育与进化过程中形成的、先天具有的免疫防御功能。固有免疫系统能够广谱而快速地对病原体入侵做出反应，但是不能对某一病原体产生持久的免疫。特异性免疫也称获得性免疫或适应性免疫，是人类适应生存环境，接触抗原物质后产生的具有针对性的、进化水平上更高级的免疫功能。适应性免疫能识别特定病原微生物（抗原）或生物分子，最终将其清除，在识别自我、排除异己中起重要作用。参与适应性免疫反应的主要是T淋巴细胞（介导细胞免疫过程）和B淋巴细胞（介导体液免疫，也称抗体免疫过程）。适应性免疫是免疫接种诱导免疫力产生的主要生物学基础。

疫苗，如同自然发生的病原体入侵，可以触发先天免疫应答和适应性免疫应答。前者在感染发生的数小时之内就可以建立，后者通常在感染发生的数天或数周内逐渐建立并伴随免疫记忆的形成。免疫记忆是实现长期机体保护的生物学基础，也是免疫接种的最终目标。免疫记忆的核心是针对病原体的免疫记忆细胞的形成，当机体再次暴露于同种病原体时，一方面免疫接种时产生并留存于体内的特异性抗体能与病原体中的抗原相结合，阻断病原体致病的生化过程，另一方面免疫系统的记忆细胞可以快速清除这些病原体，从而达到保护机体的目的。

第二节 病毒疫苗的历史

回顾人类历史，疫苗作为人类与疾病斗争的有力武器，消灭或控制了多种传染病。接种疫苗是当前人类预防传染病最有效、最经济的措施之一。在疫苗发展的漫长历史长河当中，经历了数次具有重大意义的阶段，其技术发展经历了三次革命。第一次始于19世纪末，法国微生物学家路易·巴斯德（Louis Pasteur，1822—1895）研制成功鸡霍乱疫苗、羊炭疽疫苗和狂犬病疫苗，并利用生物传代和物理化学方法处理病原体，得到减毒和灭活疫苗。第二次发生在20世纪80年代，其标志是以酵母制造乙肝疫苗。在这一阶段，以重组DNA技术为代表的分子生物学技术快速发展，使疫苗的研究从整体病原体水平进阶到分子水平，主要包括亚单位疫苗、合成肽疫苗、重组病毒载体疫苗等。第三次是20世纪90年代至 21 世纪研发的核酸疫苗，是将利用基因工程技术构建的编码一种或多种抗原的外源基因直接导入动物机体内表达，诱导机体产生免疫应答。核酸疫苗包括 DNA 疫苗和 RNA 疫苗（图 18-2）。

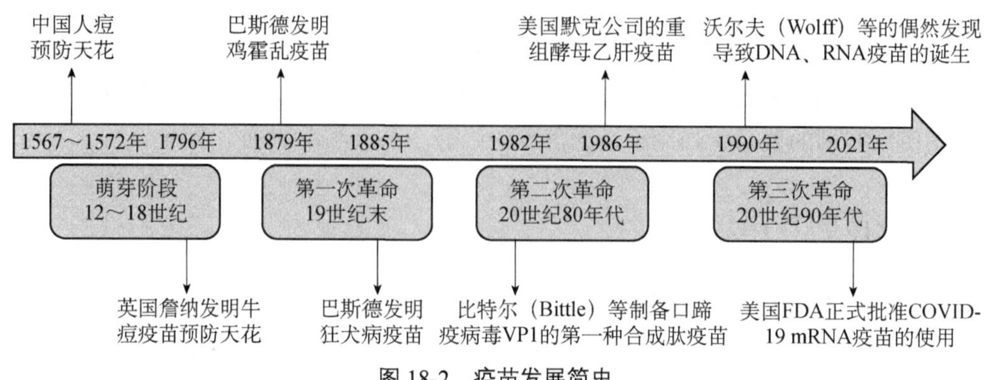

图 18-2　疫苗发展简史

一、疫苗的研究与发展

（一）第一次革命：传统疫苗发展简史

巴斯德为传统疫苗发展做出了巨大贡献，传统疫苗多通过生物传代或物理化学方法处理病原体得到减毒活或灭活疫苗及传统亚单位疫苗（图 18-3）。

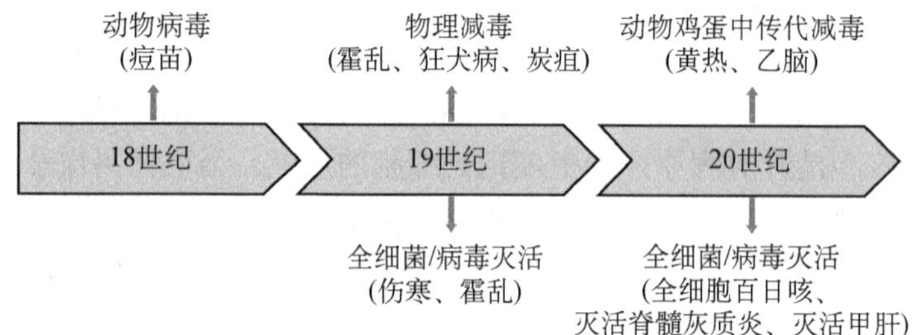

图 18-3　减毒活疫苗发展史（上）和灭活疫苗发展史（下）

19 世纪后期，法国鸡霍乱疫情肆虐，巴斯德当时正致力于鸡霍乱的病原学研究。巴斯德意外发现放置几周的出血败血性巴斯德氏菌（*Pasteurella multocida*）虽然能使鸡感染鸡霍乱，但这些鸡却能够康复不会死亡。他进一步将新鲜菌液接种给两类鸡：一类是从未接触过菌液的健康鸡，另一类是已注射过菌液但幸存的鸡。结果显示前者迅速出现鸡霍乱症状，甚至死亡；而后者仅有少数表现出轻微的精神不振。巴斯德认为这是氧气的作用使搁置的菌液毒性减弱从而不致病。基于这个发现，巴斯德成功发明了鸡霍乱减毒疫苗，这一发现在疫苗史上具有里程碑式的意义。

在 19 世纪的欧洲，由炭疽杆菌（*Bacillus anthracis*）引起的牛、羊炭疽是一种常见的严重传染病，给社会带来了巨大的经济损失。1881 年，巴斯德运用鸡霍乱疫苗的原理，成功研制出人工减毒炭疽活疫苗。1881 年 5 月 5 日，巴斯德在巴黎近郊的农场（后改名为巴斯德农场）进行了一场示范实验，实验涉及 50 只绵羊和 10 头奶牛，证实了减毒炭疽活疫苗对炭疽的预防作用。

1882 年，巴斯德及其团队通过兔脊髓传代，干燥后获得减毒株并制成狂犬病活疫苗，在 2 年后证明了健康犬通过接种能获得狂犬病的免疫性。1885 年，巴斯德首次成功救治了一名被疯狗严重咬伤的 9 岁男孩约瑟夫·梅斯特尔（Joseph Meister）。至 1886 年 10 月，狂犬病活疫苗共治疗被疯狗咬伤患者 2490 人，这一成功预防、治疗狂犬病的方法开创了人用狂犬病疫苗的新纪元，引起医学界的极大重视。

巴斯德发现的自然减毒现象为后续人工减毒疫苗的制备奠定了基础。1907～1920 年，法国细菌学家阿尔贝特·卡尔梅特（Albert Calmette，1863—1933）与兽医卡米尔·格林（Camille Guérin，1872—1961）将一株牛型结核杆菌接种到特制的 5%甘油胆汁马铃薯培养基上，并连续传代 230 次进行转化，结果发现这株结核杆菌的致病力完全消失，而接种的动物却能够产生免疫力，最终成功制备出结核杆菌减毒活疫苗。卡尔梅特与格林将这株减毒结核杆菌命名为卡介菌，人们习惯将这种疫苗称为卡介苗（Bacillus Calmette-Guérin，BCG）。卡介苗、减毒炭疽活疫苗和狂犬病活疫苗的成功研制，不仅为人类抵抗疾病提供了强有力的武器，更推动了整个疫苗研制领域的快速发展。

1896 年，德国细菌学家威廉·科勒（Wilhelm Kolle，1868—1935）建议使用经琼脂培养和热灭活的霍乱弧菌全细胞作为肠道外免疫剂。相较于法国科学家沃尔德玛·莫迪凯·沃尔夫·哈夫金（Waldemar Mordecai Wolff Haffkine，1860—1930）发明的减毒活疫苗，灭活疫苗更易于制备和标准化。科勒型疫苗在 1902 年日本霍乱大流行中首次得以大规模应用。

1896 年，德国细菌学家理查德·法伊弗（Richard Pfeiffer，1858—1945）和英国细菌学家阿尔姆罗思·赖特（Almroth Wright，1861—1947）独立报告，他们提出可以通过热灭活伤寒杆菌制备疫苗，可加入苯酚作为保护剂。但直至 1915 年，欧洲和美国的军队才开始广泛使用灭活全细胞肠道外伤寒疫苗。1912 年，美国军队系统地引入了这一疫苗后，伤寒的发病率显著下降了约 90%。尽管肠道外热灭活苯酚保存伤寒疫苗的严格对照现场效力试验直到 20 世纪 50 年代才进行，但这些流行病学资料清晰地表明了疫苗具有保护作用。世界卫生组织在 1950～1960 年发起对照现场试验显示，肠道外热灭活苯酚保存的伤寒疫苗提供抗伤寒 50%～75%的保护作用。

历史上，最著名的减毒活疫苗是由日本科学家高桥伦明（Michiaki Takahashi，1928—2013）研发的水痘减毒活疫苗。其从一名患天然水痘的患者疱液中分离到水痘病毒，并在人胚胎肺细胞、豚鼠胚胎细胞和人二倍体细胞中通过连续传代，最终得到了减毒毒株（Oka 株），成为当今世界广为应用的疫苗毒种。

被大众熟知的“脊髓灰质炎糖丸疫苗”也是一种减毒活疫苗，是由我国科学家顾方舟（1926—2019）得到苏联研究所生产的活疫苗后，研制出的“沙宾型”（Sabin 型）活疫苗，此后又对液体疫苗进行了改进，于 1962 年研制出口服的糖丸减毒活疫苗。这使我国对脊髓灰质炎的防控实现了质的飞跃。

在这一时期，除了减毒活疫苗和灭活疫苗，还出现了另一种创新型的疫苗——类毒素疫苗。1890 年，德国医学家埃米尔·阿道夫·冯·贝林（Emil Adolf von Behring，1854—

1917）和日本免疫学家北里柴三郎（Kitasato Shibasaburo，1852—1931）使用白喉外毒素为山羊进行免疫接种，发现经免疫后的山羊血清中存在能够中和白喉外毒素的物质，并用这种免疫血清成功治愈了一位白喉患者。随后，法国生物学家加斯顿·拉蒙（Gaston Ramon，1886—1963）利用甲醛处理白喉毒素，从而得到了类毒素，这种类毒素在保留抗原性的同时去除了毒性，以此疫苗接种也获得了显著的效果。

传统疫苗在疾病预防方面取得了杰出成就，大幅度降低了如天花、白喉、破伤风等多种传染性疾病的发生和死亡率。这一重大进步不仅极大地提高了人们的生活质量，还显著延长了人们的预期寿命，充分展现了疫苗在公共卫生领域的重要作用。

（二）第二次革命：基因工程疫苗发展简史

20 世纪 80 年代，分子生物学、生物化学和免疫学等领域的发展推动了疫苗的研究从完整病原体、细菌体水平转向分子水平。基因重组技术和蛋白质化学技术引领了疫苗研制的第二次革命，由酵母制备的乙肝疫苗的问世标志着第二次疫苗革命的到来。

1. 亚单位疫苗发展简史　亚单位疫苗是利用 DNA 重组技术，将病原微生物的保护性抗原基因导入合适的受体（如大肠杆菌、酵母或昆虫、哺乳动物细胞等）中。通过受体的表达系统，这些基因合成出具有免疫原性的保护性抗原（主要是蛋白质），随后经过分离、提取和纯化步骤，最终制成疫苗。与灭活疫苗和减毒活疫苗不同，亚单位疫苗并不是完整的病原体，仅包含致病性细菌或病毒的某些成分（这些成分是引起人体免疫反应的主要物质），因此亚单位疫苗从本质上就不具备感染人体、造成疾病的能力。

1977 年，美国生物化学家赫伯特·韦恩·博耶（Herbert Wayne Boyer，1936—）等用重组 DNA 技术成功地将编码人体脑激素的基因转移到大肠杆菌中并使其表达，这是真核生物的重组基因首次在原核生物中表达，这一成果促进了研究者对重组 DNA 技术的不断改进和深入研究，为疫苗研究开辟了一个全新的方向。

1982 年，美国研究者成功地将乙型肝炎病毒 *S* 基因（835bp）克隆到酿酒酵母中，使其以天然糖基化免疫原性形式产生 HBsAg。将提取合成的抗原分离纯化后制成新型乙肝疫苗，其具有更好的免疫原性和安全性。该疫苗在 1986 年获得了美国 FDA 的批准，成为全球首个基因工程亚单位疫苗，至今仍被公认为标准的乙肝疫苗。随着科学技术的不断进步，昆虫细胞系统、哺乳动物细胞甚至植物细胞都有可能作为亚单位疫苗的表达宿主。

2. 合成肽疫苗简史　合成肽疫苗的主要成分是人工设计合成的类似天然抗原决定簇的多肽。机体对抗原的加工和提呈是激活 T 淋巴细胞的重要环节。1974 年，瑞士免疫学家罗尔夫·辛克纳吉（Rolf Zinkernagel，1944—）和澳大利亚免疫学家彼得·多尔蒂（Peter Doherty，1940—）发现 $CD8^+$ T 细胞识别靶抗原需要主要组织相容性复合体（major histocompatibility complex，MHC）Ⅰ类分子的调控。随后研究表明，MHC Ⅰ类分子与抗原经过蛋白酶降解后形成的具有线性结构的产物（由 8～13 个氨基酸组成）相结合。这一重要发现为合成肽疫苗的研发奠定了坚实的基础。1982 年，按 O 型口蹄疫病毒 VP1 的核苷酸序列合成 7 种寡肽与钥孔血蓝蛋白偶联，成功地制备出第一种合成肽疫苗，实验结果显示这种疫苗能够诱导机体产生足够的抗体，对牛、猪等动物产生有效的保护作用。目前，猪的O型口蹄疫合成肽疫苗已经商品化。

3. 重组病毒载体疫苗发展简史 重组病毒载体疫苗的核心在于利用基因工程技术，精准地将外源基因插入病毒或细菌基因组的非必需区段。目前用于研究的细菌疫苗载体有沙门氏菌、卡介苗、大肠杆菌和乳酸杆菌等。用于研究的病毒疫苗的载体包括痘病毒、疱疹病毒、腺病毒、不分节段的单股RNA病毒等。在所有的重组病毒载体疫苗中，重组牛痘疫苗的研究历史最为悠久。20世纪80年代，伯纳德·莫斯（Bernard Moss）等将乙型肝炎病毒表面抗原的编码基因插入牛痘病毒，成功制备出重组牛痘疫苗。此后，多种外源基因如流感病毒血凝素、呼吸道合胞病毒表面糖蛋白基因、乙型脑炎病毒E蛋白基因、狂犬病病毒糖蛋白基因、轮状病毒蛋白基因等均在不同牛痘病毒株中得以表达。

目前，重组病毒载体疫苗和多肽疫苗仍面临免疫原性不足和免疫效果不理想等挑战。但这些新思路与新方法使那些至今无法在体外培养的病原体也能通过基因工程获取抗原。同时，这些新型疫苗还有助于减少传统疫苗的副作用，提升安全性。

（三）第三次革命：核酸疫苗发展简史

核酸疫苗主要由高度纯化的编码特异抗原蛋白的DNA或RNA片段加上适合的缓冲体系构成，常包含一些佐剂成分，包括DNA疫苗和RNA疫苗。自核酸疫苗面世以来，DNA疫苗和基于DNA的病毒载体疫苗得到更广泛的应用。核酸疫苗被认为可激发机体的免疫应答，DNA疫苗的研发开辟了疫苗研究的新时代，被称为第三次疫苗革命。

1. DNA疫苗简史 核酸疫苗最早在1990年诞生，研究人员发现在小鼠肌内注射纯化的DNA重组表达载体，在骨骼肌细胞内可以检测到该重组质粒DNA，并伴有外源蛋白高水平表达，且可以持续表达数月，这一偶然发现导致DNA疫苗的诞生。1992年，发现使用基因枪将人生长激素DNA注射到老鼠的皮肤中，可以提高人生长激素和人α-1抗胰蛋白酶特异性抗体的产生，从而提示DNA可以通过一个适合的途径来诱导机体产生抵抗病原感染的免疫应答。同年，在冷泉港实验室疫苗大会上提出了一个疫苗学的新领域，就是在免疫学中应用DNA来抵抗流感病毒和人类免疫缺陷病毒（HIV）。随后，许多与DNA免疫相似的观点开始提出，包括抗狂犬病病毒、牛疱疹病毒和乙型肝炎表面抗原。

目前DNA疫苗已被广泛应用于流感病毒、乙肝病毒、艾滋病、肿瘤及自身免疫疾病等的临床研究中，现已成功研制出流感病毒DNA疫苗、传染性法式囊病DNA疫苗、乙肝DNA疫苗等。虽然DNA疫苗在动物身上已取得较好的效果，但在应用到人体之前，还有很多问题需要解决，特别是安全性问题。

2. RNA疫苗简史 RNA疫苗包括传统的信使RNA（mRNA）疫苗、自扩增RNA（saRNA）疫苗和环状RNA（circRNA）疫苗。

1）*mRNA疫苗* 1987年末，罗伯特·马隆（Robert Malone）将mRNA链与脂肪滴混合，将mRNA运输到小鼠和人类细胞中诱导蛋白质表达，这是一项具有里程碑意义的实验。1984年，研究人员利用来自病毒的RNA合成酶获得了具有生物活性的mRNA，发现mRNA可以激活和阻止蛋白质生产以阻止靶基因表达，从而治疗疾病。1990年首次报道了mRNA在试验小鼠中的剂量–应答效应，1993年首次证明脂质体包裹的体外转录流感病毒核蛋白 mRNA 可编码流感病毒核蛋白，并在小鼠体内诱发特异性细胞毒性 T 淋巴细胞反应，明确 mRNA 可诱导细胞免疫。1995 年，研究人员报道小鼠肌内注射编码癌胚抗原（CEA）的 mRNA 后可以在体内诱导产生抗 CEA 抗体，明确 mRNA 可产生体液免疫。

mRNA 发挥了类似疫苗的作用，可用于疾病的预防和治疗，但 mRNA 分子本身不稳定，易被 RNA 酶降解。此外，自身免疫原性高及体内递送效率低等因素也限制了 mRNA 疫苗的发展。近年来随着 mRNA 合成、修饰和递送技术的进步，mRNA 技术越来越受到各大研究机构和制药企业的关注，mRNA 疫苗在肿瘤、流感病毒、狂犬病病毒、埃博拉病毒、寨卡病毒等疫苗的研究中均取得了显著的进展。2018 年，流感和狂犬病 mRNA 疫苗完成 I 期临床试验；2019 年，寨卡病毒 mRNA 疫苗完成 I 期临床试验。2019 年末，新型冠状病毒（SARS-CoV-2）在全球范围内肆虐，德国生物新技术公司（BioNTech）和莫德纳公司（Moderna）都在第一时间开始了 mRNA 疫苗的研发工作。新冠疫情的暴发给短时间内将 mRNA 疫苗推向市场提供了可能，并以此促进整个药物研发领域朝着 mRNA 治疗方向展望和规划。

2）*saRNA 疫苗*　saRNA 疫苗是一种新型 RNA 疫苗，利用了甲病毒的复制机制，可以在宿主细胞内进行多轮复制和扩增，对其进行改造后使其携带疫苗开发所需的遗传信息，在疫苗开发及基因治疗领域具有广阔的应用前景。全球研发 saRNA 疫苗与药物的企业相对较少。2012 年，诺华已经开始开发 saRNA 疫苗，2015 年诺华将 saRNA 疫苗业务转卖给了葛兰素史克公司（GSK），GSK 公司针对狂犬病病毒和新冠病毒的 saRNA 疫苗已经推进到临床 I 期阶段。在国内，嘉晨西海生物技术有限公司致力于开发基于自扩增 mRNA 平台的创新型药物；此外，还有苏州信使生物科技有限公司、今发药业有限公司、苏州智源信使生物科技有限公司等初创公司处于 saRNA 疫苗临床早期阶段。目前，saRNA 疫苗仍然是一项相对较新的技术，尚未被广泛应用于人类疫苗接种。

3）*circRNA 疫苗*　circRNA 是一类天然或合成的没有 5′或 3′端的封闭 RNA，难以被核酸外切酶降解，具有较高的药物稳定性和生物稳定性，在开发预防和治疗性疫苗上有巨大的潜力和发展空间。与 mRNA 类似，天然 circRNA 包含非编码和蛋白质编码成分。缺乏 5′帽子（5′cap）的 circRNA 利用内部核糖体进入位点（IRES）和 m^6A RNA 修饰进行翻译。

1981 年，科学家发现了线性 RNA 前体的体外环化，并于 1984 年通过人工设计 circRNA 证明了体外改造 circRNA 的可能性。但研究人员发现虽然可以使用 T4 DNA 连接酶连接线性 RNA 形成可翻译的 circRNA，但这一复杂的过程不适合 circRNA 的合成。1998 年，利用置换内含子-外显子（PIE）系统成功连接了含绿色荧光蛋白（GFP）开放阅读框（ORF）的线性 RNA 前体，实现了 circRNA 的体外合成，但翻译效率较差。直至 2018 年，新兴研究优化了 PIE 系统，实现了更长的体外转录（IVT）线性 RNA 前体的可行环化，并实现了更高的蛋白质产量。2022 年，circRNA 可以高效、准确地完成蛋白质翻译，工程化的 circRNA 能够表达相关抗原，触发适应性免疫反应。

mRNA 疫苗作为第一代基于 RNA 的疫苗，并不适合快速、经济地批量生产，其在储存和体内递送方面都不稳定。因此，需要替代方法来充分释放基于 RNA 的疫苗的潜力。circRNA 弥补了 mRNA 的缺点，具有更优的安全性、稳定性、制造简单性和可扩展性，其可作为下一代基于 RNA 的疫苗平台，有潜力成为候选疫苗。

二、疫苗佐剂发展简史

佐剂（adjuvant）是添加到疫苗中以增强人体免疫反应的物质。“adjuvant”一词来源于拉丁语“adjuvare”，意思是“帮助”。一般来说，佐剂多用于病毒灭活疫苗和亚单位疫苗，因为这些疫苗在制备过程中会丢失一些触发免疫反应的免疫学信息。1911 年，加斯顿·拉蒙（Gaston Ramon，1886—1963）加入了巴斯德研究所，1920 年，他拥有了一间简陋的实验室，并在这里进行有关白喉疫苗的研究工作。在试验一种新的白喉疫苗时，拉蒙偶然发现一些马在接种疫苗后，注射部位出现了严重的脓肿，但同时也产生了更强的免疫反应。这一现象引起了拉蒙的兴趣，为了促使这种情况发生，他开始尝试往疫苗里添加各种奇怪的东西，比如木薯粉、淀粉、琼脂、卵磷脂，甚至是面包屑。实验非常成功，一部分注射了含有以上“拉蒙调和物”疫苗的马匹明显产生了更多的抗体，从而能够更好地抵御白喉。这就是最早的疫苗佐剂。不过当时科学家并不清楚“拉蒙调和物”中真正发挥作用的成分是什么，直到多年后才发现只要含有铝盐，就能明显增强机体的免疫效果。关于铝盐佐剂在疫苗中应用的研究大幕正式拉开。

增强免疫原性的佐剂大致分为两大类：免疫增强剂和传递系统。免疫增强剂刺激免疫系统，而传递系统则负责携带病原体并将其传递给宿主免疫系统。应用最广泛的第一种佐剂是铝盐。1926 年，科学家首次发现加入铝盐的白喉类毒素疫苗比单独注射类毒素疫苗在豚鼠体内可诱导更高的抗体滴度。但此后多年，佐剂的发展非常缓慢，直到 1997 年，第一个非铝佐剂 MF59 在欧洲获批，其是一种由角鲨烯、司盘 85、Tween 80 和柠檬酸缓冲液乳化而成的水包油乳化剂，目前已在 30 多个国家和地区批准，被广泛应用于流感、乙肝、结核病、疱疹病毒疫苗及肿瘤疫苗的制备。接下来的 20 年里，另外 5 种佐剂 AS04（铝盐、单磷酰脂质 A）、AS03（角鲨烯、DL-α-生育酚、Tween 80）、AS01（QS21、单磷酰脂质 A）、CpG ODN（含 CpG 基序的寡脱氧核苷酸）1018 及新冠紧急使用的 Matrix-M 佐剂也被批准用于疫苗制备，增加了疫苗佐剂的多样性。除此之外，化合物也可作为佐剂，如矿物盐、微生物产品、乳剂、皂苷、合成小分子激动剂、聚合物、纳米颗粒和脂质体等。它们在临床前和临床研究中已被证明可以增强免疫反应的强度、广度和持久性。尽管佐剂已经使用近一个世纪，但其具体作用机制仍未完全清楚，任何新免疫增强剂或传递系统都需要进行有效性和安全性的测试。

从人痘的发明到今天，人类对于疫苗的研发已有数百年。在这段漫长的发展历史当中，经历了数次具有重大意义的阶段，分别是疫苗的萌芽、传统疫苗的研发、基因工程疫苗的发展及核酸疫苗的发展。在疫苗的研制过程中，免疫学、遗传学、生物工程等领域取得的巨大进步，为疫苗的开发提供了更多的理论和技术支持。经过不断的改良和发展，疫苗的研究已经在人类疾病的防治方面发挥巨大作用。

数字资源 18-2

第三节 病毒疫苗的分类

疫苗是指能诱导宿主对感染病原、毒素或其他重要抗原性物质产生特异、主动保护性免疫的异源预防性生物制品，可达到预防和控制疾病发生、流行的目的。疫苗根据其发展策略可分为三大类：第一代疫苗，包括减毒活疫苗和灭活疫苗；第二代疫苗，包括基于多种载体和佐剂的亚单位疫苗、合成肽疫苗和重组病毒载体疫苗；第三代疫苗，包括基于纳米材料、多聚体的 DNA、RNA 疫苗。

一、病毒减毒活疫苗

针对疫苗毒株采取生物学方法减弱其毒力来实现脱毒的目的，最终获取的就是活苗，减毒活疫苗是人类接种历史最久远的疫苗，如卡介苗、天花、麻疹、乙脑、甲型肝炎和脊髓灰质炎等疫苗，其制作原理是将目标病原体经过传代、化学或基因改造等方式，使得病原体的毒性相对削弱，进而在体内诱发免疫反应，并能保持良好的抗原遗传特性，从而达到预防的目的。乙脑减毒活疫苗是我国独创的一种乙脑疫苗，通过俞永新院士（1929—）等科研人员的努力，SA14-14-2 毒株经过 100 多代的传代减毒，成功转化为一个高度减毒、稳定且免疫性良好的乙脑弱毒株。该疫苗的成功研制和广泛应用，极大地降低了我国乙脑的发病率，为公共卫生事业做出了巨大贡献。甲肝减毒活疫苗是我国自主研发并生产的一款甲肝疫苗。在 20 世纪 80 年代，毛江森院士（1934—2023）等开始研究甲肝减毒活疫苗。经过 12 年的潜心研究，他们成功克服了甲肝病毒研究、毒种培育和工艺研究等重重难关，最终研制出甲肝减毒活疫苗。该疫苗于 1992 年获批生产和大规模使用，使我国甲肝发病率以年均 20%的速度下降，甲肝疫情得到有效控制，至今再没有大规模暴发，毛江森也由此成为名副其实的“甲肝克星”。

减毒活疫苗模拟自然感染，进入机体后可生长繁殖，在体内留存时间长。因此，对机体免疫作用强，除诱导体液免疫外，还可诱导细胞免疫，具有免疫力强、作用时间长且剂量需求少的优点。一些减毒活疫苗可设计成经鼻内给药，诱导黏膜免疫反应，局部产生的分泌型 IgA（sIgA）被输送并在上呼吸道聚集，对感染上呼吸道的传染病有很好的预防效果。减毒活疫苗引发体液和细胞免疫，所以活疫苗的潜在优势在于它还可导致减毒株在易感者之间水平传播，这种传播可能会增加人群的实际免疫覆盖率，但水平传播同样可能增加减毒株恢复毒力的可能性。因此，对于有可能产生水平传播的疫苗减毒株，必须实施严格监测。减毒疫苗削弱病毒毒力的实验周期较长，且免疫缺陷者或者孕妇一般不宜接种活疫苗。

二、病毒灭活疫苗

病毒灭活疫苗是指经过灭活处理后病原毒株已经死亡的疫苗。病毒灭活疫苗通常使用强毒株作为制苗材料，强毒株毒力强，因此在临床上通常采取脱毒处理保留其免疫原性特征，这样能保障机体免疫反应在安全状况下进行。

病毒灭活疫苗已被广泛应用于多种病毒性传染病的预防，制备工艺相对成熟，通过物理或化学方法将病毒灭活。由于不含有活病毒，因此灭活疫苗不具有传染性，也不会在人体内复制，安全性较高。这避免了接种后病毒在人群中传播的风险，也减少了“毒力返祖”的可能性。灭活的病原体，其结构保持相对完整，因此能够刺激机体产生针对多个抗原表位的广泛免疫应答。这种广泛的免疫应答有助于提高疫苗的保护效果，使其能够应对多种病原体变异。且灭活疫苗的性质相对稳定，对光、热等环境因素的耐受性较高。这使得疫苗在运输和长期贮存过程中能够保持其免疫原性，不易失效。灭活疫苗虽然具有上述优点，但也存在安全性问题、抗体依赖性增强（antibody dependent enhancement，ADE）反应风险、成本较高等缺点。1955 年，美国加利福尼亚大学伯克利分校的卡特实验室在制造脊髓灰质炎灭活疫苗时，由于在用甲醛灭活病毒时不彻底，疫苗中残存活病毒。这一问题在安全测试中未被发现，最终造成大量接种该疫苗的儿童感染脊髓灰质炎。由甲醛灭活的呼吸道合胞病毒（RSV）疫苗，在临床试验中被发现会增加接种儿童在感染 RSV 后出现严重肺炎乃至死亡的概率，这一现象被称为 ADE 反应。与 RSV 灭活疫苗类似，麻疹灭活疫苗也存在引发 ADE 反应的风险。此外，灭活疫苗通常只诱导体液免疫，免疫保护期相对短，需进行多次免疫接种。对于需要诱发细胞免疫才能提供足够保护的病原体，灭活疫苗的长期保护效力往往不如其他类型的疫苗。至今已有多款全病毒灭活疫苗获批上市，如脊髓灰质炎病毒、甲型肝炎病毒、流行性乙脑病毒、流感病毒、狂犬病病毒、肠道病毒 71 型和新型冠状病毒等灭活疫苗。

三、亚单位疫苗

亚单位疫苗由一种或多种合成、分离、重组或衍生，经过纯化的病原体部分成分（如病毒的蛋白质）和相应的佐剂组成。例如，四价流感病毒亚单位疫苗的抗原成分为流感病毒亚单位血凝素（HA）和神经氨酸酶（NA），重组乙型肝炎病毒（HBV）疫苗的抗原成分为酵母表达的乙肝病毒表面抗原，而人乳头瘤病毒（HPV）则是由不同血清型 HPV L1 蛋白组成的。后两者抗原可自组装，形成病毒样颗粒（VLP），最大程度保持抗原原有空间构象，诱导更有效的免疫保护。相比减毒活疫苗，亚单位疫苗的安全性好、生产成本低，基于特定抗原表位的多肽还可以被设计成多肽疫苗；相比于灭活疫苗，亚单位疫苗成分单一，不良反应率低。但亚单位疫苗也存在不足，如免疫原性差，多次免疫才可以具有较好的保护性，长期免疫保护力下降，这在百日咳疫苗等细菌性疫苗中更为常见。

四、合成肽疫苗

合成肽疫苗严格来说也是一种亚单位疫苗，其成分仅为含病毒免疫决定簇组分的小肽，与载体连接后加佐剂所制成，是最为理想的安全新型疫苗，也是目前研制预防和控制感染性疾病与恶性肿瘤的新型疫苗的主要方向之一。与传统疫苗相比，合成肽疫苗没有如病毒和异源蛋白质之类的污染物，但是合成肽疫苗的免疫原性较低，其应用需要更有效的免疫佐剂提高免疫原性。合成肽疫苗目前没有商业化人用疫苗，研究最为成熟的是口蹄疫合成肽疫苗。

五、重组病毒载体疫苗

重组病毒载体疫苗是指以病毒作为载体，用基因工程技术将外源保护性抗原基因插入到病毒基因组而获得的重组病毒。重组载体病毒能感染机体细胞，在细胞内表达目的蛋白，并诱导机体产生相应的细胞免疫和体液免疫，从而达到免疫接种的目的。此类疫苗多为活病毒疫苗，具有载体来源丰富，可同时诱导体液免疫和细胞免疫，疫苗用量少，免疫原性接近天然，且载体本身可发挥佐剂效应等优势。多种病毒载体如痘病毒、腺病毒、疱疹病毒、水疱性口炎病毒和黄病毒 17D 株等已用于病毒载体疫苗研究。

重组病毒载体疫苗根据病毒是否能在人体内复制，分为复制型重组病毒载体疫苗和非复制型重组病毒载体疫苗；根据载体的不同，可分为腺病毒载体疫苗、痘病毒载体疫苗、水疱性口炎病毒载体疫苗、仙台病毒载体疫苗、麻疹病毒载体疫苗等。

1. 腺病毒载体疫苗　腺病毒具有宿主范围广、易产生高滴度病毒颗粒及可容纳大片段外源基因等特点，作为载体在相关基因治疗临床试验中安全性良好并有一定的疗效，因而被相继开发为预防性疫苗载体。腺病毒作为载体经历了三个阶段：第一代腺病毒载体去除了 E1 和 E3 表达区域，使病毒丧失了复制能力，从而导致重复感染失效，但有少量的病毒蛋白在细胞内表达，引起机体产生针对载体的免疫反应，且产生了启动抑制外源基因表达的肿瘤坏死因子。第二代腺病毒载体在缺失 E1 和 E3 区的基础上，进一步去除 E4 表达区域，且将 E2 区表达 DNA 结合蛋白的基因进行温度敏感性突变，使病毒在不适宜温度范围内基因产物不表达，从而降低炎症反应并延长外源基因的表达时间，但病毒滴度较低，且仍有不少病毒蛋白表达而产生载体自身免疫原性。第三代腺病毒为空壳载体，将腺病毒基因组中的所有编码序列（反式作用元件）去除，只保留基因组两端的重复末端区域及包装信号共约 500bp 的顺式作用元件，但需要有辅助病毒和互补细胞系才可包装产生病毒颗粒。

2. 痘病毒载体疫苗　痘病毒宿主范围较广，也可容纳大片段外源基因，已开发出多种不同的重组疫苗载体。目前用作重组病毒载体疫苗最多的是人工致弱毒株改良痘苗病毒安卡拉株（MVA）载体、高度减毒牛痘病毒株载体和金丝雀痘病毒载体。

3. 水疱性口炎病毒载体疫苗　水疱性口炎病毒作为病毒载体具有以下优点：基因组能容纳多个外源基因；病毒复制多代后仍保持稳定；水疱性口炎病毒基因组在细胞质中复制，不整合到宿主基因组内。水疱性口炎病毒作为动物传染病毒，在家畜（牛、马和猪）等之间通过直接接触传播，人若感染仅出现流感症状，但牛和猪等家畜感染后表现为口、蹄和乳头周围的水疱样损害，产肉、产奶量下降，给畜牧业造成经济损失，成为水疱性口炎病毒应用上的限制因素，但因为其优点显著，也在近年被开发为多种重组病毒载体疫苗并进入人体临床试验。

4. 仙台病毒和麻疹病毒载体疫苗　仙台病毒（SeV）和麻疹病毒因与水疱性口炎病毒一样能容纳多个外源基因，且不会与宿主基因组整合及安全性的特点，被开发用作重组病毒载体疫苗。对表达 HIV 抗原 Gag 的重组病毒载体疫苗 SeV-HIVGag 开展了Ⅰ期临床试验，此临床试验被设计用来评估 SeV-HIVGag 初次免疫或者 Ad35-GRIN（一种编码 HIV-1Nef 蛋白的 HIV 候选疫苗）加强免疫后的免疫原性，以及检测预先存在的人副流感病毒Ⅰ型的潜在交叉反应效果。临床前研究显示与肌内注射方式相比，此腺病毒载体疫苗通过鼻腔给药，会减少人体预先存在的 SeV 免疫反应。用麻疹病毒开发的若干重组病毒载体疫苗已进行了多项临床前研究，其中针对基孔肯雅病毒和 HIV 的重组病毒疫苗已分别完成Ⅱ期和Ⅰ期临床试验，前者临床结果显示重组麻疹载体疫苗是安全的，而且即使机体已获得抗麻疹病毒的免疫力，基于重组麻疹病毒的载体疫苗仍能产生一定的免疫应答反应。

重组病毒载体疫苗一般具有以下优势：①宿主范围广且生产制备容易——如腺病毒等可感染一系列哺乳动物细胞，且上游悬浮培养技术的进步使重组病毒的生产制备更加容易，可制备出高滴度的病毒颗粒；②安全性好——人类感染野生型腺病毒后仅产生轻微的感冒症状；病毒基因功能均已研究得相当清楚；经过基因改造后的腺病毒载体失去复制和致病能力，更安全可靠；③具有佐剂效应——多数病毒载体疫苗可经肌肉或黏膜免疫途径接种，能同时诱导B细胞与T细胞免疫反应，无需添加佐剂，降低佐剂引发不良反应的概率。以上优点使重组病毒载体疫苗技术平台受到普遍关注，成为新型基因工程疫苗的研究热点。但以病毒为载体的疫苗面临“预存免疫”的问题，如中国分别有60%～80%和20%～50%的宿主存在5型腺病毒、26型腺病毒的中和抗体，这说明有一定数量的人已经对此病毒免疫，这种现象可能会导致疫苗的效力下降。

六、核酸疫苗

核酸疫苗从出现至今仅有30多年历史，研究表明核酸疫苗不仅具有良好的免疫原性与安全性，且由于核酸更易于修饰与改造，核酸疫苗较以往的蛋白质疫苗具有更大的改造灵活性。作为新兴起的第三代创新疫苗，核酸疫苗在抗击COVID-19、中东呼吸综合征、艾滋病、流感、狂犬病、寨卡热、基孔肯雅热、埃博拉出血热等重大传染病中脱颖而出。

1. DNA疫苗　20世纪90年代的一项研究表明，将流感病毒的DNA质粒直接注射到小鼠的四头肌中，产生相应的特异性T细胞，从而能降低肺部的病毒滴度，之后的许多研究用于开发质粒DNA疫苗。

一些DNA疫苗曾在多种动物上进行评估，研究表明：接种DNA疫苗后能够诱导动物产生针对抗原肽的特异抗体，并成功诱导T、B细胞应答。但有报道指出，在人体上DNA疫苗免疫应答水平低于减毒活疫苗、全病毒灭活疫苗和亚单位疫苗。关于DNA疫苗诱导机体免疫水平低下的原因尚不明确，普遍认为DNA进入细胞的效率过低及DNA疫苗无法充分激活机体免疫系统可能是造成该现象的原因。有研究表明，在疫苗DNA序列前端添加一段编码具有免疫激活作用的小分子蛋白质基因序列，原位表达后可起到增强免疫效果的作用，就像为疫苗添加了“基因型佐剂”。DNA疫苗的生产成本低于减毒活疫苗、全病毒灭活疫苗和亚单位疫苗，生产工艺简单且更易于保存，具有巨大的商业价值。同时，DNA疫苗可以长期存在于疫苗接种者细胞内，持续表达抗原，因而DNA疫苗具有更持久的保护效果。但由于抗原蛋白原位表达需要利用疫苗接种者自身的蛋白质表达系统，因此DNA疫苗与机体细胞DNA之间存在基因整合的可能，这也导致一些疫苗研究者对DNA疫苗的安全性产生担忧。

1）*乙型肝炎病毒核酸疫苗*　研究人员把含乙肝表面抗原（HBsAg）编码基因的表达质粒，给小鼠和大鼠腿肌注射，第8周时100%小鼠出现抗体，并至少持续半年。用51Cr释放法检测，DNA接种后第3天，小鼠脾细胞出现对P815/s细胞的特异性杀伤活性，6～12天达高峰，持续4个月以上；特异性杀伤率在效应细胞/靶细胞之比为5∶1

时，几乎达 100%，可被抗 MHC Ⅰ单克隆抗体阻断。利用流式细胞荧光分选技术（FACS）发现，小鼠脾细胞主要为 $CD4^-$、$CD8^+$的 T 淋巴细胞。

2）*丙型肝炎病毒核酸疫苗*　丙型肝炎病毒（HCV）是一个高变异病毒，给研究 HCV 疫苗带来很大困难。目前的研究集中在 HCV 的 E 蛋白产生保护性抗体，让 C 区或 NS2 区蛋白诱导细胞毒性 T 淋巴细胞（CTL）。研究人员用 HCV 的 C 区基因构建的 DNA 重组体免疫小鼠，所有小鼠均产生了高滴度的抗 HCV 的 C 区抗体，并发现用 HCV C 区重组体给小鼠注射后，小鼠脾细胞对 HCV 的 C 区重组质粒转染的 SP2/0 靶细胞（鼠骨髓瘤细胞）有明显杀伤效应，其中 pHCV2-2 重组体诱导的 CTL 活性最强。同时用转染有 HCV C 区基因并能表达 HCV 核心蛋白的 SP2/0 作靶细胞给小鼠皮下多点注射，经 pHCV2-2 免疫的小鼠仅 40%的注射点发生肿瘤，而对照组则在全部注射位点发生肿瘤，且肿瘤生长速度明显快于免疫组小鼠，并在 3 周后全部死亡，而 pHCV2-2 免疫组小鼠全部存活。

2. mRNA 疫苗　mRNA 疫苗的主要组成部分是人工合成的 mRNA 分子，其由 5′帽子、5′非转录区（5′UTR）、编码抗原的开放阅读框、3′UTR 和多腺嘌呤尾 5 部分组成。mRNA 分子可指导细胞合成抗原，激发免疫反应，由于 mRNA 能够以快速、直接的方式进行合成反应，因此 mRNA 疫苗在面对突发性传染病流行时，能够成为理想的候选疫苗类型。mRNA 疫苗和 DNA 疫苗一样具有很强的“可塑性”，可以非常方便地运用基因工程的手段对疫苗进行加工和修饰，有助于缩短研发周期，降低疫苗成本。此外，mRNA 疫苗与 DNA 疫苗相比还具有其他优势：mRNA 在体内瞬时表达抗原蛋白，之后很快被体内的 RNA 酶降解，在体内存留时间较短，且 mRNA 表达抗原蛋白的地点在细胞质内的核糖体上，并不进入细胞核，避免了与基因组 DNA 发生重组的可能，因此 mRNA 疫苗更加安全；mRNA 在基因转移和特定分子表达上比 DNA 分子更具优势；只要是已知氨基酸序列的抗原蛋白均能被重写编码和表达，这使得 mRNA 在合成和应用过程中具有更大的灵活性。由于 mRNA 很容易被 RNA 酶降解，而 RNA 酶几乎无处不在，唾液、眼泪、黏液和汗水等体液中均有 RNA 酶，因此裸露的 mRNA 应用于临床不可行，mRNA 的稳定性是 mRNA 作为疫苗首先要解决的问题。mRNA 与阳离子肽或硫代磷酸酯骨架结合，能够抵御 RNA 酶的降解，可以提高 mRNA 的稳定性。常用的阳离子肽为鱼精蛋白，将 mRNA 分子与鱼精蛋白以 2∶1 混合，其中一半的 mRNA 和鱼精蛋白结合，形成 mRNA-鱼精蛋白结合物，剩余的一半游离 mRNA 与 mRNA-鱼精蛋白结合物可以组成大的络合物。鱼精蛋白与 mRNA 形成的结合物可以保护 mRNA 不被降解，还可作为免疫系统的激活剂，起到与佐剂类似的作用，但不具备指导蛋白质合成的功能；游离的 mRNA 能够利用机体细胞内的核糖体合成抗原蛋白，诱导机体产生免疫应答反应，但激活机体免疫系统的能力较差。两种成分的 RNA 分子（游离的及与鱼精蛋白结合的）组成的 mRNA 络合物，不仅能诱导适应性免疫应答，而且提供了体液和 T 细胞介导的微环境。

mRNA 技术在新冠疫苗的研发中取得了重大突破，已有多款 mRNA 疫苗上市。

1）*COVID-19 mRNA 疫苗*　BNT162b2 是全球首款获得正式批准的 mRNA 新冠疫苗，于 2020 年底开始在全球范围内推广使用。由 BioNTech 和辉瑞公司联合开发采用 mRNA 技术，通过编码 SARS-CoV-2 病毒的刺突蛋白（S 蛋白）来触发人体的免疫反应。该疫苗在临床试验中表现出色，具有较高的安全性和有效性。Moderna mRNA 新冠疫苗也获得了多个国家和地区的紧急使用授权或正式批准。该疫苗与 BNT162b2 类似，同样采用 mRNA 技术，通过编码 SARS-CoV-2 病毒的刺突蛋白来触发人体的免疫反应。我国首款获批上市的新冠 mRNA 疫苗是由石药集团自主研发的新冠 mRNA 疫苗 SYS6006。这款疫苗特别涵盖了 SARS-CoV-2 Omicron BA.5 突变株核心突变位点的 mRNA，这对于应对病毒变异具有重要意义。该疫苗于 2022 年 4 月获得国家药品监督管理局的应急批准进行临床试验，经过一系列严格的评估后，于 2023 年 3 月 22 日在中国纳入紧急使用，用于预防 COVID-19。

2）呼吸道合胞病毒（RSV）mRNA 疫苗　2024 年 5 月 31 日，Moderna 公司称其 RSV mRNA（mRNA-1345）获美国 FDA 批准上市。这是目前全球首款获批上市的非 COVID-19 mRNA 疫苗。mRNA-1345 是一款编码 RSV 融合前 F 糖蛋白的 mRNA 疫苗，由脂质纳米颗粒（LNP）包封。与融合后状态相比，其可引起更优的中和抗体反应。该疫苗用于预防 60 岁或以上成人 RSV 相关下呼吸道疾病（RSV-LRTD）和急性呼吸道疾病（ARD）。

除了已经上市的 mRNA 疫苗，mRNA 技术还在其他多种传染性疾病疫苗的研发中展现出巨大潜力。例如，针对流感、带状疱疹、疟疾、结核、肿瘤等疾病的 mRNA 疫苗正在研发中，部分疫苗已进入临床试验阶段。Moderna 正在研发的 mRNA-4157 癌症疫苗在临床试验中展现出了良好的治疗效果，有望成为全球首款上市的 mRNA 癌症疫苗。随着 mRNA 技术的不断发展和完善，未来将有更多的 mRNA 疫苗和治疗药物上市。

3. 自扩增 RNA（saRNA）疫苗　saRNA 疫苗是一种基于自扩增 RNA 技术的疫苗，其特点在于能够在体内自我复制，从而在极低剂量下实现高水平的抗原表达。saRNA 疫苗包含一个负责病毒 RNA 复制的基因和一个编码治疗性抗原的转基因。进入细胞后，saRNA 能够利用宿主细胞的机制进行自我复制，产生大量的 RNA 分子，进而表达高水平的抗原蛋白。与传统 mRNA 疫苗相比，其降低了生产成本和注射剂量。saRNA 疫苗在复制过程中产生的双链 RNA 可增强适应性免疫反应，具有天然的佐剂效应。saRNA 疫苗在新冠疫苗领域取得了显著进展，2023 年 11 月，日本厚生劳动省批准了杰特贝林生物公司（CSL）与 Arcturus Therapeutics 疫苗公司联合开发的 saRNA 新冠疫苗 ARCT-154，成为全球首款上市的 saRNA 疫苗。这也预示着 saRNA 技术正式进入商业化阶段，有望在未来成为疫苗领域的重要力量。

4. 环状 RNA（circRNA）疫苗　circRNA 疫苗是利用环状 RNA 分子作为抗原编码载体，通过体内翻译生成相应蛋白质来刺激免疫细胞，进而诱导和强化免疫反应的疫苗。circRNA 因其共价闭合的环状结构，不受 RNA 外切酶影响，表达更稳定，不易降解。circRNA 疫苗能够高效表达特定抗原，并刺激强烈的免疫反应。相较于 mRNA 疫苗，circRNA 疫苗具有更高的翻译率和更长的翻译产物表达时间。circRNA 疫苗在制备和递送过程中，由于其结构的特殊性，可能具有更优的安全性。circRNA 疫苗的研究近年来取得了显著进展。北京大学魏文胜团队成功开发了一种编码 SARS-CoV-2 受体结合结构域（RBD）的 circRNA 疫苗（circRNARBD），该疫苗在小鼠和恒河猴中均表现出强大的保护效果。其他研究也表明，circRNA 疫苗在肿瘤免疫治疗中也具有潜力，如编码癌症治疗细胞因子的 circRNA 疫苗能够显著抑制肿瘤生长。circRNA 疫苗作为一种新型的核酸疫苗，具有稳定性好、免疫原性强、翻译效率高等优势。随着研究的不断深入和技术的不断进步，circRNA 疫苗有望在预防传染病和癌症治疗等领域发挥重要作用。然而，目前 circRNA 疫苗的制备和递送仍面临一些挑战，如纯化困难、递送效率不高等问题。未来需要进一步研究以克服这些挑战，推动 circRNA 疫苗的广泛应用。

数字资源 18-3

第四节 病毒疫苗的制备

病毒疫苗的制备是一个复杂的系统过程。由于受众群体的数目巨大，因此需要对疫苗的生产实现工业化与自动化，并实现严格的监督和管理。随着生物技术的飞速发展，疫苗的制备方法也出现了多种选择，选择何种组合方式可以得到最大的产能需要用实践和实验来验证。值得一提的是，无论何种疫苗的生产都需要经历从实验室研发到大规模生产的过程。在这里我们仅介绍成熟的工业化疫苗制备工艺流程及原理。

一、减毒活疫苗的制备

减毒活疫苗制备的关键是通过不同的方法和手段使病原体的毒力（致病性）减弱，但仍需要保留其复制活性与抗原性。其工业工艺流程主要包括以下几个步骤：病毒减毒，生产细胞的准备，病毒接种，病毒收获，疫苗的纯化、加工及质检。

1. 病毒减毒 减弱病毒毒力最为经典的方法是细胞传代、动物传代、蚀斑挑选、化学诱变、营养突变等传统方法，这些方法的原理主要依靠病毒在不断复制或是外源诱导过程中活性调控基因的突变积累。目前随着分子技术的发展，还可以使用基因工程技术对其进行改造。在此列举两种基因工程减毒活疫苗的构建策略：①基因缺失活疫苗，是将与毒力有关的基因或基因片段删除，从而获得缺失突变毒株，使病原体减毒更彻底、遗传性能更稳定，不易发生毒力返祖，安全性和免疫原性更平衡。②遗传重组疫苗，是通过强、弱毒株共同感染细胞，二者之间进行基因片段的交换而获得的减毒活疫苗，这种方法有很大的盲目性，致使筛选特定的遗传重组病毒比较困难。不过随着反向遗传技术的发展，可以对分节段的 RNA 病毒进行定向重配，提高重配效率。

无论是何种减毒方法，都必须保证其减毒性在人体中是稳定的，以保证受试者的安全。且还要求其有良好的免疫原性，足以诱导特异性免疫应答。

2. 生产细胞的准备 适用于病毒性疫苗生产的细胞有二倍体细胞、传代细胞、原代细胞。根据选取的细胞，依次构建原始细胞库、主细胞库及工作细胞库。离体细胞的病毒敏感谱广而易被病毒感染，可提供大面积微生物繁殖的基质以保证产量。但需要注意在生产过程中不得使用青霉素或其他 β-内酰胺类抗生素，以减少可能带来的过敏反应，且生产细胞传代水平必须在该细胞用于生产限制最高代次之内。

3. 病毒接种 将适量病毒接种到细胞中，在合适的温度及时间内培养病毒。其中致细胞病变病毒如脊髓灰质炎病毒、麻疹病毒，可参考病变程度在培养限定时间内终止培养；而不产生细胞病变的病毒如甲型肝炎病毒，则需要在规定培养时间内终止培养。

4. 病毒收获 经一定培养时间后到达病毒的增殖高峰期，即应终止培养收获病毒；通常采取研磨、反复冻融、超声匀浆等方式处理细胞以释放病毒。

5. 疫苗的纯化、加工及质检 获得的活性减弱病毒需要经过纯化来除去热源及进行初步加工，制备成注射液、糖丸或者口服液。然后经过包装形成最终产品。最后进行质量检测，主要包括毒种鉴定、无菌实验、外源因子检查及免疫原性检查等。

二、病毒灭活疫苗的制备

病毒灭活疫苗的关键是对纯化的病毒通过不同的方法进行灭活。灭活方法的选取应只破坏病毒蛋白的高级结构，但不影响蛋白质氨基酸的排列顺序，因此灭活后的病毒能保持免疫原性。但由于失去了蛋白质活性，其对机体不再具有威胁，可作为疫苗接种，以刺激机体产生抗体以抵抗同类病毒。目前，人们已经研发出了多种病毒灭活方式，选择合适的病毒灭活方式，对保留免疫效力的同时提升疫苗安全性起到了关键作用。

灭活疫苗工业化生产的工艺流程包括细胞基质及病毒毒株的选择、病毒的扩培及收获、灭活前纯化及病毒灭活、灭活后纯化、质量检验与包装等。其中，病毒灭活及灭活后纯化是影响灭活疫苗产量和生产成本的两个关键环节。

1. 细胞基质及病毒毒株的选择 选择易感、稳定传代、高效增殖及具有遗传稳定性的细胞基质是研发灭活疫苗的重要因素。常用于病毒疫苗生产的细胞基质有鸡胚成纤维细胞、Vero 细胞（非洲绿猴肾细胞）、MDCK 细胞（犬肾上皮细胞）及 CHO 细胞（中国仓鼠卵巢细胞）等，这些细胞均具有易感染、病毒扩增倍数高、易培养等优势，因此经常作为工业病毒发酵的细胞基底。同时，对于病毒毒株的选择也至关重要，在理想情况下，应收集不同地区不同来源的病毒分离株，比较各种病毒株在遗传稳定性、免疫原性、交叉保护性及细胞中的传代适应性等特征的区别，从中选择免疫原性强、交叉保护范围广、能稳定传代的毒株用于灭活疫苗生产。

2. 病毒的扩培及收获 工业上常利用 20L 发酵罐进行细胞大量培养，为病毒接种准备细胞。培养完成的细胞在种毒室内接种病毒，并将细胞在 50L 发酵罐中大量培养，在这个过程中需要对病毒浓度进行实时监测分析，等待培养到合适水平后送至离心室。

3. 灭活前纯化及病毒灭活 为了获得浓度、纯度更高的病毒，在病毒灭活前需要对病毒进行纯化浓缩。工业上主要采用超滤浓缩、抽提及色谱纯化等方法。待得到纯度合适的病毒后，对其进行灭活处理，目前灭活的方法较多，根据灭活方式的不同可以分为物理灭活及化学灭活。

凡是可以使蛋白质发生变性的方法均可以灭活病毒，其中高温是灭活病毒常用的方法，这是因为高温改变了病毒配体结构，使其无法与细胞受体结合，并导致病毒丧失侵染细胞和复制的能力。目前发现在 41℃条件下即可导致病毒的基因组发生不可逆的受损，而不影响蛋白质结构，这极大地保留了疫苗的抗原性，成为未来灭活疫苗涉及的新方向。此外，紫外线灭活也是常用方案。200～280nm 的紫外线对病毒蛋白的损伤不可逆。其对部分具有囊膜的病毒而言，能在病毒完全灭活的基础上保留病毒的融合活性。电离辐射也常被应用到病毒灭活中，可以直接将病毒蛋白的化学键打断，也可以使水分子发生电离，尽管这些自由基的存在时间极短，但其可以与周围的蛋白质和核酸反应，产生极大的破坏性，间接对病毒造成损伤。

在化学灭活中常使用的是甲醛。甲醛可以造成病毒的核酸及蛋白质变性，同时还可以通过交联来固定蛋白质结构。甲醛灭活既是灭活疫苗开发的主要候选手段，也是结构生物学家在病毒结构解析中常用的病毒灭活方式。β-丙内酯是一种主要针对鸟嘌呤的烷化剂，也被认为是一种倾向于破坏核酸的灭活试剂。亲电的 β-丙内酯可与鸟嘌呤发生亲核取代反应，使 β-丙内酯开环和鸟嘌呤烷基化，导致病毒基因组失活。乙醇对病毒的灭活速度很快，尤其是囊膜病毒。由于乙醇具有脂、水双亲性，因此乙醇可以增强膜对水的亲和力，同时减少非极性氨基酸残基之间的相互作用，从而既能破坏病毒的整体结构，又能使病毒蛋白变性（图 18-4）。

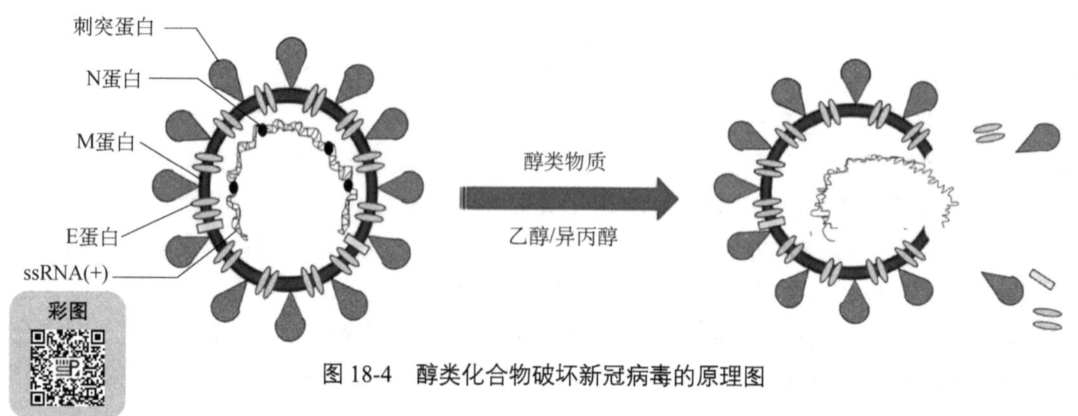

图 18-4 醇类化合物破坏新冠病毒的原理图

4. 灭活后纯化 此步主要是除去灭活试剂，以及可能存在的无用病毒成分，以避免对人体产生不良的刺激。纯化后的疫苗需要进行各项严格的检测，在出厂前需要向疫苗中加入佐剂。通常使用的佐剂包括铝盐佐剂、蛋白质类佐剂、脂类佐剂、核酸类佐剂及聚集体结构佐剂。

5. 质量检验与包装 灭活疫苗质检的关键环节是灭活效果检测，需要通过敏感的细胞培养检测方法，检查是否还有活病毒存在。通常会将疫苗样本接种到合适的细胞系中，观察细胞是否出现病变。灭活疫苗主要依靠抗原刺激机体产生免疫反应，所以需要通过 ELISA 等方法来测定抗原的含量。除此之外，还需进行无菌实验、内毒素检测、稳定性测试等。最后，使用密封性、兼容性良好的包装材料对灭活疫苗进行包装。

三、亚单位疫苗的制备

以化学分解制备的单价亚单位疫苗为例。亚单位疫苗的主要工艺流程包括：病毒种子批的制备、病毒的培养和收获、病毒液的裂解及灭活、裂解灭活病毒液二次区带离心纯化及鉴定。其中特定亚单位的分离及纯化是该类型疫苗制备的关键。

1. 病毒种子批的制备 选取宿主细胞注入原始病毒株，建立病毒主代种子批。然后从主种子批中选择效价高的毒种作为工作种子批建立毒种。随后进行鉴别试验，判断病毒效价。

2. 病毒的培养和收获　根据不同的病毒培养方案对病毒进行大规模的发酵培养，再利用超声裂解或者超速离心的方式对病毒进行富集。富集完成后的病毒需要进行超滤浓缩及区带离心纯化，以获得纯度更高的病毒。

3. 病毒液的裂解及灭活　选择合适的裂解剂和裂解条件，将病毒发挥主要免疫作用的膜蛋白、脂质等成分裂解下来。这一步的关键在于去除病毒的致病成分而保留关键的免疫原成分。裂解的过程也是病毒灭活的过程。

4. 裂解灭活病毒液二次区带离心纯化　将裂解灭活后的单型病毒原液超滤，去除蔗糖和大部分裂解灭活剂，进行蔗糖密度梯度离心来纯化并收集各区段病毒裂解液。

5. 鉴定　包括病毒的鉴别试验、无菌试验、病毒滴定、外源因子检查、免疫原性检查、热稳定性试验。

四、重组病毒载体疫苗的制备

重组病毒载体疫苗工业化生产的工艺流程包括抗原设计及表达基因的制备、重组病毒载体的制备、细胞培养与转染、病毒纯化、制剂和质量控制（图 18-5）。其中选取合适的病毒载体，如痘病毒、腺病毒、疱疹病毒、水疱性口炎病毒等是抗原表达的关键。

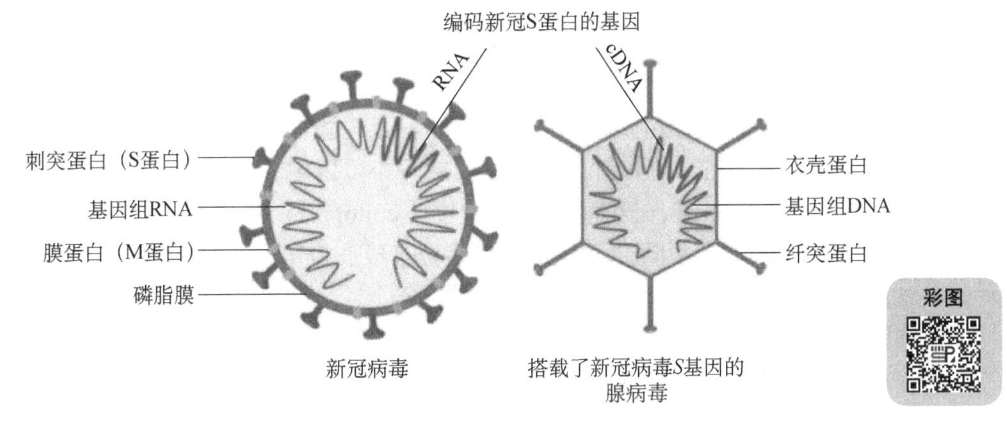

图 18-5　以腺病毒为载体的新冠病毒疫苗

1. 抗原设计及表达基因的制备　与亚单位疫苗抗原设计相似，抗原的选取需要关注免疫原性、蛋白质结构稳定性等因素。同时，在调取病毒基因时也可进行适当的设计来增强保护抗体对感染性病毒的免疫反应。

2. 重组病毒载体的制备　复制缺陷型的病毒载体的制备是保护受试者安全的关键。例如，复制缺陷型的人腺病毒 5 型（HAdV-5）已经成为一种广泛应用在真核基因表达分析、疫苗研究和基因治疗等领域的模式系统。腺病毒的 E1 区是基因组进入细胞核后早期表达的基因，对后续其他基因的表达及病毒复制起到至关重要的作用。但如果腺病毒载体中保留 E1 区，其会激活大量病毒蛋白的表达，从而产生细胞毒性。而 E3 区编码蛋白与腺病毒逃避宿主免疫监视有关。因此，经典的腺病毒疫苗删除了 E1 和 E3 区，并容许携带 6.5～8kb 的外源基因插入。第二代复制缺陷型腺病毒载体在第一代的基础上，对 E2 区

（甚至包括 E4 区）基因的部分进行了缺失突变。由于对腺病毒基因组进行了更多的缺失突变，第二代腺病毒载体的转基因容量更大。

选取合适的载体后，通过分子技术将表达抗原的基因序列与载体表达基因进行融合，以便后续对其进行发酵生产。

3. 细胞培养与转染 融合基因转染细胞并表达形成重组病毒的过程也称为重组病毒的包装。实验室研发阶段常使用六孔板中培养的 HEK293 细胞，而工业中可使用细胞工厂。将构建好的融合质粒（包含穿梭质粒和骨架质粒）转染至细胞中，待细胞生长 10～14 天，其间需多次观察单层细胞培养物是否出现致细胞病变效应（CPE），择期终止培养并收获上清液。

4. 病毒纯化 产生的重组病毒需要通过一系列的纯化步骤，如离心、超速离心、层析等，以去除细胞碎片和其他杂质，提高重组病毒的纯度和活性。

5. 制剂和质量控制 重组病毒被配制成适合接种的疫苗制剂，如冻干粉或液体形式。每个批次的疫苗都需要通过严格的质量控制，包括生物安全性、效力和稳定性等检测，确保其符合疫苗生产的标准和法规要求。

五、合成肽疫苗的制备

合成肽疫苗的制备需要经历以下几个关键环节：表位设计、肽段合成、载体连接及制剂和质量控制。

1. 表位设计 传统疫苗是将病原生物或者其某个蛋白质作为外源物质来激活机体的免疫反应，但是免疫应答反应仅针对外源物质的一小段区域，如蛋白质的十几个氨基酸序列或者糖分子的某个侧链，这就是抗原表位（epitope），又称抗原决定簇（antigenic determinant）。根据表位的不同，可以分为 B 表位合成肽疫苗、T 表位合成肽疫苗和兼具两种表位的多表位合成肽疫苗。

T 细胞表位可以直接从 MHC/HLA 分子上找寻，但由于缺少方向性，因此该方法成本高、耗时长。目前常使用 T 细胞应答机制来对 T 表位进行筛选。此外，肽库技术可以提供大量不同的抗原区段，成为筛选 T 表位的一个有力工具。B 表位是特异性与抗体结合的分子，利用抗原抗体反应是鉴定 B 表位最基本的手段。同样肽库技术也被广泛应用于 B 表位的筛选，尤其是噬菌体展示肽库。基于当前计算生物学的发展，使用深度学习模型来帮助定义拓扑结构或生成更加丰富的结构模板，是表位合成肽疫苗设计的一个新方向。

2. 肽段合成 当前，多肽疫苗的化学合成有两个策略：片段浓缩法和固相合成法。片段浓缩法是经典的合成技术，首先合成数条小肽，经纯化和去保护后结合成较长的肽，直到最后所需的序列。固相合成法是将肽链一端结合于固相载体上的方法。通过在 N 端逐步加上氨基酸的方法合成肽段。

3. 载体连接 由于缺乏天然蛋白质的三维结构，表位疫苗的分子小、半衰期短且容易被机体降解，因此需要将合成的肽段连接在适当的载体上，以提供其稳定性。有时还需要将多个表位串联在载体上，以提升机体的免疫应答水平。例如，类病毒颗粒作为免疫原，与病毒颗粒一样，即使没有佐剂也能激起高效的免疫反应。因此，类病毒颗粒也被用作表位肽的载体。此外，在表位肽末端共价连接脂质基团形成稳定的脂肽分子，脂能帮助与其共价连接的肽分子被抗原提呈细胞识别，并防止表位在胞内被水解，以提升免疫应答效果。

4. 制剂和质量控制　与其他疫苗相似，合成肽疫苗也需要选取合适的制剂，如冻干粉、注射液等，这些制剂需要满足短肽的保存条件，以增加免疫激活活性。此外，合成肽疫苗在出厂前需要严格备注如下信息：选择特定抗原决定簇的理由、对抗原决定簇的检定，以及对载体、表位连接、结合剂、肽的呈递方式及佐剂等的选择理由及其相应证据；每条肽段所针对的抗原表位；以及原料的来源和特性、使用的方法、氨基酸的连接方法等。

六、核酸疫苗的制备

本部分以 mRNA 疫苗的制备流程为代表进行核酸疫苗的生产介绍，具体包含以下几个步骤：靶抗原序列设计、DNA 模板质粒构建、mRNA 的体外转录与纯化及 LNP 包封。

1. 靶抗原序列设计　与重组疫苗相似，抗原靶点的选择需要具有特异性及适合于一种病毒的不同毒株，以适应病毒的不断变异。

2. DNA 模板质粒构建　此处的质粒构建与重组疫苗不同，其目的是获取大量的 mRNA 从而构建抗原序列扩增质粒。将其转化进入工程菌中进行一段时间的扩增和培养，可以复制数以万亿个 DNA 质粒。最终经过低温提取质粒 DNA 从而获得了大量的可以表达目的 mRNA 的 DNA 质粒模板。这些质粒在生产结束后会进行严格的序列检测，以免产生突变。

3. mRNA 的体外转录与纯化　高 mRNA 产量需要高效的 mRNA 体外合成方法，该反应依赖于 RNA 聚合酶，如 T7、SP6 或 T3。RNA 聚合酶催化合成目标 mRNA，该 mRNA 来源于上一步制备的线性化 DNA 模板。在工业上，为了增强 mRNA 的稳定性、降低免疫原性并提升翻译效率，使用加帽酶对 mRNA 进行加帽。产生的 mRNA 需要 DNA 酶清除模板 DNA，同时清除其余的反应试剂。

4. LNP 包封　作为带负电荷的 mRNA 分子，应该在基于脂质的药物递送系统中进行配方设计，以避免 mRNA 降解并提高其转染效率和半衰期。脂质及其衍生物凭借其低免疫原性、生物相容性及对 mRNA 较高的包封率成为近年来备受关注的 mRNA 疫苗的新型递送系统。将 mRNA 与脂质包装在一起的完整结构叫作脂质纳米颗粒（lipid nanoparticle，LNP）。这些脂质成分在生理环境下带有正电荷，通过静电作用将带有负电荷的 mRNA 分子包裹起来，并帮助整个载体系统与靶细胞的细胞膜相结合，从而起到递送 mRNA 的作用。工业上，将脂质和 mRNA 片段相混合，电极以毫微秒的速度将它们聚集起来便完成了封装，形成一个疫苗颗粒。

第五节　新兴技术与病毒性疫苗

一、反向疫苗学

反向疫苗学（reverse vaccinology，RV）是一种利用生物信息学技术和计算工具从病原体基因组序列出发，预测可能诱导保护性反应的抗原，以及免疫系统识别的抗原表位精确区域，筛选蛋白质抗原的疫苗研发策略。反向疫苗学在当今的疫苗开发中发挥着巨大作用，它能够在有限的时间内探索和识别最有效的候选疫苗。2015 年，美国 FDA 批准了第一种针对脑膜炎奈瑟菌的 RV 疫苗，从此 RV 领域开始飞速发展，研究人员利用该技术发现了越来越多种病原体的潜在疫苗候选物。

（一）RV 疫苗构建流程

反向疫苗学的核心目标是缩小目标生物蛋白质研究范围，留下最值得研究的候选物。其主要使用生物信息学程序或访问生物数据库来预测或收集蛋白质特征，最终获得潜在的疫苗候选物。反向疫苗学工具可以通过三种模式执行或访问：Web 服务器、用于通过互联网访问工具的应用程序接口（API）和独立模式（即安装在本地计算机上的工具）。最常见的 RV 筛选步骤分为 4 个阶段：输入数据收集和准备、预测自然暴露于免疫系统的蛋白质、预测表位和候选疫苗验证。

1. 第一阶段——输入数据收集和准备　首先从国家生物技术信息中心（NCBI）和 UniProt 知识库（UniProtKB）等资源获得目标物种中每种可用菌株的蛋白质序列或基因组序列，并输入这些序列。对于输入的基因组序列，第一步是预测其编码基因并将其翻译成蛋白质序列。针对病原体整个蛋白质组序列，找到保守蛋白质并将它们编译成代表一个物种的核心蛋白质组，因为保守蛋白质往往发挥着重要作用。第二步是从核心蛋白质组中去除以下蛋白质：与疫苗接受者同源的蛋白质、过敏原和毒性蛋白质。

2. 第二阶段——预测自然暴露于免疫系统的蛋白质　进一步确定哪些剩余的核心蛋白质会自然暴露于免疫系统。主要通过预测蛋白质的信息特征实现，包括抗原性、亚细胞定位、跨膜结构域、信号肽、毒力、黏附性、蛋白质功能及物理和化学性质等。将定义的标准应用于预测值，筛选用于免疫信息学工作流阶段的蛋白质。

3. 第三阶段——预测表位　第三步是预测选定蛋白质上的表位，从富含表位的蛋白质中筛选出具有高结合亲和力和广泛群体覆盖率的混杂表位，如预计暴露于免疫系统的辅助性 T 淋巴细胞（HTL）、CTL 和 B 细胞表位等。将选定的表位与合适的接头和佐剂连接，构建一个多表位疫苗候选物。

4. 第四阶段——候选疫苗验证　工作流程最后阶段的目的是通过计算手段验证疫苗候选物是否具有潜在的免疫原性和安全性。这个最终验证阶段将使用不同的疫苗构建体候选组合（即不同的 CTL、HTL 和 B 细胞表位组合）进行迭代。通过预测二级结构和三级结构、迭代线程组装改进（I-TASSER）、3D 结构上的表位、与免疫受体的分子对接、分子动力学模拟、结合自由能、密码子优化、电子克隆和免疫模拟进一步验证预测具有抗原性和非过敏性、无毒、可溶和高度稳定的疫苗候选物。

（二）病毒性 RV 疫苗

1. SARS-CoV-2　设计 mRNA 疫苗时需要识别和优化合适的抗原，整个过程难度高、耗时长，利用反向疫苗学使用 SARS-CoV-2 的基因组和蛋白质组学数据来加速 mRNA

疫苗的发现和开发已经得到应用。该技术首先获取 SARS-CoV-2 S 糖蛋白序列，然后计算预测精确定位 CTL、HTL 和 B 淋巴细胞的表位，同时评估表位的抗原性。除了针对 S 糖蛋白的反向疫苗学策略，研究人员还探索了其他两种 mRNA 疫苗配方：基于结构域的蛋白质疫苗构建体（DPVC）和自扩增 mRNA 疫苗（SAMV），这些设计的有效性通过计算机模拟分析得到证实。虽然这些研究尚未在动物或人类身上进行，但它们证明了计算工具在 mRNA 疫苗开发中的潜力。

2. 登革病毒（DENV）　DENV 属于黄病毒科，可导致休克和致命的内出血，在亚洲、太平洋、美洲、非洲等地区常有流行。DENV 多种血清型的存在使 DENV 疫苗的接种变得更加困难。Dengvaxia 是一种重组四价登革热活疫苗，无法有效预防所有 DENV 血清型。RV 和免疫信息学的发展，使可以使用计算机技术寻找登革热疫苗最佳候选物。一项比较基因组学研究确定了 E、NS3、NS4A、NS4A 和 NS5 蛋白中表位在 4 种 DENV 血清型中的保守性，发现了 C、prM、E、NS1 和 NS5 蛋白中保守的血清型特异性基序。基于此，许多研究采用该方法来设计针对一种或所有 DENV 血清型的多表位亚单位疫苗，如一种嵌合四价疫苗，将登革病毒 1～4 型血清型 C 蛋白的 4 种 T 细胞表位结合起来，形成了一种可以有效针对所有 4 种血清型的通用疫苗。

（三）RV 疫苗的优势和缺陷

经典的疫苗平台是由灭活病毒、减毒活病毒、佐剂蛋白亚基或病毒样颗粒组成基于病毒或蛋白质的疫苗。而新一代的 RV 疫苗平台是基于序列的，包括核酸（DNA/mRNA）、病毒载体或抗原提呈细胞，在开发病毒性疫苗方面具有许多优势：①RV 疫苗使用基因组学/蛋白质组学数据和生物信息学，利用计算分析全面扫描整个蛋白质组以识别广泛的潜在疫苗候选物，无需进行病原体培养，耗时较少；②可以识别不可培养微生物中的抗原，使每一个可能的抗原都成为潜在疫苗候选物；③可以针对不同蛋白质内的多个表位以增强有效性；④有效解决 MHC 分子的多样性，增强与更广泛人群的兼容性；⑤选择触发特定免疫途径的表位，以优化人体对抗病毒的天然防御机制等。但同时，RV 疫苗也存在许多不可忽视的问题，包括其设计的疫苗抗原仅是蛋白质，非蛋白质抗原无法识别；需要正确地折叠和表达分析；对免疫反应的理解有限等。

二、合成生物学与疫苗

合成生物学是一门以设计为导向的学科，其核心是通过发现、表征和重新利用分子部件来设计新的生物功能。利用合成生物学技术创新性地设计研发疫苗已取得重大进展，其在疫苗研发领域中的应用包括基于基因组密码子去优化疫苗、基于人工合成基因组的核酸疫苗、病毒样颗粒疫苗等。

1. 基于基因组密码子去优化疫苗　基于基因组密码子去优化疫苗是合成生物学家利用大规模同义突变重新设计整个病毒基因组并合成它，这种方法是利用密码子使用偏差，使用代表性不足的密码子和密码子对点突变来减少人类细胞中病毒蛋白的产生，从而快速、可靠地制造减毒病毒，不需要详细了解病毒的功能。减毒脊髓灰质炎病毒株就是进行了数百个针对衣壳编码区的同义突变，突变病毒仍然具有传染性，但毒力严重减弱，绝大多数突变在 25 次传代后保持稳定。利用类似技术产生了多种减毒活疫苗，基于基因组密码子去优化疫苗已用于多项Ⅰ期临床试验，包括针对甲型流感 H1N1 的减毒活疫苗 CodaVax-H1N1、RSV 减毒活疫苗（NCT04295070）CodaVax-RSV 及 SARS-CoV-2 减毒活疫苗 CDX-005。

使用密码子去优化作为减毒技术有利于快速成功地应对传染病暴发，密码子优化的基因组从设计到基因组合成、细胞系测试和临床制造交接最快可在 51 天内完成。利用该方法制备而成的减毒活疫苗单剂量可能足以产生持久的保护性免疫，从而简化部署，数百种突变使得毒性回复极不可能发生。

2. 基于人工合成基因组的核酸疫苗 合成生物学可以用于提高 RNA 疫苗的稳定性、降低细胞毒性和增加 RNA 疫苗蛋白质产量。合成生物学通过改变 RNA 结构或碱基组成来稳定 RNA，提高翻译效率。在体外转录过程中向 RNA 添加完整的 5′帽式结构和 3′多聚尾结构，避免对未加帽的 5′-三磷酸 RNA 的先天免疫识别来增强翻译和 mRNA 稳定性。RNA 结构的其他工程改造包括添加高通量功能筛选确定模块化 5′UTR 和 3′UTR，在 5′UTR 和编码区前 30nt 中设计低二级结构等。对 mRNA 的碱基进行修饰也可抑制先天免疫识别、降低细胞毒性。例如，携带假尿苷、*N*-1-甲基假尿苷、5-甲氧基尿苷或 5-甲基胞苷等修饰的 mRNA 可以逃避 toll 样受体 3（TLR3）、TLR7、TLR8 及维甲酸诱导基因Ⅰ（RIG-Ⅰ）介导的先天免疫。增加 mRNA 疫苗蛋白质产量的方法是使用合成的 saRNA，saRNA 进入细胞，就会利用宿主机制翻译依赖于 RNA 的 RNA 聚合酶（RdRp），它会复制全长负链 mRNA，该负链 mRNA 作为模板，用于复制更多正链全长 mRNA，从而导致高度扩增的抗原表达。

3. 病毒样颗粒疫苗 病毒样颗粒（VLP）是重组产生的病毒结构，具有天然病毒的免疫保护特性，但不具传染性。通过合成生物学的应用、新型生物实体的重新设计和构建，实现了免疫原性更强、更广泛，稳定性更高的 VLP 疫苗的设计。利用合成生物学工具，在 VLP 内部或外部植入免疫原，接种疫苗后能够触发早期先天免疫反应，并辅以免疫佐剂或以聚体的形式增强免疫原性，从而获得更特异的免疫反应。长期以来，VLP 的工程化一直是一个复杂的过程，而且经常以失败告终，因为插入多肽会破坏 VLP 的结构。现在 VLP 嵌合体已用于基础研究和应用研究。例如，将可插入大肽的 VLP 进行工程化改造，使其携带受体结构域，用作炭疽疫苗。流感病毒等循环病毒表现出高抗原变异性和高突变率，对当前的疫苗接种策略构成了重大挑战。目前，已在不同流感病毒之间鉴定出高度保守的抗原，这些抗原位于血凝素蛋白的膜近端域内，插入 VLP 中被证明是成功的疫苗候选物。

4. 合成生物学技术在疫苗研发中的优势 合成生物学利用其快速设计、构建合成病毒基因组的能力促进了疫苗基因的高通量生产及病毒反向遗传学系统的构建，促进了下一代新型疫苗的开发。首先，与传统疫苗技术相比，其缩短了疫苗研发周期，在传染病暴发后可以迅速分析病原基因序列，快速设计合成病毒编码基因组及特定抗原基因序列并组装成新疫苗，有效应对新发突发传染病。其次，合成生物学生产的减毒活疫苗，通过密码子去优化使毒性更低，安全性更高。最后，利用合成生物学技术可以将多个免疫表位整合到同一蛋白质编码基因中，或者合成多个病毒抗原表位的抗原，增加了疫苗的免疫原性和广谱性。

数字资源 18-4

本章小结

病毒性疫苗在预防传染病方面发挥着至关重要的作用，可控制包括艾滋病、传染性非典型肺炎、禽流感、流行性流感及埃博拉病毒和登革病毒等在内的具有较高死亡率和无特效治疗药物的病毒性疾病。目前已开发出减毒活疫苗、灭活疫苗、亚单位疫苗、重组病毒载体疫苗、核酸疫苗等多种疫苗，但病毒的快速变异、疫苗的稳定性、偏远地区疫苗的冷链运输和储存等问题仍然存在，给病毒性疫苗研发带来了诸多挑战，需要进一步改进现有的疫苗策略和研制新型疫苗来加以应对。未来，病毒性疫苗的发展将朝着更高效、更安全、更广谱的方向迈进。新兴技术如基因编辑、人工智能等的应用，有望加速疫苗研发进程，提高疫苗的质量和可及性，为疫苗研发开辟新的途径。

（王　涛　黄梦倩）

复习思考题

1. 病毒性疫苗是如何激活人体免疫系统来预防病毒感染的?
2. 试分析影响病毒性疫苗安全性和有效性的主要因素。
3. 请简述牛痘接种术和人痘接种术，并结合历史，分析二者的优势。
4. 天花疫苗是人类历史上第一个成功使用的疫苗，它的出现对全球公共卫生产生了怎样的影响? 请结合具体的历史事件和数据进行分析。
5. 巴斯德在疫苗领域取得了卓越的成就，他的研究方法对后世疫苗研究有何启示?
6. 与灭活疫苗相比，减毒活疫苗有哪些优点和缺点?
7. 基因工程疫苗相比传统疫苗有哪些显著的优势? 它们在研发和应用过程中又面临着哪些挑战?
8. 核酸疫苗具有许多独特的优势。请设想核酸疫苗的未来发展方向，探讨如何克服现有的挑战。
9. 举例说明病毒性疫苗及其在预防传染病中的作用。
10. 某些病毒性传染病疫苗难以研发的原因是什么? 有何解决方案?
11. 在制备病毒疫苗时，为什么需要对病毒进行分离和纯化? 这一步骤对疫苗的质量和安全性有何影响?
12. 请列举一两个历史上成功的病毒疫苗计划免疫案例，并分析其成功的原因。

13. 当前全球范围内，哪些病毒疫苗的计划免疫工作面临挑战？这些挑战是如何影响疫苗接种工作的？

14. 反向疫苗学在抗原候选物的鉴定过程中，如何平衡抗原的免疫原性和安全性？

15. 合成生物学应用于疫苗有哪些挑战和重点关注问题？

16. 请论述疫苗在公共卫生领域的重要性，并结合当前世界形势分析疫苗研发与应用的紧迫性。

17. 请探讨现代生物技术在病毒疫苗制备中的应用和前景。

18. 请设计一个关于疫苗的调查问卷，以了解公众对减毒活疫苗的认知程度、接种意愿及接种后的感受等。

主要参考文献

Arashkia A，Jalilvand S，Mohajel N，et al. 2021. Severe acute respiratory syndrome-coronavirus-2 spike（S）protein based vaccine candidates：State of the art and future prospects. Rev Med Virol，31（3）：e2183.

Bandyopadhyay A S，Garon J，Seib K，et al. 2015. Polio vaccination：past，present and future. Future Microbiol，10（5）：791-808.

Berche P. 2012. Louis Pasteur，from crystals of life to vaccination. Clin Microbiol Infect，18（11）：1-6.

Berg P，Baltimore D，Boyer H W，et al. 1974. Potential biohazards of recombinant DNA molecules. Science，185（4148）：303.

Bittle J L，Houghten R A，Alexander H，et al. 1982. Protection against foot-and-mouth disease by immunization with a chemically synthesized peptide predicted from the viral nucleotide sequence. Nature，298（5869）：30-33.

Bonanni P，Steffen R，Schelling J，et al. 2023. Vaccine co-administration in adults：An effective way to improve vaccination coverage. Hum Vaccin Immunother，19（1）：2195786.

Chen S，Pounraj S，Sivakumaran N，et al. 2023. Precision-engineering of subunit vaccine particles for prevention of infectious diseases. Front Immunol，14：1131057.

Coelingh K L，Luke C J，Jin H，et al. 2014. Development of live attenuated influenza vaccines against pandemic influenza strains. Expert Rev Vaccines，13（7）：855-871.

Conry R M，LoBuglio A F，Wright M，et al. 1995. Characterization of a messenger RNA polynucleotide vaccine vector. Cancer Res，55（7）：1397-1400.

da Silva M K，Campos D M O，Akash S，et al. 2023. Advances of reverse vaccinology for mRNA vaccine design against SARS-CoV-2：A review of methods and tools. Viruses，15（10）：2130.

de Groot A S，Moise L，Terry F，et al. 2020. Better epitope discovery，precision immune engineering，and accelerated vaccine design using immunoinformatics tools. Front Immunol，11：442.

Delrue I，Verzele D，Madder A，et al. 2012. Inactivated virus vaccines from chemistry to prophylaxis：Merits，risks and challenges. Expert Rev Vaccines，11（6）：695-719.

Gershon A A. 2001. Live-attenuated varicella vaccine. Infect Dis Clin North Am，15（1）：65-81，viii.

Goodswen S J，Kennedy P J，Ellis J T. 2023. A guide to current methodology and usage of reverse vaccinology towards in silico vaccine discovery. FEMS Microbiol Rev，47（2）：fuad004.

Greenwood B. 2014. The contribution of vaccination to global health：Past，present and future. Philos Trans R Soc Lond B Biol Sci，369（1645）：20130433.

Hadj Hassine I. 2022. COVID-19 vaccines and variants of concern：A review. Rev Med Virol，32（4）：e2313.

Heath P T，Galiza E P，Baxter D N，et al. 2021. Safety and efficacy of NVX-CoV2373 covid-19 vaccine. N Engl J Med，385（13）：1172-1183.

Hoerr I，Obst R，Rammensee H G，et al. 2000. *In vivo* application of RNA leads to induction of specific cytotoxic T lymphocytes and antibodies. Eur J Immunol，30（1）：1-7.

Kaur G，Danovaro-Holliday M C，Mwinnyaa G，et al. 2023. Routine vaccination coverage-worldwide，2022. MMWR Morb Mortal Wkly Rep，72（43）：1155-1161.

Kayser V，Ramzan I. 2021. Vaccines and vaccination：History and emerging issues. Hum Vaccin Immunother，17（12）：5255-5268.

Kim Y H，Hong K J，Kim H，et al. 2022. Influenza vaccines：Past，present，and future. Rev Med Virol，32（1）：e2243.

Lai C J，Kim D，Kang S，et al. 2023. Viral codon optimization on SARS-CoV-2 spike boosts immunity in the development of COVID-19 mRNA vaccines. J Med Virol，95（10）：e29183.

Lee M S，Chang L Y. 2010. Development of enterovirus 71 vaccines. Expert Rev Vaccines，9（2）：149-156.

Lu P J，Hung M C，Srivastav A，et al. 2021. Surveillance of vaccination coverage among adult populations—United States，2018. MMWR Surveill Summ，70（3）：1-26.

Martinon F，Krishnan S，Lenzen G，et al. 1993. Induction of virus-specific cytotoxic T lymphocytes *in vivo* by liposome-entrapped mRNA. Eur J Immunol，23（7）：1719-1722.

McCann N，O'Connor D，Lambe T，et al. 2022. Viral vector vaccines. Curr Opin Immunol，77：102210.

National Health Commission Of The People's Republic of China. 2021. Childhood immunization schedule for national immunization program vaccines—China（Version 2021）. China CDC Wkly，3（52）：1101-1108.

Niu D，Wu Y，Lian J. 2023. Circular RNA vaccine in disease prevention and treatment. Signal Transduct Target Ther，8（1）：341.

Pagliari S，Dema B，Sanchez-Martinez A，et al. 2023. DNA vaccines：history，molecular mechanisms and future perspectives. J Mol Biol，435（23）：168297.

Pfeifer B A，Beitelshees M，Hill A，et al. 2023. Harnessing synthetic biology for advancing RNA therapeutics and vaccine design. NPJ Syst Biol Appl，9（1）：60.

Singanayagam A，Zambon M，Lalvani A，et al. 2018. Urgent challenges in implementing live attenuated influenza vaccine. Lancet Infect Dis，18（1）：e25-e32.

Sirohi P R，Gupta J，Somvanshi P，et al. 2022. Multiple epitope-based vaccine prediction against SARS-CoV-2 spike glycoprotein. J Biomol Struct Dyn，40（8）：3347-3358.

Soleimanpour S，Yaghoubi A. 2021. COVID-19 vaccine：Where are we now and where should we go? Expert Rev Vaccines，20（1）：23-44.

Szabó G T，Mahiny A J，Vlatkovic I. 2022. COVID-19 mRNA vaccines：Platforms and current developments. Mol Ther，30（5）：1850-1868.

Tan X，Letendre J H，Collins J J，et al. 2021. Synthetic biology in the clinic：engineering vaccines，diagnostics，and therapeutics. Cell，184（4）：881-898.

Tang D C，DeVit M，Johnston S A. 1992. Genetic immunization is a simple method for eliciting an immune response. Nature，356（6365）：152-154.

Tejeda-Mansir A，García-Rendón A，Guerrero-Germán P. 2019. Plasmid-DNA lipid and polymeric nanovaccines：A new strategic in vaccines development. Biotechnol Genet Eng Rev，35（1）：46-68.

Volpedo G，Huston R H，Holcomb E A，et al. 2021. From infection to vaccination：Reviewing the global burden，history of vaccine development，and recurring challenges in global leishmaniasis protection. Expert Rev Vaccines，20（11）：1431-1446.

Wang Z，Troilo P J，Wang X，et al. 2004. Detection of integration of plasmid DNA into host genomic DNA following intramuscular injection and electroporation. Gene Ther，11（8）：711-721.

Wolff J A，Malone R W，Williams P，et al. 1990. Direct gene transfer into mouse muscle *in vivo*. Science，247（4949 Pt 1）：1465-1468.

Xu S，Yang K，Li R，et al. 2020. mRNA vaccine Era-mechanisms，drug platform and clinical prospection. Int J Mol Sci，21（18）：6582.

Zhang F，Yang Z，Dai C，et al. 2023. Efficacy of an accelerated vaccination schedule against hepatitis E virus infection in pregnant rabbits. J Med Virol，95（1）：e28193.

Zhang H，Lai X，Mak J，et al. 2022. Coverage and equity of childhood vaccines in China. JAMA Netw Open，5（12）：e2246005.

Zhang S，Huang W，Zhou X，et al. 2013. Seroprevalence of neutralizing antibodies to human adenoviruses type-5 and type-26 and chimpanzee adenovirus type-68 in healthy Chinese adults. J Med Virol，85（6）：1077-1084.

第十九章 抗病毒药物

本章要点

1. 抗病毒药物的概念：抗病毒药物是一类用于预防和治疗病毒感染的药物。抗病毒药物既要保证抗病毒的有效性，又要保证其对人体细胞、组织、器官的安全性。
2. 抗病毒药物的作用机制：抗病毒药物的关键作用机制在于抑制病毒增殖，为宿主免疫系统抵御病毒侵袭争取有效时间。目前常见的抗病毒药物作用机制有：阻止病毒入侵宿主细胞，抑制病毒基因组核酸复制，抑制病毒基因组转录，抑制病毒蛋白的合成与成熟、转运，以及诱导机体产生抗病毒物质等。
3. 抗病毒抗体药物：抗体药物是一种由抗体物质组成的药物。该类药物具有特异性、多样性及制备定向性等特点，可以通过中和作用抑制病毒侵入细胞，或选择性杀伤受到病毒感染的靶细胞，是一类具有广阔前景的抗病毒治疗手段。
4. 病毒的耐药：病毒在接触到抗病毒药物后，通过一系列适应变化，使得药物无法有效抑制病毒复制和感染的现象称为病毒的耐药。病毒的耐药会使药物的疗效降低甚至丧失。病毒的耐药机制主要包括病毒基因突变导致的耐药性和细胞跨膜蛋白导致的病毒耐药性。

本章知识单元和知识点分解如图 19-1 所示。

抗病毒药物是一类用于预防和治疗病毒感染的药物。在人类与病毒漫长的斗争过程中，病毒感染性疾病严重威胁人类健康和生命，给人类带来了严重的灾难和警示。人类与病毒斗争主要通过两种途径：一种是发展疫苗，另一种是寻找和研发抗病毒药物。虽然疫苗能够帮助人类在一定程度上抵抗病毒感染，但由于病毒基因突变、接种率、个体差异等因素的影响，仍需要抗病毒药物对感染者进行治疗。一种病毒可以引起多种疾病，一种病症也可能是由多种病毒共同作用的结果。例如，麻疹病毒在免疫受损者中可以引起麻疹合并巨细胞肺炎和亚急性硬化性全脑炎；发热伴血小板减少综合征病毒在免疫异常患者中可以引起发热、血小板减少及中枢神经系统症状。再加上病毒复制周期与宿主细胞代谢过程密切相关，抑制病毒的增殖势必会影响未感染细胞正常的生理活动。

因此，抗病毒药物既要保证抗病毒的有效性，又要保证其对人体细胞、组织、器官的安全性。经过 20 世纪 80 年代艾滋病、2003 年严重急性呼吸综合征（severe acute respiratory

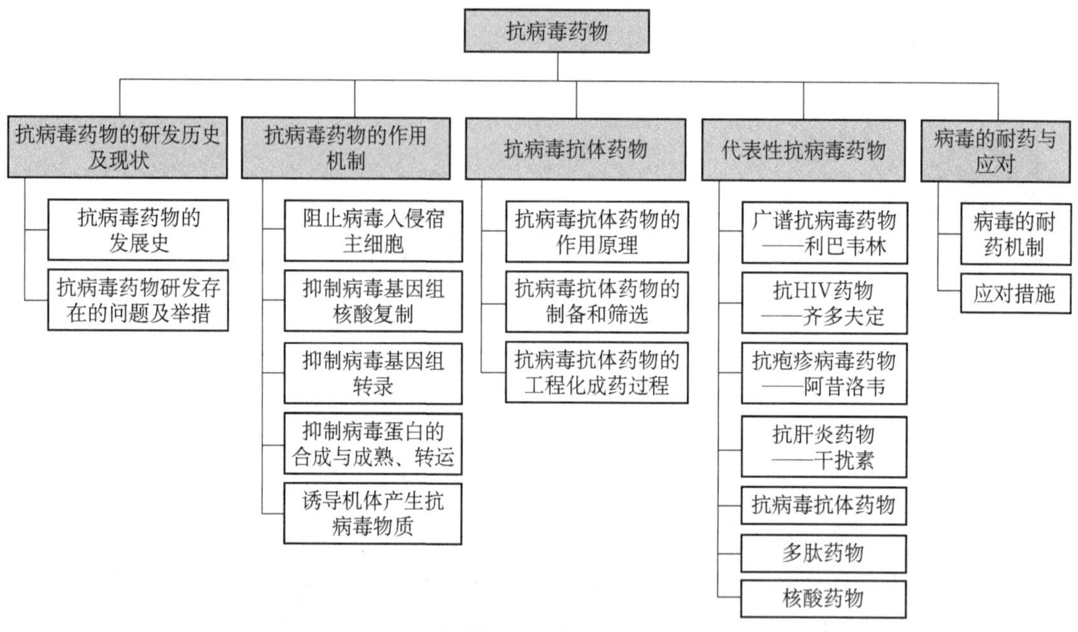

图 19-1　本章知识单元和知识点分解图

syndrome，SARS）及 2019 年新型冠状病毒感染（Coronavirus Disease 2019，COVID-19）等病毒感染性疾病的流行，医生和患者对高效抗病毒药物的需求越来越迫切。

第一节　抗病毒药物的研发历史及现状

一、抗病毒药物的发展史

1963 年，非特异性抗病毒药物碘苷（idoxuridine，IDU）的出现，标志着人类开始掌握并运用药物进行抗病毒。之后抗病毒药物的发展十分缓慢，数量不足 10 种。直到 20 世纪 90 年代，抗病毒药物获批量才开始增加，达到 30 余种；21 世纪以来，抗病毒药物迎来爆发式增长，尤其是在 2011～2017 年抗 HIV 和抗丙型肝炎病毒（HCV）药物的获批，标志着抗病毒药物的研发进入新纪元。抗病毒药物的研发速度加快得益于人们对病毒特异性药物作用靶标基础性研究的探索，体现在从碘苷、阿糖腺苷、阿昔洛韦、更昔洛韦等非特异性抗病毒药物向抗 HIV 和丙型肝炎病毒（HCV）等特异性抗病毒药物的转变。

2020 年新冠疫情给全球人民的生活带来了重大的影响，严重阻碍了社会发展。在此次疫情期间，抗病毒药物的应用对协助患者康复发挥了重要的作用。但也凸显了抗病毒药物存在的问题，即药物特异性差、药物选择范围较窄，影响了新冠疫情的控制及患者康复。全面、实时、准确地了解全球抗病毒药物研发的广度、深度与进展，尽早布局才能在新旧病毒感染性疾病的治疗中从容不迫。截至 2020 年，抗病毒药物在对抗慢性病毒感染方面取得了重大突破。近 30 年获批的抗病毒药物中，抗 HIV 药物数量最多，约占 49%，其次是抗 HCV 和 HBV 药物，约占 19%和 9%，除此之外还有治疗流感和巨细胞病毒

（cytomegalovirus，CMV）的药物获批，约占 5%和 12%。近 30 年抗病毒药物有两次获批高峰期，第一次是 1996～1997 年，HIV 鸡尾酒疗法药物大量获批，另一次是 2011～2017 年治愈 HCV 系列药物获批。其中小分子药物占比约为 90%，其中 80%以上的药物用于治疗慢性病毒感染，而对于急性病毒感染性疾病抗病毒药物的研发仍存在一定的短板。在 2011～2017 年，治疗急性病毒感染性疾病获批的药物仅有 5 个，包括 4 个抗流感病毒药物和 1 个抗呼吸道合胞病毒（respiratory syncytial virus，RSV）药物。

在抗病毒创新性药物研发缓慢的背景下，联用药可用于改善急性病毒感染治疗药物不足、病毒耐药、单药抗病毒效果不佳等问题。自 1997 年第一个联用药物获批以来，联用药物获批比例逐渐增加，并成为主流。最典型的代表是 HIV 的鸡尾酒疗法，该疗法使得艾滋病从绝症变为可控的但需终身服药的慢性疾病；除此之外，在 HCV 急性感染者中，索菲布韦和利巴韦林联合用药能够通过双机制迅速且有效地干扰并抑制 HCV 基因型 2 型或 3 型复制，与此类似的还有索菲布韦+利巴韦林+PegIFN α、达拉他韦+阿舒瑞韦、雷布帕韦+索菲布韦等抗 HCV 联合用药方案。而未来，抗病毒药物联合方案的优化及新型抗病毒疗法的创新仍会是抗病毒药物研发的主流趋势。

二、抗病毒药物研发存在的问题及举措

但新药研发存在耗时长、费用高、成功率低等风险，涉及药物发现、基础研究、临床试验、申报注册和上市等漫长过程，耗时较长。根据 Bio Industry 统计可知，在 2006～2015 年，新分子实体药物从临床 I 期到获批成功率仅为 6.2%，生物制品类药物的成功率为 11.5%。由此可见，新药研发过程烦琐且困难。通过对既往抗病毒药物研发经验进行总结发现，基础科研对抗病毒药物的创新性研发有着关键作用。基础科研既能为抗病毒药物的研发提供线索，又能为抗病毒药物的研发提供理论支持，还能为抗病毒新药的研发提供动力。因此，加大基础研究力度可以为抗病毒药物的研发提供源源不断的线索、理论和动力。譬如，通过深入研究病毒侵入宿主细胞的机制，可以揭示细胞上与病毒表面蛋白发生结合的受体，以及病毒入胞的途径和调控因素。这些发现不仅为侵入抑制剂的设计提供了关键依据，也为中和抗体药物的制备提供了筛选依据。此外，病毒复制和转录过程的研究也为抗病毒药物研发提供了新的思路。科研人员通过探索各种病毒基因组的复制和转录机制，发现了能够干扰病毒复制的潜在药物候选物。例如，RNA 病毒在复制过程中通过自身基因编码的依赖于 RNA 的 RNA 聚合酶（RdRp）以 RNA 为模板合成子代病毒 RNA；由于 RdRp 为 RNA 病毒独有，而哺乳动物细胞中缺乏它的同源蛋白，因此很多抗 RNA 病毒药物以病毒 RdRp 为抑制靶点。而 RdRp 结构与功能的研究，尤其是酶活性中心结构的解析，为 RdRp 抑制剂的高效筛选和理性设计提供了重要的支撑。此外，病毒与宿主免疫系统的相互作用研究也为抗病毒药物的研发提供了重要线索。通过研究病毒如何逃避宿主免疫系统的攻击，以及宿主免疫系统如何识别和清除病毒，发现了能够调节宿主免疫应答的药物候选物，以及可以拮抗病毒对宿主免疫系统的压制和逃逸机制的分子。这些药物可以通过提升人体对病毒的免疫反应，或者破坏病毒的免疫逃逸能力，从而增强人体免疫系统对病毒的抵抗。总之，病毒感染机制的基础科研在抗病毒药物研发中发挥着至关重要的作

用。加大基础研究力度，不仅可以为抗病毒药物的研发提供源源不断的线索、理论和动力，还能够推动抗病毒药物的创新和发展。

第二节 抗病毒药物的作用机制

要了解抗病毒的作用机制，首先要了解病毒的复制周期，知己知彼，方能百战不殆。与其他微生物不同，病毒是一类严格的胞内寄生的非细胞型微生物，复制周期分为吸附、穿入、脱壳、转录、翻译、基因组复制、组装和释放。而抗病毒药物可通过阻断复制周期中任何一个阶段来减轻病毒对人体的损伤。抗病毒药物不能直接杀灭病毒和破坏病毒体，否则也会损伤宿主细胞，加重病情。抗病毒药物的关键作用机制在于抑制病毒增殖，为宿主免疫系统抵御病毒侵袭争取有效时间，或者通过修复被病毒破坏的组织，缓解病情，避免病情恶化。抗病毒药物的主要抗病毒机制分述如下。

一、阻止病毒入侵宿主细胞

病毒进入宿主细胞是病毒生命周期的第一步，包膜病毒进入宿主细胞是由位于病毒表面的包膜蛋白介导的。绝大多数致病病毒表面都有包膜蛋白，病毒包膜蛋白与细胞受体结合后，可以诱导表面融合或者内吞作用，使病毒进入细胞。常见人类致病病毒的入胞主要包括两种机制：表面融合或者内吞作用。通过表面融合途径进入细胞的病毒，受体结合直接触发膜蛋白的构象变化，诱导病毒包膜与细胞膜的融合，病毒基因组得以释放到宿主细胞的细胞质；而通过内吞作用进入细胞的病毒，病毒颗粒通常在受体结合后内吞进入内体，此后低 pH 等胞内理化性质调节诱导病毒包膜蛋白构象变化，最终病毒包膜与内体膜融合，病毒基因组被释放到宿主细胞的细胞质中。因此，通过对这些步骤的干扰，药物可以实现对病毒侵入宿主细胞的抑制，从而阻止病毒的感染。

目前，药物对病毒入侵的抑制主要可以通过两种方式实现。病毒入胞必须要有其表面蛋白（配体）与细胞表面的相应受体发生特异性结合，从而介导后续的入胞步骤。因此，一种方式是通过与游离病毒入侵细胞特异性配体结合，可以竞争性地抑制配体与细胞表面受体的结合，使病毒失去进入细胞的“钥匙”。这是药物抑制病毒入侵的一种常见机制。譬如，具有病毒高暴露风险时，可通过接种病毒的免疫球蛋白与病毒表面蛋白（配体）形成抗原–抗体复合物，从而封闭配体使之无法与细胞表面的受体结合，从而阻止病毒进入细胞；此外，二十二烷醇会干扰单纯疱疹病毒（herpes simplex virus，HSV）包膜蛋白与细胞膜受体结合；而马拉韦罗能够阻止 HIV GP120 蛋白与人趋化因子受体 5（human chemokine receptor-5，CCR5）相互作用。这些都属于通过抑制病毒表面蛋白（配体）与宿主细胞表面受体的特异性结合来抑制病毒入侵的药物作用机制。

另一种方式是通过改变病毒表面结构从而阻止病毒入侵。例如，金刚烷胺、金刚烷乙胺等药物可以通过抑制甲型流感病毒表面的离子通道蛋白从而阻止病毒进入细胞。金刚烷胺主要靶向甲型流感病毒基质蛋白 2（M2 蛋白），可以结合到 M2 蛋白上，阻滞其离子通道功能使氢离子无法进入病毒内部，从而影响病毒包膜的电性转化，抑制了病毒被细胞内吞后的脱壳过程，如此病毒基因组 RNA 便无法顺利释放进入细胞质中，从而抑制了病毒增殖。

此外，还有一类药物可以通过靶向宿主细胞的病毒受体等分子，而不是靶向病毒的表面蛋白，也可以起到抑制病毒进入细胞的目的。例如，穆尔（Moore）等发现的靶向 CD4 的小鼠抗体 5A8，它通过结合宿主细胞上的 HIV 受体 CD4 分子，阻断 CD4 诱导的 HIV 包膜蛋白 Env 构象变化来抑制 HIV 感染。5A8 抗体并不干扰 CD4-HIV Env 相互作用。在一项Ⅲ期临床试验中，单药给药基于 5A8 伊巴利珠单抗（TMB-355 或 TNX-355）的人源化抗体可显著降低 83% 的多重耐药 HIV-1 感染患者的病毒载量（Emu et al.，2018），显示了靶向宿主细胞的蛋白质或通路的病毒入侵抑制剂具有巨大的药用潜力。

二、抑制病毒基因组核酸复制

药物可以通过两种方式实现对病毒基因组核酸复制过程的抑制。其一是抑制病毒基因组复制关键酶。RNA 病毒的复制依赖自身基因组编码的依赖于 RNA 的 RNA 聚合酶（RdRp）；此外，一些 DNA 病毒，如疱疹病毒和痘病毒，也利用病毒基因编码的 DNA 聚合酶实现自身基因组 DNA 的复制过程。这就为我们靶向病毒特有的 RNA 或者 DNA 聚合酶，实现抑制其基因组复制提供了良好的条件。目前，抑制病毒基因组复制关键酶的药物比较多，主要为核苷类药物，如利巴韦林、碘苷、齐多夫定、扎西他滨、司他夫定、恩替卡韦、更昔洛韦、拉米夫定等。这类化合物的作用原理是通过模拟天然脱氧核糖核苷酸或核糖核苷酸的结构，进入病毒感染的细胞内，干扰病毒的复制过程。通常，核苷类似物药物分子能够在病毒复制过程中与天然核苷酸竞争性地结合到病毒的 DNA 聚合酶或 RNA 聚合酶上，从而抑制酶活性，干扰病毒核酸的合成。

此外，逆转录病毒（如 HIV）和嗜肝 DNA 病毒（如乙肝病毒）的基因组复制过程均包含逆转录步骤。这些病毒的 DNA 聚合酶具有逆转录酶活性，可以以 RNA 为模板合成 DNA。因此，很多抑制病毒基因组核酸复制的药物，可以通过抑制逆转录酶的工作来抑制病毒基因组的复制。这类药物中也包括了很多核苷类似物。针对逆转录酶的核苷类似物抗病毒药物通常称作核苷类逆转录酶抑制剂（NTRI）。

对于不同的病毒和不同的核酸复制酶，核苷类似物发挥的作用并不相同。例如，核苷类似物索非布韦对丙型肝炎病毒的 RdRp 具有很强的抑制活性，但是对于逆转录酶或其他病毒的 RdRp 却不一定有抑制活性。

病毒基因组核酸合成的抑制剂并不一定是核苷类似物，也存在直接抑制病毒基因组复制所需的核酸聚合酶的药物。其代表包括依法韦仑和奈韦拉平。这类药物并不是利用与核酸合成所需的核苷酸底物的类似性从而竞争性地干扰病毒核酸合成过程，而是直接作用于催化病毒基因组核酸合成的酶，通过对酶活性的直接抑制来实现对病毒核酸合成过程的干扰。作用于逆转录酶的非核苷类病毒基因组合成抑制剂最为常见，通常这类药物又被称为非核苷类逆转录酶抑制剂（NNTRI）。

药物对病毒基因组核酸复制过程进行抑制的第二种方式是干扰病毒 RNA 和 DNA 的链

合成过程，从而造成病毒基因组损伤。逆转录抑制剂，如齐多夫定、扎西他滨、地丹诺辛、地拉韦定、奈韦拉平等，不仅能够抑制病毒复制所需的酶，还能够作为核苷酸底物类似物竞争性掺入新合成的病毒 DNA 链中。一旦核苷类似物嵌入到正在合成的病毒核酸链中，由于其结构与天然核苷酸底物的区别，可以导致链的终止，阻止进一步的核酸合成；或合成不具生物学功能的病毒 DNA，即造成病毒基因组的损伤。核苷类似物药物在抑制病毒基因组核酸复制中有多重功能：既能竞争性抑制复制所需的 DNA/RNA 聚合酶活性，也能嵌入到正在合成的病毒核酸链中造成复制过程的终止或错误。还有研究表明，核苷类抗病毒药物还能够抑制细胞内核苷酸的形成与利用，从而抑制病毒复制。

三、抑制病毒基因组转录

病毒颗粒在细胞中组装依赖于病毒基因组的转录—修饰—翻译。干扰素抗病毒机制之一是通过激活（2′-5′）寡腺苷酸合成酶及依赖于（2′-5′）寡腺苷酸的核糖核酸酶 L，催化（2′-5′）寡腺苷酸［（2′-5′）A］合成，（2′-5′）寡腺苷酸可以激活诱导病毒 mRNA 降解的核糖核酸酶，从而导致病毒 mRNA 无法稳定存在。而奈韦拉平、地拉韦定、依法韦仑等能够与 HIV 的逆转录酶直接结合并抑制 DNA 合成。很多化合物对于病毒的基因组复制和转录同时具有抑制活性。

四、抑制病毒蛋白的合成与成熟、转运

病毒蛋白的合成是病毒组装的关键，而病毒 mRNA 转运、多肽链形成是病毒蛋白合成的重要环节。病毒结构蛋白和非结构蛋白由宿主蛋白生产机制合成。此外，很多病毒会首先合成一个较大的融合蛋白作为前体，在生物合成或病毒进入过程中需要被宿主蛋白酶切割以释放功能蛋白。干扰这些步骤都可以阻止病毒合成具有功能的蛋白质，从而抑制病毒的生物学功能和子代病毒颗粒的组装。目前有很大一类抗病毒药物是蛋白酶抑制剂，如治疗新型冠状病毒感染（COVID-19）的奈玛特韦，其可以抑制 SARS-CoV-2 蛋白酶活性，使病毒合成的蛋白质无法成熟成为有功能的蛋白质，从而起到抑制病毒感染的作用。抗 HIV 药物沙奎那韦、利托那韦等同样通过作用于病毒蛋白酶，使得 HIV 无法正常装配。蛋白酶抑制剂通常都是直接与蛋白酶的活性作用中心结合，从而阻断蛋白酶与目标蛋白的结合。

此外，许多干扰素能够抑制病毒 mRNA 翻译并抑制病毒多肽前体形成。干扰素 α（interferon-α，IFN-α）通过与效应细胞膜上 IFN-α 受体结合，活化细胞质中的酪氨酸蛋白激酶并磷酸化 IFN 激活基因因子 3α（interferon-stimulated Gene factor 3 alpha，ISGF-3α）亚基，诱导并协同 ISGF-3γ 进入细胞核，ISGF-3 复合物激活 IFN 刺激反应元件（interferon-stimulated response element，ISRE），使得细胞表达抗病毒蛋白以降解病毒 mRNA。在此过程中，活化的蛋白激酶使真核起始因子 2（eukaryotic translation initiation factor 2，eIF-2）磷酸化，使得蛋白质多肽链合成起始受阻。

五、诱导机体产生抗病毒物质

机体自身干扰素、丙氨基苷等抗病毒物质能够抑制多种病毒的复制；人工合成的多次黄嘌呤核苷酸–多肌胞苷酸［poly(I：C)］能够诱导机体高效地产生足够的内源性干扰素来预防病毒性疾病的发生，这些都属于诱导机体产生抗病毒物质的抗病毒作用机制。目前临床应用比较多的是干扰素类药物。干扰素是一类由细胞分泌的天然免疫活性糖蛋白，具有抗病毒和免疫调节作用。干扰素类可以通过激活干扰素信号通路，诱导机体产生抗病毒蛋白，增强天然免疫反应，抑制病毒复制和传播。与机体自身干扰素一样，干扰素类药物也是通过诱导机体产生多种抗病毒宿主因子，从而发挥抗病毒能力。例如，2′, 5′-寡腺苷酸合成酶（2′, 5′-oligoadenylate synthetase，2′, 5′-OAS）是一种干扰素诱导的蛋白质，其在受到病毒感染时被激活，激活的 2′, 5′-OAS 可以催化 ATP 转化为 2′, 5′-寡腺苷酸（2′-5′A），进而激活 RNase L，导致病毒 RNA 的降解，抑制病毒复制；干扰素诱导蛋白 10（interferon-inducible protein 10，IP-10）是一种干扰素诱导的趋化因子，可以吸引和激活免疫细胞，增强机体的抗病毒免疫反应。目前发现的干扰素活化的抗病毒宿主因子已经超过 20 种，它们在机体受到病毒感染或干扰素治疗时发挥重要作用，帮助机体抵御病毒侵袭，促进抗病毒免疫应答以清除病毒。

第三节 抗病毒抗体药物

抗体药物是一种由抗体物质组成的药物。抗体药物行业是近些年发展十分迅猛的行业，在抗病毒、抗细菌感染、抗肿瘤、心血管疾病治疗等多个医学领域均有应用，是当前生物药中复合增长率最高的一类药物。该类药物具有特异性、多样性及制备定向性等特点，可以通过中和作用抑制病毒侵入细胞，或选择性杀伤受到病毒感染的靶细胞，是一类具有广阔前景的抗病毒治疗手段。

一、抗病毒抗体药物的作用原理

中和抗体在人体抗病毒免疫中起重要作用，它与病毒表面的受体结合蛋白或其他与入侵相关的关键蛋白结合，阻止病毒进入宿主细胞，即中和作用。在病毒性疾病康复过程中，中和抗体起到关键作用，可以阻止病毒继续感染更多的细胞，有助于清除病毒并加速康复。而单克隆中和抗体因具有高特异性等特性，有潜力成为病毒感染的潜在治疗方法和预防药物。此外，现代结构生物学和抗体工程技术可以优化抗病毒单克隆抗体的中和靶点，延长抗体药物作用半衰期，更加增强了中和抗体的成药性。2019 年底开始的新冠疫情激发了研究人员针对新冠病毒（SARS-CoV-2）的中和单克隆抗体药物的研发热情，目前已有几种单克隆抗体获得使用授权，这不仅是抗击新冠疫情战略的重要组成部分，而且推动了单克隆抗体在其他传染病的治疗和预防中的利用。近年来，人源化及全人抗体发展迅速。此类药物能够通过多种途径在体内发挥抗病毒作用，包括细胞毒性作用、中和病毒颗粒、宿主细胞受体封闭、调节细胞激活和相互作用等。例如，帕利珠单抗（Palivizumab、Synagis）作为美国FDA批准的第一个中和抗体药物，可以靶向呼吸道合胞病毒（RSV）的融合蛋白（F蛋白），阻碍F蛋白与细胞受体结合，从而达到中和病毒的作用。临床上，该药物可以阻止RSV向下呼吸道扩散从而减轻RSV引起的肺炎。

应用抗体治疗病毒感染性疾病时应注意避免病毒感染的抗体依赖性增强（ADE）的发生，即抗体药物与病毒的非中和性结合可以通过抗体Fc片段与FcγR受体的结合促进病毒对表面携带有FcγR受体的宿主细胞的侵入。结果就是，患者被抗体治疗以后，病毒感染反而增强了。ADE最初是在登革病毒中观察到的。登革病毒以4种血清型共同传播，一些继发感染的严重程度增加被认为是由于原发感染后产生的不同血清型无法中和第二种血清型的预先存在的抗体而增强了病毒侵入。目前，可以通过设计抗体Fc结构域以减少与FcγR的结合来降低ADE的风险。

二、抗病毒抗体药物的制备和筛选

研发高效实用的抗病毒抗体药物，寻找高效且高纯度的病毒中和抗体显得尤为重要。目前，在制备针对病毒感染的治疗性中和抗体方面，存在两大主要策略：一类是靶向导向策略，它侧重于直接分离那些能够与已知病毒中和抗原结合的单克隆抗体；另一类则是非靶向导向策略，它着重于对从单细胞培养物上清液中获取的分泌型免疫球蛋白进行功能测定，最终发现具有治疗价值的中和抗体。这两种策略各具特色，共同为抗病毒抗体药物的研发提供有力的支持。

靶向导向的中和抗体制备策略通常涉及集合筛选噬菌体展示文库（panning phage display library），该文库通常会由免疫或感染个体的免疫球蛋白可变区编码基因构建。可以基于与特定病毒抗原的结合对文库进行筛选，最终获得最优选的目标抗体的编码基因。目前基于这种策略成功获得了针对HIV和SARS-CoV-2的单克隆中和抗体。然而，由于该策略中重链可变区（VH）和轻链可变区（VL）的配对是随机的，因此这种文库很难覆盖全部完整的人体天然抗体库，导致其容纳的抗体编码基因多样性受到很大限制，可能仅局限于抗体的某个CDR区域。靶向导向的中和抗体制备策略的另一种构建方式是使用荧光标记的诱饵抗原对病毒特异性的记忆B细胞直接进行结合筛选，然后分离与病毒的特定抗原结合的记忆B细胞进行单克隆抗体鉴定和功能筛选，并获得目标单克隆抗体的编码基因。该策略使用的记忆B细胞可以起源于恢复期患者或者接种病毒或疫苗的人源化转基因小鼠。目前，使用这种方法成功获得了一些靶向HIV的gp120和gp41的中和抗体，以及靶向HBV的HBsAg和SARS-CoV-2的S蛋白的中和抗体。

靶向方法的主要局限性是必须事先知道靶抗原，因为选择过程是基于与纯化抗原的结合亲和力而不是中和效力。而关于病毒的中和信息有限时，则可以采用非靶向导向策略以实现高效中和抗体的发现。例如，使用EB病毒进行记忆B细胞永生化等方法，可以获得记忆B细胞或浆细胞的单细胞培养物，并基于单细胞培养上清中的分泌性抗体进行病毒中和实验从而鉴定抗体的中和活性等生物学性质，最终筛选到目标抗病毒治疗抗体。采用这一策略成功获得过针对甲型流感病毒的中和抗体。此外，能够模拟淋巴结生发中心的类器官也被应用于单克隆抗体的生产。凭借这一技术可以在体外实现B细胞的活化和抗体类型转换。

三、抗病毒抗体药物的工程化成药过程

目标中和抗体一旦鉴定出来，就必须对候选单克隆抗体编码基因进行测序，并进行下一步的重组表达。目前纳米流设备（nanofluidic device）和第二代测序技术大大提高了抗体基因的克隆表达和鉴定的效率，并使抗体文库的高通量筛选成为可能。在此基础上，抗体工程技术可以对单克隆中和抗体的多个区域进行工程化改造，从而改善其治疗特性。目前优化抗病毒抗体成药性的工程化改造主要集中在以下几个方面。

（1）Fc结构域突变优化以降低可能导致ADE的风险。例如，礼来公司开发的抗SARS-CoV-2单克隆抗体Etesevimab。在Fc结构域经工程设计引入L234A和L235A突变，使其缺失了FcγRⅠ和FcγRⅡ结合活性，以减少对通过ADE机制加剧疾病的可能性的担忧。

（2）通过减少IgG分解代谢来改善单克隆抗体（mAb）在体内的半衰期。抗体的体内降解半衰期通常由抗体与新生儿Fc受体（FcRn）的相互作用调节。FcRn作为循环或转吞受体发挥作用，负责维持体内IgG循环和转运。FcRn以pH依赖性方式在CH_2-CH_3连接处与IgG结合。此外，FcRn和抗体Fc片段之间的疏水相互作用对于抗体的结合与释放也有贡献。因此，抗体Fc区残基的某些突变可以显著增加IgG在循环中的半衰期。目前，多种具有工程化Fc区域以延长其半衰期的抗病毒mAb已进入临床开发阶段。例如，Sotrovimab（也称为VIR-7831和GSK4182136）的Fc结构域引入了M428L和N434S氨基酸变异，可以降低抗体与FcRn的相互作用，显著延长抗体半衰期。

（3）识别两种不同表位或抗原的双特异性抗体（BsAb）。BsAb是一种工程化的抗体分子，能够同时结合两种不同的抗原或表位，这为抗病毒治疗提供了新的策略。相较于传统的单克隆抗体，BsAb可以提供更强的中和活性或者更丰富的功能。例如，同时靶向Niemann-Pick C1（NPC1）蛋白受体结合位点和埃博拉病毒（EBOV）糖蛋白上保守的表面暴露表位的BsAb可以通过选择病毒颗粒导向内体-溶酶体递送来中和所有已知的EBOV。

（4）来自骆驼科动物的纳米抗体（单结构域抗体）。这是一种可用于抗病毒药物的新型工程抗体形式，仅凭一个重链可变区VHHs（15kDa）即可保留完全的与抗原特异性结合的性质。与普通人或小鼠来源的抗体的CDR3区相比，纳米抗体的CDR3较长一些，可形成凸形结构，因此可以结合常规抗体无法结合的表位，如通常被聚糖掩盖的病毒蛋白的保守结构域。纳米抗体因为分子量小、亲和力高，已经显示出了良好的抗病毒应用前景。

第四节 代表性抗病毒药物

一、广谱抗病毒药物——利巴韦林

利巴韦林于1985年在美国被批准以气雾剂的形式治疗RSV下呼吸道感染住院患儿，后被逐渐应用于治疗拉沙热或流行性出血热（具肾脏综合征或肺炎表现者），以及在HCV治疗中与人重组干扰素α2b合用。该药在体外能够显著抑制RSV、流感病毒、甲肝病毒等

多种病毒的生长。进入被病毒感染的细胞后迅速磷酸化，并竞争性抑制病毒合成酶，从而引起细胞内三磷酸鸟苷的减少，损害病毒 RNA 和蛋白质合成，使病毒的复制受抑。其对 RSV 也同时具有中和抗体的作用。吸入性用药会导致肺功能退化、细菌性肺炎、气胸和心血管反应等。静脉或口服给药可能会导致结膜炎和皮疹发生，偶见溶血性贫血、乏力等不良反应，停药后可消失。

二、抗 HIV 药物——齐多夫定

齐多夫定于 1987 年在美国被批准上市，是第一个获准治疗艾滋病的药物，是 HIV 治疗的首选药物。由于其疗效确切，是“鸡尾酒”疗法最基本的组成成分。该药能减轻或缓解 HIV 感染引起的相关症状，临床上多与其他抗 HIV 药物合用。其在受感染的细胞中被细胞胸苷激酶磷酸化为三磷酸齐多夫定，能够选择性抑制 HIV 逆转录酶从而阻止 HIV 复制。该药能够引起骨髓抑制，表现为白细胞和红细胞减少，还具有一定的骨骼肌和心肌毒性。临床中偶见胰腺炎、过敏、肝炎、血管炎等严重不良反应，同时对全身、胃肠道、血液、淋巴、精神、皮肤、感官和泌尿系统有一定的影响。

三、抗疱疹病毒药物——阿昔洛韦

阿昔洛韦于 1981 年首次在英国上市，后被世界 50 多个国家批准使用，是世界上销售量最大的抗病毒药物之一。该药是目前最常用的抗 HSV 药物，对带状疱疹、免疫缺陷者水痘、HBV 感染也有一定的作用。该药属于核苷酸类抗病毒药物，进入病毒感染的细胞后能够与脱氧核苷竞争病毒胸苷激酶或细胞激酶，药物被磷酸化成活化型阿昔洛韦三磷酸酯，而后通过干扰病毒 DNA 多聚酶，并与增长的病毒 DNA 链结合引起 DNA 链的延伸中断，从而发挥抗病毒作用。该药常引起注射部位的炎症、皮肤瘙痒和荨麻疹，偶见月经紊乱、肾功能不全和低血压等。

四、抗肝炎药物——干扰素

干扰素是细胞在病毒或其他诱导物刺激下产生的功能性糖蛋白，具有抗病毒、抗肿瘤和免疫调节等多种生物学活性。药用干扰素通常通过基因工程方法生产。干扰素的抗病毒效果具有广谱性，可阻止病毒增殖和扩散，促进病毒性疾病痊愈。干扰素通常不直接作用于病毒，而是作用于细胞，通过一系列信号通路诱导细胞产生抗病毒物质。干扰素不仅是一种高效的抗病毒生物活性药物，也是一种具有广泛免疫调节作用的淋巴因子。例如，干扰素 α 药物可用于急慢性病毒性肝炎（乙型丙型等）、尖锐湿疣等病毒感染的治疗，也可以用于肿瘤和白血病的治疗，是用基因工程方法生产的重组人干扰素 α，一般采用皮下注射方法给药，可以分为 α-2a、α-2b、α-1b 等分型。而聚乙二醇化干扰素的研制成功是慢性乙型肝炎治疗史上的一次重要突破。聚乙二醇化干扰素具有半衰期长、持久应答效果好等优点。因此，一些对普通干扰素 α 治疗无效的患者可以通过聚乙二醇干扰素获得疗效。

五、抗病毒抗体药物

特异性抗体是机体产生的应对病毒感染的适应性免疫的重要组成部分。目前成功的抗病毒抗体药物均为病毒中和抗体或中和抗体的一部分，通过与病毒的受体结合蛋白（receptor-binding protein）中的结合结构域（receptor-binding domain，RBD）特异性、高亲和地结合，封闭、阻断病毒的受体结合蛋白与细胞受体的结合，从而阻断病毒的侵入，达到抑制病毒感染的目的。例如，Ebola中和抗体药物ZMaPP，是三种Ebola病毒单克隆抗体的鸡尾酒复合配方，与Ebola病毒包膜蛋白高亲和结合，阻断病毒侵入细胞的过程。

六、多肽药物

多肽药物是具有抗病毒功能的多肽。多肽药物是由氨基酸组成的短链小分子，具有生物活性高、渗透强的特点。抗病毒多肽一般在病毒吸附和核酸复制两个阶段起作用。筛选多肽药物目前主要集中在能与宿主细胞的受体特异性结合，从而竞争性抑制病毒侵入的多肽；或者与病毒蛋白酶等活性位点特异性结合，抑制病毒蛋白酶功能等的活性多肽上。多肽药物的主要问题是在体内半衰期一般较短。例如，恩夫韦地（T20）由HIV病毒gp41的HR2域中一段自然存在的氨基酸序列衍生而成，属于人工合成的多肽类药物，由36个氨基酸残基组成。它通过模拟gp41的HR2域活性并且竞争性结合gp41的HR1域，阻止HR1和HR2的相互作用及gp41构型改变，进而阻止gp41诱导的HIV-1病毒包膜与宿主细胞的质膜融合。因此从机制上讲，恩夫韦地也是一种病毒侵入抑制剂。

七、核酸药物

核酸药物是指人为设计的具有疾病治疗功能的DNA或RNA，其通过作用于致病靶基因或者靶mRNA，从根源上调控致病基因的表达，达到疾病治疗的目的。核酸药物主要有反义寡核苷酸（antisense oligonucleotide，ASO）、干扰小RNA（small interference RNA，siRNA）、微RNA（micro RNA，miRNA）、小激活RNA（small activating RNA，saRNA）、信使RNA（message RNA，mRNA）、RNA适配体（RNA aptamer）、核酶（ribozyme）、抗体小干扰RNA偶联药物（antibody-siRNA conjugate，ARC）等。核酸药物的问题主要是自身免疫原性和体内递送效率低等。1998年获批的ASO药物Fomivirsen是人类历史上第一个核酸药物，具有跨时代的意义。

第五节 病毒的耐药与应对

一、病毒的耐药机制

病毒的耐药机制是指病毒在接触到抗病毒药物后，通过一系列适应变化，使得药物无法有效抑制病毒复制和感染的现象。病毒的耐药会使药物的疗效降低甚至丧失。而由于抗病毒新药研发耗资巨大，批准上市缓慢，为耐药毒株的药物治疗带来了一定的困难。病毒的变异是导致耐药性的主要机制。病毒在复制过程中会发生突变，可能导致药物靶点的结构发生改变，使得药物无法有效结合或抑制。另外，使用抗病毒药物会令病毒暴露在药物的选择压力下。耐药株在药物选择压力下会获得生存优势，逐渐取代对药物敏感的病毒株。由于抗病毒药物作用机制和靶点存在重叠，某些病毒可能会发展出针对多种不同类别抗病毒药物的耐药性，这种现象称为交叉耐药。交叉耐药会增加病毒感染治疗的复杂性，并大大限制抗病毒药物应用的选择。使病毒产生耐药性的机制主要包括以下两种。

（一）病毒基因突变导致的耐药性

病毒基因突变导致的耐药性是指病毒通过基因突变而获得对药物的抵抗能力。当病毒暴露在药物治疗中时，一些病毒与药物分子发生结合作用的药物靶点编码基因可能会发生基因突变，导致靶点消失或者与药物亲和力下降。在进化中药物压力下发生选择，最终导致病毒的生物学特性发生改变的毒株成为优势毒株，使得药物不再能有效地抑制或杀死这些变异的病毒。例如，甲型流感病毒目前已经普遍对金刚烷胺和甲基金刚烷胺耐药，其主要机制就是药物靶向的病毒包膜的离子通道 M2 变异，从而影响病毒包膜表面电性和脱壳释放基因组 RNA 的过程。M2 蛋白的第 27、30 和 31 位氨基酸变异株，会急剧降低该蛋白质与金刚烷胺和甲基金刚烷胺的结合，从而导致耐药性。单纯疱疹病毒（HSV）在药物调节下传代培养可以获得对膦羧基甲酸钠（PFA）的耐药性，这与其 DNA 聚合酶的变异有关。

目前研究较多的突变导致病毒获得耐药性机制存在于 HIV、HBV 等慢性病毒感染中，因为长期的抗病毒治疗更容易造成耐药毒株成为优势毒株。HIV 耐药是指 HIV 病毒发生基因突变，而对某种药物的敏感性降低或不敏感的现象，是抗病毒治疗药物靶向的病毒蛋白发生基因突变的结果。耐药毒株 IC_{50} 可上升几倍至几十倍。例如，齐多夫定（AZT/ZDV）对敏感野生病毒株的 IC_{50} 为 0.01～0.05μmol，对高度耐药病毒株的 IC_{50}>1mmol。基因突变造成的变化如果发生在药物直接作用靶点（主要突变），则抗病毒治疗药物敏感性降低；也可以发生于次要的非药物靶点（附属突变），附属突变可增强病毒适应性，并进一步降低抗病毒治疗药物的敏感性。

一些常见的 HIV 耐药突变，通常涉及 HIV 的逆转录酶和蛋白酶。例如，M184V/I 是最常见的逆转录酶耐药突变，会导致对拉米夫定（Lamivudine）和其他核苷类抗病毒药物的耐药性；而 K103N 和 Y181C 这些突变会导致对非核苷类逆转录酶抑制剂的耐药性；V82A 和 I84V 这些突变会导致对蛋白酶抑制剂的耐药性，如利托那韦（Lopinavir）和阿扎那韦（Atazanavir）。这些耐药突变会影响 HIV 对相应抗病毒药物的敏感性，使得治疗效果降低。因此，在治疗 HIV 感染时，需要根据患者的病毒耐药情况选择最合适的抗病毒药物组合，以确保有效控制病毒复制并减少耐药性的发生和发展。

在 HBV 中，目前常见的药物靶点突变主要针对的是拉米夫定和恩替卡韦。这两种药物都是乙型肝炎病毒（HBV）的核苷类似物药物，用于治疗慢性乙型肝炎。耐药的产生往往与长期用药相关。HBV 对核苷类似物耐药的产生与 HBV 的 DNA 聚合酶基因变异有关，并且 HBV 聚合酶基因变异是多位点的，以其基因组 C 区 YMDD（酪氨酸–甲硫氨酸–天冬氨酸–天冬氨酸）基序的变异最为重要。拉米夫定的主要耐药位点有 rtM204V/I，即 204 位点的甲硫氨酸被缬氨酸（V）或异亮氨酸（I）置换。该突变直接导致病毒对药物的敏感性降低，被称为原发耐药突变。另外，还发现一些突变不直接引起病毒对药物敏感性的下降，但可以恢复原发耐药变异病毒受损的复制力，被称为补偿耐药突变，主要有 rtV173L、rtL180M 和 rtL80I 等。而 HBV 对恩替卡韦耐药均先有拉米夫定耐药位点（rtM204、rtL180）的变异，然后发生针对恩替卡韦的相关位点变异（rt184A/G/I、rt202 I/C/G、rt250V/I 等）。

（二）细胞跨膜蛋白导致的病毒耐药性

病毒需要依靠宿主细胞完成复制周期，因此病毒耐药性的获得一方面是病毒本身，另一方面是宿主细胞。感染病毒的细胞，其细胞膜会发生应激性改变，可能会通过泵出系统排出一切非自身成分，包括抗病毒药物。有报道，细胞跨膜蛋白中多重耐药性蛋白 MRP4 的表达水平对 HIV 药物耐药发生有影响。MRP4 可以促使细胞泵出抗 HIV 药物齐多夫定，降低细胞内药物有效浓度，从而降低了齐多夫定的抗病毒效果。

二、应对措施

病毒耐药性对于病毒感染的治疗带来了巨大的挑战。因此，我们对于病毒耐药性要足够重视。依据病毒耐药的机制，可以通过以下几种措施进行应对。其一，实时关注病毒基因突变情况，不断修改化学药物作用靶点，以避免耐药性发生。例如，在 HIV 治疗中，可以使用分子生物学手段检测病毒耐药突变，并据此调整药物治疗方案，对于提高治疗成功率至关重要。其二，可以通过加大新药研发投入和力度，优化抗病毒药物研发奖励激励机制，增加抗病毒药物的选择种类。例如，抗体药物、生物药物、化学药物等，在耐药株出现时能够提供多种选择，避免束手无策的情况发生。目前多药物联合治疗最成功的例子就是 HIV 感染艾滋病的鸡尾酒疗法。鸡尾酒疗法又称“高效抗逆转录病毒治疗”（HAART），是通常包括两种逆转录酶抑制剂和一种蛋白酶抑制剂的三种抗 HIV 药物的多药物联合治疗。鸡尾酒疗法不仅显著提高了抗病毒治疗的效果，而且有效降低了单一用药诱导病毒耐药的可能性。此外，药物增效剂也是一个有前途的研发方向。可以通过控制或阻断细胞泵出系统的某些蛋白质的作用来降低药物从细胞内泵出的速率，从而维持细胞内的药物作用浓度，阻止由药物泵出机制引发的耐药。

本章小结

抗病毒药物是一类用于预防和治疗病毒感染的药物，既要保证其抗病毒的有效性，又要保证其对人体细胞、组织和器官的安全性。病毒是一类严格的胞内寄生的非细胞型微生物，复制周期分为吸附、穿入、脱壳、转录、翻译、基因组复制、组装和释放等步骤。抗病毒药物可通过阻断复制周期中任一阶段来减轻病毒对人体的损伤。此外，特异性抗体可通过中和作用抑制病毒侵入，或选择性杀伤病毒已感染的靶细胞发挥抗病毒治疗作用。病毒在复制过程中发生突变，导致药物靶点的结构改变，使得药物无法有效结合或抑制，从而产生耐药性。病毒耐药性对其药物治疗带来了巨大的挑战。

（吴稚伟　郑　楠）

1. 抗病毒药物的作用机制有哪些?
2. 抗病毒抗体药物的主要作用原理是什么?
3. 病毒耐药的产生机制有哪些?

主要参考文献

Liu X，Zhan P，Menéndez-Arias L，et al. 2021. Antiviral Drug Discovery and Development. New York：Springer.

Liu Y，Zhou Y，Li X，et al. 2019. Hepatitis B virus mutation pattern rtL180M+A181C+M204V may contribute to Entecavir resistance in clinical practice. Emerg Microbes Infect，8（1）：354-365.

Pantaleo G，Correia B，Fenwick C，et al. 2022. Antibodies to combat viral infections：Development strategies and progress. Nat Rev Drug Discov，21：676-696.

Schuetz J，Connelly M，Sun D，et al. 1999. MRP4：A previously unidentified factor in resistance to nucleoside-based antiviral drugs. Nat Med，5：1048-1051.

Su S，Xu W，Jiang S. 2022. Virus entry inhibitors：Past，present，and future. Advances in Experimental Medicine and Biology，1366：1-13.

Tompa D R，Immanuel A，Srikanth S，et al. 2012. Trends and strategies to combat viral infections：A review on FDA approved antiviral drugs. Int J Biol Macromol，172：524-541.

Wang Y，Xing H，Liao L，et al. 2014. The development of drug resistance mutations K103N Y181C and G190A in long term Nevirapine-containing antiviral therapy. AIDS Res The，11：36.

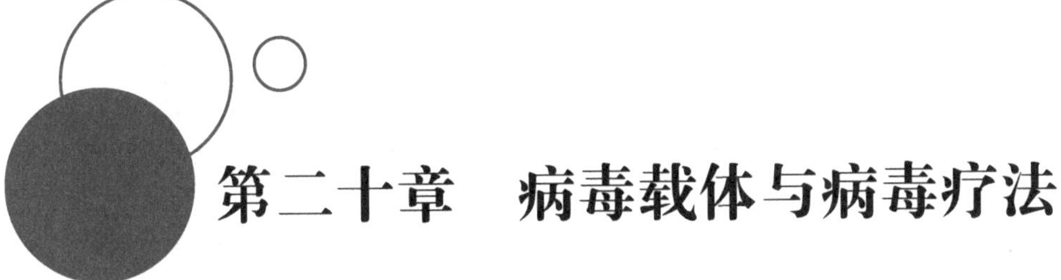

第二十章　病毒载体与病毒疗法

本章要点

1. 常见病毒载体：目前常用的病毒载体包括逆转录病毒载体、慢病毒载体、腺病毒载体及腺相关病毒载体等，这些病毒载体可以用于体外细胞水平或动物体内的基因功能研究及疾病治疗研究。
2. 不同病毒载体的优缺点：不同的病毒载体在免疫原性、安全性、载体容量、感染范围和效率等方面各有优缺点，使得不同病毒载体在某些应用领域有其独特的优势，根据具体的目的，合理地选择病毒载体非常重要。
3. 复制缺陷型病毒：是指通过基因工程的手段，将野生型病毒基因组中与病毒复制相关的基因（如腺病毒 *E1* 基因）删除，使之在正常宿主中不具备复制能力，但可以在携带与病毒复制相关基因的包装细胞（如 HEK293）中进行复制扩增，并包装成相应的重组病毒。这类病毒载体通常被应用于基因治疗或体内外实验研究中。
4. 条件复制型病毒：是指通过基因工程的手段，将野生型病毒基因组中某些基因删除，使之仅能够在肿瘤细胞中复制，但不能在正常宿主细胞中复制。这类病毒主要被应用于肿瘤的病毒治疗。
5. 基因治疗：通过分子生物学手段，将携带治疗基因的表达元件插入病毒基因组中，由此所制备的重组病毒在感染相应宿主细胞时就可以将外源基因带入宿主细胞中并加以表达，从而发挥其相应的功能。这种通过重组病毒载体将外源基因导入宿主细胞，并改变宿主细胞功能的过程称为基因治疗。
6. 病毒疗法：溶瘤病毒可以在肿瘤细胞中进行复制，并最终导致肿瘤细胞裂解，从而达到肿瘤治疗的目的。这种基于溶瘤病毒的肿瘤治疗手段称为病毒疗法。基于溶瘤病毒的病毒疗法是目前肿瘤生物治疗的热点，为肿瘤治疗开辟了新的途径。

本章知识单元和知识点分解如图 20-1 所示。

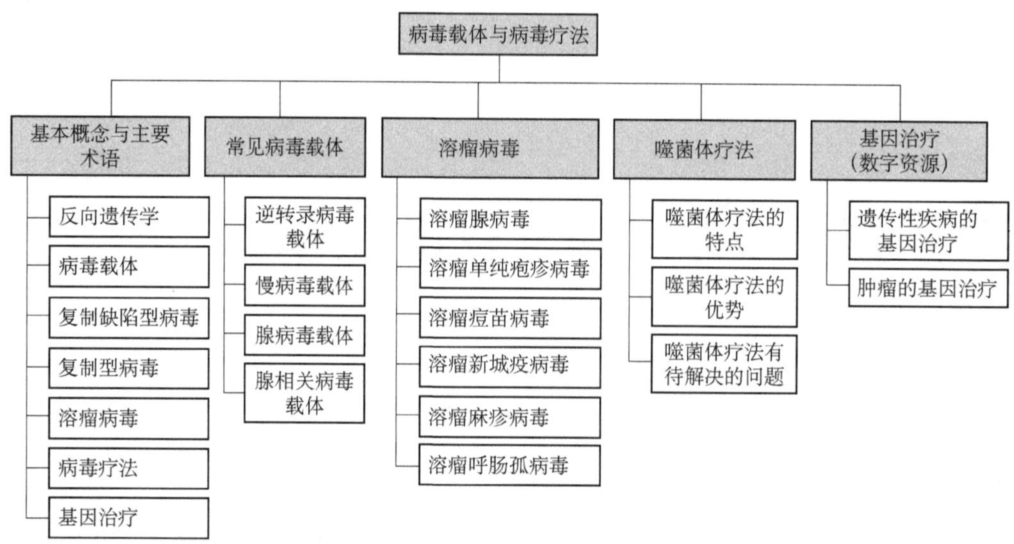

图 20-1　本章知识单元和知识点分解图

第一节　基本概念与主要术语

一、反向遗传学

经典遗传学是采用从生物的性状、表型到遗传物质的研究手段来探索生命的发生与发展规律。与之相反，反向遗传学（reverse genetics）则是在获得生物体基因组全部序列信息的基础上，采用相关的分子生物学手段，如基因编辑（gene editing）及基因工程（genetic engineering）等技术，对基因组中相应的靶基因进行必要的加工和修饰，如定点突变、基因插入、基因缺失及基因置换等，再按组成顺序构建含生物体必需元件的修饰基因组，让其装配出具有生命活性的个体，从而可以研究生物体基因组的结构与功能，以及这些加工和修饰可能对生物体的表型、性状有何种影响等。用于反向遗传学研究的相关技术称为反向遗传学技术。这些技术包括 DNA 同源重组（homologous recombination）、RNA 干扰技术（RNA interfering，RNAi）及基因编辑技术等。常用的基因编辑技术包括成簇规律间隔短回文重复（clustered regularly interspaced short palindromic repeat，CRISPR）/Cas9（CRISPR associated protein 9）、转录激活因子样效应物核酸酶（transcription activator-like effector nuclease，TALEN）及锌指核酸酶（zinc-finger nuclease，ZFN）等技术。

二、病毒载体

将遗传物质（如外源基因或目的基因）带入相应靶细胞的重组病毒（recombinant virus）称为病毒载体（viral vector）。当重组病毒感染相应靶细胞后，可以将携带外源基因（目的基因）的病毒基因组带入细胞内，由此发挥目的基因的功能。病毒载体可用于体外细胞或体内细胞的感染，因此在基础研究（如基因功能研究）、疫苗制备及基因治疗等方面发挥着重要的作用。目前常用的病毒载体包括逆转录病毒载体、慢病毒载体、腺病毒载体及腺相关病毒载体等。这些病毒载体在基因功能研究及疾病的基因治疗领域具有广泛的应用前景。

三、复制缺陷型病毒

通过基因工程的手段，将野生型病毒基因组中与病毒复制相关的基因（如腺病毒 *E1* 基因）删除，使之在正常宿主中不具备复制能力，但可以在携带与病毒复制相关基因的包装细胞（如 HEK293）中进行复制扩增，并包装成相应的重组病毒，这类病毒称为复制缺陷型病毒（replication-deficient virus）。

四、复制型病毒

野生型病毒可以在正常宿主中进行复制，并产生新的病毒颗粒。这类在正常宿主细胞中具有复制能力的病毒称为复制型病毒（replication-competent virus）。如果通过基因工程的手段，将野生型病毒基因组中某些基因进行删除，使之仅能够在肿瘤细胞中复制，但不能在正常宿主细胞中复制，这类病毒称为条件复制型病毒（conditionally replicative virus）。

五、溶瘤病毒

溶瘤病毒（oncolytic virus）通常是指将病毒基因组经基因工程改造修饰后，可选择性地在肿瘤细胞内复制，最终导致肿瘤细胞裂解与死亡的病毒。这种可以选择性地在肿瘤细胞中进行复制，但在正常细胞中不具备复制能力的溶瘤病毒又称为条件复制型病毒（conditionally replicative virus）。此外，溶瘤病毒也包括一些天然的弱毒病毒株，它们也可选择性在肿瘤中复制，并最终导致肿瘤细胞的裂解与死亡，如呼肠孤病毒、新城疫病毒和黏液瘤病毒等。

六、病毒疗法

溶瘤病毒可以在肿瘤细胞中进行复制，并最终导致肿瘤细胞裂解，从而达到肿瘤治疗的目的。这种基于溶瘤病毒的肿瘤治疗手段称为病毒疗法（virotherapy）。基于溶瘤病毒的病毒疗法是目前肿瘤生物治疗的热点，为肿瘤治疗开辟了新的途径。此外，基于噬菌体病毒的细菌感染性疾病的治疗也是一种病毒疗法，这种病毒疗法又称为噬菌体疗法（phage therapy）。

七、基因治疗

基因治疗（gene therapy）通常是指通过载体将目的基因（治疗基因）递送到特定靶细

胞，从而达到改善靶细胞功能的目的。目前基因治疗主要包括两大类：①针对由单基因突变所引起的遗传性疾病的基因治疗；②针对肿瘤的基因治疗。基因治疗的三要素，即载体、治疗基因及靶向细胞。基因治疗的关键是载体，它是基因治疗的核心要素。基因治疗的载体可以分为病毒性载体及非病毒载体。目前用作基因治疗的载体主要是病毒载体，如腺相关病毒载体、慢病毒载体及腺病毒载体等。病毒疗法、病毒载体及基因治疗之间有着紧密的联系，病毒与其他知识单元的关联关系见图 20-2。

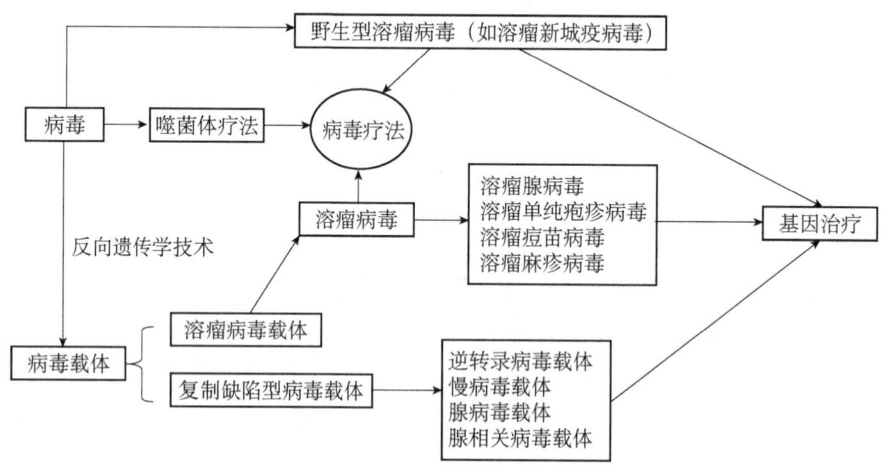

图 20-2　病毒与其他知识单元的关联关系

第二节　常见病毒载体

通过反向遗传学技术手段，对病毒基因组进行修饰，最终可以获得可携带外源基因的病毒载体。不同类型的野生型病毒，其基因组大小存在一定的差异，这些病毒基因组的大小在某种程度上也决定了其重组病毒载体所携带外源基因的大小。目前常用的病毒载体包括逆转录病毒载体、慢病毒载体、腺病毒载体及腺相关病毒载体等，这些病毒载体可以用于体外细胞水平或动物体内的基因功能研究及疾病治疗研究。在这一部分，我们将分别介绍这些常用病毒载体的结构、制备方法、优缺点及应用，其中将着重介绍这些病毒载体在基因治疗中的应用。用于构建常见病毒载体的病毒特性比较见表 20-1。

表 20-1　用于构建常见病毒载体的病毒特性比较

病毒	颗粒大小/nm	基因组核酸特点	基因组大小/kb
逆转录病毒	100	单正链 RNA	8.3
慢病毒	90～100	双正链 RNA	9.2
腺病毒	70～90	双链 DNA	36
腺相关病毒	20～26	单链 DNA	4.7

一、逆转录病毒载体

逆转录病毒（retrovirus），又称反转录病毒，属于RNA病毒，病毒基因组由两个单正链RNA组成。该病毒呈球形，有包膜，病毒颗粒直径为100nm左右。当逆转录病毒感染宿主细胞后，在逆转录酶的作用下，RNA转变成cDNA，然后在DNA复制、转录及翻译等蛋白酶的作用下，产生新的病毒颗粒。逆转录病毒RNA基因组中含有三个编码与病毒复制相关蛋白的关键基因：①*gag*基因，编码病毒的核心蛋白；②*pol*基因，编码病毒复制所需要的酶类（逆转录酶、整合酶和蛋白酶）；③*env*基因，编码病毒包膜蛋白。由于*gag*、*env*和*pol*三个病毒结构基因的缺失并不影响病毒其他部分的活性，因此人们根据逆转录病毒的这些特性，采用基因工程的手段将病毒基因中的一些基因删除，从而构建一种具有携带外源基因（目的基因）及制备复制缺陷型重组病毒功能的表达载体，这种载体称为逆转录病毒载体（retroviral vector）。

（一）逆转录病毒的制备

逆转录病毒的制备通常采用两种手段：①将转移质粒（transfer plasmid）转染至一个整合了逆转录病毒包装所有必需基因（*gag*、*pol*及*env*）的包装细胞系（如PA317）中，由此产生的重组逆转录病毒可以释放到细胞上清中，然后通过一定的纯化方式获得相应的重组逆转录病毒；②将三个主要质粒，即转移质粒、包装质粒（packaging plasmid）及包膜质粒（envelope plasmid）共转染至包装细胞HEK 293 T中，由此获得相应的重组逆转录病毒。转移质粒的两侧含有长末端重复序列（long terminal repeat，LTR），在5′LTR中含有启动子，可以启动插入两端LTR之间的外源基因的表达，此外，在5′LTR的下游还有一个病毒包装信号序列ψ。在两端LTR序列之间可以插入外源基因，通常逆转录病毒载体容纳外源基因的长度在7kb以下。用于制备逆转录病毒的转移质粒示意图见图20-3。包装质粒主要携带表达病毒包装所需蛋白质的*gag*及*pol*基因，其载体示意图见图20-4。包膜质粒是携带一个表达包膜蛋白的基因。由于来源于水疱性口炎病毒（vesicular stomatitis virus，VSV）的包膜糖蛋白（VSV-G）能够转导绝大多数的细胞类型，因此为了改变重组逆转录病毒载体的嗜性（tropism），通常采用VSV-G作为逆转录病毒的包膜蛋白来制备重组假型（pseudotype）逆转录病毒。VSV-G包膜质粒载体的示意图见图20-5。采用三质粒转染包装细胞是制备重组逆转录病毒最常用的方法，其制备过程见图20-6。

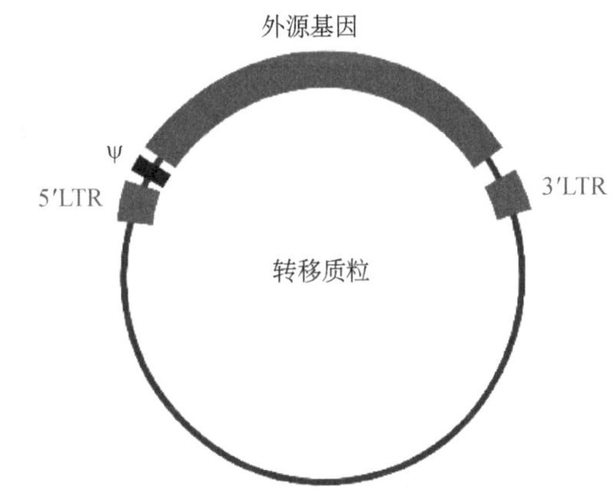

图20-3　制备逆转录病毒的转移质粒示意图

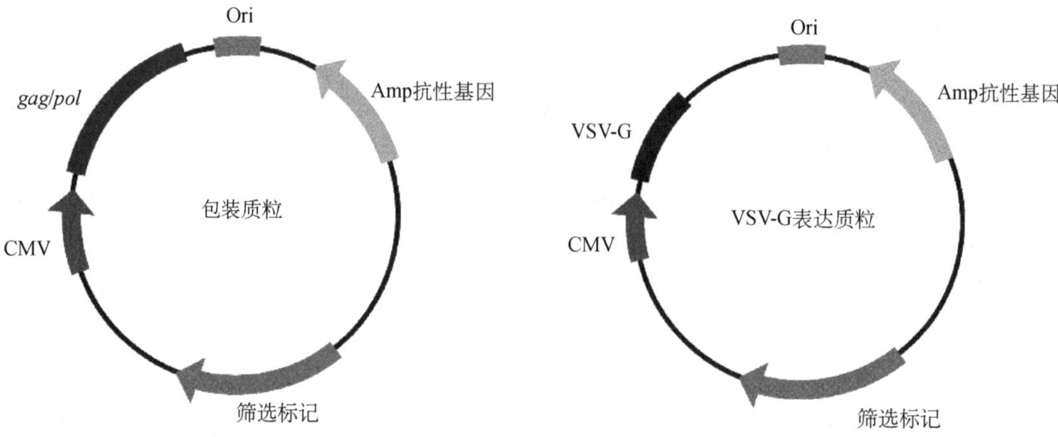

图 20-4　制备逆转录病毒的包装质粒载体示意图
CMV. 启动子

图 20-5　VSV-G 包膜蛋白表达载体示意图

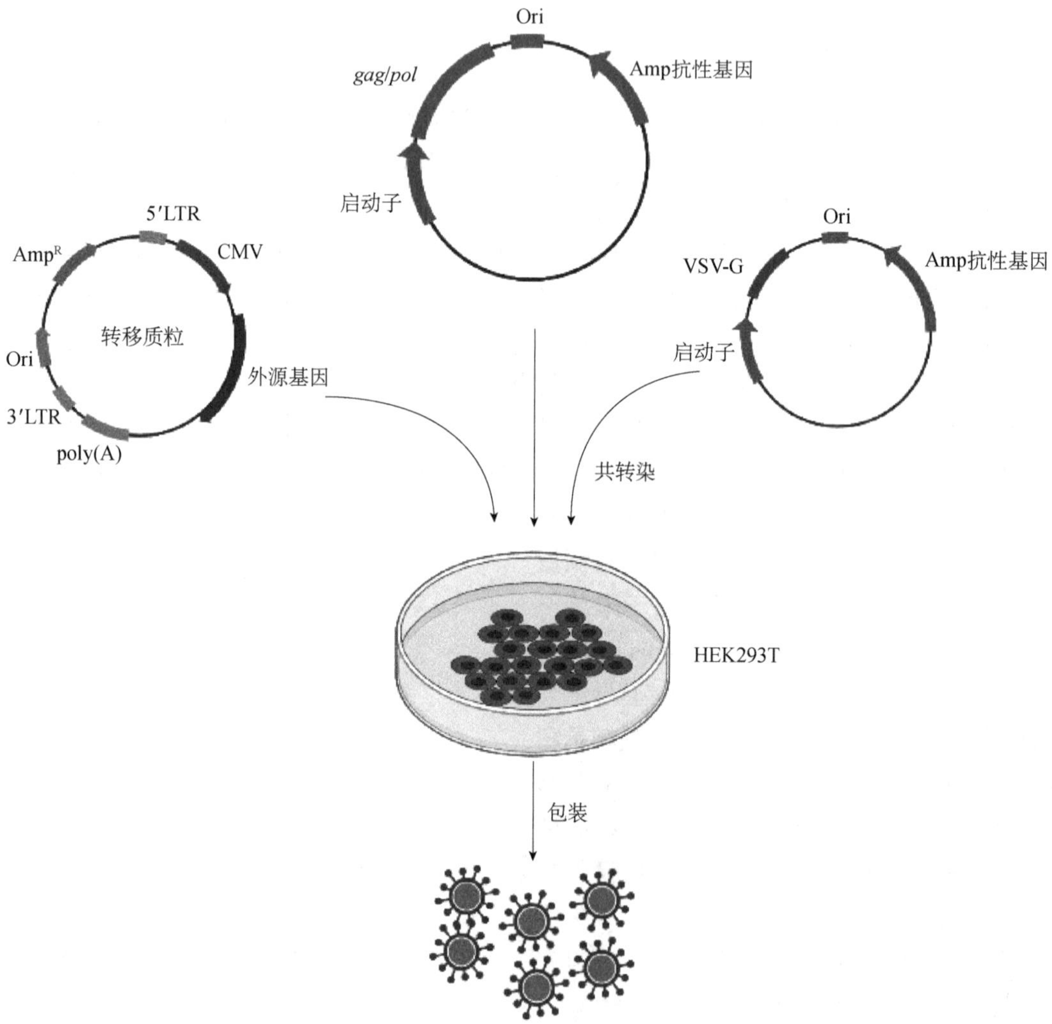

图 20-6　三质粒转染制备重组逆转录病毒过程示意图

（二）逆转录病毒的应用

逆转录病毒的应用主要包括以下几个方面：①基因功能的研究（用于目的基因过表达或通过携带 RNAi 表达元件降低目的基因的表达）；②外源目的基因蛋白表达与纯化；③建立各种稳定表达外源基因的细胞系；④基因治疗。

由于逆转录病毒具有整合入基因组使得外源基因能够稳定表达的特点，且逆转录病毒对一些分裂细胞具有很高的感染效率，因此在体外研究中是较为常用的载体。在基因治疗领域，与腺相关病毒相比，逆转录病毒、慢病毒等整合型病毒目前主要在体外基因转导中被广泛应用。自从 1989 年首例基于逆转录病毒的基因治疗被批准进入临床应用以来，逆转录病毒受到相关企业的极大关注，吸引着大量的相关企业进入该领域。2016 年，美国 FDA 批准了首例基于逆转录病毒转导的干细胞疗法。该疗法通过逆转录病毒向造血干细胞（hematopoietic stem cell）中导入腺苷脱氨酶（adenosine deaminase）编码基因，从而纠正由腺苷脱氨酶缺陷导致的免疫缺陷症。据统计，目前为止已有 50 多种基于逆转录病毒载体的基因治疗药物被批准用于治疗单基因遗传性疾病。由于转导效率及靶向性低等问题，逆转录病毒疗法大都是在体外采用逆转录病毒转导目标细胞后再回输到体内进行治疗。为了达到在体内持续性的疗效，通常都是将治疗基因转导到有一定分化能力的干细胞中，造血干细胞是应用最早，也是应用最广泛的靶细胞。逆转录病毒携带的基因在靶细胞中的持续表达依赖于该病毒基因组随机插入到靶细胞基因组中，因此也带来了致癌的风险，这是逆转录病毒在疾病治疗应用中最大的顾虑。在逆转录病毒进入临床试验的前十多年里并没有任何关于病毒插入引发的细胞癌变的报道。但是在 21 世纪初，在一项针对免疫缺陷病（X-SCID）治疗时，发现有 5 例患者在接受治疗的 3 年后出现了白血病，也因此导致基于逆转录病毒的基因治疗载体治疗 X-SCID 遭遇重大挫折。该疗法是通过逆转录病毒转导 IL2RG 到造血干细胞，进而移植到体内进行治疗。基因组分析发现其中有 4 例患者逆转录病毒都插入到了 *LMO2* 基因附近，导致 *LMO2* 基因的激活，这可能是发生白血病的主要原因。近些年，除了造血干细胞，更多其他类型的干细胞或者祖细胞也被开发用作逆转录病毒的靶细胞进行临床治疗。其中包括骨髓间充质干细胞（mesenchymal stem cell）、胚胎干细胞（embryonic stem cell）、脐带血干细胞（umbilical cord blood stem cell）、角膜缘干细胞（limbal stem cell）、上皮干细胞（epithelial stem cell）等。

尽管如此，由于潜在致癌风险的因素，将逆转录病毒整合到宿主基因组中没有引发癌症风险的安全位点已经成为使用逆转录病毒基因治疗载体的必要条件。对于大多数逆转录病毒来说，宿主基因组中的整合位点选择不是随机的。相反，每个逆转录病毒对基因组区域，如转录单位、CpG 岛或转录起始位点等，显示出独特的整合偏好。能否通过干预措施使逆转录病毒载体定向整合到患者细胞的安全位点是未来逆转录病毒载体能否被广泛应用于临床治疗的关键。

（三）逆转录病毒的优缺点

逆转录病毒的优点：①容易包装纯化；②病毒可高效整合至靶细胞基因组中，有利于外源基因在靶细胞中的永久表达，而且采用重组逆转录病毒比较容易获得表达外源基因的细胞系。

逆转录病毒的缺点及不足：①病毒滴度相对较低；②逆转录病毒基因组的插入是随机的，因此可以导致插入突变，具有潜在导致靶细胞癌变的可能；③逆转录病毒仅能感染具有分裂功能的靶细胞，因此对静止分裂的细胞感染有一定的缺陷。

二、慢病毒载体

慢病毒是一种潜伏期较长的逆转录病毒。野生型慢病毒基因组是线状双正链 RNA，其病毒颗粒大小为 90～100nm。根据感染脊椎动物宿主的类型，可将慢病毒分为 5 种血清型，即牛、马、猫、绵羊/山羊和灵长类动物。人类免疫缺陷病毒（human immunodeficiency virus，HIV）、猴免疫缺陷病毒（simian immunodeficiency virus，SIV）和猫免疫缺陷病毒（feline immunodeficiency virus，FIV）都属于慢病毒。目前使用的慢病毒载体主要来源于 HIV。同逆转录病毒类似，HIV 的复制也需要 *gag*、*pol* 及 *env* 三个关键基因。通过基因工程技术手段删除与病毒包装和转导相关的基因（这些基因由辅助质粒进行表达，用于病毒包装过程），从而获得能够产生复制缺陷型的重组慢病毒的表达载体，即慢病毒载体（lentiviral vector，LV）。慢病毒载体是一种能把外源基因高效、稳定地整合到哺乳动物细胞中的病毒载体工具。经包装制备的重组慢病毒具有转导靶细胞的能力，但无法在靶细胞中进行复制，因而具有很高的生物安全性。

（一）慢病毒的制备

慢病毒的制备方法主要是将三个主要质粒，即转移质粒、包装质粒（packaging plasmid）及包膜质粒（envelope plasmid）共转染至包装细胞 HEK293 T 中，由此获得相应的重组慢病毒（recombinant lentivirus）。用于制备慢病毒转移质粒的两侧含有长末端重复序列（long terminal repeat，LTR）。同逆转录病毒不同的是，目前市面上常见的慢病毒载体已经过优化，其 5′LTR 的启动子已进行了自失活。因此，研究者可以非常方便地使用不同的启动子来驱动目的基因的表达。这相对于只能依赖自身 5′LTR 启动子的逆转录病毒载体来说是一个巨大的优势。在用于制备慢病毒的转移质粒中，其 5′LTR 后含有一个病毒包装信号序列 ψ，在两端 LTR 序列之间可以插入表达外源基因的表达元件，该外源基因可以采用任何一个感兴趣的启动子进行驱动表达，通常慢病毒载体容纳外源基因的最大长度为 6kb 左右；包装质粒主要携带用于表达病毒包装所需蛋白的 *gag* 及 *pol* 基因；用于制备慢病毒的包膜质粒同逆转录病毒相同，通常也是采用 VSV-G。用于制备重组慢病毒的三质粒系统见图 20-7。

（二）慢病毒的应用

除了常规质粒转染，慢病毒载体是目前将外源基因导入哺乳动物细胞中最常用的方法之一。因此，慢病毒的应用主要包括以下几个方面：①基因功能的研究（用于目的基因过

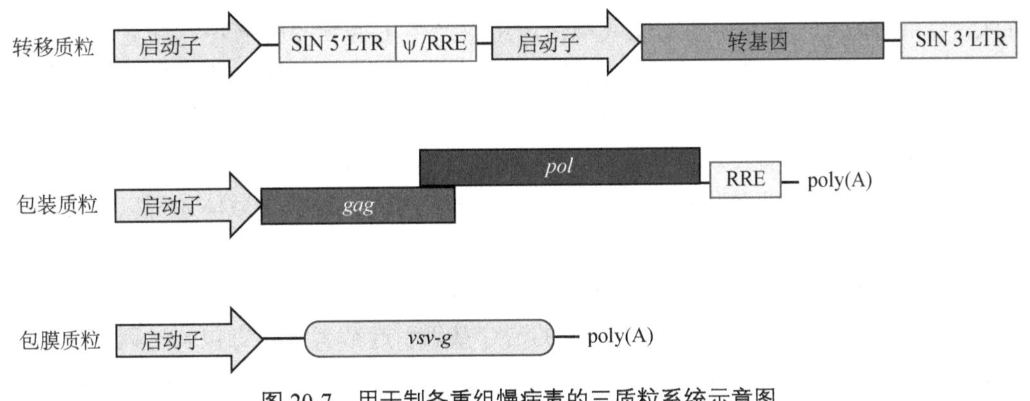

图 20-7　用于制备重组慢病毒的三质粒系统示意图

表达或通过携带 RNAi 表达元件降低目的基因表达）；②外源目的基因的真核蛋白的表达与纯化；③建立稳定表达各种外源基因的细胞系；④疾病基因治疗。

同逆转录病毒一样，慢病毒能够整合入靶细胞基因组，在细胞中稳定表达外源基因，而且慢病毒既能感染分裂细胞，又可以感染非分裂细胞，因此在体外研究中应用最为广泛。此外，慢病毒还被广泛应用于需要转移遗传物质的临床应用中。与逆转录病毒相比，慢病毒载体由于能够更有效地转导非增殖或缓慢增殖的细胞（如 $CD34^+$造血干细胞），因此在临床应用中受到更多的重视。慢病毒载体的首例临床应用是通过慢病毒载体携带了针对 HIV 包膜蛋白编码基因的反义 RNA，从而在转导外周血 T 细胞后干扰 HIV 的复制，达到治疗 HIV 感染的目的。通过对患者长达 8 年的随访，没有发现由慢病毒载体引起的副作用。因此，通过慢病毒载体将治疗基因转移到 $CD34^+$ 造血干细胞的策略在后来被广泛应用于 β-地中海贫血（beta-thalassemia）、X 连锁肾上腺脑白质营养不良（X-linked adrenoleukodystrophy）、异染性脑白质营养不良（metachromatic leukodystrophy）和威斯科特-奥尔德里奇综合征（Wiskott-Aldrich syndrome）等的临床治疗研究中。目前为止，这些临床试验尚未报道与病毒载体相关的不良事件。在 β-地中海贫血患者的临床治疗中，通过回输基于慢病毒载体的 β-珠蛋白转导 $CD34^+$造血干细胞，该患者实现了无需再进行输血治疗的效果。此外，还有多项使用慢病毒载体修饰造血干细胞研究在进行中，慢病毒载体在基因治疗中的安全性还需要更长时间的随访才能充分确定。

慢病毒载体在成熟 T 细胞基因转导方面的研究也有 10 多年的积累，尤其是在肿瘤免疫治疗方面更是当前的研究热点。通过慢病毒载体将靶向肿瘤抗原的 TCR 受体转导到自体来源的 T 细胞中，从而获得能够对肿瘤特异性免疫反应的 T 细胞。在一项通过慢病毒转导靶向肿瘤抗原 NY-ESO-1 和 LAGE-1 共有的小肽序列的 TCR 实验中，20 名多发性骨髓瘤（multiple myeloma）患者中有 16 位观察到了临床反应，因此该技术被寄予厚望，有望成为肿瘤免疫治疗的利器。但是在一些采用同样策略的临床试验中也观察到了一些副作用。这也是当前很多研究者正在解决的问题。目前这些研究中还没有关于使用慢病毒载体产生不良影响的报道。

通过慢病毒向 T 细胞中转导 CAR 建立 CAR-T 细胞在肿瘤免疫治疗中也取得了显著效果。通过将靶向 B 细胞标志物 CD19 的 CAR 导入 T 细胞，在 B 细胞恶性肿瘤中产生了极好的疗效。该疗法对 60%的复发性或难治愈患者产生了持续的肿瘤特异性免疫抑制。此外，该策略在 40%～70%非霍奇金淋巴瘤（non-Hodgkin lymphoma）患者中产生了很好的疗效。但是 CAR-T 细胞疗法同样存在一些安全问题，目前来看这些问题主要是由 CAR-T 细胞本身造成的，还没有发现慢病毒载体本身造成的副作用。

除了通过对细胞进行离体修饰以过继转移回患者体内，慢病毒载体还可以被直接应用于体内以达到治疗目的。该策略在神经系统疾病及眼部疾病的治疗研究中都有应用，但是也存在许多问题需要解决，如体内的转导效率，组织特异性治疗基因的表达及免疫原性等。其中免疫原性主要是由慢病毒所携带的治疗基因引起或者慢病毒包装过程中从包装细胞的膜上携带的 HLA 等，对这些问题的解决有利于提高慢病毒在血清中的稳定性和体内治疗效果。

（三）慢病毒的优缺点

慢病毒具有以下一些优点：①稳定地整合到宿主细胞的染色体中，并随着宿主细胞的分裂而稳定遗传。②宿主范围广泛。采用 VSV-G 包膜蛋白所制备的假型慢病毒几乎可以感染所有哺乳动物细胞，包括分裂细胞及非分裂细胞。③可以灵活使用各种启动子，用于启动外源基因的表达。④具有良好的安全性。用于制备重组慢病毒载体所必需的基因由三个辅助质粒分开表达，且 5′LTR 的启动子自失活。因此，在进行病毒包装和病毒转导时不会产生具有复制能力的病毒颗粒，具有良好的安全性。⑤慢病毒载体是目前用于疾病基因治疗的常用病毒载体之一。例如，目前用于临床肿瘤治疗的嵌合抗原受体 T 细胞治疗（chimeric antigen receptor T cell therapy，CAR-T cell therapy）中的 CAR-T 细胞的制备主要是采用重组慢病毒载体。

慢病毒的缺点与不足点主要包括：①载体容量有限。野生型的慢病毒基因组大小约为 9.2kb，而在慢病毒载体中，病毒包装和转导的必要元件约为 2.8kb，余下 6.4kb 的空间容纳目的基因序列。②病毒滴度不高。通常重组慢病毒的滴度不会太高。此外，如果目的基因和这些载体元件长度超过了 6.4kb，病毒的产量有可能会明显下降。③由于慢病毒在靶细胞基因组中的整合并非定点，因此有一定的引起宿主细胞插入突变的风险。

三、腺病毒载体

腺病毒（adenovirus）属于腺病毒科，是一种无包膜的双链 DNA 病毒，基因组大小约为 36kb，由 240 个六邻体和 12 个五邻体构成二十面体病毒壳体，病毒颗粒的直径大小为 70～90nm。腺病毒基因组不整合至宿主细胞基因组中，以游离的 DNA 形式存在于宿主细胞中。腺病毒载体（adenoviral vector，AdV）能高效转导大多数哺乳动物细胞，是一种常用的将外源基因导入哺乳动物细胞的病毒载体，也是一种常用于基因治疗和疫苗制备的病毒载体。自 20 世纪 50 年代发现并成功分离腺病毒以来，已陆续发现了 100 余个基因型，人腺病毒血清型有 51 种，分为 A、B、C、D、E 和 F 六个亚群（subgroup）。基因治疗中常用的人 2 型及 5 型腺病毒在血清学分类上均属 C 亚群，在 DNA 序列上有 95%的同源性。目前最常用的腺病毒载体来自人 5 型腺病毒（human adenovirus serotype 5，HAd5）。腺病毒基因组位于两个反向重复序列（inverted terminal repeat，ITR）之间，当将含两个 ITR 的腺病毒基因组 DNA 转染至包装细胞中时就可以产生腺病毒颗粒。采用基因工程技术手段在细菌中或在腺病毒包装细胞（如 HEK293）中进行同源重组所获得的复制缺陷型病毒载体，称为腺病毒载体。

（一）腺病毒的制备

人 5 型腺病毒载体是经过基因工程手段改造的复制缺陷型重组病毒载体，是目前最常用的腺病毒载体之一。该重组腺病毒载体存在 E1 区（E1A 及 E1B）缺失及 E3 区部分缺失或完全缺失。由于 E1 区与腺病毒复制密切相关，而 E3 区缺失不影响腺病毒复制与包装，因此为了能够在病毒包装细胞中制备重组腺病毒载体，人们将 E1 区基因整合到包装细胞 HEK293 的基因组中。重组腺病毒载体的 E1 区或 E3 区可以用来插入外源基因，进而增加了腺病毒载体携带外源基因的能力。鉴于复制缺陷型腺病毒载体的特点，目前制备重组腺病毒载体的方法主要包括以下两种手段：①在包装细胞中直接进行同源重组获得重组腺病毒。通过基因工程技术去掉腺病毒 5′ITR 序列、包装信号序列及 E1 区或者 E3 区基因序列，由此获得一个用于重组腺病毒制备的辅助质粒（27～30kb）。此外，需要构建一个含有 5′ITR、包装信号序列、携带可以插入外源基因的多克隆位点（multiple cloning site，MCS）及部分腺病毒基因组序列（用于与腺病毒载体骨架进行同源重组的序列，该序列来源于腺病毒基因组 9～16m.u 的部分）的载体，该载体称为腺病毒转移质粒载体，也称为腺病毒 E1 穿梭载体（Ad5 E1 shuttle vector），见图 20-8。将上述两个质粒经 *Pac* Ⅰ限制性内切酶酶切后转染至重组腺病毒包装细胞 HEK293 中，通过在包装细胞中进行同源重组，最后获得复制缺陷型的重组腺病毒。②将在 E1 缺失区域插入外源基因的转移质粒载体与含有 E1 区缺失的完整腺病毒骨架载体在细菌（如 BJ5183）中进行同源重组，由此获得一个缺失 E1 区同时携带外源基因的完整腺病毒基因 DNA 质粒载体。将该载体经 *Pac* Ⅰ酶切后转染至包装细胞 HEK293 中，最终获得复制缺陷型重组腺病毒。将上述所获得的重组腺病毒在 HEK293 细胞中进行扩增后，采用氯化铯密度梯度离心纯化重组腺病毒载体。

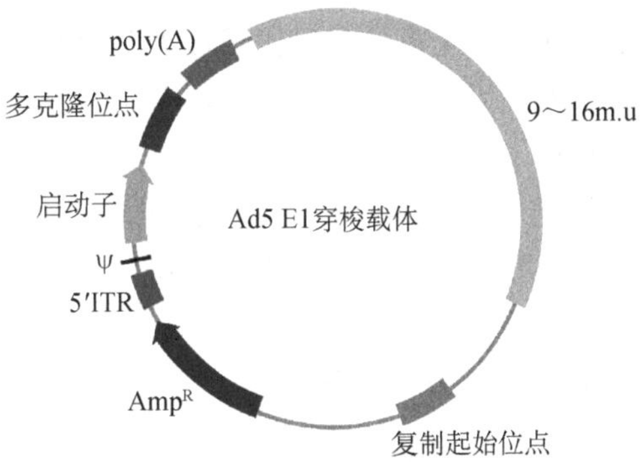

图 20-8　腺病毒 E1 穿梭载体示意图

（二）腺病毒的应用

腺病毒是目前最常用的基因治疗病毒载体之一，感染的宿主细胞较为广泛。腺病毒载体具有以下用途：①用于基因功能的研究（用于目的基因过表达或者是通过携带 RNAi 表达元件降低目的基因表达）；②用于体外真核蛋白的高效表达与纯化；③用于疾病的基因治疗；④用于制备疫苗，如用于新型冠状病毒疫苗的制备。

腺病毒载体滴度高、宿主范围广泛、不整合入染色体，因此在体外、体内都有着广泛的应用。借助于腺病毒的高感染力可以高效地向一些难转染的细胞导入外源基因，从而有助于基因的功能研究或者蛋白质纯化等。但是腺病毒不能整合入染色体，无法持续表达，因此也存在一定的局限性。腺病毒载体在基因治疗中的应用研究也有着较长的历史。20 世纪 90 年代初，腺病毒载体开始被用于单基因遗传性疾病的治疗，如通过转导 *CFTR* 基因治疗囊性纤维化（cystic fibrosis）患者，通过转导 *VEGF* 基因治疗外周血管疾病患者。不幸的是，接下来的一系列研究表明腺病毒载体具有很强的免疫原性，这不仅限制了治疗基因在体内的转导和表达，也在患者体内引起了很强的免疫反应。1999 年，在一项针对鸟氨酸转酰胺酶（ornithine transamidase，OTC）缺陷患者的治疗中，在接受携带 *OTC* 基因的腺病毒载体治疗后，引发了系统性的免疫反应，导致了患者的死亡。这也引发了人们对腺病毒基因治疗安全性的极大顾虑，导致了后来的几十年里相关的研究急剧减少。后来发现，腺病毒的衣壳蛋白会激活先天免疫，引发免疫风暴，因此即使是几乎去除了所有基因组的第三代腺病毒也会引发很强的免疫反应。现在我们对于腺病毒引发免疫反应的机制已经很清楚了，这也极大地限制了腺病毒载体在基因治疗中的应用。然而，对于不受免疫反应影响的治疗，有些治疗中甚至要借助于腺病毒来引发免疫反应，在这些领域腺病毒仍然有很大的应用价值。2003 年，一种携带 *p53* 基因的腺病毒 Gendicine 在我国被批准应用于肿瘤治疗，成为世界上第一个商业化的癌症基因治疗药物。紧接着另一个基于腺病毒的肿瘤治疗药物 oncorine 也在我国获得批准。尽管大量临床结果证实了 Gendicine 和 Oncorine 的安全性，但这些药物最终并不是很有效。通过腺病毒携带自杀基因、免疫调节基因（如干扰素、GM-CSF 等）也被应用于肿瘤治疗研究，已有多个相关药物进入临床试验，取得了较好的效果。

此外，腺病毒还是疫苗制备的一种理想的载体。疫苗制备中由于目标抗原本身免疫原性低，不能够有效地激活免疫系统，通过腺病毒携带目标抗原进行免疫后可以利用腺病毒衣壳蛋白的强免疫原性增强促炎因子等的分泌，提高对目标抗原的体液免疫和细胞免疫反应。基于腺病毒载体的埃博拉疫苗在临床试验中有效地诱导了特异性抗体和 T 细胞反应，在接种后一年多的时间里可以产生持久的体液免疫反应。由严重急性呼吸综合征冠状病毒 2（SARS-CoV-2）引起的全球 COVID-19 大流行是目前最具威胁性的突发公共卫生事件。SARS-CoV-2 已在全球造成数亿人感染，几百万人死亡。腺病毒载体在新冠疫苗的开发中也发挥了重要的作用，通过腺病毒载体携带新冠病毒刺突糖蛋白免疫人体后在 14 天就出现了快速的体液免疫和细胞免疫，在新冠病毒防治中发挥了重要的作用。腺病毒载体还被应用于肿瘤疫苗的开发，通过腺病毒载体携带肿瘤相关抗原，如用于 HPV 相关癌症的 HPV 抗原、用于结直肠癌和胰腺癌的癌胚抗原 CEA、前列腺癌抗原 5T4 等。

（三）腺病毒的优缺点

腺病毒的优点：①病毒滴度高，易纯化；②宿主范围广，对人致病性低；③可以感染增殖和非增殖细胞；④不整合到染色体中，因此无插入突变的风险；⑤载体容量大。腺病毒能有效包装的基因组上限大小约为 36kb（从 5′ITR 到 3′ITR）。在除去腺病毒包装表达所需主要元件所占用的容量之后，载体具有约 7.5kb 的装载空间以容纳目的 DNA，同时可以表达多个基因。正是由于具有以上这些优点，腺病毒被非常广泛地应用于体外基因转导、疫苗制备和基因治疗等各个领域。

腺病毒的缺点或不足：①在宿主细胞中表达时间较短。由于腺病毒基因组 DNA 不会整合到靶细胞的基因组中，而是以游离 DNA 的形式存在，并且随着时间推移逐渐丢失，特别是在分裂细胞中随着细胞的分裂，DNA 的浓度会逐渐降低。因此，外源基因在宿主细胞中表达的时间通常会比较短。②难以转导特定类型的细胞，如内皮细胞、平滑肌细胞、呼吸上皮分化细胞、外周血细胞、神经细胞和造血干细胞及一些肿瘤细胞等。③具有较强的免疫原性。④制备复杂，周期长。相对于其他病毒（如逆转录病毒、慢病毒或腺相关病毒等）的制备时间来说，腺病毒制备周期比较长，从质粒转染到最后的病毒纯化需要 4～6 周。

（四）靶向性腺病毒载体的制备及其应用

5 型腺病毒主要是通过其受体 CAR（Coxsackie/adenovirus receptor）感染靶细胞，因此，靶细胞表面 CAR 的表达水平直接影响腺病毒对靶细胞的感染效率。由于一些靶细胞缺乏 CAR 或者 CAR 表达水平低下（如内皮细胞、干细胞或者某些肿瘤细胞等），为了提高腺病毒对这些 CAR 缺乏或低表达 CAR 靶细胞的感染效率，可以通过基因工程的手段对腺病毒衣壳蛋白（capsid）进行修饰，从而改变腺病毒载体对靶细胞嗜性（tropism），进而提高腺病毒载体对靶细胞的感染效率。人们通常采用对靶细胞具有靶向功能的小肽对腺病毒的衣壳蛋白进行修饰，由此获得的重组腺病毒具有靶向感染相应靶细胞的能力，将这种具有靶向感染能力的腺病毒载体称为靶向腺病毒载体（targeting adenoviral vector）。腺病毒含有多种衣壳蛋白，且它们的拷贝数也存在一定的差异。腺病毒载体主要的衣壳蛋白及其相应的拷贝数见图 20-9，其中 Fiber 蛋白及 Hexon 蛋白是目前用于修饰腺病毒载体最常用的两种衣壳蛋白。

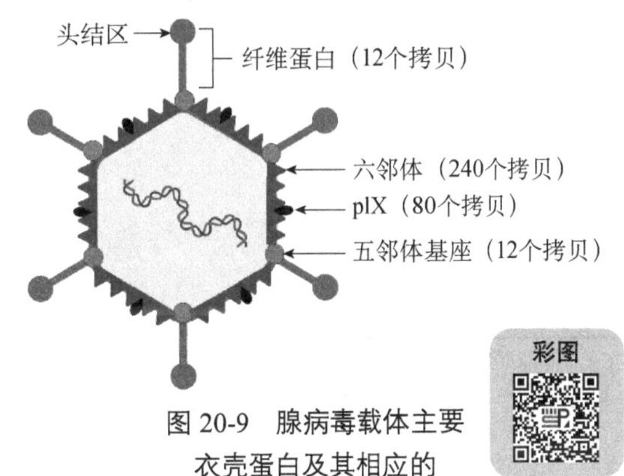

图 20-9　腺病毒载体主要衣壳蛋白及其相应的

四、腺相关病毒载体

腺相关病毒属于细小病毒科依赖病毒属，是一类微小、无被膜的线状单链 DNA 病毒，基因组大小约为 4.7kb，病毒颗粒直径为 20～26nm。腺相关病毒载体（adeno-associated viral vector，AAV）为一种复制缺陷型病毒，需要在腺病毒或疱疹病毒等辅助病毒的存在下才能感染宿主细胞，产生新的病毒颗粒。无辅助病毒存在时，野生型 AAV 只能整合到 19 号染色体长臂上特定位点（称为 AAVS1），形成潜伏感染，随宿主细胞染色体的复制而复制。AAV 基因组主要由两个反向重复序列（inverted terminal repeat，ITR）和两个 ITR 之间的两个开放阅读框（open reading frame，ORF）组成，其中左侧 ORF 编码 4 个 Rep 蛋白（Rep78、Rep68、Rep52 和 Rep40），右侧 ORF 编码 3 个衣壳蛋白（VP1、VP2 及 VP3）。因此，通过基因工程的手段构建一个仅保留两侧 ITR 序列及位于两个 ITR 之间外源基因表达框的转移载体，然后将之与病毒包装相关的两个质粒载体（即共表达 Cap 及 Rep 的载体）及辅助质粒载体，共转染至 HEK293 细胞中，由此获得复制缺陷型重组腺相关病毒载体，称为腺相关病毒载体。由于重组腺相关病毒载体（recombinant AAV，rAAV）仅含有病毒 ITR 基因序列，因此 AAV 的免疫原性极低，在体内几乎没有致病性。由于重组 AAV 具有较高的生物安全性和稳定性、较低的免疫原性、较广的宿主范围、较强的特异性及可长时间表达外源基因等优点，在基因治疗领域中备受关注，是目前基因治疗中应用最为广泛的病毒载体之一。AAV 作为基因治疗的工具，对哺乳动物多种类型细胞具有高效的转导效率，但不同血清型的重组 AAV 有不同的组织嗜性。目前已发现 12 种人类 AAV 血清型（AAV1 ～AAV12）和 100 多种非人灵长类动物 AAV 血清型。不同 AAV 血清型具有不同的衣壳蛋白空间结构、序列和组织特异性，因而其识别与结合的细胞表面受体也有很大差别，这也导致不同血清型转染的组织类型、细胞类型和感染效率各不相同。因此，人们可以根据研究需要制备携带不同血清型 Cap 蛋白的重组 AAV。有关不同血型 AAV 的组织嗜性特点见表 20-2。

表 20-2　不同血型 AAV 的组织嗜性特点

组织	AAV 血清型
中枢神经系统	AAV1、AAV2、AAV4、AAV5、AAV8、AAV9
心脏	AAV1、AAV8、AAV9
肾脏	AAV2
肝脏	AAV7、AAV8、AAV9
肺脏	AAV4、AAV5、AAV6、AAV9
胰腺	AAV8
骨骼肌	AAV1、AAV6、AAV7、AAV8、AAV9

（一）腺相关病毒的制备

目前制备 rAAV 主要包括以下三种方法：①采用三质粒共转染法制备 rAAV。其中第一个质粒是转移质粒，由两端 ITR 及位于两个 ITR 之间的外源基因表达框组成；第二个质粒是辅助质粒（helper plasmid），携带与 AAV 复制相关的元件；第三个质粒是表达 Cap 及 Rep 的载体。将上述三个质粒 DNA 载体共转染至 HEK293 细胞中，就可以包装获得相应的重组 AAV。利用该方法制备 rAAV 的优点是只需要构建携带目的基因的 rAAV 转移质粒，制备过程快速、简便，病毒空壳率相对低。该方法是自其发明以来使用最广泛的 rAAV 制备方式，其缺点是由于该方法是基于贴壁细胞生产 rAAV，因此，细胞扩大化生产会有较大困难，而且成本较高。采用三质粒共转染法制备 rAAV 的过程见图 20-10。②采用细胞系制备 rAAV。首先建立含有 rAAV 的 *Rep*/*Cap* 基因及 ITR 基因组的稳定细胞株，再用辅助病毒来感染所建立的细胞系制备 rAAV。该方法的优点是适合临床规模生产 rAAV，但该方法存在以下一些不足：稳定细胞株的建立与鉴定需要很长时间；细胞株多次传代后的稳定性会发生一些变化；后续纯化过程中有辅助病毒污染的风险。③采用病毒感染方法制备 rAAV。采用杆状病毒（baculovirus）携带 *Rep*/*Cap* 基因及 ITR 基因组，感染悬浮培养的 SF9 昆虫细胞，进而包装获得相应的 rAAV。此外，也可采用重组单纯疱疹病毒 1 型携带 *Rep*/*Cap* 基因及 rAAV 的基因组，感染悬浮培养的 BHK 乳仓鼠肾细胞制备相应的 rAAV。该方法的优点是容易进行 rAAV 的工业化扩大生产，并适用于临床级别 rAAV 生产；主要缺点是需要先制备出携带 *Rep*/*Cap* 基因及 rAAV 基因组的杆状病毒或重组单纯疱疹病毒，其过程耗时长、影响因素复杂，同时后期纯化 rAAV 时需要确保去除辅助病毒及病毒蛋白。

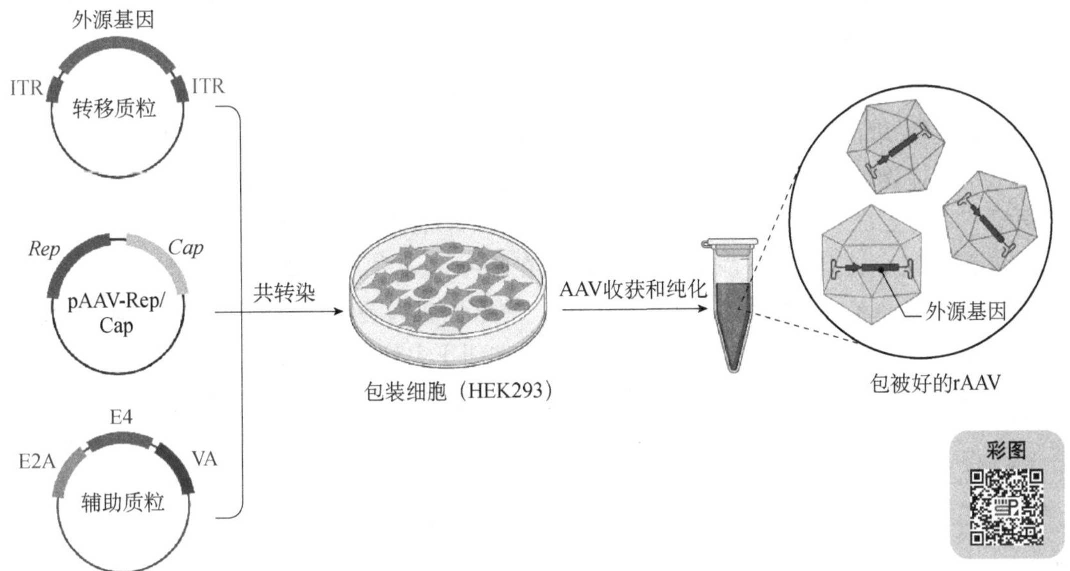

图 20-10　三质粒共转染法制备 rAAV 的过程示意图

（二）腺相关病毒的应用

rAAV 具有安全性好、免疫原性低、宿主细胞广泛和体内表达外源性基因时间长等优点，因此 rAAV 有着广泛的应用前景：①应用于基因功能的研究。在体内外作为基因运送载体，将目的基因递送到体外或体内相应的靶细胞，用于基因功能的研究。②应用于疾病的基因治疗。rAAV 是目前最常用的基因治疗载体之一，也是最有希望用于临床疾病（特别是单基因缺陷的遗传性疾病）基因治疗的病毒载体。③作为疫苗研究的病毒载体。④用于不同疾病模型的构建。

事实上，由于 AAV 自身的特点，相较于其他病毒载体，AAV 在体内研究及基因治疗中的应用要远多于在体外研究中的应用。AAV 有多种亚型，且不同亚型有不同的细胞嗜性，免疫原性低，在体内不易被清除，因此在体内研究中被广泛应用于不同组织、细胞中基因的过表达或敲除。而在基因治疗领域，在过去的几十年里，rAAV 的应用有了显著的发展，其在广泛的遗传性和获得性疾病的基因治疗方面有着巨大的潜力。事实上，自从美国 FDA 批准首例 rAAV 治疗药物 Luxturna 上市以来，在很短的时间内相继又有 5 种 rAAV 基因治疗产品进入市场。rAAV 在很多单基因遗传性疾病治疗中都显示出巨大优势，其中针对眼科疾病的药物开发是最为成功的，原因主要有以下几个方面：①眼睛的免疫豁免环境降低了对 rAAV 的免疫反应；②眼部体积小，需要 rAAV 剂量低；③许多眼部疾病是单基因的，因此适合进行基因治疗；④眼睛相对容易的可及性允许各种 rAAV 给药方式。Ⅱ型莱伯先天性黑蒙（Leber congenital amaurosis type Ⅱ）是一种遗传性的视网膜疾病，由 *RPE65* 基因突变造成，通过 rAAV 转导正确的 *RPE65* 有效地提高了患者的视力，且这种疗效在接受治疗后的 3～4 年随访中都未消失，因此在 2017 年美国 FDA 批准了该药进入临床应用，其也是首例用于临床的 rAAV 基因治疗药物。针对其他眼部疾病，包括视网膜色素变性症、年龄相关性黄斑变性等的基因治疗药物也在临床试验中。此外，rAAV 在神经系统疾病的基因治疗中也有广泛的应用，目前美国 FDA 批准的用于神经系统疾病的 rAAV 治疗药物有两种给药策略，分别是定向性的局部给药和通过静脉注射的给药方式。芳香族氨基酸脱羧酶缺陷症（aromatic amino acid decarboxylase deficiency）是由多巴脱羧酶缺陷造成的常染色体隐性遗传疾病，患者在出生前几个月内就出现肌张力减退、肌张力障碍、眼部危象、发育迟缓和自主神经功能障碍等症状。严重的患者会出现缺乏头部控制能力，无法站立或坐立，并且在 10 岁前就会死亡。在临床试验中，通过向大脑纹状体注射携带 *AADC* 基因的 rAAV 显著缓解了患者的症状。脊索性肌肉萎缩症是静脉给药的典型代表。通过静脉注射携带治疗基因的 rAAV9 可以广泛地纠正大脑和脊髓中的病变，目前已经有超过 3000 位患者接受了治疗，随访结果显示出良好的安全性和预后。此外，rAAV 在代谢性疾病（如戴萨克斯症、桑霍夫病、卡纳万病等）、血液系统疾病（如镰状细胞贫血、血友病等）、神经肌肉性疾病（如杜氏肌营养不良）、心血管疾病（如心力衰竭）等的治疗中也有广泛应用，甚至在肿瘤治疗中也有 rAAV 的身影。

尽管基于 rAAV 的疗法在一些临床试验中显示出令人印象深刻的结果，但仍有许多方面需要进一步研究，包括载体免疫原性、剂量优化和长期安全性。虽然对于大多数单基因疾病来说，病毒的大量生产可能不是一个迫在眉睫的问题，但随着越来越多的 rAAV 基因疗法被开发出来用于治疗慢性流行的人类疾病，大规模生产 rAAV 可能成为一个瓶颈。

（三）腺相关病毒的优缺点

rAAV 的优点：①安全性好。rAAV 属于复制缺陷型病毒，几乎不会引起任何人类疾病。此外，rAAV 可定点整合在基因组 AAVS1 位点，具有较高的安全性，是目前可供选择的最安全的病毒载体之一。②病毒滴度高。③感染宿主范围广。采用不同亲和性的血清型 AAV，可以对不同来源的常用哺乳动物（如人、小鼠和大鼠）细胞和组织实现高效转导（transduction）。rAAV 不仅能用于体外细胞感染实验，还可以用于体内活体动物实验。④可以感染分裂及非分裂的细胞。

rAAV 的缺点或不足：①载体容量小。rAAV 是所有病毒载体系统中装载量最小的载体。AAV 的两个 ITR 之间所能容纳的最大序列长度是 4.7kb，允许插入外源基因的长度大约为 4.2kb。②难以转导特定类型的细胞。尽管 rAAV 对某些特定类型的细胞感染效率低下，但当利用合适的血清型进行包装时，所获得的 rAAV 可以转导很多不同类型的细胞。

不同 AAV 血清型对不同类型的细胞具有不同的亲嗜性，针对某种特定类型的细胞可以采用特定血清型的 AAV。

第三节　溶瘤病毒

溶瘤病毒（oncolytic virus，OV）是一类天然的或经基因工程改造的，可选择性地在肿瘤细胞内复制，进而导致肿瘤细胞裂解和死亡，但对正常组织无杀伤作用的病毒。根据溶瘤病毒基因组是否进行过改造，溶瘤病毒主要可以分为两类：一类是天然的弱毒病毒株，这类病毒天然具有在癌细胞中复制的特性，如呼肠孤病毒、新城疫病毒和黏液瘤病毒等；另一类是病毒基因组经过基因工程改造的可以选择性地在肿瘤细胞内进行复制、增殖的病毒，主要包括腺病毒、单纯疱疹病毒、牛痘病毒及麻疹病毒等。

目前使用的溶瘤病毒中绝大多数是病毒基因组经过基因工程改造过的病毒，主要是针对肿瘤细胞与正常细胞的一些不同特点进行基因工程改造。这类溶瘤病毒能够选择性地在肿瘤细胞中进行复制，并最终将肿瘤细胞裂解杀死，但在正常细胞中不具备复制能力，因此对正常细胞没有毒性。溶瘤病毒在肿瘤治疗中有广泛的应用，对肿瘤基因治疗具有重要的意义。目前常用的溶瘤病毒包括溶瘤腺病毒、溶瘤单纯疱疹病毒、溶瘤痘苗病毒、溶瘤新城疫病毒、溶瘤麻疹病毒及溶瘤呼肠孤病毒等。

目前的研究表明，溶瘤病毒对肿瘤细胞杀伤的作用机制主要包括以下几个方面（图 20-11）：①病毒在肿瘤细胞中复制扩增，直接裂解肿瘤细胞；②裂解的肿瘤细胞所释放的肿瘤抗原，进一步诱发机体产生抗肿瘤免疫反应；③溶瘤病毒可以作为载体携带相关肿瘤治疗基因，因此可以将溶瘤病毒所导致的裂解肿瘤细胞的病毒治疗（virotherapy）与治疗

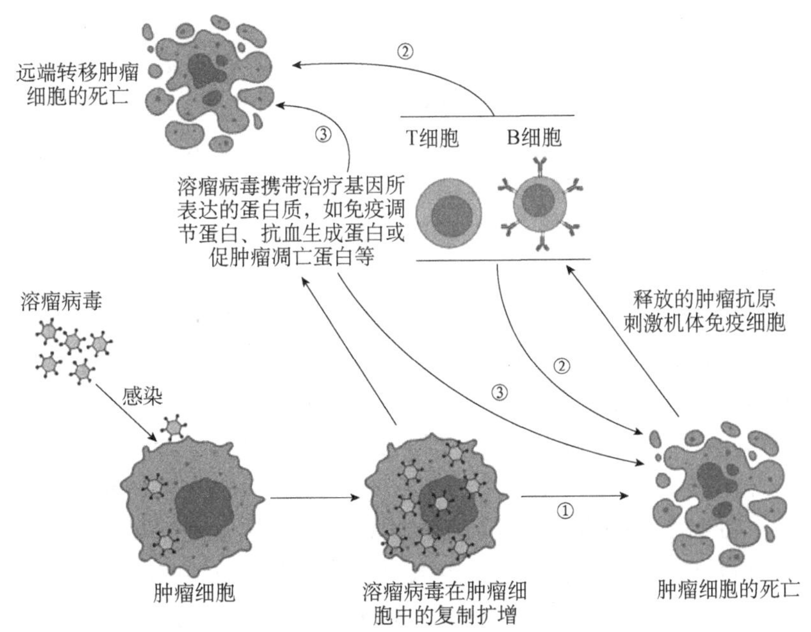

图 20-11　溶瘤病毒杀伤肿瘤细胞的机制示意图

基因（如肿瘤抑制基因、促凋亡基因、抗血管生成基因、自杀基因和免疫调节基因、调控肿瘤免疫耐受基因及调控肿瘤微环境的基因等）所致的杀伤肿瘤细胞的基因治疗（gene therapy）联合起来，进一步提升溶瘤病毒对肿瘤细胞的杀伤作用。在临床上，为了取得更好的肿瘤治疗效果，人们常将溶瘤病毒与化疗、靶向治疗药物、细胞治疗或免疫治疗联合应用。目前在临床前和临床研究阶段将溶瘤病毒与免疫治疗联合应用是使用较多的手段之一。相信随着临床研究的不断深入，溶瘤病毒将给肿瘤免疫治疗带来新的希望。

一、溶瘤腺病毒

溶瘤腺病毒（oncolytic adenovirus）是最常用的溶瘤病毒之一。由于溶瘤腺病毒是针对肿瘤某些基因的缺陷所设计的仅在肿瘤细胞中具有复制功能，但在正常细胞中并不具有复制功能的一类病毒，因此这种溶瘤腺病毒又称为条件复制型溶瘤腺病毒载体（conditionally replicating oncolytic adenoviral vector，CRAd）。这类溶瘤腺病毒可以选择性地在肿瘤细胞中复制扩增，大量扩增的病毒最终可将肿瘤细胞杀死。目前条件复制型溶瘤腺病毒载体大致可以分为三种类型：①用肿瘤特异性启动子表达 E1A 分子的条件复制型溶瘤腺病毒载体，此类载体可在肿瘤特异性启动子活性较高的肿瘤细胞中特异扩增；②E1B 55KD 缺失的条件复制型溶瘤腺病毒载体，此类载体可以在 p53 突变的肿瘤细胞中特异扩增；③E1A 分子保守区 CR2 中 24 个碱基缺失的条件复制型溶瘤腺病毒载体（Ad5 D24），这类溶瘤腺病毒载体可以在 pRB 突变的肿瘤细胞中特异复制扩增。

溶瘤腺病毒已经被广泛应用于肿瘤的临床治疗研究，是目前用于临床试验研究最多的溶瘤病毒。2005 年至今已进行了 55 项溶瘤病毒相关的临床试验。在 55 项试验中，17 项已完成，38 项正在进行中。这些试验测试了瘤内或静脉注射的 18 种不同的溶瘤腺病毒。大多数试验处于Ⅰ～Ⅱ期，三个试验处于Ⅲ期。

Telomelysin（OBP-301）是一种溶瘤腺病毒，其 hTERT 启动子同时调控 E1A 和 E1B，它们由 IRES 元件连接。在 16 例实体瘤患者的Ⅰ期剂量递增研究中，单次瘤内注射导致 56.7%的患者部分缓解，仅观察到 1/2 级副作用。目前正在进行Ⅱ期试验，用于治疗转移性黑色素瘤（NCT03190824）或食道腺癌（NCT03921021）患者。Ar6pAE2fE3F 和 Ar6pAE2fF 溶瘤病毒采用了肿瘤特异性 E2F-1 启动子进行 E1A 的转录。在此基础上，在 E3 区表达 GM-CSF 获得的溶瘤病毒 CG0070（Ad5-E2F-E1A-E3-GMCSF）目前正在进行临床试验。在 2018 年发表的一项Ⅱ期研究中，纳入了 45 例 BCG-naïve 非肌肉浸润性膀胱癌患者，6 个月后总有效率为 47%，治疗耐受性良好。CG0070 作为单药治疗的Ⅲ期试验于 2020 年启动（NCT02365818），两项Ⅰ～Ⅱ期联合化疗试验正在进行中。

首个在临床试验中测试的 AdDelta-24 衍生物是 DNX-2401（Delta-24-RGD），主要用于治疗胶质瘤，并已完成 4 项Ⅰ期试验（NCT01582516、NCT01956734、NCT02798406、NCT02197169），证实了该病毒可以提高长期生存率和有效激活免疫系统。25 例患者中有 5 例在治疗后存活超过 3 年，3 例患者肿瘤大小显著减小。随后进行了 6 项Ⅰ/Ⅱ期研究，并确认了安全性。DNX-2401 联合 Pembrolizumab（一种抗 pd-1 抗体）的Ⅱ期试验包括 49 例复发性胶质母瘤患者（NCT02798406）。中位总生存期为 12.5 个月，18 个月的生存期为

20.2%，而异莫司汀和替莫唑胺单药治疗的中位总生存期为 7.2 个月，溶瘤腺病毒治疗的结果令人鼓舞。

ICOVIR-5（Ad5-E2F-Delta-24-RGD）是一种通过细胞特异性启动子表达 E1A Delta-24 的溶瘤腺病毒，在一项黑色素瘤患者（NCT01864759）的Ⅰ期试验中通过全身静脉注射 ICOVIR-5，显示出良好的耐受性。虽然共有 12 例患者没有肿瘤消退，但在 4 例患者的转移性皮肤或肝脏病变中检测到了病毒 DNA，这表明静脉给药 ICOVIR-5 可以靶向感染到转移性肿瘤细胞中。

VCN-01（Ad5-E2F-Delta-24-RGD-PH20）通过表达透明质酸酶（PH20），增强了病毒在肿瘤内的扩散。目前，该药物正在多个临床试验中与化疗或免疫检查点抑制剂（immune checkpoint inhibitor，ICI）联合用于晚期胰腺癌（NCT02045589 和 NCT02045602）和头颈部鳞状细胞癌（NCT03799744）的治疗。在一项针对视网膜母细胞瘤（NCT03284268）的试验中，VCN-01 给药后耐受性良好，并表现出抗肿瘤活性。

ONYX-015（dl1520）是基于 E1B55K 的溶瘤腺病毒，是首个用于治疗头颈癌临床试验的溶瘤腺病毒。虽然在试验中没有观察到有效性，但 22 例患者中有 5 例在注射部位检测到肿瘤坏死。Oncorine（H101）同样也是基于 E1B55K 的溶瘤腺病毒，其Ⅰ期临床试验于 2000 年在中国启动。在该临床试验中除了可耐受的安全性，15 例患者中有 3 例报告了显著的肿瘤缩小。Ⅲ期试验显示，Oncorine 联合化疗在头颈部鳞状细胞癌（SCCHN）患者中的阳性反应率（79%）高于单独化疗（40%），因此该药在 2005 年获我国国家食品药品监督管理局批准，成为世界上第一个商业化的治疗 SCCHN 的溶瘤病毒联合化疗方案。

Enadenotucirev（Colo-Ad1）是一种通过定向进化从 B～F 种不同血清型中衍生出来的可以在结肠癌细胞中选择性复制的新型腺病毒。该病毒已经进行了三个Ⅰ期试验。其中一项研究包括 17 例实体肿瘤患者，在该项试验中检测了瘤内注射与静脉注射的疗效。12 例患者中有 11 例经静脉输注后在肿瘤样本中检测到病毒 DNA，5 例患者中有 2 例经瘤内注射后检测到病毒 DNA。两种方法均耐受良好，无治疗相关的严重不良事件报告。另外两项使用 Enadenotucirev 的Ⅰ期临床试验目前正在招募结肠癌、头颈癌或其他上皮肿瘤患者进行 Enadenotucirev 和 Nivolumab（PD-1 抑制剂）（NCT02636036）联合治疗或直肠癌患者（NCT03916510）联合放疗和化疗（卡培他宾）治疗。为了引发针对肿瘤的进一步免疫应答，Enadenotucirev 的两种变体目前正在进行Ⅰ期临床试验：NG-350A（NCT03852511）表达 CD40 抗体，NG-641（NCT04053283）表达双特异性 T 细胞接合器。

二、溶瘤单纯疱疹病毒

单纯疱疹病毒（herpes simplex virus，HSV）属疱疹病毒科，是具有囊膜（envelope）的线状双链 DNA 病毒，基因组大小约为 152kb，疱疹病毒的平均直径约为 185nm。目前，研究最多的溶瘤单纯疱疹病毒（oncolytic herpes simplex virus）是基于 HSV-1（herpes simplex virus-1）的溶瘤病毒。HSV-1 基因组编码约 90 种蛋白质，其表达有很高的时序性，按病毒基因表达的顺序可将其分为极早期基因（immediate early gene，IE）、早期基因（early gene，E）和晚期基因，其中极早期基因最先转录，其表达产物可以激活早期基因和晚期基因。极早期基因包括 5 个感染细胞蛋白（infected cell protein，ICP）基因，即 *ICP0*、*ICP4*、*ICP22*、*ICP27* 和 *ICP47*。基于 HSV-1 的溶瘤病毒主要是对其基因组中某些关键致病基因的删除，使其致病性得到最大程度的降低，但不影响其在肿瘤细胞中复制与扩增，由此获得最佳的溶瘤效果。这种经过基因工程改造过的溶瘤病毒对正常细胞几乎没有毒性，但其可以在肿瘤细胞中进行特异的复制扩增，从而达到溶瘤的目的。

目前已经上市的来源于 HSV-1 的溶瘤病毒主要有两类：① T-vec（Imlygic）。T-vec 是通过删除 HSV-1 基因组中致病基因 *ICP34.5*、*ICP6* 或 *ICP47*，并同时插入外源的粒细胞-巨噬细胞集落刺激因子（granulocyte-macrophage colony-stimulating factor，GM-CSF）。T-vec 属于第二代 HSV-1 溶瘤病毒药物，于 2015 年 10 月获批上市，是首个在美国和欧洲批准上市的溶瘤病毒药物，用于黑色素瘤患者的局部治疗。将 T-vec 溶瘤病毒直接注射到黑色素瘤病灶中可造成肿瘤细胞的溶解，从而使肿瘤细胞破裂，并释放出肿瘤抗原和 GM-CSF，加速抗肿瘤的免疫应答。②Delytact（Teserpaturev/G47Δ）。Delytact 是通过删除 HSV-1 基因组中两个拷贝的 *g34.5* 基因和 *α47* 基因及通过插入 lacZ 灭活 *ICP6* 基因，由此获得可在肿瘤细胞中选择性复制的溶瘤病毒。该溶瘤病毒 *α47* 基因的删除可以导致 US11 的早期表达，进而增强病毒在肿瘤细胞中的复制。Delytact 是由日本科学家开发的第三代 HSV-1 溶瘤病毒，于 2021 年在日本批准上市，主要用于治疗恶性、复发性神经胶质母细胞瘤。

三、溶瘤痘苗病毒

痘苗病毒（vaccinia virus，VACV 或 VV）属于痘病毒（poxvirus），在血清学和免疫学上与天花病毒及牛痘病毒有密切关系，被用作天花预防疫苗的抗原。目前常用的溶瘤痘苗病毒是从牛痘病毒改造而获得的。VV 属于痘病毒科，其基因组为线状双链 DNA，基因组长度约为 190kb，编码约 250 个基因。病毒早期的基因转录可导致多种免疫调节蛋白的产生，可以阻断先天性抗病毒防御，包括 I 型干扰素（IFN）应答。对于此类基因的缺失或修饰是目前牛痘病毒基因组改造的主要方向。痘苗病毒的某些固有生物学特性使其作为溶瘤病毒，具有一定的优势：①痘苗病毒基因组较大，能够插入较大的外源 DNA 片段；②由于痘苗病毒在细胞质中完成整个复制周期，因此病毒 DNA 整合到宿主基因组的可能性较小，具有较高的安全性；③天花疫苗的接种为痘苗病毒的临床应用积累了大量的安全数据；④痘苗病毒可以招募免疫细胞并刺激人体产生全身性抗肿瘤免疫反应，这对于转移性肿瘤的治疗至关重要。这些特性使痘苗病毒成为溶瘤病毒疗法最有希望的候选者之一。为了提高痘苗病毒在肿瘤细胞中选择性复制和裂解能力，通过基因工程的手段缺失了病毒基因组中病毒胸苷激酶（TK）、痘苗 I 型干扰素结合蛋白（B18R）或痘苗生长因子（VGF）等的基因。研究表明，在正常细胞的细胞周期中，受 E2F 转录因子调控的 TK 的最高水平处于 S 期，当细胞进入分裂期后，细胞内 TK 水平将明显降低，但在癌细胞的整个细胞周期中，其表达水平仍然很高。由于痘苗病毒依赖宿主细胞核苷酸和 TK 活性的补偿，因此，TK 缺失的痘苗主要在肿瘤细胞中复制。B18R 对 I 型 IFN 的高亲和力可引发 I 型 IFN 信号的阻断和痘苗病毒对健康细胞的感染。因此，当 B18R 缺失时，健康细胞获得了对 I 型 IFN 应答的能力，从而阻断了痘苗病毒对正常细胞的感染；由于癌细胞本身存在

Ⅰ型 IFN 应答能力的缺陷，因此易受痘苗病毒感染并最终被痘苗病毒溶解。VGF 是一种表皮生长因子（EGF）类似物，通过与宿主细胞上的 EGF 受体（EGFR）结合激活 RAS-MEK-ERK 信号通路。因此，VGF 的缺失导致痘苗病毒在 EGFR-RAS 信号异常的细胞（如癌细胞）中选择性复制。目前通过基因工程手段，已经成功制备出多种溶瘤痘苗病毒，如：①GLV-1h68 溶瘤痘苗病毒。该溶瘤病毒是将三个编码 β-半乳糖苷酶、β-葡萄糖醛酸酶和肾素荧光素酶/绿色荧光（RLuc-GFP）融合蛋白的表达框分别替换病毒 *TK*、血凝素和 *F145L* 基因后所获得的痘苗溶瘤病毒。②纳欧莫洛基（GL-ONC1，Olvi-Vec）溶瘤痘苗病毒。该溶瘤病毒是由 Genelux 公司开发的来源于牛痘病毒的溶瘤痘苗病毒，是将三个编码 β-半乳糖苷酶、β-葡萄糖醛酸酶和肾素荧光素酶/绿色荧光融合蛋白的表达框分别替换牛痘病毒 *TK*、血凝素和 *F145L* 基因后所获得的溶瘤痘苗病毒。③JX-594（Pexa Vec）溶瘤痘苗病毒。该病毒由 Jennerex 公司研制，是一种胸苷激酶缺失并同时表达外源 GM-CSF 的溶瘤痘苗病毒。上述这些通过对非必要基因的破坏和插入外源基因表达框后所研制的溶瘤痘苗病毒，不仅减弱了痘苗病毒的毒力，而且增强了其肿瘤特异性及靶向性。

四、溶瘤新城疫病毒

新城疫病毒（Newcastle disease virus，NDV）是一种有包膜的单负链 RNA 病毒，属于副黏病毒科，成熟的病毒粒子直径为 100～400nm。NDV 的复制发生在细胞质中，且从未观察到与宿主基因组的任何重组。由于 NDV 对 IFN-α 和 IFN-β 高度敏感，宿主防御机制会迅速阻止 NDV 复制，而肿瘤细胞中由于Ⅰ型干扰素反应较弱，因此对 NDV 敏感，因此，溶瘤新城疫病毒（oncolytic Newcastle disease virus）是一种天然存在的溶瘤病毒，它的溶瘤活性与诱导癌细胞凋亡和通过增加外源细胞因子（如 IL-12、GM-CSF、RANTES 和Ⅰ型 IFN）的表达进而激活先天免疫系统有关。研究表明，新城疫病毒 HN 蛋白是一种有效的抗原，能增强 T 淋巴细胞对肿瘤细胞的杀伤反应。此外，通过基因工程手段可以制备可以更好地刺激抗肿瘤免疫反应的 NDV 毒株：①通过工程改造获得表达细胞因子（如 GM-CSF 或白细胞介素）的 NDV 可以增加先天效应细胞（如抗原提呈细胞）在肿瘤部位的募集；②NDV 可用作靶向特定肿瘤抗原的治疗性疫苗；③经基因工程改造获得表达单链抗体可变片段或完整的抗肿瘤抗体的 NDV 可以通过依赖抗体的细胞毒性，进一步提高抗肿瘤治疗效果。

NDV 作为一种新型抗癌药物已被广泛应用于临床前研究，治疗多种实体瘤和耐药肿瘤。NDV 与各种癌症药物联合治疗，基于 NDV 固有的溶瘤能力及其与免疫系统的相互作用，可充分激活机体的先天和适应性抗肿瘤免疫。经过评估可用于人直接注射的 NDV 主要毒株为溶瘤性的 PV-701、73-T、th-68/H、ATV-NDV 毒株和非溶瘤性的 HUJ 毒株。1964 年，惠洛克（Wheelock）和丁格尔（Dingle）首次报道了 NDV 在人类癌症治疗中的应用。急性髓系白血病患者连续接种 NDV Hickman 株后，白血病细胞数量迅速减少，症状得到改善，持续时间近 2 周。次年，卡斯尔（Cassel）及其同事的一项研究表明，肿瘤溶解术切除的Ⅱ期和Ⅲ期黑色素瘤患者接种 NDV-73T 株后总生存率明显提高。这些患者的长期随访显示，与历史对照组相比 10 年生存率超过 60%，15 年生存率为 55%。这是基于

NDV 的肿瘤疫苗用于主动肿瘤特异性免疫的早期应用。自体 NDV 修饰的肿瘤疫苗在治疗胃肠道癌症中也显示出良好的效果。310 名接受切除和免疫治疗的Ⅰ～Ⅳ期结直肠癌患者和 257 名单独接受化疗切除的患者比较结果显示，疫苗组的中位总生存期（median overall survival，mOS）超过 7 年，而切除组的 mOS 为 4.46 年。

免疫检查点抑制剂（immune checkpoint inhibitor，ICI）是近年来肿瘤治疗中最有前途的药物之一。表达 GM-CSF 的重组 NDV 通过静脉给药联合 Durvalumab 单抗（一种阻断 PD-L1 和 PD-1 结合的单克隆抗体）治疗各种晚期恶性肿瘤患者的试验正在进行中。其他重组 NDV 也处于不同的开发阶段，预计将在未来几年内进入临床实践。同时，NDV 可以通过反向基因技术与外源基因结合，实现更有效、更多样的抗肿瘤作用。

五、溶瘤麻疹病毒

麻疹病毒（measles virus，MV）属于副黏病毒科，是一种包膜病毒，其基因组为不分节段的负链 RNA，包含 6 个编码 8 种病毒蛋白的基因。该病毒存在三种受体：信号淋巴细胞激活分子（SLAM/CD150）、CD46 和脊髓灰质炎病毒受体相关蛋白 4（poliovirus receptor-related protein 4，PVRL4）。由于 CD46 在许多癌细胞中呈现高表达，因此 MV 对肿瘤细胞具有较好的感染能力。此外，在肿瘤细胞中Ⅰ型干扰素应答的缺陷是 MV 在肿瘤选择性复制扩增的另一个原因。由于麻疹疫苗的广泛使用，抗病毒免疫对于基于 MV 的溶瘤药物来说是巨大的挑战。

在溶瘤麻疹病毒（oncolytic measles virus）的首个临床试验中，治疗耐药或复发性皮肤 T 细胞淋巴瘤患者接受了埃德蒙顿–萨格勒布麻疹疫苗的病灶内注射，同时在治疗前注射了 IFN-α 以提高安全性。结果显示治疗耐受良好，肿瘤发生了消退，也观察到非注射性病变。连续活检观察到了病变组织内的病毒复制和病变组织内 T 细胞群的有利变化。紧接着在梅奥诊所开展了很多后续试验研究，接受试验的对象包括卵巢癌（NCT02068794、NCT00390299）、多形性胶质母细胞瘤（NCT00390299）、髓母细胞瘤（NCT02962167）、间皮瘤（NCT01503177）、乳腺癌（NCT04521764）、头颈部鳞状细胞癌（NCT01846091）、恶性周围神经鞘肿瘤（NCT02700230）、膀胱癌（NCT03171493）、多发性骨髓瘤（NCT00450814、NCT02192775）等患者，试验中采用了减毒 Edmonston B 衍生株。这些Ⅰ/Ⅱ期试验表明，通过所有途径（包括腹腔、颅内、肿瘤内、胸膜内和静脉内）给药 MV 是安全可行的，并且与未进行 MV 治疗组相比，治疗组病情有所缓解。

六、溶瘤呼肠孤病毒

呼肠孤病毒是一种无包膜 RNA 病毒，包含 9～12 段线状双链 RNA。已有报道表明，呼肠孤病毒在缺氧肿瘤微环境中能够维持其复制和溶瘤能力，并且在感染期间下调缺氧诱导因子-1α（hypoxia inducible factor-1α，HIF-1α）的表达。Reolysin（也称为 Pelareorep）是一种天然存在的呼肠孤病毒 3 型 Dearing 毒株，经过基因工程改造后，Reolysin 不会致病，但有能选择性感染和摧毁 Ras 信号通路异常的癌细胞。

进入 21 世纪，由于溶瘤病毒在许多临床试验中取得了一定的疗效，因而获得了相当大的关注。目前为止，已经在全球批准了 4 项溶瘤病毒药物：①Rigvir，是一种基于基因修饰的 ECHO-7 肠道病毒的溶瘤病毒，于 2004 年在拉脱维亚被批准用于治疗黑色素瘤，但未得到广泛应用；②安柯瑞（Oncorine），是由上海三维生物公司研发的经过基因工程改造的人 5 型腺病毒溶瘤病毒，于 2005 年在中国批准上市，主要用于头颈部肿瘤的治疗；③T-vec，是一种经基因工程改造的单纯疱疹病毒 1 型（HSV-1）溶瘤病毒，于 2015 年在美国和欧洲批准上市，主要用于治疗不可切除的转移性黑色素瘤；④Delytact，也是一经基因工程改造的单纯疱疹病毒 1 型溶瘤病毒，于 2021 年在日本批准上市，主要用于恶性脑胶质瘤的治疗。随着这些溶瘤病毒产品的上市，在肿瘤生物治疗领域迎来了溶瘤病毒技术开发及其应用研究的辉煌时期。上述这些溶瘤病毒的相关信息见表 20-3。

表 20-3　批准上市的溶瘤病毒的种类及相关信息

溶瘤病毒	病毒类型	批准时间	适应证	病毒基因组修饰
Rigvir	小 RNA 病毒	2004	黑色素瘤	不清楚
Oncorine	5 型腺病毒	2005	头颈部肿瘤	E1B-55K 及部分 E3 区域缺失
T-vec	HSV-1	2015	转移性黑色素瘤	ICP34.5 及 ICP47 缺失，同时表达 GM-CSF
Delytact	HSV-1	2021	恶性脑胶质瘤	ICP47、ICP6 及 α47 缺失

第四节　噬菌体疗法

噬菌体（phage）是一种能侵入细菌胞体，并以细菌为寄生宿主的病毒。根据噬菌体和宿主菌的关系，可将噬菌体分为两类：①烈性噬菌体（virulent phage），该类噬菌体在宿主菌细胞内可以迅速复制增殖，并最终导致宿主菌细胞裂解；②温和噬菌体（temperate phage）或溶原性噬菌体（lysogenic phage），该类噬菌体感染宿主菌后并不立即增殖，而是将其核酸整合（integration）到宿主菌染色体中，随宿主核酸的复制而复制，并随细胞的分裂而传代。噬菌体疗法（phage therapy）是利用烈性噬菌体来治疗致病性细菌感染的一种疗法。简单来说，噬菌体疗法是利用“好的”病毒（细菌病毒）来治疗抗生素耐药或慢性细菌感染。细菌病毒通过“裂解”的方式来直接作用在目标细菌上，并将该细菌破坏死亡。

2016 年 3 月，在美国加利福尼亚大学圣地亚哥分校首次成功使用静脉注射噬菌体进行临床治疗。患者有严重的多重抗生素耐药鲍曼不动杆菌感染，通过注射噬菌体产生了很好的预后。这个病例点燃了大家对噬菌体治疗的兴趣。鉴于抗生素耐药细菌感染的广泛影响，噬菌体疗法已获得美国 FDA 的紧急使用授权（EUA）。

通常，使用噬菌体的最佳候选者是患有复发性和慢性感染的患者，如囊性纤维化患者，他们易发生频繁的肺部感染和相应的抗生素使用，这会导致疾病的慢性化而增加。这些患者普遍存在广泛的抗生素耐药性，在这种情况下，通过给予噬菌体治疗可能是唯一选择。对 2008 年 1 月至 2010 年 12 月接受噬菌体治疗的 153 名各种感染患者的回顾性分析表明，噬菌体治疗在大量对抗生素无反应的慢性细菌感染患者中具有良好的临床效果。然而，由于这些病例在方案、疾病适应证、质量保证、质量控制及缺乏安慰剂对照等方面仍存在广泛的差异，因此难以确定噬菌体治疗的整体疗效。

近几年开展的几个噬菌体治疗案例显示出令人鼓舞的临床效果，表明该疗法通常是治疗难治性感染的成功辅助疗法。例如，2020 年阿斯拉姆（Aslam）等在加利福尼亚大学圣地亚哥分校对 10 名耐多药感染患者进行静脉噬菌体治疗。他们的报告显示，10 例中有 7 例取得了成功，而且没有提到安全问题。在治疗的病例中，致病细菌多种多样，包括鲍曼不动杆菌（*Acinetobacter baumannii*）、铜绿假单胞菌（*Pseudomonas aeruginosa*）、金黄色葡萄球菌（*Staphylococcus aureus*）和大肠杆菌（*Escherichia coli*）。2022 年，利特尔（Little）等利用噬菌体治疗弥散性皮肤龟分枝杆菌（*Mycobacterium chelonae*）感染，该患者此前曾使用 10 种不同抗生素的治疗方案全部以失败告终。患者在每次使用噬菌体制剂后会出现脸红的症状，但没有出现治疗引起的不良反应。在治疗的前两周内，他的病情就有了显著改善。噬菌体治疗的应用还包括用于治疗接受移植个体的耐多药感染和 COVID-19 患者的继发性细菌感染等。

噬菌体以各种方案给药，包括每日一次、每日两次、每 6～8h 一次或连续输注。同样，给药途径和治疗持续时间因疾病和医生的临床判断而异，许多治疗方式也是如此。例如，慢性复发性尿路感染的治疗采用每日两次口服噬菌体制剂和每日两次膀胱冲洗，治疗时间超过 12 周。另外，铜绿假单胞菌呼吸机相关性肺炎病例已成功地通过静脉注射和雾化噬菌体制剂治疗，每天两次，持续 7 天。虽然在噬菌体治疗的给药方式、持续时间等方面有临床判断的余地，但是在噬菌体制剂的内毒素水平方面有着严格的指导方针。美国 FDA 规定的最大限度为<5EU/（kg · h）。

尽管噬菌体治疗取得的结果令人振奋，但是必须要考虑到这些案例的局限性。在每种情况下，噬菌体疗法都与抗生素共同使用。这些病例因剂量、噬菌体给药途径等因素的变化而进一步复杂化。此外，尽管美国 FDA 通常要求临床医生在给药前证明噬菌体的疗效，但许多病例没有指定治疗终点来测量疗效或噬菌体靶点。这在异质性感染中变得至关重要，在这种情况下，噬菌体鸡尾酒可能对一种细菌有效，但最终发现无法根除所有致病菌。

任何科学努力的关键转折点是从观察和个案到可复制和可量化。从最近的许多临床试验来看，噬菌体治疗似乎正处于从定性到定量发展的拐点。在 2000～2015 年共进行了 7 项噬菌体治疗临床试验，相比之下，仅 2022 年就启动了 18 项临床试验。截至 2023 年 3 月，通过 clinicaltrials.gov 网站查询，共有 44 项临床试验在进行中。这些临床试验中有 25 个是Ⅰ期或Ⅱ期临床试验，14 个是Ⅰ期和Ⅱ期联合试验，5 个是Ⅲ期试验，没有Ⅳ期试验。

一、噬菌体疗法的特点

噬菌体对宿主细菌的感染有一定的特异性，噬菌体的细菌宿主范围通常比抗生素应用范围窄。大多数噬菌体只能入侵感染及溶解某一种特定的细菌，相对于抗生素，噬菌体这种对特定细菌才有入侵感染和破坏的特点，可以减少对人体正常菌群的破坏，从而有利于人体健康。抗生素往往会扰乱正常的胃肠道菌群，并且导致继发性的机会性感染（如艰难梭菌感染）。目前，Eliava BioPreparations 公司已经开发了大量的可以破坏特定细菌的噬菌体库，并建立了确定哪一种噬菌体对患者的细菌感染治疗有效的快速检测方法。

二、噬菌体疗法的优势

噬菌体病毒对细菌宿主具有一定的特异性。一种噬菌体一般只对一种特定的细菌或一种细菌的某个特定菌株产生效力。这种有限的宿主范围对疾病治疗非常有利，原则上讲，噬菌体疗法对胃肠道菌群和体内生态的不良影响比常用的抗生素小得多，因为抗生素的使用通常会影响肠道菌群，并导致诸如梭状芽孢杆菌属（*Clostridium*）的继发性感染等问题。大多数噬菌体菌株的宿主范围狭窄是其在目前临床应用中的潜在缺点。

噬菌体用于细菌的治疗在某些方面优于抗生素。在一定的条件下，噬菌体疗法非常有效，对比抗生素具有一些独特的优势。细菌也会对噬菌体产生耐药性，但是研发新的噬菌体比研发新的抗生素要简单得多。获得新的噬菌体只需要几周，而获得新的抗生素却需要很多年。当细菌产生抗药性时，相关噬菌体也会自然与之一起发生变化。当超级细菌出现时，超级噬菌体已随之进化。噬菌体的局部使用具有特殊的优势，因为它们的穿透力更强，能够到达所有细菌感染的部位，而抗生素的浓度会在感染表面以下迅速降低。在裂解特定的细菌目标之后，噬菌体会立刻停止繁殖，因此噬菌体不会出现类似于抗生素的继发性耐药。随着耐药性细菌产生的问题越来越多，以及新抗生素研发的缺乏，使用噬菌体将会是应对细菌感染的选择之一。

噬菌体疗法的潜在优势包括：①每种噬菌体只攻击非常有限的几种细菌，并且几乎是特异性地针对一种细菌，因此它们能特异地靶向致病的细菌，而对宿主体内正常菌群没有影响；②噬菌体容易生长和纯化；③噬菌体没有毒性，它们只侵犯细菌而不侵犯人体细胞；④噬菌体疗法有自限性，一旦靶细菌群被消灭，其数量将锐减。

三、噬菌体疗法有待解决的问题

噬菌体作为具有治疗功能的生物制品的使用属于药品立法的范围，其开发将需要遵守严格的监管要求，包括生成可靠且可比较的科学数据。这些标准对药品的研究与开发很重要，然而这些规定可能会使进行此类试验的成本更高，执行起来也更具挑战性。此外，噬菌体生物学的几个方面，如它们在细菌之间转移基因的能力和溶源转化的能力，仍然需要仔细阐明，以规范未来噬菌体药物的工业规模生产。

数字资源 20-2

噬菌体的标准化生产过程可能是具有挑战性的，主要是由于噬菌体的进化倾向及噬菌体与其细菌宿主之间的共进化动力学（这可能导致突变和毒力的变化）。即使在去除内毒素及非常小心地制作成噬菌体鸡尾酒制剂之后，噬菌体在溶液中停留的时间越长，它们就越有可能相互作用，或被污染，或以其他方式发生变化，这些变化可能反映在最终产物组成的变化中。此外，噬菌体与细菌的相互作用是复杂的，可导致噬菌体抗性生成，如表型转移和被噬菌体识别为受体的表面结构的点突变。

本章小结

借助于病毒对不同细胞高效的感染能力，可以将目的基因高效地导入体外或体内的目标细胞，因此病毒载体在生命科学研究、医学研究及基因治疗中有着非常广泛的应用。但是不同病毒载体各有其优缺点，因此有其独特的应用场景。除此之外，通过基因工程改造在保留病毒感染力的同时，限制病毒只能在肿瘤细胞中特异性地扩增，进而杀死肿瘤细胞。这种溶瘤病毒疗法具有较高的特异性，可有效地降低肿瘤治疗的副作用。借助于噬菌体对细菌的高效感染和裂解能力，也可以用于治疗细菌性感染等疾病。综上可见，通过对天然病毒的工程化改造，可以将对人类存在危害的病毒转变成为科学研究和疾病治疗的利器。当然，对病毒的改造工作还在继续，未来可能会有更多的病毒被改造成为有力的工具，本章中所提到的病毒载体也可能进一步被优化，使其具备更好的性能。

（夏海滨　张伟锋）

1. 常见的病毒载体有哪些？各有什么优缺点？
2. 什么是溶瘤病毒？
3. 镰状细胞贫血是一种单基因遗传性疾病，请思考如何通过基因治疗的手段对其进行治疗。

主要参考文献

Bulcha J T，Wang Y，Ma H，et al. 2021. Viral vector platforms within the gene therapy landscape. Signal Transduct Target Ther，6（1）：53.

Lin D，Shen Y，Liang T. 2023. Oncolytic virotherapy：Basic principles，recent advances and future directions. Signal Transduct Target Ther，8（1）：156.

Lundstrom K. 2023. Viral vectors in gene therapy：Where do we stand in 2023? Viruses，15（3）：698.

Nale J Y，Clokie M R. 2021. Preclinical data and safety assessment of phage therapy in humans. Curr Opin Biotechnol，68：310-317.

Santos Apolonio J，Lima de Souza Goncalves V，Cordeiro Santos M L，et al. 2021. Oncolytic virus therapy in cancer：A current review. World J Virol，10（5）：229-255.

Shalhout S Z，Miller D M，Emerick K S，et al. 2023. Therapy with oncolytic viruses：Progress and challenges. Nat Rev Clin Oncol，20（3）：160-177.

Strathdee S A，Hatfull G F，Mutalik V K，et al. 2023. Phage therapy：From biological mechanisms to future directions. Cell，186（1）：17-31.

Warnock J N，Daigre C，Al-Rubeai M. 2011. Introduction to viral vectors. Methods Mol Biol，737：1-25.

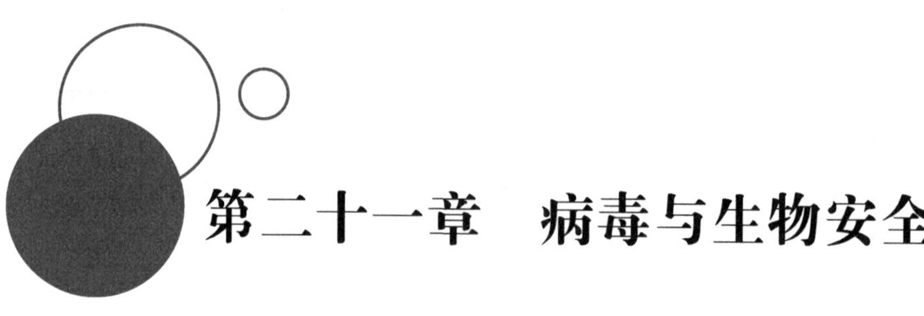

第二十一章　病毒与生物安全

本章要点

1. 生物安全（biosafety）是指国家有效防范和应对危险生物因子及相关因素威胁，生物技术能够稳定健康发展，人民生命健康和生态系统相对处于没有危险和不受威胁的状态，生物领域具备维护国家安全和持续发展的能力。其中，生物因子是指动物、植物、微生物、生物毒素及其他生物活性物质。生物安全对维护国家安全，防范和应对生物安全风险，保障人民生命健康，保护生物资源和生态环境，促进生物技术健康发展，推动构建人类命运共同体，实现人与自然和谐共生具有重要意义。
2. 病毒是最重要的危险生物因子，易导致重大新发突发传染病和动植物疫情，是生物安全领域关注的重点。为有效防范和应对病毒及所致人类疾病和动植物疫情，病毒与生物安全主要介绍生物安全的发展史、病毒学领域的生物安全及病毒学实验室生物安全管理。

本章知识单元和知识点分解如图 21-1 所示，各知识点之间的关联关系如图 21-2 所示。

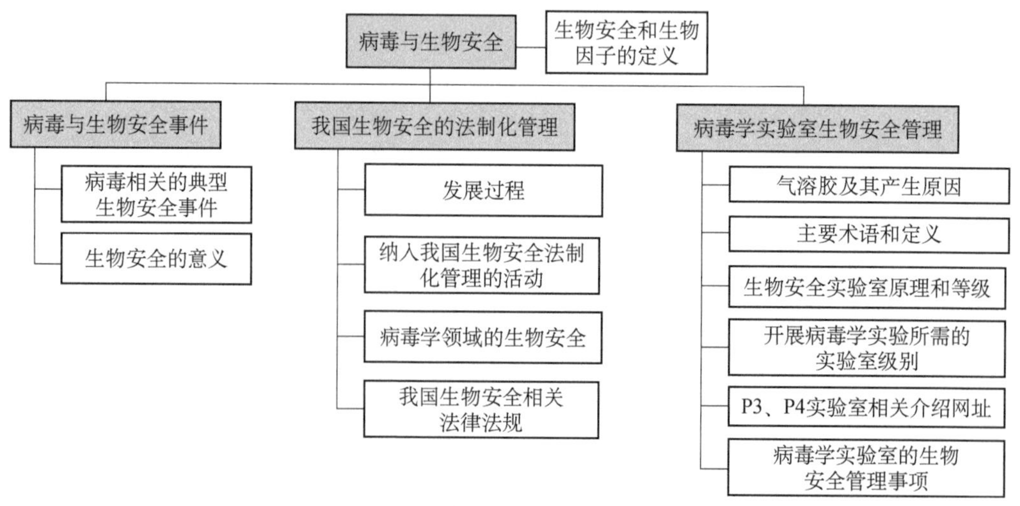

图 21-1　本章知识单元和知识点分解图

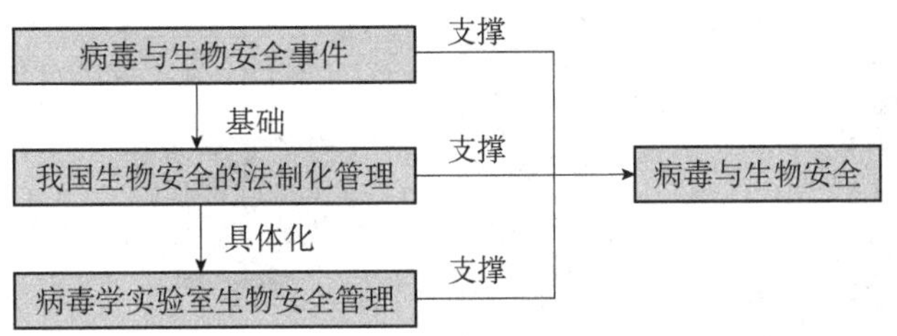

图 21-2　本章各知识单元的关联关系

第一节　病毒与生物安全事件

一、病毒相关的典型生物安全事件

1. 苏联委内瑞拉马脑炎病毒实验室感染事件　1956 年，苏联一个病毒学实验室偶然打碎了 9 个盛装有感染委内瑞拉马脑炎病毒的小鼠脑组织的密封安瓿瓶，实验室人员未做防护和应急处理，导致 24 名工作人员感染。

2. 德国马尔堡病毒实验室感染事件　1967 年 8 月，位于德国马尔堡小镇的一个病毒实验室里的工作人员突然高热、腹泻、呕吐、大出血、休克和循环系统衰竭。该实验室有 31 人直接感染，其中 7 人死亡；随后又有 6 人二次感染，包括两名医生、一名护士、一名解剖助理及一名兽医的妻子，他们均与直接感染的患者有紧密接触。两名医生是在抽血时不慎接触患者血液染病。症状同样出现在德国法兰克福和南斯拉夫首都贝尔格莱德的两个实验室。共同之处是这三个实验室都使用了来自乌干达的非洲绿猴（*Cercopithecus aethiops*）用于脊髓灰质炎疫苗等研究。后续研究表明这些非洲绿猴携带了一种新病毒并传给实验室的工作人员，并将此种病毒命名为马尔堡病毒，该病毒与后续发现的埃博拉病毒同属于丝状病毒科，此次生物安全事件的发生原因是动物试验中使用未经检疫动物导致的传染（图 21-3）。

3. 英国伯明翰医学院实验室病毒泄漏事件　1978 年，在索马里的最后一个自然病例出现一年后，人类已经在自然界中消灭了天花病毒（图 21-4）。仅有的天花病毒都被封存在实验室里，用作研究。但在英国伯明翰出现了一起疑似天花的病例，而病毒极有可能来自伯明翰医学院的实验室。感染者为该学院的一位女性摄影师，其工作暗房就在存放天花病毒实验室的楼上，她在去一间天花病毒实验室楼上的办公室打电话的过程中感染了病毒，并导致与之密切接触过的 4 人感染。后查明原因为天花病毒实验室和楼上的办公室共用排风管道，实验室发生病毒气溶胶泄漏导致天花病毒感染。

4. 中国西安某高校肾综合征出血热实验室感染事件　1986 年，西安某高校科研实验室 5 位老师、4 名研究生和 3 名技术人员先后罹患肾综合征出血热。后经调查发现均与该实验室从事的小白鼠感染出血热病毒有关，他们在实验工作中未做任何个人防护，且其中 3 人有明确的手指被实验鼠咬伤史。

5. 中国疾病预防控制中心 SARS 冠状病毒实验室感染事件　2004 年 4 月，中国疾病预防控制中心一个普通病毒学实验室开展 SARS 冠状病毒研究，未采用防护措施操作活

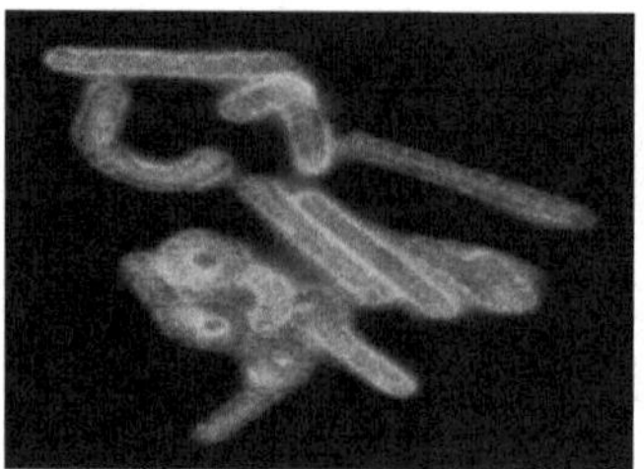

Monkey Disease Kills Girl

MARBURG (AP)—The "monkey disease" that has puzzled scientists from several countries claimed the life of a 19-year-old girl laboratory worker —the seventh person to die of the disease in West Germany.

Health authorities also reported a fresh case of the fever that last month began striking scientists and laboratory workers at a Marburg Pharmaceutical Co. and a Frankfurt research institute.

Twenty-three persons are in hospital in Germany with symptoms of the disease, which resembles yellow fever. Another case is under treatment in Yugoslavia.

Monkeys imported from Uganda by the Behring Co. of Marbourg and Frankfurt's Paul Erlich Institute have been found to be carriers of the disease. But the virus that causes it has not been identified.

Monkeys Spread Yellow Fever In Frankfurt

FRANKFURT, Germany (AP) — The Frankfurt city administration said Wednesday a disease among workers of scientific laboratories in Frankfurt and Marburg apparently was yellow fever. Two employes of the Paul Ehrlich Institute in Frankfurt died of the disease. Thirteen other cases have been isolated in Frankfurt and Marburg.

The city health office said a 65-year-old laboratory helper, Stefanie Popp, had died Monday. The second victim was a 42-year-old animal keeper, Eugen Breither, who died early Wednesday.

Autopsies revealed, the health office said, that both probably died of yellow fever, a disease so far unknown in Germany. A virus probe still was under way, the office added.

The disease apparently has been spread by 90 green monkeys from Uganda who had arrived recently for experimental purposes.

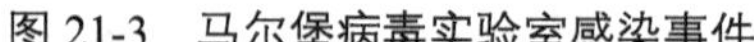

图 21-3　马尔堡病毒实验室感染事件

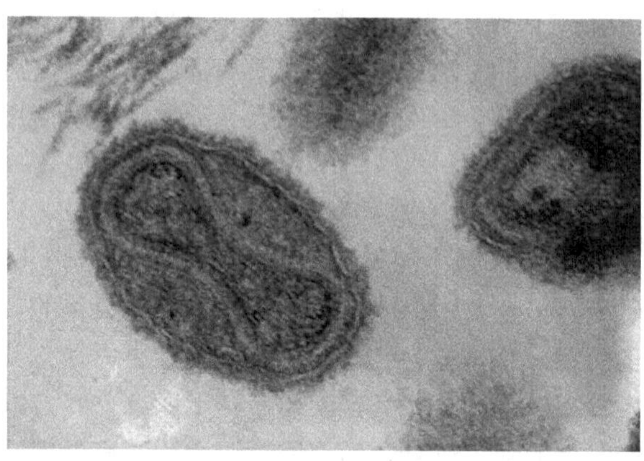

图 21-4　天花病毒

病毒材料以及实验后采用未经验证的病毒灭活方法，导致实验室人员发生 SARS 冠状病毒感染，其中一名被感染的实验室人员仍往返北京、安徽两地，进一步导致北京和安徽两地共出现 9 例 SARS 确诊病例，其中 1 人死亡，且在短短的几天内有 862 人被医学隔离。

经过两个多月调查，卫生部 7 月宣布，2004 年感染传染性非典型肺炎患者的病毒是中国疾病预防控制中心病毒病预防控制所实验室泄漏，一名实验室人员将 P3 实验室中 SARS 冠状病毒毒株带到腹泻病毒实验室进行研究，且对毒株所做的灭活处理没有得到验证，最终造成实验室人员感染。

6. 中国青岛市胸科医院新冠肺炎院内感染事件　2020 年 10 月 11 日，青岛市新报 6 例新冠肺炎确诊病例和 6 例无症状感染，流行病学溯源发现所有病例都能追溯至青岛市胸科医院。调查表明，该院部分独立区域承担收治境外输入感染的任务，是接收境外输入人员、使用电子计算机断层扫描（CT）后消毒不彻底造成感染。进一步筛查住院患者和陪护人员 377 人，发现 4 例确诊病例和 5 例感染者。为防止社区传播，青岛市后续启动了全市全民核酸筛查。

二、生物安全的意义

当今全球化和互联网高速发展，很有必要深入探讨生物安全的统一标准和纳入法制化管理，特别是在面对实验室生物泄漏等挑战时的应对措施。首先，我们将分析生物安全标准的统一性如何帮助预防生物威胁的跨国传播。其次，探讨法制化管理如何加强国家和国际层面的生物安全监管能力。最后，通过具体案例分析，说明这些措施在实验室生物泄漏事件中的应用和重要性。

1. 生物安全标准的统一性与跨国传播的预防　生物安全标准的统一性是保护全球生态系统和人类健康的基础。在全球化背景下，动植物疾病和有害生物的跨国传播常常会对农业、生态系统和经济造成严重影响。例如，非洲猪瘟在全球范围内的传播，严重损害了全球猪肉产业，并对相关国家的经济造成了巨大损失。如果各国能够采用统一的动植物检疫标准和生物入侵防控措施，就能有效阻止病原体的传播，减少生物入侵事件的发生。此外，统一的生物安全标准也有助于加强各国在国际贸易中的合作和信任，减少由生物安全问题而引发的贸易纠纷。

2. 法制化管理的功能与生物安全监管能力的增强　将生物安全纳入法制化管理，不仅可以确保生物安全实验室和其他生物安全设施的安全操作，还可以规范生物材料的处理和运输，减少实验室事故和生物泄漏的风险。例如，美国的《生物安全法案》就要求所有从事生物研究的实验室都必须符合严格的生物安全标准，并进行定期的审核和检查。这些法律法规为国家提供了法律依据和操作指南，帮助其有效管理和监督生物安全事务，保障公众和环境的安全。

此外，国际上的法制化管理合作也非常重要。通过制定和执行国际生物安全条约或协议，可以建立全球性的生物安全框架，促进各国在信息共享、技术合作和应急响应方面的合作。例如，2003 年非典疫情暴发后，各国加强了针对传染病的国际合作与协调，加速了病原体的鉴定和疫苗的开发，有效控制了疫情的蔓延。

3. 实验室生物泄漏事件的案例分析与应对措施的重要性　实验室生物泄漏事件是当前生物安全面临的严峻挑战之一。这类事件可能导致严重的公共卫生风险和环境污染，会对社会稳定和经济发展造成巨大影响。例如，2001 年美国炭疽泄漏事件引发了全国性的恐慌和应急响应，暴露了生物安全管理体系的漏洞和不足之处。

为了有效应对实验室生物泄漏事件，首先，需要建立严格的生物安全标准和法制化管理体系。各国应通过立法和法规确立实验室生物安全的基本要求，包括安全设施的建设和运行规范、员工的培训和认证要求、生物材料的分类和处理程序等。其次，国际合作和信息共享至关重要。只有通过跨国界的合作和信息交流，才能及时发现和应对跨国实验室生物泄漏事件，减少其对全球生物安全的威胁。

综上所述，生物安全的统一标准和纳入法制化管理不仅是预防生物威胁跨国传播的关键措施，也是增强国家和国际生物安全监管能力的有效手段。在面对实验室生物泄漏等挑战时，各国应加强合作，共同制定和执行适用的法律和标准，确保全球公共健康和生态系统的可持续发展。只有通过全球合作和协调，才能有效应对复杂多变的生物安全威胁，为人类社会的安全和繁荣做出贡献。

第二节　我国生物安全的法制化管理

一、发展过程

在我国，生物安全相关法律可追溯到 20 世纪末，从时间轴上看可分为三个阶段：①探索阶段（2003 年以前），20 世纪 80 年代，我国开始颁布一系列与传染病相关的法律法规，但均未直接涉及实验室生物安全。其间主要参考美国等发达国家及 WHO 的标准和指南探索建立相关的标准。②发展阶段（2003～2020 年），2003 年 SARS 发生后，实验室生物安全工作得到进一步重视。次年 11 月，国务院颁布了《病原微生物实验室生物安全管理条例》，之后原卫生部等有关部委又相继制定并发布了一系列法规、标准及文件。同时国家也着力对原有规范进行修订、废除，增加相关法律或标准以适应解决新时代下的生物安全问题。这个阶段是发展最快的阶段，法律、条例和标准等多数均建立并逐步完善。③成熟阶段（2020—），2020 年 COVID-19 疫情的暴发，对中国公共卫生应对能力、生物安全建设水平提出了更高的要求。2021 年 4 月 15 日，《中华人民共和国生物安全法》（以下简称“《生物安全法》”）正式施行。作为生物安全领域基础性、系统性、综合性、纲领性的重要法律，《生物安全法》的正式实施在提升国家生物安全治理能力、传染病防控能力、人类命运共同体构建能力等方面都具有非常重要的意义。

二、纳入我国生物安全法制化管理的活动

纳入我国生物安全法制化管理的活动有：①防控重大新发突发传染病、动植物疫情；②生物技术研究、开发与应用；③病原微生物实验室生物安全管理；④人类遗传资源与生物资源安全管理；⑤防范外来物种入侵与保护生物多样性；⑥应对微生物耐药；⑦防范生物恐怖袭击与防御生物武器威胁；⑧其他与生物安全相关的活动。

三、病毒学领域的生物安全

病毒学领域的生物安全，涉及生物安全法制化管理的每一个活动。从业人员应主动参

加生物安全法律法规和生物安全知识的教育培训，培养生物安全意识和伦理意识、维护生物安全的社会责任意识，避免发生《生物安全法》明令禁止的危害生物安全的活动。

四、我国生物安全相关法律法规

1.《中华人民共和国生物安全法》　该法于2020年10月17日由中华人民共和国第十三届全国人民代表大会常务委员会第二十二次会议通过，自2021年4月15日起施行，根据2024年4月26日第十四届全国人民代表大会常务委员会第九次会议《关于修改〈中华人民共和国农业技术推广法〉、〈中华人民共和国未成年人保护法〉、〈中华人民共和国生物安全法〉的决定》修正。该法共10章88条，其目的是维护国家安全，防范和应对生物安全风险，保障人民生命健康，保护生物资源和生态环境，促进生物技术健康发展，推动构建人类命运共同体，实现人与自然和谐共生。

该法规范、调整的范围分为八大类：一是防控重大新发突发传染病、动植物疫情；二是生物技术研究、开发与应用安全；三是保障病原微生物实验室生物安全；四是保障我国生物资源和人类遗传资源的安全；五是防范外来物种入侵与保护生物多样性；六是应对微生物耐药；七是防范生物恐怖袭击；八是防御生物武器威胁。

由于立法涉及范围广泛，该法在管理体制上明确实行“协调机制下的分部门管理体制”。在充分发挥分部门管理的基础上，对于争议问题、需要协调的问题，将由协调机制统筹解决。在制度设置上，建立了通用的制度体系，如监测预警体系、标准体系、名录清单管理体系、信息共享体系、风险评估体系、应急体系、决策技术咨询体系等，并明确了海关监管制度和措施等。

该法设专章规定了生物安全能力建设，主要体现为通过加大经费投入、基础设施建设、人才培养，鼓励和扶持自主研发创新、科技产业发展等，对生物安全工作给予财政资金支持和政策扶持等。在法律责任部分，还规定了对国家公职人员不作为或者不依法作为行为的处罚规定。专家指出，上述处罚规定对应相应的职权，有利于保证依法行使职权，有利于法律建立的各项制度的切实实施。

2.《病原微生物实验室生物安全管理条例》　该法于2004年11月12日由中华人民共和国国务院令第424号公布，根据2016年2月6日《国务院关于修改部分行政法规的决定》第一次修订，根据2018年3月19日《国务院关于修改和废止部分行政法规的决定》第二次修订。该法共7章72条。其目的是加强病原微生物实验室（以下称实验室）生物安全管理，保护实验室工作人员和公众的健康。

3.《可感染人类的高致病性病原微生物菌（毒）种或样本运输管理规定》　该法于2005年12月28日中华人民共和国卫生部令第45号发布，自2006年2月1日起施行。该法依据《中华人民共和国传染病防治法》、《病原微生物实验室生物安全管理条例》等法律、行政法规的规定制定，其目的是加强可感染人类的高致病性病原微生物菌（毒）种或样本运输的管理，保障人体健康和公共卫生。

4.《人间传染的病原微生物目录》（2023年8月18日国卫科教发〔2023〕24号）　2006年曾制定公布《人间传染的病原微生物名录》（以下简称“《名录》”），对病原微生物研究、教学、检测、诊断等相关实验室生物安全管理起到了规范指导作用。但随着新的病原微生物不断出现，对现有病原微生物认识不断更新，以及实验室生物安全研究不断深入，《名录》已无法满足当前实验室生物安全管理的需要。为更好落实《生物安全法》和《病原微生物实验室生物安全管理条例》有关规定，国家卫生健康委员会组织对《名录》进行了修订，并按照《生物安全法》规定进行更名，形成《人间传染的病原微生物目录》（以下简称“《目录》”）。

《目录》制定坚持以人为本、风险预防、分类管理的原则，以《名录》为基础，参考借鉴国际国内相关规定和研究成果，科学评判病原微生物的传染性、感染后对个体或者群体的危害程度，以及我国在传染病预防、治疗方面的能力及发展，并充分考虑病原微生物研究、教学、检测、诊断等工作实际需求。

《目录》整体架构与《名录》保持不变，仍由病毒、细菌类、真菌三部分组成，主要内容仍为病原微生物名称、分类学地位、危害程度分类、不同实验活动所需实验室等级、运输包装分类及备注等。《目录》与《名录》相比，病毒分类目录部分，原《名录》中病毒为 160 种、附录 6 种，修订后的《目录》中病毒为 160 种、附录 7 种，其中危害程度分类为第一类的 29 种、第二类的 51 种、第三类的 82 种和第四类的 5 种。主要有如下变化。

一是新增危害程度分类为第二类的病毒 5 种，新增危害程度分类为第三类的病毒 7 种。删除危害程度分类为第二类的病毒 5 种，删除危害程度分类为第三类的病毒 6 种，删除危害程度分类为第四类的病毒 1 种。将 5 种病毒的危害程度分类由第二类降为第三类，相应调整实验活动和运输管理要求。

二是根据国际病毒分类委员会（International Committee on Taxonomy of Virus，ICTV）第十次病毒分类报告，对 28 个病毒的分类学地位进行了调整。

三是根据 ICTV 第十次病毒分类报告及国内通用名对部分病毒名称进行修改，其中，同时修改中文名和英文名的 13 种，仅修改中文名的 53 种，仅修改英文名的 4 种。

四是猴痘病毒“未经培养的感染材料的操作”实验活动所需实验室等级由三级降为二级。骆驼痘病毒和登革病毒的联合国危险货物编号（UN 编号）由“UN2814”修订为“UN3373”，并且登革病毒的运输包装等级降为 B 类。H2N2 流感病毒运输包装等级由 B 类升为 A 类。

五是对注释进行了修改，具体包括修改病毒培养、动物感染实验、灭活材料的操作的定义；修改脊髓灰质炎病毒相关毒株的操作要求；增加新型冠状病毒、猴痘病毒未经培养的感染材料操作说明；增加人免疫缺陷病毒微量检测的说明；增加肠道病毒属和心病毒属的说明。

5.《医疗机构临床实验室管理办法》（以下简称“《办法》”）（卫医发〔2006〕73 号）
《办法》由卫生部于 2006 年 2 月 27 日颁布，包括总则、医疗机构临床实验室管理的一般规定、医疗机构临床实验室质量管理、医疗机构临床实验室安全管理、监督管理、附则等 6 章 56 条，其目的是加强医疗机构临床实验室管理，提高临床检验水平，保证医疗质量和医疗安全。

《办法》所称医疗机构临床实验室是指对取自人体的各种标本进行生物学、微生物学、免疫学、化学、血液免疫学、血液学、生物物理学、细胞学等检验，并为临床提供医学检验服务的实验室。《办法》要求，医疗机构应当保证临床实验室具备与其临床检验工作相适应的专业技术人员、场所、设施、设备等条件；建立健全并严格执行各项规章制度，严格遵守相关技术规范和标准，保证临床检验质量。医疗机构应当加强临床实验室质量控制和管理，并建立质量管理记录，记录保存期限至少为 2 年；加强临床实验室生物安全管理，制定生物安全事故和危险品、危险设施等意外事故的预防措施和应急预案。对未按照核准登记的医学检验科下设专业诊疗科目开展临床检验工作、未按照相关规定擅自新增医学检验科下设专业、超出已登记的专业范围开展临床检验工作的，由县级以上地方卫生行政部门按照《医疗机构管理条例》相关规定予以处罚。

2020 年 7 月 10 日，为进一步贯彻落实国务院《优化营商环境条例》，国家卫生健康委员会将《办法》第二十八条修订为：医疗机构临床实验室应当参加室间质量评价机构组织的临床检验室间质量评价。

6.《传染性非典型肺炎病毒研究实验室暂行管理办法》（国科发农社字〔2003〕129 号）　该法于 2003 年 5 月 6 日发布，其目的是保证传染性非典型肺炎（又称为严重急性呼吸综合征）研究工作的顺利开展，加强从事传染性非典型肺炎病毒研究实验室的管理，防止病毒对环境的污染，保障实验人员的安全和健康。

该法和《传染性非典型肺炎病毒的毒种保存、使用和感染动物模型的暂行管理办法》的制定，为传染性非典型肺炎实验研究工作安全、及时地开展，SARS 动物模型的建立及 SARS 病毒的相关研究工作等提供了有效的保障。

7.《医疗废物管理条例》　该法于 2003 年 6 月 16 日中华人民共和国国务院令第 380 号公布，根据 2011 年 1 月 8 日《国务院关于废止和修改部分行政法规的决定》修订。该法共 7 章 57 条，其目的是加强医疗废物的安全管理，防止疾病传播，保护环境，保障人体健康。

8.《医疗卫生机构医疗废物管理办法》（卫生部令第 36 号）　该法于 2003 年 8 月 14 日经卫生部部务会议讨论通过，2003 年 10 月 15 日发布施行。该法共 7 章 48 条，其目的是规范医疗卫生机构对医疗废物的管理，有效预防和控制医疗废物对人体健康和环境产生危害。

9.《医疗废物管理行政处罚办法》　该法于 2004 年 5 月 27 日卫生部、国家环境保护总局令第 21 号发布，根据 2010 年 12 月 22 日《环境保护部关于废止、修改部分环保部门规章和规范性文件的决定》修正。

10.《病原微生物实验室生物安全环境管理办法》　该法于 2006 年 3 月 8 日国家环境保护总局令第 32 号公布，自 2006 年 5 月 1 日起施行，其目的是规范病原微生物实验室生物安全环境管理工作。

11.《消毒管理办法》　该法于 2002 年 3 月 28 日卫生部令第 27 号发布，自 2002 年 7 月 1 日起施行，根据 2016 年 1 月 19 日《国家卫生计生委关于修改〈外国医师来华短期行医暂行管理办法〉等 8 件部门规章的决定》（国家卫生和计划生育委员会令第 8 号）第一次修订，根据 2017 年 12 月 26 日《国家卫生计生委关于修改〈新食品原料安全性审查管理办法〉等 7 件部门规章的决定》（国家卫生和计划生育委员会令第 18 号）第二次修订。该法共 4 章 47 条，其目的是加强消毒管理，预防和控制感染性疾病的传播，保障人体健康。

12.《中华人民共和国传染病防治法》 该法于 1989 年 2 月 21 日由第七届全国人民代表大会常务委员会第六次会议通过，自 1989 年 9 月 1 日起施行。为适应经济社会发展新要求，并认真总结传染病防治实践尤其是抗击非典的实践经验，2004 年 8 月 28 日由第十届全国人民代表大会常务委员会第十一次会议进行修订，自 2004 年 12 月 1 日起施行。为完善国务院对传染病病种的调整制度，2013 年 6 月 29 日第十二届全国人民代表大会常务委员会第三次会议对个别条文进行修正。

该法立法目的是总结我国传染病防治经验，借鉴国外好做法，解决存在的问题，完善传染病防治法律制度，以法律形式明确公民、社会组织和政府及其有关部门的责任，保障传染病防治工作依法进行，为预防、控制和消除传染病发生与流行，保障人体健康和公共卫生，提供法治保障。

该法共 9 章 80 条，包括总则，传染病预防，疫情报告、通报和公布，疫情控制，医疗救治，监督管理，保障措施，法律责任和附则。相较于最初制定的《中华人民共和国传染病防治法》，经修改后的该法突出了对传染病的预防和预警，健全了疫情的报告、通报和公布制度，完善了传染病暴发、流行的控制措施，增加了传染病医疗救治的规定，加强了对传染病防治的网络建设和经费保障，进一步明确了地方政府、卫生行政部门等各方面的责任和义务，建立了比较完善的防治传染病法律制度。

13.《人间传染的高致病性病原微生物实验室和实验活动生物安全审批管理办法》 该法于 2006 年 8 月 15 日卫生部令第 50 号发布，根据 2016 年 1 月 19 日中华人民共和国国家卫生和计划生育委员会令第 8 号《国家卫生计生委关于修改〈外国医师来华短期行医暂行管理办法〉等 8 件部门规章的决定》修订。该法共 5 章 32 条，其目的是加强实验室生物安全管理，规范高致病性病原微生物实验活动。

14.《医疗废物分类目录》（2021 年版） 该法于 2021 年 11 月 25 日发布，是国家卫生健康委员会和生态环境部组织修订 2003 年《医疗废物分类目录》，形成了《医疗废物分类目录》（2021 年版），其目的是进一步规范医疗废物管理，促进医疗废物科学分类、科学处置。

15.《兽医实验室生物安全管理规范》 该条例由农业部在 2003 年 10 月 15 日颁布并实施。本规范规定了兽医实验室生物安全防护的基本原则、实验室的分级、各级实验室的基本要求和管理。为加强兽医实验室生物安全工作，防止动物病原微生物扩散，确保动物疫病的控制和扑灭工作以及畜牧业生产安全，农业部根据《中华人民共和国动物防疫法》和《动物防疫条件审核管理办法》的有关规定，参照国际有关对实验室生物安全的要求，制定了《兽医实验室生物安全管理规范》。

16.《实验室生物安全认可准则》（CNAS-CL05：2009） 《实验室生物安全认可准则》（以下简称“《准则》”）规定了中国合格评定国家认可委员会（CNAS）对实验室生物安全认可的要求，包括两部分：第一部分等同采用国家标准《实验室生物安全通用要求》

（GB 19489—2008）；第二部分引用了国务院《病原微生物实验室生物安全管理条例》的部分规定。本标准规定了对不同生物安全防护级别实验室的设施、设备和安全管理的基本要求。

17.《人间传染的病原微生物菌（毒）种保藏机构管理办法》　本条例是 2009 年 7 月 16 日由中华人民共和国卫生部令第 68 号发布，自 2009 年 10 月 1 日起施行。为加强人间传染的病原微生物菌（毒）种（以下称“菌（毒）种”）保藏机构的管理，保护和合理利用我国菌（毒）种或样本资源，防止菌（毒）种或样本在保藏和使用过程中发生实验室感染或者引起传染病传播，依据《中华人民共和国传染病防治法》、《病原微生物实验室生物安全管理条例》的规定制定本办法。

18.《实验室生物安全通用要求》（GB 19489—2008）　本条例由国家质量监督检验检疫总局 2008 年 12 月 26 日发布，2009 年 7 月 1 日实施。本标准规定了对不同生物安全防护级别实验室的设施、设备和安全管理的基本要求，并明确规定实验室的生物安全防护级别应与其拟从事的实验活动相适应。

19.《病原微生物实验室生物安全通用准则》（WS233—2017）　该标准由国家卫生计生委在 2017 年 7 月 24 日颁布，代替《微生物和生物医学实验室生物安全通用准则》（WS233—2002），修订重点规范 BSL-2 实验室及其分类，将 BSL-2 实验室分为普通型和加强型两种类型，规定了加强型 BSL-2 实验室内的压力梯度、实验室布局、洁净度、新风量等技术指标；增加了无脊椎动物实验生物安全基本要求；增加了消毒与无菌；更加具体、细致地规定了实验室设施设备要求；对生物安全风险的重要环节提出管理要求。

20.《医学实验室安全要求》（GB 19781—2005）　本标准由国家质量监督检验检疫总局、国家标准化管理委员会于 2005 年 6 月 6 日发布，2005 年 12 月 1 日实施。本标准规定了在医学实验室建立并维持安全工作环境的要求。

21.《临床实验室废物处理原则》（WS/T 249—2005）　本标准由中华人民共和国卫生部于 2005 年 5 月 16 日发布，2005 年 12 月 1 日实施。本标准依据美国临床实验室标准化委员会（National Committee of Clinical Laboratory Standard，NCCLS）GP5-A 中的有关条款进行编写，旨在为临床实验室提供处理有害废物的依据和方法。本标准对临床实验室中产生的一些重要有害废物提供了处理技术和丢弃方法。

22.《临床实验室安全准则》（WS/T 251—2005）　本标准由中华人民共和国卫生部于 2005 年 5 月 8 日发布，2005 年 12 月 1 日实施。本标准规定了临床实验室的安全行为准则，临床实验室以本标准为基本要求，同时还应符合国家其他相关规定的要求。本标准适用于从事临床检验工作的实验室。

23.《生物安全实验室建筑技术规范》（GB 50346—2011）　本标准由中华人民共和国住房和城乡建设部与中华人民共和国国家质量监督检验检疫总局于 2011 年 12 月 5 日发布，2012 年 5 月 1 日实施。为使生物安全实验室在设计、施工和验收方面满足实验室生物安全防护要求，制定本规范。本规范适用于新建、改建和扩建的生物安全实验室的设计、施工和验收。

24.《生物安全柜》（JG 170—2005）　本标准由中华人民共和国建设部于 2005 年 3 月 25 日发布，2005 年 6 月 1 日实施。本标准是总结我国多年来生物安全柜的设计、制造和检测经验，参考国外相关标准，吸取我国有关科研成果，并在调查研究、试验验证的基础上制定的。生物安全柜是生物技术领域广泛应用的空气净化产品，本标准的制定对我国生物安全柜的生产和检测起到规范和促进作用。

25.《Ⅱ级生物安全柜》（YY 0569—2011） 本标准由国家食品药品监督管理局于2011年12月31日发布，2013年6月1日实施。本标准规定了Ⅱ级生物安全柜的术语和定义、分类、材料、结构和性能的要求、试验方法、检验规则、标志、标签、说明书、包装、运输和贮存的要求。

26.《医疗废物专用包装袋、容器和警示标志标准》（HJ 421—2008） 本标准由国家环境保护总局于2008年2月27日发布，2008年4月1日实施。为防治医疗废物在收集、暂时贮存、运送和处置过程中的环境污染，防止疾病传播、保护人体健康，根据《医疗废物管理条例》，制定本标准。本标准规定了医疗废物专用包装袋、利器盒和周转箱（桶）的技术要求以及相应的试验方法和检验规则，并规定了医疗废物警示标志。本标准适用于医疗废物专用包装袋、容器的生产厂家、运输单位和医疗废物处置单位。

27.《实验室生物安全手册》（WHO 第三版，2004） WHO《实验室生物安全手册》第三版于2004年发布，手册可以帮助制订并建立微生物学操作规范，确保微生物资源的安全，进而确保其可用于临床、研究和流行病学等各项工作。

28.《医疗废物集中处置技术规范（试行）》（国家环境保护总局环发〔2003〕206号） 本标准由国家环境保护总局于2003年12月26日发布。为贯彻执行《中华人民共和国固体废物污染环境防治法》、《中华人民共和国传染病防治法》和《医疗废物管理条例》防治医疗废物在暂时贮存运送和处置过程中的环境污染；防止疾病传播，保护人体健康，制定本规范。

29.《出入境特殊物品卫生检疫管理规定》 本规定由国家质量监督检验检疫总局于2005年10月17日发布，2006年1月1日实施。根据2016年10月18日国家质量监督检验检疫总局令第184号《国家质量监督检验检疫总局关于修改和废止部分规章的决定》第一次修正，根据2018年4月28日海关总署令第238号《海关总署关于修改部分规章的决定》第二次修正，根据2018年5月29日海关总署第 240 号令《海关总署关于修改部分规章的决定》第三次修正，根据2018年11月23日海关总署第243号令《海关总署关于修改部分规章的决定》第四次修正并重新公布该规定。为规范出入境特殊物品的卫生检疫监督管理，根据《中华人民共和国国境卫生检疫法》及其实施细则、《艾滋病防治条例》、《病原微生物实验室生物安全管理条例》和《人类遗传资源管理暂行办法》等法律法规规定，制定本规定。本规定适用于入境、出境的微生物、人体组织、生物制品、血液及其制品等特殊物品的卫生检疫监督管理。

30.《关于加强医用特殊物品出入境卫生检疫管理的通知》（卫科教发〔2003〕230号） 本通知由卫生部、质检总局于2003年8月6日发布。本通知根据国务院领导批示精神，依据《中华人民共和国国境卫生检疫法》、《人类遗传资源管理暂行办法》等相关法律法规制定。为有效保护我国人类资源和公共卫生安全，防止人类资源流失和有害物品传入，促进我国医学科学研究及国际交流与合作，加强医用微生物、人体物质、科研用生物制品、血液及其制品等医用特殊物品出入境卫生检疫管理。

第三节　病毒学实验室生物安全管理

一、气溶胶及其产生原因

（1）定义：气溶胶（aerosol）是指悬浮于气体介质中的粒径一般为0.001～100μm的固态和液态微小粒子形成的稳定分散体系。其中的气体介质称为连续相，通常为空气；微粒物（particles）称为分散相，其成分复杂，大小不一。

（2）产生原因：离心、振荡、注射、移液、吸取、培养、倾倒、泼洒、更换动物垫料、动物饲养等。

二、主要术语和定义

1）高效空气过滤器（high efficiency particulate air filter，HEPA）　通常以0.3μm微粒为测试物，在规定的条件下滤除效率高于99.97%的空气过滤器。其中效率不低于99.9%为A类高效空气过滤器，不低于99.99%为B类高效空气过滤器，不低于99.999%为C类高效空气过滤器。

2）生物安全柜（biological safety cabinet，BSC）　具备气流控制及高效空气过滤装置的操作柜，可有效降低实验过程中产生的有害气溶胶对操作者和环境的危害。

3）个体防护装备（personal protective equipment，PPE）　人们在实验室进行科研活动过程中，用于防止人员个体受到生物性、化学性或物理性等危险因子伤害的器材和用品。

4）一级屏障（primary barrier）　在操作危险微生物的场所，把危险微生物隔离在一定空间内的措施，也就是危险微生物和操作者之间的隔离，以防止操作人员被感染为目的，也称一级隔离，主要包括安全设备和个体防护。

5）二级屏障（secondary barrier）　二级屏障为物理防护的第二道防线，是一级屏障的外围设施，就是生物安全实验室和外部环境的隔离，以防止实验室外的人员被感染为目的。二级屏障能够在一级屏障失效或其外部发生意外时，使其他的实验室及周围人群不致暴露于释放的实验材料之中而受到保护。实验中保护工作人员是重要的，但防止传染因子偶然地扩散到室外而造成环境污染和社会危害更为重要。二级屏障涉及的范围很广泛，包括实验室的建筑、结构和装修、电气和自控、通风和净化、给水排水与气体供应、消防、消毒和灭菌等。

6）实验室生物安全（biosafety）　保证实验室的生物安全条件和状态不低于容许水平，避免实验室人员、来访人员、社区及环境受到不可接受的损害，符合相关法规、标准等对实验室保证生物安全责任的要求。

7）生物安全实验室（biosafety laboratory，BSL）　通过防护屏障和管理措施，达到生物安全要求的微生物实验室和动物实验室，包括主实验室及其辅助用房。

8）实验室防护区（laboratory containment area）　实验室的物理分区，该区域内生物风险相对较大，需对实验室的平面设计、围护结构的密闭性、气流以及人员进入，个体防护等进行控制的区域。

9）实验室辅助工作区（non-contamination zone）　实验室辅助工作区是指生物风险相对较小的区域，也指生物安全实验室中防护区以外的区域。

10）核心工作间（core area）　生物安全实验室中开展实验室活动的主要区域，通常是指生物安全柜或动物饲养和操作间所在的房间。

11）缓冲间（buffer room）　设置在被污染概率不同的实验室区域间的密闭室。需要时，可设置机械通风系统，其门具有互锁功能，不能同时处于开启状态。

12）定向气流　从污染概率小区域流向污染概率大区域的受控制的气流。

三、生物安全实验室原理和等级

（一）实验室生物安全防护原理

无论是哪一种病原微生物实验室，只要操作感染性物质，气溶胶的产生就是不可避免的。因此，在实验室开展实验活动时，除了需要控制实验室内发生的通过空气传播的感染，还要防止所产生的气溶胶向外扩散。在实验室中，有多种措施可以有效防止气溶胶的扩散，其基本原理包括围场操作、屏障隔离、定向气流、有效拦截和消毒灭菌等。

1. 围场操作　围场操作是把感染性物质局限在一个尽可能小的空间（如生物安全柜）内进行操作，使之不与人体直接接触，并与开放空气隔离，避免人的暴露。实验室也是围场，是第二道防线，可起到“双重保护”作用。围场大小要适宜，进行围场操作的设施设备往往组合应用了机械、气幕、负压等多种防护原理。

2. 屏障隔离　气溶胶一旦产生并突破围场，要靠各种屏障防止其扩散，因此也可以视为第二层围场。例如，生物安全实验室围护结构及其缓冲室或通道，能防止气溶胶进一步扩散，保护环境和公众健康。根据国家标准《实验室生物安全通用要求》（GB 19489—2008），进出核心实验室的缓冲间是必需的设置，可把操作感染性材料的核心区围场控制在尽可能小的范围内。

3. 定向气流　定向气流有助于减少气溶胶的扩散，即实验室周围的空气应向实验室内流动以避免污染气溶胶向外扩散；在实验室内部，辅助工作区的空气应向防护区流动，保证没有逆流，以减少工作人员暴露的机会；轻污染区的空气应向重污染区流动。

4. 有效拦截　有效拦截是指生物安全实验室内的空气在排入大气之前，必须通过HEPA过滤，将其中感染性颗粒阻拦在滤材上。这种方法简单、有效、经济实用。

5. 消毒灭菌　实验室生物安全的各个环节都少不了消毒灭菌技术的应用，实验室的消毒灭菌主要包括空气、表面、仪器、废物、废水等的消毒灭菌。应注意根据消毒灭菌所针对的生物因子选择合适的方法，并应注意环境条件对消毒效果的影响。

（二）生物安全实验室等级

主要依据实验室所处理对象的生物危害程度、对二级屏障的技术要求、对个体防护装备的技术要求，以及从事实验室活动的差异，生物安全实验室分为 4 级。微生物生物安全实验室可采用 BSL-1、BSL-2、BSI-3 和 BSL-4 表示相应级别的实验室；动物生物安全实验室可采用 ABSL-1、ABSL-2、ABSL-3 和 ABSL-4 表示相应级别的实验室。其中一级为最低防护水平，四级为最高防护水平。

四、开展病毒学实验所需的实验室级别

（一）病原微生物分类

根据病原微生物的传染性、感染后对个体或者群体的危害程度，将病原微生物分为 4 类。第一类、第二类病原微生物又统称为高致病性病原微生物。

1. 第一类病原微生物　是指能够引起人类或者动物非常严重疾病的微生物，以及我国尚未发现或者已经宣布消灭的微生物。

2. 第二类病原微生物　是指能够引起人类或者动物严重疾病，比较容易直接或者间接在人与人、动物与人、动物与动物间传播的微生物。

3. 第三类病原微生物　是指能够引起人类或者动物疾病，但一般情况下对人、动物或者环境不构成严重危害，传播风险有限，实验室感染后很少引起严重疾病，并且具备有效治疗和预防措施的微生物。

4. 第四类病原微生物　是指在通常情况下不会引起人类或者动物疾病的微生物。

（二）开展病毒学实验所需的实验室级别

不同种类病毒的分类，具体参考原卫生部和原农业部发布的相关的病原微生物目录。根据中华人民共和国国家卫生健康委员会于 2023 年 8 月 18 日发布的《人间传染的病原微生物目录》，针对同种病毒开展不同的病毒学实验活动所需要的生物安全实验室级别是不同的。因此，合理选择不同级别生物安全实验室，首先要确定所开展病毒的病原微生物分类，然后依据所开展的病毒学实验活动确定。病毒学实验活动主要包括以下几类。

1. 病毒培养　是指病毒的分离、扩增和利用活病毒培养物相关的实验操作及产生活病毒的重组实验。

2. 动物感染实验　是指以活病毒感染动物及感染动物相关的实验操作。

3. 未经培养的感染性材料操作　是指未经培养的感染材料在采用可靠的方法灭活前进行的病毒抗原检测、血清学检测、核酸检测、生化分析等操作。未经可靠灭活或固定的人和动物组织标本因含病毒量较高，其操作的防护级别应比照病毒培养。

4. 灭活材料的操作　是指感染性材料或活病毒采用可靠的方法灭活，但未经验证确认后进行的操作。

5. 无感染性材料的操作　是指针对确认无感染性的材料的各种操作，包括但不限于无感染性的病毒 DNA 或 cDNA 操作。

6. 运输包装分类　按国际民航组织文件《危险品航空安全运输技术细则》

（Doc9284）的分类包装要求，将相关病原和标本分为A、B两类，对应的联合国编号分别为UN2814（动物病毒为UN2900）和UN3373。对于A类感染性物质，若表中未注明“仅限于病毒培养物”，则包括涉及该病毒的所有材料；对于注明“仅限于病毒培养物”的A类感染性物质，则病毒培养物按UN2814包装，其他标本按UN3373要求进行包装。凡标明B类的病毒和相关样本均按UN3373的要求包装和空运。通过其他交通工具运输的可参照以上标准进行包装。

7. 其他情况 包括对临床和现场的未知样本检测操作和病毒分离培养；未列出的病毒和实验活动；使用人类病毒的重组体；以及国家正式批准的生物制品疫苗生产用减毒、弱毒毒种的分类地位。具体见《人间传染的病原微生物目录》说明。

五、P3、P4实验室相关介绍网址

生物安全分级首先由美国疾病预防控制中心（CDC）、美国国立卫生研究院（NIH）和健康和人类服务部（HHS）共同研究制定。目前，根据生物因子的潜在危险性和实验室功能或活动将生物安全实验室分为4个等级，该分级方法已在世界范围内被广泛采纳。

其中，P3实验室即三级生物安全实验室（biosafety level 3 laboratory，BSL-3）。这类实验室设计用于处理较为危险的病原体，通常包括能够通过空气传播的病原体，如结核分枝杆菌、炭疽杆菌等。在我国的相关标准中，BSL-3实验室规定的病原体对人或动物个体的致病性较强，但是主要集中在个体症状，其传染性有限，很难发生大面积扩散传播，同时对于该病原体致病的症状能够对其进行有效的控制。BSL-3实验室通常具备严格的防护措施，包括负压空气系统、密封的工作环境、穿戴特制的防护服和呼吸防护装备等，以防止病原体的泄漏和传播，保护实验人员和环境免受感染的风险。

我国现有BSL-3实验室主要分布在国家及省市疾病预防控制中心、高校与科研院所等，如：①中国科学院武汉国家生物安全实验室（包括BSL-4、BSL-3）；②中国疾病预防控制中心病毒病预防控制所（https://ivdc.chinacdc.cn/）（8套BSL-3）；③中国疾病预防控制中心传染病预防控制所（https://icdc.chinacdc.cn/）（5套BSL-3）；④中国疾病预防控制中心性病艾滋病预防控制中心（https://www.chinaaids.cn/）（2套BSL-3）；⑤中国科学院微生物研究所生物安全三级实验室；⑥复旦大学生物安全三级防护实验室；⑦福建省疾病预防控制中心生物安全三级实验室；⑧中国科学院武汉病毒研究所小洪山园区生物安全三级实验室；⑨武汉大学动物生物安全三级实验室（http://shydw.whu.edu.cn/）（ABSL-3）；⑩上海市公共卫生临床中心生物安全三级实验室；⑪国家动物疫病防控高级别生物安全实验室；⑫福建省农业科学院畜牧兽医研究所动物生物安全三级实验室；⑬国家生物安全检测重点实验室生物安全三级实验室；⑭深圳市疾病预防控制中心生物安全三级实验室；⑮安徽省疾病预防控制中心生物安全三级实验室；⑯河南省疾病预防控制中心生物安全三级实验室；⑰湖北省疾病预防控制中心生物安全三级实验室；⑱华南农业大学动物生物安全三级实验室；⑲吉林省疾病预防控制中心生物安全三级实验室；⑳江苏省疾病预防控制中心生物安全三级实验室；㉑山东省疾病预防控制中心生物安全三级实验室；㉒扬州大学农业部畜禽传染病学重点开放实验室动物生物安全三级实验室；㉓云南省疾病预防控制中心生物安全三级实验室；㉔浙江大学医学院附属第一医院生物安全防护三级实验室；㉕浙江省疾病预防控制中心生物安全三级实验室；㉖中国农业科学院兰州兽医研究所动物生物安全三级实验室；㉗中国医科大学艾滋病研究所生物安全三级实验室；㉘中国医学科学院医学实验动物研究所动物生物安全三级实验室；㉙中山大学生物安全三级实验室。

探秘武汉 P4 实验室：亚洲唯一一个超级病毒实验室。武汉国家生物安全四级实验室（武汉 P4 实验室，即 BSL-4 实验室），是目前亚洲第一个正式投入运行的 P4 实验室，位置就坐落在中国科学院武汉病毒研究所郑店园区。BSL-4 实验室是生物安全实验室中防护级别最高的实验室，整个实验室完全密封，室内处于负压状态，从而不会因实验室内的气体逸出而污染环境或感染人员，可以有效阻止传染性病原体释放到环境中，可以给实验室研究人员提供可靠的生物安全保证。

P4 实验室是专用于烈性传染病研究与利用的大型装置，是人类迄今为止能建造的生物安全防护等级最高的实验室。在武汉 P4 实验室建成之前，全球仅主要发达国家拥有这类装置。在 SARS 暴发后，我国政府战略性地启动了 P4 实验室的建设，在引进法国里昂 P4 实验室技术和装备的基础上，充分发挥两国工程科技人员的智慧，终于建成世界上最先进的 P4 实验室。

六、病毒学实验室的生物安全管理事项

加强管理是保障生物安全的重要方面。具体包括：使用实验室的申请、审批；从业人员的生物安全培训和基本微生物学操作技术培训；实验室设备、设施的正确使用及维护；菌毒种的运输和保藏、药品和试剂的使用要求；个人防护规定及防护器材的使用与处理；污染物及废弃物的处理规定；实验室的实时监控；各种紧急情况下的处理方法；事故的处理与报告程序等内容。

本章小结

生物安全是我国总体国家安全观的重要组成部分，是涉及国家和民族生存与发展的大事，也是影响乃至重塑世界格局的重要力量，关乎人民生命健康、经济社会发展、国家长治久安和中华民族永续发展。病毒作为最重要的危险因子，近 20 多年来在我国引起了多种重大新发突发传染病，是生物安全面临的巨大挑战。为应对未来对人类具有大规模感染风险和潜在公共卫生威胁的已知或未知的疾病，世界各国启动生物安全领域基础科学研究，强化生物安全科技支撑。我国也陆续出台了相关法律法规，成立病毒学实验室并加强生物安全管理，大力推动生物安全技术创新，重点关注高危险病原威胁监测、防治手段快速研发及生物安全综合防护等关键技术，以技术创新不断强化生物安全治理能力。

（侯　炜　范雄林　陈述亮）

1. 什么是生物安全，具有什么重要意义？
2. 实验室生物安全防护原理有哪些？

主要参考文献

黄翠，汤华山，梁慧刚，等. 2021. 全球生物安全与生物安全实验室的起源和发展. 中国家禽，43（9）：84-90.

李劲松. 2003. 病原微生物实验室相关感染的原因及预防措施. 中国预防医学杂志，4（3）：232-234.

李嫄渊，吴淑燕，黄瑞. 2013. 病原微生物学研究生实验室的生物安全管理. 实验室科学，16（6）：125-127.

祁国明. 2005. 病原微生物实验室生物安全. 北京：人民卫生出版社.

翁景清，顾华，张严峻，等. 2019. 生物安全实验室建设与管理. 杭州：浙江文艺出版社.

朱康有. 2020. 21 世纪以来我国学界生物安全战略研究综述. 人民论坛，20：58-67.